高等学校土木工程专业系列教材——建筑工程类

建 筑 结 构 设 计

主 编 林拥军

副主编 李彤梅　　葛宇东　　张 晶

　　　　李 力　潘 毅

U0205936

西南交通大学出版社

·成 都·

图书在版编目（CIP）数据

建筑结构设计 / 林拥军主编. —成都：西南交通
大学出版社，2020.3（2023.12 重印）
高等学校土木工程专业系列教材. 建筑工程类
ISBN 978-7-5643-7325-2

Ⅰ. ①建… Ⅱ. ①林… Ⅲ. ①建筑结构 – 结构设计 –
高等学校 – 教材 Ⅳ. ①TU318

中国版本图书馆 CIP 数据核字（2020）第 005315 号

高等学校土木工程专业系列教材——建筑工程类
Jianzhu Jiegou Sheji
建筑结构设计
主编　林拥军

责 任 编 辑	杨　勇
封 面 设 计	何东琳设计工作室
出 版 发 行	西南交通大学出版社
	（四川省成都市金牛区二环路北一段 111 号
	西南交通大学创新大厦 21 楼）
发行部电话	028-87600564　028-87600533
邮 政 编 码	610031
网　　　址	http://www.xnjdcbs.com
印　　　刷	四川森林印务有限责任公司
成 品 尺 寸	185 mm × 260 mm
印　　　张	28.75
字　　　数	718 千
版　　　次	2020 年 3 月第 1 版
印　　　次	2023 年 12 月第 3 次
书　　　号	ISBN 978-7-5643-7325-2
定　　　价	68.00 元

课件咨询电话：028-81435775
图书如有印装质量问题　本社负责退换
版权所有　盗版必究　举报电话：028-87600562

前　言

　　建筑结构设计是根据建筑、给排水、电气和采暖通风的要求，合理地选择建筑物的结构类型和结构构件，采用合理的简化力学模型进行结构计算，然后依据计算结果和国家现行结构设计规范完成结构构件的计算，最后依据计算结果绘制施工图的过程，可以分为确定结构方案、结构计算与施工图设计三个阶段。因此，建筑结构设计是一个非常系统的工作，需要我们掌握扎实的基础理论知识，并具备严肃、认真和负责的工作态度。

　　优秀的结构设计师，不仅需要树立创新意识，建立开放的知识体系，还需要不断吸取新的科技成果，从而提高自己解决各种复杂问题的能力。创新不是标新立异和哗众取宠，其基础在于工程实践。建筑结构设计作为一门实践性强，紧密联系现行国家结构设计规范的课程，其目的就在于发展学生的空间思维，培养学生解决和处理实际工程问题的能力及创新意识。

　　本书是根据土木工程专业教学大纲和最新结构设计规范，如《建筑结构荷载规范》（GB 50009—2012）、《混凝土结构设计规范》（GB 50010—2010，2015 年版）、《建筑抗震设计规范》（GB 50011—2010，2016 年版）、《砌体结构设计规范》（GB 50003—2011）和《建筑地基基础设计规范》（GB 50007—2011）等编写的。

　　为适应土木工程专业教学改革发展需要，本书在编写时注重基本概念的阐述、结构受力和变形特性的分析以及实用计算方法的介绍，这将有助于提高读者的概念设计能力。同时，各章节都配有大量的例题和习题，可供课后练习和知识的巩固。

　　全书共分 6 章：第 1 章为建筑结构体系与选型，对常用的大跨度结构（如桁架结构、拱结构、刚架结构、薄壳结构、索结构、网架结构和网壳结构等）和多高层建筑结构（砌体结构、框架结构、框架-剪力墙结构、剪力墙结构和筒体结构等）进行介绍；第 2 章为建筑结构设计概论，主要有结构设计的程序、结构概念设计、概率极限状态设计方法和建筑结构的作用等内容；第 3 章为钢筋混凝土楼盖结构设计，主要有单向板肋梁楼盖设计、双向板肋梁楼盖设计和楼梯结构设计等内容；第 4 章为钢筋混凝土单层厂房，主要有单层厂房结构的组成及布置、单层厂房结构的构件选型、单层厂房结构排架内力分析、单层厂房柱的设计以及单层厂房各构件与柱连接构造设计等内容；第 5 章为砌体结构，主要有砌体材料、力学性能和强度设计值，砌体结构的静力计算，无筋砌体构件承载力计算，配筋砌体构件设计，墙、柱高厚比验算，过梁、墙梁和挑梁设计，以及砌体结构的构造措施等内容；第 6 章为建筑结构 CAD，主要有 PKPM 系列软件及应用、YJK 软件介绍、BIM 技术简介以及 Midas Building 软件介绍等内容。

参加本书编写的有：林拥军（第 1 章、第 2 章、第 5 章、第 6 章），李彤梅（第 4 章），葛宇东（第 3 章），张晶（第 1 章），李力（第 6 章），潘毅（第 2 章）。全书由林拥军担任主编，李彤梅、葛宇东、张晶、李力和潘毅担任副主编。

为适应土木工程专业教学改革的发展，并考虑到现行结构设计规范的更新和变化以及教学体系的相对稳定性，编者在我校原教学用书彭伟教授主编的《房屋建筑工程》的基础上，编写了本书。在此对彭先生表示深切的敬意和感谢。同时，编者还参考和引用了其他一些专业文献和资料，在此也向有关作者表示深深谢意。由于编者的水平有限，加之成书时间仓促，书中难免存在不妥之处，诚请广大读者多提宝贵意见和建议，以便将来修改完善。

编　者

2019 年 12 月

目　录

第1章 建筑结构体系与选型

1.1 绪 论

自从有了人类，当天然洞穴不能满足日益增加的人口所需的遮风避雨、防止野兽侵袭的时候，人们开始采用树枝、石块来搭建棚穴，房屋建筑就应运而生了。房屋建筑是人类向自然界作斗争的产物，几千年来不断发展、日新月异。人们每时每刻的生产生活都与房屋建筑密不可分，大街小巷高楼林立，耳濡目染，都是形形色色的房屋建筑。

建筑结构（Building Structure）是房屋建筑的空间受力骨架体系，它由结构构件（梁、板、墙、柱和基础）组成，是建筑物得以存在的基础，如图 1.1 所示。

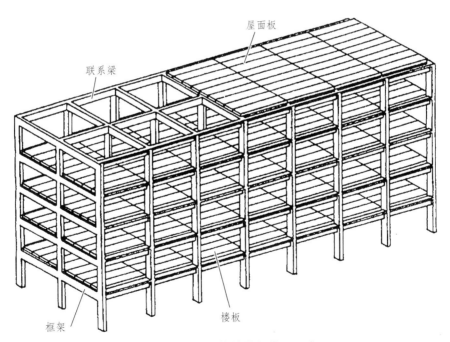

图 1.1 建筑结构的骨架体系示意

一般来讲，结构在服务建筑上主要有 4 个方面的使命：① 空间的构成者：如各类房间、通道以及各种构筑物，反映的是人类对物质生活的需要；② 体型的展示者：建筑是历史、文化、艺术的产物，各种形状的建筑物都要用结构来展现，反映的是人类对精神生活的需求；③ 荷载的传承者：承载着建筑物的各种荷载并有效地传递到地基上，使建筑物保持良好的使用状态；④ 材料的利用者：结构是以各种材料为物质基础的（如钢结构、木结构、钢筋混凝土结构等）。

由此可见，建筑结构的功能首先是骨架所形成的空间能良好地为人类生活与生产服务，并满足人类对美观的需求，为此须选择合理的结构形式。其次是应合理选择结构的材料和受力体系，充分发挥材料的作用，使结构具有抵御自然界各种作用的能力，如结构自重、使用荷载、风荷载和地震作用等。此外，建筑结构必须适应当时当地的环境，并与施工方法有机结合，因为任何建筑工程都受到当时当地政治、经济、社会、文化、科技、法规等因素的制约，任何建筑结构都是靠合理的施工技术来实现的。因此，一个优质的建筑结构应具有以下特色：① 在应用上，要满足空间和多项使用功能的需求；② 在安全上，要完全符合承载、变形、稳定的持久需要；③ 在造型上，要能够与环境规划和建筑艺术融为一体；④ 在技术上，要力争体现科学、工程和技术的新发展；⑤ 在建造上，要合理用材、节约能源、与施工实际密切结合。

1.1.1 建筑结构体系的分类

1. 结构体系及类别

建筑结构是由结构构件组成的结构系统，其主要的受力系统为结构总体系。结构总体系虽然千变万化，但总是由水平结构体系、竖向结构体系以及基础结构体系三部分组成，如图1.2 所示。

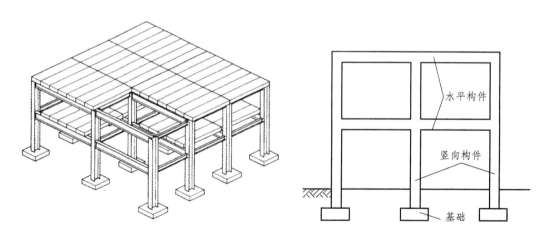

图 1.2 结构受力体系

水平结构体系一般由板、梁、桁（网）架组成，如板-梁结构体系和桁（网）架体系。水平结构体系也称楼（屋）盖体系。其作用为：① 在竖直方向，它通过构件的弯曲变形承受楼面或屋面的竖向荷载，并把它传递给竖向承重体系；② 在水平方向，它起隔板作用，并保持竖向结构的稳定。

竖向结构体系一般由柱、墙、筒体组成，如框架体系、墙体系和井筒体系等。其作用为：① 在竖直方向，承受水平结构体系传来的全部荷载，并把它们传给基础体系；② 在水平方向，抵抗水平作用力，如风荷载、地震作用等，也把它们传给基础体系。

基础结构体系分为独立基础、条形基础、交叉基础、片筏基础、箱形基础（一般为浅埋）

以及桩、沉井（一般为深埋）组成。其作用为：① 把上述两类结构体系传来的重力荷载传给地基；② 承受地面以上的上部结构传来的水平作用力，并把它们传给地基；③ 控制整个结构的沉降，避免不允许的不均匀沉降和结构的滑移。

结构水平体系和竖向体系之间的基本矛盾是，竖向结构构件之间的间距愈大，水平结构构件所需要的材料用量愈多。好的结构概念设计应该寻求最开阔、最灵活的可利用空间，来满足人们对使用功能和美观的需求，而为此所付出的材料和施工费用最少，而且能适合本地区的自然条件，如气候、地质、水文、地形等。

2．结构按主要建筑材料划分

按组成建筑结构的主要建筑材料，建筑结构划分如下：

（1）混凝土结构：以混凝土为主要材料的结构，包括素混凝土结构、钢筋混凝土结构和预应力混凝土结构。

（2）钢结构：以钢板、型钢为主制作的结构。

（3）砌体结构：由块材通过砂浆砌筑而成的结构。

（4）组合结构：同一截面或各构件由两种或两种以上的材料制作的结构。

（5）木结构：全部或大部分用木材制作的结构。

3．结构按建筑物的层数划分

中国《民用建筑设计通则》（GB50352—2005）将住宅建筑按层数划分为：一层至三层为低层住宅，四层至六层为多层住宅，七层至九层为中高层住宅，十层及十层以上为高层住宅。除住宅建筑的民用建筑，高度不大于 24 米者为低层或多层建筑，大于 24 米者为高层建筑（不包括建筑高度大于 24 米的单层公共建筑），大于 100 米者为超高层建筑。

4．结构按承重体系划分

建筑结构按承重体系可分为：砌体结构、框架结构、剪力墙结构、框架剪力墙结构、筒体结构、大跨度结构等。其中，砌体结构是指建筑物中竖向结构承重的墙、柱等采用砌体材料，横向承重的梁、楼板、屋面板等采用钢筋混凝土材料，适合开间进深较小、房间面积较小、多层或低层的建筑。

现代建筑中多层与高层常用的建筑体系大体划分有砌体结构、框架结构、剪力墙结构（包括框剪、全剪和筒式结构）等三种。单层大跨建筑结构的组成包括屋盖结构和主要承重结构。按照屋盖结构型式划分有门式刚架结构、薄腹梁结构、桁架结构、拱结构、壳体结构、网架结构、悬索结构。前四种屋盖结构属于平面结构体系，后三种屋盖属于空间结构体系。

1.1.2　影响建筑结构选型的因素

在建筑工程建设中，工程造价中 2/3 左右的费用用于结构工程。而结构工程的施工工期也约占建筑物施工总工期的一半以上。因此搞好结构工程对于建筑工程建设的质量控制、投资控制和进度控制有十分重要的作用，搞好结构工程的关键在于结构选型。一个好的结构形式的选择，不仅要考虑建筑上的使用功能、结构上的安全合理、施工上的可能条件，也要考虑造价上的经济价值和艺术上的造型美观。如果选型不当会给结构的安全使用及耐久性带来无法弥补的缺陷，同时也会延误工期，提高造价。因此选择一个最佳的结构形式，往往需要进行多方面的调查研究，结合具体建设条件做出多种方案进行综合分析，才能做出最终的选定。结构选型时应考虑如下因素。

1．建筑物的功能要求对结构选型的影响

建筑物的使用功能要求是结构选型中应该考虑的首要因素,功能要求包括使用空间要求、使用要求以及美观要求，考虑结构选型时应该满足这些要求。

1）使用空间的要求

建筑物所覆盖的空间除了使用空间,还包括非使用空间,后者包括结构体系所占空间,当结构所覆盖的空间与建筑物的使用空间接近时，可以提高空间的使用率，节省能源。所以在结构选型时，首先应该使所选择结构的剖面形式与建筑物的使用空间相适应。例如体育馆屋盖选用悬索结构体系时，场地两侧看台座位向上升高与屋盖悬索的垂度协调一致，既能符合使用功能要求又能经济有效地利用室内空间，立面造型也可处理成轻巧新颖的形状。对于要求建筑物中间部分有较高空间的房屋（如散粒材料仓库），采用落地拱最适宜。例如：某散装盐库在结构选型中比较了两种方案，方案Ⅰ为钢筋混凝土排架结构［图 1.3（a）］，方案Ⅱ为拱结构［图 1.3（b）］。方案Ⅰ的主要缺点是 3/5 的建筑空间不能充分利用，而方案Ⅱ采用落地拱，由于选择了合适的矢高和外形，建筑空间得到了比较充分的利用。

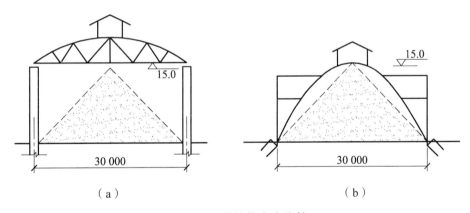

（a）　　　　　　　　　　　　（b）

图 1.3　两种结构方案比较

其次，尽可能减小结构体系本身所占用的空间高度。例如：钢桁架构造高度一般为跨度的 1/8 ~ 1/12，而平板网架结构的构造高度仅为跨度的 1/20 ~ 1/25，选择适当，可使室内空间得到较充分的利用。

2）建筑物的使用要求与结构的合理几何形体相结合

首先，在结构选型设计中应注意和善于利用结构几何体形对声学效果的影响，这方面，我国北京天坛回音壁是人们熟悉的实例。现代大型厅堂建筑对声学条件有较高的要求，为了得到良好的声学效果，应尽量选择与其适应的结构形式。例如可选择曲率半径较大的曲面屋盖。此外，下垂的凹曲面屋顶可避免声聚焦，例如倒置的壳体单元及悬索结构。

其次是采光照明结构的合理几何形体相结合，例如利用桁架上下弦杆之间设置下沉式天窗，在结构受力、空间利用与采光效果方面都比"∏"形天窗要好。

最后，结构选型设计中，屋面排水也是另一个需着重考虑的问题。例如大跨度平板网架结构一般通过起拱来解决屋面排水问题，由于网架结构构件的组合方案和节点构造方案的不同，结构起拱的灵活性也不一样。

3）美观功能要求

建筑结构选型设计中应考虑建筑美观的功能要求，把结构形式与建筑的空间艺术形象融合起来，使两者成为统一体。建筑结构形式对建筑风格和建筑艺术的影响极为明显。图 1.4 为三栋使用功能相同的食堂建筑，它们都具有较大跨度的室内空间，但由于结构形式的不同，便产生了完全不同的建筑风格和形成了完全不同的立面效果。

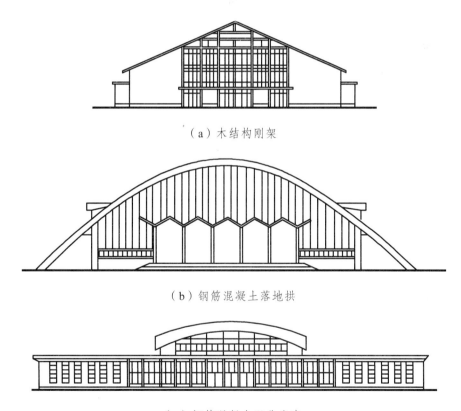

（a）木结构刚架

（b）钢筋混凝土落地拱

（c）钢筋混凝土双曲扁壳

图 1.4　三栋食堂不同结构所产生的不同形式

2．建筑结构材料对结构选型的影响

结构形式有很多，如梁板、拱、刚架、桁架、悬索、薄壳等，组成结构的材料有钢、木、砖、石、混凝土及钢筋混凝土等，结构的合理性首先表现在组成结构的材料的强度能不能充

分发挥作用，所以我们在进行结构选型时首先应选择能充分发挥材料力学性能的结构形式，在设计中应该力求使结构形式与内力图一致。

图 1.5 为结构形式由简支梁到桁架的变化过程，比较梁式结构和轴心受力结构的受力状态，不难看出，梁的截面应力分布极不均匀，除边缘纤维达到最大容许用应力外，大部分材料的应力远远低于容许用应力，即材料强度并未充分利用，而轴心受力状态因截面应力分布均匀更能充分利用材料强度。为节约材料，可把梁截面中和轴附近的材料减少到最低程度，从而形成工字形截面构件，它比矩形截面构件获得更大的抗弯惯性矩。设想再进一步把梁腹部的材料挖去，就由梁式结构转化为了平面桁架结构。由于桁架的各杆件均为轴向受力，可以认为桁架结构比梁式结构更能充分利用材料强度。若将桁架的外形与简支梁的弯矩图图形相吻合，则桁架内各弦杆内力将保持一致而腹杆内力接近零，这样就最大限度地节约了材料。

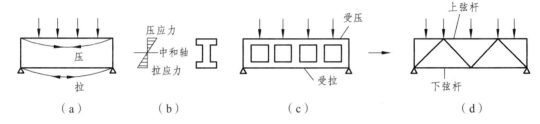

图 1.5 由简支梁发展成为桁架

其次应合理地选用结构材料。木结构、砖石结构、钢结构，以及钢筋混凝土结构各因其材料特征不同而具备各自的独特规律。因此选用材料的原则是充分利用它的长处，避免和克服它的短处。对于建筑结构的材料的基本要求是轻质、高强，具有一定的可塑性和便于加工。特别在大跨度和高层建筑中，采用轻质高强材料具有极大的意义。

3．施工技术水平及经济指标对结构选型的影响

影响建筑结构形式的因素还包括建筑施工的生产技术水平以及经济指标等。建筑施工的生产技术水平及生产手段对建筑结构形式有很大影响，在手工劳动的时代只能用小型砖石块来建造墙柱拱，或采用木骨架的结构形式。近代大工业生产出现后，在钢铁工业及机械工业得到很大发展的基础上，大型起重机械及各种机械相继问世才使高层建筑及大跨度建筑的各种结构形式成为现实。施工技术是实现先进结构形式的保障，例如装配式薄壳施工方法使薄壳结构得以迅速发展。同时结构选型要考虑实际施工条件，施工技术条件不具备或结构方案不适应现有技术能力将给工程建设带来困难。

衡量结构方案经济性的手段是进行综合经济分析，所谓综合经济分析就是要从以下几个方面综合考虑问题：① 不但要考虑某个结构方案付诸实施时的一次投资费用，还要考虑其全寿命期费用。② 除了以货币指标核算结构的建造成本外，还要从节省材料消耗和节约劳动力等各项指标来衡量。此外从人类长远利益考虑，还要特别考虑资源的节约。③ 在结构方案比较时还应综合考虑一次性初始投资和建设速度的关系，以便较快地回收投资资金，获得较好的经济效益。

1.2　单层刚架结构

刚架结构是指梁、柱之间为刚性连接的结构。当梁与柱之间为铰接的单层结构，一般称为排架；多层多跨的刚架结构则常称为框架。单层刚架为梁、柱合一的结构，其内力小于排架结构，梁柱截面高度小，造型轻巧，内部净空较大，故被广泛应用于中小型厂房、体育馆、礼堂、食堂等中小跨度的建筑中。但与拱相比，刚架仍然属于以受弯为主的结构，材料强度没有充分发挥作用，这就造成了刚架结构自重较大、用料较多、适用跨度受到限制。

1.2.1　刚架的受力特点

单层刚架一般是由直线形杆件（梁和柱）组成的具有刚性节点的结构。在荷载作用下，由于梁柱节点的变化，刚架和排架相比其内力是不同的。刚架在竖向荷载作用下，柱对梁的约束减少了梁的跨中弯矩，横梁的弯矩峰值较排架小得多。刚架在水平荷载作用下，梁对柱的约束会减少柱内弯矩，柱的弯矩峰值较排架小得多，如图 1.6 所示。因此，刚架结构的承载力和刚度都大于排架结构，故门式刚架能够适用于较大的跨度。

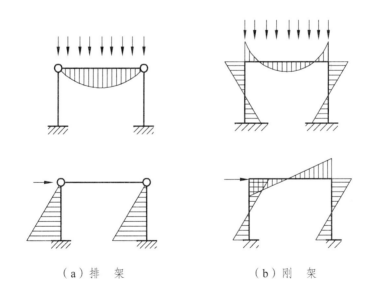

（a）排　架　　　　　　　（b）刚　架

图 1.6　在垂直及水平荷载作用下刚架和排架弯矩图

1.2.2　单层刚架的种类

门式刚架的结构计算简图如图 1.7 所示，按构件的布置和支座约束条件可分成无铰刚架、两铰刚架、三铰刚架三种。在同样荷载作用下，这三种刚架的内力分布和大小是不同的，其经济效果也不相同。

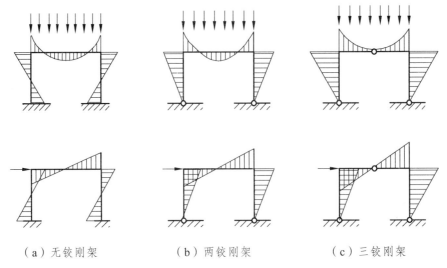

（a）无铰刚架　　　　　（b）两铰刚架　　　　　（c）三铰刚架

图 1.7　三种刚架的弯矩图

　　无铰刚架，其柱脚为固定端，刚度大，故梁柱弯矩小。但作为固定端基础，要对柱起可靠的固定约束作用，受到很大弯矩，必须做得又大又坚固，费料、费工，很不经济，而且无铰刚架是三次超静定结构，对温差与支座沉降差很敏感，会引起较大的内力变化，所以地基条件较差时，必须考虑其影响，实际工程中应用较少。

　　两铰刚架，其柱基做成铰接，最大的优点是基础无弯矩，可以做得小，既省料，地下施工的工作量也少，两铰刚架的铰接柱基构造简单，有利于梁柱采用预制构件。两铰刚架也是超静定结构，地基不均匀沉降对结构内力的影响也必须考虑。

　　三铰刚架是在刚架屋脊处设置永久性铰，柱基处也是铰接，其最大优点是静定结构，计算简单，温度差与支座沉降差不会影响结构的内力。

　　在实际工程中，大多采用三铰和两铰刚架以及由它们组成的多跨结构。

1.2.3　门式刚架的形式及截面尺寸

　　门式刚架从构件材料看，可分成钢结构、混凝土结构；从构件截面看，可分成实腹式刚架、空腹式刚架、格构式刚架、等截面与变截面；从建筑型体看，有平顶、坡顶、拱顶、单跨与多跨，如图 1.8 所示；从施工技术看，有预应力刚架和非预应力刚架。

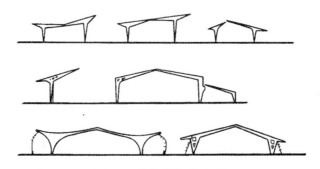

图 1.8　单层刚架的形式

1. 钢刚架结构

钢刚架结构可分为实腹式和格构式两种。实腹式刚架适用于跨度不很大的结构，常做成两铰式结构。结构外露，外形可以做得比较美观，制造和安装也比较方便。实腹式刚架的横截面一般为焊接工字形。国外多采用热轧 H 形或其他截面形式的型钢，可减少焊接工作量，并能节约材料。当为两铰或三铰刚架时，构件应为变截面，一般是改变截面的高度使之适应弯矩图的变化。实腹式刚架的横梁高度一般可取跨度的 1/12 ~ 1/20。当跨度大时，可在支座水平面内设置拉杆，并施加预应力对刚架横梁产生卸荷力矩及反拱，如图 1.9 所示。这时横梁高度可取跨度的 1/30 ~ 1/40，并由拉杆承担刚架支座处的横向推力，对支座和基础都有利。

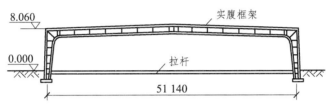

图 1.9　实腹式双铰刚架

格构式刚架结构的适用范围较大，且具有刚度大、耗钢量小等优点。当跨度较小时可采用三铰结构，当跨度较大时可采用两铰或无铰结构，如图 1.10 所示。格构式刚架的梁高可取跨度的 1/15 ~ 1/20，为了节省材料，增加刚度，减轻基础负担，也可施加预应力，以调整结构中的内力。预应力拉杆可布置在支座铰的平面内，也可布置在刚架横梁内仅对横梁施加预应力，也可对整个刚架结构施加预应力。

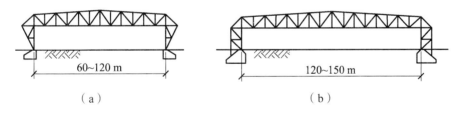

图 1.10　格构式刚架结构

2. 钢筋混凝土刚架

钢筋混凝土刚架一般适用于跨度不超过 18 m、檐高不超过 10 m 的无吊车或吊车起重量不超过 100 kN 的建筑中。构件的截面形式一般为矩形，也可采用工字形截面。刚架构件的截面尺寸可根据结构在竖向荷载作用下的弯矩图的大小而改变，一般是截面宽度不变而高度呈线性变化。对于两铰或三铰刚架，立柱上大下小，为楔形构件，横梁为直线变截面，如图 1.11 所示。钢筋混凝土刚架的杆件一般采用矩形截面，也可采用 I 字形截面。其截面尺寸为：

（1）梁高可按连续梁确定，一般取 $h = (1/15 ~ 1/20) l$，但不宜小于 250 mm。

（2）柱底截面高度 h_1，一般不小于 300 mm，柱顶截面高度为 $(2 ~ 3) h_1$。

（3）梁柱截面宽度 b（钢架厚度），应保证屋面构件的搁置长度，并应满足平面外刚度的要求，一般取 $b \geqslant H/30$（H 为柱高），且 $b \geqslant 200$ mm。

（4）横梁的加腋长度一般取自柱边算起为（0.15~0.25）l。

（5）拱式门架的起拱高度 f（矢高），一般取为（1/9~1/7）l。

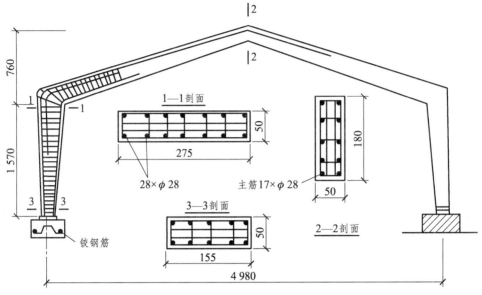

图 1.11　广州体育馆钢筋混凝土刚架结构

1.2.4　门式刚架结构的构造

刚架结构的形式较多，其节点构造和连接形式也是多种多样的，但其设计要点基本相同。设计时既要使节点构造与结构计算简图一致，又要使制造、运输、安装方便。

1．钢刚架节点的连接构造

门式实腹式刚架，一般在梁柱交接处及跨中屋脊处设置安装拼接单元，用螺栓连接。拼接节点处，有加腋与不加腋两种。在加腋的形式中又有梯形加腋与曲线形加腋两种，通常多采用梯形加腋，如图 1.12 所示。加腋连接既可使截面的变化符合弯矩图形的要求，又便于连接螺栓的布置。

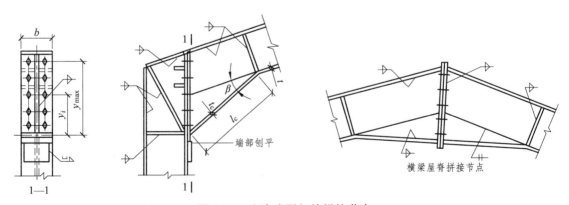

图 1.12　实腹式刚架的拼接节点

2．钢筋混凝土刚架节点的连接构造

在实际工程中，大多采用预制装配式钢筋混凝土刚架。刚架拼装单元的划分一般根据内力分布决定，应考虑结构受力可靠，制造、运输、安装方便。一般可把接头位置设置在铰接节点或弯矩为零的部位，把整个刚架结构划分成Γ形、Y形拼装单元，如图 1.13 所示。单跨二铰刚架可分成两个"Γ"形拼装单元，铰结点设在基础和顶部中间拼接点部位。两铰刚架的拼接点一般设在横梁零弯点截面附近，柱与基础连接处做成铰结点；多跨刚架常采用"Γ"形和"Y"形拼装单元。

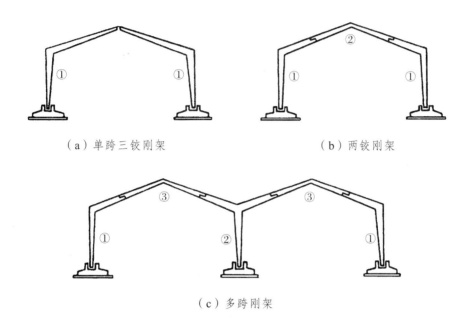

（a）单跨三铰刚架　　　　　　　　　　　　（b）两铰刚架

（c）多跨刚架

图 1.13　刚架拼装单元的划分

刚架承受的荷载一般有恒载和活载两种。在恒载作用下弯矩零点的位置是固定的，在活载作用下，对于各种不同的情况，弯矩零点的位置是变化的。因此，在划分结构单元时，接头位置应根据刚架在主要荷载作用下的内力图确定。

3．刚架铰接点的构造

刚架铰节点包括顶铰及支座铰。铰节点的构造应满足力学中的完全铰的受力要求，即应保证节点能传递竖向压力及水平推力，但不能传递弯矩。铰节点既要有足够的转动能力，又要使构造简单，施工方便。格构式刚架应把铰节点附近部分的截面改为实腹式，并设置适当的加劲肋，以便可靠地传递较大的集中力。刚架顶铰节点的构造，如图 1.14 所示。

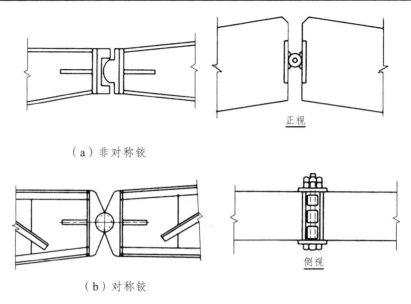

（a）非对称铰

（b）对称铰

图 1.14　顶铰节点的构造

1.2.5　刚架的结构的选型

1．结构布置

一般情况下，矩形建筑平面都采用等间距、等跨度的结构布置。刚架的纵向柱距一般为 6 m，横向跨度以 m 为单位取整数，一般为 3 m 的整倍数，如 24 m、27 m、30 m 以至更大的跨度。其跨度由工艺条件确定，同时兼顾经济的考虑。

刚架结构为平面受力体系，当多榀刚架平行布置时，为保证结构的整体稳定性，应在纵向柱间布置连系梁及柱间支撑，同时在横梁的顶面设置上弦横向水平支撑。柱间支撑和横梁上弦横向水平支撑宜设置在同一开间内，如图 1.15 所示。

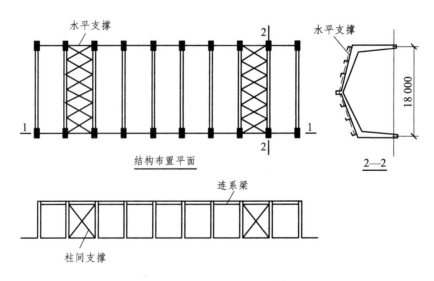

图 1.15　刚架结构的支撑

2．门式刚架的高跨比

门式刚架的高度与跨度之比，决定了刚架的基本形式，也直接影响结构的受力状态。设想有一条悬索在竖向均布荷载作用下，在平衡状态将形成一条悬垂线即所谓的索线，这时悬索内仅有拉力。将索上下倒置，即成为拱的作用，索内的拉力也变成为拱的压力，这条倒置的索线即为推力线。图 1.16 给出了三铰刚架和两铰刚架的推力线及其在竖向均布荷载作用下的弯矩图。从结构受力来看，刚架高度的减小将使支座处水平推力增大；从推力线来看，对三铰门架来说，最好的形式是高度大于跨度；但对两铰门架来说，由于跨中弯矩的存在，跨度稍大于高度就成为合理的了。总的来说，高跨比 $h/l = 0.75$ 比较合理。

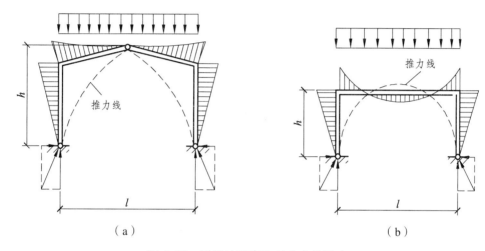

图 1.16　刚架的跨高比对内力的影响

刚架的结构选型中要综合考虑建筑的形式和经济指标，进行多方案比较。

1.2.6　单层刚架结构设计实例

我国某地曾拟建中型民航客机的维修车间，该车间主要修理"伊尔-24"和"安-24"型客机。机身长 24 m，翼宽 32 m，尾高 8.4 m，桨高 5.1 m。机翼距地 3 m。设计过程曾做 3 种结构方案比较，如图 1.17 所示。

（1）桁架方案，如图 1.17（a）所示。机尾高 8.4 m，屋架下弦不能低于 8.8 m。由于建筑形式与机身的形状尺寸不相适应，整个厂房普遍增高，室内空间不能充分利用。因此，这个方案不经济。

（2）双曲抛物面悬索方案，如图 1.17（b）所示。这个方案的特点是，建筑形式符合机身的形状尺寸，建筑空间能够充分利用。但是跨度较小，采用悬索方案不经济，要求高强度的钢索，材料价格高；同时对施工条件和技术的要求较高，因此这个方案不宜采用。

（3）刚架结构方案，如图 1.17（c）所示。这个方案的特点是，不仅建筑形式符合机身的形状尺寸，尾部高，两翼低，建筑空间能够充分利用，而且对材料和施工都没有特别要求。根据本工程的具体条件，选用了刚架结构方案。

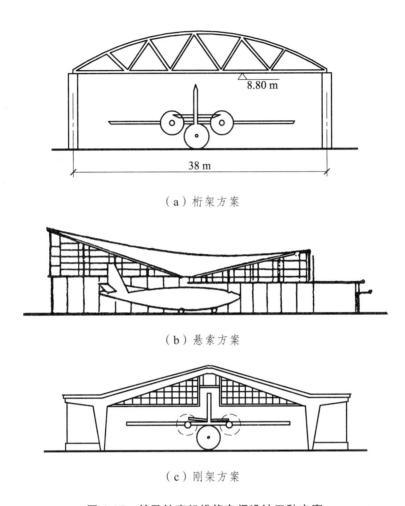

（a）桁架方案

（b）悬索方案

（c）刚架方案

图 1.17　某民航客机维修车间设计三种方案

1.3　桁架结构体系

桁架是指由直杆在端部相互连接而组成的格构式体系。桁架结构的特点是受力合理，计算简单，施工方便，适应性强，对支座没有横向力。因此在结构工程中，桁架常用来作为屋盖承重结构，常称为屋架。屋架的主要缺点是结构高度大，侧向刚度小。结构高度大，不但增加了屋面及围护墙的用料，而且增加了采暖、通风、采光等设备的负荷，对音质控制也带来困难。桁架侧向刚度小，对于钢桁架特别明显，因为受压的上弦平面外稳定性差，也难以抵抗房屋纵向的侧向力，这就需要设置很多支撑。一般房屋纵向的侧向力并不大，但钢屋架的支撑很多，都按构造（长细比）要求确定截面，故耗钢不少，未能材尽其用。桁架结构主要由上弦杆、下弦杆和腹杆三部分组成，如图 1.18 所示。

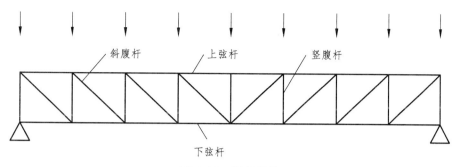

图 1.18 桁架结构

1.3.1 桁架结构的形式及其受力特点

桁架结构的形式很多,根据材料的不同,可分为木桁架、钢桁架、钢-木组合桁架、钢筋混凝土桁架等。根据桁架屋架形的不同,有三角形屋架、平行弦屋架、梯形屋架、拱形桁架、折线型屋架、抛物线屋架等。根据结构受力的特点及材料性能的不同,也可采用桥式屋架、无斜腹杆屋架或刚接桁架、立体桁架等。我国常用的屋架有三角形、矩形、梯形、拱形和无斜腹杆屋架等多种形式,如图 1.19 所示。

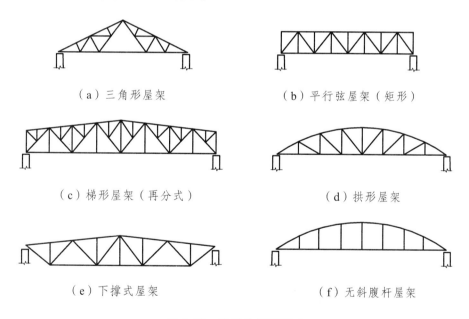

（a）三角形屋架   （b）平行弦屋架（矩形）

（c）梯形屋架（再分式）   （d）拱形屋架

（e）下撑式屋架   （f）无斜腹杆屋架

图 1.19 常用的屋架形式

从受力特点来看,桁架实际是由梁式结构发展产生的。当涉及大跨度或大荷载时,若采用梁式结构,即便是薄腹梁,也会因为是受弯构件很不经济。因为对大跨度的简支梁,其截面尺寸和结构自重急剧增大,而且简支梁受荷后的截面应力分布很不均匀,受压区和受拉区应力分布均为三角形,中和轴处应力为零。桁架结构正是考虑到简支梁的这一应力特点,把梁横截面和纵截面的中间部分挖空,以至于中间只剩下几根截面很小的连杆时,就形成"桁架"。桁架工作的基本原理是将材料的抵抗力集中在最外边缘的纤维上,此时它的应力最大而且力臂也最大。

桁架杆件相交的节点，一般计算中都按铰接考虑，所以组成桁架的弦杆、竖杆、斜杆均受轴向力，这是材尽其用的有效途径，从桁架的总体来看，仍摆脱不了弯曲的控制，相当于一个受弯构件。在竖向节点荷载作用下，上弦受压，下弦受拉，主要抵抗弯矩，腹杆则主要抵抗剪力。

尽管桁架结构中的杆件以轴力为主，其构件的受力状态比梁的结构合理，但在桁架结构各杆件单元中，内力的分布是不均匀的。屋架的几何形状有平行弦屋架、三角形、梯形、折线形的和抛物线形的等，它们的内力分布是随形状的不同而变化的。

在一般情况下，屋架的主要荷载类型是均匀分布的节点荷载。下面以平行弦屋架为例分析其内力分布特点，然后，引伸至其他形式的屋架。根据平行弦在节点荷载下的内力分析，可以得到如下结论。

1．弦杆内力

上弦受压，下弦受拉，其轴力由力矩平衡方程式得出（矩心取在屋架节点）。

$$N = \pm \frac{M_0}{h} \tag{1.1}$$

式中：N 为轴力（负值表示上弦受压，正值表示下弦受拉）；M_0 为简支梁相应于屋架各节点处的截面弯矩；h 为屋架高度。

从上式可以看出，上下弦的轴力 N 与 M_0 成正比，与 h 成反比。由于屋架的高度 h 值不变，而 M_0 愈接近屋架两端愈小，所以中间弦杆轴力较大，愈向两端弦杆轴力愈小，如图 1.20 所示。

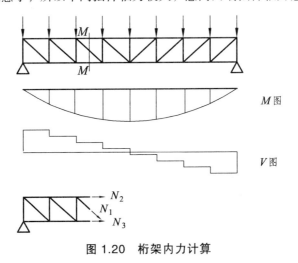

图 1.20　桁架内力计算

2．腹杆内力

屋架内部的杆件称为腹杆，包括竖腹杆与斜腹杆。腹杆的内力可以根据脱离体的平衡法则，由力的竖向投影方程求得：

$$Y = \pm V_0 \tag{1.2}$$

式中：Y 为斜腹杆的竖向分力和竖杆的轴力；V_0 为简支梁相应于屋架节间的剪力。

从图 1.20 可以看出，V_0 值跨中小两端大，所以相应的腹杆内力也是中间小而两端大，其内力图见图 1.21（a）。

以上的分析可以看出：从整体来看，屋架相当于一个受弯构件，弦杆承受弯矩，腹杆承受剪力，而从局部来看，屋架的每个杆件只承受轴力（拉力或压力）。

同样可以分析三角形和抛物线形屋架的内力分布情况，见图 1.21（b）、（c）所示。由于这两种屋架上弦结点的高度中间大，愈向两端愈小，所以，虽然上弦仍受压下弦仍受拉，但是内力大小的分布是各不相同的。

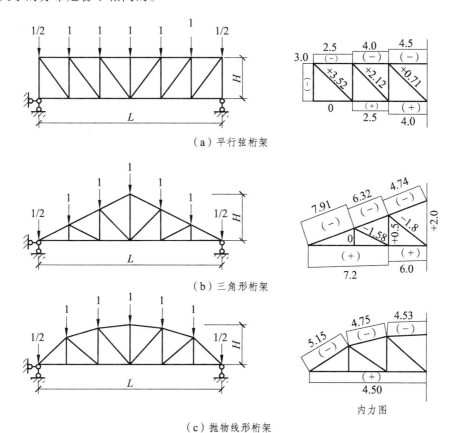

（a）平行弦桁架

（b）三角形桁架

（c）抛物线形桁架

图 1.21　不同形式的桁架及内力图

从图 1.21 可以看出，屋架杆件内力与其形式有着密切的关系：① 平行弦屋架内力是不均匀的，弦杆内力由两端向跨度中间增大，腹杆内力由中间向两端增大；② 三角形屋架内力分布也是不均匀的，弦杆的内力由中间向两端增大，腹杆内力也是由两端向中间增大；③ 抛物线屋架的内力分布比较均匀，从力学角度看，它是比较好的屋架形式，因为它的形状与同跨度同荷载简支梁的弯矩图形相似，其形状符合内力变化的规律，比较经济。

1.3.2　屋架结构的选型与布置

1．屋架结构的几何尺寸

屋架结构的几何尺寸包括屋架的矢高、跨度、坡度和节间长度。

1) 矢　高

屋架矢高主要由结构刚度条件确定，屋架的矢高直接影响结构的刚度与经济指标。矢高大、弦杆受力小，但腹杆长、长细比大、易压曲，用料反而会增多。矢高小，则弦杆受力大、截面大且屋架刚度小、变形大。因此，矢高不宜过大也不宜过小。屋架的矢高也要根据屋架的结构型式。一般矢高可取跨度的 1/10 ~ 1/5。

2) 跨　度

柱网纵向轴线的间距就是屋架的跨度，以 3 m 为模数。屋架的计算跨度是屋架两端支座反力（屋架支座中心间）之间的距离。但通常取支座所在处房屋或柱列轴线间的距离作为名义跨度，而屋架端部支座中心线相对于轴线缩进 150 mm，以便支座外缘能做在轴线范围以内，而使相邻屋架间互不妨碍。当屋架简支于钢筋混凝土柱或砖柱上且柱网采用封闭结合时，考虑屋架支座处的构造尺寸，屋架的计算跨度一般可取 $l_0 = l - (300 ~ 400)$。

3) 坡　度

屋架上弦坡度的确定应与屋面防水构造相适应。当采用瓦类屋面时，屋架上弦坡度应大些，一般不小于 1/3，以利于排水。当采用大型屋面板并做卷材防水时，屋面坡度可平缓些，一般为 1/8 ~ 1/12。

4) 节间长度

屋架节间长度的大小与屋架的结构形式、材料及受荷条件有关。一般上弦受压，节间长度应小些，下弦受拉，节间长度可大些。屋面荷载应直接作用在节点上，以优化杆件的受力状态。为减少屋架制作工作量，减少杆件与节点数目，节间长度可取大些。但节间杆长也不宜过大，一般为 1.5 ~ 4 m。

屋架的宽度主要由上弦宽度决定。钢筋混凝土屋架当采用大型屋面板时，上弦宽度主要考虑屋面板的搭接要求，一般不小于 20 cm。跨度较大的屋架将产生较大的挠度。因此，制作时要采取起拱的办法抵消荷载作用下产生的挠度。跨度大于 18 m 的三角形屋架和跨度大于 24m 的梯形屋架，起拱度一般为跨度 1/500。

2. 屋架结构的选型

屋架结构的选型应考虑房屋的用途、建筑造型、屋面防水、屋架的跨度、结构材料的供应、施工技术条件等因素，并进行全面的技术经济分析，做到受力合理、技术先进、经济适用。

1) 屋架结构的受力

从结构受力来看，抛物线状的拱式结构受力最为合理。但拱式结构上弦为曲线，施工复杂。折线型屋架，与抛物线弯矩图最为接近，故力学性能良好。梯形屋架，因其既具有较好的力学性能，上下弦均为直线施工方便，故在大中跨建筑中被广泛应用。三角形屋架与矩形屋架力学性能较差。三角形屋架一般仅适用于中小跨度，矩形屋架常用作托架或荷载较特殊情况下使用。

2) 屋面防水构造

屋面防水构造决定了屋面排水坡度，进而决定屋盖的建筑造型。一般来说，当屋面防水材料采用黏土瓦、机制平瓦或水泥瓦时，应选用三角形屋架、陡坡梯形屋架。当屋面防水采用卷材防水、金属薄板防水时，应选用拱形屋架、折线形屋架和缓坡梯形屋架。

3）材料的耐久性及使用环境

木材及钢材均易腐蚀，维修费用较高。因此，对于相对湿度较大而又通风不良的建筑，或有侵蚀性介质的工业厂房，不宜选用木屋架和钢屋架，宜选用预应力混凝土屋架，可提高屋架下弦的抗裂性，防止钢筋腐蚀。

4）屋架结构的跨度

跨度在 18 m 以下时，可选用钢筋混凝土-钢组合屋架，这种屋架构造简单、施工吊装方便，技术经济指标较好。跨度在 36 m 以下时，宜选用预应力混凝土屋架，既可节省钢材，又可有效地控制裂缝宽度和挠度。对于跨度在 36 m 以上的大跨度建筑或受到较大振动荷载作用的屋架，宜选用钢屋架，以减轻结构自重，提高结构的耐久性与可靠性。

3. 屋架结构的布置

屋架结构的布置，包括屋架结构的跨度、间距、标高等，主要考虑建筑外观造型及建筑使用功能方面的要求来决定。对于矩形的建筑平面，一般采用等跨度、等间距、等标高布置的同一种类的屋架，以简化结构构造、方便结构施工。

1）屋架的跨度

屋架的跨度应根据工艺使用和建筑要求确定，一般以 3 m 为模数。对于常用屋架形式的常用跨度，我国都制订了相应的标准图集可供查用，从而可加快设计及施工的进度。对于矩形平面的建筑，一般可选用同一种型号的屋架，仅端部或变形缝两侧屋架中的预埋件稍有不同。对于非矩形平面的建筑，各根屋架的跨度就不可能一样，这时应尽量减少其类型以方便施工。

2）屋架的间距

屋架的间距由经济条件确定，亦即屋架间距的大小除考虑建筑柱网布置的要求外，还要考虑屋面结构及吊顶构造的经济合理性。屋架一般应等间距平行排列，与房屋纵向柱列间距一致，屋架直接搁置在柱顶，屋架的间距同时即为屋面板或檩条、吊顶龙骨的跨度，最常见的为 6 m，有时也有 7.5 m、9 m、12 m 等。

4. 屋架的支座

屋架支座的标高由建筑外形的要求确定，一般为在同层中屋架的支座取同一标高。当一根屋架两端支座的标高不一致时，要注意可能会对支座产生水平推力。屋架的支座形式，在力学上可简化为铰接支座。实际工程中，当跨度较小时，一般把屋架直接搁置在墙、垛、柱或圈梁上。当跨度较大时，则应采取专门的构造措施，以满足屋架端部发生转动的要求。

5. 屋架结构的支撑

屋架支撑的位置在有山墙时设在房屋两端的第二开间内，对无山墙（包括伸缩缝处）的房屋设在房屋两端的第一开间内；在房屋中间每隔一定距离（一般≤60 m）亦需设置一道支撑，对于木屋架，距离为 20～30 m。支撑体系包括上弦水平支撑、下弦水平支撑与垂直支撑，它们把上述开间相邻的两桁架连接成稳定的整体。在下弦平面通过纵向系杆，与上述开间空间体系相连，以保证整个房屋的空间刚度和稳定性。支撑的作用有 3 个：① 保证屋盖的空间刚度与整体稳定；② 抵抗并传递由屋盖沿房屋纵向传来的侧向水平力，如山墙承受的风力、纵向地震作用等；③ 防止桁架上弦平面外的压曲，减少平面外长细比，并防止桁架下弦平面外的振动。

1.3.3 屋架结构的设计实例

1．贝宁体育馆

位于贝宁科托努市的贝宁友谊体育场的多功能综合体育馆，如图 1.22 所示。

体育馆可容纳观众 5 000 名，总建筑面积 14 015 m²，屋盖结构考虑到当地的施工条件及实际情况，采用梭形立体桁架，跨度为 65.3 m，高跨比为 1/13，中间起拱 1/330。上弦及腹杆采用 Q235 无缝钢管，下弦用 Q345 无缝钢管。

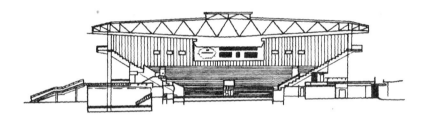

图 1.22 贝宁科托努市的贝宁体育馆

2．上海大剧院

上海大剧院是由上海市人民政府投资的大型歌舞剧院，位于上海市中心人民广场西北侧。上海大剧院工程用地面积 21 644 mm²，占地面积 11 530 mm²，总建筑面积 62 800 mm²，地下 2 层，地上 6 层，高度为 40 m。该工程通过国际招标，法国建筑师以其"天地呼应，中西合璧"的构思、独特的立面造型而中标，如图 1.23 所示。

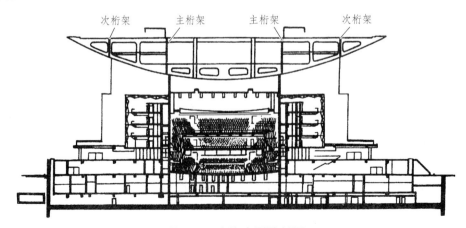

图 1.23 上海大剧院剖面

方案中最引人注目的是呈反拱的月牙形屋盖，纵向长 100.4 m，横向宽 94 m，纵向悬挑 26 m，横向悬挑 30.9 m，反拱圆弧半径为 93 m，拱高 11.5 m。由于其独特的建筑造型和特殊的功能及工艺要求，大剧院的屋盖体系采用交叉刚接钢桁架结构。屋盖结构纵向为两榀主桁架及两榀次桁架，在每根主桁架下各设 3 个由电梯井筒壁形成的薄壁柱，作为整个屋架结构的支座，次桁架仅起到保证屋盖整体性的作用。横向为 12 榀半月牙形无斜腹杆屋架。

1.4　拱结构

拱是一种十分古老而现代仍在大量应用的一种结构形式。它主要是受轴向力为主的结构，这对于混凝土、砖、石等抗压强度较高的材料是十分适宜的，可充分利用这些材料抗压强度高的特点，因而很早以前，拱就得到了十分广泛的应用。拱式结构最初大量应用于桥梁结构中，在混凝土材料出现后，逐渐被广泛应用于大跨度房屋建筑中。

1.4.1　拱结构的类型

拱结构在国内外得到广泛应用，类型也多种多样：按建造的材料分类，有砖石砌体拱结构、钢筋混凝土拱结构、钢拱结构、胶合木拱结构等；按结构组成和支承方式分类，有无铰拱、两铰拱和三铰拱，如图 1.24 所示；按拱轴的形式分类，常见的有半圆拱和抛物线拱；按拱身截面分类，有实腹式和格构式、等截面和变截面，等等。

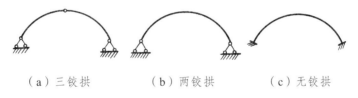

（a）三铰拱　　　　　（b）两铰拱　　　　　（c）无铰拱

图 1.24　拱结构计算简图

三铰拱为静定结构，两铰拱和无铰拱为超静定结构。拱结构的传力路线较短，因此拱是较经济的结构形式。与刚架相仿，只有在地基良好或两侧拱脚处有稳固边跨结构时，才采用无铰拱。一般而言，无铰拱有用于桥梁的，却很少用于房屋建筑。

双铰拱应用较多，跨度小时拱重不大，可整体预制。跨度大时，可沿拱轴线分段预制，现场地面拼装好后，再整体吊装就位。如北京崇文门菜场的 32 m 跨双铰拱，就是由 5 段工字形截面拱段拼装成的。双铰拱为一次超静定结构，对支座沉降差、温度差及拱拉杆变形等都较敏感。

1.4.2　拱的受力特点

为说明拱式结构的基本受力特点，下面以较简单的三铰拱为例进行拱的受力分析，并与同跨度受同样荷载作用下的简支梁进行比较。

1. 支座反力

设三铰拱受竖向荷载作用如图 1.25 所示。以整个结构为脱离体，在支座处分别代之以支座反力 V_A、V_B、H_A 和 H_B，由平衡方程的分析可以得到拱结构的竖向反力 V_A、V_B，与相同跨度、承受相同荷载简支梁所产生的竖向反力相同。

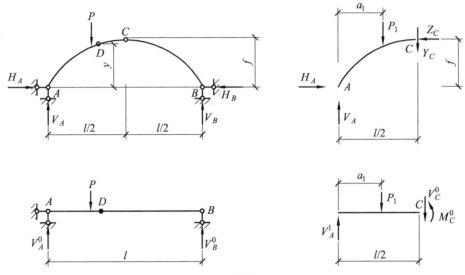

图 1.25　三铰拱的受力分析

拱结构的水平推力为：

$$H_A = \frac{1}{f}\left[V_A\frac{l}{2} - P_1\left(\frac{l}{2} - a_1\right)\right] = \frac{M_C^0}{f} \tag{1.3}$$

式中：M_C^0 为简支梁在 C 截面处的弯矩；f 为拱的矢高。

通过上面的例子可知：

（1）在竖向荷载作用下，拱脚支座内将产生水平推力。拱脚水平推力的大小等于相同跨度简支梁在相同竖向荷载作用下所产生的在相应于顶铰 C 截面上的弯矩 M_C^0 除以拱的矢高 f。

（2）当结构跨度与荷载条件一定时（M_C^0 为定值），拱脚水平推力（$H_A = H_B$）与拱的矢高 f 成反比。

2. 拱身截面的内力

为求拱身 D 截面处的内力，取脱离体如图 1.26 所示。从结构力学中我们知道，拱杆任意截面的内力为：

$$\begin{cases} M_D = M_D^0 - H_A y_D \\ N_D = V_D^0 \sin\varphi + H_A \cos\varphi \\ V_D = V_D^0 \cos\varphi - H_A \sin\varphi \end{cases} \tag{1.4}$$

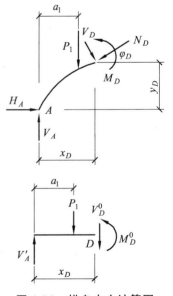

图 1.26　拱身内力计算图

式中：M_D^0 与 V_D^0 为相应简支梁的弯矩和剪力。

由式（1.4）可知：① 拱身内的弯矩小于相同跨度、相同荷载作用下简支梁内的弯矩；② 拱身截面内的剪力小于相同跨度、相同荷载作用下简支梁内的剪力；③ 拱身截面内存在有较大的轴力，而简支梁中是没有轴力的。

3．拱的合理轴线

前面已经提到，轴心受力构件截面上应力分布均匀，可以充分利用材料的强度。因此，拱式结构受力最理想的情况应是使拱身内弯矩为零，仅承受轴力。对于三铰拱结构由式（1.4）可知，当 $M_D^0 = 0$ 时，则

$$y_D = \frac{M_D^0}{H_A} \tag{1.5}$$

由（1.5）可知，只要拱轴线的竖向坐标与相同跨度、相同荷载作用下的简支梁弯矩值成比例，即可使拱截面内仅有轴力没有弯矩。满足这一条件的拱轴线称为合理拱轴线。在沿水平方向均布的竖向荷载作用下，简支梁的弯矩图为一抛物线，因此，在竖向均布荷载作用下，合理拱轴线应为一抛物线。对于不同的支座约束条件或荷载形式，其合理拱轴线的形式是不同的。例如，对于受径向均布压力作用的无铰拱或三铰拱，其合理拱轴线为圆弧线。见图 1.27。

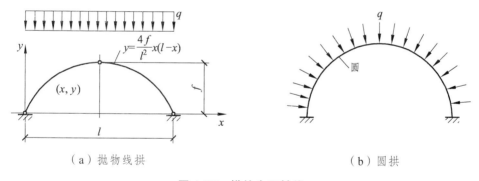

（a）抛物线拱　　　　　　　　　　（b）圆拱

图 1.27　拱的合理轴线

4．拱的矢高

不同的建筑对拱的形式要求不同，有的要求扁平，矢高小，有的则要求矢高大。合理拱轴的曲线方程确定之后，可以根据建筑的外形要求定出拱轴的矢高。以三铰拱为例，在沿水平方向均布的竖向荷载作用下，拱的合理轴线为二次抛物线，当矢高 f 不同时，拱轴形状也不相同，如图 1.28 所示。

由此可见，矢高对拱的外形影响很大。它直接影响建筑造型和构造处理。矢高还影响拱身轴力和拱脚推力的大小。水平推力 H 与矢高 f 成反比。因此，设计时确定矢高大小，不仅要考虑建筑外形要求，还要考虑结构的合理性。

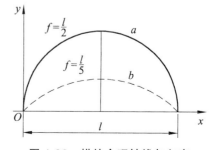

图 1.28　拱的合理轴线与矢高

1.4.3 拱结构水平推力的处理

拱既然是有推力的结构，拱结构的支座（拱脚）应能可靠地承受水平推力，才能保证它能发挥拱结构的作用。对于无铰拱、两铰拱这样的超静定结构，拱脚的变位会引起结构较大的附加内力（弯矩），更应严格要求限制在水平推力作用的变位。在实际工程中，一般采用以下 4 种方式来平衡拱脚的水平推力。

1．水平推力由拉杆直接承担

这种结构方案的布置如图 1.29 所示。它既可用于搁置在墙、柱上的屋盖结构，也可用于落地拱结构。水平拉杆所承受的拉力等于拱的推力，两端自相平衡，与外界之间没有水平向的相互作用力。这种构造方式既经济合理，又安全可靠。当作为屋盖结构时，支承拱式屋盖的砖墙或柱子不承受拱的水平推力，整个房屋结构即为一般的排架结构，屋架及柱子用料均较经济。该方案的缺点是室内有拉杆存在，房屋内景欠佳，若设吊顶，则压低了建筑净高，浪费空间。对于落地拱结构，拉杆常做在地坪以下，这可使基础受力简单，节省材料，当地质条件较差时，其优点更为明显。

（a）室内拉杆拱　　　　　　　　　　（b）地下拉杆拱

图 1.29　拱脚水平推力由拉杆承担

水平拉杆的用料，可采用型钢（如工字钢、槽钢）或圆钢，视推力大小而定。也可采用预应力混凝土拉杆。

2．水平推力通过刚性水平结构传递给总拉杆

这种结构方案的布置如图 1.30 所示。它需要有水平刚度很大的、位于拱脚处的天沟板或边跨屋盖结构作为刚性水平构件以传递拱的推力。拱的水平推力作用在刚性水平构件上，通过刚性水平构件传给设置在两端山墙内的总拉杆来平衡。因此，天沟板或边跨屋盖可看成是一根水平放置的深梁，该深梁以设置在两端山墙内的总拉杆为支座，承受拱脚水平推力。当该梁在其水平平面内的刚度足够大时，则可认为柱子不承担水平推力。这种方案的优点是立柱不承受拱的水平推力，柱内力较少，两端的总拉杆设置在房屋山墙内，建筑室内没有拉杆，可充分利用室内建筑空间，效果较好。

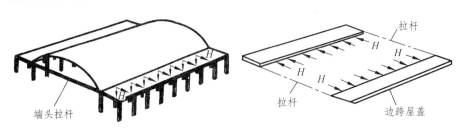

图 1.30　拱脚水平推力由山墙内的拉杆承担（北京展览馆电影厅）

3．水平推力由竖向结构承担

这种方法也用于无拉杆拱，拱脚推力下传给支承拱脚的抗推竖向结构承担。从广义上理解，也可把抗推竖向结构看作落地拱的拱脚基础。拱脚传给竖向结构的合力是向下斜向的，要求竖向结构及其下部基础有足够大的刚度来抵抗，以保证拱脚位移极小，拱结构内的附加内力不致过大。常用的竖向结构有以下几种形式。

1）扶壁墙墩

小跨度的拱结构推力较小，或拱脚标高较低时，推力可由带扶壁柱的砖石墙或墩承受。如尺度巨大的哥特式建筑，因粗壮的墙墩显得更加庄重雄伟。

2）飞　券

哥特式建筑教堂（如巴黎圣母院）中厅尖拱拱脚很高，靠砖石拱飞券和墙柱墩构成拱柱框架结构来承受拱的水平推力。

3）斜柱墩

跨度较大、拱脚推力大时，采用斜柱墩方案时可起到传力合理、经济美观的效果。我国的一些体育、展览建筑就借鉴了这一做法，采用两铰拱或三铰拱（多为钢拱），不设拉杆，支承在斜柱墩上，如西安秦始皇兵马俑博物馆展览大厅就采用 67 m 跨的三铰钢拱，拱脚支承在基础墩斜向挑出的 2.5 m 的钢筋混凝土斜柱上，受力显得很合理，如图 1.31 所示。

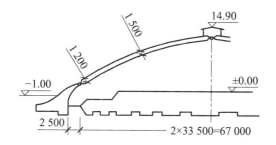

图 1.31　陕西临潼秦始皇兵马俑博物馆结构示意

4）其他边跨结构

对于拱跨较大且两侧有边跨有附属用房的情况，可以用边跨结构提供拱脚反力。边跨结构可以是单层或多层、单跨或多跨的墙体或框架结构。要求它们有足够的侧向刚度，以保证在拱推力作用下的侧移不超过允许范围。比较典型的建筑实例有北京崇文门菜市场，如图 1.32 所示。

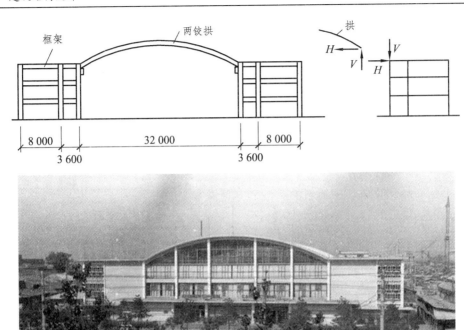

图 1.32　北京崇文门菜市场结构示意

4．推力直接传给基础——落地拱

对于落地拱，当地质条件较好或拱脚水平推力较小时，拱的水平推力可直接作用在基础上，通过基础传给地基。为了更有效地抵抗水平推力，防止基础滑移，也可将基础底面做成斜坡状，如图 1.33 所示。

（a）　　　　　　　　　　　　　　　（b）

图 1.33　落地拱

落地拱的上部作屋盖，下部作外墙柱，不仅省去了抵抗拱脚推力的水平结构与竖向结构，而且由于拱脚推力的标高一直下降到铰基础，使基础处理大大简化。这是落地拱的结构特点，也是其所以经济有效的根源，对大跨度拱尤其显著。故一般大跨度拱几乎全都采用落地拱。

无论是双铰的或三铰的落地拱，其拱轴线形都采用悬链线或抛物线。当拱脚推力较大，或地基过于软弱时，为确保双铰拱的弯矩不致因基础位移而增大，或为确保基础在任何情况下都能承受住拱脚推力，一般在拱脚两基础间设置地下预应力混凝土拉杆，如图 1.33（b）所示。

1.4.4　拱的截面形式与主要尺寸

拱身可以做成实腹式和格构式两种形式，如图 1.34 所示。钢结构拱一般多采用格构式，当截面高度较大时，采用格构式可以节省材料。钢筋混凝土拱一般采用实腹形式，常用的截面有矩形。现浇拱一般多采用矩形截面。这样模板简单，施工方便。钢筋混凝土拱身的截面高度可按拱跨度的 1/30 ~ 1/40 估算；截面宽度一般为 25 ~ 40 cm。对于钢结构拱的截面高度，格构式按拱跨度的 1/30 ~ 1/60，实腹式可按 1/50 ~ 1/80 取用。拱身在一般情况下采用等截面。由于无铰拱内力（轴向压力）从拱顶向拱脚逐渐加大，一般做成变截面的形式。变截面一般是改变拱身截面的高度而保持宽度不变。截面高度的变化应根据拱身内力，主要由弯矩的变化而定，受力大处截面高度也应相应较大。

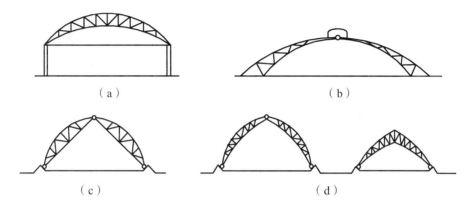

（a）　　　　　　　　　　　　　　　　（b）

（c）　　　　　　　　　　　　　　　　（d）

图 1.34　格构式钢拱

拱的截面除了常用的矩形截面外，还可采用 T 形截面拱、双曲拱、折板拱等，跨度更大的拱可采用钢管、钢管混凝土截面，也可用型钢、钢管或钢管混凝土组成组合截面。组合截面拱自重轻，拱截面的回转半径大，其稳定性和抗弯能力都大大提高，可以跨越更大的跨度，跨高比也可做得更大些。也可采用网状筒拱，网状筒拱像用竹子（或柳条）编成的筒形筐，也可理解为在平板截面的筒拱上有规律地挖出许多菱形洞口而成。

1.4.5　拱结构的选型与布置

在进行拱结构的选型时，需要考虑结构的支承形式、拱轴线的形式、拱的矢高、拱身形式和截面高度，以及拱的结构布置和支撑体系设置。

从铰的设置来看，三铰拱是静定结构，当基础出现不均匀沉降或拱拉杆变形时，不会引起结构附加内力。但跨中拱顶存在铰，使拱身和屋盖结构构造复杂，除了在地基特别软弱的条件下，一般工程中不大使用。两铰拱和无铰拱是超静定结构，必须考虑基础不均匀沉降和温度变化引起的附加内力对结构的影响。两铰拱的优点是受力合理，用料经济，制作和安装比较简单，对温度变化和地基变形的适应性尚好，目前较为常用。在一般房屋建筑中的屋盖结构通常多采用带拉杆的钢筋混凝土两铰拱，推力在拱单元中自行平衡，可以直接搁置在柱上或承重墙上。无铰拱受力最为合理，对支座要求较高，实际工程中在地基条件好或两侧拱脚有稳固的边跨结构时，可以考虑采用。当地基条件较差时，不宜采用。无铰拱一般见于桥梁结构，很少用于房屋建筑。

1．拱结构的布置方案

拱结构根据建筑平面形式的不同，可以有并列式布置和径向、环向、井式以及多叉式等多种不同的布置方案。

1）并列布置

一般情况下，矩形平面建筑多采用等间距、等跨度、并列布置的平面拱结构，需要靠支撑解决其纵向抗侧力的能力与侧向稳定性，如图 1.35 所示。

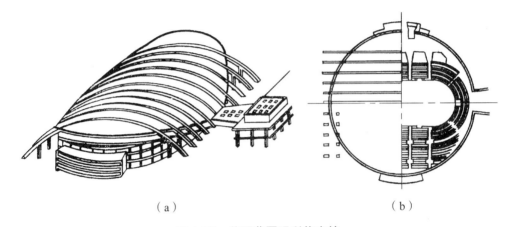

（a）　　　　　　　　　　　　　（b）

图 1.35　美国蒙哥玛利体育馆

2）径向布置

对于非矩形平面（如正多边形、圆形、扇形等）建筑，拱的结构布置方案较多，如径向、环向、井式、多叉等布置方案，但都已是非平面结构，而成为空间拱结构，如图1.36 所示。由平面拱组合构成的空间拱结构，因其各拱肋已相互交叉连接，具有空间刚度与稳定性，也就无须支撑。空间拱结构可以是落地拱，也可以支承在墙柱或刚架顶上的圈梁上。

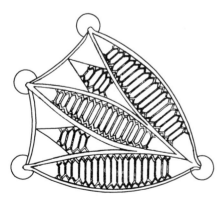

图 1.36　加拿大蒙特利尔市梅宗纳夫公园奥林匹克体育中心赛车场

3）环向布置

古罗马的拱结构很多采取环向布置方案，各拱沿周圈排列、拱脚互抵，推力相消。其中以罗马大角斗场和万神庙最具有代表性，如图 1.37 所示。

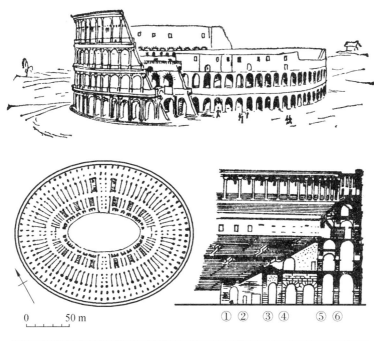

0　　　50 m

① ② ③ ④ ⑤ ⑥

图 1.37　罗马大角斗场

4）多叉布置

古罗马的半圆拱、筒拱与十字拱，经拜占庭的帆拱，发展到罗马风的肋形拱，以至哥特式的尖券肋形拱，已具备了围绕一个中心点，径向布置辐射状的 4~8 根拱肋的多叉拱特点。多叉拱的平面适应性非常之强，几乎能适应任何平面形状。多叉拱最杰出的代表作是 15 世纪上半叶意大利佛罗伦萨市主教堂的圆顶，如图 1.38 所示。

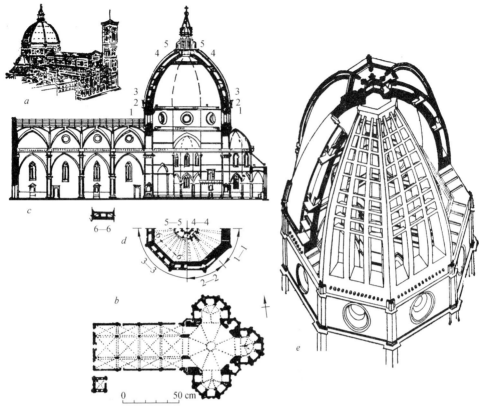

图 1.38　意大利佛罗伦萨市主教堂

2．拱结构的支撑系统

拱为平面受压或压弯结构，因此必须设置横向支撑并通过檩条或大型屋面板体系来保证拱在轴线平面外的受压稳定性。为了增强结构的纵向刚度，传递作用于山墙上的风荷载，还应设置纵向支撑与横向支撑形成整体，如图 1.39 所示。

拱支撑系统的布置原则与单层刚架结构类似。

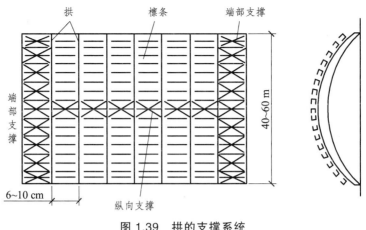

图 1.39　拱的支撑系统

1.5　网架结构

1.5.1　网架结构的特点与适用范围

网架结构按外形可分为平板形网架和壳形网架。平板形的称为网架，曲面的壳形网架称为网壳，它可以是单层的，也可以是双层的。双层网架有上下弦之分，平板网架都是双层的。网壳则有单层、双层、双曲等各种形状，图 1.40 为几种常见网架的简图。平面网架是无推力的空间结构，目前，在国内外得到广泛应用。因此本章仅介绍平板网架结构。

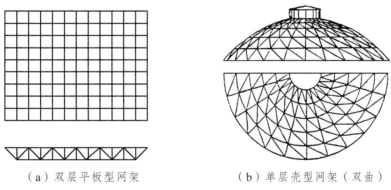

（a）双层平板型网架　　　　　　　　（b）单层壳型网架（双曲）

（c）单层壳型网架（单曲）

图 1.40　网架形式

网架结构为一种空间杆系结构，具有三维受力特点，能承受各方向的作用，并且网架结构一般为高次超静定结构，倘若某杆件局部失效，仅少一次超静定次数，内力可重新调整，整个结构一般并不失效，具有较高的安全储备。网架结构在节点荷载的作用下，各杆件主要承受轴力，能充分发挥材料的强度，节省钢材，结构自重小。

网架结构空间刚度大，整体性强，稳定性好。因为网架的杆件既是受力杆，又是支撑杆，各杆件之间相互支撑，协同工作，有良好的抗震性能，特别适应于大跨度建筑。

网架结构另一显著特点是能够利用较小规格的杆件建造大跨度结构，而且杆件类型划一。把这些杆件用节点连接成少数类型的标准单元，再连接成整体。其标准单元可以在工厂大量预制生产，能保证质量。

网架结构平面适应性强，它可以用于矩形、圆形、椭圆形、多边形、扇形等多种建筑平面，造型新颖、轻巧、富有极强的表现力，给建筑设计带来了极大的灵活性。自20世纪60年代以来，网架结构越来越广泛地应用于中、大跨度的体育馆、会堂、俱乐部、影剧院、展览馆、车站、飞机库、车间、仓库等建筑中，除了应用于屋顶结构外，还应用于多层建筑的楼盖以及雨篷中等。1976年在美国路易斯安那州建造的世界上最大的体育馆，就是采用钢网架屋顶圆形平面的直径达207.3 m。

平板双层钢网架结构是大跨度建筑中应用得最普遍的一种结构形式，近年来我国建造的大型体育馆建筑，如北京首都体育馆、上海市体育馆、南京市五台山体育馆等都是采用这种形式的结构。

1.5.2 平板网架的结构形式

平板网架都是双层的，按杆件的构成形式又分为交叉桁架体系和角锥体系两种。交叉桁架体系网架由两向交叉或三向交叉的桁架组成；角锥体系网架，由三角锥、四角锥或六角锥等组成。后者刚度更大，受力性能更好。

1．交叉桁架体系

这类网架结构是由许多上下弦平行的平面桁架相互交叉联成一体的网状结构。一般情况下，上弦杆受压，下弦杆受拉，长斜腹杆常设计成拉杆，竖腹杆和短斜腹杆常设计成压杆。交叉桁架体系网架的主要型式有以下3种。

1）两向正交正放网架（正方格网架）

这种网架由两个方向交叉成90°角的桁架组成，故称为正交。且两个方向的桁架与其相应的建筑平面边线平行，因而称为正放。如图1.41所示。

当网架两个方向的跨度相等或接近时，两个方向桁架共同传递外荷，且两方向的杆件内力差别不大，受力均匀，空间作用明显。但当两个方向边长比变大时，荷载沿短向桁架传力明显，类似于单向板传力，网架的空间作用将大为削弱。

这种网架上下弦的网格尺寸相同，同一方向的各平面桁架长度相同，因此构造简单，便于制作安装。此种网架适用于正方形，近似正方形的建筑平面，跨度以30～60 m的中等跨度为宜。

这种网架在平面上基本都是正方形，在水平力作用下，为保持几何不变性，需适当设置水平支撑。当采用四点支承时，其周边一般均向外悬挑，悬挑长度以1/4柱距为宜。

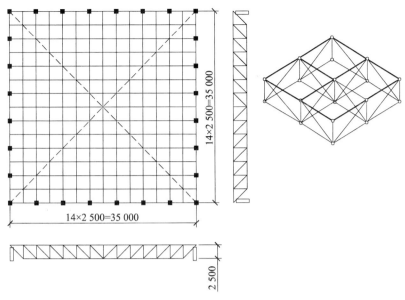

图 1.41　两向正交正放网架

2）两向正交斜放网架（斜方格网架）

两向正交斜放网架也是由两组相互交叉成 90° 的平面桁架组成，但每片桁架与建筑平面边线的交角为 45°，如图 1.42 所示。

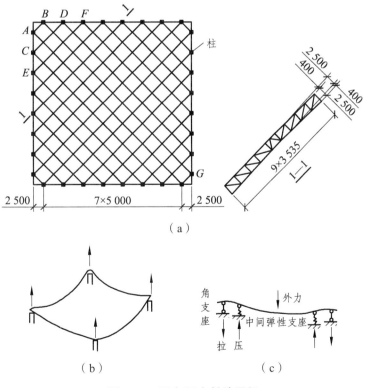

图 1.42　两向正交斜放网架

从受力上看，当这种网架周边为柱子支承时，两向正交斜放网架中的各片桁架长短不一，而网架常常设计成等高度的，因而四角处的短桁架刚度较大，对长桁架有一定嵌固作用，使长桁架在其端部产生负弯矩，从而减少了跨度中部的正弯矩，改善了网架的受力状态，并在网架四角隅处的支座产生上拔力，故应按拉力支座进行设计。

3）三向交叉网架

三向交叉网架一般是由三个方向的平面桁架相互交叉而成，其交角互为 60°，如图 1.43 所示。

三向交叉网架比两向网架的空间刚度大、杆件内力均匀，故适合在大跨度工程中采用，特别适用于三角形、梯形、正六边形、多边形、圆形平面的建筑中。但三向交叉网架杆件种类多，节点构造复杂，在中小跨度中应用是不经济的。

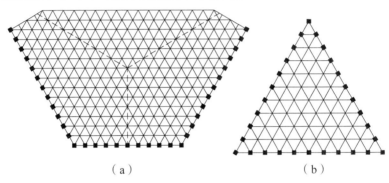

（a）　　　　　　　　　　　（b）

图 1.43　三向交叉网架

2．角锥体系网架

角锥体系网架是由三角锥单元、四角锥单元或六角锥单元（图 1.44）所组成的空间网架结构，分别称作三角锥网架、四角锥网架、六角锥网架。角锥体系网架比交叉桁架体系网架刚度大，受力性能好。若由工厂预制标准锥体单元，则堆放、运输、安装都很方便。角锥可并列布置，也可抽空跳格布置，以降低用钢量。

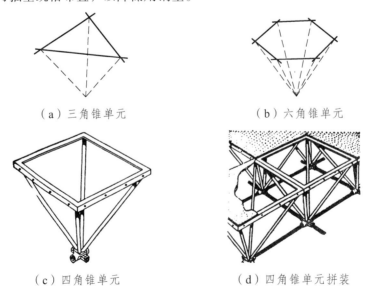

（a）三角锥单元　　　　　　　　　　（b）六角锥单元

（c）四角锥单元　　　　　　　　　　（d）四角锥单元拼装

图 1.44　角锥单元图

1) 三角锥体网架

三角锥体网架是由三角锥单元组成的，杆件受力均匀，比其他网架形式刚度大，是目前各国在大跨度建筑中广泛采用的一种形式。它适合于矩形、三边形、梯形、六边形和圆形等建筑平面。

三角锥体网架有两种网格形式。一种是上、下弦均为三角形网格，如图 1.45（a）所示。另一种是抽空三角锥体网架，其上弦为三角形网格，下弦为三角形和六角形网格，如图 1.45（b）所示。抽空三角锥体网架用料较省，杆件少，构造也较简单，但空间刚度较小。

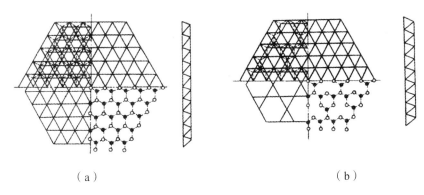

（a）　　　　　　　　　　　　　　（b）

图 1.45　三角锥体网架

2) 四角锥体网架

一般四角锥体网架的上弦和下弦平面均为方形网格，上下弦错开半格，用斜腹杆连接上下弦的网格交点，形成一个个相连的四角锥体。四角锥体网架上弦不易设置再分杆，因此网格尺寸受限制，不宜太大。它适用于中小跨度。目前，常用的四角锥体网架有以下几种。

（1）正放四角锥网架

正放四角锥网架是指锥的底边与相应的建筑平面周边平行，四角锥单元的锥尖可以向下［图 1.46（a）］，也可以向上［图 1.46（b）］。

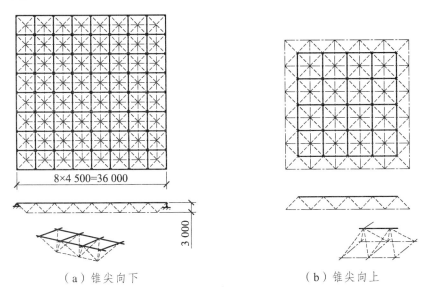

（a）锥尖向下　　　　　　　　　　（b）锥尖向上

图 1.46　正放四角锥网架

这类网架杆件受力较均匀，空间刚度较好，由于上弦均为正方形网格，因此屋面规格统一，上下弦杆长度相同，制作、构造简单。但杆件数量多，用钢量大些，适用于建筑平面接近正方形平面的中、小跨度周边支承的情况，也适用于大柱网、点支承、设有悬挂吊车的工业厂房的情况。

（2）正放抽空四角锥网架

在正放四角锥网架的基础上，为了节约钢材，便于采光、通风，可适当抽去一些四角锥单元中的腹杆和下弦杆，使下弦网格尺寸扩大 1 倍，形成正放抽空四角锥网架，如图 1.47（a）所示。

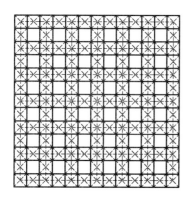

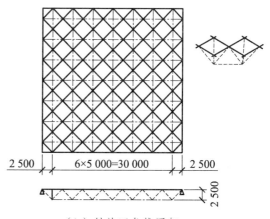

（a）正放抽空四角锥网架　　　　　（b）斜放四角锥网架

图 1.47　四角锥体网架

（3）斜放四角锥网架

这种网架的上弦与建筑平面边界成 45° 角，下弦与建筑边界平行或垂直。斜放四角锥网架的上弦杆约为下弦杆长度的 0.7 倍，如图 1.47（b）所示。一般情况下，上弦受压，下弦受拉，受力合理，可以充分发挥材料的强度。节点汇集的杆件数目较少，构造简单。这种网架适用于中小跨度和矩形平面的建筑。当为点支承时，要注意在周边布置封闭的边桁架，以保证网架的稳定。

3）六角锥体网架

这种网架由六角锥单元组成，如图 1.48 所示。但由于此种网架的杆件多，节点构造复杂，屋面板为三角形或六角形，施工较困难，现已很少采用。

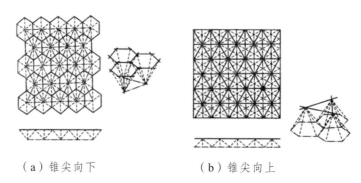

（a）锥尖向下　　　　　（b）锥尖向上

图 1.48　六角锥体网架

当锥尖向下时，上弦为正六边形网格，下弦为正三角形网格；与此相反，当锥尖向上时，上弦为正三角形网格，下弦为正六边形网格。

这种形式的网架杆件多，结点构造复杂，屋面板为六角形或三角形，施工也较困难。因此仅在建筑有特殊要求时采用，一般不宜采用。

1.5.3 平板网架的主要尺寸

1．网格尺寸

网架尺寸取决于网架的跨度、屋面材料和屋面做法。它与网架的形式、网架高度、腹杆布置及建筑平面形状、支承条件、跨度大小、屋面材料、荷载大小、有无悬挂吊车、施工条件等因素有密切关系。

采用钢筋混凝土屋面板时，因屋面构件较重，吊装不易，所以网格尺寸不宜超过 3 m × 3 m。当采用轻型屋面时，网格尺寸一般可以取 3 ~ 6 m。若网架的构件采用钢管时，由于杆件截面的力学性能较好，所以网格尺寸可大些。若网架的构件采用角钢时，基于杆件长细比的考虑，网格尺寸不宜过大。网格尺寸跨度比值一般取为：短向跨度 $l < 30$ m 时，取 $\left(\dfrac{1}{8} \sim \dfrac{1}{12}\right) l$；短向跨度 $l = 30 \sim 60$ m 时，取 $\left(\dfrac{1}{11} \sim \dfrac{1}{14}\right) l$；短向跨度 $l > 60$ m 时，取 $\left(\dfrac{1}{13} \sim \dfrac{1}{18}\right) l$。

2．网格高度

网架的高度应与网格尺寸相配，否则腹杆的长度和倾角不够合理。网架的高度主要取决于网架的跨度。网架高度与跨度的比值一般为：短向跨度 $l < 30$ m 时，取 $\left(\dfrac{1}{10} \sim \dfrac{1}{13}\right) l$；短向跨度 $l = 30 \sim 60$ m 时，取 $\left(\dfrac{1}{12} \sim \dfrac{1}{15}\right) l$；短向跨度 $l > 60$ m 时，取 $\left(\dfrac{1}{14} \sim \dfrac{1}{18}\right) l$。

3．腹杆布置

腹杆布置应尽量使受压杆件短，受拉杆件长，减少压杆的长细比，充分发挥杆件截面的强度，使网架受力合理。对交叉桁架体系网架，腹杆倾角一般为 40° ~ 50°。对角锥网架，斜腹杆的倾角宜采用 60°，这样可以使杆件标准化。

对于大跨度网架，因网格尺寸较大，为了减小上弦长度，宜采用再分式腹杆。这样可以避免上弦的局部弯曲，并减少其长细比，使受力更为合理。

4．网架起拱

跨度较大者起拱宜不大于 1/40。双向正放桁架宜双坡起拱，双向斜放桁架及三向桁架宜四坡起拱。起拱后屋面坡度不宜超过 5%，需要较大排水坡度者，应在网架上弦节点上按坡度要求架设屋面支托（即短竖杆）。起拱后的网架，杆件长度复杂化了，只有保持上、下弦平行才能求得较好的效果。

1.5.4 平板网架的杆件与节点

1．网架的杆件

网架常采用圆钢管、角钢、薄壁型钢作为杆件。圆钢管截面封闭，且各向同性，抗弯刚度各向都相同，回转半径大，抗扭刚度大，因此受力性能较好，承载力高。杆件优先选用圆钢管，且最好是薄壁钢管，但圆钢管的价格较高。因而对于中小跨度且荷载较小的网架，也可采用角钢或薄壁型钢。

杆件的材料一般用 Q235 钢和 16Mn 钢。16Mn 钢强度高，塑性好，当荷载较大或跨度较大时，宜采用 16Mn 钢，可以减轻网架自重和节约钢材。

2．网架的节点

在平板网架的节点上汇交了很多杆件，一般有 10 根左右，呈立体几何关系。因此，在进行网架结构设计时，合理地选择节点形式和相互连接的方法，对整个网架结构的受力性能、制造安装、用钢量和造价的影响都很大。网架节点的连接可以采用焊接或螺栓连接（图 1.49）。螺栓连接适用于高空安装。

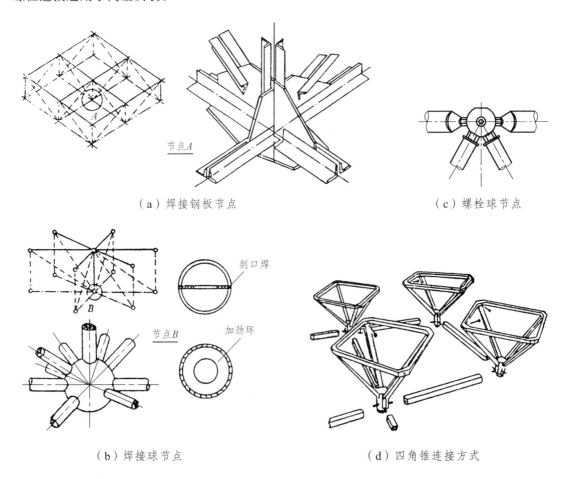

（a）焊接钢板节点 （c）螺栓球节点

（b）焊接球节点 （d）四角锥连接方式

图 1.49　网架节点做法

1.5.5　网架的支承方式

网架的支承方式与建筑功能要求有直接关系，具体选择何种支承方式，应结合建筑功能要求和平立面设计来确定。目前常用的支承方式有以下几种。

1．周边支承

所有边界节点都支承在周边柱上时，虽柱子布置较多，但传力直接明确，网架受力均匀，适用于大、中跨度的网架。当所有边界节点支承于梁上时，柱子数量较少，而且柱距布置灵活，从而便于建筑设计，且网架受力均匀，它一般适用于中小跨度的网架，如图 1.50 所示。

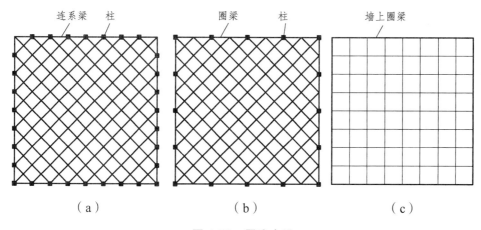

图 1.50　周边支承

2．点支承

这种支承方式一般将网架支承在四个支点或多个支点上，柱子数量少，建筑平面布置灵活，建筑使用方便，特别对于大柱距的厂房和仓库较适用，如图 1.51（a）所示。为了减少网架跨中的内力或挠度，网架周边宜设置悬挑，而且建筑外形轻巧美观，如图 1.51（b）所示。

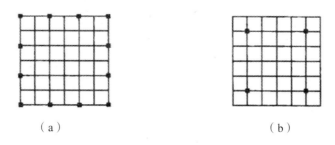

图 1.51　点支承

3．周边支承与点支承结合

由于建筑平面布置以及使用要求，有时要采用边点混合支承，或三边支承一边开口，或两边支承两边开口等情况，如图 1.52 所示。这种支承方式适合飞机库或飞机的修理及装配车间。此时开口边应设置边梁或边桁架梁。

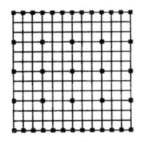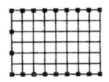

图 1.52　边点混合支承

1.5.6　网架结构的工程实例

1．上海体育馆

上海体育馆比赛馆（图 1.53）是一个圆形的建筑，直径为 110 m，能容纳 18 000 多人；屋盖挑出 7.5 m，整个屋盖的直径为 125 m。屋盖采用平板型三向网架结构，网格尺寸取直径的 1/18。

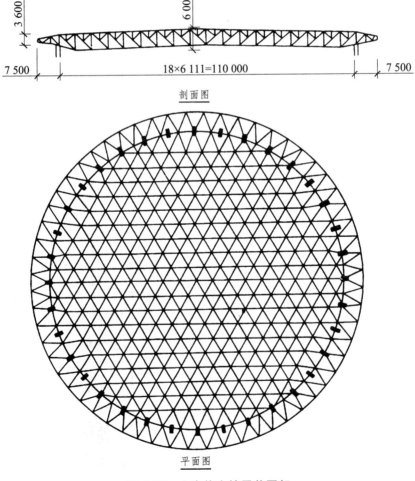

图 1.53　上海体育馆屋盖网架

上弦设置了再分式腹杆,以减少上弦压杆的计算长度,节省上弦的用钢量,并且由于上弦的杆断面减小,节点钢球的直径也可以减少,因此也减少了节点的用钢量。网架的杆件采用直径为 48～159 mm、壁厚为 4～12 mm 的钢管,焊接空心球节点,钢球直径为 400 mm,壁厚为 14 mm。网架与柱子之间采用双面弧形压力支座,在满足支座转动的前提下,能使网架有适量的自由伸缩,以适应温差引起的变形要求。

2.广州白云机场机库

广州白云机场机库是为检修波音 747 飞机而建造的,如图 1.54 所示。根据波音 747 飞机机身长、机翼宽的特点,机库平面形状设计成"凸"字形。根据飞机机尾高、机身矮的特点,机库沿高度方向设计成高低跨,机尾高跨部分下弦标高为 26 m,机身低跨部分下弦标高只有 17.5 m,因此,机库屋盖选用了高低整体式折线形网架。

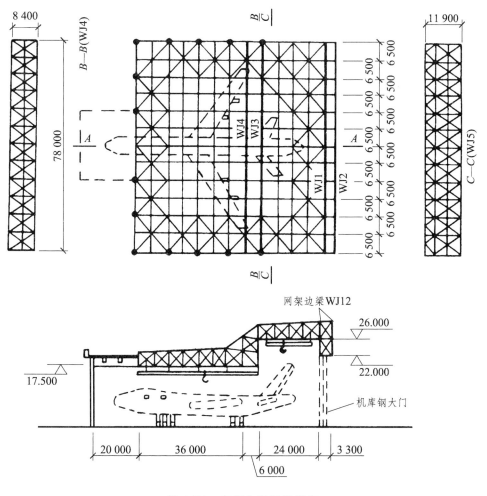

图 1.54 广州白云机场机库

1.6 网壳结构

网壳是格构式的网状壳体,单曲面者为筒网壳,双曲面者目前有球网壳与扭网壳两种。如果把网壳在受力方面与悬索结构做一比较,可以看出悬索结构是以受拉为主的壳形结构,网壳是以受压为主的壳形结构,因而网壳也是覆盖大面积的最佳结构形式之一。网壳结构不仅增加了屋面面积,而且曲面网格单元的长度计算与杆件制造要求精度高,因此其构造、施工安装及支承结构等均较复杂。这是网壳结构在其优美造型下应用不及平板网架广泛的重要原因。

凡是薄壳结构的形式,均可以做成网壳。但是,混凝土薄壳结构施工要困难得多,因而网壳的发展前景比混凝土薄壳更为广阔。

网壳结构按杆件的布置方式分类有单层网壳和双层网壳两种形式。一般来说,中小跨度(一般为 40 m 以下)时可采用单层网壳,跨度大时采用双层网壳。

网壳结构按材料分类有木网壳、钢筋混凝土网壳、钢网壳、铝合金网壳、塑料网壳、玻璃钢网壳等。

1.6.1 筒网壳结构

筒网壳的外形是圆柱面筒形,又叫柱面网壳。它是由两向或三向交叉杆系(或桁架)与端部横隔组成的单层(或双层)壳形网架。当有必要时,在筒网壳纵向的中部可增设横向垂直网架。

筒网壳覆盖的平面为矩形,横向短边为端边(l_2),纵向长边为侧边(l_1)[图 1.55(a)]。当侧边较短时,筒网壳的受力特点类似于拱,各杆件以受压为主,且互相支撑防止压曲,故形成较大的空间刚度;当侧边较长时,而且纵向侧边不允许设置支座时,筒网壳的受力特点类似于长筒壳,这是可以看作由一榀榀平面桁架沿曲面拼接而成的筒网壳,每榀桁架相当于简支梁的工作状态。由此可以看出,长的筒网壳不如短的网壳经济。如果将较长筒网壳的一部分作为悬挑部分(一般可悬挑纵跨的 1/2 ~ 1/3),则可获得较好的经济效果[图 1.55(b)]。

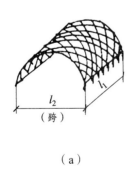

(a)

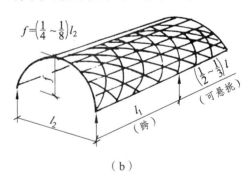

(b)

图 1.55 筒网壳

如黑龙江省展览馆某屋盖,采用了三向单层筒网壳结构。网壳的波长 20.72 m,跨度 48.04 m,矢高为 6 m。在跨度方向中间设了两个加强拱架,将长筒壳转化为两个短壳(图 1.56)。

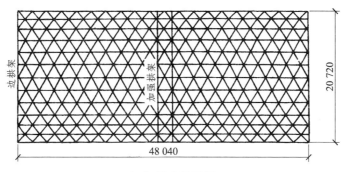

（a）网壳平面图

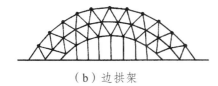

（b）边拱架

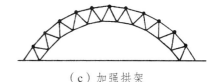

（c）加强拱架

图 1.56　黑龙江省展览馆某网壳屋盖

　　筒网壳两向交叉曲线杆的夹角成 90° 时，其网格成正方形或矩形，其刚度不如菱形网格好；当夹角成 30°～45° 时，网格成菱形。三向交叉杆系的第三向平分其夹角。

　　筒网壳属于有推力的结构，所以必须妥善解决支座的抗推力问题。一般可采用在网壳底部设置拉杆，在侧向设置边梁或边桁架，或者沿斜推力方向设置墙柱等抗推力构件。

1.6.2　球网壳结构

　　球网壳是由环向和径向（或斜向）交叉曲线杆系（或桁架）组成的单层（或双层）球形网壳。球网壳的建筑平面为圆形或正多边形，底部必须设置环梁以承担球网壳传来的荷载。环梁从受力来看为受弯构件。球网壳的关键问题在于球面的规则划分，球面划分基本要求有两个：① 杆件规格尽可能少，以便制作与装配；② 形成的结构必须是几何不变体。

1．单层球网壳

单层球网壳的主要网格形式有以下几种。

1）肋环型网格

　　肋环型网格只有经向杆和纬向杆，无斜向杆，大部分网格呈四边形，如图 1.57 所示。它的杆件种类少，每个节点只汇交 4 根杆件，节点构造简单，但节点一般为刚性连接。

（a）透视图

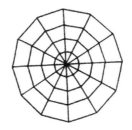

（b）平面图

图 1.57　肋环型球面网壳

2）施威特勒（Schwedler）型网格

施威特勒型网格由经向网肋、环向网肋和斜向网肋构成，如图 1.58（a）所示。其特点是规律性明显，内部及周边无不规则网格，刚度较大，能承受较大的非对称荷载，可用于大中跨度的穹顶。

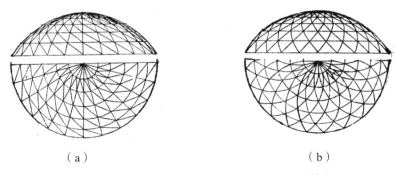

（a）　　　　　　　　　　　　　（b）

图 1.58　施威特勒型和联方型网格

3）联方型网格

联方型网格由左斜肋与右斜肋构成菱形网格，两斜肋的夹角为 30°～50°，如图 1.58（b）所示。为增加刚度和稳定性，也可加设环向肋，形成三角形网格。联方型网格的特点是没有径向杆件，规律性明显，造型美观。其缺点是网格周边大，中间小，不够均匀。联方型网格网壳刚度好，可用于大中跨度的穹顶。

4）凯威特（Kiewitt）型网格

凯威特型网格是先用 n 根（n 为偶数，且不小于 6）通长的径向杆将球面分成 n 个扇形曲面，然后在每个扇形曲面内用纬向杆和斜向杆划分成比较均匀的三角形网格，如图 1.59（a）所示。在每个扇区中各左斜杆相互平行，各右斜杆也相互平行，故也称为平行联方型网格。这种网格由于大小均匀，避免了其他类型网格由外向内大小不均的缺点，且内力分布均匀，刚度好，故常用于大中跨度的穹顶中。

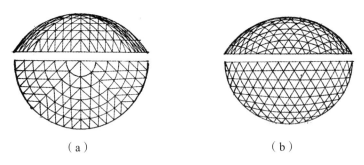

（a）　　　　　　　　　　　　　（b）

图 1.59　凯威特和三向型网格

5）三向型网格

由竖平面相交成 60° 的三族竖向网肋构成，如图 1.59（b）所示。三向型网格特点是杆件种类少，受力比较明确。可用于中小跨度的穹顶。

2．双层球网壳

1）双层球网壳的形成

当跨度较大时，从稳定性及经济性的方面考虑，双层网壳要比单层网壳好得多。双层球壳是由两个同心的单层球面通过腹杆连接而成。各层网格的形成与单层网壳相同，对于肋环型、施威特勒型、联方型、凯威特型等双层球面网壳，通常多选用交叉桁架体系。三向型网格等双层球面网壳，一般均选用角锥体系。

北京科技馆穹幕影院为一个内径 32 m，外径 35 m，高 25.5 m 的 3/4 双层球网壳，如图 1.60 所示。

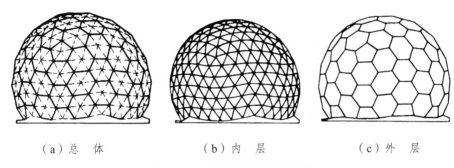

（a）总　体　　　　　（b）内　层　　　　　（c）外　层

图 1.60　北京科技馆穹幕影院

2）双层球网壳的布置

已建成的双层球网壳大多数是等厚度的，即内外两层壳面是同心的。但从杆件内力分布来看，一般情况下，周边部分的杆件内力大于中央部分杆件的内力。因此，在设计时，为了使网壳既具有单双层网壳的主要优点，又避免它们的缺点，既不受单层网壳稳定性控制，又能充分发挥杆件的承载力，节省材料，可采用变厚度或局部双层网壳。

3．球网壳结构的受力特点

球网壳是格构化的球壳，其受力状态与圆顶的受力相似，网壳的杆件为拉杆或压杆，节点构造也须承受拉力和压力。球网壳的底座可设置环梁，也可不设环梁。但一般情况下，设置环梁有利于增强结构的刚度。

随网壳支座约束的增强，球网壳内力逐渐均匀，且最大内力也相应减小，同时整体稳定系数也不断提高。因此球网壳周边支座节点以采用固定刚接支座为宜。

单层球网壳为增大刚度，也可再增设多道环梁，环梁与网壳节点用钢管焊接。

1.6.3　扭网壳结构

扭网壳为直纹曲面，壳面上每一点都可作两根互相垂直的直线。因此，扭网壳可以采用直线杆件直接形成，采用简单的施工方法就能准确地保证杆件按壳面布置。扭壳造型轻巧活泼，适应性强，很受欢迎。

1．单层扭网壳

单层扭网壳杆件种类少，节点连接简单，施工方便。单层扭网壳按网格形式的不同，有正交正放网格和正交斜放网格两种。

图 1.61 为益阳市人民法院公判厅，屋盖由 4 个扭壳组合而成，扭壳为周边支承，水平投影尺寸 18 m×24 m，矢高 3 m，采用焊接钢管单层网壳结构。

图 1.61　益阳市人民法院公判厅单层扭网壳屋盖

2．双层扭网壳

双层扭网壳结构的构成与双层筒网壳结构相似。网格的形式与单层扭网壳相似，也可分为两向正交正放网格和两向正交斜放网格。为了增强结构的稳定性，双层扭网壳一般都设置斜杆形成三角形网格。

图 1.62 为四川省德阳市体育馆，屋盖平面为菱形，边长 74.87 m，对角线长 105.80 m，四周悬挑，两翘角部位最大悬挑长度为 16.50 m，其余周边悬挑长度为 6.60 m。屋盖结构为两向正交斜放网格的双层扭网壳。网壳曲面矢高 14.50 m。

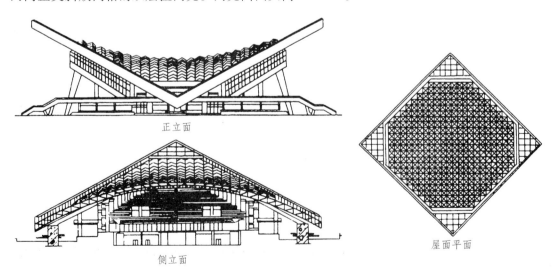

正立面

侧立面

屋面平面

图 1.62　四川省德阳市体育馆

1.7　砌体结构

砌体结构房屋是指主要承重构件由不同材料组成的房屋。在多层或单层砌体结构房屋中，板、梁、屋架等构件组成的楼盖或屋盖是砌体结构的水平承重结构，可以用钢筋混凝土结构（或木结构）；墙和柱则是砌体结构的主要竖向承重结构，可以用砖砌体（或砌块砌体、石砌体）。

1.7.1　砌体结构的优点和应用范围

砌体结构是我国有史以来使用时间最长、应用最普遍的结构体系。在多层建筑结构体系中，多层砖房约占 85%，它广泛应用于住宅、学校、办公楼、医院等建筑，究其原因主要有以下几个优点：① 主要承重结构（墙体）是用砖砌，取材方便；② 造价低廉、施工简单，有很好的经济指标；③ 保温隔热效果较好。

但砌体结构也有它一定的缺点。由于砖砌体强度较低，故利用砖墙承重时，房屋层数受到限制；同时，由于抗震性能较差，它在地震区使用限制更加严格。另外，砌体结构墙体主要靠手工砌筑，工程进度慢。砖材料取土可能破坏农田耕地，且消耗大量能源。因此，砖混结构在未来发展中将会逐步受到限制。

1.7.2　砌体结构房屋的墙体布置

应根据建筑功能要求选择合理的承重体系。按墙体承重体系，其布置大体可分为以下几种方案。

1. 横墙承重方案

由横墙直接承受屋盖、楼盖传来的竖向荷载的结构布置方案称横墙承重方案，外纵墙主要起围护作用，如图 1.63 所示。

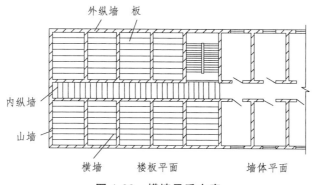

图 1.63　横墙承重方案

横墙承重方案特点：横墙是主要承重墙，纵墙主要起围护、隔断和将横墙连成整体的作用。与纵墙承重方案相比，横墙承重方案房屋的横向刚度大、整体性好，对抵抗风荷载、地震作用和调整地基不均匀沉降更为有利。

横墙承重体系适用于房间开间尺寸较规则的住宅、宿舍、旅馆等。

2．纵墙承重方案

由纵墙直接承受屋盖和楼盖竖向荷载的结构布置方案称纵墙承重方案，如图 1.64 所示。纵墙承重方案楼面荷载（竖向）传递路线为：

板→梁（或屋面梁）→纵墙→基础→地基

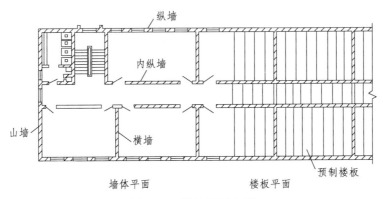

图 1.64　纵墙承重方案

纵墙承重方案特点：纵墙是主要承重墙，横墙主要是为了满足房屋使用功能以及空间刚度和整体性要求而布置的，横墙的间距可以较大，以使室内形成较大空间，有利于使用上的灵活布置；相对于横墙承重体系来说，纵向承重体系中屋盖、楼盖的用料较多，墙体用料较少，因横墙数量少，房屋的横向刚度较差。

纵墙承重体系适用于使用上要求有较大开间的房屋。

3．纵横墙承重方案

根据房间的开间和进深要求，有时需要纵横墙同时承重，即为纵横墙承重方案。这种方案的横墙布置随房间的开间需要而定，横墙间距比纵墙承重方案的小，所以房屋的横向刚度比纵墙承重方案有所提高，如图 1.65 所示。

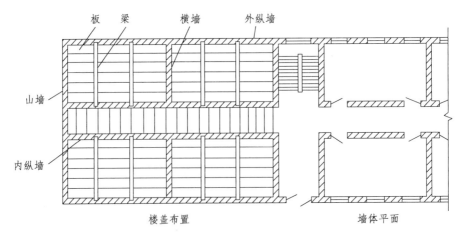

图 1.65　纵横墙承重方案

其楼面荷载（竖向）传递路线为：

$$楼（屋）面板 \rightarrow \left\{ \begin{array}{l} 梁 \rightarrow 纵墙 \\ 横墙 \end{array} \right\} \rightarrow 基础 \rightarrow 地基$$

纵横墙承重方案特点：房屋的平面布置比横墙承重时灵活；房屋的整体性和空间刚度比纵墙承重时更好。

4．内框架承重方案

内框架承重体系是在房屋内部设置钢筋混凝土柱，与楼面梁及承重墙（一般为房屋的外墙）组成，如图 1.66 所示。结构布置是楼板铺设在梁上，梁端支承在外墙，梁中间支承在柱上。

当承重梁沿房屋的横向布置时，其竖向荷载的传递路线为：

$$楼（屋）面板 \rightarrow 梁 \rightarrow \left\{ \begin{array}{l} 外纵墙 \rightarrow 外纵墙基础 \\ 柱 \rightarrow 柱基础 \end{array} \right\} \rightarrow 地基$$

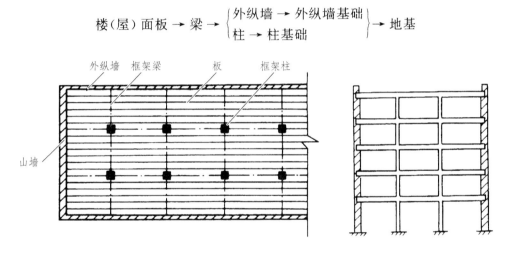

图 1.66　内框架承重方案

内框架承重体系的特点为：

（1）由于内纵墙由钢筋混凝土代替，仅设置横墙以保证建筑物的空间刚度；同时，由于增设柱后不增加梁的跨度，楼盖和屋盖的结构高度较小，因此在使用上可以取得较大的室内空间和净高，材料用量较少，结构也较经济。

（2）由于竖向承重构件材料性质的不同，外墙和内柱容易产生不同的压缩变形，基础也容易产生不均匀沉降。因此，如果设计处理不当，墙、柱之间容易产生不均匀的竖向变形，使构件（主要是梁和柱）产生较大的附加内力。另外，由于墙和柱采用的材料不同，也会对施工增加一定的复杂性。

（3）由于横墙较少，房屋的空间刚度较小，使得建筑物的抗震能力较差。

内框架承重体系适用于旅馆、商店和多层工业建筑，在某些建筑物（例如底层商店住宅）的底层结构中也常加以采用。

5．底部框架承重体系

房屋有时由于底部需设置大空间，在底部则可用钢筋混凝土框架结构取代内外承重墙，成为底部框架承重方案，如图 1.67 所示。

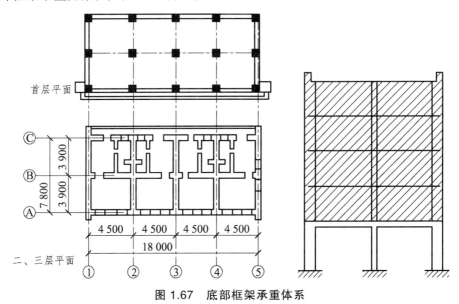

图 1.67 底部框架承重体系

框架与上部结构之间的楼层为结构转换层，其竖向荷载的传递路线为：

上部几层梁板荷载→内外墙体→结构转化层钢筋混凝土梁→柱→基础→地基。

底部框架体系的特点是：

（1）墙和柱都是主要承重构件。以柱代替内外墙体，在使用上可以取得较大的使用空间。

（2）由于底部结构形式的变化，房屋底层空旷。横墙间距较大，其抗侧刚度发生了明显的变化，成为上部刚度较大、底部刚度较小的上刚下柔多层房屋，房屋结构沿竖向抗侧刚度在底层和第二层之间发生突变，对抗震不利。因此《建筑抗震设计规范》（GB 50011—2010，2016 年版）对房屋上、下层抗侧移刚度的比值做了规定。

底部框架承重体系适用于底层为商店、展览厅、食堂而上面各层为宿舍、办公室等的房屋。

砌体结构不同承重体系的房屋，墙体布置各有特点，材料用量和结构空间刚度也有较大差别。至于某个具体工程应当采用哪种体系，首先要满足建筑物的使用要求和考虑建筑设计特色，然后从地基、抗震、材料、施工和造价等因素上进行综合比较，力求做到结构安全可靠、技术先进和经济合理。

1.8　多层与高层建筑结构

自古以来，人类在建筑上就有向高空发展的愿望和需要。古代的高层建筑可以追溯到公元前 2500 年左右兴建的古埃及国王的陵墓——金字塔。距今 1 000 年前后，在我国兴建并保留至今的一批宝塔，已成为我国古代高层建筑兴盛时期的历史见证。山西省应县城内佛宫寺的释迦塔是保存至今最古老最大的木塔，被称为我国华北四宝之一。该塔建于公元 1056 年，共 9 层，高达 67 m，位于全市中心，成为全市造型上的重点。由此可见，我国古代早已注意到高层建筑在城市总体上的效果。河北定县开元寺料敌塔建于公元 1001—1005 年，塔高 70 m，平面为八角形，11 层，全部为砖砌体，底部边长 9.8 m，外壁厚 3 m，东西南北四面开有窗洞以利观察，另四面多为假窗，加窗雕饰。外壁与核心之间有一圈回廊，核心内设扶梯逐层转向上升。从整个塔的结构上看，完全符合于近代筒体结构原则，所以近千年尚能屹立无恙。

进入 20 世纪 80 年代以后，我国高层建筑的发展极为迅猛，不但出现在大城市中，而且出现在一些中小城市，并且高度不断增加，造型日益创新，结构体系丰富多样，建筑材料、施工技术、服务设施都得到改进和提高。较典型的如：上海金茂大厦，88 层，420.5 m，钢筋混凝土核心筒与巨型钢骨架砌体结构；上海环球金融中心，101 层，高 492 m，该楼距地面 472 m 的 100 层处，设计了 55 m 长，十几米宽的"观光天阁"，这是目前世界最高的大楼观光厅，人们将在这里找到"漂浮"在空中的感觉。现如今世界最高建筑当数阿联酋的迪拜塔，可使用楼层有 160 层，建筑高度达 828 m。

高层建筑最突出的优点是可有效地利用空间资源，占地面积小，可缓解大城市的住房困难、交通拥堵和用地紧张等问题。据国外的有关资料介绍，9~10 层的建筑比 5 层的节约用地 23%~28%，16~17 层的建筑比 5 层的节约用地 32%~49%。

1.8.1 高层建筑的定义

近年来，随着社会的发展，高层建筑越来越多，多高的建筑是高层建筑，至今国内外尚无确切的定论。多少层以上或多少高度以上的建筑物为高层建筑，世界各国的规定不一，也不严格。因为高层建筑设计标准比多层建筑高，所以对高层建筑的定义与一个国家的经济条件、建筑技术、电梯设备、消防装置等许多因素有关。

按照我国住房和城乡建设部批准的行业标准《高层建筑混凝土结构技术规程》JGJ 3—2010（简称《高层规程》）的规定：本规程适用于 10 层及 10 层以上或房屋高度超过 28 m 的住宅建筑和房屋高度大于 24 m 的其他高层民用建筑结构。

抗震设计的高层混凝土建筑，根据建筑使用功能的重要性分为甲类、乙类、丙类三个抗震设防类别。甲类属于重大工程和地震时可能发生严重灾害的建筑；乙类属于地震时使用功能不能中断或需要尽快恢复的建筑；丙类属于一般标准设防建筑。

高层建筑按其最大适用高度和宽度比，又分为 A 级高度高层建筑和 B 级高度高层建筑。A 级高度高层建筑和 B 级高度高层建筑的最大适用高度分别见表 1.1、1.2。

由于高层建筑中所采用的框架结构及框架剪力墙结构，也常用于多层建筑，故本小节称为多层与高层建筑。

表 1.1　A 级高度钢筋混凝土高层建筑的最大适用高度　　　　单位：m

结构体系		非抗震设计	抗震设防烈度				
			6	7	8		9
					0.20g	0.30g	
框　架		70	60	50	40	35	—
框架-剪力墙		150	130	120	100	80	50
剪力墙	全部落地剪力墙	150	140	120	100	80	60
	部分框支剪力墙	130	120	100	80	50	不应采用
筒　体	框架-核心筒	160	150	130	100	90	70
	筒中筒	200	180	150	120	100	80
板柱剪力墙		110	80	70	55	40	不应采用

表 1.2　B 级高度钢筋混凝土高层建筑的最大适用高度　　　　单位：m

结构体系		非抗震设计	抗震设防烈度			
			6	7	8	
					0.20g	0.30g
框架-剪力墙		170	160	140	120	100
剪力墙	全部落地剪力墙	180	170	150	130	110
	部分框支剪力墙	150	140	120	100	80
筒　体	框架-核心筒	220	210	180	140	120
	筒中筒	300	280	230	170	150

1.8.2　高层建筑的受力特点及基本要求

1．水平作用是结构设计的主要控制因素

在高层建筑设计中，高层建筑结构设计是很重要的一环。高层建筑结构不仅承受竖向荷载（如结构自重、楼面与屋面活荷载等），而且也承受水平作用（如风荷载、地震作用等）。多层建筑，一般可以忽略由水平作用产生的结构侧向位移对建筑使用功能或结构可靠度的影响。从结构内力看，竖直荷载主要使柱产生轴向力，与房屋高度大体上为线性关系，如图 1.68（a）所示。而水平荷载则使柱产生弯矩，当荷载为均匀分布时，弯矩与房屋高度呈二次方变化，如图 1.68（b）所示；从受力性质看，竖直荷载作用方向不变，房屋高度增大仅引起轴力数值增加。而水平荷载作用方向可来自任一方向，反向荷载可能引起内力性质改变；从侧移大小看，竖直荷载引起的侧移很小或不产生侧移。而水平荷载为均布时，侧移与房屋高度呈四次方变化，如图 1.68（c）所示。上述由水平作用引起的弯矩和侧向位移常常成为决定结构方案、结构布置及构件截面尺寸的主要控制因素。

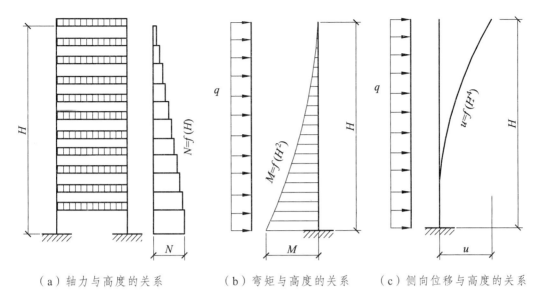

（a）轴力与高度的关系　　（b）弯矩与高度的关系　　（c）侧向位移与高度的关系

图 1.68　高层建筑的结构受力特点

2．结构刚度是结构设计的关键因素

要设计多少层或多高的建筑，这是出自使用的需要，而建筑平面和高度一经确定，外荷载也就不容商榷。为抵抗外荷载（特别是水平作用）引起的内力和控制房屋的侧向位移，则要求结构应具有足够的强度和刚度，而结构的刚度往往是高层建筑结构设计的关键因素。抗侧移刚度的大小不仅与结构体系紧密相关，而且直接关系到结构侧向位移的大小。为此，《高层规程》规定如下：① 高度不大于 150 m 的高层建筑，其楼层层间最大位移与层高之比 Δ_u/h 不宜大于表 1.3 的限值；② 高度不小于 250 m 的高层建筑，其楼层层间最大位移与层高之比不宜大于 1/500；③ 高度在 150 到 250 m 之间的高层建筑，其楼层层间最大位移与层高之比 Δ_u/h 的限值按线性插入取用。

表 1.3　楼层层间最大位移与层高之比的限值

结构类型	Δ_u/h 限值
框架	1/550
框架-剪力墙、框架-核心筒、板柱-剪力墙	1/800
筒中筒、剪力墙	1/1 000
除框架结构外的转换层	1/1 000

3．高宽比限值及平面布置

建筑物的高宽比，对于多层建筑来说尚不突出，但对高层建筑却显得十分重要。建筑总高度与总宽度要保持合理的比例，要既能使建筑体型美观，又满足抗风抗震要求，这是最佳设计的主要条件之一。表 1.4 为钢筋混凝土高层建筑结构适用的最大高宽比。

表 1.4 钢筋混凝土高层建筑结构适用的最大高宽比

结构体系	非抗震设计	抗震设防烈度		
		6度、7度	8度	9度
框架墙	5	4	3	—
板柱-剪力墙	6	5	4	—
框架-剪力墙	7	6	5	4
框架-核心筒	8	7	6	4
筒中筒	8	8	7	5

此外，高层建筑的结构平面宜简单规则、对称，减小偏心，平面长度不宜过长，钢筋混凝土高层建筑的平面长度 L 与宽度 B 之比宜满足第 2 章表 2.2 的要求。

4．选择有利于抗侧力的建筑体型

在按照建筑的不同功能和不同层数选取合理的结构形式、结构体系，并考虑其最佳高宽比的同时，还必选择有利于抗风抗震的建筑体型，且宜选用风作用效应较小的平面形状。

5．注重概念设计，协调配合，统筹布局

高层建筑结构设计，应从总体上注意概念设计，重视结构类型的选取和结构体系的确定，重视结构平面布局和竖向布置的规则性。在抗震设计中，应择优先选用抗震和抗风性能好且经济合理的结构体系，特别要注重采取和加强有效的构造措施，以保证结构的整体抗震性能，使整个结构具有必要的承载能力、刚度和延性。

高层建筑结构设计与建筑设计密不可分，不同的结构体系对建筑布局均有不同的影响。例如，高层建筑是以电梯作为主要的垂直交通工具，在结构设计中，应注意如何有效地利用电梯，组织方便、安全而又经济的公共交通体系。其他如供水、供电、通信设备，防火、防烟、疏散、安全措施以及服务设施、环境、废物处理等。所有这些，均需要全面考虑与统筹安排，做好相互间的协调配合。

在低层建筑中，有些问题常被认为不太重要而被忽视，但在高层建筑中则非常突出，必须慎重处理。如结构的自振周期、振型组合、N-Δ 效应、场地土特性及其对结构的影响等。又如风荷和结构的风荷效应、涡流和旋风等。一个高层建筑除了建筑、结构、施工外，还有设备、通信、防火、交通、环境、服务设施、废物处理等，需要全面考虑，统筹安排，协调配合。

在多、高层建筑中抵抗水平荷载为设计的主要矛盾时，抗侧力结构体系的确定和设计就成为结构设计的关键问题。高层建筑中常有的钢筋混凝土结构体系有框架结构、剪力墙结构、框架-剪力墙结构和筒体结构。

1.8.3 多层与高层建筑结构布置的一般原则

高层建筑钢筋混凝土结构可采用框架、剪力墙、框架-剪力墙、板柱-剪力墙和筒体结构体系。其中，板柱-剪力墙结构系指由无梁楼板与柱组成的板柱框架和剪力墙共同承受竖向和水平作用的结构。各种结构体系结构布置时，应遵守以下一般原则：

（1）高层建筑的开间、进深和层高应力求统一，以便于结构布置，减少构件类型、规格，有利于工业化施工与降低综合造价。

（2）高层建筑结构布置，应使结构具有必要的承载能力、刚度和变形能力，避免因部分结构或构件的破坏而导致整个结构丧失承受重力荷载、风荷载和地震作用的能力。

（3）在高层建筑的一个独立结构单元内，宜使结构平面形状简单、规则，刚度和承载力分布均匀，不应采用严重不规则的结构体系和平面布局。

（4）高层建筑的竖向体型，宜规则、对称，避免有过大的外挑和内收。结构的侧向刚度宜下大上小，逐渐均匀变化，不宜采用竖向布置严重不规则的结构。

高层建筑的结构布置，应保证在正常使用条件下，具有足够的刚度，以避免产生过大的位移而影响结构的承载力、稳定性和使用要求。

（5）高层建筑的结构布置应与结构单元、结构体系和基础类型相协调，并与施工条件和施工方法相适应，如需考虑现场施工和预制构件制作的可能和方便，以缩短工期，早日发挥投资效益。

（6）高层建筑结构中，应尽量少设结构缝，以利简化构造，方便施工，降低造价。对于建筑平面形状较为复杂、平面长度大于伸缩缝最大间距或主体与裙房之间沉降差较大时，可以采取调整平面形状和结构布置或采取分阶段施工、设置后浇带的方法，尽量避免设置结构缝。后浇带间距 30～40 m，后浇带宽 800～1 000 mm，后浇带内钢筋可采用搭接接头，后浇带混凝土宜在 2 个月后浇灌，混凝土强度等级应提高一级。

（7）在地震区建造高层建筑时，其结构布置尚应特别注意以下几点：

①　建筑物（这里主要指结构单元）的平面形状，应力求简单、规则、对称以减少偏心。例如采用正方形、矩形、圆形、椭圆形、Y 字形、L 形、十字形、井字形等平面形式。因为这样的平面，结构刚度均匀，房屋重心左右一致，抵抗地震作用的房屋刚度中心与地震作用的合力中心位置相重合或比较接近，可以减少因刚度中心和质量中心不一致而引起房屋扭转的影响。因为地震作用的大小与房屋质量有关，所以地震作用的合力作用点常称为房屋的质量中心。

②　房屋的竖向结构布置，应力求刚度均匀连续。如柱子、剪力墙的截面沿高度应上下一致，或由下而上逐渐变小。各层刚度中心应尽量位于一条竖直线上，避免错位、截面明显减小或突然取消，防止建筑物刚度和重心上下不一致。

③　楼盖是传递竖向荷载及水平作用并保证抗侧力结构协同工作的关键构件，必须保证它在平面内有足够的刚度，同时应保证墙、柱与楼盖的可靠连接。为此，应优先采用整体现浇楼板。对于装配式楼板，宜增设现浇层，并在支承部位和板与梁、板与墙的连接处，采用可靠的构造措施。

④　建造在地震区的高层建筑，更应从设计、施工质量上保证结构的整体性，使房屋各部分结构能有效地组合在一起，发挥空间工作的作用，以提高抗震能力。例如，结构要多道设防，使结构计算图式的超静定次数增多。这样，在经受地震后，即使有个别的构件破坏，也不会造成整个房屋的过早失稳和破坏。

⑤　当建筑物平面形状复杂而又无法调整其平面形状和结构布置使之成为较规则的结构时，宜设置防震缝将其划分为较简单的几个结构单元。

⑥ 经受地震后，房屋中的隔墙、女儿墙、阳台、雨篷、挑檐等构件最容易损坏，甚至坠落而造成伤亡事故。设计时，必须采取有效的结构措施，予以锚固和拉结。

上述各点，对地震区高层建筑结构设计十分重要，必须严格遵守。同样，在进行非地震区高层建筑设计中，也应尽量参照执行，从而达到安全适用、经济合理的效果。

1.8.4 框架结构

1. 框架结构组成及适用范围

框架结构，系指由梁和柱为主要构件组成的承受竖向和水平作用的结构，一般由框架柱和框架横梁通过节点连接而成。框架节点通常为刚接，主体结构除个别部位外，均不应采用铰接。

框架结构体系的优点是建筑平面布置灵活，可以提供较大的内部空间，建筑立面也容易处理，结构自重较轻，构件简单，施工方便，计算理论也比较成熟，在一定的高度范围内造价较低，因而特别适合用于商场、展览馆、医院、旅馆、教学楼、办公楼等公共建筑以及多层工业厂房。

框架结构体系的缺点是框架结构本身的柔性较大，抗侧力能力较差。在风荷载作用下会产生较大的水平位移；在地震荷载作用下，非结构性的部件破坏较严重（如建筑装饰、填充墙、设备管道等）。因此，在采用框架结构时应控制建筑物的层数和高度。

2. 框架结构柱网布置

柱网布置包括柱网及层高的确定。柱网布置原则是：满足使用要求，结构受力合理，用材节省，造价经济，施工方便，且能与施工机械的运输、吊装能力相适应。同时，柱网布置应力求行距、列距一致，且宜布置在同一轴线上。除房屋底部或顶部以外，中间各层通常层高相同。这样，传力直接，受力合理，又可减少构件规格、型号。柱网布置应注意以下几点。

1）工业建筑柱网布置

工业建筑柱网布置应满足生产工艺要求，多层厂房的柱网布置有内廊式、等跨式、对称不等跨式几种，如图 1.69 所示。

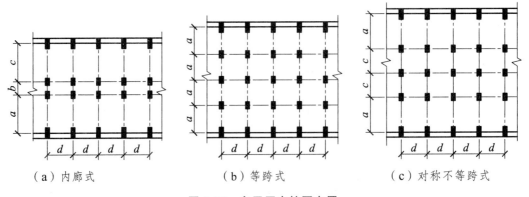

（a）内廊式　　　（b）等跨式　　　（c）对称不等跨式

图 1.69　多层厂房柱网布置

2）民用建筑柱网布置

民用建筑柱网布置应满足建筑平面布置要求。对于旅馆、办公楼等，其柱网布置可采用两边跨为客房与卫生间，中间跨为走道；或两边跨为客房，中间跨为走道与卫生间。也可取消中间一排柱子，将柱网布置成两跨。而且柱网布置应与纵横隔墙相协调，尽量使柱子布置在纵横隔墙的交叉点上。图 1.70 为已建的工程柱网布置情况，民用建筑框架结构典型的柱网布置如图 1.71 所示。

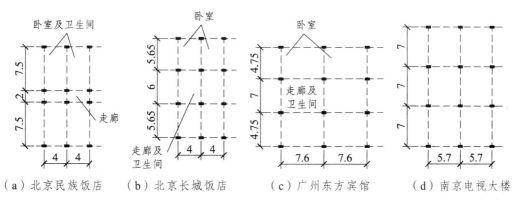

图 1.70 民用建筑的柱网布置（单位：m）

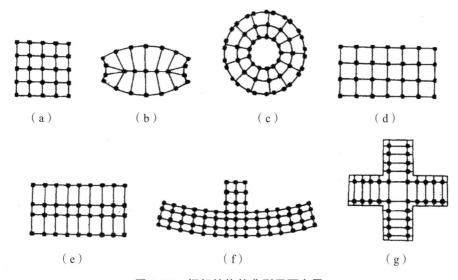

图 1.71 框架结构的典型平面布置

3）柱网布置应使结构受力合理

多层框架主要承受竖向荷载。其横向柱列布置时，应考虑到结构在竖向荷载作用下内力分布均匀合理，各种构件材料强度得以充分利用。如图 1.72 所示为两种框架结构。显然，在竖向荷载作用下框架 A 的横梁跨中最大正弯矩、支座最大负弯矩及柱端弯矩均比框架 B 大。

多层框架的纵向柱距，一般可取一个建筑开间和两个建筑开间。前者开间小，柱截面常按构造配筋，材料强度不能充分利用，建筑平面也难以灵活布置。所以，多层框架的纵向柱列布置多采用后者，如图 1.72（b）所示。

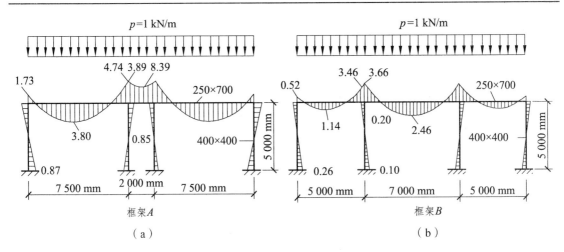

图 1.72 框架弯矩图（弯矩单位：kN·m）

3. 受力特征和变形特点

因为框架结构主要承受竖向荷载（如恒载和屋面活荷载）和水平荷载及作用（如风荷载和水平地震作用），所以常把框架结构看成是由横向平面框架和纵向平面框架组成的空间受力体系。为此，《高层规程》规定，框架结构应设计成双向梁柱抗侧力体系。

在竖向荷载作用下，框架结构受力明确，传力简捷，也便于计算；在水平荷载作用下，抗侧刚度小，变形呈剪切型，水平侧移大，底部几层侧移更大。与其他高层建筑结构相比，属柔性结构。框架结构自下而上内力相差较大，相应的构件类型也较多。框架结构的突出优点是建筑平面布置灵活，能满足较大空间要求，特别适用于商场、餐厅等。

框架在水平力作用下，在竖向构件的柱和水平构件的梁内均引起剪力、轴力和弯矩，这些力使梁、柱产生变形，如图 1.73（a）所示。框架侧移由两部分组成：一是框架在水平力作用下的倾覆力矩，使框架的近侧柱受拉、远侧柱受压，形成框架的整体弯曲变形，如图 1.73（b）所示；二是由水平力引起的楼层剪力，使梁、柱产生垂直于其杆轴线的剪切变形和弯曲变形，形成框架的整体剪切变形，如图 1.73（c）所示。当框架的层数不太多时，框架的侧移主要是由整体剪切变形引起的，整体弯曲变形的影响甚小。

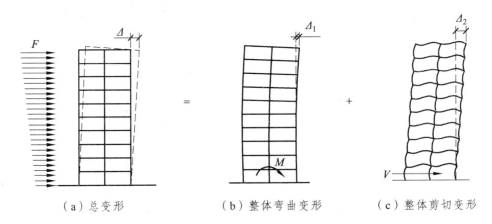

（a）总变形 　（b）整体弯曲变形 　（c）整体剪切变形

图 1.73 水平荷载下框架结构的变形

在框架结构布置时，框架梁柱中心线宜重合，尽量避免偏心。当梁柱中心线不重合时，梁柱中心线之间的偏心距，不宜大于柱截面在该方向宽度的 1/4。超过时可采取增设梁的水平加腋等措施。

框架结构常采用轻质墙体作为填充墙及隔墙。抗震设计时，如采用砌体填充墙时，其布置应避免上、下层刚度变化过大；避免形成短柱，并应减少因抗侧刚度偏心所造成的扭转。为保证墙体自身的稳定性，砌体填充墙及隔墙的墙顶应与框架梁或楼板密切结合，且应与框架柱有可靠拉结。《高层规程》特别指出：框架结构按抗震设计时，不应采用部分由框架承重，部分由砌体墙承重的混合形式。框架结构中的楼梯间、电梯间及局部出屋顶的电梯机房、楼梯间、水箱间等，应采用框架承重，不应采用砌体墙承重。

1.8.5　剪力墙结构

1．剪力墙结构组成及适用范围

随着建筑物高度的增加，框架结构柱子的合理截面已难以承担由于竖向荷载，特别是由水平荷载产生的内力。为了抵抗外荷载，需要不断地增大柱的截面，以致造成了不合理的设计。用钢筋混凝土墙板来代替框架结构中的梁柱则能承担由各类荷载引起的内力，并能有效地控制结构的水平变形，如图 1.74 所示。

剪力墙结构，系指由剪力墙组成的承受竖向和水平作用的结构。高层建筑结构中的剪力墙，多为钢筋混凝土剪力墙。钢筋混凝土剪力墙结构是指用钢筋混凝土墙板来承受竖向荷载和水平荷载的空间结构，墙体亦同时作为维护和分隔构件。由于墙板截面惯性矩大，整体性能好，因此剪力墙体系的侧向刚度是很大的，它能承担相当大的水平荷载。剪力墙结构体系的优点是抗侧力能力强，变形小，抗震性能好。从经济上分析，剪力墙结构以 30～40 层为宜。

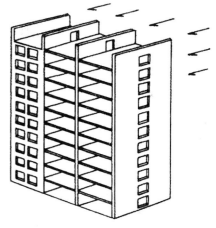

图 1.74　剪力墙结构

剪力墙结构的主要缺点是剪力墙间距太小，不容易布置面积较大的房间，平面布置不灵活，不适于公共建筑，结构自重较大。剪力墙的间距受楼板构件跨度的限制，一般为 3～5 m。因剪力墙结构比较适用于要求较小房间的高层住宅、旅馆、办公楼等建筑。

在住宅和旅馆客房中采用剪力墙结构可以较好地适应墙体较多、房间面积不大的特点，而且可以避免使房间内部凸出梁柱，整齐美观。

2．剪力墙布置方案

剪力墙结构体系，按其体形可分为"条式"和"塔式"两种。"条式"建筑如图 1.75（a）、（b）、（c）所示，"塔式"建筑如图 1.75（d）、（e）、（f）示。剪力墙结构体系的结构布置可分述如下。

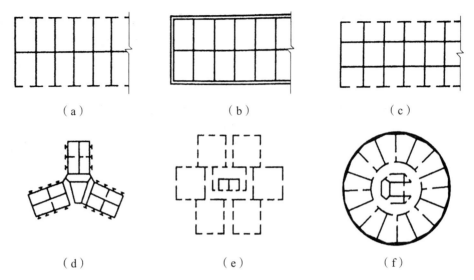

图 1.75　剪力墙结构的布置形式

1）剪力墙的平面布置

剪力墙宜沿主轴方向（横向和纵向）或其他方向双向布置；抗震设计的剪力墙结构，应避免仅单向有墙的结构布置形式。剪力墙墙肢截面宜简单规则。剪力墙的横向间距，常由建筑开间而定，一般设计成小开间或大开间两种布置方案。对于高层住宅或旅馆建筑（层数一般为 16～30 层），小开间剪力墙间距可设计成 3.3～4.2 m；大开间剪力墙间距可设计成 6～8 m。前者，开间窄小，结构自重较大，材料强度得不到充分发挥，且会导致过大的地震效应，增加基础投资；后者，不仅开间较大，可以充分发挥墙体的承载能力，经济指标也较好。

剪力墙的纵向布置，一般设置为两道、两道半、三道或四道（图 1.76）。对抗震设计，应避免采用不利于抗震的鱼骨式平面布置方案（图 1.77）。由于纵横墙连成整体，从而形成 L形、T 形、工形、C 形截面，以增强平面内刚度，减少剪力墙平面外弯矩或梁端弯矩对剪力墙的不利影响，有效防止发生平面外失稳破坏。由于纵墙与横墙的整体连接，考虑到在水平荷载作用下纵横墙的共同工作，因此在计算横墙受力时，应把纵墙的一部分作为翼缘考虑；而在计算纵墙受力时，则应把横墙的一部分作为翼缘考虑。

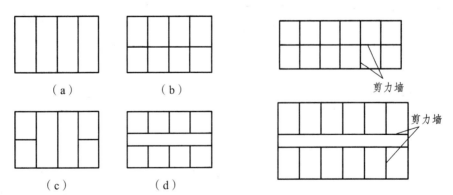

图 1.76　剪力墙布置方案　　　　　图 1.77　鱼骨式剪力墙布置

2）剪力墙的立面布置

剪力墙的高度一般与整个房屋的高度相同，自基础直至屋顶，高达几十米或一百多米。剪力墙的立面宜自下而上连续布置，避免刚度突变。剪力墙开设门窗洞口时，宜上下对齐，成列布置，形成明确的墙肢和连梁，使墙肢和连梁传力直接，受力明确，不仅便于钢筋配置，方便施工，经济指标也较好。否则将会形成错洞墙或不规则洞口，这将使墙体受力复杂，洞口角边容易产生明显的应力集中，地震时容易发生震害。

3）墙体长度

单片剪力墙的长度不宜过长，《高层规程》规定，每个墙肢（或独立墙段）的截面高度不宜大于 8 m。这是因为过长的墙肢，一方面，使墙体的延性降低，容易发生剪切破坏；另一方面，会导致结构刚度迅速增大，结构自振周期过短，从而加大地震作用，对结构抗震不利。当墙肢超过 8 m，宜采用弱连梁的连接方法，将剪力墙分成若干个墙段，或将整片剪力墙形成由若干墙段组成的联肢墙。此外，剪力墙与剪力墙之间的连梁上不宜设置楼面主梁。

4）框支剪力墙的布置要求

剪力墙结构布置，虽适合于宾馆、住宅的标准层建筑平面，但却难以满足底部大空间、多功能房间的使用要求。这时需要在底层或底部若干层取消部分剪力墙，而改成框支剪力墙。框支剪力墙为剪力墙结构的一种特殊情况。其结构布置应满足以下要求：

（1）控制落地剪力墙的数量与间距。

对于矩形平面的剪力墙结构，落地剪力墙的榀数与全部横向剪力墙的比值，非抗震设计时不宜少于 30%，抗震设计时不宜少于 50%。落地剪力墙的间距 L 应满足以下要求：非抗震设计时，$L \leqslant 3B$，且 $L \leqslant 36$ m；抗震设计时，底部为 1 ~ 2 层框支层时，$L \leqslant 2B$，且 $L \leqslant 24$ m；底部为 3 层及 3 层以上框支层时，$L \leqslant 1.5B$，且 $L \leqslant 20$ m。其中，B 为楼盖结构的宽度。

（2）控制建筑物沿高度方向的刚度变化幅度。

对于底层大空间剪力墙结构，在沿竖向布置上，最好使底层的层刚度和二层以上的层刚度，接近相等。抗震设计时，不应超过 2 倍；非抗震设计时，不应大于 3 倍。

（3）框支梁柱截面的确定。

框支梁柱是底部大空间部分的重要支承构件，它主要承受垂直荷载及地震倾覆力矩，其截面尺寸要通过内力分析，从结构强度、稳定和变形等方面确定。经试验证明，墙与框架交接部位有几个应力集中区段，在这些部位的配筋均需加强。框架梁的截面高度一般可取为 $(1/6 \sim 1/8)L_1$，L_1 为梁的跨度。框架柱截面应符合轴压比 $N/f_c bh \leqslant 0.6$，N 为地震作用及竖向荷载作用下轴压力设计值，f_c 为混凝土轴心抗压强度设计值。

（4）底层楼板应采用现浇混凝土。

底层楼板应采用现浇混凝土的强度等级不宜低于 C30，板厚不宜小于 180 mm，楼板的外侧边可利用纵向框架梁或底层外纵墙加强。楼板开洞位置距外侧边应尽量远一些，在框支墙部位的楼板则不宜开洞。

3．剪力墙结构的受力特点

如图 1.78 所示，剪力墙结构体系中的纵墙和横墙，在水平荷载作用下，其工作状况犹如一根底部嵌固于顶面的悬臂梁,墙体是在压、弯、剪的复合状态下工作的。其受力特点主要有:竖向荷载和水平作用全由剪力墙承担;剪力墙抗侧刚度大,侧位移小,属刚性结构;水平作用下,剪力墙变形呈弯曲型;剪力墙结构开间死板,建筑布置不灵活。

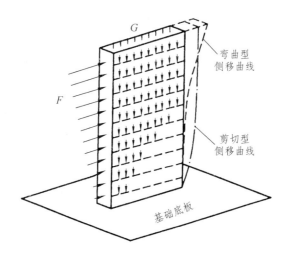

图 1.78　剪力墙的受力状态

当房屋层数较少,墙体的高宽比值小于 1 时,在水平荷载下,墙体以剪切变形为主,墙体的侧移曲线呈剪切型;当房屋层数很多,墙体的高宽比值大于 4 时,墙体在水平荷载下的侧移,则是以弯曲变形为主,墙体的侧移曲线接近弯曲型;墙体的高宽比值在 1 到 4 之间时,墙体的剪切变形和弯曲变形各占一定比例,侧移曲线呈剪弯型。

剪力墙结构中,由钢筋混凝土墙体承受全部水平和竖向荷载,剪力墙沿建筑横向、纵向正交布置或沿多轴线斜交布置,在抗震结构中,应避免单向布置剪力墙,并宜使两个方向刚度接近;这种结构刚度大,空间整体性好,用钢量较省。现浇钢筋混凝土剪力墙体系,由于结构整体性强,结构在水平荷载下的侧向变形小,而且承重能力有很大富余,地震时墙体即使严重开裂,强度衰减,其承载能力也很少降低到承重所需的临界承载力以下。所以,现浇剪力墙结构体系具有较高的抗震能力。历次地震中,剪力墙结构表现了良好的抗震性能,震害较少发生,而且程度也较轻微。

4．剪力墙的分类

剪力墙的类型有整体墙、整体小开口墙、双肢墙、多肢墙、壁式框架和框支墙等 6 种形式,如图 1.79 所示。

1）整体剪力墙

整体剪力墙为墙面上不开洞口或洞口很小的实体墙,如图 1.79（a）所示。 后者系指其洞口面积小于整个墙面面积的 15%,且洞口之间的距离及洞口距墙边的距离均大于洞口的长边尺寸的剪力墙。整体剪力墙在水平荷载作用下,以悬臂梁(嵌固于基础顶面)的形式工作,与一般悬臂梁不同之处,仅在于剪力墙为典型的深梁,在变形计算中不能忽略它的剪切变形。

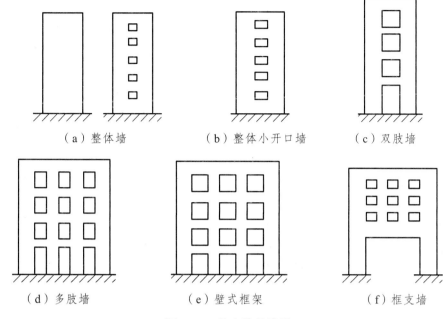

（a）整体墙 （b）整体小开口墙 （c）双肢墙

（d）多肢墙 （e）壁式框架 （f）框支墙

图 1.79 剪力墙的类型

2）整体小开口剪力墙

对于开有洞口的实体墙，上、下洞口之间的墙，在结构上相当于连系梁，通过它将左右墙肢联系起来。如果连系梁的刚度较大，洞口又较小（但洞口面积大于总面积的 15%），则属于整体小开口剪力墙，如图 1.79（b）所示。整体小开口剪力墙是整体墙与联肢墙的过渡形式。由于开设洞口而使墙内力与变形比整体墙大，连系梁仍具有较大的抗弯、抗剪刚度，而使墙肢内力与变形又比联肢墙小。从总体上看，整体小开口剪力墙的整体性较好，变形时墙肢一般不出现反弯点，故更接近于整体墙。

3）联肢剪力墙

如果墙体洞口较大，连系梁的刚度较小，一般称为联肢墙，如图 1.79（c）、（d）所示。联肢墙可看作是通过连系梁连接而成的组合式整体墙。如果洞口的宽度较小，连梁和墙肢的刚度均较大，则接近于整体小开口剪力墙；如果洞口的宽度较大，连梁和墙肢的刚度均较小，则接近于壁式框架；如果墙肢的刚度大，而连梁的刚度过小，则每个墙肢相当于用两端铰接的链杆联系起来的单肢整体墙。后者，当整个联肢墙发生弯曲变形时，可能在连系梁中部出现反弯点（反弯点处只有剪力和轴力），此时，每个墙肢相当于同时承受外荷载和反弯点处剪力和轴力的悬臂梁。

4）壁式框架

如果墙体洞口的宽度较大，则连系梁的截面高度与墙肢的宽度相差不大（二者线刚度大致相近），这种墙体在水平荷载作用下的工作很接近于框架。只不过梁与柱截面高度都很大，故工程上将这种墙体称为壁式框架，如图 1.79（e）所示。它与一般框架的主要不同点在于梁柱节点刚度极大，靠近节点部分的梁与柱可以近似地认为是一个不变形的区段，即所谓"刚域"。在计算内力和变形时，梁与柱均应按变截面杆件考虑，其抗弯、抗剪刚度均需作进一步修正。

5）框支剪力墙

框支剪力墙在标准层采用剪力墙结构，而底层为适应大空间要求而采用框架结构（底层的竖向荷载和水平作用全部由框架的梁、柱来承受），如图 1.79（f）所示。这种结构，在地震作用的冲击下，常因底层框架刚度太弱、侧移过大、延性较差，或因强度不足而引起破坏，甚至导致整幢建筑倒塌。近年来，这种底层为纯框架的剪力墙结构，在地震区已很少采用。

结构的受力性能，提高建筑物的抗震能力，在结构平面布置中，可将一部分剪力墙落地并贯通至基础，称为落地剪力墙；而另一部分，底层仍为框架，如图 1.80（a）所示。

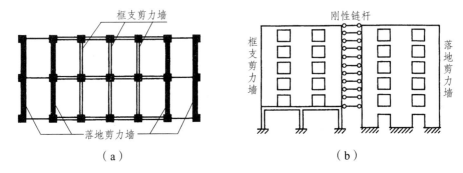

（a）　　　　　　　　　　　　（b）

图 1.80　框支剪力墙

图 1.80（b）为框支剪力墙和落地剪力墙协同工作体系的计算简图，二者通过楼盖（刚性链杆）连接起来共同承受水平作用。

1.8.6　框架剪力墙（筒体）结构

1．框架-剪力墙（筒体）结构的构成及适用范围

框架-剪力墙或框架-筒体结构是在框架结构中布置一定数量的钢筋混凝土墙体或钢-混凝土实心筒而成的一种结构形式（图 1.81）。由于既保留了框架结构布置灵活的优点，又有剪力墙抗侧刚度大的优点，因而在高层建筑中得到广泛应用，如办公楼、宾馆、教学楼、图书馆、医院等。

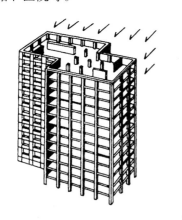
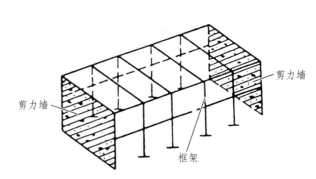

图 1.81　框架-剪力墙结构

2．框架-剪力墙（筒体）结构布置

框架-剪力墙（包括筒体，下面不再重复注明）结构布置的关键是剪力墙的数量和位置。框架-剪力墙结构中，结构的抗侧刚度主要由剪力墙的抗弯刚度确定，顶点位移和层间变形都会随剪力墙抗弯刚度的加大而减小。为了满足变形的限制要求，建筑物愈高，要求抗弯刚度愈大。但是，剪力墙多，结构的抗侧刚度大，侧向位移小，但材料用量偏多，结构自重加大，结构自振周期短，地震作用效应大；剪力墙少，结构的抗侧刚度小，侧向位移大，结构自振周期长，地震作用效应小。从震害的角度看，剪力墙自身强度和刚度均较大。通过震害的调查分析表明，剪力墙多时往往震害较轻，而剪力墙过少时，结构侧向位移大，结构和非结构构件的损失严重。从材料的用量和经济的角度看，框架部分的材料用量，并不比剪力墙部分的材料用量减少很多。随着剪力墙的增多，毕竟材料用量增大，导致基础和地基处理费用增高，而剪力墙少，更有利于建筑平面的灵活布置。可以认为，当建筑物层数不多时，剪力墙还是少设为好。

根据多年来的工程设计经验总结，在独立的结构单元内，剪力墙的设置数量应符合下列原则和要求：① 为能充分发挥框-剪体系的结构特性，剪力墙在结构底部所承担的地震弯矩值（可按第一振型计算）应不少于总地震弯矩值的 50%；② 沿结构单元的两个主轴方向，按地震力计算出的结构弹性阶段层间侧移角的最大值应分别不大于《高层规程》关于层间侧移角限值的规定。

框架-剪力墙结构应设计成双向抗侧力体系。抗震设计时，结构两主轴方向均应布置剪力墙。框架-剪力墙结构中，主体结构构件之间除个别节点外不应采用铰接，梁与柱或柱与剪力墙的中线宜重合。

框架-剪力墙结构中剪力墙的布置要符合下列要求：

（1）剪力墙布置以对称、周边为好，可减少结构的扭转。在地震区要求更加严格。当不能对称布置剪力墙时，也要使刚度中心尽量和质量中心接近，减少地震作用产生的扭转。剪力墙靠近结构外围布置，可以增强结构的抗扭作用。但要注意，在同一轴线上，分设在两端、相距较远的剪力墙，会限制两墙之间构件的收缩和膨胀，由此产生的温度应力可能造成不利影响。

（2）纵向与横向的剪力墙宜互相交联成组，布置成 T 形、L 形、口形等形状，以充分发挥剪力墙的作用。在高度较大的建筑中，剪力墙要布置成井筒式，以加大结构抗侧力的刚度和抗扭刚度。

（3）剪力墙的布置位置：电梯间、楼梯间（它本来就需要用墙围护，在该处设置剪力墙对建筑空间的利用没有妨碍，并有利于加强楼盖结构）；横向剪力墙宜布置在接近房屋的端部但又不在建筑物尽端（比设在中部位置能更有效地发挥抗扭转作用）；建筑平面的复杂部位（由于该处平面复杂，受力状态复杂，需要特别加强）；恒载较大的位置。

（4）不适宜布置剪力墙的位置是：伸缩缝、沉降缝、防震缝两侧（缝两侧都布置剪力墙时不便于支模施工）；建筑物的剪力墙位于建筑物尽端时，不利于剪力墙底部的嵌固，需要较大刚度的基础结构；纵向剪力墙的端开间（建筑物纵向较长时，不宜在建筑物两端布置纵向剪力墙，以免温度变形的约束作用对结构产生不利影响）。

（5）应布置 3 片以上剪力墙，各片剪力墙的刚度宜均匀，单片剪力墙底部承担的水平剪

力不宜超过结构底部总水平剪力的 40%。

（6）剪力墙宜贯通建筑物的全高，应避免刚度突变；剪力墙厚度沿高度宜逐渐减薄；剪力墙开洞时，洞口宜上下对齐。

在框架-剪力墙结构体系中，设置多少剪力墙才算合适，这是必须解决的问题。如果剪力墙布置得太少，将使框架负担过重，截面与配筋量过大，建筑的侧移也必定增大；剪力墙设置得过多，则会导致地震作用过大，而且会因剪力墙的强度得不到充分利用而造成材料的浪费。

在框架-剪力墙结构体系中，剪力墙与框架共同承受水平剪力，在结构布置时，应使大部分水平剪力由剪力墙承受，但框架承受的水平剪力也不应过少，这是因为框架毕竟也具有一定的抗侧刚度。在实际工程中，一般控制在剪力墙承受结构底部剪力的 70% 左右，框架承受结构底部剪力的 30% 左右。

在初步方案设计阶段，剪力墙的数量可以按壁率法确定。所谓壁率，系指同一层平均每单位建筑面积上设置剪力墙的长度。日本总结了关东、福井和十胜冲三次地震中震害与壁率的关系，发现：壁率大于 150 mm/m² 者，建筑物破坏极轻微；壁率大于 120 mm/m² 者，破坏较轻微；壁率大于 70 ~ 80 mm/m² 者，破坏不严重；壁率小于 50 mm/m² 者，破坏很严重。对此，可供设计者参考。

在初步设计阶段，剪力墙的布置也可以按剪力墙面积率来确定。所谓面积率，系指同一层剪力墙截面面积与楼面面积之比。根据我国大量已建的框架-剪力墙结构的工程实践经验，一般认为剪力墙面积率为 3% ~ 4% 较为合适。显然，整个框架-剪力墙结构的结构布置是否得当，最终应由房屋的侧移验算决定，如不满足侧移要求，尚需作适当调整。

为了保证各片剪力墙和各榀框架的位移相等，协同工作，必须满足楼盖在平面内抗弯刚度无限大的要求，而剪力墙之间的距离，则是楼盖平面刚度及其变形大小的决定因素。所以，必须控制剪力墙之间的最大间距。剪力墙的最大间距由水平作用的性质（风力或抗震设防烈度）和楼盖形式决定。而且，无论水平作用的性质如何，对现浇楼盖，剪力墙的最大间距，均不得大于楼盖宽度的 4 倍；对于装配式楼盖，均不得大于楼盖宽度的 2.5 倍。剪力墙的间距也不宜过小，《高层规程》规定，剪力墙的最小间距应满足表 1.5 的要求。

表 1.5　剪力墙的间距

楼板形式	非抗震设计	抗震设防烈度		
		6 度、7 度	8 度	9 度
现浇式	min(5.0B, 60 m)	min(4.0B, 50 m)	min(3.0B, 40 m)	min(2.0B, 30 m)
装配整体式	min(3.5B, 50 m)	min(3.0B, 40 m)	min(2.5B, 30 m)	—

注：1. 表中 B 为楼面的宽度；2. 装配整体式楼面指装配式楼面上做配筋现浇层；3. 现浇部分厚度大于 60 mm 的预应力或非预应力叠合接板可作为现浇楼板考虑。

3．框架-剪力墙（筒体）结构的变形及受力特点

框架-剪力墙由框架和剪力墙两种不同的抗侧力结构组成，这两种结构的受力特点和变形性质是不同的。在风载和水平地震作用下，剪力墙是竖向悬臂弯曲结构，其变形曲线呈弯曲

型；框架在水平荷载作用下的变形曲线为剪切型。框-剪结构中的框架和剪力墙通过刚性楼盖和连系梁保证二者的共同工作，亦即保证框架和剪力墙共同抵抗水平力。因此，框架结构在水平力作用下的变形曲线呈反 S 形的弯剪型位移曲线，如图 1.82 所示。

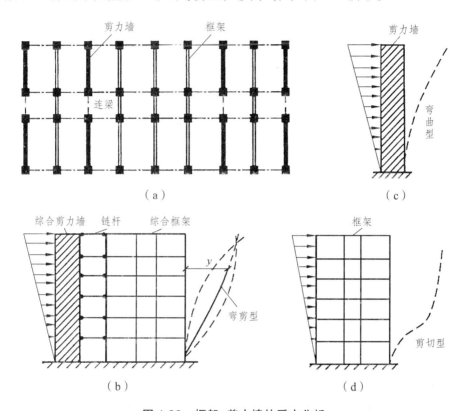

图 1.82　框架-剪力墙的受力分析

框架-剪力墙结构，在竖向荷载作用下，框架和剪力墙各自承受所在范围内的荷载，并由此求出各自在竖向荷载作用下的内力。然后再和侧向力作用下所求得的内力组合在一起，对框架和剪力墙分别进行截面承载力计算。因此，了解水平作用下框架-剪力墙结构的受力特点，对于框架-剪力墙结构房屋的设计，具有十分重要的意义。

以图 1.82 所示的框架-剪力墙结构为例，假定：① 楼盖在其水平面内的刚度无限大，同一楼层标高处各抗侧力结构的位移相等；② 结构平面基本对称，房屋的刚度中心与水平作用的合力中心相重合，即保证结构不发生扭转；③ 框架和剪力墙沿高度方向的刚度均匀分布。

将一个结构单元内所有的框架综合在一起形成综合框架-总框架，将所有的剪力墙综合在一起形成综合剪力墙-总剪力墙，并通过每层的刚性楼盖将总剪力墙和总框架连在一起，形成如图 1.82（b）所示的框架-剪力墙结构体系的铰接体系。其中的链杆，代表刚性楼盖和连系梁的作用。如果考虑链杆的转动约束作用，则成为框架-剪力墙结构的刚接体系。

单独剪力墙在侧向力作用下的变形曲线以弯曲型为主，层间侧移越靠近顶层越大，如图 1.82（c）所示。而单独框架在侧向力作用下的变形曲线以剪切型为主，其层间侧移越靠近底层越大，如图 1.82（d）所示。框架-剪力墙结构体系，由于有刚性楼盖的联系，其综合变形曲线介于弯曲型和剪切型之间，故必定以折中的弯剪型为主，而且会在中部的某个部位出现反弯点，如图 1.82（b）所示。

由此可知，在侧向力作用下，在框架-剪力墙体系的底部各层，总剪力墙与总框架之间彼此相拉。总剪力墙因被拉而内力加大，侧移加大；总框架因被拉而内力减小，侧移减小。反之，在反弯点以上各层，总剪力墙与总框架之间彼此相推。总剪力墙因被推而内力减小，侧移减小，总框架因被推而内力加大，侧移加大，最终达到二者变形协调一致。这就大大改善了作为柔性结构的纯框架底部内力与侧移过大，作为刚性结构的剪力墙顶部内力与侧移过大的缺点，在一定程度上可以阻滞顶部剪力墙的侧移，从而使得房屋的最大层间侧移和房屋总侧移显著减小，亦即增大了房屋的抗侧移刚度，故框架-剪力墙结构属于中等刚性结构体系。

1.8.7 筒体结构

1. 筒体结构的构成及适用范围

当建筑物超过 40~50 层时，要采用抗侧刚度更大的结构体系——筒体结构体系。筒体结构体系的概念是在 20 世纪 60 年代初由美国工程师法卢齐·坎恩提出来的，他设计了第一幢钢框筒结构，即芝加哥 43 层的德威特切斯纳特公寓。美国休斯敦市 52 层、高 218 m 的贝壳广场大厦是按筒体概念设计的第 1 幢钢筋混凝土高楼。

筒体结构的外围框架由密排柱和窗裙深梁形成的网格组成，窗洞尺寸大约为墙体表面的 50%，看上去与多孔的墙体一样。筒体结构的刚度很大，它好似竖立着的薄壁箱形大梁，这类结构比平面剪力墙的侧向刚度大得多，是超高层建筑中比较理想的结构体系，但是筒体结构对于建筑物本身的体型和平面形状也有一定的限制，剪力滞后现象的存在使得结构计算变得较为复杂。

2. 筒体结构的结构类型

筒体结构包括核心筒结构、框筒结构、筒中筒结构、框架-核心筒结构、成束筒结构和多重筒结构等类型，如图 1.83 所示。

1）核心筒结构

核心筒可以作为独立的高层建筑承重结构，同时承受竖向荷载和侧向力的作用。核心筒具有较大的抗侧刚度，且受力明确，分析方便。核心筒是个典型的竖向悬臂结构，属静定结构。

2）框筒结构

典型的由密柱深梁组成的框筒结构平面如图 1.83（a）所示。当框筒单独作为承重结构时，一般在中间需布置适当的柱子，用以承受竖向荷载，并减小楼盖的跨度，如图 1.83（b）所示。侧向力全部由框筒结构承受，框筒中间的柱子仅承受竖向荷载，由这些柱子形成的框架对抵抗侧向力的作用很小，可以忽略不计。

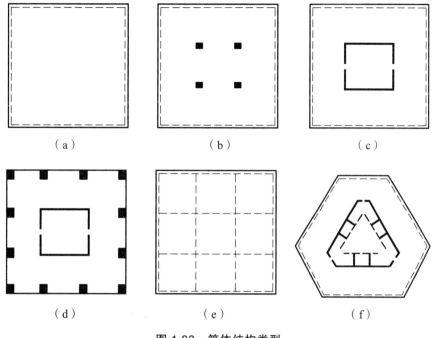

图 1.83　筒体结构类型

3）筒中筒结构

将核心筒布置在框筒结构中间，便成为筒中筒结构，如图 1.83（c）所示。 筒中筒结构平面的外形宜选用圆形、正多边形、椭圆形、矩形或三角形等。建筑布置时，一般是将楼梯间、电梯间等服务设施全部布置在核心筒内（又称中央服务竖井），而在内、外筒之间提供环形的开阔空间，以满足建筑上的自由分隔、灵活布置的要求。

4）框架-核心筒结构

框架-核心筒结构，又称内筒外框架结构，如图 1.83（d）所示。将外筒的柱距扩大至 4～5 m 或更大，这时周边的柱子已不能形成筒的工作状态，而相当于框架作用，借以满足建筑立面、建筑造型和建筑使用功能的要求。

5）成束筒结构

成束筒结构，又称组合筒结构，如图 1.83（e）所示。当建筑物高度或其平面尺寸进一步加大，以至于框筒结构或筒中筒结构无法满足抗侧刚度要求时，可采用成束筒结构，例如美国西尔斯大厦，高 443 m，由 9 个核心筒组合成束。由于中间两排密柱深梁的作用，可以有效地减轻外筒的负担，外筒翼缘框架柱子的强度得以充分发挥。

6）多重筒结构

当建筑平面尺寸很大，且内筒较小时，可以在内外筒之间增设一圈柱子或剪力墙，再将这些柱子或剪力墙用梁联系起来，便形成一个筒的作用，从而与内外筒共同抵抗侧向力，这就成为一个三重筒结构，如图 1.83（f）所示。

3. 筒体结构的结构布置

1）一般规定

（1）核心筒或内筒的外墙与外框柱间的中距，非抗震设计宜不大于 15 m，抗震设计宜不大于 12 m；超过时，宜采取增设内柱等措施。

（2）核心筒或内筒中的剪力墙截面形状宜简单，截面形状复杂的墙体，可按应力进行截面设计校核。

（3）核心筒或内筒的角部附近不宜在水平方向连续开洞，洞间墙肢的截面高度不宜小于 1.2 m。当洞间墙墙肢的截面高度与厚度之比小于 4 时，宜按框架柱进行截面设计。

（4）楼盖主梁不宜搁置在核心筒或内筒的连梁上。

（5）筒体结构的混凝土强度等级不宜低于 C30。

2）框架-核心筒结构

（1）核心筒宜贯通建筑物全高。核心筒的宽度不宜小于筒体总高的 1/12。当筒体结构设置角筒、剪力墙或增强结构整体刚度的构件时，核心筒的宽度可适当减小。

（2）核心筒应具有良好的整体性，并满足下列要求：① 墙肢宜均匀，对称布置；② 筒体角部附近不宜开洞，当不可避免时，筒角内壁至洞口的距离不应小于 500 mm 和开洞墙的截面厚度；③ 核心筒外墙的截面厚度不应小于层高的 1/20 及 200 mm，对一、二级抗震设计的底部加强部位，不宜小于层高的 1/16 及 200 mm，核心筒内墙的截面厚度不应小于 160 mm。

（3）框架-核心筒结构的周边柱间必须设置框架梁。

3）筒中筒结构

（1）筒中筒结构的高度不宜低于 80 m，高宽比不应小于 3。

（2）筒中筒结构的内筒宜居中，矩形平面长宽比不宜大于 2。

（3）内筒的边长可为高度的 1/12 ~ 1/15，如有另外的角筒或剪力墙时，内筒平面尺寸还可适当减小，内筒宜贯通建筑物全高，竖向刚度宜均匀变化。

（4）三角形平面宜切角，外筒的切角长度不宜小于相应边长的 1/8，其角部可设置刚度较大的角柱或角筒；内角的切角长度不宜小于相应边长的 1/10，切角处的筒壁宜适当加厚。

（5）外框筒应符合下列规定：① 柱距不宜大于 4 m，框筒柱的截面长边应沿筒壁方向布置，必要时可采用 T 形截面；② 洞口面积不宜大于墙面面积的 60%，洞口高宽比宜和层高与柱距之比值相近；③ 外框筒梁的截面高度可取柱净距的 1/4；④ 角柱截面面积可取中柱的 1 ~ 2 倍。

4. 筒体结构的受力特点

筒体结构为空间受力体系，其受力状态，既近似于薄壁箱形结构，又基本属于竖立的悬臂结构。下面仅就矩形平面的框筒结构在侧向力作用下的受力特点，予以概要分析。

框筒结构是由窗裙深梁和密排宽柱组成的空间框架结构体系。一个矩形框筒，可以参照竖立的工字形截面长悬臂柱，将垂直于侧向力作用方向的前后两片框架，视作翼缘框架，将平行于侧向力作用方向的左右两片框架，视作腹板框架。如图 1.84（a）所示。

若是窗洞很小，则由密柱深梁组成的每榀框架相当于整体剪力墙。那么，整个框筒，例如在均布水平风荷载的作用下，各片框架柱的受力状态就与竖立的工字形截面柱的受力状态基本相同；在迎风面的翼缘框架受拉，且每个柱的拉应力相等，在背风面的翼缘框架受压，每个柱的压应力相等;两侧的腹板框架柱,以中和轴为界,靠近迎风面一侧受拉,靠近背风面一侧受压,两侧腹板框架柱的应力,从拉到压呈线性变化。如果按照悬臂梁计算,不难算出翼缘框架柱和腹板框架柱的拉应力和压应力值,以及整个框筒的弯曲变形值,如图1.84(b)所示。这种受力分析的前提是窗裙梁很高,刚度非常大,致使同一片翼缘框架各柱的拉、压变形完全相同,腹板框架柱的变形也按线性变化。

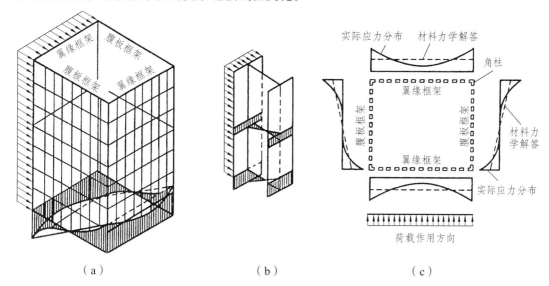

图 1.84　筒体结构在侧向力下的受力特点

事实上,每层窗裙梁的刚度不可能无限大,当腹板框架提拉或按压角柱时,正是靠角柱与窗裙梁之间的剪力传给翼缘框架中部每一个框架柱的。由于每段窗裙梁的剪切变形,而形成同一层窗裙梁发生整体弯曲,所以靠近中部各段窗裙梁传给柱节点的剪力(对柱而言为拉力或压力)迟迟达不到角柱直接传给窗裙梁的剪力值,此即所谓"剪力滞后"。这种"剪力滞后"现象,使得靠近中部各柱的拉伸(或压缩)应变和应力小于角柱的拉伸(或压缩)应变和应力。而且越靠近中部,柱应变和应力越小。由于底层柱的应变和应力最大,需要通过窗裙梁传递的剪力也最大,窗裙梁的剪切变形也最大,所以,这种"剪力滞后"现象,以结构底层最为明显,如图1.84(c)所示。

剪力滞后现象使角柱应力集中,使参与受力的翼缘框架柱减少,空间受力性能减弱。如果能减少剪力滞后现象,使各柱受力尽量均匀,则可大大增加框筒结构的侧向刚度和承载能力,充分发挥所用结构材料性能,更加经济合理。

影响框筒结构剪力滞后的主要因素是:① 受梁柱刚度比影响,梁柱刚度比愈小,剪力滞后愈严重,角柱应力愈大;② 平面形状愈接近正方形,剪力滞后现象愈轻,长宽比愈大,剪力滞后现象愈严重;③ 高宽比;④ 框筒结构的角柱截面必须大小适当:太大,则与之相连的梁中剪力过大,剪力滞后现象严重;过小,则不能将剪力传递给腹板框架,降低空间作用。

为保证与翼缘框架在抵抗侧向荷载中的作用,以充分发挥筒的空间工作性能,一般要求墙面上窗洞面积不宜大于墙面总面积的50%,周边柱轴线间距为2~3 m,不宜大于4.5 m,窗裙梁截面高度一般为0.6~1.2 m,截面宽度为0.3~0.5 m,整个结构的高宽比宜大于3,结构平面的长宽比不宜大于2。

习　题

1.1　建筑结构体系是如何分类的？结构选型涉及的问题有哪些？

1.2　砌体结构墙体结构布置方案有哪几种？它们各适应何种条件？

1.3　简述门式刚架结构的特点、种类和适用范围。

1.4　如何确定门式刚架的形式和截面尺寸？

1.5　桁架结构的形式有哪些？各有何特点？

1.6　如何对屋架（桁架）结构进行选型，以及如何确定屋架（桁架）结构的基本尺寸？

1.7　拱结构的类型有哪些？各有何受力特点？

1.8　什么是拱的合理轴线？如何确定拱的矢高？

1.9　拱脚的水平推力的处理方案有哪些？各有何优缺点？

1.10　如何确定拱的基本尺寸？

1.11　什么是网架结构？网架结构具有哪些优点？

1.12　平板网架结构的形式有哪些？各有何特点？

1.13　如何确定平板网架的主要尺寸？

1.14　什么是薄壳结构？薄壳结构有何受力特点？

1.15　圆顶薄壳结构的形式有哪些？圆顶的受力特点是什么？

1.16　什么是网壳结构？网壳结构具有哪些优点？

1.17　筒网壳结构的形式有哪些？筒网壳结构有何受力特点？

1.18　球网壳结构的形式有哪些？各有何受力特点？

1.19　什么是悬索结构？悬索的受力特点是什么？

1.20　悬索结构的形式有哪些？各有何特点？

1.21　什么是高层建筑？其受力特点是什么？

1.22　多层与高层建筑结构布置的一般原则是什么？

1.23　什么是框架结构？其适用范围是什么？

1.24　如何确定框架结构的柱网布置？

1.25　框架结构有何受力特点？

1.26　简要叙述剪力墙结构组成及适用范围。

1.27　剪力墙结构中，剪力墙布置方案有哪些？

1.28　剪力墙结构有何受力特点？

1.29　剪力墙有哪些类别？各有何特点？

1.30　简要叙述框架-剪力墙结构的构成及适用范围。

1.31　简要叙述框架-剪力墙结构的结构布置。

1.32　简要叙述框架-剪力墙结构的变形和受力特点。

1.33　筒体结构的结构类型有哪些？

1.34　筒体结构有何受力特点？

1.35　多、高层建筑中常见的结构类型有哪些？

1.36　大跨度屋盖结构中常见的结构类型有哪些？

第 2 章 建筑结构设计概论

2.1 基本建设程序

　　建设程序是对基本建设项目从酝酿、规划到建成投产所经历的整个过程中的各项工作开展先后顺序的规定。它反映了工程建设各个阶段之间的内在联系，是从事建设工作的各有关部门和人员都必须遵守的原则。基本建设程序是建设项目从筹划建设到建成投产必须遵循的工作环节及其先后顺序。

　　我国基本建设工作程序和内容如图 2.1 所示，主要包括 9 项步骤。步骤的顺序不能任意颠倒，但可以合理交叉。这些步骤的先后顺序如下：

　　（1）编制项目立项建议书：对建设项目的必要性和可行性进行初步研究，提出拟建项目的轮廓设想。

　　（2）编制可行性研究报告和设计任务书：具体论证和评价项目在技术和经济上是否可行，根据财力进行投资控制，并对不同方案进行分析比较；可行性研究报告作为设计任务书的附件。设计任务书对是否上这个项目，采取什么方案，选择什么建设地点，做出决策。

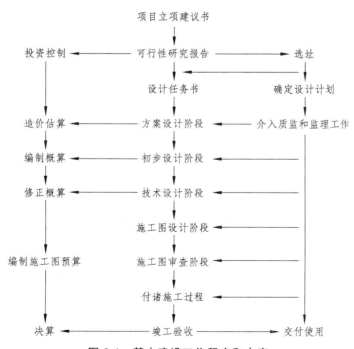

图 2.1 基本建设工作程序和内容

（3）项目设计：项目设计是从技术和经济上对拟建工程做出详尽规划，设计的最终结果为施工图纸。设计单位根据设计任务书进行方案设计，进行造价估算。设计方案确定后，大中型项目一般采用两段设计，即初步设计与施工图设计，根据初步设计结果编制概算，根据施工图设计结果编制施工图预算。技术复杂的项目，可增加技术设计，按三个阶段进行，并根据技术设计结果修正概算。

（4）安排计划：可行性研究和初步设计，送请有条件的工程咨询机构评估，经认可；最终的施工图报图纸审查机构进行图纸审查，审查合格的图纸方可用于施工；报计划部门，经过综合平衡，列入年度基本建设计划。

（5）建设准备：包括征地拆迁，搞好"三通一平"（通水、通电、通道路、平整土地），落实施工单位，组织物资订货和供应，以及其他各项准备工作。

（6）组织施工：准备工作就绪后，提出开工报告，经过批准，即开工兴建；遵循施工程序，按照设计要求和施工技术验收规范，进行施工安装。

（7）生产准备：生产性建设项目开始施工后，及时组织专门力量，有计划有步骤地开展生产准备工作。

（8）竣工验收：按照规定的标准和程序，对竣工工程进行验收，编制竣工验收报告和竣工决算，并办理固定资产交付生产使用手续。

（9）项目后评价：项目完工后对整个项目的造价、工期、质量、安全等指标进行分析评价或与类似项目进行对比。

从上可知，基本建设程序主导线为设计和施工两个阶段，对主导线起保证作用的有两条辅线，其一为对投资的控制，另一为质量和进度的监控。

2.2　结构设计的程序

建筑物的设计可以分为方案设计、技术设计和施工图设计三个设计阶段，涵盖建筑、结构和设备（水暖电）三大部分，包括建筑设计、结构设计、给排水设计、电气设计和采暖与通风设计等分项。设计人员在进行每项设计时，都应围绕建筑物功能、美观、经济和环保等方面来进行。功能上必须满足使用要求，美观上必须满足人们的审美情趣，经济上应具有最佳的技术经济指标，环保上要求是符合可持续发展的低碳建筑。而建筑物功能、美观、经济和环保之间有时可能是相互矛盾的，比如将建筑物的安全性定得越高，功能要求越复杂，建筑物的造价可能会越高，设计的重要任务之一就是保证满足这些要求的最佳取舍。

结构设计是建筑物设计的重要组成部分，是建筑物发挥使用功能的基础。结构设计的主要任务就是根据建筑、给排水、电气和采暖通风的要求，主要是建筑上的要求，合理地选择建筑物的结构类型和结构构件，采用合理的简化力学模型进行结构计算，然后依据计算结果和国家现行结构设计规范完成结构构件的设计计算，设计者应对计算结果做出正确的判断和评估，最后依据计算结果绘制结构施工图。结构设计施工图纸是结构设计的主要成果表现。因此，结构设计可以分为方案设计、结构分析、构件设计和施工图绘制四个步骤。

2.2.1 方案设计

方案设计又叫初步设计。结构方案设计主要是指结构选型、结构布置和主要构件的截面尺寸估算以及结构的初步分析等内容。

1. 结构类型的选择

结构选型包括上部结构的选型和基础结构的选型，主要依据建筑物的功能要求、现行结构设计规范的有关要求、场地土的工程地质条件、施工技术、建设工期和环境要求，经过方案比较、技术经济分析，加以确定。其方案的选择应当体现科学性、先进性、经济性和可实施性。科学性就是要求结构传力途径明确、受力合理；先进性就是尽量要采新技术、新材料、新结构和新工艺；经济性就是要降低材料的消耗、减少劳动力的使用量和建筑物的维护费用等；可实施性就是施工方便，按照现有的施工技术可以建造。

结构类型的选择，应经过方案比较后综合确定，主要取决于拟建建筑物的高度、用途、施工条件和经济指标等。一般是遵循砌体结构、框架结构、框架-剪力墙结构、剪力墙结构和筒体结构的顺序来选择，如果该序列靠前的结构类型，不能满足建筑功能、结构承载力及变形能力的要求，才采用后面的结构类型。比如，对于多层住宅结构，一般情况下，砌体结构就可以满足要求，尽量不采用框结构或其他的结构形式。当然，从保护土地资源的角度出发，还要尽可能不要用黏土砖砌体。

2. 结构布置

结构布置包括定位轴线的标定、构件的布置以及变形缝的设置。

定位轴线用来确定所有结构构件的水平位置，一般只设横向定位轴线和纵向定位轴线，当建筑平面形状复杂时，还要设斜向定位轴线。横向定位轴线习惯上从左到右用①，②，③，…表示；纵向定位轴线从下至上用Ⓐ，Ⓑ，Ⓒ，…表示。定位轴线与竖向承重构件的关系一般有三种：砌体结构定位轴线与承重墙体的距离是半砖或半砖的倍数；单层工业厂房排架结构纵向定位轴线与边柱重合或之间加一个连系尺寸；其余结构的定位与竖向构件在高度方向较小截面尺寸的截面形心重合。

构件的布置就是确定构件的平面位置和竖向位置，平面位置通过与定位轴线的关系来确定，而竖向位置通过标高确定。一般在建筑物的底层地面、各层楼面、屋面以及基础底面等位置都应给出标高值，标高值的单位采用 m（注：结构施工图中，除标高外其余尺寸的单位采用 mm）。建筑物的标高有建筑标高和结构标高两种。所谓建筑标高就是建筑物建造完成后的标高，是结构标高加上建筑层（如找平层、装饰层等）厚度的标高。结构标高是结构构件顶面的标高，是建筑标高扣除建筑层厚度的标高。一般情况下，建筑施工图中的标高是建筑标高，而结构施工图中的标高是结构标高。当然，结构施工图中也可以采用建筑标高，但应特别说明，施工时由施工单位自行换算为结构标高。建筑标高以底层地面为 ±0.000，往上用正值表示，往下用负值表示。

结构中变形缝有伸缩缝、沉降缝和防震缝三种。设置伸缩缝的目的是减小房屋因过长或过宽而在结构中产生的温度应力，避免引起结构构件和非结构构件的损坏。设置沉降缝是为了避免因建筑物不同部位的结构类型、层数、荷载或地质情况不同导致结构或非结构构件的损坏。设置防震缝是为了避免建筑物不同部位因质量或刚度的不同，在地震发生时具有不同的振动频率而相互碰撞导致损坏。伸缩缝、沉降缝和防震缝的设置原则和要求详见下一节。

沉降缝必须从基础分开，而伸缩缝和防震缝的基础可以连在一起。在抗震设防区，伸缩缝和沉降缝的宽度均应满足防震缝的宽度要求。由于变形缝的设置会给使用和建筑平、立面处理带来一定的麻烦，所以应尽量通过平面布置、结构构造和施工措施（如采用后浇带等）不设缝或少设缝。

3．截面尺寸估算

结构分析计算要用到构件的几何尺寸，结构布置完成后需要估算构件的截面尺寸。构件截面尺寸一般先根据变形条件和稳定条件，由经验公式确定，截面设计发现不满足要求时再进行调整。水平构件根据挠度的限值和整体稳定条件可以得到截面高度与跨度的近似关系。竖向构件的截面尺寸根据结构的水平侧移限制条件估算，在抗震设防区的混凝土构件还应满足轴压比限值的要求。

4．结构的初步分析

建筑物的方案设计是建筑、结构、水、电、暖各专业设计互动的过程，各专业之间相互合作、相互影响，直至最后达成一致并形成初步设计文件，才能进入施工图设计阶段。在方案设计阶段，建筑师往往需要结构师预估楼板的厚度、梁柱的截面尺寸，以便确定层高、门窗洞口的尺寸等；同时，结构工程师也需要初步评估所选择的结构体系在预期的各种作用下的响应，以评价所选择的结构体系是否合理。这都要求对结构进行初步的分析。由于在方案阶段建筑物还有许多细节没有确定，所以结构的初步分析必须抓住结构的主要方面，忽略一些细节，计算模型可以相对粗糙一些，但得出的结果应具有参考意义。

2.2.2 结构分析

结构分析是要计算结构在各种作用下的效应，它是结构设计的重要内容。结构分析的正确与否直接关系到所设计结构的安全性、适用性和耐久性是否满足要求。结构分析的核心问题是计算模型的确定，可以分为计算简图、计算理论和数学方法三个方面。

1．计算简图

计算简图是对实际结构的简化假定，也是结构分析中最为困难的一个方面，简化的基本原则就是分析的结果必须能够解释和评估真实结构在预设作用下的效应，尽可能反映结构的实际受力特性，偏于安全且简单。要使计算简图完全精确地描述真实结构是不现实的，也是不必要的，因为任何分析都只能是实际结构一定程度上的近似。因此，在确定计算简图时应遵循一些基本假定：

（1）假定结构材料是均质连续的。虽然一切材料都是非均质连续的，但组成材料颗粒的间隙比结构的尺寸小很多，这种假设对结构的宏观力学性能不会引起显著的误差。

（2）只有主要结构构件参与整体性能的效应，即忽略次要构件和非结构构件对结构性能的影响。例如，在建立框架结构分析模型时，可将填充墙作为荷载施加在结构上，忽略其刚度对结构的贡献，从而导致结构的侧向刚度偏小。

（3）可忽略的刚度，即忽略结构中作用较小的刚度。例如，楼板的横向抗弯刚度、剪力墙平面外刚度等。该假定的采用需要根据构件在结构整体性能中应发挥的作用来进行确定。例如，一个由梁柱组成的框架结构，在进行结构整体分析时，可以忽略楼板的抗弯刚度、梁的抗扭刚度等。但在进行楼板、梁等构件的分析时，就不能忽略上述刚度。

（4）相对较小的和影响较小的变形可以忽略。包括：楼板的平面内弯曲和剪切变形，多层结构柱的轴向变形等。

2．计算理论

结构分析所采用的计算理论可以是线弹性理论、塑性理论和非线性理论。

线性理论最为成熟，是目前普遍采用的一种计算理论，适用于常用结构的承载力极限状态和正常使用极限状态的结构分析。根据线弹性理论计算时，作用效应与作用成正比，结构分析也相对容易得多。

塑性理论可以考虑材料的塑性性能，比较符合结构在极限状态下的受力状态。塑性理论的实用分析方法主要有塑性内力重分布和塑性极限法。

非线性包括材料非线性和几何非线性。材料非线性是指材料、截面或构件的本构关系，如应力-应变关系、弯矩-曲率关系或荷载-位移关系等是非线性的。几何非线性是指由于结构变形对其内力的二阶效应使荷载效应与荷载之间呈现出非线性关系。结构的非线性分析比结构的线性分析复杂得多，需要采用迭代法或增量法计算，叠加原理也不再适用。在一般的结构设计中，线性分析已经足够。但是，对于大跨度结构、超高层结构，由于结构变形的二阶效应比较大，非线性分析是必需的。

3．数学方法

结构分析中所采用的数学方法不外乎有解析法和数值法两种。解析法又称为理论解，但由于结构的复杂性，大多数结构都难以抽象成一个可以用连续函数表达的数学模型，其边界条件也难以用连续函数表达，因此，解析法只适用于比较简单的结构模型。

数值方法可解决大型、复杂工程问题求解，计算机程序采用的就是数值解。常用的数值方法有有限单元法、有限差分法、有限条法等。其中，应用最广泛的是有限单元法。这种方法将结构离散为一个有限单元的组合体，这样的组合体能够解析地模拟或逼近真实结构的解域。由于单元能够按不同的连接方式组合在一起，并且单元本身又可以有不同的几何形状，因此可以模拟几何形状复杂的结构解域。目前，国内外最常用的有限单元结构分析软件有PKPM、SAP2000、ETABS、MIDAS、ANSYS 以及 ADINA 等。

尽管目前工程设计的结构分析基本上都是通过计算机程序完成的，一些程序甚至还可以自动生成施工图，但应用解析方法或者说是手算方法来进行结构计算，对于土木工程专业的学生来说，仍是十分重要。但基于手算的解析解是结构设计的重要基础，解析解的概念清晰，有助于人们对结构受力特点的把握，掌握基本概念。作为一个优秀的结构工程师不仅要求掌握精确的结构分析方法，还要求能对结构问题做出快速的判断，这在方案设计阶段和处理各种工程事故、分析事故原因时显得尤为重要。而近似分析方法可以训练人的这种能力、培养概念设计能力。

2.2.3 构件设计

构件设计包括截面设计和节点设计两个部分。对于混凝土结构，截面设计有时也称为配筋计算，因为截面尺寸在方案设计阶段已初步确定，构件设计阶段所做的工作是确定钢筋的类型、放置位置和数量。节点设计也称为连接设计。

构件设计有两项工作内容：计算和构造。在结构设计中，一部分内容是由计算确定的，而另一部分内容则是根据构造规定确定的。构造是计算的重要补充，两者是同等重要的，在各本设计规范中对构造都有明确的规定。千万不能重计算、轻构造。

2.2.4 施工图绘制

结构设计的最后一个步骤是施工图绘制施工工作，结构设计人员提交的最终成果就是结构设计图纸。图是工程师的语言，工程师的设计意图是通过图纸来表达的。如同人的语言表达，图面的表达应该做到正确、规范、简洁和美观。

2.3 结构概念设计

概念设计就是在结构初步设计过程中，应用已有的经验，进行结构体系的选择、结构布置，并从总体上把握结构的特性，使结构在预设的各种作用下的反应控制在预期的范围内。概念设计的主要内容有：结构体系的选择、建筑形体及构件布置、变形缝的设置和构造等。

2.3.1 结构体系的选择

所谓结构的选型就是选择合理的结构体系，应根据建筑物的平面布置、抗震设防类别、抗震设防烈度、建筑高度、场地条件、地基、结构材料和施工因素等，经技术、经济和使用条件综合比较后再确定。我国现行的《建筑抗震规范》（GB 50011—2010）明确规定，结构体系应符合以下各项要求：

（1）有明确的计算简图和合理的地震作用传递途径。

（2）应避免因部分结构或构件破坏而导致丧失抗震能力或对重力荷载的承载能力。这就要求结构应设计成超静定体系，即使在某些部位遭到破坏时也不会导致整个结构的失效。

（3）应具备必要的抗震承载力、良好的变形能力和消耗地震能量的能力。

（4）对可能出现的薄弱部位，应采取措施提高抗震能力。结构的薄弱部位一般出现在刚度突变，如转换层、竖向有过大的内收或外突、材料强度发生突变等部位，对这些部位都要采取措施进行加强。

表 2.1　砌体结构房屋的层数和总高度限值　　　　　　　单位：m

房屋类别		最小抗震墙厚度/mm	6		7				8				9	
			0.05g		0.10g		0.15g		0.20g		0.30g		0.40g	
			高度	层数	高度	层数	高度	层数	高度	层数	高度	层数	高度	层数
多层砌体房屋	普通砖	240	21	7	21	7	21	7	18	6	15	5	12	4
	多孔砖	240	21	7	21	7	18	6	18	6	15	5	9	3
	多孔砖	190	21	7	18	6	15	5	15	5	12	4	—	—
	小砌块	190	21	7	21	7	18	6	18	6	15	5	9	3
底部框架-抗震墙砌体房屋	普通砖	240	22	7	22	7	19	6	16	5	—	—	—	—
	多孔砖													
	多孔砖	190	22	7	19	6	16	5	13	4				
	小砌块	190	22	7	22	7	19	6	16	5				

建筑的高度是决定结构体系的又一重要因素。一般情况下，多层住宅建筑或其他横墙较多、开间较小的多层建筑，可采用砌体结构，而大开间建筑、高层建筑等，多采用框架结构、板柱结构（或板柱-剪力墙结构）、剪力墙结构、框架-剪力墙结构以及筒体结构等。《建筑抗震规范》（GB 50011—2010）给出了砌体结构房屋的层数和总高度限值，如表 2.1 所示。《高层建筑混凝土结构技术规程》（JGJ 3—2010）将高层建筑按常规高度和超限高度分为 A 级高度和 B 级高度两个等级，并给出了各类结构的最大适用高度，分别见表 1.1 和 1.2。

2.3.2　建筑形体及构件布置

在建筑结构设计中，除了选择合理的结构体系外，还要恰当地设计和选择建筑物的平立面形状和形体。尤其是在高层结构的设计中，保证结构安全性及经济合理性的要求比一般多层建筑更为突出，因此，结构布置、选型是否合理，应更加受到重视。结构的总体布置要考虑结构的受力特点和经济合理性，主要有 3 点：① 控制结构的侧向变形；② 合理的平面布置；③ 合理的竖向布置。

1．控制结构的侧向变形

结构要同时承受竖向荷载和水平荷载，还要抵抗地震作用。结构所承受的轴向力、总倾覆弯矩以及侧移和高度的关系分别为 $N \propto H$、$N \propto H^2$ 和 $N \propto H^4$。可见，水平荷载作用下，侧移随结构的高度增加最快。当高度增加到一定值时，水平荷载就会成为控制因素而使结构产生过大的侧移和层间相对位移，从而使居住者有不适的感觉，甚至破坏非结构构件。因此，必须将结构的侧移限制在一个合理的范围内。另外，随着高度的增加，倾覆力矩也将迅速增大。因此，高层建筑中控制侧向位移常常成为结构设计的主要矛盾。限制结构的侧移，除了限制结构的高度外，还要限制结构的高宽比。一般应将结构的高宽比 H/B 控制在 5～6 以下。这里 H 是指从室外地面到建筑物檐口的高度，B 是指建筑物平面的短方向的有效结构宽度。有效结构宽度一般是指建筑物的总宽度减去外伸部分的宽度。当建筑物为变宽度时，一般偏于保守地取较小宽度。我国《高层建筑混凝土结构技术规程》（JGJ 3—2010）和《建筑抗震设计规范》（GB 50011—2010）对各种结构的高宽比给出了限值。

2. 平面布置

在一个独立的结构单元内，宜使结构平面形状简单、规则，刚度和承载力分布均匀。不应采用严重不规则的平面布置，高层建筑宜选用风作用效应较小的平面形状，如圆形、正多边形等。有抗震设防要求的高层建筑，一个结构单元的长度（相对其宽度）不宜过长，否则在地震作用时，结构的两端可能会出现反相位的振动，这将会导致建筑被过早地破坏。《高层建筑混凝土结构技术规程》（JGJ 3—2010）对高层结构的长度、突出部分的长度也都有一定的要求：抗震设计的 A 级高度钢筋混凝土高层建筑其平面长度 L、突出部分长度 l 宜满足表2.2 的要求；抗震设计的 B 级高度钢筋混凝土高层建筑、混合结构高层建筑以及复杂高层建筑结构，其平面布置应简单、规则，减少偏心对结构的影响，结构平面布置应减少扭转的影响。在考虑偶然偏心影响的地震作用下，楼层竖向构件的最大水平位移和层间位移，A 级高度的高层建筑最大水平位移不宜大于该楼层平均值的 1.2 倍，层间位移不应大于该楼层平均值的 1.5 倍；B 级高度的高层建筑、混合结构高层建筑以及复杂高层建筑，最大水平位移不宜大于该楼层平均值的 1.2 倍，层间位移不应大于该楼层平均值的 1.4 倍。第一个以扭转为主的振型周期与该结构的第一振型周期之比，A 级高度的高层建筑不大于 0.9，B 级高度的高层建筑、混合结构高层建筑以及复杂高层建筑不大于 0.85，如图 2.2 所示。

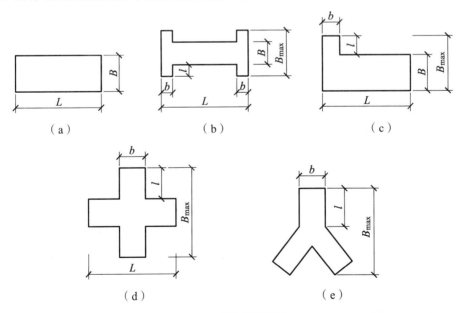

图 2.2　建筑平面示意

偶然偏心是指由于施工、使用或地面运动的扭转分量等因素所引起的偏心。采用底部剪力法或仅计算单向地震作用时应考虑偶然偏心的影响。可以将每层的质心沿主轴的同一方

向偏移 $0.5L_i$（L_i 为建筑物垂直于地震作用方向的总长度），来考虑偶然偏心。当计算双向地震作用时，可不考虑偶然偏心的影响。

表 2.2　平面尺寸及突出部分尺寸的比值限制

设防烈度	L/B	l/B_{max}	l/b
6、7 度	≤6.0	≤0.35	≤2.0
8、9 度	≤5.0	≤0.30	≤1.5

3. 竖向布置

结构的竖向布置应力求形体规则、刚度和强度沿高度均匀分布，避免过大的外挑和内收，避免错层和局部夹层，同一层的楼面应尽量设在同一标高处。高层建筑结构设计中，经常会遇到结构刚度和强度发生变化的情形，对于这种情况，应逐渐变化。对于框架结构，楼层侧向刚度不宜小于相邻上部楼层刚度的 70% 以及其相邻上部三层侧向平均刚度的 80%。A 级高度高层建筑楼层抗侧力结构的层间受剪承载力不宜小于其相邻上一层受剪承载力的 80%，不应小于其上一层受剪承载力的 65%；B 级高度高层建筑楼层抗侧力结构的层间受剪承载力不应小于其相邻上一层受剪承载力的 75%。这里，楼层层间抗侧力结构受剪承载能力是指在所考虑的水平作用方向上，该楼层全部柱、剪力墙斜撑的受剪承载能力之和。抗震设计时，结构竖向抗侧力构件宜上、下连续贯通，当结构上部楼层收进部位到室外地画的高度 H_1 与房屋高度 H 之比大于 0.2 时，上部楼层收进后的水平尺寸 B_1 不宜小于下部楼层水平尺寸 B 的 75%；当上部结构楼层相对于下部楼层外挑时，下部楼层的水平尺寸 B 不宜小于上部楼层水平尺寸 B_1 的 0.9 倍，且水平外挑尺寸不宜大于 4 m。结构竖向布置如图 2.3 所示。

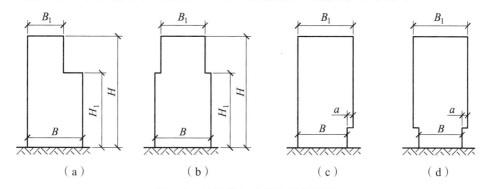

图 2.3　结构竖向收进和外挑示意

2.3.3　变形缝的设置和构造

在进行建筑结构的总体布置时，应考虑沉降、温度收缩和形体复杂对结构受力的不利影响，常用沉降缝、伸缩缝或防震缝将结构分成若干个独立单元，以减少沉降差、温度应力和形体复杂对结构的不利影响。但有时从建筑使用要求和立面效果以及防水处理困难等方面考虑，希望尽量不设缝。特别是在地震区，由于缝将房屋分成几个独立的部分，地震中可能会因为互相碰撞而造成震害。因此，目前的总趋势是避免设缝，并从总体布置上或构造上采取一些措施来减少沉降、温度收缩和形体复杂引起的问题。

1．沉降缝

一般情况下，多层建筑不同的结构单元高度相差不大，除非地基情况差别较大，一般不设沉降缝。在高层建筑中，常在主体结构周围设置 1~3 层高的裙房，它们与主体结构的高度差异悬殊，重量差异悬殊，会产生相当大的沉降差。过去常采用设置沉降缝的方法将结构从顶到基础整个断开，使各部分自由沉降，以避免由沉降差引起的附加应力对结构的危害。但是，高层建筑常常设置地下室，设置沉降缝会使地下室构造复杂，缝部位的防水构造也不容易做好；在地震区，沉降缝两侧上部结构容易碰撞造成危害。因此，目前在一些建筑中不设沉降缝，而将高低部分的结构连成整体，同时采取一些相应措施以减少沉降差。这些措施是：

（1）采用压缩性小的地基，减小总沉降量及沉降差。当土质较好时，可加大埋深，利用天然地基，以减少沉降量。当地基不好时，可以用桩基将重量传到压缩性小的土层中，以减少沉降差。

（2）设置施工后浇带。把高低部分的结构及基础设计成整体，但在施工时将它们暂时断开，待主体结构施工完毕，已完成大部分沉降量（50% 以上）以后，再浇灌连接部分的混凝土，将高低层连成整体。在设计时，基础应考虑两个阶段不同的受力状态，分别进行强度校核。连成整体后的计算应当考虑后期沉降差引起的附加内力。这种做法要求地基土较好，房屋的沉降能在施工期间内基本完成。

（3）将裙房做在悬挑基础上，这样裙房与高层部分沉降一致，不必用沉降缝分开。这种方法适用于地基土软弱、后期沉降较大的情况。由于悬挑部分不能太长，因此裙房的范围不宜过大。

2．伸缩缝

新浇混凝土在凝结过程中会收缩，已建成的结构受热要膨胀受冷则收缩，当这种变形受到约束时，会在结构内部产生应力。混凝土凝结收缩的大部分将在施工后的前两个月内完成，而温度变化对结构的作用则是经常的。由温度变化引起的结构内力称为温度应力，它在房屋的长度方向和高度方向都会产生影响。

房屋的长度越长，楼板沿长度方向的总收缩量和温度引起的长度化就越大。如果楼板的变形受到其他构件（墙、柱和梁）约束，在楼板中就会产生拉应力或压应力。在约束构件中也会相应地受到推力或拉力，严重时会出现裂缝。多层建筑温度应力的危害一般在结构的顶层，而高层建筑温度应力的危害在房屋的底部数层和顶部数层都较为明显。

房屋基础埋在地下，它的收缩量和受温度变化的影响比较小，因而底部数层的温度变形及收缩会受到基础的约束；在顶部，由于日照直接照射在屋盖上，相对于下部各层楼板，屋顶层的温度变化更为剧烈，可以认为屋顶层受到下部楼层的约束；中间各楼层，使用期间温度条件接近，变化也接近，温度应力影响较小。因此，在高层建筑中，温度裂缝常常出现在结构的底部或顶部。温度变化所引起的应力常在屋顶板的四角产生"八"字形裂缝或在楼板的中部产生"一"字形裂缝；墙体中产生裂缝会经常出现在房屋的顶层纵墙端部或横墙的两端，一般呈"八"字形，缝宽可达 1~2 mm，甚至更宽。

为了消除温度和收缩对结构造成的危害，可以用伸缩缝将上部结构从顶部到基础顶部断开，分成独立的温度区段。结构温度区段的适用长度或伸缩缝的最大间距，见表 2.3。和沉降缝一样，这种伸缩缝也会造成多用材料、构造复杂和施工困难。

表 2.3　钢筋混凝土结构伸缩缝最大间距　　　　　　　单位：m

结　构　类　型		室内或土中	露　天
排架结构	装配式	100	70
框架结构	装配式	75	50
	现浇式	55	35
剪力墙结构	装配式	65	40
	现浇式	45	30
挡土墙、地下室墙壁等类结构	装配式	40	30
	现浇式	30	20

温度、收缩应力的理论计算比较困难，究竟温度区段允许多长还是一个需要探讨的问题。但是，收缩应力问题必须重视。近年来，国内外已经比较普遍地采取了不设伸缩缝而从施工或构造处理的角度来解决收缩应力问题的方法，房屋长度可达 130 m，取得了较好的效果，归纳起来有下面几种措施：

（1）设后浇带。混凝土早期收缩占总收缩的大部分，建筑物过长时，可在适当距离选取对结构无严重影响的位置设后浇带，通常每隔 30～40 m 设置一道。后浇带保留时间一般不少于 1 个月，在此期间收缩变形可完成 30%～40%。后浇带的浇筑时间宜选择气温较低时，因为此时主体混凝土处于收缩状态。带的宽度一般为 800～1 000 mm，带内的钢筋采用搭接或直通加弯的做法。这样，带两边的混凝土在带浇灌以前能自由收缩。在受力较大部位留后浇带时，主筋可先搭接，浇灌前再进行焊接。后浇带混凝土宜用微膨胀水泥（如浇筑水泥）配制。

（2）局部设伸缩缝。由于结构顶部及底部受的温度应力较大，因此，在高层建筑中可采取在上面或下面的几层局部设缝的办法（约 1/4 全高）。

（3）从布置及构造方面采取措施减少温度应力的影响。由于屋顶受温度影响较大，通常应采取有效的保温隔热措施，例如，可采取双层屋顶的做法。或者不使屋顶连成整片大面积平面，而做成高低错落的屋顶。当外墙为现浇混凝土墙体时，也要注意采取保温隔热措施。

（4）在结构中对温度应力比较敏感的部位应适当加强配筋，以抵消温度应力，防止出现温度裂缝，比如在屋面板就应设置温度筋。

3．防震缝

有些建筑平面复杂、不对称或各部分刚度、高度和重量相差悬殊时，在地震作用下，会造成过大的扭转或其他复杂的空间振动形态，容易造成连接部位的震害，这种情形可通过设置防震缝来避免。《高层建筑混凝土结构规程》（JGJ 3—2010）规定，高层建筑宜调整平面形状和结构布置，避免结构不规则，不设防震缝。当建筑物平面复杂而又无法调整其平面形状或结构布置使之成为较规则的结构时，宜设置防震缝将其分为几个较简单的结构单元。

凡是设缝的位置应考虑相邻结构在地震作用下因结构变形、基础转动或平移引起的最大可能侧向位移。防震缝宽度要留够，要允许相邻房屋可能出现反向的振动，而不发生碰撞。防震缝的设置应符合下列规定：

（1）框架结构房屋，当高度不超过 15 m 时，可采用 100 mm；当超过 15 m 时，6 度、7 度、8 度和 9 度时相应每增加高度 5 m、4 m、3 m 和 2 m，宜加宽 20 mm。

（2）框架-抗震墙结构房屋的防震缝宽度可按上述第（1）项规定数值的 70% 采用，抗震墙房屋的防震缝宽度可按上述第（1）项规定数值的 50% 采用。但二者均不宜小于 100 mm。

（3）防震缝两侧结构体系不同时，防震缝宽度按不利的体系考虑，并按较低高度计算缝宽。

（4）防震缝应沿房屋全高设置，地下室、基础可不设防震缝，但在设置的防震缝处应加强构造和连接。

总的来说，要优先采用平面布置简单、长度不大的塔式楼；当体型复杂时，要优先采取加强结构整体性的措施，尽量不设缝。规则与不规则的区分是一个很复杂的问题，主要依赖于工程师的经验。一个有良好素养的结构工程师，应当对所设计结构的抗震性能有正确的估计，要能够区分不规则、特别不规则和严重不规则的程度，避免采用抗震性能差的严重不规则的设计方案。我国《建筑抗震设计规范》（GB 50011—2010）对平面不规则和竖向不规则的主要类型给出了相应的定义和参考指标，如表 2.4 和 2.5 所示。存在表 2.4 或 2.5 中的某项不规则类型以及类似的不规则类型应属于不规则建筑，当存在多项不规则或某项不规则超过规定参考指标较多时，应属于特别不规则建筑。而特别不规则，指的是形体复杂，多项不规则指标超过上限值或某一项大大超过规定值，具有现有技术和经济条件不能克服的严重的抗震薄弱环节，可能导致地震破坏的严重后果者。

表 2.4　平面不规则的主要类型

不规则类型	定义和参考指标
扭转不规则	在规定的水平力作用下，楼层的最大弹性水平位移（或层间位移），大于该楼层两端弹性水平位移（或层间位移）平均值的 1.2 倍
凹凸不规则	平面凹进的尺寸，大于相应投影方向总尺寸的 30%
楼板局部不连续	楼板的尺寸和平面刚度急剧变化，例如，有效楼板宽度小于该层楼板典型宽度的 50%，或开洞面积大于该层楼面面积的 30%，或较大的楼层错层

表 2.5　竖向不规则的主要类型

不规则类型	定义和参考指标
侧向刚度不规则	该层的侧向刚度小于相邻上一层的 70%，或小于其上相邻三个楼层侧向刚度平均值的 80%；除顶层或出屋面小建筑外，局部收进的水平尺寸大于相邻下一层的 25%
竖向抗侧力构件不连续	竖向抗侧力构件（柱、抗震墙、抗震支撑）的内力由水平转换构件（梁、桁架等）向下传递
楼层承载力突变	抗侧力结构的层间受剪承载力小于相邻上一楼层的 80%

2.4　概率极限状态设计方法

2.4.1　结构的功能要求

1. 设计基准期

设计基准期是为确定可变作用及与时间有关的材料性能取值而选用的时间参数，它不等同于建筑结构的设计使用年限。《建筑结构可靠度设计统一标准》（GB 50068—2001）所考虑的荷载统计参数，都是按设计基准期为 50 年确定的。如设计时需采用其他设计基准期，则必须另行确定在设计基准期内最大荷载的概率分布及相应的统计参数。

2. 设计使用年限

设计使用年限是指设计规定的结构或结构构件不需进行大修即可按其预定目的使用的时期，即房屋建筑在正常设计、正常施工、正常使用和维护下所应达到的使用年限，如达不到这个年限则意味着在设计、施工、使用与维护的某一环节上出现了非正常情况。所谓"正常维护"包括必要的检测、防护及维修。设计使用年限是房屋建筑的地基基础工程和主体结构工程"合理使用年限"的具体化。根据《建筑结构可靠度设计统一标准》（GB 50068—2001）的规定，结构的设计使用年限应按表 2.6 采用，若建设单位提出更高要求，也可按建设单位的要求确定。

表 2.6　设计使用年限分类

类别	设计使用年限/年	示　例	类别	设计使用年限/年	示　例
1	5	临时性结构	3	50	普通房屋和构筑物
2	25	易于替换的结构构件	4	100	纪念性建筑和特别重要的建筑结构

3. 结构的功能要求

结构在规定的设计使用年限内应满足下列功能要求。

1）安全性

安全性是指在正常施工和正常使用时能承受可能出现的各种作用。在设计规定的偶然事件（如地震、爆炸）发生时及发生后，仍能保持必需的整体稳定性。所谓整体稳定性，系指在偶然事件发生时及发生后，建筑结构仅产生局部的损坏而不致发生连续倒塌。

2）适用性

适用性是指在正常使用时具有良好的工作性能。如不产生影响使用的过大的变形或振幅，不发生足以让使用者产生不安的过宽的裂缝。

3）耐久性

耐久性是指在正常维护下具有足够的耐久性能。所谓足够的耐久性能，系指结构在规定的工作环境中,在预定时期内,其材料性能的恶化不致导致结构出现不可接受的失效概率。从工程概念上讲,足够的耐久性能就是指在正常维护条件下结构能够正常使用到规定的设计使用年限。

4．结构的可靠度

结构的安全性、适用性、耐久性即为结构的可靠性。结构可靠度是对结构可靠性的概率描述,即结构的可靠度指的是,结构在规定的时间内,在规定的条件下,完成预定功能的概率。

结构可靠度与结构的使用年限长短有关,《建筑结构可靠度设计统一标准》(GB 50068—2001)所指的结构可靠度或结构失效概率,是对结构的设计使用年限而言的,也就是说,规定的时间指的是设计使用年限;而规定的条件则是指正常设计、正常施工、正常使用,不考虑人为过失的影响,人为过失应通过其他措施予以避免。为保证建筑结构具有规定的可靠度,除应进行必要的设计计算外,还应对结构材料性能、施工质量、使用与维护进行相应的控制。对控制的具体要求,应符合有关勘察、设计、施工及维护等标准的专门规定。

5．安全等级及结构重要性系数

根据结构破坏可能产生的后果(危及人的生命、造成经济损失、产生社会影响等)的严重性,《建筑结构可靠度设计统一标准》(GB 50068—2001)将建筑物划分为 3 个安全等级,见表 2.7。建筑结构设计时,应采用不同的安全等级。

表 2.7　建筑结构的安全等级

安全等级	破坏后果	建筑物类型	安全等级	破坏后果	建筑物类型
一级	很严重	重要的房屋	三级	不严重	次要的房屋
二级	严重	一般的房屋			

大量的一般建筑物列入中间等级,重要的建筑物提高一级,次要的建筑物降低一级。设计部门可根据工程实际情况和设计传统习惯选用。大多数建筑物的安全等级均属二级。同一建筑物内的各种结构构件宜与整个结构采用相同的安全等级,但允许对部分结构构件根据其重要程度和综合经济效果进行适当调整。如提高某一结构构件的安全等级所需额外费用很少,又能减轻整个结构的破坏,从而大大减少人员伤亡和财物损失,则可将该结构构件的安全等级比整个结构的安全等级提高一级;相反,如某一结构构件的破坏并不影响整个结构或其他结构构件,则可将其安全等级降低一级。

结构重要性系数 γ_0 是建筑结构的安全等级不同而对目标可靠指标有不同要求,在极限状态设计表达式中的具体体现。对安全等级为一级的结构构件 γ_0 不应小于 1.1;对安全等级为二级的结构构件,γ_0 不应小于 1.0;对于安全等级为三级的结构构件,γ_0 不应小于 0.9;基础的 γ_0 不应小于 1.0。

6．地基基础设计等级

根据地基复杂程度、建筑物规模和功能特征以及因地基问题可能造成建筑物破坏或影响正常使用的程度，地基基础的设计分为甲、乙、丙三个设计等级。对于甲级和乙级地基基础，应进行地基的承载力计算和变形计算；对于部分丙级地基基础可仅进行地基的承载力计算，不做变形计算。

2.4.2　结构功能的极限状态

整个结构或结构的一部分超过某一特定状态就不能满足设计规定的某一功能要求，这个特定状态称为该功能的极限状态。极限状态可分为下列两类。

1．承载能力极限状态

这种极限状态对应于结构或结构构件达到最大承载能力或不适于继续承载的变形。当结构或结构构件出现下列状态之一时，应认为超过了承载能力极限状态：① 整个结构或结构的一部分作为刚体失去平衡、倾覆等；② 结构构件或连接因超过材料强度而破坏（包括疲劳破坏）或因过度变形而不适于继续承载；③ 结构转变为机动体系；④ 结构或结构构件丧失稳定、压屈等；⑤ 地基丧失承载能力而破坏、失稳等。超过承载能力极限状态后，结构或构件就不能满足安全性要求。

2．正常使用极限状态

这种极限状态对应于结构或结构构件达到正常使用或耐久性能的某项规定限值。当结构或结构构件出现下列状态之一时，应认为超过了正常使用极限状态：① 影响正常使用或外观的变形；② 影响正常使用或耐久性能的局部损坏（包括裂缝）；③ 影响正常使用的振动；④ 影响正常使用的其他特定状态。结构或构件除了进行承载能力极限状态验算之外，还应进行正常使用极限状态验算。

2.4.3　极限状态方程

当荷载、地震、温度等因素作用于结构时，结构将产生内力、变形等。工程中把这种结构对外部作用的响应称为作用效应，它代表由各种荷载或作用分别产生的效应的总和，可以用一个随机变量 S 表示。把结构所具有的承载力，称为结构的抗力，用 R 表示。只有结构构件的每一截面的作用效应小于或等于其抗力时，构件才认为是可靠的，否则认为是失效的。因此结构的极限状态可用极限状态函数

$$Z = R - S \tag{2.1}$$

根据概率统计理论，设 R、S 均为随机变量，则 Z 也是随机变量。可用 Z 的不同取值，描述结构的工作状态：当 $Z > 0$ 时，结构处于可靠状态；当 $Z = 0$ 时，构处于极限状态；当 $Z < 0$ 时，结构处于不可靠状态或失效状态。

结构设计中经常考虑的不仅是结构的承载力，多数场合还需要考虑结构对变形或开裂等的抵抗能力，极限状态方程还可推广为：

$$Z = g(x_1 \quad x_2 \quad \cdots \quad x_n) \tag{2.2}$$

式中　$g(\cdot)$——结构的功能函数；

　　$x_i(i=1,2,\cdots,n)$——基本变量，系指结构上的各种作用和材料性能、几何参数等。

2.4.4　结构的失效概率

结构能够完成预定功能的概率称为可靠概率 P_s，不能完成预定功能的概率称为失效概率 P_f。结构的可靠性可用可靠概率 P_s 来度量，也可用失效概率 P_f 来度量。

当仅有结构抗力 R 和作用效应 S 两个基本变量且相互独立时，失效概率 P_f 可以表达为：

$$P_f = \int_{-\infty}^{\infty} f_S(S)\left[\int_{-\infty}^{s} f_R(r)\mathrm{d}r\right]\mathrm{d}S \tag{2.3}$$

由上式可以看出，即使最简单的情况，也需要对这两个变量的概率密度函数进行积分运算，而且并不是对所有的情况都能得到解析解。对于多个随机变量，计算失效概率则需要进行多重积分，当各变量间相关时，还需要知道它们的联合概率分布函数并进行积分运算。

因此，虽然用失效概率 P_f 来度量结构的可靠性物理意义明确，也已为国际上所公认。但是计算 P_f 非常复杂，很难直接按上述方法来度量结构的可靠性。

当仅有结构抗力 R 和作用效应 S 两个基本变量且均按正态分布时，结构的功能函数 $Z = R - S$ 也服从正态分布，且其均值和标准差分别为：

$$\begin{aligned}\mu_Z &= \mu_R - \mu_S \\ \sigma_Z &= \sqrt{\sigma_R^2 - \sigma_S^2}\end{aligned} \tag{2.4}$$

这种情况下，计算失效概率 P_f 可大为简化。图 2.4 所示为结构的功能函数 $Z = R - S$ 的概率密度函数，结构的失效概率 P_f 可直接通过 $Z < 0$ 的概率来表达（图中阴影部分面积），将两个基本变量的正态分布标准化后，失效概率可以表达为：

$$P_f = \Phi\left(-\frac{\mu_Z}{\sigma_Z}\right) = 1 - \Phi\left(\frac{\mu_Z}{\sigma_Z}\right) \tag{2.5}$$

式中　$\Phi(\cdot)$——标准正态分布函数。

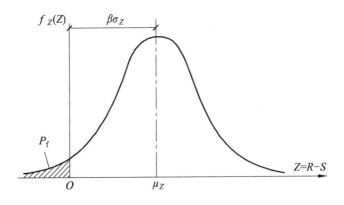

图2.4　失效概率 P_f 与可靠指标 β 的关系

2.4.5　可靠指标

1. 结构构件的可靠指标

当结构抗力 R 和作用效应 S 服从正态分布时的，可靠指标 β 可以表示为：

$$\beta = \frac{\mu_Z}{\sigma_Z} = \frac{\mu_R - \mu_S}{\sqrt{\sigma_R^2 - \sigma_S^2}} \tag{2.6}$$

代入式（2.5），则有

$$P_f = \Phi(-\beta) \tag{2.7}$$

从图 2.4 中可以看出，随着 β 的增大，结构构件的失效概率 P_f 减小，反之亦然。并且从式（2.7）可看出 β 值与失效概率 P_f 之间存在一一对应关系，见表 2.8，β 可以作为衡量结构可靠性的一个指标，故称其为结构的"可靠指标"。

表 2.8　可靠指标 β 与失效概率运算值 P_f 的关系

β	2.7	3.2	3.7	4.2
P_f	3.5×10^{-3}	6.9×10^{-4}	1.1×10^{-4}	1.3×10^{-5}

用可靠指标 β 来度量结构的可靠性比较方便，因为它只与功能函数的概率分布的均值 μ_Z 和标准差 σ_Z 有关。因此，《建筑结构可靠度设计统一标准》（GB 50068—2001）采用可靠指标 β 代替失效概率 P_f 来度量结构的可靠性。

由于多数荷载不服从正态分布，结构的抗力一般也不服从正态分布，所以实际工程中出现功能函数仅与两个正态变量有关的情况是很少的。此外，结构的极限状态方程也可能是多变量的非线性的。因此，应该采用一种求解可靠指标 β 的一般方法，可应用于功能函数包含多个正态或非正态变量、极限状态方程为线性或非线性的情况。《建筑结构可靠度设计统一标准》（GB 50068—2001）采用的是国际结构安全度委员会（JCSS）推荐的"一次二阶矩法"。

2. 设计可靠指标

结构构件设计时所应达到的可靠指标称为设计可靠指标，它是根据设计所要求达到的结构可靠度而取定的，所以又称为目标可靠指标。

1）承载能力极限状态时的设计可靠指标

当结构构件发生延性破坏时，目标可靠指标 $[\beta]$ 值可定得稍低些，发生脆性破坏时，$[\beta]$ 值定得稍高些。延性破坏是指结构构件在破坏前有明显的变形或其他预兆；脆性破坏是指结构构件在破坏前无明显的变形或其他预兆。《建筑结构可靠度设计统一标准》（GB 50068—2001）根据结构的安全等级和破坏类型，在对有代表性的结构构件进行可靠度分析的基础上，规定了按承载能力极限状态设计时采用的目标可靠指标 $[\beta]$，见表 2.9。

表 2.9 结构构件承载能力极限状态的目标可靠指标［β］

破坏类型	安 全 等 级		
	一 级	二 级	三 级
延性破坏	3.7	3.2	2.7
脆性破坏	4.2	3.7	3.2

表中数值是以建筑结构安全等级为二级时延性破坏时的［β］值 3.2 作为基准的，其他情况应增减 0.5。

2）正常使用极限状态时的设计可靠指标

为促进房屋使用性能的改善，《建筑结构可靠度设计统一标准》（GB 50068—2001）对结构构件正常使用的可靠度做出了规定。对于正常使用极限状态的可靠指标，一般应根据结构构件作用效应的可逆程度宜取 0～1.5。可逆程度较高的结构构件取较低值；可逆程度较低的结构构件取较高值。不可逆极限状态指产生超越状态的作用被移去后，仍将永久保持超越状态的一种极限状态；可逆极限状态指产生超越状态的作用被移去后，将不再保持超越状态的一种极限状态。

按照可靠指标方法设计时，实际结构构件的可靠指标 β 值应满足下式的要求：

$$\beta \geqslant [\beta] \tag{2.8}$$

采用可靠指标设计方法，能够比较充分地考虑各有关因素的客观变异性，使所设计的结构比较符合预期的可靠度要求，并在不同结构之间，设计可靠度具有相对可比性。

2.4.6 极限状态设计表达式

对于一般常见的结构构件，直接按给定的目标可靠指标［β］进行设计仍是十分复杂的，不易掌握。考虑到长期以来工程设计人员的习惯和应用的简便，《建筑结构可靠度设计统一标准》给出了以概率极限状态设计法为基础的，以基本变量标准值和分项系数表达的极限状态设计表达式。设计时并不需要做概率运算，也不需要计算可靠指标［β］，便于广大设计人员掌握，而在内容上包含了结构可靠度理论研究的成果，设计表达式中的分项系数起着相当于设计可靠指标［β］的作用。

1. 承载能力极限状态设计表达式

对于承载能力极限状态，应按荷载效应的基本组合或偶然组合进行荷载效应组合，并应采用下列设计表达式进行设计：

$$\gamma_0 S \leqslant R \tag{2.9}$$

式中　γ₀——结构重要性系数。

2. 正常使用极限状态设计表达式

按正常使用极限状态设计，主要是验算构件的变形、抗裂度或裂缝宽度。变形过大或裂缝过宽虽影响正常使用，但危害程度不及承载力极限状态引起的后果严重，所以可适当降低可靠度的要求。

对于正常使用极限状态，应根据不同的设计要求，采用荷载的标准组合、频遇组合或准永久组合，并应按下列设计表达式进行设计：

$$S \leqslant C \tag{2.10}$$

式中，C 为结构或结构构件达到正常使用要求的规定限值，例如变形、裂缝、振幅、速度、应力等的限值，应按各种规范的规定确定。

2.5　建筑结构的作用

2.5.1　作用及作用效应

使结构产生内力或变形的原因称为"作用"，分为间接作用和直接作用两种。间接作用不仅与外界因素有关，还与结构本身的特性有关，如地震作用、温度变化、材料的收缩和徐变、地基不均匀沉降及焊接应力等。直接作用一般直接以力的形式作用于结构，如结构构件的自重、楼面上的人群和各种物品的重量、设备重量、风压及雪压等，习惯上称为荷载，我国现行《建筑结构荷载规范》（GB 50009—2012）规定，结构上的荷载可根据其时间上和空间上的变异性分为 3 类：永久荷载、可变荷载和偶然荷载。

永久荷载，也称恒载：在结构设计使用期间，其值不随时间而变化，或其变化与平均值相比可以忽略不计，或其变化是单调的并能趋于限值的荷载。如结构自重、外加永久性的承重、非承重结构构件和建筑装饰构件的重量、土压力、预应力等。因为恒载在整个使用期内总是持续地施加在结构上，所以设计结构时，必须考虑它的长期效应。结构自重，一般根据结构的几何尺寸和材料容重的标准值（也称名义值）确定。

可变荷载，也称活载：在结构设计基准期内，其值随时间变化，且变化值和平均值相比不可忽略的荷载。如工业建筑楼面活荷载、民用建筑楼面活荷载、屋面活荷载、屋面积灰荷载、车辆荷载、吊车荷载、风荷载、雪荷载、裹冰荷载、波浪荷载等。

偶然荷载：在结构设计基准期内不一定出现，一旦出现，其量值很大且作用时间很短。如罕遇的地震作用、爆炸、撞击等。

一般民用建筑结构最常见的作用包括：构件和设备产生的重力荷载、楼面可变荷载（屋面还包括积灰荷载和雪荷载）、风荷载和地震作用。其中：重力荷载和楼面使用荷载都是竖向荷载，前者属于永久荷载，后者属于可变荷载；风荷载和地震作用一般仅考虑水平方向，前者属于可变荷载，后者属于间接作用。在设有吊车的厂房中，还有吊车荷载。吊车荷载属于可变荷载，包括吊车竖向荷载和吊车水平荷载。在地下建筑中还涉及土压力和水压力；在储水、料仓等构筑物中则分别有水的侧压力和物料侧压力。土压力、物料侧压力按永久荷载考虑；水位不变的水压力按永久荷载考虑；水位变化的水压力按可变荷载考虑。温度变化也会在结构中产生内力和变形。一般建筑物受温度变化的影响主要有 3 种：室内外温差、日照温差和季节温差。目前，建筑物在温度作用下的结构分析方法还不完善，对于单层和多层建筑，一般采用构造措施，如屋面隔热层、设置伸缩缝、增加构造钢筋等，而在结构计算中不考虑温度的作用。但是，对于 30 层以上或高度超过 100 m 以上的建筑，其竖向温度效应不可忽略。

结构上的作用，若在时间上或空间上可作为相互独立时，则每一种作用均可按对结构单独作用考虑；当某些作用密切相关，且经常以最大值出现时，可以将这些作用按一种作用考虑。直接作用或间接作用在结构内产生的内力（如轴力、弯矩、剪力和扭矩）和变形（如挠度、转角和裂缝等）称为作用效应；仅由荷载产生的效应称为荷载效应。荷载与荷载效应之间通常按某种关系相互联系。

2.5.2　荷载代表值

不同荷载都具有不同性质的变异性。在设计中，不可能直接引用反映荷载变异性的各种统计参数，通过复杂的概率运算进行具体设计。因此，在设计时，除了采用能便于设计者使用的设计表达式外，对荷载还应赋予一个规定的量值，称为荷载代表值。在极限状态设计表达式中荷载是以代表值的形式出现的，荷载可根据不同的设计要求，规定不同的代表值，以使之能更确切地反映它在设计中的特点。《建筑结构荷载规范》（GB 50009—2012）给出了荷载的 4 种代表值，即标准值、组合值、频遇值和准永久值，其中标准值是荷载的基本代表值，其他代表值是标准值乘以相应的系数后得出的。结构设计时，应根据各种极限状态的设计要求采用不同的荷载代表值。对永久荷载应采用标准值作为代表值。对可变荷载应采用标准值、组合值、频遇值或准永久值作为代表值。对偶然荷载应按建筑结构使用特点确定其代表值。

1．荷载标准值

荷载标准值是荷载的基本代表值，是指在结构使用期间可能出现的最大荷载值。由于荷载本身的随机性，使用期间的最大荷载实际上是一个随机变量。《建筑结构可靠度设计统一标准》（GB 50068—2001）以设计基准期最大荷载概率分布的某个分位置作为该荷载的标准值。

目前，并非对所有荷载都能取得充分的资料，为此，不得不从实际出发，根据已有的工程实践经验，通过分析判断后，协议一个公称值（nominal value）作为代表值。《建筑结构荷载规范》（GB 50009—2012）规定，对于结构自身重力可以根据结构的设计尺寸和材料的重力密度确定。可变荷载通常还与时间有关，是一个随机过程，如果缺乏大量的统计资料，也可以近似地按随机变量来考虑。按照 ISO 国际标准的建议，可变荷载标准值应由设计基准期内最大荷载统计分布，取其平均值减 1.645 倍标准差确定。考虑到我国的具体情况和规范的衔接，《建筑结构荷载规范》（GB 50009—2012）采用的基本上是经验值。其他的荷载代表值都可在标准值的基础上乘以相应的系数后得出。对某类荷载，当有足够资料而有可能对其统一分布做出合理估计时，则在其设计基准期最大荷载的分布上，可根据协议的百分位，取其分位值作为该荷载的代表值，原则上可取分布的特征值（例如，均值、众值或中值），国际上习惯称之为荷载的特征值（characteristic value）。实际上，对于大部分自然荷载，包括风、雪荷载，习惯上都以其规定的平均重现期来定义标准值，也就是相当于以其重现期内最大荷载的分布的众值为标准值。需要说明的是，我国《建筑结构荷载规范》（GB 50009—2012）提供的荷载标准值属于强制性条款，在设计中必须作为荷载最小值采用；若不属于强制性条款，则应当由业主认可后采用，并在设计文件中注明。

2．可变荷载组合值

当有两种或两种以上的可变荷载在结构上要求同时考虑时，由于所有可变荷载同时达到其单独出现时可能达到的最大值的概率极小，因此，除主导荷载（产生最大效应的荷载）仍可以其标准值为代表值之外，其他伴随荷载均应采用小于其标准值的组合值为荷载代表值，使组合后的荷载效应在设计基准期内的超越概率与该荷载单独出现时的概率趋于一致。原则上组合值可按相应时段最大荷载分布中的协议分位值来确定。但是考虑到目前实际荷载取样的局限性，《建筑结构荷载规范》（GB 50009—2012）并未明确荷载组合值的确定方法，主要还是在工程设计的经验范围内，偏保守地加以确定。

$$可变荷载组合值＝荷载组合值系数×可变荷载标准值$$

3．可变荷载频遇值和准永久值

可变荷载的标准值反映了最大荷载在设计基准期内的超越概率，但没有反映出超越的持续时间长短。当结构按正常使用极限状态的要求进行设计时，需要从不同要求出发，选择频遇值或准永久值作为可变荷载代表值。

在可变荷载的随机过程中，荷载超过某水平荷载 x 有两种形式：其一是在设计基准期 T 内，荷载超过 x 的次数 n_x 或平均跨阈率 v_x（单位时间内超过 x 的平均次数）；其二是超过 x 的总持续时间 $T_x = \sum t_i$，或与设计基准期 T 的比率 $u_x = T_x/T$。当考虑结构的局部损坏或疲劳破坏时，设计中应根据荷载可能出现的次数，也就是通过 v_x 来确定其频遇值；当考虑结构在使用中引起不舒适感时，就应根据较短的持续时间，也就是通过 u_x 来确定其频遇值，一般取 $u_x = 0.1$。频遇值相当于在结构上时而出现的较大荷载值。

可变荷载频遇值是正常使用极限状态按频遇组合设计所采用的一种可变荷载代表值。在设计基准期内，荷载达到和超过该值的总持续时间仅为设计基准期的一小部分。

$$可变荷载频遇值＝荷载频遇值系数×可变荷载标准值$$

准永久值在设计基准期内具有较长的总持续时间 T_x，对结构的影响犹如永久荷载，一般取 $u_x = 0.5$。如果可变荷载被认为是各态历经的平稳随机过程，则准永久值相当于荷载分布中的中值；对于有可能划分为持久性荷载和临时性荷载的可变荷载，可以直接引用荷载的持久性部分，作为准永久荷载，并取其适当的分为值为准永久值。可变荷载准永久值是正常使用极限状态按准永久组合所采用的可变荷载代表值。在结构设计时，准永久值主要考虑荷载长期效应的影响。在设计基准期内，达到和超过该荷载值的总持续时间约为设计基准期的一半。

$$可变荷载准永久值＝荷载准永久值系数×可变荷载标准值$$

2.5.3　荷载分项系数与荷载设计值

为使在不同设计情况下的结构可靠度能够趋于一致，荷载分项系数应根据荷载不同的变异系数和荷载的具体组合情况，以及与抗力有关的分项系数的取值水平等因素确定。但为了设计方便，《建筑结构可靠度设计统一标准》（GB 50068—2001）将荷载分成永久荷载和可变荷载两类，相应给出永久荷载分项系数和可变荷载分项系数。这两个分项系数是在荷载标准值已给定的前提下，使按极限状态设计表达式所得的各类结构构件的可靠指标，与规定的目标可靠指标之间，在总体上误差最小为原则，经优化后选定的。

《建筑结构荷载规范》（GB 50009—2012）对荷载设计值的定义为：

$$荷载设计值 = 荷载分项系数 \times 荷载代表值$$

2.5.4 楼面均布活荷载

楼面活荷载按其随时间的变异特点，可分为持久性和临时性两部分。持久性活荷载是指楼面上在某个时段内基本保持不变的荷载，如住宅内的家具、物品，工业厂房内的机器、设备和堆料，还包括常住人员的自重，这些荷载，除非发生一次搬迁，一般变化不大。临时性活荷载是指楼面上偶尔出现的短期荷载，例如，聚会的人群、维修工具和材料堆积、室内扫除时家具的集聚等。对持久性活荷载的概率统计模型，《建筑结构荷载规范》（GB 50009—2012）根据调查给出荷载变动的平均时间间隔及荷载的统计分布，采用时段的二项平稳随机过程。临时性活荷载，由于持续时间很短，要通过调查确定荷载在单位时间内出现次数的平均率及其荷载值的统计分布是困难的。《建筑结构荷载规范》（GB 50009—2012）通过对用户的调查，了解最近若干年内一次最大的临时性荷载值，以此作为某个时段内的最大临时荷载，并作为荷载统计的基础，所采用的概率模型也是时段的二项平稳随机过程。表 2.10 是标准基准期民用建筑楼面活荷载的标准值及组合值、频遇值和准永久值系数。

表 2.10 民用建筑楼面均布活荷载标准值及组合值、频遇值和准永久值系数

项次	类 别	标准值 /（kN/m²）	组合值系数 ψ_c	频遇值系数 ψ_f	准永久值系数 ψ_q
1	（1）住宅、宿舍、旅馆、办公楼、医院病房、托儿所、幼儿园	2.0	0.7	0.5	0.4
	（2）试验室、阅览室、会议室、医院门诊	2.0	0.7	0.6	0.5
2	教室、食堂、餐厅、一般资料档案室	2.5	0.7	0.6	0.5
3	（1）礼堂、剧场、影院、有固定座位的看台	3.0	0.7	0.5	0.3
	（2）公共洗衣房	3.0	0.7	0.6	0.5
4	（1）商店、展览厅、车站、港口、机场大厅及旅客等候室	3.5	0.7	0.6	0.5
	（2）无固定座位的看台	3.5	0.7	0.5	0.3
5	（1）健身房、演出舞台	4.0	0.7	0.6	0.5
	（2）运动场、舞厅	4.0	0.7	0.6	0.3
6	（1）书库、档案库、贮藏室	5.0	0.9	0.9	0.8
	（2）密集档案库	12.0	0.9	0.9	0.8
7	通风机房、电梯机房	7.0	0.9	0.9	0.8

续表

项次	类　　别			标准值 /（kN/m²）	组合值 系数 ψ_c	频遇值 系数 ψ_f	准永久值 系数 ψ_q
8	汽车通道及客车停车库	（1）单向板楼盖（板跨不小于 2 m）和双向板（板跨不小于 3 m×3 m）	客　车	4.0	0.7	0.7	0.6
			消防车	35.0	0.7	0.5	0.0
		（2）双向板（板跨不小于 6 m× 6 m）和无梁楼盖（柱网不小于 6 m×6 m）	客　车	2.5	0.7	0.7	0.6
			消防车	20.0	0.7	0.5	0.0
9	餐厅	（1）餐厅		4.0	0.7	0.7	0.7
		（2）其他		2.0	0.7	0.6	0.5
10	浴室、卫生间、盥洗室			2.5	0.7	0.6	0.5
11	走廊、门厅	（1）宿舍、旅馆、医院病房、托儿所、幼儿园、住宅		2.0	0.7	0.5	0.4
		（2）宿办公楼、餐厅、医院门诊部		2.5	0.7	0.6	0.5
		（3）教学楼及其他可能出现密集的情况		3.5	0.7	0.5	0.3
12	（1）多层住宅			2.0	0.7	0.5	0.4
	（2）其他			3.5	0.7	0.5	0.3

表 2.10 中所给各项活荷载适用于一般使用条件，当使用荷载较大或情况特殊时，应按实际情况采用。第 6 项书库活荷载，当书架高度大于 2 m 时，书库活荷载尚应按每米书架高度不小于 2.5 kN/m² 确定；第 8 项中的客车活荷载仅适用于停放载人少于 9 人的客车，消防车活荷载适用于满载总量为 300 kN 的大型车辆，当不符合本表的要求时，应将车轮的局部荷载按结构效应的等效原则，换算为等效均布荷载；第 8 项消防车活荷载，当双向板楼盖跨度介于 3 m×3 m 到 6 m×6 m 之间时，应按跨度线性插值确定；第 12 项楼梯活荷载，对预制楼梯踏步平板，尚应按 1.5 kN 集中荷载验算。该表各项荷载不包括隔墙自重和二次装修荷载，对固定隔墙的自重应按永久荷载考虑。当隔墙位置可灵活自由布置时，非固定隔墙的自重应取不小于 1/3 的每延米长墙重（kN/m）作为楼面活荷载的附加值（kN/m²）计入，且附加值不应小于 1.0 kN/m²。

作用在楼面上的活荷载，不可能以标准值的大小同时布满所有的楼面上，因此在设计梁、墙、柱和基础时，还要考虑实际荷载沿楼面分布的变异情况，亦即在确定梁、墙、柱和基础的荷载标准值时，还应将楼面活荷载标准值乘以折减系数。

设计楼面梁时：① 第 1（1）项当楼面梁从属面积超过 25 时，应取 0.9；② 第 1（2）～7 项当楼面梁从属面积超过 50 m² 时，应取 0.9；③ 第 8 项对单向板楼盖的次梁和槽形板的纵肋应取 0.8，对单向板楼盖的主梁应取 0.6，对双向板楼盖的梁应取 0.8；④ 第 9～12 项应采用与所属房屋类别相同的折减系数。

设计墙、柱和基础时：① 第 1（1）项应按表 2.11 规定采用；② 第 1（2）～7 项应采用与其楼面梁相同的折减系数；③ 第 8 项的客车，对单向板楼盖应取 0.5，对双向板楼盖和无梁楼盖应取 0.8；④ 第 9～12 项应采用与所属房屋类别相同的折减系数。注：楼面梁的从属面积应按梁两侧各延伸二分之一梁间距的范围内的实际面积确定。

表 2.11 活荷载按楼层的折减系数

墙、柱、基础计算截面以上的层数	1	2~3	4~5	6~8	9~20	>20
计算截面以上各楼层活荷载总和的折减系数	1.000（0.90）	0.85	0.70	0.65	0.60	0.55

民用建筑楼面均布活荷载的标准值及其组合值、频遇值和准永久值系数，应按表 2.11 的规定采用。由于表 2.11 所规定的楼面均布荷载标准值是以楼板的等效均布活荷载为依据的，故在设计楼板时可以直接取用；而在设计楼面梁、墙、柱及基础时，表中的楼面活荷载标准值可乘以规定的折减系数。

2.5.5 屋面均布活荷载

屋面可变荷载包括屋面均布可变荷载、雪荷载和积灰荷载三种，均按屋面的水平投影面积计算。在荷载计算时，不上人的屋面均布活荷载，可不与雪荷载和风荷载同时组合。

屋面均布活荷载按《建筑结构荷载规范》（GB 50009—2012）的规定采用（表 2.12），当施工荷载较大时，则按实际情况采用。对于在生产中有大量排灰的厂房及其邻近建筑，在设计时应考虑其屋面的积灰荷载，具体按《建筑结构荷载规范》（GB 50009—2012）中规定采用。

表 2.12 屋面均布活荷载标准值及组合值、频遇值和准永久值系数

项次	类 别	标准值 /（kN/m²）	组合值系数 ψ_c	频遇值系数 ψ_f	准永久值系数 ψ_q
1	不上人的屋面	0.5	0.7	0.5	0.0
2	上人的屋面	2.0	0.7	0.5	0.4
3	屋顶花园	3.0	0.7	0.6	0.5
4	屋顶运动场地	3.0	0.7	0.6	0.4

不上人的屋面，当施工或维修荷载较大时，应按实际情况采用，对不同类型的结构应按有关设计规范的规定采用，但不得低于 0.3 kN/m²；当上人的屋面兼作其他用途时，应按相应楼面活荷载采用；对于因屋面排水不畅、堵塞等引起的积水荷载，应采取构造措施加以防止，必要时，应按积水的可能深度确定屋面活荷载；屋顶花园活荷载不应包括花圃土石等材料自重。

2.5.6 雪荷载

屋面水平投影面上的雪荷载标准值 S_k（kN/m²）按下式计算：

$$S_k = \mu_r S_0 \tag{2.11}$$

式中　S_0——基本雪压（kN/m^2），是以当地一般空旷平坦地面上由概率统计所得的 50 年一遇最大积雪的自重确定的，其值可查《荷载规范》；

　　　μ_r——屋面积雪分布系数，根据不同屋面形式，由《荷载规范》查得。

雪荷载的组合值系数可取 0.7，频遇值系数可取 0.6，准永久值系数应按雪荷载分区 I 、II 和 III 的不同，分别取 0.5、0.2 和 0。

2.5.7　风荷载

风荷载是指风遇到建筑物时在其表面产生的一种压力或吸力。风荷载与风压、建筑物表面形状及建筑物的动力特性有关，设计主体结构时，垂直于建筑物表面上的风荷载标准值按下式计算：

$$w_k = \beta_z \mu_z \mu_s w_0 \tag{2.12}$$

式中　w_0——基本风压（kN/m^2）；

　　　β_z——高度 z 处的风振系数；

　　　μ_z——风压高度变化系数；

　　　μ_s——风荷载体型系数。

风荷载的组合值系数、频遇值系数和准永久值系数可分别取 0.6、0.4 和 0。

1．基本风压 w_0

基本风压是根据空旷平坦地面上离地面 10 m 高统计所得 50 年一遇的 10 min 平均最大风速 v_0，按 $w_0 = \rho v_0^2/2$（ρ 为空气密度）换算而来的。在结构设计时，其取值不得小于 $0.3\ kN/m^2$。对于高层建筑、高耸结构以及对风荷载比较敏感的其他结构，基本风压的取值应适当提高，并应符合有关结构设计规范的规定。

当考虑重现期不同于设计规范规定的 50 年时，应将荷载规范 50 年一遇基本风压值乘以相应的修正系数 μ，见表 2.13。

表 2.13　不同重现期基本风压修正系数 μ

重现期/年	10	20	30	50	100
修正系数 μ	0.734	0.850	0.917	1.000	1.112

2．风压高度变化系数 μ_z

由于空气本身具有一定的黏性，能承受一定的切应力，因此在与物体接触表面附近形成一个具有速度梯度的边界层气流，导致风速随高度和地貌情况而变化。基本风压是建立在平坦地面上空 10 m 高度处的风速基础之上的，对于不同高度及地貌情况，需要对风压进行修正，用风压高度变化系数来反映，见表 2.14。

表 2.14 风压高度变化系数 μ_z

离地面或海平面高度/m	地面粗糙度类别			
	A	B	C	D
5	1.09	1.00	0.65	0.51
10	1.28	1.00	0.65	0.51
15	1.42	1.13	0.65	0.51
20	1.52	1.23	0.74	0.51
30	1.67	1.39	0.88	0.51
40	1.79	1.52	1.00	0.60
50	1.89	1.62	1.10	0.69
60	1.97	1.71	1.20	0.77
70	2.05	1.79	1.28	0.84
80	2.12	1.87	1.36	0.91
90	2.18	1.93	1.43	0.98
100	2.23	2.00	1.50	1.04
150	2.46	2.25	1.79	1.33
200	2.64	2.46	2.03	1.58
250	2.78	2.63	2.24	1.81
300	2.91	2.77	2.43	2.02
350	2.91	2.91	2.60	2.22
400	2.91	2.91	2.76	2.40
450	2.91	2.91	2.91	2.58
500	2.91	2.91	2.91	2.74
≥500	2.91	2.91	2.91	2.91

地貌方面，《建筑结构荷载规范》（GB 50009—2010）将地面粗糙度类别分为 4 类：A 类指近海海面和海岛、海岸、湖岸及沙漠地区；B 类指田野、乡村、丛林、丘陵以及房屋比较稀疏的乡镇；C 类指有密集建筑群的城市市区；D 类指有密集建筑群且房屋较高的城市市区。

对于山区建筑和远海海面及海岛上的建筑，还需考虑地形条件的修正，修正系数详见《建筑结构荷载规范》（GB 50009—2012）。

3．风荷载体型系数 μ_s

由风速换算得到的风压是所谓来流风的速度压，并不能直接作为建筑物设计的结构荷载，因为房屋本身并不是理想地使原来的自由气体停滞，而让气流以不同方式在房屋表面绕过，房屋会对气体形成某种干扰。完全用空气动力学原理分析不同外形建筑物表面风压的变化，目前还存在困难，一般根据风洞试验来确定风载体型系数。表 2.15 是部分建筑物的风载体型系数，正值表示压力，负值表示吸力。

表 2.15 部分建筑物的风荷载体型系数 μ_s

序号	类型	体型及体型系数
1	封闭式双坡屋面	
2	封闭式带天窗双坡屋面	
3	封闭式房屋和构筑物	

4. 风振系数 β_z

风压的变化可以分为两部分：一是长周期部分，其周期从几十分钟到几小时；二是短周期部分，常常只有几秒钟。为便于分析，可以把实际风分解为平均风分量和脉动风分量。平均风的周期比一般结构的自振周期大得多，因而对结构的响应相当于静力作用；而高频的脉动风周期与高层和高耸结构的自振周期相当。因此，《建筑结构荷载规范》（GB 50009—2012）规定，对于高度大于 30 m 且高宽比大于 1.5 的房屋，以及自振周期大于 1.5 的高耸结构，应考虑脉动风压对结构产生顺风向风振的影响。

对于一般竖向悬臂型结构，例如高层建筑和构架、塔架、烟囱等高耸结构，均可仅考虑结构第一振型的影响，高度 z 处的风振系数 β_z 可按下式计算：

$$\beta_z = 1 + 2gI_{10}B_z\sqrt{1+R^2} \tag{2.13}$$

式中　g——峰值因子，可取 2.5；

　　　I_{10}——10 m 高度名义湍流度，对应 A、B、C 和 D 类地面粗糙度，可分别取 0.12、0.14、0.23 和 0.39；

　　　B_z——脉动风荷载的背景分量因子；

　　　R——脉动风荷载的共振分量因子。

（1）脉动风荷载的共振分量因子 R 可按下列公式计算：

$$\left.\begin{aligned} R &= \sqrt{\frac{\pi}{6\zeta_1}\frac{x_1^2}{(1+x_1^2)^{4/3}}} \\ x_1 &= \frac{30f_1}{\sqrt{k_w w_0}}, x_1 > 5 \end{aligned}\right\} \tag{2.14}$$

式中　f_1——结构第 1 阶自振频率（Hz），第 1 阶自振周期对钢结构可近似取 $T_1 = (0.1 \sim 0.15)n$，混凝土框架结构 $T_1 = (0.08 \sim 0.10)n$，混凝土框架-剪力墙和框架-筒体结构 $T_1 = (0.06 \sim 0.08)n$，剪力墙和筒中筒结构 $T_1 = (0.05 \sim 0.06)n$，n 为层数；

　　　k_w——地面粗糙度修正系数，对 A 类、B 类、C 类和 D 类地面粗糙度分别取 1.28、1.0、0.54 和 0.26；

　　　ζ_1——结构阻尼比，对钢结构可取 0.01，对有填充墙的钢结构房屋可取 0.02，对钢筋混凝土及砌体结构可取 0.05，对其他结构可根据工程经验确定。

（2）脉动风荷载的背景分量因子 B_z 可按下式计算：

$$B_z = kH^{\alpha_1}\rho_x\rho_z\frac{\phi_1(z)}{\mu_z} \tag{2.15}$$

式中　$\phi_1(z)$——结构第 1 阶振型系数；

　　　H——结构总高度（m），对 A、B、C 和 D 类地面粗糙度，H 的取值分别不应大于 300 m、350 m、450 m 和 550 m；

　　　ρ_x——脉动风荷载水平方向相关系数；

　　　ρ_z——脉动风荷载竖直方向相关系数；

　　　k，α_1——系数，按表 2.16 取值。

表 2.16　系数 k 和 α_1

粗糙度类别		A	B	C	D
高层建筑	k	0.944	0.670	0.295	0.112
	α_1	0.155	0.187	0.261	0.346
高耸结构	k	1.276	0.910	0.404	0.155
	α_1	0.186	0.218	0.292	0.376

① 水平方向相关系数 ρ_x 可按下式计算：

$$\rho_x = \frac{10\sqrt{B + 50\mathrm{e}^{-B/50} - 50}}{B} \qquad (2.16)$$

式中　B——结构迎风面宽度（m），$B \le 2H$。

② 竖直方向相关系数 ρ_z 可按下式计算：

$$\rho_z = \frac{10\sqrt{H + 60\mathrm{e}^{-H/60} - 60}}{H} \qquad (2.17)$$

式中　H——结构总高度（m），对 A、B、C 和 D 类地面粗糙度，H 的取值分别不应大于 300 m、350 m、450 m 和 550 m。

③ 振型系数 $\phi_1(z)$ 应根据结构动力计算确定。对外形、质量、刚度沿高度按连续规律变化的竖向悬臂型高耸结构及沿高度比较均匀的高层建筑，振型系数也可根据相对高度 z/H 按《建筑结构荷载规范》（GB 50009—2012）附录 G 确定。表 2.17 为高层建筑的振型系数。

表 2.17　高层建筑的振型系数 $\phi_1(z)$

相对高度（z/H）	振型序号			
	1	2	3	4
0.1	0.02	−0.09	0.22	−0.38
0.2	0.08	−0.30	0.58	−0.73
0.3	0.17	−0.50	0.70	−0.40
0.4	0.27	−0.68	0.46	0.33
0.5	0.38	−0.63	−0.03	0.68
0.6	0.45	−0.48	−0.49	0.29
0.7	0.67	−0.18	−0.63	−0.47
0.8	0.74	0.17	−0.34	−0.62
0.9	0.86	0.58	0.27	−0.02
1.0	1.00	1.00	1.00	1.00

【例 2.1】 已知正方形平面钢筋混凝土框架-剪力墙结构高层建筑，平面边长 40 m，如图 2.5 所示。该建筑共 18 层，底层层高 4.5 m，其余层高均为 3.3 m，平面沿高度保持不变，质

量和刚度沿竖向均匀分布。地面粗糙度为 C 类，所在地区的基本风压 $w_0 = 0.5\ \text{kN/m}^2$。试计算各楼层处顺风向总的荷载标准值。

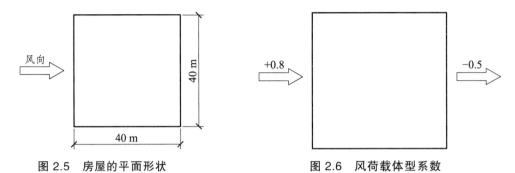

图 2.5　房屋的平面形状　　　　　　图 2.6　风荷载体型系数

【解】（1）确定风荷载体型系数 μ_s。

查表 2.15，迎风面的体型系数为 +0.8，为压力，背风面的体型系数为 - 0.5，为吸力（图 2.6）。

（2）计算各层的风压高度变化系数 μ_z。

近似假定室内外地面标高相同，各层楼面离室外地面的高度 z 列于表 2.18 第 2 列，查表 2.14 或根据《建筑结构荷载规范》（GB 50009—2012）提供的风压高度变化系数计算公式可算得各层楼面标高处的风压高度系数 μ_z，列于表 2.18 第 3 列。

（3）计算风振系数 β_z。

混凝土框架-剪力墙结构第 1 阶自振周期近似取 $T_1 = 0.07n = 1.26\ \text{s}$，$f_1 = 1/T_1 = 0.794\ \text{Hz}$；C 类地面粗糙度修正系数 $k_w = 0.54$；钢筋混凝土结构的阻尼比 ζ_1 取 0.05。由式（2.14），有

$$x_1 = \frac{30 f_1}{\sqrt{k_w w_0}} = \frac{30 \times 0.794}{\sqrt{0.54 \times 0.5}} = 45.842$$

$$R = \sqrt{\frac{\pi}{6 \zeta_1} \frac{x_1^2}{(1 + x_1^2)^{4/3}}} = \sqrt{\frac{\pi \times 45.842^2}{6 \times 0.05 \times (1 + 45.842^2)^{4/3}}} = 0.904$$

各楼层位置第 1 阶振型系数 $\phi_1(z)$ 按表 2.17 计算，列于表 2.18 第 4 列。

房屋的总高度 $H = 60.6\ \text{m}$，迎风面宽度 $B = 40\ \text{m}$，由式（2.16）、（2.17）可求得水平方向相关系数和竖直方向相关系数。

$$\rho_x = \frac{10\sqrt{B + 50 \mathrm{e}^{-B/50} - 50}}{B} = \frac{10\sqrt{40 + 50 \times \mathrm{e}^{(-40/50)} - 50}}{40} = 0.883$$

$$\rho_z = \frac{10\sqrt{H + 60 \mathrm{e}^{-H/60} - 60}}{H} = \frac{10\sqrt{60.6 + 60 \times \mathrm{e}^{(-60.6/60)} - 60}}{60.6} = 0.782$$

由表 2.16，C 类地面粗糙度的高层建筑，可得 $k = 0.295$，$\alpha_1 = 0.261$，由式（2.15）可得背景分量因子

$$B_z = kH^{\alpha_1} \rho_x \rho_z \frac{\phi_1(z)}{\mu_z} = 0.295 \times 60.6^{0.261} \times 0.883 \times 0.782 \frac{\phi_1(z)}{\mu_z} = 0.595 \frac{\phi_1(z)}{\mu_z}$$

由式（2.13）可得风振系数

$$\beta_z = 1 + 2gI_{10}B_z\sqrt{1+R^2} = 1 + 2 \times 2.5 \times 0.23 \times \sqrt{1+0.904^2}\,B_z = 1 + 1.55B_z$$

（4）计算迎风面和背风面不同高度处的分布荷载。

$$w_{iz} = \beta_z \mu_z \mu_s w_0$$

计算结果列于表 2.18 第 7 列。

（5）计算各楼面处的集中荷载。

$$W_{iz} = Bh_j w_{iz} = \begin{cases} 40 \times [(4.5+3.3)/2]w_{iz} & \text{底层} \\ 40 \times 3.3w_{iz} & \text{中间层} \\ 40 \times (3.3/2)w_{iz} & \text{顶层} \end{cases}$$

式中：B 为迎风面或背风面宽度；h_j 为 j 层楼面上、下层层高的平均高度。

（6）计算各楼层处总的集中荷载。

$$W_z = W_{yz} + W_{bz}$$

计算结果详见表 2.18 最后一列。

表 2.18　风荷载计算结果

（1）层数	（2）z/m	（3）μ_z	（4）$\phi_1(z)$	（5）B_z	（6）β_z	（7）w_{iz}		（8）W_{iz}		（9）W_z
						迎风面	背风面	迎风面	背风面	
1	4.5	0.65	0.007	0.006	1.010	0.263	0.164	40.965	25.603	66.57
2	7.8	0.65	0.036	0.033	1.052	0.273	0.171	36.088	22.555	58.64
3	11.1	0.65	0.072	0.066	1.102	0.286	0.179	37.817	23.635	61.45
4	14.4	0.65	0.113	0.103	1.160	0.302	0.189	39.823	24.890	64.71
5	17.7	0.70	0.159	0.136	1.210	0.339	0.212	44.712	27.945	72.66
6	21.0	0.75	0.211	0.166	1.257	0.379	0.237	50.090	31.306	81.40
7	24.3	0.80	0.266	0.197	1.305	0.420	0.262	55.429	34.643	90.07
8	27.6	0.85	0.325	0.227	1.352	0.460	0.288	60.752	37.970	98.72
9	30.9	0.89	0.387	0.258	1.399	0.501	0.313	66.071	41.294	107.37
10	34.2	0.93	0.452	0.288	1.446	0.541	0.338	71.383	44.615	116.00
11	37.5	0.97	0.519	0.317	1.492	0.581	0.363	76.683	47.927	124.61
12	40.8	1.01	0.587	0.346	1.536	0.621	0.388	81.957	51.223	133.18
13	44.1	1.05	0.657	0.374	1.579	0.661	0.413	87.190	54.494	141.68
14	47.4	1.08	0.726	0.400	1.621	0.700	0.437	92.364	57.728	150.09
15	50.7	1.11	0.796	0.426	1.660	0.738	0.461	97.459	60.912	158.37
16	54.0	1.14	0.864	0.450	1.697	0.776	0.485	102.452	64.033	166.48
17	57.3	1.17	0.932	0.472	1.732	0.813	0.508	107.320	67.075	174.39
18	60.6	1.20	1.000	0.495	1.767	0.850	0.531	56.096	35.060	91.16

2.6 荷载组合

对于荷载效应与荷载为线性关系的情况，荷载组合常以荷载效应组合的形式表达。建筑结构设计应根据使用过程中在结构上可能同时出现的荷载，按承载能力极限状态和正常使用极限状态分别进行荷载组合，并应取各自的最不利的组合进行设计。

2.6.1 基本组合和偶然组合

对于承载能力极限状态，应按荷载的基本组合或偶然组合计算荷载组合的效应设计值，并应采用下列设计表达式进行设计：

$$\gamma_0 S_d \geqslant R_d \qquad (2.18)$$

式中　γ_0——结构重要性系数；

　　　S_d——荷载组合的效应设计值；

　　　R_d——结构构件抗力的设计值，应按各有关建筑结构设计规范的规定确定。

1. 基本组合

对于基本组合，荷载效应组合的设计值 S_d 应取由可变荷载效应控制和由永久荷载效应控制的组合计算得到的效应设计值的不利值。

由可变荷载效应控制的组合，应按下式进行计算：

$$S_d = \sum_{j=1}^m \gamma_{G_j} S_{G_j k} + \gamma_{Q_1} \gamma_{L_1} S_{Q_1 k} + \sum_{i=2}^n \gamma_{Q_i} \gamma_{L_i} \psi_{c_i} S_{Q_i k} \qquad (2.19a)$$

由永久荷载效应控制的组合，应按下式进行计算：

$$S_d = \sum_{j=1}^m \gamma_{G_j} S_{G_j k} + \sum_{i=1}^n \gamma_{Q_i} \gamma_{L_i} \psi_{c_i} S_{Q_i k} \qquad (2.19b)$$

式中　$S_{G_j k}$——第 j 个永久荷载标准值产生的荷载效应值；

　　　$S_{Q_i k}$——第 j 个可变荷载标准值产生的荷载效应值；

　　　γ_{G_j}——第 j 个永久荷载的分项系数：当其效应对结构不利时，对由可变荷载效应控制的组合取 1.2，对永久荷载效应控制的组合取 1.35；当其效应对结构有利时，一般情况下应取 1.0；

　　　γ_{Q_i}——第 i 个可变荷载的分项系数，其一般情况下取 1.4，对标准值大于 4 kN/m² 的工业房屋楼面结构的活荷载应取 1.3；

　　　γ_{L_i}——第 i 个可变荷载考虑设计使用年限的调整系数：设计使用年限为 5 年、50 年、100 年时，分别取 0.9、1.0 和 1.1；当采用 100 年重现期的风压和雪压为标准值时，设计使用年限大于 50 年时风、雪荷载的 γ_L 取 1.0；

　　　ψ_{c_i}——第 i 个可变荷载的组合值系数；

n——参与组合的可变荷载数;

m——参与组合的永久荷载数。

当 S_{Q_ik} 无法明显判断时,应轮次以各可变荷载作为 S_{Q_ik},并选取其中最不利的荷载组合的效应设计值。

2．偶然组合

用于承载能力极限状态计算的效应设计值 S_d,应按下式进行计算:

$$S_d = \sum_{j=1}^{m} S_{G_jk} + S_{A_d} + \psi_{f_1} S_{Q_1k} + \sum_{i=2}^{n} \psi_{q_i} S_{Q_ik} \qquad (2.20a)$$

用于偶然事件发生后受损结构整体稳固性验算的效应设计值 S_d,应按下式进行计算:

$$S_d = \sum_{j=1}^{m} S_{G_jk} + \psi_{f_1} S_{Q_1k} + \sum_{i=2}^{n} \psi_{q_i} S_{Q_ik} \qquad (2.20b)$$

式中　S_{A_d}——按偶然荷载标准值 A_d 计算的荷载效应值;

　　　ψ_{f_1}——第 1 个可变荷载的频遇值系数;

　　　ψ_{q_i}——第 i 个可变荷载的准永久值系数。

2.6.2　标准组合、频遇组合和准永久组合

对于正常使用极限状态,应根据不同的设计要求,采用荷载的标准组合、频遇组合或准永久组合,并应按下列设计表达式进行设计:

$$S_d \leqslant C \qquad (2.21)$$

式中　C——结构或结构构件达到正常使用要求的规定限值,例如变形、裂缝、振幅、加速度、应力等的限值,应按各有关建筑结构设计规范的规定采用。

1．标准组合

标准组合主要用于当一个极限状态被超越时将产生严重的永久性损害的情况,荷载效应组合的设计值 S_d 应按下式进行计算:

$$S_d = \sum_{j=1}^{m} S_{G_jk} + S_{Q_1k} + \sum_{i=2}^{n} \psi_{c_i} S_{Q_ik} \qquad (2.22)$$

2．频遇组合

频遇组合用于当一个极限状态被超越时将产生局部损害、较大变形或短暂振动等情况,荷载频遇组合的效应设计值 S_d 应按下式进行计算:

$$S_d = \sum_{j=1}^{m} S_{G_jk} + \psi_{f_1} S_{Q_1k} + \sum_{i=2}^{n} \psi_{q_i} S_{Q_ik} \qquad (2.23)$$

3. 准永久组合

准永久组合主要用在当长期效应是决定性因素时的一些情况，荷载准永久组合的效应设计值 S_d 应按下式进行计算：

$$S_d = \sum_{j=1}^{m} S_{G_j k} + \sum_{i=1}^{n} \psi_{q_i} S_{Q_i k} \tag{2.24}$$

【例 2.2】 如图 2.7 所示跨度为 6 m 的简支梁，承受均布永久荷载和可变荷载，其中均布永久荷载标准值为 30 kN/m，均布可变荷载标准值为 10 kN/m，可变荷载组合值系数、频遇值系数、准永久值系数分别为 0.7、0.6 和 0.5，设计使用年限为 50 年。求跨中截面弯矩的基本组合值、标准组合值、频遇组合值和准永久组合值。

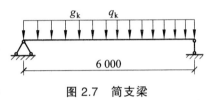

图 2.7 简支梁

【解】（1）计算荷载标准值下的弯矩。

永久荷载作用下：$M_{Gk} = g_k l^2 / 8 = 30 \times 6^2 / 8 = 135$ (kN·m)

可变荷载作用下：$M_{Qk} = g_k l^2 / 8 = 10 \times 6^2 / 8 = 45$ (kN·m)

（2）基本组合值。

设计使用年限 50 年，可变荷载使用年限调整系数 γ_L 取 1.0。

可变荷载起控制作用时：

$$M = \gamma_G M_{Gk} + \gamma_Q \gamma_L M_{Qk} = 1.2 \times 135 + 1.4 \times 1.0 \times 45 = 225 \text{ (kN·m)}$$

永久荷载起控制作用时：

$$M = \gamma_G M_{Gk} + \gamma_Q \gamma_L \psi_c M_{Qk} = 1.35 \times 135 + 1.4 \times 1.0 \times 0.7 \times 45 = 226.4 \text{ (kN·m)}$$

基本组合值最终取较大值为 226.4 kN·m。

（3）标准组合值。

$$M = M_{Gk} + M_{Qk} = 135 + 45 = 180 \text{ (kN·m)}$$

（4）频遇组合值。

$$M = M_{Gk} + \psi_f M_{Qk} = 135 + 0.6 \times 45 = 162 \text{ (kN·m)}$$

（5）准永久组合值。

$$M = M_{Gk} + \psi_q M_{Qk} = 135 + 0.5 \times 45 = 157.5 \text{ (kN·m)}$$

【例 2.3】 已知某上人屋面板，在各种荷载下产生的跨中弯矩标准值分别为：永久荷载产生的弯矩 $M_G = 3.0$ kN·m，可变荷载产生的弯矩为 $M_Q = 2.0$ kN·m，风荷载产生的弯矩 $M_w = 0.6$ kN·m，雪荷载产生的弯矩为 $M_s = 0.3$ kN·m。设计使用年限为 50 年。其中屋面可变荷载、风荷载和雪荷载的组合值系数分别为 0.7、0.6 和 0.7。试求跨中弯矩的基本组合值。

【解】 设计使用年限 50 年，可变荷载使用年限调整系数 γ_L 取 1.0。

（1）可变荷载起控制作用时：

$$M_1 = 1.2 \times 3.0+1.4 \times 1.0 \times 2.0+1.4 \times 0.6 \times 0.6+1.4 \times 0.7 \times 0.3 = 7.20 \text{ (kN \cdot m)}$$

（2）永久荷载起控制作用时：

$$M_2 = 1.35 \times 3.0+1.4 \times 1.0 \times 0.7 \times 2.0+1.4 \times 0.6 \times 0.6+1.4 \times 0.7 \times 0.3 = 6.81 \text{ (kN \cdot m)}$$

由于 $M_1 > M_2$，因此是由可变荷载效应控制的，跨中弯矩的基本组合值为 7.20 kN·m。

习　题

2.1　什么是结构上的作用？分哪几类？

2.2　结构的功能要求有哪些？

2.3　什么是结构的极限状态？有几种？

2.4　结构可靠度的含义是什么？什么是失效概率、可靠指标？两者有怎样的关系？

2.5　什么是荷载的标准值、组合值、准永久值和频遇值？

2.6　可变荷载的代表值有哪些？分别用于哪些荷载效应组合？

2.7　荷载组合的目的是什么？分项系数 γ_G、γ_Q 如何取值？

2.8　地基承载力和变形计算时，上部结构的荷载效应应分别采用什么组合？

2.9　为什么正常使用极限状态下不考虑分项系数？

2.10　房屋的变形缝有哪几种？其作用和设置原则是什么？

2.11　某矩形平面钢筋混凝土框架结构高层建筑，该建筑共 12 层，底层层高 4.2 m，其余层高均为 3.0 m，室内外高差+0.6 m，平面沿高度保持不变，质量和刚度沿竖向均匀分布。迎风面宽度为 36 m，地面粗糙度为 B 类，所在地区的基本风压 $w_0 = 0.5 \text{ kN/m}^2$。试计算各楼层处顺风向总的荷载标准值。（提示：基础顶面为室外地面以下 1.2 m）

2.12　某构件截面由永久荷载标准值产生的弯矩为 120 kN·m；由可变荷载 A 标准值产生的弯矩值为 60 kN·m；由可变荷载 B 标准值产生的弯矩值为 70 kN·m；由可变荷载 C 标准值产生的弯矩值为 20 kN·m；可变荷载的组合值系数为 0.7，频遇值系数为 0.5，准永久值系数为 0.4；设计使用年限为 50 年。试计算该截面弯矩的基本组合值、标准组合值、频遇组合值和准永久组合值。

2.13　某非抗震设计框架梁，经计算，在永久荷载标准值、楼面活荷载标准值和风荷载标准值分别作用下，该梁梁端弯矩标准值分别为：$M_{Gk} = -8 \text{ kN·m}$、$M_{Q_1k} = -10 \text{ kN·m}$、$M_{Q_2k} = -6 \text{ kN·m}$。楼面活荷载的组合值系数为 0.7，风荷载的组合值系数为 0.6，设计使用年限为 50 年。试计算该框架梁按承载能力极限状态基本组合时的梁端弯矩设计值 M。

2.14　某非抗震设计顶层框架柱，经计算，在永久荷载标准值、屋面活荷载标准值、风荷载标准值及雪荷载标准值分别作用下，引起的该柱轴向力标准值为：$N_{Gk} = 30 \text{ kN}$、$N_{Qk} = 10 \text{ kN}$、$N_{Wk} = 3 \text{ kN}$、$N_{Sk} = 0.5 \text{ kN}$。屋面活荷载组合值系数为 0.7，风荷载组合值系数为 0.6，雪荷载的组合值系数为 0.7。试计算框架柱按承载能力极限状态基本组合时的轴向压力设计值 N。

第3章 钢筋混凝土楼盖结构设计

3.1 概 述

3.1.1 楼盖的功能

楼盖是房屋结构中的重要组成部分，它在建筑上的主要作用是提供使用功能。在结构上，楼盖作为水平承重结构体系，一方面承受楼面荷载（包括永久荷载和可变荷载）并将它传给竖向承重结构（柱或结构墙体）；另一方面，楼盖将各竖向承重结构连接成整体，与竖向承重结构一起形成空间结构，从而增强了竖向承重结构的整体性和稳定性；楼盖结构选型及工作性能直接影响整个结构的受力特点和内力分析方法的选用，对保证建筑物的承载力、刚度、耐久性以及提高结构、抗风、抗震性能有着重要的作用。如：在高层或超高层中转换层楼盖可以实现建筑物上下部分不同的使用功能和结构体系；在结构设计中可以调整梁端的弯矩或扭矩以实现"强柱弱梁""强墙弱梁"等抗震设计原则；楼盖的整体性和刚度会影响水平方向的作用（地震作用、风荷载等）在竖向承重结构构件之间的分配，也影响到结构分析软件中嵌固端所在层号、是否为刚性楼板等参数的选取。在造价方面，例如一幢混合结构的房屋中，楼盖（屋盖）的造价一般占房屋总造价的 30% ~ 40%；在 6 ~ 12 层的框架结构中，楼盖的用钢量一般占总用钢量的 30% ~ 50%；在钢筋混凝土高层建筑中，混凝土楼盖的自重占总自重的 50% ~ 60%。因此，降低楼盖的造价和自重对降低整个建筑物的造价和自重都是非常重要的。另外，楼盖（屋盖）结构形式和建筑面层构造的合理选用，直接影响到建筑在隔声、保温、隔热、防水和美观方面的功能要求。因此合理选择楼盖的结构型式、正确合理地进行楼盖结构设计对建筑物的适用、安全、经济、美观都具有十分重要的意义。

3.1.2 楼盖结构分类

按使用的结构材料划分，楼盖可分为钢筋混凝土楼盖结构、钢楼盖结构、木楼盖结构和组合楼盖结构。组合楼盖可分为钢-木组合楼盖和钢-混凝土组合楼盖。本章主要学习房屋建筑中钢筋混凝土楼盖结构的设计方法。

钢筋混凝土楼盖按其施工方法的不同，可分为现浇楼盖、装配式楼盖、装配整体式楼盖等形式。现浇混凝土楼盖整体刚度大，抗震性能好，对不规则平面和开洞的适应性强，在地震区应用较多，其缺点是需要大量模板，工期也长。装配式混凝土楼盖中主要由多孔板及槽形板等铺板组成，其施工进度快，但整体刚度差，在混合结构房屋中应用较多。装配整体式混凝土楼盖是在铺板上做混凝土现浇层，它兼有现浇楼盖和装配式楼盖的优点。

钢筋混凝土楼盖按结构形式可以分为普通钢筋混凝土楼盖和无黏结预应力混凝土楼盖两大类。其中普通钢筋混凝土现浇楼盖按其梁系布置方式的不同，又可分为肋梁楼盖和无梁楼盖（图 3.1）。肋梁楼盖可分为普通肋梁楼盖、井格梁楼盖、密肋楼盖、扁梁楼盖；普通肋梁楼盖按其楼板的支承受力条件不同，还可以分为单向板肋梁楼盖和双向板肋梁楼盖。

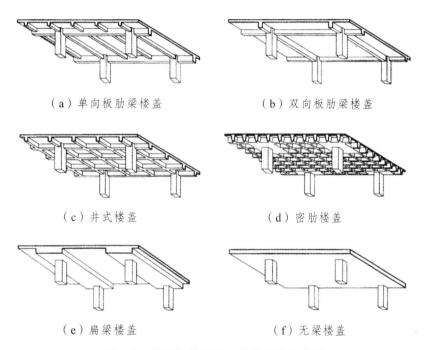

（a）单向板肋梁楼盖　　　　　　　　（b）双向板肋梁楼盖

（c）井式楼盖　　　　　　　　　　　（d）密肋楼盖

（e）扁梁楼盖　　　　　　　　　　　（f）无梁楼盖

图 3.1　普通钢筋混凝土楼盖的结构类型

1．普通肋梁楼盖结构

1）普通肋梁楼盖结构的特点

钢筋混凝土现浇普通肋梁结构是最常见的水平向承重结构形式之一，它的应用范围很广，既可作为房屋建筑的楼盖与片筏式基础，又可作为水池的顶板、侧板和底板结构等。它适用于各种竖向承重结构，如砌体承重结构、框架承重结构等。当结构受到侧向荷载作用时，楼盖梁也可同时作为抗侧力结构中的梁。

现浇钢筋混凝土肋梁楼盖结构整体性好，节省材料，梁系布置灵活，特别能适应各种有特殊要求的楼盖，如承受某些特殊设备荷载，或楼面开有较复杂孔洞，或建筑平面布置不规则等。但肋梁楼盖结构高度较大，主次梁的截面规格多变，施工支模较为复杂。板底不平整，一般需做吊顶方能满足建筑美观要求。

2）肋梁楼盖的组成与结构布置

现浇肋梁楼盖结构一般由板、次梁和主梁三种构件组成，见图 3.2。

在肋梁楼盖结构布置时，首先应根据房屋的平面尺寸、使用荷载的大小以及建筑的使用要求确定承重墙位置和柱网尺寸。考虑到经济、美观以及施工的方便，柱网通常布置成方形或矩形。主梁一般沿墙轴线或柱网布置，以形成完整的竖向抗侧力体系。梁系的布置应考虑到楼板上隔墙、设备的重量及楼板上的开洞要求等，板上一般不宜直接作用较大的集中荷载，隔墙处、重大设备处及洞口的周边都应设梁加强。梁板布置应力求受力明确，传力路线简捷，并尽量布置成等跨，板厚和梁的截面尺寸在整个楼盖中力求统一有规律。

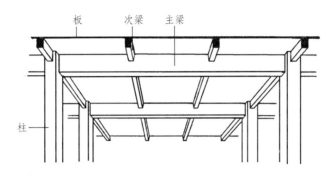

图 3.2　现浇肋梁楼盖

在肋梁楼盖中，柱或墙的间距往往决定了主梁和次梁的跨度，根据设计经验及经济效果，一般次梁的跨度以 4~6 m 为宜，主梁的跨度以 5~8 m 为宜。由于楼盖中板的混凝土用量要占整个楼盖混凝土用量的 50%~70%，考虑到经济的因素，板的厚度宜取得薄些。为此应控制板的跨度，单向板的跨度以 3 m 以下为宜，常用的跨度为 1.7~2.7 m。方形双向板的区格不宜大于 5 m×5 m；矩形双向板区格的短边不宜大于 4 m。

几种常见的楼盖结构布置方案如图 3.3 所示。

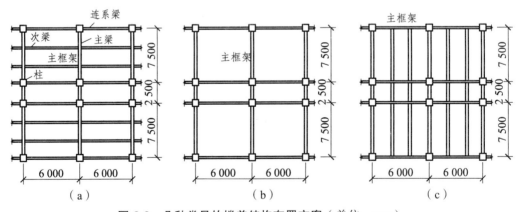

图 3.3　几种常见的楼盖结构布置方案（单位：mm）

2. 井格梁楼盖结构

井格梁结构作为楼盖或屋盖在工业与民用建筑中应用较为广泛，特别在礼堂、宾馆及商场等一些大型公共建筑入口大厅、会议室中常被采用。作为屋盖时常取消楼板而采用有机玻璃采光罩或玻璃钢采光罩，以满足建筑物采光的要求，造型上也颇为新颖壮观（图 3.4）。

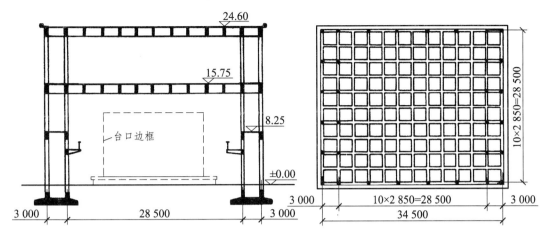

图 3.4　北京政协礼堂井格梁式楼盖（单位：mm）

1）井格梁楼盖结构布置

井格梁楼盖是由肋梁楼盖演变而来的，是肋梁楼盖结构的一种特例。其主要特点是两个方向梁的高度相等且一般为等间距布置，不分主次共同直接承受板传来的荷载，两个方向的梁共同工作，提供了较好的刚度，能够很好地解决如大会议室、娱乐厅等大跨度楼盖的设计问题。梁布置成井字形故也称井式楼盖，亦称交叉梁楼盖，可以不做吊顶即能给人一种美观而舒适的感觉。

交叉梁系的布置常用的有正放正交，斜放正交、三向交叉等几种（图 3.5）。三种井格梁系相比，混凝土和钢筋用量相差不多，但由于正放正交梁系施工和模板制作较为简单而较多地得到采用；后两种梁系的优点是造型新颖（图 3.6），但梁的规格不一，带来施工和模板制作的不便。

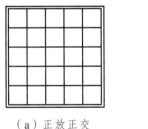
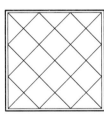
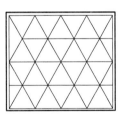

（a）正放正交　　　　　（b）斜放正交　　　　　（c）三向交叉

图 3.5　交叉梁系

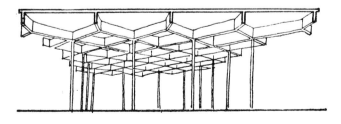

图 3.6　井格梁楼盖结构实例

井格梁楼盖两个方向梁的间距最好相等，这样不仅结构比较经济合理、施工方便，而且容易满足建筑构造上不做吊顶时对楼盖天花板的美观要求。

井格梁楼盖一般有四角柱支承与周边支承两种。周边支承的井格梁楼盖四周最好为承重墙，这样能使井格梁都支承在刚性支点上；若周边为柱子，应尽量使每根梁都能直接支承在柱子上；若遇柱距与梁距不一致时，应在柱顶设置一道刚度较大的边梁，以保证井格梁支座的刚性。当建筑物跨度较大时，也可在井格梁交叉点处设柱，成为连续跨的多点支承，或周边支承的墙与中间的柱支承相结合。从结构计算简图看，井格梁的边界支承条件有柱支承、周边简支支承、周边固定支承及介于简支支承和固定支承之间的周边弹性支承。

2）井格梁楼盖的受力特点

井格梁楼盖属空间受力体系，其内力分析与变形计算是一个十分复杂的问题。要较准确地对井格梁楼盖进行受力分析，大都采用有限单元法，借助电子计算机来完成。

目前在工程设计中，还常常采用"荷载分配法"来近似地解决井格梁楼盖的受力分析问题。井格梁楼盖中的楼板一般可按双向板计算，板上的荷载按路径最近的原则传至相近的井格梁节点，其值为 $p = ql^2$，q 为楼面均布荷载。井格梁楼盖中两个方向的梁只考虑主要的竖向变形协调，忽略次要的转角变位，即认为在同一个交叉点上两个方向梁的挠度是相同的，它们之间可以假定为一根链杆相互连系在一起，在交叉点上受着集中荷载 P 的作用，链杆承受的力为多余未知力，见图 3.7。

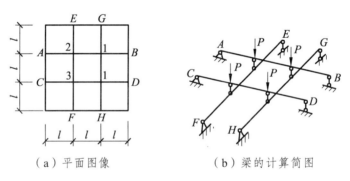

（a）平面图像　　　　　　（b）梁的计算简图

图 3.7　正放正交梁系受力分析

这样，便可以根据两个方向梁的刚度和其交叉点挠度相同的条件计算出每根梁所受的荷载及其相应的内力。目前，根据"荷载分配法"编有各种井式楼盖梁的内力、变形计算表格，设计时可以直接查用。

井格梁楼盖梁的间距一般大于 2 m。梁的截面高度一般可取跨度的 1/20～1/15。

3．密肋楼盖结构

当梁肋间距小于 1.5 m 时的楼盖常称为密肋楼盖，适用于中等或较大跨度的公共建筑，也常被用于筒体结构体系的高层建筑结构。密肋楼盖有单向密肋楼盖和双向密肋楼盖两种型式。双向密肋楼盖由于是双向受力作用，受力较单向密肋楼盖合理，且双向密肋较单向密肋的视觉效果要好，可不吊顶，与一般楼板体系对比，由于省去了肋间的混凝土，可节约混凝土 30%～50%，降低楼板造价，技术经济合理，故近年来在大空间的多高层建筑中得到了广泛的应用。密肋楼盖可为普通混凝土结构，适用跨度可达 10 m，也可为预应力混凝土结构，适用跨度可达 15 m。

1）密肋楼盖的特点

密肋楼盖适用于跨度较大而梁高受限制的情况，其受力性能介于肋梁楼盖和无梁平板楼盖之间。与肋梁楼盖相比，密肋楼盖的结构高度小而数量多间距密；与平板楼盖相比，密肋楼盖可节省材料，减轻自重，且刚度较大。因此，对于楼面荷载较大，而房屋的层高又受到限制时，采用密肋楼盖比采用普通肋梁楼盖更能满足设计要求。密肋楼盖的缺点是施工支模复杂，工作量大，故目前常采用可多次重复使用的定型模壳，如钢模壳、玻璃钢模壳、塑料模壳等。

2）双向密肋楼盖

双向密肋楼盖的形式及受力与井格梁楼盖相似，但双向密肋楼盖的柱网尺寸较小，肋的间距较小。由于板的跨度小而又是双向支承的，板的厚度可以做得很薄（一般为 50 mm 左右），由于肋排得很密，肋的高度 h 也可以做得很小，一般取肋高 h 为肋的跨度 L 的 $1/20 \sim 1/17$。

为了解决柱边上板的冲切问题，常常在柱的附近做一块加厚的实心板（图 3.8），这时梁高 h 可适当减小，但不应小于 $L/22$。为了获得满意的经济效益，整体现浇的密肋楼盖肋的跨度不宜超过 10 m。密肋楼盖中肋的网格形状可以是方形、略微长方形、三角形或正多边形。

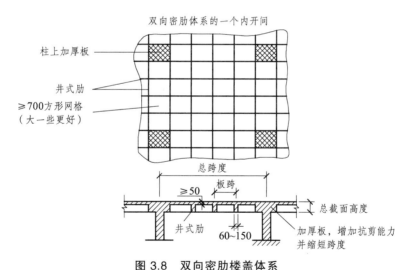

图 3.8　双向密肋楼盖体系

4．无梁楼盖

无梁楼盖是因楼盖中不设梁而得名，它是一种双向受力楼盖，它与柱构成板柱结构体系（图 3.9）。

因为无梁楼盖通常直接支承在柱上（其周边也可能支承在承重墙上），故与相同柱网尺寸的双向板肋梁楼盖相比，其板厚要大些。为了增强板与柱的整体连接，通常在柱顶上设置柱帽，这样可提高柱顶处板的受冲切承载力，又可有效地减小板的计算跨度使板的配筋经济合理。当柱网尺寸较小且楼面活荷载较小时，也可以是无柱帽的。柱和柱帽的截面形状可根据建筑的要求设计成矩形或圆形（图 3.10）。

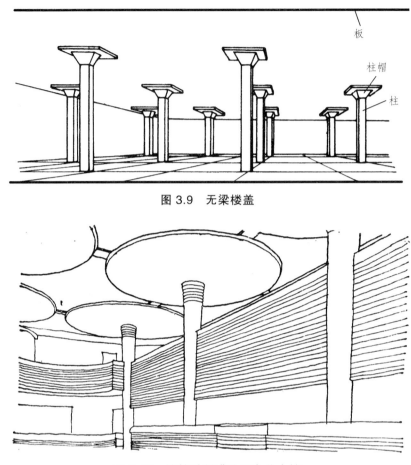

板

柱帽

柱

图 3.9　无梁楼盖

图 3.10　约翰逊制腊公司办公大楼

　　无梁楼盖的建筑构造高度比肋梁楼盖的小，这使得建筑楼层的有效空间加大，同时，平滑的板底可以大大改善采光、通风和卫生条件，故无梁楼盖常用于多层的工业与民用建筑中，如商场、办公楼、书库、冷藏库、仓库、水池顶盖以及某些整板式基础等。

　　无梁楼盖根据施工方法的不同可分为现浇式和装配整体式两种。其中装配整体式系采用升板施工技术，在现场逐层将在地面预制的屋盖和楼盖分阶段提升至设计标高后，与柱通过柱帽整浇在一起，由于它将大量的空中作业改在地面上完成，故可大大加快进度。其设计原理，除需考虑施工阶段验算外，与一般现浇无梁楼盖相同。此外，为了减轻自重，也可采用多次重复使用的塑料膜壳填充以构成双向密肋的无梁楼盖。

　　无梁楼盖的四周边可支承在墙上或边柱的墙梁上，也可做成悬臂板。设置悬臂板可有效减少柱帽种类。当悬臂板挑出的长度接近中间区格跨度的 1/4 时，边支座负弯矩约等于中间支座的弯矩值，因而较为经济。

　　无梁楼盖每一方向的跨数常不少于 3 跨，可为等跨或不等跨。通常，柱网为正方形时最为经济。根据经验，当楼面活荷载标准值在 5 kN/m^2 以上，柱距在 6 m 以内时，无梁楼盖比肋梁楼盖经济。但要注意，无梁楼盖与柱构成的板柱结构，抗侧刚度较差。

5．无黏结预应力混凝土楼盖结构

1）无黏结预应力楼盖的特点

无黏结筋可如同非预应力筋一样，按照设计要求铺设在模板内，然后浇筑混凝土，待混凝土达到设计强度后，再张拉钢筋，预应力筋与混凝土之间没有黏结，张拉力全靠锚具传到构件混凝土上去。因此，无黏结预应力混凝土结构，不需要预留孔道、穿筋及灌浆等复杂工序，操作简便，加快了施工进度。无黏结预应力筋摩擦力小，且易弯成多跨曲线形状，特别适用于建造需要复杂的连续曲线配筋的大跨度楼盖和屋盖结构。

就施工造价而言，预应力混凝土楼盖比普通混凝土楼盖要高。但采用无黏结预应力混凝土楼盖结构具有如下特点：① 有利于降低建筑物层高和减轻结构自重；② 改善结构的使用功能，在自重和准永久荷载作用下楼板挠度很小，几乎不存在裂缝；③ 楼板跨度增大可以减少竖向承重构件的布置，增加有效的使用面积，也容易适应对楼层多用途、多功能的使用要求；④ 节约钢材和混凝土。因此，总的来说，采用预应力混凝土楼盖是非常经济合理的。

2）无黏结预应力楼盖的组成及其适用范围

无黏结预应力楼盖常见的形式如图 3.11 所示。单向板［图 3.11（a）］常用跨度为 6～9 m。对于跨度在 7～12 m、使用可变荷载在 5 kN/m² 以下的楼盖，采用双向平板［图 3.11（b）］或采用带有宽扁梁的板［图 3.11（c）］，比采用单向板要经济合理得多。若建筑物跨度或使用可变活荷载更大时，采用带柱帽和托板的平板［图 3.11（d）］、密肋板［图 3.11（e）］或梁支承的双向板［图 3.11（f）］，将会比前两者更为经济合理。

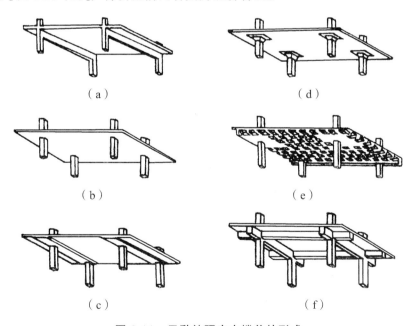

（a）　　　　　　　　　　　　　　　（d）

（b）　　　　　　　　　　　　　　　（e）

（c）　　　　　　　　　　　　　　　（f）

图 3.11　无黏结预应力楼盖的形式

6．组合楼盖结构

在组合楼盖中，目前用得最多的是钢与混凝土组合楼盖（图 3.12）。它构成的基本前提是：型钢与混凝土之间必须密实结合，在构件受力变形时接触面无相对滑移或滑移在微小的容许限度内。直至破坏前，组合楼盖都是一个共同受力的整体。组合结构不仅能更好地发挥各自材质的优点，而且其承载能力将大大超过单纯的钢结构或混凝土结构。

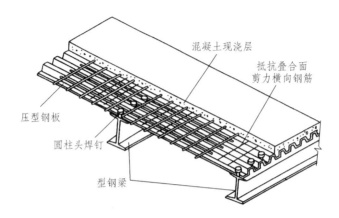

图 3.12　压型钢板-混凝土板组合楼盖

1）钢-混凝土组合楼盖结构的特点

（1）能充分发挥混凝土和钢材各自材料的力学性能，使混凝土受压，钢材受拉，经济合理，节省材料，尤其对重载结构更为有利。

（2）适合于采用更高强度的钢材和混凝土，因而可减少截面尺寸，降低自重，增大建筑的使用空间，尤其是适用于较差的地基条件和大跨度结构。

（3）受力变形时，可产生较大应变，吸收能量大，因而塑性、韧性、耐疲劳性、耐冲击性等均好，很适合于抗爆、抗震结构工程的楼盖。

（4）施工中浇注混凝土时，压型钢板可同时作为模板，因而可省去模板，方便施工。

（5）压型钢板的凹槽内便于铺设电力、通信、通风、空调等管线，还能敷设保温、隔音、隔热等材料，也便于设置顶棚或吊顶。

2）组合楼板的构造要求

组合板的总厚度 h 不应小于 90 mm，压型钢板翼缘以上混凝土的厚度 h_c 不应小于 50 mm。

组合板应设置分布钢筋网，其作用是承受收缩和温度应力，并可以提高火灾时的安全性，对集中荷载也可起到分布作用。分布钢筋两个方向的配筋率均不宜少于 0.2%。

在有较大集中荷载区段和开洞周围应配置附加钢筋。当防火等级较高时，可配置附加纵向受拉钢筋。

支承于钢梁上的组合板，支承长度不应小于 75 mm，其中压型钢板的支承长度不应小于 50 mm。支承于混凝土上时，支承长度不应小于 100 mm，压型钢板的支承长度不应小于 75 mm。

7．装配式及装配整体式楼盖结构

在多层民用房屋和工业厂房中，广泛应用着装配式和装配整体式钢筋混凝土楼盖，这种楼盖与现浇楼盖相比，有加快施工速度、缩短工期和节约模板的优点。

1）装配式钢筋混凝土楼盖

装配式钢筋混凝土楼盖的形式很多，大致可以分为铺板式、密肋式和无梁式等，现只介绍应用最为广泛的铺板式。铺板式楼面是将预制板搁置在承重砖墙或楼面梁上，预制板的宽度视制作、吊装和运输设备而定，可以从 300 mm 到整个房间宽度，长度一般为 2 ~ 6 m。预制板有实心板、空心板、槽形板、单 T 板、双 T 板等（图 3.13），其中空心板应用最为广泛。它们可以是预应力的，也可以是非预应力的。

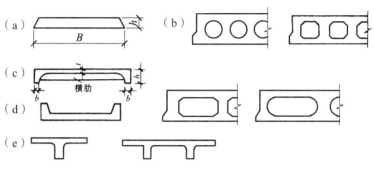

图 3.13　板的截面形式

实心板上下表面平整，制作简单。小型的实心板跨度为 1.2 ~ 2.4 m，板厚 $h \geq L/30$，常为 50 ~ 100 mm，板宽 500 ~ 1 000 mm。适用于荷载不大、跨度较小的走道、地沟盖板和楼梯平台板等处。大型的实心板尺寸可与房间平面尺寸相同，双向布置预应力钢筋，可作为高层建筑的楼盖结构，具有较好的整体性和抗震性。

空心板上下表面平整、自重轻、刚度大、隔音隔热效果较好，但板面不能任意开洞。故不适用于厕所等开洞较多的楼面。空心板的空洞可为圆形、正方形、长方形、椭圆形等，孔洞数目视板宽决定。目前国内民用建筑中常用圆孔空心板。

普通钢筋混凝土空心板板厚 $h \geq （1/25 ~ 1/20）L$；预应力混凝土空心板厚 $h \geq (1/35 ~ 1/30)L$；板厚通常有 120 mm、180 mm 和 240 mm。空心板的宽度常用 500 mm、600 mm、900 mm、1 200 mm。板的长度视房屋开间或进深的长度而定，一般有 3.0 m、3.3 m、3.6 m，……，6 m 等。

铺板式楼盖板的布置可以根据房屋的总体承重方案确定，一般有 3 种布置方案：① 横墙承重板铺设在横墙上，居住建筑横墙间距在 4 m 以内的楼板可直接搁在横墙上；② 纵墙承重板铺设在大梁上，在公共建筑的办公楼、教室等横墙间距较大的情况下可将板搁置在与横墙平行的楼盖大梁上，大梁则支承在纵墙上；③ 纵横向承重。

2）装配整体式楼盖

装配整体式楼盖是将预制构件吊装就位后，再现浇一部分混凝土，使预制构件连成整体的楼盖。这种楼盖所需模板量很少，施工速度快，当为了提高预制装配楼盖的整体性或提高预制楼板的承载能力时，常采用装配整体式楼盖。

设计中一般根据房屋的性质、用途、平面尺寸、荷载大小、抗震设防烈度以及技术经济指标等因素综合考虑，选择合适的楼盖结构形式。

3.1.3 单向板与双向板

按受力特点不同，肋梁楼盖可划分为单向板肋梁楼盖和双向板肋梁楼盖，这里需要先按弹性理论分析其受力特点和划分界限。

从整浇式钢筋混凝土楼盖中取一块板，楼板通常是四边支承的。现以一块四边简支单跨板为例，分析其荷载传递特点，如图 3.14。

板上作用有均布荷载 q。在平板中央分别取互相垂直的两条等宽板带，跨度各为 l_x 和 l_y，分别承受荷载 q_x 和 q_y，则

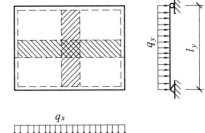

$$q = q_x + q_y \tag{3.1}$$

板带在跨中的挠度分别为

图 3.14　四边支承板计算简图

$$u_x = \frac{5}{384} \cdot \frac{q_x l_x^4}{EI_x}, \qquad u_y = \frac{5}{384} \cdot \frac{q_y l_y^4}{EI_y}$$

由变形协调知，两个板带交点处的挠度必须相等，即 $u_x = u_y$；又由两个板带等宽等厚知，$EI_x = EI_y$。于是

$$q_x l_x^4 = q_y l_y^4 \tag{3.2}$$

将（3.1）式代入（3.2）式，整理得

$$q_x = \frac{l_y^4 / l_x^4}{1 + l_y^4 / l_x^4} \cdot q = \frac{l_y^4}{l_x^4 + l_y^4} \cdot q \tag{3.3}$$

$$q_y = \frac{l_x^4}{l_x^4 + l_y^4} \cdot q \tag{3.4}$$

由以上两式可以看出：随着 l_x / l_y 比值的增大，l_x 方向板带分担荷载 q_x 占总荷载 q 的比例将逐渐减少。当 $l_x = 2l_y$ 时，有

$$q_x = \frac{l_y^4}{(2l_y)^4 + l_y^4} \cdot q = \frac{l_y^4}{16l_y^4 + l_y^4} \cdot q = \frac{1}{17} \cdot q = 0.058\,8q \tag{3.5}$$

$$q_y = q - q_x = (1 - 0.058\,8)q = 0.941\,2q \tag{3.6}$$

由上面分析可见，当板的长、短边之比大于 2 时，板上均布荷载主要由板的短跨方向承受并传递，约占全部荷载的 94% 以上，而长跨方向承担并传递的荷载不到全部荷载的 6%。基于上面分析，可认为当 $l_x / l_y > 2$ 时，板面荷载完全由短跨方向板带承担，忽略长跨方向板带的贡献，这种板称为"单向板"；反之，当 $l_x / l_y \leqslant 2$ 时，认为板面荷载由两个方向的板带共同承担，这种板称为"双向板"。

而按塑性理论计算内力时，则认为当 $l_x / l_y \geqslant 3$ 时为单向板，$l_x / l_y < 3$ 时为双向板。单向板与双向板的主要区别，可用表 3.1 概述之。

表 3.1　单向板与双向板的主要区别

项次	区别内容		单　向　板	双　向　板
1	长边 / 短边	弹性理论	$l_x/l_y>2$	$l_x/l_y\leqslant 2$
		塑性理论	$l_x/l_y\geqslant 3$	$l_x/l_y<3$
2	弯曲变形		只考虑短边单向受弯	双向受弯
3	荷载传递		荷载全部通过短边单向传递	荷载双向传递
4	受力状态		只在短边方向受力	双向同时受力
5	受力筋的配置		只在短边方向配筋	双向配筋

　　只要板的四边都有支承，单向板与双向板之间就没有一个明显的界限，为了设计上的方便，《混凝土结构设计规范》（GB 50010—2010）规定：当长边与短边长度之比不大于 2.0 时，应按双向板计算；当长边与短边长度之比大于 2.0，但小于 3.0 时，宜按双向板计算；当长边与短边长度之比不小于 3.0 时，宜按沿短边方向受力的单向板计算，并应沿长边方向布置构造钢筋；两对边支承的板应按单向板计算。

3.1.4　钢筋混凝土楼盖的设计步骤

　　钢筋混凝土楼盖设计大致可分如下几个步骤：

　　（1）选择合理、适用的楼盖形式，进行结构平面布置。

　　（2）初选梁、板构件的截面尺寸。

　　（3）由梁、板的支承和实际受荷情况提出计算简图，明确支座情况和计算跨度。

　　（4）进行楼面梁、板计算单元上的荷载组合，确定最不利荷载布置。

　　（5）按弹性或塑性的方法，计算构件控制截面内力。

　　（6）对梁、板进行正截面、斜截面的配筋计算并验算。如超筋或配筋率较高、不满足规范要求时，则应调整截面尺寸，重新计算。

　　（7）按正常使用极限状态要求，验算构件的挠度和裂缝宽度。如不满足规范要求，则需调整构件截面尺寸或配筋。需要说明的是，在实际工程设计中，构件尺寸初定时，就考虑了挠度和裂缝的宽度要求，因此一般不需进行此项验算，除非有超载或其他影响构件变形的原因存在。

　　（8）进行构造设计。

　　（9）最后完成制图工作。

　　以上各步骤可以用图 3.15 的框图表示。

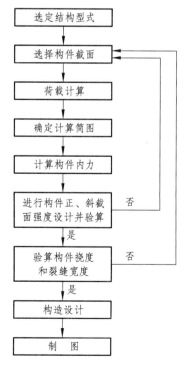

图 3.15　钢筋混凝土楼盖的设计步骤

3.2 单向板肋梁楼盖设计

3.2.1 单向板肋梁楼盖结构的布置

钢筋混凝土单向板肋梁楼盖由板、次梁和主梁构成，楼盖则支承在柱、结构墙等竖向承重构件上。其结构布置主要是主梁、次梁的布置。两端支承于柱或结构墙体上的梁为主梁，两端或一端支承于主梁上的梁称为次梁。其结构布置一般取决于建筑功能要求，一般在建筑设计阶段已确定了建筑物的柱网尺寸或结构墙体的布置。而柱网或结构墙的间距决定了主梁的跨度，主梁间距决定了次梁的跨度，次梁的跨度又决定了板的跨度。在结构上应力求简单、整齐、经济适用。柱网尽量布置成长方形或正方形。柱网布置应与梁格布置统一考虑。柱网尺寸（即梁的跨度）过大，将使梁的截面过大而增加材料用量和工程造价；反之，柱网尺寸过小，又会使柱和基础的数量增多，有时也会使造价增加，并将影响房屋的使用。

单向板肋梁楼盖结构平面布置方案通常有以下 3 种。

1．主梁横向布置，次梁纵向布置

这种布置其优点是抵抗水平荷载的侧向刚度较大，主、次梁和柱可构成刚性体系，因而房屋整体刚度好。此外，由于主梁与外墙面垂直，可开较大的窗口，对室内采光有利。如图 3.16（a）所示。

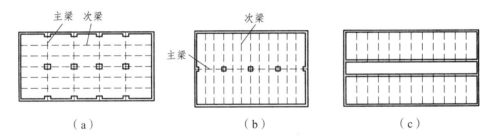

图 3.16　单向板肋梁楼盖结构的布置

2．主梁纵向布置，次梁横向布置

这种布置适用于横向柱距大于纵向柱距较多时，或房屋有集中通风要求的情况，因主梁沿纵向布置，减小了主梁的截面高度，增加室内净高，可使房屋层高降低。但房屋横向刚度较差，而且常由于次梁支承在窗过梁上，而限制了窗洞的高度。如图 3.16（b）所示。

3．只布置次梁，不设主梁

这种布置仅适用于有中间走廊的房屋，常可利用中间纵墙承重，这时可仅布置次梁而不设主梁。如图 3.16（c）所示。

从经济效果考虑，因次梁的间距决定了板的跨度，而楼盖中板的混凝土用量占整个楼盖混凝土用量的 50%～70%。因此，为了尽可能减少板厚，一般板的跨度为 1.7～2.7 m，次梁跨度为 4～7 m，主梁跨度为 5～8 m。

柱网及梁格的布置除考虑上述因素外，梁格布置应尽可能是等跨的，且最好边跨比中间跨稍小（约在 10% 以内），因边跨弯矩较中间跨大些；在主梁跨间的次梁根数宜多于 1 根，以使主梁弯矩变化较为平缓，对梁的工作较为有利。

当楼面上有较大设备荷载或者需要砌筑墙体时，应在其相应位置布置承重梁。当楼面开有较大洞口时，也需要在洞口四周布置边梁。

3.2.2　梁、板截面尺寸的估算

进行楼盖设计时，首先要初定梁、板尺寸。确定梁板尺寸时通常要考虑施工条件、刚度要求、经济性并结合经验选定。

1．楼板厚度选定

初选楼板厚度可以考虑以下 4 个方面。

1）满足施工条件的最小厚度（见表 3.2）

表 3.2　按施工条件控制的最小板厚　　　　　　　　　　　　　　单位：mm

类　　别	施工方法	不埋电线管	预埋铁皮管	预埋塑料管
槽形板、空心板	预　制	25	—	—
屋　盖	现　浇	50	80	90
楼盖：民用建筑	现　浇	60	80	100
工业建筑	现　浇	70	100	120
阳台、雨篷的根部	现　浇	100	—	—

2）按工程经验选择板的厚度

屋盖：板的跨度 2.0 m 左右时，$h = 60 \sim 80$ mm；楼盖：板的跨度 2.0 m 左右时，$h = 80 \sim 100$ mm；整块楼板：板的跨度 $3.3 \sim 4.0$ m 时，$h = 100 \sim 120$ mm；阳台及雨篷：悬臂板的跨度 $1.2 \sim 2.0$ m 时，根部 $h = 120 \sim 200$ mm。

3）按挠度控制最小板厚（见表 3.3）

表 3.3　板厚与计算跨度之比 h/l_0 的最小值

板　的　种　类				
单向板	双向板	悬臂板	无 梁 楼 盖	
			有柱帽	无柱帽
1/30	1/40	1/12	1/35	1/30

注：表中 h 为板厚，l_0 为板的短向计算跨度。

4）《混凝土结构规范》（GB 50010—2010）规定

《混凝土结构设计规范》（GB 50010—2010）规定，现浇混凝土板的尺寸宜符合：

（1）板的跨厚比：钢筋混凝土单向板不大于 30，双向板不大于 40；无梁支承的有柱帽板

不大于35，无梁支承的无柱帽板不大于30。预应力板可适当增加；当板的荷载、跨度较大时宜适当减小。

（2）现浇钢筋混凝土板的厚度不应小于表3.4规定的数值。

表 3.4　现浇钢筋混凝土板的最小厚度　　　　　　　单位：mm

板 的 类 别		最小厚度
单向板	屋面板	60
	民用建筑楼板	60
	工业建筑楼板	70
	行车道下的楼板	80
双向板		80
密肋楼盖	面 板	50
	肋 高	250
悬臂板（根部）	悬臂长度不大于 500 mm	60
	悬臂长度 1 200 mm	100
无梁楼盖		150
现浇空心楼盖		200

2．梁的截面确定

梁的截面高度确定应考虑如下 4 个方面的要求。

1）满足施工条件的梁高限制

（1）次梁穿过主梁时，为保证次梁主筋位置，次梁高度应比主梁高度至少小 50 mm。

（2）为便于施工，梁的高度与宽度应满足 50 mm 的模数；当梁高超过 1 000 mm 时，宜满足 100 mm 的模数。圈梁和过梁宽度应同墙厚，梁高应符合砖的皮数。

2）按经验选择梁的高度

梁高在经验高度的范围内，先由设计者结合实际受荷情况确定，配筋后如不合适再做相应调整。按经验初选梁高见表3.5。

表 3.5　按经验估算的梁高

类 型	类 别	部 位	高跨比 h/l_0	高宽比 h/b
整体浇筑的 T 形架	主 梁		1/8 ~ 1/14	2 ~ 3
	次 梁		1/15 ~ 1/18	
	悬臂梁	根 部	1/6 ~ 1/8	
矩形截面独立梁			1/12 ~ 1/15	2 ~ 3

注：表中 h 为梁高，l_0 为梁的计算跨度。

3）按变形要求控制的梁高

钢筋混凝土梁产生裂缝是正常的，但裂缝过宽会给人造成心理不安；同样，挠度较大时虽然可能安全，但影响使用。因此，规范对梁的裂缝宽度和挠度要进行限制，见表 3.6。

表 3.6　钢筋混凝土梁允许的最大挠度和最大裂缝宽度

屋盖、楼盖及楼梯构件	允许的最大挠度 f/l_0		允许的最大裂缝宽度/mm	
	一般要求	使用有较高要求	钢筋混凝土构件	预应力构件
$l_0 < 7$ m	1/200	1/250	露天 0.2	
$7 \leqslant l_0 \leqslant 9$ m	1/250	1/300	一般 0.3	0.2
$l_0 > 9$ m	1/300	1/400	$Q/G < 0.5$，可取 0.4	

注：表中 h 为梁高，f 为梁、板的计算跨度，Q 为活载标准值，G 为恒载标准值。

4）梁宽度确定

梁的高度确定后，梁的宽度 b 通常取 $b = (1/2 \sim 1/3)h$。当建筑上有特殊要求时亦可采用扁梁，例如层高和净空限制时只能用扁梁，这时需增加梁的挠度和裂缝宽度验算。

3.2.3　单向板肋梁楼盖按弹性理论的计算

钢筋混凝土现浇楼盖通常为梁、板组成的超静定结构，其内力可按弹性理论及塑性理论进行分析。按塑性理论分析内力，使结构内力分析与构件截面承载力计算相协调，结果比较符合实际且比较经济，但会使结构的裂缝较宽，变形也较大。《混凝土结构设计规范》规定：混凝土连续梁和连续单向板，可采用塑性内力重分布方法进行分析。重力荷载作用下的框架、框架-剪力墙结构中的现浇梁以及双向板等，经弹性分析求得内力后，可对支座或节点弯矩进行适当调幅，并确定相应的跨中弯矩。

楼盖结构按弹性理论及塑性理论进行分析时，可根据计算精度要求，采用精细分析方法或简化分析方法。精细分析方法包括弹性理论、塑性理论方法以及线性和非线性有限元分析方法。简化分析方法是在一定假定基础上建立的近似方法，可分为以下两种：

（1）假定支承梁的竖向变形很小，可以忽略不计，将梁、板分开计算。此法根据作用于板上的荷载，按单向板或双向板计算板的内力，然后按照假定的荷载传递方式，将板的上荷载传到支承梁上，计算到承梁的内力。包括基于弹性理论的连续梁、板法（用于计算单向板肋梁楼盖），查表法和多跨连续双向板法（用于计算双向板肋梁楼盖），以及基于塑性理论的弯矩调幅法和基于板破坏模式（假定支承梁未破坏）的塑性极限分析方法。

（2）考虑梁、板的相互作用，按楼盖结构进行分析。此法根据作用于楼盖上的荷载，将楼盖作为整体计算梁和板的内力。包括基于弹性理论的直接设计法、等效框架法和拟梁法等，以及基于塑性理论和梁-板组合破坏模式（支承梁可能破坏）的塑性极限分析方法。这种分析方法考虑了梁、板的相互作用，可用于计算无梁楼盖以及支承梁刚度相对较小的肋梁楼盖的内力，此法适用于柱支承板楼盖结构的设计。

按弹性理论的计算是指在进行梁（板）结构的内力分析时，假定梁（板）为理想的弹性体，可按"结构力学"的一般方法进行计算。

1．计算简图的确定

楼盖结构是由许多梁和板构成的平面结构，承受竖向的自重和使用活荷载。由于板的刚度很小，次梁的刚度又比主梁的刚度小很多，因此可以将板看作被简单支承在次梁上的结构部分，将次梁看作被简单支承在主梁上的结构部分，则整个楼盖体系即可以分解为板、次梁和主梁几类构件单独进行计算。

作用在板面上的荷载传递路线为：荷载→板→次梁→主梁→柱（或墙）。它们均为多跨连续梁，其计算简图应表示出梁（板）的跨数、计算跨度、支座的特点以及荷载形式、位置及大小等。

1）计算单元

为减少计算工作量，结构内力分析时，常常不是对整个结构进行分析，而是从实际结构中选取有代表性的一部分作为计算的对象，称为计算单元。

对于单向板，一般沿跨度方向取 1 m 宽度的板带作为其计算单元，在此范围内，即图 3.17 中用阴影线表示的楼面均布荷载便是该板带承受的荷载，这一负荷范围称为从属面积，即计算构件负荷的楼面面积。

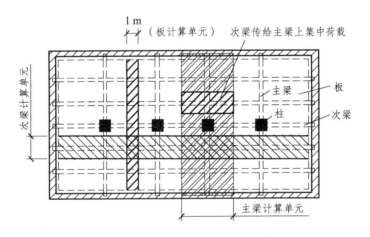

图 3.17　单向板肋梁楼盖板、梁计算单元

次梁：计算单元宽度取相邻次梁中心距的一半。

主梁：计算单元宽度取相邻主梁中心距的一半。

2）支座条件的假定与计算简图

支座条件的假定对计算简图有着直接的影响，如图 3.18 所示。

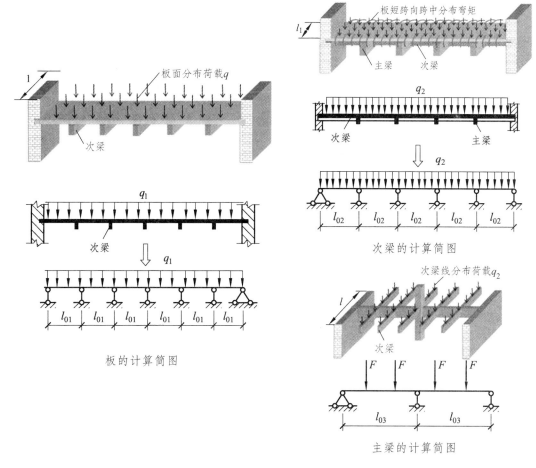

图 3.18　单向板肋梁楼盖板、梁计算简图

（1）板：单向板是沿跨度方向取 1 m 宽度的板带作为其计算单元，板带有两类边界：板带（单元）之间以及板带与次梁（或支承墙）之间。因单向板忽略长跨向内力，所以板带之间的边界可作为自由边；当板或梁支承在砖墙（或砖柱）上时，由于其嵌固作用较小，可假定为铰支座，其嵌固的影响可在构造设计中加以考虑。次梁对板在该处的竖向位移和转角位移有约束；如果忽略竖向位移和转动约束，板可以简化为连续梁计算简图。

（2）次梁单元之间的边界上有分布力矩作用，无剪力；但这些分布力矩对次梁轴线方向的内力没有影响；次梁与主梁的边界与板与次梁的边界类似；在相同的假定下，次梁也可以简化为连续梁计算简图。

（3）主梁的计算简图应根据梁与柱的线刚度比值而定。当梁柱节点两侧梁的线刚度之和与节点上下柱的线刚度之和的比值大于 3 时，柱的线刚度相对较小，柱对主梁的转动约束不大，可将柱子作为主梁的不动铰支座。主梁的计算简图也可以按连续梁。

当梁、柱的线刚度之和的比值小于 3 时，则应考虑柱对主梁的转动约束作用，这时应按框架结构来进行内力分析，如果主梁尚需与竖向构件一起共同承担水平作用（如风载、地震作用等），也应按框架梁计算。

3）计算跨度

计算跨度，是指梁、板设计进行内力计算时采用的跨度。理论上的计算跨度指的是相邻支座反力间的距离，它与支座构造形式、支在墙上的支承长度及内力计算方法有关。准确确定非常复杂，工程中一般按如下取值：

（1）按弹性理论计算时：中间各跨取支承中心线之间的距离；边跨如果端部搁置在支承构件上，则：对于梁，边跨计算长度在（$1.025l_{n1}+b/2$）与$[l_{n1}+(a+b)/2]$两者中取小值；对于板，边跨计算长度在（$1.025l_{n1}+b/2$）与$[l_{n1}+(h+b)/2]$两者中取小值；梁、板在边支座与支承构件整浇时，边跨也取支承中心线之间的距离。

（2）按塑性理论计算时：当内支座与被支承构件整体连接时，由于塑性铰出现在支承边，中间各跨计算长度取净跨 l_n；当内支座被支承构件搁置在支承构件上时，由于塑性铰出现在支承中心处，中间各跨计算长度取支承中心线之间的距离。塑性铰位置如图 3.19 所示。

边跨端部搁置在支承构件上时取值方法同弹性理论。

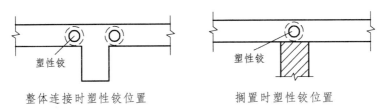

整体连接时塑性铰位置　　　　　搁置时塑性铰位置

图 3.19　塑性铰位置示意

板和梁的计算跨度如表 3.7 所示。

表 3.7　连续板梁的计算跨度

构造图形				
		边　　跨	中　跨	备　注
塑　性 计算方法	板	$l_0 = l_{n1} + \dfrac{h}{2}$	$l_0 = l_n$	求支座弯矩时，取该支座左、右计算跨度的最大值进行计算
	梁	$l_0 = l_{n1} + \dfrac{a}{2} \leqslant 1.025l_{n1}$	$l_0 = l_n$	
弹　性 计算方法	板	$l_0 = l_{n1} + \dfrac{b}{2} + \dfrac{h}{2} \leqslant 1.025l_{n1} + \dfrac{b}{2}$	$l_0 = l_n + b$	求支座弯矩时，取该支座相邻两跨计算跨度的平均值进行计算
	梁	$l_0 = l_{n1} + \dfrac{a}{2} + \dfrac{b}{2} \leqslant 1.025l_{n1} + \dfrac{b}{2}$	$l_0 = l_n + b$	

实际工程中梁、板各跨的跨度往往是不同的。当手算内力时，为了简化计算，假定当相邻跨度相差 ≤10% 时，仍按等跨计算，这时支座弯矩按相临两跨跨度的平均值计算。

4）计算跨数

不论对板或梁，当各跨荷载相同，而跨数超过 5 跨的等截面与等跨度连续板、梁，除靠近端部的第 1、2 两跨外，其余的中间跨内力都十分接近。为简化设计，工程上可将中间各跨内力均取与第 3 跨相同。故当跨数 ≤5 时，按实际跨数考虑；当跨数 >5 时，可近似按 5 跨考虑。配筋计算时除两端的两边跨外，中间各跨配筋相同。

5）计算荷载

（1）荷载取值

楼盖上的荷载有恒荷载和活荷载两类。恒荷载包括结构自重、建筑面层、固定设备等。活荷载包括人群、堆料和临时设备等。恒荷载的标准值可按其几何尺寸和材料的重力密度计算。民用建筑楼面上的均布活荷载标准值可以从《建筑结构荷载规范》中查得。工业建筑楼面活荷载，在生产、使用或检修、安装时，由设备、管道、运输工具等产生的局部荷载，均应按实际情况考虑，可采用等效均布活荷载代替。

对于单向板，其计算单元范围内的楼面均布荷载便是该板带承受的荷载，这一负荷范围称为从属面积，即计算构件负荷的楼面面积（图 3.17）。

次梁的荷载为次梁自重及左右两侧板传来的均布荷载。计算板传给次梁的荷载时，不考虑板的连续性，即板上的荷载平均传给相邻的次梁（图 3.17）。

主梁的荷载是主梁自重和次梁传来的集中荷载。为了简化计算，将主梁自重也作为集中荷载处理。作用在主梁上的主梁自重集中荷载的个数及作用点位置与次梁传来的集中荷载的个数和作用位置相同，每个主梁自重集中荷载值等于长度为次梁间距的一段主梁自重。计算次梁传给主梁的集中荷载时，也不考虑次梁的连续性，即主梁承担相邻次梁各 1/2 跨的荷载（图 3.17）。

（2）板和次梁的折算荷载

以上对板和次梁所取的计算简图是连续梁，即假定板或梁支承在不动的铰支座上。实际次梁对板，主梁对次梁将有一定的嵌固作用，按弹性理论计算时须考虑约束影响。

当板的支座是次梁，次梁的支座是主梁，则当板承受荷载而变形时，次梁发生扭转。由于次梁的两端被主梁所约束及次梁本身的侧向抗扭刚度影响，所以板的挠度大大减少，使板在支承处的实际转角 θ' 比理想铰支承时的转角 θ 小，如图 3.20 所示。同样的情况发生在次梁和主梁之间。考虑次梁对板、主梁对次梁转动约束作用的有利影响，按弹性理论计算时，通常采用减少活荷载增加恒荷载的方法进行调整处理，即以"折算荷载"代替实际计算荷载。又由于次梁对板的约束作用较主梁对次梁的约束作用大，故对板和次梁采用不同的调整幅度。调整后的折算荷载取为：

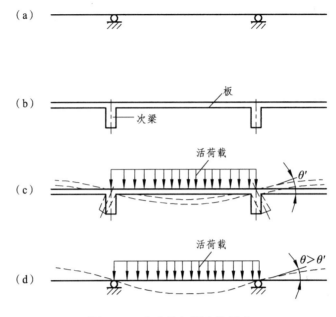

图 3.20 支座抗扭刚度的影响

对于板：

$$\begin{cases} g' = g + \dfrac{q}{2} \\ q' = \dfrac{q}{2} \end{cases} \tag{3.7}$$

对于次梁：

$$\begin{cases} g' = g + \dfrac{1}{4}q \\ q' = \dfrac{3}{4}q \end{cases} \tag{3.8}$$

式中：g、q 分别为实际均布恒荷载、均布活荷载；g'、q' 分别为折算均布恒荷载、均布活荷载。

主梁不进行荷载折算。这是因为当柱刚度较小时，柱对梁的约束作用很小，可忽略其影响。

2. 活荷载最不利布置

因可变荷载的位置是变化的（活荷载是以一跨为单位来改变其位置的），因此在设计连续梁、板时，应研究活荷载如何布置将使梁、板内某一控制截面上的内力绝对值最大，这种布置称为活荷载的最不利布置。

1）活荷载作用于不同跨时的弯矩图和剪力图

由弯矩分配法知，某一跨单独布置活荷载时：① 本跨支座为负弯矩，相邻跨支座为正弯矩，隔跨支座又为负弯矩；② 本跨跨中为正弯矩，相邻跨跨中为负弯矩，隔跨跨中又为正弯矩。

根据前面确定的计算简图，为了充分认识活荷载的不利布置，取常用的五跨连续梁分析活荷载位置变化时连续梁的内力变化情况，如图 3.21 所示。

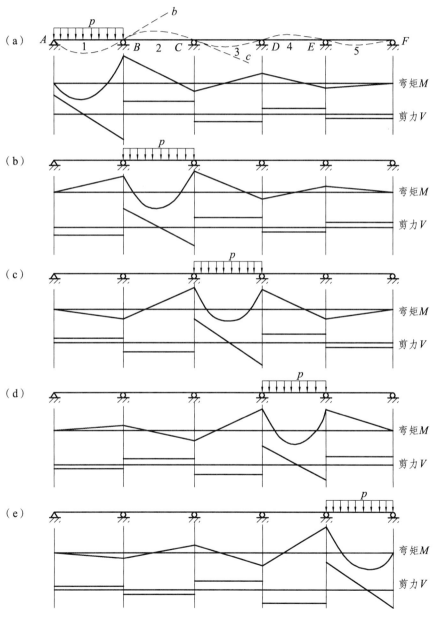

图 3.21　连续梁的内力变化

2）最不利活载布置原则

通过对图 3.21 的内力变化规律分析，利用叠加原理，并考虑活载的特点（可以某一跨有荷载，也可以某两跨、三跨有荷载），以某一控制截面内力最大为目标，确定最不利活载布置，最后得其布置原则如下：

（1）求某跨跨中最大正弯矩时，应在该跨布置活载，然后隔跨布置。

（2）求某跨跨中最大负弯矩（或最小弯矩）时，该跨不布置活载，而在左、右相邻两跨布置活载，然后隔跨布置活载。

（3）求某支座最大负弯矩时，或求某支座左、右截面最大剪力时，应在该支座左右两跨布置活载，然后隔跨布置。

3）连续梁活荷载最不利布置图

根据上面的原则，对常用的五跨连续梁，可得各控制截面上最大内力的活载和恒载布置，如图 3.22 所示。

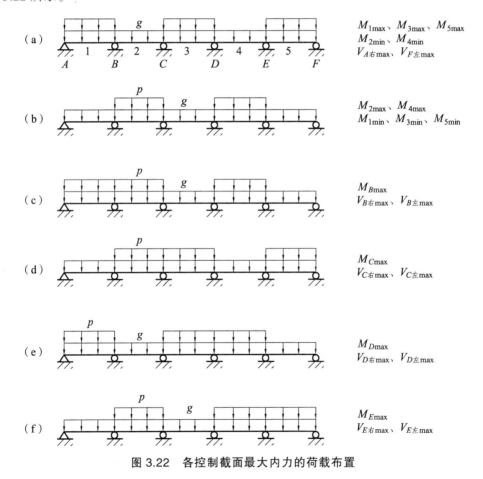

图 3.22　各控制截面最大内力的荷载布置

3．弹性内力计算

有了等跨连续梁的计算简图，有了梁上的恒载、活载及其活载不利布置后，就可以按结构力学方法进行连续梁的内力计算。计算时注意叠加原理的运用。两跨至五跨的等跨连续梁在各种基本荷载作用下的内力，有许多建筑结构静力计算手册可查（附表 3.1 中列出了一部分），计算时可直接查用。由附表 3.1 可直接查得各种荷载布置情况下的内力系数，求等跨连续梁某控制截面内力时，按下面各式计算。

（1）在均布荷载及三角形荷载作用下：

$$\left.\begin{array}{l} M = 表中系数 \times ql^2 \\ V = 表中系数 \times ql \end{array}\right\} \tag{3.9}$$

（2）在集中荷载作用下：

$$\left.\begin{array}{l} M = 表中系数 \times Pl \\ V = 表中系数 \times P \end{array}\right\} \tag{3.10}$$

（3）内力正负号规定：

M：使截面上部受压、下部受拉的弯矩为正，反之为负。

V：在构件上取单元体，使单元体产生顺时针转动的剪力为正，反之为负。

控制截面：通常指控制构件配筋的截面，也是内力最大的截面。

【例 3.1】　如图 3.23（a）所示，某两跨连续梁上，作用有恒载设计值 $g = 5$ kN/m，活载设计值 $p = 15$ kN/m，求各控制截面内力。

【解】　根据活载布置不同有 4 种情况。

（1）当活载满布时，连续梁上荷载 $q = g + p = 5 + 15 = 20$ kN/m，查附表 3.1.1 有：

$$M_1 = M_2 = 0.070ql^2 = 0.07 \times 20 \times 6^2 = 50.4 \ (\text{kN} \cdot \text{m})$$

$$M_B = -0.125ql^2 = -0.125 \times 20 \times 6^2 = -90 \ (\text{kN} \cdot \text{m})$$

$$V_{A右} = -V_{C左} = 0.375ql^2 = 45 \ (\text{kN})$$

$$V_{B右} = -V_{B左} = 0.625ql = -75 \ (\text{kN})$$

（2）当活载 p 只作用在 AB 跨时，可以把连续梁看成是由满布荷载 g 和只在 AB 跨作用的活载 p 两种情况叠加。利用附表 3.1.1 中内力系数直接计算有：

$$M_1 = 0.07gl^2 + 0.096pl^2 = 0.07 \times 5 \times 6^2 + 0.096 \times 15 \times 6^2 = 64.44 \ (\text{kN} \cdot \text{m})$$

$$M_2 = 0.070\ 3gl^2 + 1/2 \times (-0.063)pl^2 = -4.356 \ (\text{kN} \cdot \text{m})$$

$$M_B = -0.125gl^2 - 0.063pl = -0.125 \times 5 \times 6^2 - 0.063 \times 15 \times 6^2 = -56.52 \ (\text{kN} \cdot \text{m})$$

$$V_{A右} = 0.375gl + 0.437pl = 50.58 \ (\text{kN})$$

$$V_{C左} = -0.375gl + 0.063pl = -5.58 \ (\text{kN})$$

$$V_{B右} = 0.625gl + 0.063pl = 24.42 \ (\text{kN})$$

$$V_{B左} = -0.625gl - 0.563pl = -69.42 \ (\text{kN})$$

（3）当活载 p 只作用在 BC 跨时，由结构对称性可知，这时连续梁内力和（2）是对称的。

（4）当只有恒载作用时，连续梁内力为：

$$M_B = -0.125gl^2 = -0.125 \times 5 \times 6^2 = -22.5 \ (\text{kN} \cdot \text{m})$$

$$M_1 = M_2 = 0.07gl^2 = 0.07 \times 5 \times 6^2 = 12.6 \ (\text{kN} \cdot \text{m})$$

$$V_{A右} = -V_{C左} = 0.375gl = 11.25（kN）$$

$$V_{B右} = -V_{B左} = 0.625gl = 18.75（kN）$$

将上面（1）～（4）四种荷载布置情况下的内力画在同一个图上，如图 3.23（b）、（c）所示。

4．内力包络图

根据各种最不利荷载组合，按一般结构力学方法或利用前述表格进行计算，即可求出各种荷载组合作用下的内力图（弯矩图和剪力图），把它们叠画在同一坐标图上（用同样比例画在同一个图上），其外包线所形成的图形称为内力包络图，它表示连续梁在各种荷载最不利布置下各截面可能产生的最大内力值。连续梁的弯矩包络图和剪力包络图是确定连续梁纵筋、弯起钢筋、箍筋的布置和绘制配筋图的依据。

图 3.23（b）、（c）就是例题 3.1 中四种荷载组合下的内力图叠加，其外包线就是内力包络图。

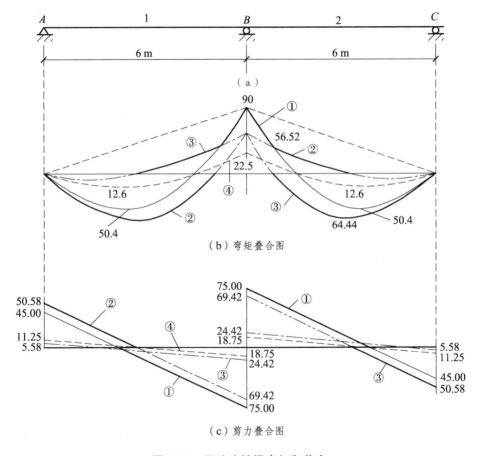

图 3.23 两跨连续梁弯矩和剪力

【例 3.2】 图 3.24 所示两跨连续梁，跨度为 4 m，承受恒载 $G = 10$ kN，活载 $P = 10$ kN，均作用于跨中，求该梁的内力包络图。

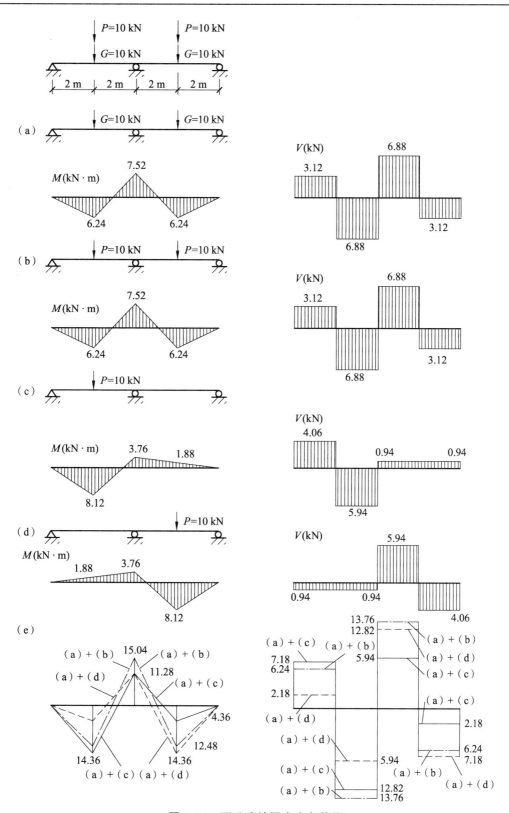

图 3.24 两跨连续梁内力包络图

【解】 由题意可知，活载布置有 3 种情况，即分别使中间支座、左跨中、右跨中截面弯矩最大。而内力计算图示有 2 种情况，即一跨有荷载和两跨有荷载。按查表求内力的方法，分别计算各种活载布置情况下的内力，并绘图：

图 3.24（a）为恒载作用下的内力图；图（b）为两跨有活载时的内力图；图（c）为左跨有活载时的内力图；图（d）为右跨有活载时的内力图；图（e）为（a）＋（b）、（a）＋（c）、（a）＋（d）三种情况下的内力叠合图，其外包线即为内力包络图。

5. 支座截面内力的计算

弹性理论计算时，无论是梁或板，按计算简图求得的支座截面内力为支座中心线处的最大内力，但此处的截面高度却由于与其整体连接的支承梁（或柱）的存在而明显增大，故其内力虽为最大，但并非最危险截面。因此，可取支座边缘截面作为计算控制截面，其弯矩和剪力的计算值，近似地按下式求得（图 3.25）

$$\left.\begin{array}{l} M_b = M - V_0 \cdot \dfrac{b}{2} \\[2mm] V_b = V - (g+q) \cdot \dfrac{b}{2} \end{array}\right\} \qquad (3.11)$$

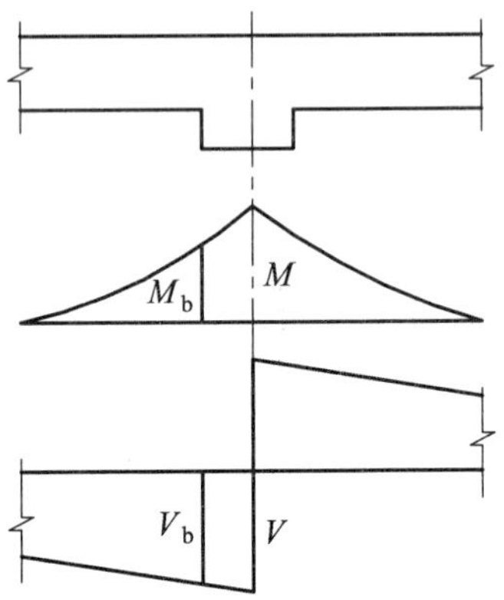

图 3.25　支座处弯矩、剪力图

式中：M、V 为支座中心线处截面的弯矩和剪力；V_0 为按简支梁计算的支座剪力；g、q 为均布恒载和活荷载；b 为支座宽度。

3.2.4　单向板肋梁楼盖考虑塑性内力重分布的计算方法

根据依弹性理论计算的连续梁内力进行构件配筋设计，足以保证结构构件的安全、可靠。因为按弹性理论的破坏准则是：当连续梁任意一截面上的内力达到其极限值时，即认为整个结构已达到破坏。但实际结构并非总是如此，而是常常表现出塑性，使其承载能力提高。按弹性理论设计，存在以下几个问题：

（1）对于脆性材料构成的超静定结构或静定结构，按弹性理论分析是合适的；而对塑性材料组成的超静定结构就不符合实际情况了。

（2）按弹性理论方法计算连续梁跨中和支座截面的最大内力不是在同一组荷载作用下发生的。按各自最大内力配筋后，实际使用时，跨中和支座截面的承载力不能同时充分利用，造成材料浪费。

（3）钢筋混凝土是由两种材料所组成的，混凝土是一种弹塑性材料，钢筋在达到屈服强度以后也表现出塑性特点，它不是均质弹性体。如仍按弹性理论计算其内力，则不能反映结构内材料的实际工作状况。

（4）进行钢筋混凝土构件承载力计算时，如结构设计原理中所讲，考虑了钢筋和混凝土的材料塑性性能。而在梁、板的内力计算时，按弹性理论计算，未考虑塑性变形。如此，造成计算理论上的矛盾，前后不一致。

（5）按弹性理论方法所得的支座弯矩一般大于跨中弯矩，按此弯矩配筋计算结果，使支座处钢筋用量较多，甚至会造成拥挤现象，不便施工。

对钢筋混凝土超静定结构，试验表明：当构件某一截面上内力达到其承载力极限值时，结构并不马上破坏，结构还可以进一步承受荷载。为解决上述问题，充分考虑钢筋混凝土构件的塑性性能，挖掘结构潜在的承载力，达到节省材料和改善配筋的目的，提出了按塑性内力重分布的计算方法。

下面介绍考虑塑性内力重分布的几个概念和计算方法。

1. 钢筋混凝土受弯构件的塑性铰

1）塑性铰的形成

钢筋混凝土适筋梁截面从开始加载到破坏，经历了如下 3 个阶段：

第Ⅰ阶段：从开始加载到混凝土开裂，构件基本处于弹性阶段，弯矩-曲率（M-ϕ）关系曲线基本为直线段。

第Ⅱ阶段：从混凝土开裂到受拉区钢筋屈服，构件处于弹塑性工作阶段，M-ϕ 曲线有逐渐弯曲的现象。

第Ⅲ阶段：从受拉钢筋屈服到受压区混凝土压坏，该阶段构件塑性充分发挥，M-ϕ 曲线接近水平。

图 3.26（g）为不同配筋率情况下，受弯构件截面曲率 ϕ 与有效高度 h_0 的乘积 ϕh_0 与外弯矩 M 之间的关系曲线。对于给定的构件 h_0 是定值，所以该图也反映了截面弯矩和曲率的关系。从图中可见，在钢筋屈服后，弯矩-曲率关系基本为一水平线。这表明在截面弯矩基本不变的情况下，截面曲率却急剧增加，截面就像形成一个能转动的"铰"一样。应当说这种"铰"的形成是受弯构件塑性变形相对集中、发展的结果，因此这种"铰"通常称为"塑性铰"。

图 3.26（a）为受集中荷载作用的简支梁。该梁的全过程 M-ϕ 曲线如图 3.26（d）所示。按上面分析，当截面弯矩达到 M_y 时，截面 A 处应形成塑性铰，相应的曲率为 ϕ_y；而梁所能承受的最大弯矩为 M_u，M_u 比 M_y 稍大，相对于弯矩为 M_u 时的截面曲率为 ϕ_u。就是说，当截面 A 处外弯矩 M 达到 M_y，受拉区钢筋屈服之后，在外弯矩增加很小的情况下，钢筋应变随着荷载迅速增加；截面受压区高度不断减小，直至受压区混凝土压碎。这时截面 A 附近一定长度内的各个截面上的弯矩 $M \geqslant M_y$。如图 3.26（b），图中 $M \geqslant M_y$ 的部分，就是简支梁出现塑性铰的范围，称作塑性铰区，l_y 就是塑性铰区的长度。

图 3.26（e）为梁的曲率分布。图中实线为曲率的实际分布，虚线为计算时假定的折算曲率分布。由曲率含义可知，跨中截面全部塑性转动的曲率可用（$\phi_u - \phi_y$）表示。（$\phi_u - \phi_y$）值愈大，表示截面转动能力愈强，延性愈好。

塑性铰的转角 θ 理论上可由塑性曲率的积分求得。但是由于曲率曲线是非光滑的，不能直接计算，因此计算时可按折算曲率分布将塑性曲率分布简化为矩形区段，矩形区段高度即为塑性曲率 $\phi_u - \phi_y$，宽度为 $\overline{l_y} = \beta l_y$，$\beta < 1$。由此塑性铰的转角可表示为

$$\theta = (\phi_u - \phi_y)\,\overline{l_y} \tag{3.12}$$

影响 $\overline{l_y}$ 的因素很多，要得到实用又有足够准确的算式，还需深入研究。

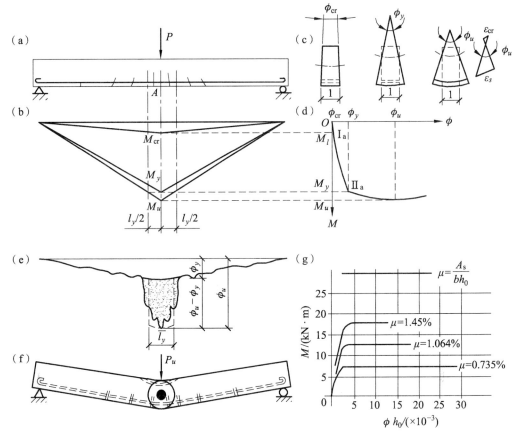

图 3.26　塑性铰的形成

2）塑性铰的特点

前面分析表明，塑性铰是受弯构件某一截面位置处，一定长度范围内，塑性变形集中发展的结果。塑性铰与理想铰不同，它具有如下几个特点：

（1）塑性铰是单向铰。塑性铰是适筋受弯构件截面进入第Ⅲ阶段后，发生集中转角变形的一种形象，它是在弯矩作用下形成的，因此该铰只能沿着弯矩作用方向转动。

（2）塑性铰能承受一定的弯矩 M_u。塑性铰是构件截面受拉钢筋屈服后形成的，在截面转动过程中，始终承受着一个屈服弯矩，直至破坏。

（3）塑性铰的转动是有限的。受弯构件截面形成塑性铰，是从受拉钢筋屈服开始的，最后以受压区混凝土压坏而告终，在这一过程中，塑性铰发生的转角是有限的。试验分析表明：该转角的大小（图 3.26 中 $M\text{-}\phi h_0$ 曲线水平的长短）与截面的配筋有很大关系。分析截面在钢筋屈服后的应变变化，不难看出该转角大小主要与截面相对受压区高度（x/h_0）有关。

（4）塑性铰有一定的长度。如前所述塑性铰不是一个点，而是集中在弯矩图中 $M \geqslant M_y$ 的一定长度之内。

3）塑性铰的作用

适筋梁受弯构件，当其截面弯矩达到抗弯能力 M_y 后，构件并不破坏而可以继续承载，但发生了明显的转动变形，即出现了塑性铰。这种具有明显预兆的破坏对结构是有好处的。

对于静定结构，如简支梁，当最大弯矩截面出现塑性铰时，结构成为一个几何可变体系，从而达到承载能力极限状态。塑性铰的出现是静定结构达到极限承载能力的标志。

对超静定结构，由于存在多余约束，当构件某一截面形成塑性铰时，结构并未变成可变机构，而仍能继续增加荷载，直至结构出现足够的塑性铰，致使结构成为可变体系，才达到其承载力极限状态。这说明塑性铰的存在或形成，可以提高超静定结构的承载能力。超静定结构出现塑性铰后，结构内力分布规律发生了变化，即出现了内力重分布，其结果是使结构的材料强度得以充分发挥作用。

2. 连续梁塑性内力重分布

这里以两跨连续梁为例说明内力重分布的概念。

【例 3.3】　如图 3.27（a）所示的两跨连续梁，跨中作用集中荷载 P。现已知：梁截面尺寸 200 mm × 500 mm，混凝土强度等级 C20，主筋为 HRB335 钢筋，中间支座与跨中截面的受拉钢筋均为 3φ18，按单筋梁计算得 $M_{Bu} = M_{Du} = 97.16$ kN·m。试分析内力重分布规律。

【解】　按几种情况分析如下。

（1）按弹性理论计算该连续梁所能受的最大荷载 P_e。由图 3.27（b）弹性弯矩图可知，B 点先于 D 点出现破坏，这时有

$$0.188P_e l = M_{Bu} = 97.16 \text{（kN·m）}$$

$$P_e = 103.36 \text{（kN）}$$

当外荷载达到 P_e 时，B 点达到其截面最大承载力。按弹性理论认为，这时连续梁已达到承载力极限，弯矩分布如图 3.27（c）。实际上结构并未丧失继续承载的能力，只是 B 点出现了塑性铰，此时

$$M_D = 0.156P_e l = 0.156 \times 103.36 \times 5 = 80.62 \text{（kN·m）} < M_{Du}$$

说明结构仍能继续承载。在继续加载时，B 点因形成塑性铰出现转动，并保持截面弯矩 M_{Bu} 不变。连续梁就像两跨简支梁一样工作，如图 3.27（d），只要 B 点塑性铰有足够的转动能力，荷载就可以继续增加。

当跨中截面 D 点也出现塑性铰时，结构形成了可变机构，这时结构才真正达到其承载能力极限，如图 3.27（e）。在此过程中：

$$\Delta M_D = M_{Du} - M_D = 97.16 - 80.62 = 16.52 \text{（kN·m）}$$

$$\Delta P = \frac{\Delta M_D}{1/4 \cdot l} = \frac{16.52}{1/4 \times 5} = 13.23 \text{（kN）}$$

连续梁的最大承载能力为

$$P_u = P_e + \Delta P = 103.36 + 13.23 = 116.59 \text{（kN）}$$

（2）若保证外加荷载 $P_u = 116.59$ kN 不变，而通过配筋调整使 $M_{Bu} = 88$ kN·m，重复（1）中计算过程，求 M_{Du} 有

$$P_e = \frac{M_{Bu}}{0.188L} = \frac{88}{0.188 \times 5} = 93.62 \ (\text{kN})$$

这时

$$M_D = 0.156P_e \cdot l = 0.156 \times 93.62 \times 5 = 73.02 \ (\text{kN} \cdot \text{m})$$

$$\Delta P = P_u - P_e = 116.59 - 93.62 = 22.97 \ (\text{kN})$$

$$\Delta M_D = \frac{1}{4}\Delta P \cdot l = \frac{1}{4} \times 22.97 \times 5 = 28.71 \ (\text{kN} \cdot \text{m})$$

$$M_{Du} = M_D + \Delta M_D = 73.02 + 28.71 = 101.73 \ (\text{kN} \cdot \text{m})$$

上面计算说明：当 $M_{Bu} = 88 \ \text{kN} \cdot \text{m}$ 时，要使连续梁承受的最大外荷载 P_u 不变，则需要增加跨中配筋，提高 M_{Du} 到 101.73 kN·m，如图 3.27（f）。

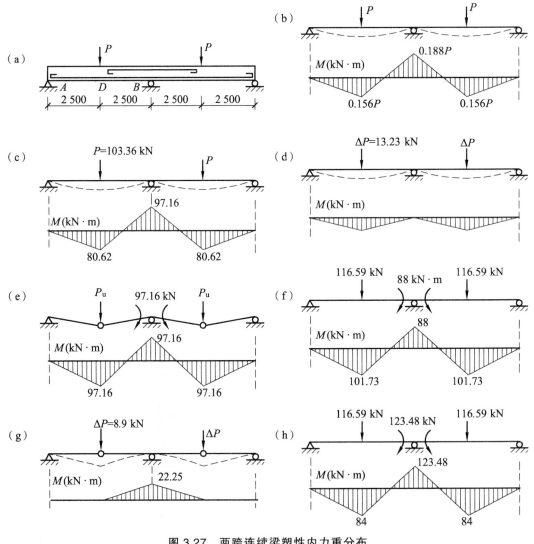

图 3.27　两跨连续梁塑性内力重分布

（3）若使外加荷载 $P_u = 116.59 \ \text{kN}$ 不变，而降低跨中截面配筋使 $M_{Du} = 84 \ \text{kN} \cdot \text{m}$，使 D

点先出现塑性铰，这时求 M_{Bu} 有

$$P_e = \frac{M_{Du}}{0.156l} = \frac{84}{0.156 \times 5} = 107.69 \text{（kN）}$$

此时　　　　　　$M_B = 0.188 P_e \cdot l = 0.188 \times 107.69 \times 5 = 101.23 \text{（kN·m）}$

$$\Delta P = P_u - P_e = 116.59 - 107.69 = 8.9 \text{（kN）}$$

跨中 D 点先出现塑性铰后，连续梁在 B 支座处如同两边外挑的悬臂构件一样工作，如图 3.27（g）所示，这时有

$$\Delta M_B = \Delta P \cdot \frac{l}{2} = 8.9 \times \frac{5}{2} = 22.25 \text{（kN·m）}$$

于是　　　　　　$M_{Bu} = M_B + \Delta M_B = 101.23 + 22.25 = 123.48 \text{（kN·m）}$

上面计算说明：当减小跨中截面配筋，使 D 点先出现塑性铰，$M_{Du} = 84$ kN·m 时，需要增大支座截面配筋使 $M_{Bu} = 123.48$ kN·m，才能使连续梁承受同样的最大外加荷载 $P_u = 116.59$ kN，如图 3.27（h）。

　　从上面分析，可以得出如下一些具有普遍意义的结论：

　　（1）塑性材料构成的超静定结构，达到结构承载能力极限状态的标志不是一个截面的屈服，而是结构形成了破坏机构。

　　（2）塑性材料超静定结构的破坏过程是，首先在一个或几个截面上出现塑性铰，之后，随着外荷载的增加，塑性铰在其他截面上陆续出现，直到结构的整体或局部形成破坏机构为止。

　　（3）出现塑性铰前后，结构的内力分布规律是完全不同的。出现塑性铰前服从弹性理论的计算；而出现塑性铰后，结构的内力经历了一个重新分布的过程，这个过程称为"内力重分布"。实际上钢筋混凝土构件在带裂缝工作阶段就有内力重分布，构件有刚度变化就必然有内力的重分布。

　　（4）按考虑塑性内力重分布计算的结构极限承载力大于按弹性计算的最大承载力（即 $P_u > P_e$）。这说明塑性材料构成的超静定结构，从出现塑性铰到破坏机构形成之间，还有相当大的强度储备，利用这一储备，可以达到节约材料的效果。

　　（5）超静定结构的塑性内力重分布，在一定程度上，可以由设计者通过改变截面配筋来控制。如上面例题中，极限荷载相同，但内力重分布情况是不同的。

　　（6）钢筋混凝土受弯构件在内力重分布过程中，构件变形及塑性铰区各截面的裂缝开展都较大。为满足使用要求，通常的做法是控制内力重分布的幅度，使构件在使用荷载下不发生塑性内力重分布。

3．影响内力重分布的因素

　　若超静定结构中各塑性铰都具有足够的转动能力，保证结构加载后能按照预期的顺序，先后形成足够数目的塑性铰，以致最后形成机动体系而破坏，这种情况称为充分的内力重分布。但是，塑性铰的转动能力是有限的，受到截面配筋率和材料极限应变值的限制。如果完

成充分的内力重分布过程所需要的转角超过了塑性铰的转动能力，则在尚未形成预期的破坏机构以前，早出现的塑性铰已经因为受压区混凝土达到极限压应变值而"过早"被压碎，这种情况属于不充分的内力重分布，在设计中应予避免。另外，如果在形成破坏机构之前，截面因受剪承载力不足而破坏，内力也不可能充分地重分布。此外，在设计中除了要考虑承载能力极限状态外，还要考虑正常使用极限状态。如果支座处的塑性铰转动角度过大而导致支座处裂缝开展过宽，跨中挠度增大很多，造成构件刚度的过分降低，在实际工程中也是不允许的。因此，实用上对塑性铰的转动量应予以控制。

由上述可见，内力重分布需考虑以下 3 个因素：

（1）塑性铰转动能力。

塑性铰的转动能力，主要取决于纵筋的配筋率 ρ（或以截面的相对受压区高度 ξ 表示），其次是钢筋的种类及混凝土的极限压应变。随 ξ 的增大，塑性铰的转动能力急剧降低；ξ 较低时主要取决于钢筋的流幅，ξ 较高时主要取决于混凝土的极限压应变。

（2）斜截面承载能力。

要想实现预期的内力重分布，其前提条件之一是在破坏机构形成前，不能发生因斜截面承载力不足而引起的破坏，否则将阻碍内力重分布继续进行。国内外的试验研究表明，支座出现塑性铰后，连续梁的受剪承载力比不出现塑性铰的梁低。加载过程中，连续梁首先在中间支座和跨内出现垂直裂缝，随后在梁的中间支座两侧出现斜裂缝。一些破坏前支座已形成塑性铰的梁，在中间支座两侧的剪跨段，纵筋和混凝土之间的粘结有明显破坏，有的甚至还出现沿纵筋的劈裂裂缝；剪跨比越小，这种现象越明显。试验量测表明，随着荷载增加，梁上反弯点两侧原处于受压工作状态的钢筋，将会由受压状态变为受拉，这种因纵筋和混凝土之间粘结破坏所导致的应力重分布，使纵向钢筋出现了拉力增量，而此拉力增量只能依靠增加梁截面剪压区的混凝土压力来维持平衡，这样，势必会降低梁的受剪承载力。

因此，为了保证连续梁内力重分布能充分发展，结构构件必须要有足够的受剪承载能力。为此，通常采用塑性铰区箍筋加密的办法，这样既提高了抗剪强度，又改善了混凝土的变形性能。

（3）正常使用条件。

如果最初出现的塑性铰转动幅度过大，塑性铰附近截面的裂缝就可能开展过宽，结构的挠度过大，不能满足正常使用的要求。因此，在考虑内力重分布时，应对塑性铰的允许转动量予以控制，也就是要控制内力重分布的幅度。一般要求在正常使用阶段不应出现塑性铰。

4．按塑性内力重分布计算的基本原则

塑性铰有足够的转动能力，是超静定结构进行塑性内力重分布计算的前提，这就要求结构材料有良好的塑性性能。同时，考虑使用要求，塑性铰的塑性变形又不宜过大，否则将引起结构过大的变形和裂缝宽度，亦即内力重分布的幅度应有所限制。为此，根据理论分析及试验结果，按考虑塑性内力重分布进行内力计算时，应满足以下原则：

（1）为了保证塑性铰具有足够的转动能力，避免受压区混凝土"过早"被压坏，以实现完全的内力重分布，必须控制受力钢筋用量，即截面的相对受压区高度 ξ 应满足：

$$0.1 \leqslant \xi \leqslant 0.35 \qquad (3.13)$$

同时宜采用 HPB300 级、HRB335 级、HRB400 级热轧钢筋；混凝土强度等级宜为 C20～C45。

（2）为了避免塑性铰出现过早，转动幅度过大，致使梁的裂缝过宽及变形过大，应控制支座截面的弯矩调整幅度，一般宜满足弯矩调幅系数 β：

$$\beta = \frac{M_e - M_a}{M_e} \leqslant 0.2 \qquad (3.14)$$

式中：M_e 为按弹性理论算得的弯矩值；M_a 为调幅后的弯矩值。

（3）为了尽可能地节省钢材，应使调整后的跨中截面弯矩尽量接近原包络图的弯矩值，以及使调幅后仍能满足平衡条件，则梁板的跨中截面弯矩值应取按弹性理论方法计算的弯矩包络图所示的弯矩值和按下式计算值（图 3.28）中的较大者。

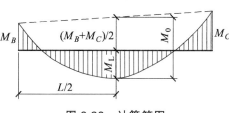

$$M = M_0 - \frac{1}{2}(M_B + M_C) \qquad (3.15)$$

式中：M_0 为按简支梁计算的跨中弯矩设计值；M_B、M_C 为连续梁板的左、右支座截面调幅后的弯矩设计值。

图 3.28　计算简图

（4）调幅后，支座及跨中控制截面的弯矩值均不宜小于按相应简支梁计算的跨中弯矩 M_0 的 1/3，即：

$$M \geqslant \frac{1}{24}(g+q)L^2 \qquad (3.16)$$

5. 考虑塑性内力重分布的计算方法

1）计算方法

考虑塑性内力重分布的计算方法通常有极限平衡法、塑性铰法、弯矩调幅法等，其中弯矩调幅法在工程设计中最常用，简称调幅法。

为了计算方便，对工程中常用的承受相等均布荷载的等跨连续板和次梁，采用调幅法导得其内力计算公式系数，设计时可直接查得，按下列公式计算内力：

弯　矩

$$M = \alpha_m (g+q) l_0^2 \qquad (3.17)$$

剪　力

$$V = \alpha_v (g+q) l_n \qquad (3.18)$$

式中：α_m、α_v 为考虑塑性内力重分布的弯矩和剪力计算系数，按表 3.8、3.9 采用；g、q 为均布恒载和活荷载设计值；l_0 为计算跨度，按表 3.7 规定取值；l_n 为净跨。

表3.8　连续梁和连续单向板的弯矩计算系数 α_m

支承情况		截面位置					
		端支座	边跨跨中	离端第二支座	离端第二跨跨中	中间支座	中间跨跨中
		A	1	B	Ⅰ	C	Ⅱ
梁、板搁支在墙上		0	$\dfrac{1}{11}$	二跨连续： $-\dfrac{1}{10}$ 三跨以上连续： $-\dfrac{1}{11}$	$\dfrac{1}{16}$	$-\dfrac{1}{14}$	$\dfrac{1}{16}$
板	与梁整浇连接	$-\dfrac{1}{16}$	$\dfrac{1}{14}$				
梁		$-\dfrac{1}{24}$					
梁与柱整浇连接		$-\dfrac{1}{16}$	$\dfrac{1}{14}$				

表3.9　连续梁剪力计算系数 α_v

支承情况	截面位置				
	端支座内侧	离端第二支座		中间支座	
	$\alpha_v^r A$	$\alpha_v^l B$	$\alpha_v^r B$	$\alpha_v^l C$	$\alpha_v^r C$
搁支在墙上	0.45	0.60	0.55	0.55	0.55
与梁或柱整浇连接	0.50	0.55			

对相邻跨度差小于10%的不等跨连续板和次梁，仍可用（3.17）、（3.18）式计算，但支座弯矩应按相邻较大的计算跨度计算。

需要说明，表3.8、3.9中的数值都是按调幅法的原则计算确定的。计算过程中假定 $q/g = 3$，所以，$g+q = q/3+q = 4q/3$，$g+q = g+3g = 4g$，调幅幅度取20%。现以五跨连续次梁第一内支座弯矩 M_B 和第一跨跨中弯矩 M_1 的弯矩系数为例，说明如下：

$$g' = g + \frac{1}{4}q = \frac{1}{4}(g+q) + \frac{3}{16}(g+q) = 0.437\,5(g+q)$$

$$q' = \frac{3}{4}(g+q) = \frac{9}{16}(g+q) = 0.562\,5(g+q)$$

（1）求 $M_{B\,max}$ 时的活载应布置在一、二、四跨，按弹性理论可求得

$$M_{B\,max} = -0.105g'l_0^2 - 0.119q'l_0^2 = -0.112\,9(g+q)l_0^2$$

考虑调幅20%，则

$$M_B = 0.8M_{B\,max} = -0.090\,3(g+q)l_0^2 \approx -\frac{1}{11}(g+q)l_0^2$$

实际取　　　　　　　$$M_B = -\frac{1}{11}(g+q)l_0^2$$

$M_B = -\dfrac{1}{11}(g+q)l_0^2$ 确定后，根据荷载布置及支座反力，可求出跨中最大弯矩位置距边支

座 $0.409 l_0$ ，其值为

$$M_1 = \frac{1}{2} \times (0.409 l_0)^2 (g+q) = 0.083\ 6(g+q)l_0^2 = \frac{1}{11.96}(g+p)l_0^2$$

（2）求 M_{1max} 时活载布置应布置在一、三、五跨，按弹性计算方法求得

$$M_{1max} = 0.078 g' l_0^2 + 0.1 q' l_0^2 = 0.090\ 4(g+q)l_0^2 = \frac{1}{11.06}(g+p)l^2 > M_1$$

实际设计时，为了方便， $M_1 = \frac{1}{11}(g+p)l_0^2$ 。

其他截面的内力系数可同样求得。

2）弯矩调幅的目的

工程中多在配筋布置较多的支座截面进行调幅，以降低该截面的配筋，主要目的：

（1）利用结构内力重分布的特性，合理调整支座钢筋布置，克服支座钢筋拥挤现象，简化配筋构造，方便混凝土浇捣，从而提高施工效率和质量。

（2）使构件截面拉、压区配筋相差不致过大，使钢筋布置规则，并提高构件截面延性。

（3）根据结构内力重分布规律，在一定条件和范围内可以人为控制结构中的弯矩分布，从而使设计得以简化。

（4）可以使结构在破坏时有较多的截面达到其承载力，从而充分发挥结构的潜力，以节约钢材。

3）按塑性内力重分布方法计算的适用范围

按塑性理论方法计算，较之按弹性理论计算能节省材料，改善配筋，计算结果更符合结构的实际工作情况，故对于结构体系布置规则的连续梁、板的承载力计算宜尽量采用这种计算方法。但它不可避免地导致构件在使用阶段的裂缝过宽及变形较大，因此并不是在任何情况下都能适用。

在下列情况下，不得采用塑性内力重分布的设计方法：

（1）直接承受动力荷载的混凝土结构。

（2）要求不出现裂缝或对裂缝开展控制较严的混凝土结构。

（3）处于严重侵蚀性环境中的混凝土结构。

（4）配置延性较差的受力钢筋的混凝土结构。

（5）处于重要部位，而又要求有较大强度储备的构件，如肋梁楼盖中的主梁。

（6）预应力混凝土结构和二次受力的叠合结构。

3.2.5　单向板肋梁楼盖的截面设计与构造

按弹性理论或按考虑塑性内力重分布方法，求得梁、板控制截面内力后，便可进行截面配筋设计和构造设计。在一般情况下，如果再满足了构造要求，可不进行变形和裂缝验算。下面仅介绍整体式连续板、梁的截面计算及构造要求。

1. 单向板的设计要点与配筋构造

1）单向板的设计要点

（1）按塑性内力重分布的方法计算，钢筋混凝土板的负弯矩调幅幅度不宜大于 20%。在求得单向板的内力后，可根据正截面抗弯承载力计算，确定各跨跨中及各支座截面的配筋。

板在一般情况下均能满足斜截面受剪承载力要求，设计时可不进行受剪承载力计算。《混凝土结构设计规范》规定，不配置箍筋和弯起钢筋的一般板类受弯构件，其斜截面受剪承载力应符合下列规定：

$$V \leqslant 0.7\beta_h f_t b h_0 \tag{3.19}$$

式中：$\beta_h = (800/h_0)^{1/4}$ 为截面高度影响系数：当 h_0 小于 800 mm 时，取 800 mm；当 h_0 大于 2 000 mm 时，取 2 000 mm。

（2）连续板跨中由于正弯矩作用截面下部开裂，支座由于负弯矩作用截面上部开裂，这就使板的实际轴线成拱形（图 3.29）。如果板的四周存在有足够刚度的边梁，即板的支座不能自由移动时，则作用于板上的一部分荷载将通过拱的作用直接传给边梁，而使板的最终弯矩降低。为考虑这一有利作用，设计标准规定，对四周与梁整体连接的单向板中间跨的跨中截面及中间支座截面，计算弯矩可减少 20%。但对于边跨的跨中截面及离板端第二支座截面，由于边梁侧向刚度不大（或无边梁）难以提供水平推力，因此计算弯矩不予降低。

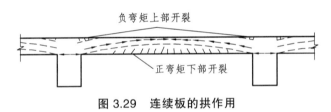

图 3.29　连续板的拱作用

2）单向板的配筋构造

（1）板中受力钢筋。

① 板中受力钢筋通常用 HPB300 级、HRB335 级。受力筋有板面负钢筋和板底正钢筋两种。

② 钢筋的直径常为 6、8 和 10 mm 等，为了防止施工时负钢筋过细而被踩下，板面负钢筋直径一般不小于 8 mm。

③ 钢筋的间距不宜小于 70 mm。当板厚 $h \leqslant 150$ mm 时，间距不宜大于 200 mm；$h > 150$ mm 时，间距不应大于 $1.5h$，且不宜大于 250 mm。

④ 连续板内受力钢筋的配筋方式有弯起式和分离式两种，分别如图 3.30（a）、（b）所示。

采用弯起式配筋，可先按跨中弯矩确定其钢筋的直径和间距，然后在支座附近按需要弯起 1/2 ~ 2/3，如果弯起的钢筋达不到计算的负筋面积时，再另加直的负钢筋，并使钢筋间距尽量相同。弯起式配筋中钢筋锚固较好，可节约钢材，但施工较复杂。

采用分离式配筋的多跨板，板底钢筋宜全部伸入支座；支座负弯矩钢筋向跨内延伸的长度应根据负弯矩图确定，并满足钢筋锚固的要求。简支板或连续板下部纵向受力钢筋伸入支座的锚固长度不应小于钢筋直径的 5 倍，且宜伸过支座中心线。当连续板内温度、收缩应力较大时，伸入支座的长度宜适当增加。

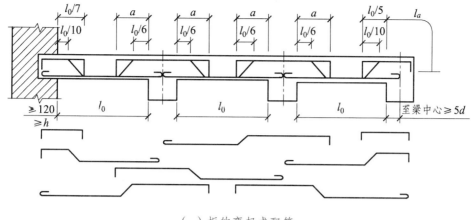

（a）板的弯起式配筋

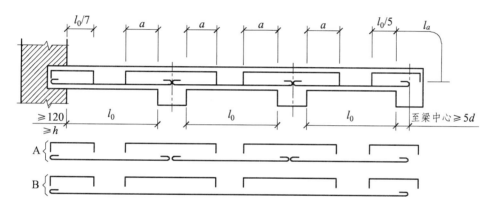

（b）板的分离式配筋

图 3.30　板的配筋方式

　　分离式配筋的钢筋锚固稍差，耗钢量略高，但设计和施工都比较方便，是目前最常用的配筋方式。当板厚超过 120 mm 且承受的动荷载较大时，不宜采用分离式配筋。

　　⑤ 伸入支座的受力钢筋间距不应大于 400 mm，且截面面积不得小于受力钢筋截面面积的 1/3。当端支座是简支时，板下部钢筋伸入支座的长度不应小于 5d。

　　⑥ 为了施工方便，选择板内正、负钢筋时，一般宜使它们的间距相同而直径不同，但直径不宜多于两种。

　　⑦ 选用的钢筋实际面积和计算面积不宜相差 ±5%，有困难时也不宜超过+10%，以保证安全并节约钢材。

　　⑧ 连续单向板内受力钢筋的弯起和截断一般可按图 3.30 所示确定。

　　图 3.30 中 a 的取值为：当板上均布活荷载 q 与均布恒荷载 g 的比值 $q/g \leqslant 3$ 时，$a = (1/4)l_n$；当 $q/g > 3$ 时，$a = (1/3)l_n$。l_n 为板的净跨长。

　　当连续板的相邻跨度之差超过 20%，或各跨荷载相差很大时，则钢筋的弯起点和截断点应按弯矩包络图确定。

　　对板类受弯构件（不包括悬臂板）的受拉钢筋，当采用强度等级 400 MPa、500 MPa 的钢筋时，其最小配筋百分率应允许采用 0.20 和 $45f_t/f_y$ 中的较大值。

（2）板中构造钢筋。

连续单向板除了按计算配置受力钢筋外，通常还应布置以下 6 种构造钢筋。

① 分布钢筋。

分布钢筋与受力钢筋垂直，平行于单向板的长跨，放在正、负受力钢筋的内侧。单位宽度上的配筋不宜小于单位宽度上的受力钢筋的 15%，且配筋率不宜小于 0.15%；分布钢筋直径不宜小于 6 mm，间距不宜大于 250 mm；当集中荷载较大时，分布钢筋的截面面积尚应增加，且间距不宜大于 200 mm。分布钢筋的主要作用是：a.浇筑混凝土时固定受力钢筋的位置；b.承受混凝土收缩和温度变化产生的内力；c.承受并分散板上局部荷载产生的内力；d.承受在计算中未考虑的其他因素所产生的内力，如承受板沿长跨实际的弯矩。

② 板面构造钢筋。

按简支边或非受力边设计的现浇混凝土板，当与混凝土梁、墙整体浇筑嵌固在墙体内时，应设置板面构造钢筋，并符合下列要求：

a. 钢筋直径不宜小于 8 mm，间距不宜大于 200 mm，且单位宽度内的配筋面积不宜小于跨中相应方向板底钢筋截面面积的 1/3。与混凝土梁、混凝土墙整体浇筑单向板的非受力方向，钢筋截面面积尚不宜小于受力钢筋方向板跨中板底钢筋截面面积的 1/3，如图 3.31 所示。

b. 钢筋从混凝土梁边、柱边、墙边伸入板内的长度不宜小于 $l_0/4$，砌体墙支座处钢筋伸入板边的长度不宜小于 $l_0/7$，其中计算跨度对 l_0 对单向板按受力方向考虑，对双向板按短边方向考虑，如图 3.32 所示。

c. 在楼板角部，宜两个方向正交、斜向平行或放射状布置附加钢筋。

d. 钢筋应在梁内、墙内或柱内可靠锚固。

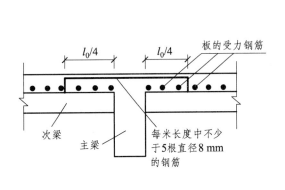

图 3.31 与主梁垂直的附加板面负筋

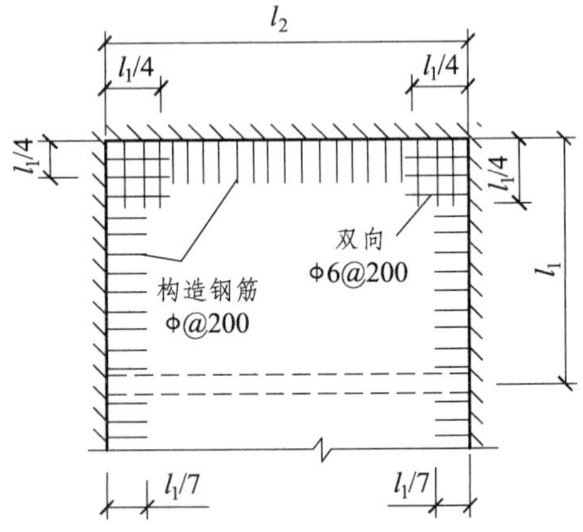

图 3.32 板嵌固在承重墙内时板的上部构造钢筋

③ 防裂构造钢筋。

在温度、收缩应力较大的现浇板区域，应在板的表面双向配置防裂构造钢筋。配筋率均不宜小于 0.1%，间距不宜大于 200 mm。防裂构造钢筋可利用原有钢筋贯通布置，也可另行设置钢筋并与原有钢筋按受拉钢筋的要求搭接或在周边构造件中锚固。

楼板平面的瓶颈部位宜适当增加板厚和配筋。沿板的洞边、凹角部位宜加配防裂构造钢筋，并采取可靠的锚固措施。

④ 板内开洞时在孔洞边加设的附加钢筋。

当孔洞直径或边长 ≤ 300 mm 时，板内钢筋绕过洞口，不必切断；当孔洞直径或边长小于 1 000 mm 而大于 300 mm 时，应在洞边每侧配置加强筋，其面积不小于被切断的受力钢筋面积之半，且不小于 2Φ8 ~ 2Φ12；当孔洞直径或边长大于 1 000 mm 时，宜在洞边设置小梁。

⑤ 厚板的构造钢筋网片。

混凝土厚板及卧置于地基上的基础筏板，当板的厚度大于 2 m 时，除应沿板的上、下表面布置纵、横方向钢筋外，尚宜在板厚不超过 1 m 范围内设置与板面平行的构造钢筋网片，网片钢筋直径不宜小于 12 mm，纵横方向的间距不宜大于 300 mm。

⑥ 无支承边端部 U 形构造钢筋。

当混凝土板的厚度不小于 150 mm 时，对板的无支承边的端部，宜设置 U 形构造钢筋并与板顶、板底的钢筋搭接，搭接长度不宜小于 U 形构造钢筋直径的 15 倍且不宜小于 200 mm；也可采用板面、板底钢筋分别向下、上弯折搭接的形式。

2．梁的设计要点与配筋构造

1）梁的设计要点

（1）内力计算方法

次梁通常按考虑塑性内力重分布方法计算内力，钢筋混凝土梁支座或节点边缘截面的负弯矩调幅系数不宜大于 25%，弯矩调整后的梁端截面相对受压区高度不应超过 0.35，且不宜小于 0.10；主梁一般不考虑内力重分布，而按弹性理论的方法进行内力计算。

（2）截面形式

当梁与板整浇在一起时，梁跨中截面的上部翼缘处在受压区，故应按 T 或倒 L 形截面受弯构件进行配筋，其翼缘计算宽度 b_f' 按表 3.10 的最小值确定；支座截面的上部翼缘处在受拉区，此时不考虑翼缘的影响，因此应按矩形截面考虑，如图 3.33 所示。

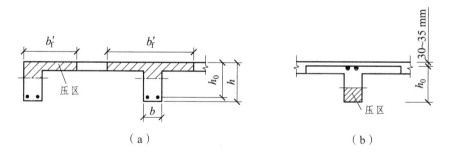

图 3.33　梁的截面形式选用

表 3.10　受弯构件受压区有效翼缘计算宽度 b_f'

序号	情　况	T 形、I 形截面		倒 L 形截面
		肋形梁（板）	独立梁	肋形梁（板）
1	按计算跨度 l_0 考虑	$l_0/3$	$l_0/3$	$l_0/6$
2	按梁（肋）净距 s_n 考虑	$b+s_n$	—	$b+s_n/2$
3	按翼缘高度 h_f' 考虑	$b+12h_f'$	b	$b+5h_f'$

注：表中 b 为梁的腹板厚度。

（3）截面有效高度

在主梁支座附近，板、次梁、主筋的顶部钢筋相互重叠（如图 3.34），使主梁的截面有效高度降低。这时主梁的有效高度取值为：一排钢筋时 $h_0 = h - (50 \sim 60)$，两排钢筋时 $h_0 = h - (70 \sim 80)$。在次梁与次梁等高并相交处，对次梁承受正弯矩而言也有这种情况。

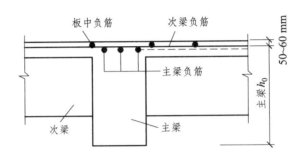

图 3.34　主梁支座处的截面有效高度

2）梁的配筋构造

（1）配　筋

梁的纵向受力普通钢筋应采用 HRB400、HRB500、HRBF400、HRBF500 钢筋。箍筋宜采用 HRB400、HRBF400、HPB300、HRB500、HRBF500 钢筋，也可采用 HRB335、HRBF335 钢筋。

梁的配筋方式有连续式配筋和分离式配筋两种，连续式配筋又称弯起式配筋，梁中设有弯起钢筋。目前工程中为了施工方便，多采用分离式配筋。而弯起式钢筋设置相对经济，在楼面有较大振动荷载或跨度较大时一般考虑设弯起钢筋。

（2）纵向受力钢筋的构造要求

伸入梁支座范围内的钢筋不应少于 2 根。梁高不小于 300 mm 时，钢筋直径不应小于 10 mm；梁高小于 300 mm 时，钢筋直径不应小于 8 mm。

梁上部钢筋水平方向的净间距不应小于 30 mm 和 1.5d；梁下部钢筋水平方向的净间距不应小于 25 mm 和 d。当下部钢筋多于 2 层时，2 层以上钢筋水平方向的中距应比下面 2 层的中距增大 1 倍；各层钢筋之间的净间距不应小于 25 mm 和 d。d 为钢筋的最大直径。

在梁的配筋密集区域宜采用并筋的配筋方式。

（3）纵向受力钢筋的弯起和截断

钢筋混凝土梁支座截面负弯矩纵向受拉钢筋不宜在受拉区截断，当需要截断时，应符合以下规定：

当 V 不大于 $0.7f_tbh_0$ 时，应延伸至按正截面受弯承载力计算不需要该钢筋的截面以外不小于 $20d$ 处截断，且从该钢筋强度充分利用截面伸出的长度不应小于 $1.2l_a$；当 V 大于 $0.7f_tbh_0$ 时，应延伸至按正截面受弯承载力计算不需要该钢筋的截面以外不小于 h_0 且不小于 $20d$ 处截断，且从该钢筋强度充分利用截面伸出的长度不应小于 $1.2l_a$ 与 h_0 之和；若按上述方法确定的截断点仍位于负弯矩对应的受拉区内，则应延伸至按正截面受弯承载力计算不需要该钢筋的截面以外不小于 $1.3h_0$ 且不小于 $20d$ 处截断，且从该钢筋强度充分利用截面伸出的长度不应小于 $1.2l_a$ 与 $1.7h_0$ 之和。

当采用弯起钢筋时，弯起角宜取 45° 或 60°；在弯起终点外应留有平行于梁轴线方向的锚固长度，且在受拉区不应小于 20d，在受压区不应小于 10d，d 为弯起钢筋的直径；梁底层钢筋中的角部钢筋不应弯起，顶层钢筋中的角部钢筋不应弯下。

在混凝土梁的受拉区中，弯起钢筋的弯起点可设在按正截面受弯承载力计算不需要该钢筋的截面之前，但弯起钢筋与梁中心线的交点应位于不需要该钢筋的截面之外；同时弯起点与按计算充分利用该钢筋的截面之间的距离不应小于 $h_0/2$。

当按计算需要设置弯起钢筋时，从支座起前一排的弯起点至后一排的弯终点的距离不应大于按计算配箍时的箍筋间距，弯起钢筋不得采用浮筋。

主、次梁受力钢筋的弯起和截断原则上应按内力包络图确定。但对等跨或跨度相差不超过 20% 的次梁，当均布的活荷载与恒载之比 $p/g \leqslant 3$ 时，可按如图 3.35 所示的构造要求布置钢筋。该图中的钢筋弯起和截断位置是由工程经验确定的。

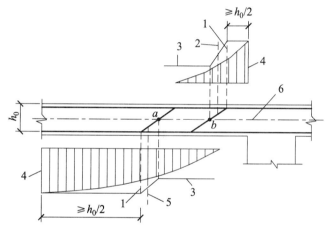

1—受拉区的弯起点；2—按计算不需要钢筋 "b" 的截面；
3—正截面受弯承载力图；4—按计算充分利用钢筋 "a"
或 "b" 强度的截面；5—按计算不需要钢筋
"a" 的截面；6—梁中心线。

（a）弯起钢筋弯起点与弯矩图的关系

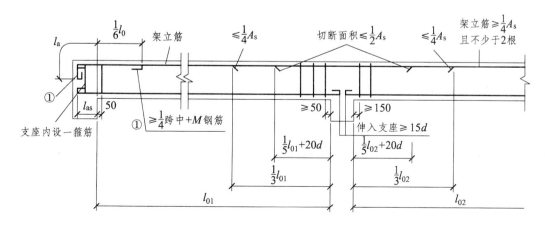

（b）无弯起钢筋时

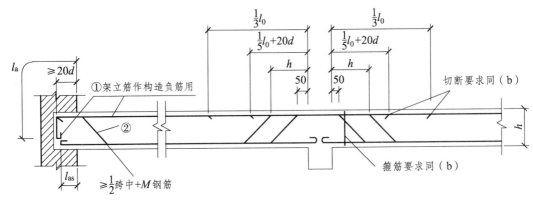

（c）设弯起钢筋时

图 3.35　受力钢筋弯起和截断位置

（4）纵向受力钢筋的锚固

钢筋混凝土简支梁和连续梁简支端的下部纵向受力钢筋，从支座边缘算起伸入支座内的锚固长度应符合下列规定：

当 V 不大于 $0.7f_tbh_0$ 时，不小于 $5d$；当 V 大于 $0.7f_tbh_0$ 时，对带肋钢筋不小于 $12d$，对光圆钢筋不小于 $15d$，d 为钢筋的最大直径。如纵向受力钢筋伸入梁支座范围内锚固长度不符合上述要求时，可采取弯钩或机械锚固措施。

混凝土强度等级为 C25 及以下的简支梁或连续梁的简支端，当距座边 $1.5h$ 范围内作用有集中荷载且当 V 大于 $0.7f_tbh_0$ 时，对带肋钢筋宜采用有效的锚固措施，或取锚固长度不小于 $15d$，d 为锚固钢筋的直径。

（5）梁的上部纵向构造钢筋

梁的上部纵向构造钢筋应符合下列要求：

当梁端按简支计算但实际受到部分约束时，应在支座区上部设置纵向构造钢筋。其截面面积不应小于梁跨中下部纵向受力钢筋计算所需截面面积的 1/4，且不应少于 2 根。该纵向构造钢筋自支座边缘向跨内伸出的长度不应小于 $l_0/5$，l_0 为梁的计算跨度。

对架立钢筋，当梁的跨度小于 4 m 时，直径不宜小于 8 mm；当梁的跨度为 4～6 m 时，直径不应小于 10 mm；当梁的跨度大于 6 m 时，直径不宜小于 12 mm。

（6）梁的侧面纵向构造钢筋

梁的腹板高度 h_w 不小于 450 mm 时，在梁的两个侧面应沿高度配置纵向构造钢筋。每侧纵向构造钢筋（不包括梁上、下部受力钢筋和架立钢筋）的间距不宜大于 200 mm，截面面积不应小于腹板截面面积（bh_w）的 0.1%，但当梁宽较大时可适当放宽。

薄腹梁或需作疲劳验算的钢筋混凝土梁,应在下部 1/2 梁高的腹板内沿两侧配置直径 8～14 mm 的纵向构造钢筋，其间距为 100～150 mm 并按下密上疏的方式布置。在上部 1/2 梁高的腹板内，纵向构造钢筋可按上条的规定配置。

（7）箍　筋

箍筋的作用：① 参与抗剪；② 作为纵筋的侧向支撑并与纵筋形成空间骨架；③ 约束混凝土，改善其受力性能；④ 固定纵向钢筋位置。

梁中箍筋的配置应符合下列规定：

按承载力计算不需要箍筋的梁，当截面高度大于 300 mm 时，应沿梁全长设置构造箍筋；当截面高度 $h = 150 \sim 300$ mm 时，可仅在构件端部 $l_0/4$ 范围内设置构造箍筋，l_0 为跨度。但当在构件中部 $l_0/2$ 范围内有集中荷载作用时，则应沿梁全长设置箍筋。当截面高度小于 150 mm 时，可以不设置箍筋。

截面高度大于 800 mm 的梁，箍筋直径不宜小于 8 mm；截面高度不大于 800 mm 的梁，箍筋直径不宜小于 6 mm。梁中配有计算需要的纵向受压钢筋时，箍筋直径还不应小于 $d/4$，d 为受压钢筋最大直径。

支承在砌体结构上的钢筋混凝土独立梁，在纵向受力钢筋的锚固长度范围内应配置不少于 2 个箍筋，其直径不宜小于 $d/4$，d 为纵向受力钢筋的最大直径；间距不宜大于 $10d$，当采用机械锚固措施时箍筋间距尚不宜大于 $5d$，d 为纵向受力钢筋的最小直径。梁中箍筋的最大间距宜符合表 3.11 的规定。

表 3.11　梁中箍筋的最大间距　　　　　　　　　　　　　　　　　单位：mm

梁高 h	$V > 0.7f_t bh_0$	$V \leqslant 0.7f_t bh_0$	梁高 h	$V > 0.7f_t bh_0$	$V \leqslant 0.7f_t bh_0$
$150 < h \leqslant 300$	150	200	$500 < h \leqslant 800$	250	350
$300 < h \leqslant 500$	200	300	$h > 800$	300	400

当 V 大于 $0.7f_t bh_0$ 时，箍筋的配筋率 ρ_{sv} 尚不应小于 $0.24f_t/f_{yv}$。当梁中配有按计算需要的纵向受压钢筋时，箍筋应符合以下规定：

箍筋应做成封闭式，且弯钩直线段长度不应小于 $5d$，d 为箍筋直径。箍筋的间距不应大于 $15d$，并不应大于 400 mm。当一层内的纵向受压钢筋多于 5 根且直径大于 18 mm 时，箍筋间距不应大于 $10d$，d 为受压钢筋的最小直径。

当梁的宽度大于 400 mm 且一层内的纵向受压钢筋多于 3 根时，或当梁的宽度不大于 400 mm 但一层内的纵向受压钢筋多于 4 根时，应设置复合箍筋。

当对次梁等构件考虑塑性内力重分布时，为了防止结构在实现弯矩调整所要求的内力重分布前发生剪切破坏，应在可能产生塑性铰的区段适当增加数量。即按斜截面受剪承载力计算所需的箍筋数量应大 20%。增大的区段为：当为集中荷载时，取支座边至最近一个集中荷载之间的区段；当为均布荷载时，取距支座边为 $1.05h_0$ 的区段，此处 h_0 为梁截面的有效高度。此外，为了减少构件发生斜拉破坏的可能性，配置的受剪箍筋配筋率的下限值应满足下列要求：

$$\rho_{sv} = \frac{n\,A_{sv}}{bs} \geqslant \rho_{sv,\,min} = 0.36\frac{f_t}{f_{yv}} \tag{3.20}$$

（8）局部配筋-附加横向钢筋

《混凝土结构设计规范》（GB 50010—2010）规定：位于梁下部或梁截面高度范围内的集中荷载，应全部由附加横向钢筋承担；附加横向钢筋宜采用箍筋。

在次梁与主梁相交处，次梁顶面在支座负弯矩作用下将产生裂缝［图 3.36（a）］，致使次梁主要通过其支座截面剪压区将集中荷载传给主梁腹部。试验表明，作用在梁截面高度范围内的集中荷载，将产生垂直于梁轴线的局部应力，荷载作用点以上的主梁腹部内为拉应力，以下为压应力。这种效应一般在集中荷载作用点两侧各（0.5 ~ 0.65）梁高范围内逐渐消失。

由于该局部应力产生的主拉应力在梁腹部可能引起斜裂缝，为了防止这种局部破坏的发生，应在主、次梁相交处的主梁内设置附加箍筋或吊筋［图 3.36（b）］，且宜优先采用附加箍筋，附加横向钢筋应布置在长度为 $s = 2h_1 + 3b$ 的范围内。当采用吊筋时，弯起段应伸至梁的上边缘，且末端水平段长度同弯起钢筋要求。

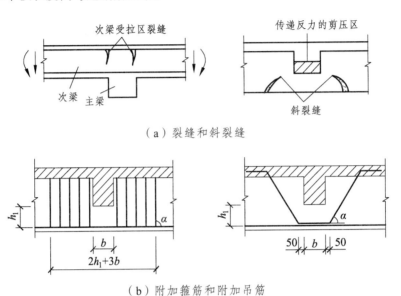

（a）裂缝和斜裂缝

（b）附加箍筋和附加吊筋

图 3.36　裂缝和附加横向钢筋

附加横向钢筋所需要的总截面面积应符合下列规定：

$$A_{sv} \geqslant \frac{F}{f_{yv} \sin \alpha} \tag{3.21}$$

式中：A_{sv} 为承受集中荷载所需的附加横向钢筋总截面面积，当采用吊筋时，A_{sv} 应为左、右弯起段截面面积之和；F 为作用在梁的下部或梁截面高度范围内的集中荷载设计值；α 为附加横向钢筋与梁轴线间的夹角。

折梁的内折角处应增设箍筋，如图 3.37 所示。箍筋应能承受未在压区锚固纵向受拉钢筋的合力，且在任何情况下不应小于全部纵向钢筋合力的 35%。

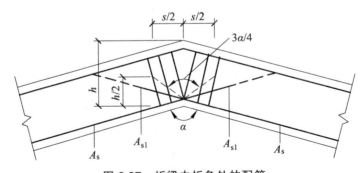

图 3.37　折梁内折角处的配筋

由箍筋承受的纵向受拉钢筋的合力按下列公式计算。

未在受压区锚固的纵向受拉钢筋的合力为：

$$N_{s1} = 2f_y A_{s1} \cos\frac{\alpha}{2} \tag{3.22}$$

全部纵向受拉钢筋合力的 35% 为：

$$N_{s2} = 0.7f_y A_{s1} \cos\frac{\alpha}{2} \tag{3.23}$$

式中：A_s 为全部纵向受拉钢筋的截面面积；A_{s1} 为未在受压区锚固的纵向受拉钢筋的截面面积；α 为构件的内折角。

按上述条件求得的箍筋应设置在长度 s 等于 $h\tan(3\alpha/8)$ 的范围内。

3.2.6 单向板肋梁楼盖设计例题

【例 3.4】 某工业建筑多层仓库，楼盖平面如图 3.38 所示。楼层高 4.5 m，采用钢筋混凝土整浇楼盖，试设计。

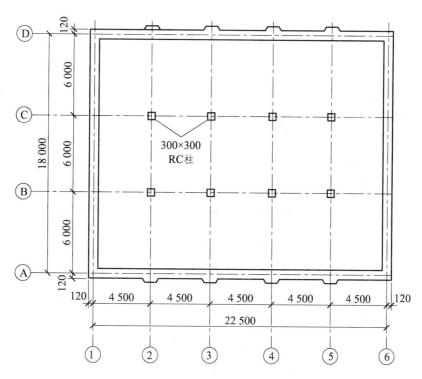

图 3.38 某工业建筑多层仓库楼盖平面

一、设计资料

1. 楼面做法

20 mm 水泥砂浆面层；钢筋混凝土现浇板；12 mm 纸筋石灰抹底。

2. 楼面活荷载

楼面均布活荷载标准值：8.0 kN/m²。

3. 材　料

混凝土强度等级 C25；梁内受力主钢筋为 HRB335 级钢筋，箍筋采用 HPB300 级钢筋，板筋采用 HPB300 级钢筋。

二、楼面梁格布置及截面尺寸

1. 梁格布置

梁格布置见图 3.39。主梁、次梁的跨度分别为 6 m 和 4.5 m，板的跨度为 2 m。

主梁沿横向布置，每跨主梁均承受两个次梁传来的集中力，梁的弯矩图较平缓，对梁工作有利。

由图 3.39 可见，板区格长边与短边之比 4.5/2 = 2.25>2.0 但<3.0，按规范规定宜按双向板计算，本例题按单向板计算，并采取必要的构造措施。

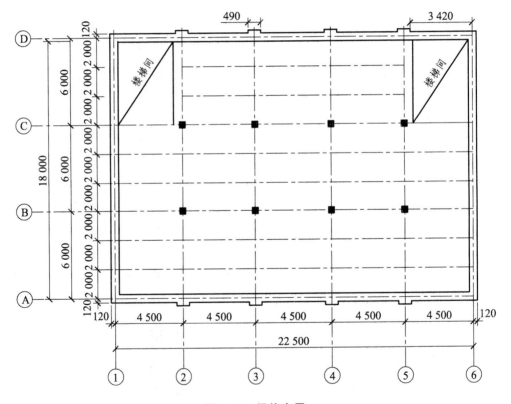

图 3.39　梁格布置

2. 截面尺寸

因结构的自重和计算跨度都和板的厚度、梁的截面尺寸有关，故应先确定板、梁的截面尺寸。

（1）板：按刚度要求，连续板的厚度取

$$h > \frac{l}{30} = \frac{2\,000}{30} = 67 \text{（mm）}$$

工业建筑楼板的最小厚度为 70 mm，本例考虑楼盖活荷载较大，故取 $h = 80$ mm。

（2）次梁：截面高 $h = \left(\frac{1}{18} \sim \frac{1}{12}\right) l = \left(\frac{1}{18} \sim \frac{1}{12}\right) \times 4\,500 = 250 \sim 375$ mm，取 $h = 400$ mm

截面宽 $b = 200$ mm

（3）主梁：截面高 $h = \left(\frac{1}{14} \sim \frac{1}{8}\right) l = \left(\frac{1}{14} \sim \frac{1}{8}\right) \times 6\,000 = 430 \sim 750$ mm，取 $h = 600$ mm

截面宽 $b = 250$ mm

三、板的设计

按考虑内力重分布方法进行。

1. 荷载计算（表 3.12）

表 3.12 板的荷载计算

荷 载 种 类		荷载标准值 / (kN/m^2)
永 久 荷 载	20 mm 水泥浆面层	$20 \times 0.02 = 0.4$
	80 mm 钢筋混凝土板	$25 \times 0.08 = 2.0$
	12 mm 抹底	$16 \times 0.012 = 0.192$
	小 计	2.592（取 2.6）
可 变 荷 载	均布活荷载	8.0

楼面均布活荷载因标准值大于 4.0 kN/m^2，故荷载分项系数 $\gamma_G = 1.3$，则 1m 宽板带上的荷载：

由可变荷载效应控制的组合 $g+q = (1.2 \times 2.6 + 1.3 \times 8.0) \times 1 = 13.52$（kN/m）

由永久荷载效应控制的组合 $g+q = (1.35 \times 2.6 + 0.7 \times 1.3 \times 8.0) \times 1 = 10.79$（kN/m）

可见，对板而言，由可变荷载效应控制的组合所得荷载设计值较大，所以板内力计算时取 $g+q = 13.52$（kN/m）。

2. 计算简图

计算跨度：因次梁截面为 200 mm × 400 mm，则

边　跨　　$l_{01} = l_n + \frac{h}{2} = \left(2\,000 - 120 - \frac{200}{2}\right) + \frac{80}{2} = 1\,820$（mm）

中　跨　　$l_{02} = l_n = 2\,000 - 200 = 1\,800$（mm）

因 l_{01} 与 l_{02} 相差极小，故可按等跨计算，且近似取计算跨度 $l_0 = 1\,800$ mm，如图 3.40。

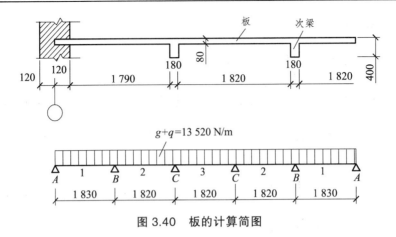

图 3.40 板的计算简图

3. 弯矩设计值

$$M_1 = \frac{1}{11}(g+q)l_0^2 = \frac{1}{11}\times13.52\times1.82^2 = 4.071\ (\text{kN}\cdot\text{m})$$

$$M_B = -\frac{1}{11}(g+q)l_0^2 = -\frac{1}{11}\times13.52\times1.82^2 = -4.071\ (\text{kN}\cdot\text{m})$$

$$M_2 = \frac{1}{16}(g+q)l_0^2 = \frac{1}{16}\times13.52\times1.80^2 = 2.738\ (\text{kN}\cdot\text{m})$$

$$M_C = -\frac{1}{14}(g+q)l_0^2 = -\frac{1}{14}\times13.52\times1.80^2 = -3.129\ (\text{kN}\cdot\text{m})$$

4. 配筋计算

板厚 $h = 80$ mm，$h_0 = 80 - 20 = 60$ mm；C25 混凝土的强度 $f_c = 11.9$ N/mm^2；HPB300 级钢筋 $f_y = 270$ N/mm^2。

轴线②～⑤间的板带，其四周均与梁整体浇筑，故这些板的中间跨及中间支座的弯矩均可减少 20%（表 3.13 中括号内数值），但边跨及第一内支座的弯矩（M_1 及 M_B）不予减少。

最小配筋率为 $\max(0.2, 45f_t/f_y)\% = 0.21\%$，最小配筋面积 $A_{s,\min} = 0.21\%\times1\ 000\times80 = 168$ mm^2。

表 3.13 板的配筋计算

计 算 截 面		1	B	2	C
设计弯矩 /（N·m）		4 071	−4071	2738 （2 738×0.8 = 2 190）	−3 129 （−3129×0.8 = −2503）
$a_s = \dfrac{M}{\alpha_1 f_c b h_0^2}$		0.095	0.095	0.064 （0.051）	0.073 （0.058）
ξ		0.100	0.100	0.066 （0.052）	0.076 （0.060）
$A_s = \dfrac{\alpha_1 f_c b h_0 \xi}{f_y}$ （mm^2）		264.4	264.4	174.5 （137.5）$< A_{s,\min}$	201 （158.7）$< A_{s,\min}$
选配钢筋	轴线 ②～⑤	Φ8@180 $A_s = 279$	Φ8@180 $A_s = 279$	Φ6@160 $A_s = 177$	Φ6@140 $A_s = 202$
	轴线 ①～② ⑤～⑥	Φ8@180 $A_s = 279$ mm^2	Φ8@180 $A_s = 279$ mm^2	Φ6@160 $A_s = 177$ mm^2	Φ6@160 $A_s = 177$ mm^2

（1）选配钢筋。

对轴线②~⑤之间的板带，第一跨和中间跨板底钢筋各为 Φ8@180 和 Φ6@160，此间距小于 200 mm，且大于 70 mm，满足构造要求。对中间支座受力钢筋，为了防止钢筋过细而施工时被踩下，也可取直径为 8 mm，间距 200 mm（$A_s = 251 \text{ mm}^2$）。

（2）受力钢筋的截断。

本设计采用分离式配筋，支座上部受力钢筋的切断距离，当 $q/g = 10\,400/3\,120 = 3.3 > 3$ 时，应取 $a = l_n/3 = 1\,820/3 \approx 600 \text{ mm}$，上部钢筋应用直钩下弯顶住模板以保持其有效高度。

（3）钢筋锚固。

下部受力纵筋伸入支座内的锚固长度 l_a 为：边支座要求大于 5d 及 50 mm，现浇板的支承宽为 120 mm，故实际 $l_a = 120 - 10 = 110 \text{ mm}$，满足要求；中间支座 $l_a = 100 \text{ mm}$（$= b/2$）$> 5d$ 及 50 mm。

（4）构造钢筋。

分布筋用 Φ6@200，板配筋图略。

（5）板截面受剪承载力验算。

板截面受剪承载力可按式（3.19）计算，最大剪力设计值发生在离端第二支座左侧，其值为：

$$V = 0.6 \times 13.52 \times 1.78 = 14.44 \text{（kN）} < 0.7\beta_h f_t b h_0 = 0.7 \times 1 \times 1.27 \times 1\,000 \times 60 = 53.34 \text{（kN）}$$

故满足要求。

四、次梁设计

按考虑内力重分布方法进行。根据本楼盖的实际使用情况，作用于次梁、主梁上的活荷载一律不考虑折减，即取折减系数为 1.0。

1. 荷载计算（表 3.14）

表 3.14　次梁的荷载计算

荷　载　类　型		荷载标准值/（kN/m）
永久荷载 g	板传来的荷载	$2.6 \times 2 = 5.2$
	次梁自重	$25 \times 0.2 \times (0.4 - 0.08) = 1.6$
	梁侧的粉刷荷载	$16 \times 0.012 \times (0.4 - 0.08) \times 2 = 0.123$
	小　计	$g_k = 6.923$
活荷载 q_k		$8 \times 2 = 16$

由可变荷载效应控制的组合：$g + q = 1.2 \times 6.923 + 1.3 \times 16 = 29.11$（kN/m）

由永久荷载效应控制的组合：$g + q = 1.35 \times 6.923 + 0.7 \times 1.3 \times 16 = 23.906$（kN/m）

所以次梁内力计算时取 $g+q = 29.11$（kN/m）。

2. 计算简图

次梁按考虑塑性内力重分布方法计算内力，其计算跨度如下。

次梁在砌体上支承宽度为 240 mm，故：

边　跨

$$l_{01} = 1.025 l_{n1} = 1.025 \left(4\,500 - 120 - \frac{250}{2} \right)$$

$$= 4\,361\,(\text{mm}) < l_{n1} + \frac{a}{2} = 4\,500 - 120 - \frac{250}{2} + \frac{240}{2} = 4\,375\,(\text{mm})$$

中　跨　　$l_{02} = l_n = 4\,500 - 250 = 4\,250$（mm）

跨度相差　$\dfrac{4.361 - 4.25}{4.25} \times 100\% = 2.6\% < 10\%$，故可按等跨计算内力

计算简图如图 3.41。

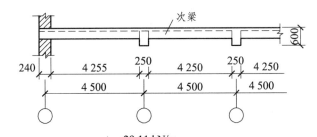

图 3.41　次梁的计算简图

3. 内力计算

设计弯矩：

$$M_1 = -M_B = \frac{1}{11}(g+q)l_{01}^2 = \frac{1}{11} \times 29.11 \times 4.361^2 = 50.33\,(\text{kN} \cdot \text{m})$$

此处支座弯矩应按相邻两跨中较大跨长计算。

$$M_2 = \frac{1}{16}(g+q)l_{02}^2 = \frac{1}{16} \times 29.11 \times 4.25^2 = 32.86\,(\text{kN} \cdot \text{m})$$

$$M_C = -\frac{1}{14}(g+q)l_{02}^2 = -\frac{1}{14} \times 29.11 \times 4.25^2 = -37.56\,(\text{kN} \cdot \text{m})$$

设计剪力：

$$V_A = 0.45(g+q)l_{n1} = 0.45 \times 29.11 \times 4.255 = 55.74\,(\text{kN})$$

$$V_{Bl} = -0.6(g+q)l_{n1} = -0.6 \times 29.11 \times 4.255 = -74.32\,(\text{kN})$$

$$V_{Br} = 0.55(g+q)l_{n2} = 0.55 \times 29.11 \times 4.25 = 68.04\,(\text{kN})$$

$$V_{Cl} = -V_{Cr} = 0.55(g+q)l_{n2} = -0.4 \times 29.11 \times 4.25 = -68.04\,(\text{kN})$$

4. 正截面承载力计算（表 3.15）

（1）次梁的跨内截面应考虑板的共同作用而按 T 形截面计算，其翼缘的计算宽度 b_f' 可按

表 3.10 中的最小值确定。

按跨度

$$b_f' = \frac{l_n}{3} = \frac{4\,250}{3} = 1\,417 \quad (\text{mm})$$

按梁净距

$$b_f' = b + s_0 = 200 + 1\,800 = 2\,000 \quad (\text{mm})$$

按翼缘高度 h_f'

$$b_f' = b + 12h_f' = 200 + 12 \times 80 = 1\,160 \quad (\text{mm})$$

取 $b_f' = 1\,160$ mm 计算。

（2）判别 T 形截面类型：

$$\alpha_1 f_c b_f' h_f'\left(h_0 - \frac{h_f'}{2}\right) = 1.0 \times 11.9 \times 1160 \times 80 \times \left(400 - 35 - \frac{80}{2}\right)$$

$$= 358.9 \times 10^6 \ (\text{N}\cdot\text{m}) > 50.33 \times 10^6 \ (\text{N}\cdot\text{m})$$

属第 I 类 T 形截面。

梁纵向受力钢筋最小配筋率为 $\max(0.2,\ 45f_t/f_y)\% = 0.20\%$，最小配筋面积 $A_{s,\,min} = 0.20\% \times 200 \times 400 = 160$（$\text{mm}^2$）。

表 3.15 次梁正截面配筋计算

计 算 截 面	1	B	2	C
设计弯矩/（kN·m）	50.33	-50.33	32.86	-37.56
支座 $a_s = \dfrac{M}{\alpha_1 f_c b h_0^2}$ 跨内 $a_s = \dfrac{M}{\alpha_1 f_c b_f' h_0^2}$	$\dfrac{50.33 \times 10^6}{11.9 \times 1160 \times 365^2}$ $=0.027$ （一排，T 形截面）	$\dfrac{50.33 \times 10^6}{11.9 \times 200 \times 365^2}$ $= 0.158\,7$ （二排，矩形截面）	$\dfrac{32.86 \times 10^6}{11.9 \times 1160 \times 365^2}$ $= 0.017\,8$ （一排，T 形截面）	$\dfrac{37.56 \times 10^6}{11.9 \times 200 \times 365^2}$ $= 0.118$ （一排，矩形截面）
ξ	0.027	0.1<0.174<0.35	0.018	0.1<0.126<0.35
支座 $A_s = \xi \dfrac{f_c}{f_y} b h_0$ 跨内 $A_s = \xi \dfrac{f_c}{f_y} b_f' h_0$ /mm²	453.5>$A_{s,\,min}$	503.8>$A_{s,\,min}$	302.3>$A_{s,\,min}$	364.9>$A_{s,\,min}$
选配钢筋/mm²	3Φ14 $A_s = 461$ （超过 1.9%）	2Φ16+1Φ12 $A_s = 515$ （超过 2.2%）	2Φ14 $A_s = 308$ （超过 1.9%）	2Φ16 $A_s = 339$ （超过 9.7%）

① 各截面的实际配筋往往和计算需要量有出入，一般误差以不超过 ±5% 为宜，有困难时应尽量满足不超过 ±10%。

② 纵筋的截断：当次梁跨长相差在 20% 以内，且 $q/g = 20.8/8.307 = 2.50 < 3$ 时，可按图 3.35 的原则确定钢筋的截断位置，具体构造见图 3.42。

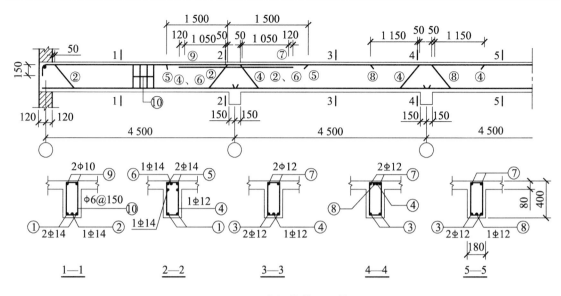

图 3.42　次梁的截面配筋

上部纵筋：③号钢筋为 1Φ16 钢筋，其左侧钢筋截断点距 B 支座边缘距离为 $1\,200\ \text{m} > l_\text{n}/5 + 20d = 1\,091\ \text{mm}$，其截断面积为 $113.1\ \text{mm}^2 < 0.5 \times 515 = 257.5\ \text{mm}^2$，符合要求；同理，可检验③号筋在 B 支座右侧钢筋截断点满足要求。

下部纵筋：②号钢筋伸入 A 支座长度为 $200\ \text{mm} > 12d = 12 \times 14 = 168\ \text{mm}$，④号纵筋伸入 B 支座长度为 $200\ \text{mm} > 12d = 12 \times 14 = 168\ \text{mm}$，满足要求。

③ 根据规范要求，梁宽为 200 mm 时，至少应采用 2 根上部钢筋贯通。此例中各跨均用 2Φ16 受力纵筋兼做架立筋以简化施工。

5. 斜截面强度计算

（1）复核梁截面尺寸。

$$0.25 f_\text{c} b h_0 = 0.25 \times 11.9 \times 200 \times 365 = 217\ (\text{kN}) > V_{BC} = 74.32\ (\text{kN})$$

故截面尺寸符合要求。

（2）验算是否需按计算配置腹筋。

A 支座：$V_A = 55.74\ (\text{kN}) < 0.7 f_\text{t} b h_0 = 0.7 \times 1.27 \times 200 \times 365 = 64.90\ (\text{kN})$

应按构造配置横向钢筋。

取箍筋双肢 Φ6@150 mm，则

$$\rho_\text{sv} = \frac{2 \times 28.3}{200 \times 150} = 0.189\% > \rho_\text{sv, min} = 0.36 \times \frac{1.27}{270} = 0.169\%，\text{满足要求}$$

B 支座左侧：$V_{Bl} = 74.32\ (\text{kN}) > 0.7 f_\text{t} b h_0 = 64.90\ (\text{kN})$

应按计算配置横向钢筋，取箍筋双肢 Φ6，则

$$\frac{n A_\text{sv1}}{s} = 1.2 \times \frac{V - 0.7 f_\text{t} b h_0}{1.25 f_\text{yv} h_0} = 1.2 \times \frac{(74.32 - 64.90) \times 10^3}{270 \times 365} = 0.114\,7\ (\text{增大 20\%})$$

$$s = \frac{nA_{\text{sv1}}}{0.114\ 7} = \frac{2 \times 28.3}{0.114\ 7} = 490 \ (\text{mm})，实取双肢 \ \Phi 6@150 \ \text{mm}$$

$$\rho_{\text{sv}} = \frac{2 \times 28.3}{200 \times 150} = 0.189\% > \rho_{\text{sv, min}} = 0.36 \times \frac{1.27}{270} = 0.169\%，满足要求$$

B 支座右侧及 C 支座计算过程同 B 支座左侧，最后均取双肢 $\Phi 6@150$ mm。

五、主梁设计

1. 荷载计算（表 3.16）

主梁除承受由次梁传来的集中荷载（包括板、次梁上的永久荷载和作用在楼盖上的活荷载）外，还有主梁的自重。主梁的自重实际是均布荷载，但为了简化计算，可近似将 2 m 长度的自重按集中荷载考虑。

表 3.16　主梁的荷载计算

荷 载 类 型		荷载设计值/kN
永久荷载	次梁传来荷载	$6.923 \times 4.5 = 31.1535$
	主梁自重	$25 \times 0.25 \times (0.6 - 0.08) \times 2 = 6.5$
	梁侧粉刷荷载	$16 \times 0.012 \times (0.6 - 0.08) \times 2 \times 2 = 0.399$
	小 计	$G_k = 38.053$
活 荷 载	次梁传来	$Q_k = 16 \times 4.5 = 72$

永久荷载设计值：$G = 1.2 \times 38.053 = 45.7$（kN）

或　　　　　　　　$1.35 \times 38.053 = 51.4$（kN）

可变荷载设计值：$Q = 1.3 \times 72 = 93.6$（kN）

或　　　　　　　　$0.7 \times 1.3 \times 72 = 65.52$（kN）

2. 计算简图

主梁内力计算按弹性方法进行，如图 3.43 所示。

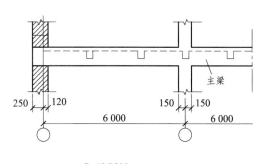

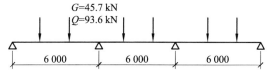

图 3.43　主梁的计算简图

计算跨度为：

边　跨　　　　$l_{01} = 6.0 - 0.12 + \dfrac{0.37}{2} = 6.065$（m）

又　　　　　　$1.025l_{n1} + 0.15 = 1.025 \times (6 - 0.15 - 0.12) + 0.15 = 6.02$（m）

应取　　　　　$l_{01} = 6.02$ m

中　跨　　　　$l_{02} = 6.0$ m

因计算跨度相差甚少，故一律用 6.0 m 计算。

因柱截面为 300 mm × 300 mm，楼层高度为 4.5 m，经计算梁柱线刚度比约为 5，此时主梁的中间支承可近似按铰支座考虑。

3. 内力计算

根据主梁的计算简图及荷载情况，可求得各控制截面的最不利内力。详见表 3.17。

表 3.17　最不利内力计算

序号	项　目	荷　载　布　置	内　力　计　算
1	第 1、3 跨内正弯矩最大，支座 A、D 剪力最大，第 2 跨跨内弯矩最小		查附表 3.1.2 三跨连续梁的系数，得 $k_1 = 0.244$、$k_2 = 0.289$、$k_3 = 0.733$、$k_4 = 0.866$。 当梁布满永久荷载 G 和在第 1、3 跨布置活荷载 Q 时，按弹性方式计算得： $M_{1max} = 0.244 \times 45.7 \times 6 + 0.289 \times 93.6 \times 6$ 　　　$= 229.21$（kN·m）$= M_{3max}$ $V_{Amax} = 0.733 \times 45.7 + 0.866 \times 93.6$ 　　　$= 114.6$（kN）$= V_{Dmax}$ $M_{2min} = 0.067 \times 45.7 \times 6 - 0.133 \times 93.6 \times 6$ 　　　$= -56.32$（kN·m）
2	第 2 跨跨内正弯矩最大，第 1、3 跨跨内弯矩最小		按附表 3.1.2 中的系数，得： $M_{2max} = 0.067 \times 45.7 \times 6 + 0.2 \times 93.6 \times 6$ 　　　$= 130.69$（kN·m） $M_{1min} = M_{3min}$ 　　　$= 0.244 \times 45.7 \times 6 - 0.044 \times 93.6 \times 6$ 　　　$= 42.19$（kN·m）
3	支座 B 负弯矩最大，支座 B 左、右的剪力最大		查附表 3.1.2 中的系数，得： $M_{Bmax} = -0.267 \times 45.7 \times 6 - 0.311 \times 93.6 \times 6$ 　　　$= -247.86$（kN·m） $V_{Bl} = -1.267 \times 45.7 - 1.311 \times 93.6$ 　　　$= -180.61$（kN） $V_{Br} = 1 \times 45.7 + 1.222 \times 93.6$ 　　　$= 160.10$（kN）

由各种荷载布置情况下的内力计算，得出相应的内力图，叠加这些内力图，得如图 3.44 所示弯矩、剪力的叠合图，该图较好地反映了主梁的内力情况。现以主梁各控制截面的最不利内力进行配筋计算。

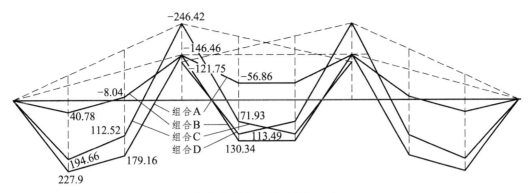

（a）弯矩叠合图（kN·m）

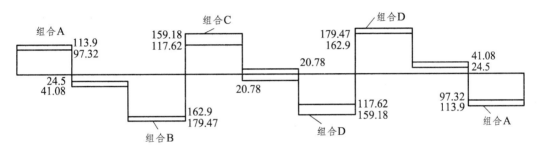

（b）剪力叠合图（kN）

图 3.44　弯矩、剪力叠合图

4. 主梁正截面承载力计算（表 3.18）

（1）确定跨内翼缘计算宽度 b_f'。

按跨度　　　　　$b_f' = \dfrac{6\,000}{3} = 2\,000$（mm）

按梁净距　　　　$b_f' = 250 + 4\,250 = 4\,500$（mm）

按翼缘高度 h_f'　$b_f' = b + 12h_f' = 250 + 12 \times 80 = 1\,210$（mm）

故取翼缘计算宽度 $b_f' = 1\,210$ mm。

（2）判别 T 形截面类型：

$$\alpha_1 f_c b_f' h_f'\left(h_0 - \frac{h_f'}{2}\right) = 1.0 \times 11.9 \times 1\,210 \times 80 \times \left(600 - 35 - \frac{80}{2}\right)$$

$$= 604.76 \times 10^6 \text{（N·m）} > 229.21 \times 10^6 \text{（N·m）}$$

知属第 I 类 T 形截面。

梁纵向受力钢筋最小配筋率为 $\max(0.2, 45f_t/f_y)\% = 0.20\%$，最小配筋面积 $A_{s,\,min} = 0.20\% \times 250 \times 600 = 300$（mm^2）。

表 3.18　主梁正载面配筋计算

计 算 截 面	1	B	2
$M/（\text{kN}\cdot\text{m}）$	229.21	−247.86	130.69
$M_b' = M_b - V_b\dfrac{b}{2}$ $/（\text{kN}\cdot\text{m}）$	229.21	$-247.86 + (45.7+93.6) \times 0.15$ $= -226.97$	130.69
或 $a_s = \dfrac{M}{\alpha\, f_c b_f' h_0^2}$ $a_s = \dfrac{M}{\alpha_1 f_c b h_0^2}$	$\dfrac{229.21\times10^6}{11.9\times1\,210\times540^2}$ $= 0.054\,6$ （二排，T 形截面）	$\dfrac{226.97\times10^6}{11.9\times250\times540^2}$ $= 0.262$ （二排，矩形截面）	$\dfrac{130.69\times10^6}{11.9\times1\,210\times565^2}$ $= 0.028\,4$ （一排，T 形截面）
ξ	0.056	0.310	0.028 8
$A_s = \xi\dfrac{\alpha_1 f_c}{f_y}b h_0$ 或 $A_s = \xi\dfrac{\alpha_1 f_c}{f_y}b_f' h_0$ $/\text{mm}^2$	$1\,451 > A_{s,\,\min}$	$1\,660 > A_{s,\,\min}$	$781 > A_{s,\,\min}$
选 配 钢 筋	6Φ18 $A_s = 1\,526\ \text{mm}^2$	2Φ20（直）+2Φ18（弯）+ 1Φ20（弯）+1Φ18（直） $A_s = 1\,705\ \text{mm}^2$	2Φ18+1Φ20 $A_s = 823\ \text{mm}^2$

5. 斜截面承载力计算

（1）复核梁截面尺寸。

因 $h_w/b = 520/250 = 2.08 < 4$，属一般梁，取

$0.25 f_c b h_0 = 0.25 \times 11.9 \times 250 \times 540 = 401.6 \times 10^3$（N）$> V_{Bl} = 180.61$（kN）（最大剪力）

故截面尺寸满足要求。

（2）验算是否需按计算配置横向钢筋。

A 支座：$0.7 f_t b h_0 = 0.7 \times 1.27 \times 250 \times 565 = 125.57$（kN）$> V_A = 114.6$（kN）

应按构造配置横向钢筋。

B 支座左：$0.7 f_t b h_0 = 0.7 \times 1.27 \times 250 \times 540 = 120$（kN）$< V_{Bl} = 180.61$（kN）

应按计算配置横向钢筋。

B 支座右：$0.7 f_t b h_0 = 0.7 \times 1.27 \times 250 \times 540 = 120$（kN）$> V_{Br} = 160.10$（kN）

应按计算配置横向钢筋。

（3）横向钢筋计算。

采用 Φ8@200 双肢箍筋，间距小于 $s_{\max} = 250\ \text{mm}$，配箍率：

$$\rho_{sv} = \frac{A_{sv}}{bs} = \frac{2\times50.3}{250\times200} = 0.2\% > \rho_{sv,\min} = 0.24\frac{f_t}{f_{yv}} = 0.113\%$$

验算支座 A：

$$V_{Cs} = 0.7 f_t b h_0 + f_{yv}\frac{A_{sv}}{s} h_0$$

$$= 0.7\times1.27\times250\times565 + 270\times\frac{2\times50.3}{200}\times565 = 202.3\ (\text{kN}) > V_A = 114.6\ (\text{kN})$$

验算支座 B：

$$V_{Cs} = 0.7 \times 1.27 \times 250 \times 540 + 270 \times \frac{2 \times 50.3}{200} \times 540 = 193.35 \ (kN) > V_{Br} = 160.10 \ (kN)$$

$$V_{Bl} = 180.61 \ (kN)$$

知支座 B 配置箍筋 Φ8@200 已能满足斜截面受剪要求，弯起钢筋可按构造处理。本例中因 V_{Cs} 与 V_{Bl} 接近，支座 B 左侧的弯起钢筋偏安全仍按计算需要布置。因主梁受集中荷载，剪力图呈矩形，故在 2 m 范围内应布置 3 道弯起筋，以便覆盖此最大剪力区段。

（4）主梁吊筋计算。

由次梁传给主梁的集中荷载：

由可变荷载效应控制的组合：$F_l = 1.2 \times 31.1535 + 1.3 \times 72 = 130.98$（kN）

由永久荷载效应控制的组合：$F_l = 1.35 \times 31.1535 + 0.7 \times 1.3 \times 72 = 107.588$（kN）

F_l 中未计入主梁自重及梁侧粉刷重，取 130.98 kN。设附加 Φ8 双肢箍筋，只设箍筋时

$$A_{sv} = \frac{F}{f_{yv} \sin\alpha} = \frac{130.98 \times 10^3}{270} = 485.1 \ (mm^2)$$

所需箍筋个数：485.1/(2 × 50.3) = 4.8 个，实取 6 个。此箍筋的有效分布范围 $s = 2h_1 + 3b = 2 \times 150 + 3 \times 250 = 1\ 050$（mm），取 6 个 Φ8@100 mm，次梁两侧各 3 个。

6. 配筋布置

支座 B 根据斜截面受剪承载力的要求，于第一跨先后弯起 2Φ18。第二跨可弯起 1Φ20，则支座截面可计入 2Φ18+1Φ20 承担支座负弯矩。按正截面强度计算尚需增加 2Φ20 + 1Φ18 直钢筋，满足 B 支座钢筋面积要求，且满足主梁 3 个控制截面的实际配筋量与计算的差值应尽量不超过 ± 5%。

7. 绘制抵抗弯矩图

前面根据主梁各跨内和支座最大（绝对值）计算弯矩确定出所需钢筋数量，而其他各截面需要的钢筋量将比控制截面少，这样就需要根据梁弯矩包络图，将控制截面的纵筋延伸至适当位置后，把其中的部分钢筋弯起或截断。主梁纵筋的弯起或截断位置可以通过绘制抵抗弯矩图（又称材料图）的方法来解决。抵抗弯矩图的实质是用图解的方法确定梁各正截面所需钢筋的数量。

1）钢筋能承担的极限弯矩

按实际配置的钢筋面积 A_{sc} 计算出控制截面上材料能承担的极限弯矩。此时可忽略截面上内力臂值的某些差别。这些差别由钢筋实配面积与计算差异引起，包括同一截面中位于第一排和第二排钢筋间的内力臂差别。现将同一截面各纵筋的计算内力臂值取为相同，这样实配钢筋的极限弯矩为 $M_C = (A_{sc} / A_s) M$，而每一根钢筋所承担的极限弯矩仅与其截面面积成正比。

例如支座 B 的计算弯矩为 226.97 kN·m，计算所需钢筋面积为 $A_s = 1\ 660 \ mm^2$。实配钢筋面积 $A_{sc} = 1\ 705 \ mm^2$，则其极限弯矩：

$$M_C = \frac{1\ 705}{1\ 660} \times 226.97 = 233.12 \ (kN \cdot m)$$

其中 1Φ18 与 1Φ20 钢筋所能承担的极限弯矩：

$$M_{C18} = \frac{233.12}{1\ 705} \times 254.5 = 34.80 \ (kN \cdot m)$$

$$M_{C20} = \frac{233.12}{1\,705} \times 314.2 = 42.96 \ (\text{kN} \cdot \text{m})$$

采用与弯矩叠合图相同的比例在支座计算截面沿纵向量取 $M_C = 233.12 \ \text{kN} \cdot \text{m}$，按每根钢筋所能承担的极限弯矩沿纵标分段，自分段点作弯矩图基线的平行线，并与弯矩包络图相交。如支座左侧的⑥号筋，其划分 M_{C20} 的两根平行线与包络图的上交点，指示出该钢筋被充分利用的截面；其下交点处则为该钢筋按正截面强度计算已完全不需要，是⑥号筋的理论截断点。

2）钢筋的弯起和截断顺序

在具体作抵抗弯矩图前，应初步确定截面上每一根钢筋的"走向"和弯起或截断顺序：当截面上有两排钢筋时，宜将第二排先弯起或截断；在同一排中宜先弯起或截断位于中间位置的钢筋。应使钢筋在截面中线两边尽量对称，不能让钢筋重心过分偏于截面中线的一边。抵抗弯矩图宜靠近弯矩图，但不能插入（允许少 5%）。例如支座 B 左侧为了使满足斜截面抗剪要求所布置的 2Φ18 弯起钢筋能覆盖最大剪力区段，故它们的弯起点已基本确定。在考虑了上述原则后，弯筋的下弯顺序为④、③，直钢筋的截断次序为⑤、⑥。直钢筋的具体截断点在绘制抵抗弯矩图时确定。

3）钢筋的截断

例如支座 B 左侧的⑥号钢筋，因此处 $V > 0.7f_t bh_0$，故钢筋截断应从该钢筋强度充分利用截面延伸出 $1.2l_a + h_0$。此处 l_a 为受拉钢筋的锚固长度。对 C25、HRB335 级钢筋，$l_a = \alpha f_y / f_t$ 得 $l_a = 33d$。⑥号钢筋 $d = 20 \ \text{mm}$，故延伸长度为 $1.2 \times 33 \times 20 + 540 = 1\,332 \ (\text{mm})$。反映在图 3.42 的抵抗弯矩图上则应从⑥号钢筋按正截面抗弯能力计算不需要截面（即理论截断点）以外 $1\,150 \ \text{mm}$ 处，此值大于 $20\,d$，满足要求。其余钢筋的截断同此。

4）钢筋的弯起

③号筋在距其强度充分利用截面 350 mm 处下弯，此距离大于 $h_0/2$，故能计入其抗弯能力。斜筋在梁轴线以上的区段参加抵抗负弯矩的作用，梁轴线以下斜段则进入抵抗正弯矩，故每一根弯筋在材料图上的正、负弯矩图上均应有对应的反映。

5）架立筋

根据规范要求，梁宽 $b = 300 \ \text{mm}$ 时，应至少选取 2 根上部钢筋作为架立筋。本例中，选用 2Φ20 即①号受力筋兼做架立筋。

6）侧面构造钢筋

根据规范要求，当 $h_w \geqslant 450 \ \text{mm}$ 时，宜在梁每侧沿梁高每隔 200 mm 设置构造钢筋，来抵御扭矩及混凝土收缩和温度应力的影响，本例中设置 4Φ12 钢筋作为侧面构造钢筋，同时使用 Φ8@400 构造箍筋，以增强侧面构造钢筋联系。

7）纵筋的锚固

支座 A 按简支考虑，其上部弯起筋和架立筋的锚固要求见图 3.45。下部纵筋伸入梁的支座范围应满足锚固长度 $l_{as} \geqslant 12d$，即 $12 \times 18 = 216 \ \text{mm} < 370 \ \text{mm}$，满足要求。

支座 B 下部纵筋的锚固问题，从图 3.46 可见，该处计算中已不利用下部纵筋，故其伸入的锚固长度 $l_{as} \geqslant 12d$，现取为 300 mm，满足要求。

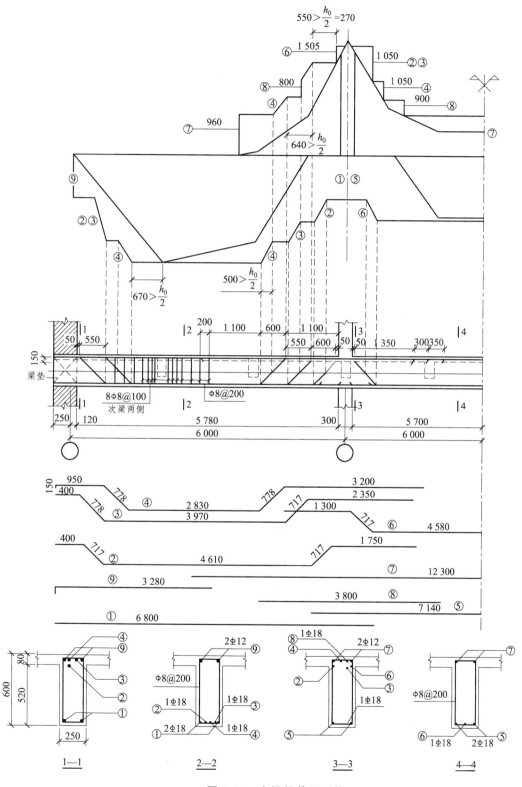

图 3.45　主梁的截面配筋

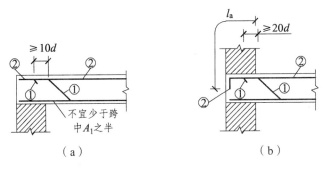

图 3.46　纵筋的锚固

8. 梁　垫

为满足砌体局部受压的承载力要求，主梁的端支承处设有混凝土垫块，垫块与梁浇成整体。相关计算此处从略。

主梁的配筋详见图 3.45，纵筋的锚固详见图 3.46。

3.3　双向板肋梁楼盖设计

在整浇式肋梁楼盖中，四边支承的板，在均布荷载下当其长边 l_1 与短边 l_2 之比 $l_1/l_2 \leqslant 2$ 时，应按双向板设计，而 $3 > l_1/l_2 > 2$ 时，宜按双向板设计，这种楼盖称双向板肋梁楼盖。双向板肋梁楼盖受力性能较好，可以跨越较大跨度，梁格布置使顶棚整齐美观，常用于民用房屋跨度较大的房间以及门厅等处。当梁格尺寸及使用荷载较大时，双向板肋梁楼盖比单向板肋梁楼盖经济，所以也常用于工业房屋楼盖。

3.3.1　结构布置及构件截面尺寸确定

1. 结构布置

在双向板肋梁楼盖中，根据梁的布置情况不同，又可分为普通双向板楼盖和井式楼盖。当建筑物柱网接近方形，且柱网尺寸及楼面荷载均不太大时，仅需在柱网的纵横轴线上布置主梁，可不设次梁 [图 3.47（a）]。当柱网尺寸较大时，若不设次梁，则板的跨度大，导致板厚增大，颇不经济，这时可加设次梁。当柱网不是接近方形时，梁的布置中一个方向为主梁另一方向为次梁 [图 3.47（b）]，属于普通双向板楼盖，主要应用于一般的民用房屋中。当柱网尺寸较大且接近方形时，则在柱网的纵横轴线上两个方向布置主梁，在柱网之间两个方向布置次梁，形成井式楼盖 [图 3.47（c）]，主要用于公共建筑，如大型商场以及宾馆的大厅等。

考虑使用及经济因素，普通双向板楼盖板区格尺寸一般为 3 ~ 4 m，主梁、次梁跨度一般取 5 ~ 8 m。

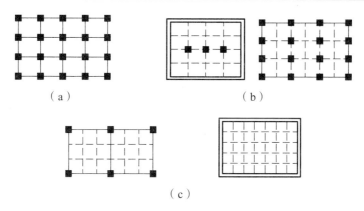

（a）　　　　　　　　　　（b）

（c）

图 3.47　双向板肋梁楼盖结构布置

2．构件截面尺寸

双向板的厚度一般为 80 ~ 160 mm 内，任何情况下不得小于 80 mm。为了使板具有足够的刚度，当简支时板厚不应小于跨度的 1/45，板边有约束时不应小于跨度的 1/50。

主梁截面高度 h 可取跨度的 1/15 ~ 1/12，次梁截面高度 h 可取跨度的 1/20 ~ 1/15，梁的截面宽度 $b = (1/2 ~ 1/3)h$。

3.3.2　双向板的试验结果、受力特点及内力计算

1．双向板的试验结果

这里以四边简支的矩形板承受均匀荷载作用为例，说明其加载破坏过程如下：

（1）混凝土开裂前，板处于弹性工作阶段，板中作用有两个方向的弯矩和扭矩。由于板短边方向弯矩大，所以随着荷载增加，第一批裂缝首先发生在板底中部，且平行于长边方向，如图 3.48（b）。

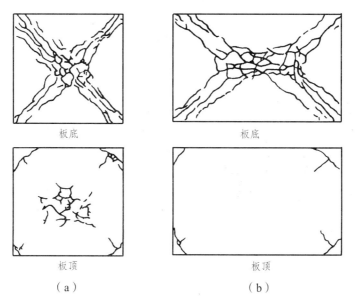

板底　　　　　　　　　　板底

板顶　　　　　　　　　　板顶

（a）　　　　　　　　　　（b）

图 3.48　简支双向板破坏时的裂缝分布

（2）带裂缝工作阶段。

当荷载继续增加，裂缝逐渐延伸，并大致沿 45° 向板角区方向发展。如图 3.48（b）所示。

（3）钢筋屈服后。

钢筋屈服后，在接近破坏时，板的顶面四角附近出现了圆弧形裂缝，它促使板底对角线方向裂缝进一步扩展，最终由于跨中钢筋屈服导致板的破坏。对四边简支的正方形板，试验表明：第一批裂缝在板底中部形成，大致在对角线附近，其破坏过程同矩形板相似，只是板底裂缝分布不同，见图 3.48（a）。

（4）简支的正方形板和矩形板，受荷后板的四角均有翘起的趋势。板传给支承边上的压力不是沿支承边上均匀分布，而是中部较大两端较小（图 3.49）。

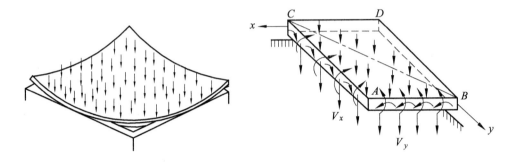

图 3.49　板的上翘分析

（5）试验还表明，板的含钢率相同时，采用较小直径的钢筋更为有利；钢筋的布置采取由板边缘向中部逐渐加密比用相同数量但均匀配置的更为有利。

从上述双向板的试验分析可知，在双向板中应配置如图 3.50 所示的钢筋：① 在跨中板底配置平行于板边的双向钢筋以承担跨中正弯矩；② 沿支座边配置板面负钢筋，以承担负弯矩；③ 当为四边简支的单孔板时，在角部板面应配置对角线方向的斜钢筋，以承担平行于对角线方向的主弯矩，在角部板底则配置垂直于对角线的斜钢筋以承担另一种主弯矩（垂直于对角线方向的主弯矩），由于斜筋长短不一，施工不便，故常用平行于板边的钢筋所构成的钢筋网来代替。

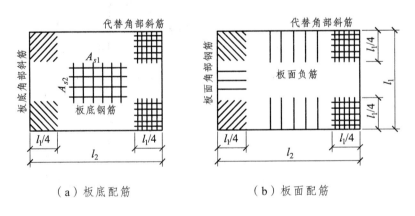

（a）板底配筋　　　　　　　（b）板面配筋

图 3.50　双向板配筋示意图

2．双向板的受力特点

双向板的受力特点有两个：① 沿两个方向弯曲和传递荷载；② 板的整体工作。实际上，图 3.51 中从双向板内截出的两个方向的板带并不是孤立的，它们都是受到相邻板带的约束，这将使得其实际的竖向位移和弯矩有所减小。

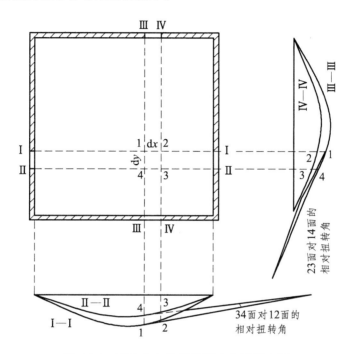

图 3.51　两个方向的板带受力变形示意图

3．双向板的内力计算方法

根据板的试验研究和受力特点，双向板内力计算总的来说有两种方法，一种是弹性计算方法，一种是塑性计算方法。目前工程设计中主要采用的是弹性计算方法，该方法简单、实用，又有一定的精度。而塑性计算方法比较烦琐，但能较好地反映钢筋混凝土结构的塑性变形特点，避免内力计算与构件抗力计算理论上的矛盾。

限于篇幅，本章仅介绍双向板的弹性内力计算方法。

3.3.3　双向板按弹性理论的计算方法

1．计算简图确定

1）基本假定

（1）双向板为各向同性板；板厚远小于板平面尺寸；板的挠度为小挠度，不超过板厚的 1/5。

（2）板的支座按转动程度不同，有铰支座和固定支座两种。其确定方法如下：

① 板支承在墙上时，为铰支座。

② 等区格梁板结构整浇，对板支座而言，板面荷载左右对称时，支座为固定支座；板面荷载反对称时，支座为铰支座。

③ 假定支承梁的抗弯刚度很大，在荷载作用下，梁的垂直变形可以忽略不计，即视各区格板的周边均匀支承于梁上。

④ 假定梁的抗扭刚度很小，在荷载作用下，支承梁绕自身纵轴可自由转动。

2）计算简图

根据基本假定，按支座情况不同，矩形双向板有如图 3.52 所示 6 种计算简图。

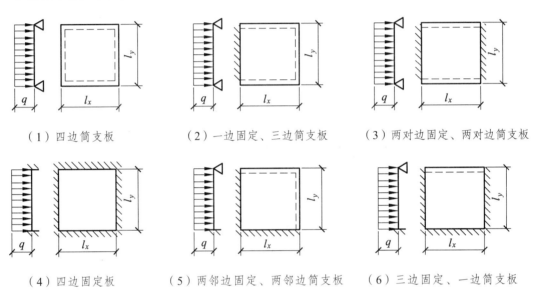

（1）四边简支板　　　（2）一边固定、三边简支板　　　（3）两对边固定、两对边简支板

（4）四边固定板　　　（5）两邻边固定、两邻边简支板　　　（6）三边固定、一边简支板

图 3.52　矩形双向板的计算简图

2. 单区格矩形双向板的内力计算

按照弹性理论计算钢筋混凝土双向板的内力可利用图表进行。附表 3.2 列出了双向板按弹性薄板理论计算的图表，可供设计时查用。区格是指以梁或墙的中心线为周界的板区格。附表 3.2 对承受均布荷载的板，按板的周边约束条件，列出了 6 种矩形板的计算用表，设计时可根据所确定的计算简图直接查得弯矩系数。表中弯矩系数是按单位宽度，而且取材料的泊松比 $\mu = 0$ 而制定。若 $\mu \neq 0$ 时，对钢筋混凝土取 $\mu = 1/6$。则跨内弯矩可按弹性理论分为不考虑泊松比和考虑泊松比两种情况计算如下。

1）不考虑泊松比（$\mu = 0$）时的内力计算

根据矩形双向板的计算简图，计算板块跨中和支座截面弯矩时，可按下式计算：

$$M = 表中系数 \times ql^2 \qquad (3.24)$$

式中　M——跨中或支座截面单位板宽上的弯矩，单位板宽通常取 1 000 mm；

　　　q——单位面积上的均布荷载；

　　　l——计算跨度，取板两个方向计算跨度 l_x、l_y 的较小者，计算跨度取值同单向板。

式（3.24）中的"表中系数"由附表 3.2 根据支座情况确定。

2）考虑泊松比（ $\mu \neq 0$ ） 时的内力计算

应当说明，附表 3.2 中的内力系数是在泊松比 $\mu = 0$ 的情况下算出的。实际上，跨中弯矩尚需考虑横向变形的相互影响。这种影响就是一个方向的拉伸作用，加大了另一个方向的拉伸变形，其作用相当于增加了弯矩。于是当 $\mu \neq 0$ 时，考虑双向变形间的这种影响，内力常按下式计算：

$$M_x^{(\mu)} = M_x + \mu M_y , \quad M_y^{(\mu)} = M_y + \mu M_x \tag{3.25}$$

式中　μ——泊松比，钢筋混凝土的 μ 通常取 1/6；

　　　M_x，M_y——按附表 3.2 中系数求得的平行于 l_x、l_y 方向的跨中弯矩。

注意：计算支座截面弯矩时，不考虑泊松比的影响，即可直接按式（3.24）计算内力。

3．多区格等跨连续双向板的实用计算法

连续双向板内力的精确计算更为复杂，为了简化计算，在设计中都是采用简化的实用计算法。该法是以上述单跨板内力计算为基础进行的，其计算精度完全可以满足工程设计的要求。该法假定支承梁的抗弯刚度很大，其竖向变形可略去不计，同时假定抗扭刚度很小，可以转动。通过对双向板上活荷载的最不利布置以及支承情况等合理的简化，将多区格连续板用下述方法将其转化成单区格板，从而可利用附表 3.2 的弯矩系数计算。当同一方向相邻最小跨度与最大跨度之比大于 0.80 的多跨连续双向板均可按下述方法计算板中内力。

1）求跨中最大弯矩

（1）活荷载的最不利布置

当求某区格跨中最大弯矩时，其活荷载的最不利布置，如图 3.53 所示，即在该区格及其左右前后每隔一区格布置活荷载，通常称为棋盘形荷载布置。

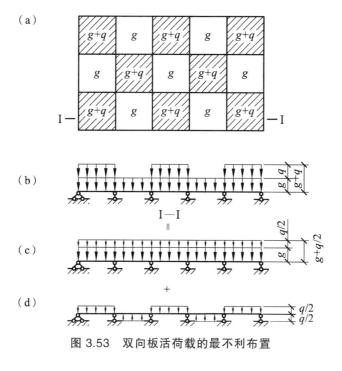

图 3.53　双向板活荷载的最不利布置

（2）荷载等效

为了能利用单跨双向板的内力计算表格,将板上永久荷载 g 和活荷载 q 分成对称荷载[图 3.53（c）]和反对称荷载 [图 3.53（d）] 两种情况,取:

对称荷载 $g' = g+q/2$

反对称荷载 $q' = \pm q/2$

这样每一板区格的荷载总值仍不变,可认为其荷载等效。

（3）对称型荷载作用下

在 $g' = g+q/2$ 作用下,连续板的各中间支座两侧的荷载相同,若忽略远端荷载的影响,则可近似认为板的中间支座处转角为零（图 3.54 示出了板的变形曲线）,这样在荷载 $g' = g+q/2$ 作用下,对中间区格板可按四边固定的板来计算内力,边区格板的 3 个内支承边、角区格 2 个内支承边都可以看成固定边。各外支承边应根据楼盖四周的实际支承条件而定。

如板支承在外围砌体上,则可按简支承考虑,这样对应附表 3.2 的计算简图,板的中间区格属第 4 种,边区格属第 6 种,角区格属第 5 种（图 3.54）。

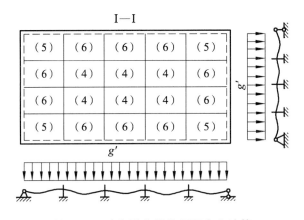

图 3.54 对称型荷载作用下内力计算

这样就可利用前述单跨双向板的内力计算表格（附表 3.2）,计算出每一区格在 $g' = g+q/2$ 作用下当 $\mu = 0$ 时的跨中最大弯矩。

（4）反对称型荷载作用下

在 $q' = \pm q/2$ 作用下,连续板的支承处左右截面的旋转方向一致,转角大小近似相等,板在支承处的转动变形基本自由,可认为支承处的约束弯矩为零。这样可将板的各中间支座看成铰支承,因此在 $q' = \pm q/2$ 作用下,各板均可按四边简支的单区格板计算内力,计算简图取附表 3.2 中的第 1 种（图 3.55）,求得反对称荷载作用下当 $\mu = 0$ 时各区格板的跨中最大弯矩。

（5）跨内最大正弯矩

通过上述荷载的等效处理,等区格连续双向板在荷载 g'、q' 作用下,都可转化成单区格板利用附表 3.2 计算出跨内弯矩值。最后按式（3.24）计算出两种荷载情况的实际跨中弯矩,并进行叠加,即可作为所求的跨内最大正弯矩。

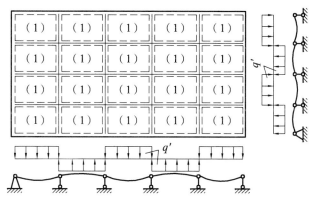

图 3.55　反对称型荷载作用下内力计算

2）求支座弯矩

为使支座弯矩出现最大值，按理活荷载应作最不利布置，但对于双向板来说计算将会十分复杂，为了简化计算，可假定全板各区格满布活荷载时支座弯矩最大。这样，对内区格可按四边固定的单跨双向板计算其支座弯矩。至于边区格，其边支座边界条件按实际情况考虑，内支座按固定边考虑，计算其支座弯矩。这样就可利用附表 3.2 来计算出每一区格支座弯矩。

若支座两相邻板的支承条件不同，或者两侧板的计算跨度不等，则支座弯矩可取两种板计算所得的平均值。

3）内力折减

当板块周边与支承梁整浇时，和单向板一样，板在荷载作用下开裂后，起到拱的作用。周边支承梁对板产生水平推力，这种推力可以减小板块支座和跨中的弯矩，这对板的受力是有利的。为考虑这种有利作用，通常是将截面弯矩进行折减，目前工程设计中常用折减系数为：① 中间各区格板的跨中截面及支座截面弯矩，折减系数为 0.8。② 边区格各板的跨中截面及自楼盖边缘算起的第一内支座截面：当 $l_b/l<1.5$ 时，折减系数为 0.8；当 $1.5 \leqslant l_b/l \leqslant 2$ 时，折减系数为 0.9；当 $l_b/l>2$ 时，不予折减。此处 l_b、l 分别为边区格板沿楼盖边缘方向和垂直于楼盖边缘方向的计算跨度（图 3.56）。③ 对角区格板块，不予折减。

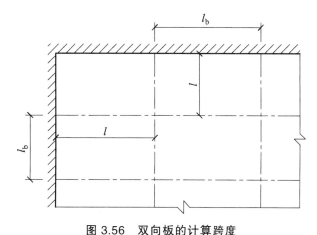

图 3.56　双向板的计算跨度

3.3.4 双向板肋梁楼盖的截面设计及构造

1. 双向板的截面设计与构造

1）双向板设计要点

（1）内力计算：双向板的内力计算可以采用弹性理论与塑性理论的方法。

（2）板的计算宽度：通常取 1 000 mm，板的厚度按表 3.2 取值。

（3）截面有效高度 h_0：双向板中短跨方向弯矩较长跨方向弯矩大，因此短跨方向钢筋应放在长跨方向钢筋之下，以充分利用截面的有效高度。为此确定双向板截面有效高度 h_0 时可取：

$$\left.\begin{array}{ll}\text{板跨短向} & h_0 = h - 20\ \text{mm}\\ \text{板跨长向} & h_0 = h - 30\ \text{mm}\end{array}\right\}\ h\ \text{为板厚}$$

（4）板的配筋计算：板的配筋通常按单筋受弯构件计算。为了简化，通常按下面近似公式计算配筋：

$$A_s = \frac{M}{\gamma f_y h_0} \tag{3.26}$$

式中，γ 为内力臂系数，一般可取 $\gamma = 0.9 \sim 0.95$。

（5）双向板同样不需进行抗剪验算。

2）双向板配筋构造

（1）板中受力钢筋

① 一般要求

双向板中受力钢筋的级别、直径、间距及锚固、搭接等各方面要求同单向板。

② 配筋方式

双向板配筋方式同单向板一样，有分离式和弯起式两种。如图 3.57 所示。

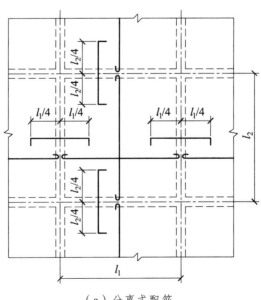

（a）分离式配筋

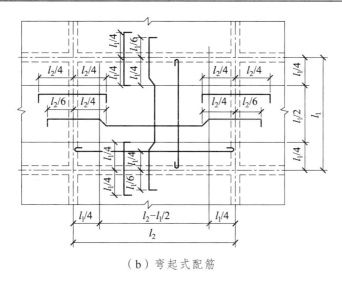

（b）弯起式配筋

图 3.57　多跨连续双向板配筋方式

③ 钢筋布置

由双向板的试验分析可知：双向板中各板带的变形和受力是不均匀的，跨中板带变形大，受力也大；而靠近支座边缘的板带变形小，受力也小。这说明跨中弯矩值不仅沿板跨方向变化，也沿着板宽方向向两边逐渐减小；支座负弯矩沿支座方向也是变化的，两边小、中间大。

板的配筋计算中，板底钢筋数量和支座钢筋数量都是按最大弯矩求得的，故边缘板带配筋可以适当减小。实际工程中，支座负筋通常未考虑这种变化。按弹性理论确定最大内力，求出配筋后，沿支座均匀布置。而对板底钢筋，可按图 3.58 配置。

在 l_x 和 l_y 方向将板分为两个边缘板带和一个中间板带，边缘板带宽度均为 $l_x/4$。中间板带按最大跨中正弯矩求得的钢筋数量均匀布置于板底；边缘板带单位宽度内的配筋取中间板带配筋之半，且每米宽度内不少于 3 根。

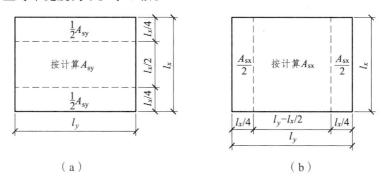

图 3.58　双向板钢筋分板带布置示意图

④ 钢筋弯起

在四边固定的单块双向板及连续双向板中，板底钢筋可在距支座边 $l_x/4$ 处弯起钢筋总量的 1/2 ~ 1/3，作为支座负筋，不足时，另加板顶负钢筋。

在四边简支的双向板中，由于计算中未考虑支座的部分嵌固作用，板底钢筋可在距支座边 $l_x/4$ 处弯起 1/3 作为构造负筋。

（2）板中构造钢筋

双向板除计算受力配筋外，考虑施工需要及设计中未考虑的因素需设置构造配筋，其直径、间距、位置参见单向板。

2．双向板肋梁楼盖中支承梁的设计要点与配筋构造

1）梁的设计要点

（1）支承梁的截面形式

同单向板肋梁楼盖。对现浇楼盖，梁跨中按 T 形截面，梁支座处按矩形截面。

（2）支承梁截面有效高度 h_0

考虑受力主筋重叠，同单向板肋梁楼盖中梁一样取值。

（3）支承梁上荷载分布

精确地确定双向板传给支承梁的荷载较为复杂，通常双向板传给支承梁的反力可采用下述近似方法求得（图 3.59）。不论双向板采用弹性理论还是塑性理论计算，都可从每一区格的四角作 45° 线与平行于长边的中线相交，把整块板分成四小块，每个板块的恒载和活载传至相邻的支承梁上（图 3.60）。因此，作用在双向板支承梁上的荷载不是均匀分布的，故短边支承梁上承受三角形荷载，长边支承梁上承受梯形荷载，支承梁自重仍为均布荷载。

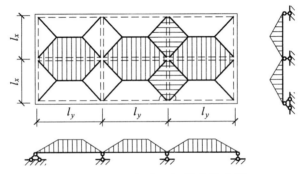

图 3.59　双向板支承梁的荷载分配

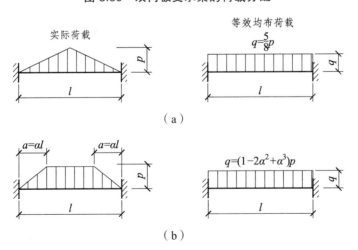

图 3.60　换算的等效均布荷载

（4）内力计算

支承梁的内力可按弹性理论或塑性理论计算。按弹性理论计算时可先将梁上的梯形或三角形荷载，根据支座转角相等的条件换算为等效均布荷载（图 3.60）。等效均布荷载求得后，即可由附表 3.2 求出各支座弯矩（考虑活载不利布置），然后利用所求得的支座弯矩，按单跨梁承受三角形或梯形荷载由平衡条件求得跨中弯矩。图 3.60 中：

三角形荷载：

$$q = \frac{5}{8}p \tag{3.27}$$

梯形荷载：

$$q = (1 - 2\alpha^2 + \alpha^3)p \tag{3.28}$$

式中，$\alpha = a/l$。

（5）配筋计算

内力求出后，梁的截面配筋与单向板肋形楼盖中的次梁、主梁相同。

2）梁的配筋构造

双向板肋梁楼盖中梁的配筋构造同单向板中梁的配筋构造，这里不再赘述。

【例 3.5】 已知某厂房双向板肋梁楼盖的结构布置如图 3.61 所示，板厚选用 100 mm，楼面永久荷载标准值 $q = 3.16 \text{ kN/m}^2$，楼面活荷载标准值 $q = 5.0 \text{ kN/m}^2$。求双向板的内力。

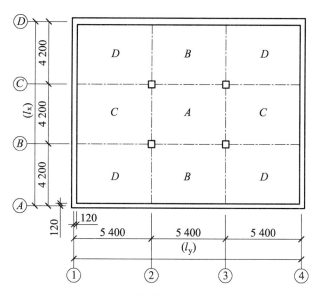

图 3.61　双向板肋梁楼盖的结构布置

【解】（1）荷载设计值计算。

恒载设计值　　　　$g = 3.16 \times 1.2 = 3.8$（$\text{kN/m}^2$）

活荷载设计值　　　$q = 5 \times 1.3 = 6.5$（kN/m^2）

合　计　　　　　　　　$p = g+q = 10.3$（kN/m^2）

（2）按弹性理论计算。

在求各区格板跨内正弯矩时，按恒载满布及活荷载棋盘式布置计算，取荷载：

$$g' = g+q/2 = 3.8+6.5/2 = 7.05（kN/m^2）$$

$$q' = \pm q/2 = \pm 6.5/2 = \pm 3.25（kN/m^2）$$

在 g' 作用下，各内支座均可视作固定，某些区格板跨内最大正弯矩不在板的中心点处；在 q' 作用下，各区格板四边均可视作简支，跨内最大正弯矩则在板的中心点处。计算时，可近似取二者之和作为跨内最大正弯矩值。

在求各中间支座最大负弯矩时，按恒载及活荷载均满布各区格板计算，取荷载

$$p = g+q = 10.3（kN/m^2）$$

按附表 3.2 进行内力计算，计算简图及计算结果见表 3.19。

表 3.19　弯矩计算　　　　　　　　　　单位：kN·m/m

区　格			A	B
l_x/l_y			4.2/5.4=0.78	4.13/5.4=0.77
跨内	计算简图		g' + q'	g' + q'
	$v=0$	m_x	$(0.028\,1\times7.05+0.058\,5\times3.25)\times4.2^2=6.85$	$(0.033\,7\times7.05+0.059\,6\times3.25)\times4.13^2=7.36$
		m_y	$(0.138\times7.05+0.032\,7\times3.25)\times4.2^2=3.59$	$(0.021\,8\times7.05+0.032\,4\times3.25)\times4.13^2=4.42$
	$v=0.2$	$m_x^{(v)}$	$6.85+0.2\times3.59=7.57$	$7.36+0.2\times4.42=8.24$
		$m_y^{(v)}$	$3.59+0.2\times6.85=4.96$	$4.42+0.2\times7.36=5.89$
支座	计算简图		$g+q$	$g+q$
	m_x'		$0.067\,9\times10.3\times4.2^2=12.34$	$0.081\,1\times10.3\times4.13^2=14.25$
	m_y'		$0.056\,1\times10.3\times4.2^2=10.19$	$0.072\,0\times10.3\times4.13^2=12.65$
区　格			C	D
l_x/l_y			4.2/5.33=0.79	4.13/5.33=0.78
跨内	计算简图		g' + q'	g' + q'
	$v=0$	m_x	$(0.031\,8\times7.05+0.057\,3\times3.25)\times4.2^2=7.24$	$(0.037\,5\times7.05+0.058\,5\times3.25)\times4.13^2=7.75$
		m_y	$(0.014\,5\times7.05+0.033\,1\times3.25)\times4.2^2=3.70$	$(0.021\,3\times7.05+0.032\,7\times3.25)\times4.13^2=4.37$
	$v=0.2$	$m_x^{(v)}$	$7.24+0.2\times3.70=7.98$	$7.75+0.2\times4.37=8.62$
		$m_y^{(v)}$	$3.70+0.2\times7.24=5.15$	$4.37+0.2\times7.75=5.92$
支座	计算简图		$g+q$	$g+q$
	m_x'		$0.072\,8\times10.3\times4.2^2=13.23$	$0.090\,5\times10.3\times4.13^2=15.90$
	m_y'		$0.057\,0\times10.3\times4.2^2=10.36$	$0.075\,3\times10.3\times4.13^2=13.23$

由该表可见，板间支座弯矩是不平衡的，实际应用时可近似取相邻两区格板支座弯矩的平均值，即：

A-B 支座　　$M'_x = (-12.34 - 14.25)/2 = -13.30$（kN·m/m）

A-C 支座　　$M'_y = (-10.19 - 10.36)/2 = -10.28$（kN·m/m）

B-D 支座　　$M'_y = (-12.65 - 13.23)/2 = -12.94$（kN·m/m）

C-D 支座　　$M'_x = (-13.23 - 15.90)/2 = -14.57$（kN·m/m）

各跨中、支座弯矩既已求得（考虑 A 区格板四周与梁整体连接，乘以折减系数 0.8），即可近似按

$$A_s = \frac{m}{0.90 h_0 f_y}$$

算出相应的钢筋截面面积，取跨中及支座截面 $h_{0x} = 80$ mm，$h_{0y} = 70$ mm，具体计算不赘述。

3.4　楼梯结构设计

钢筋混凝土梁板结构应用非常广泛，除大量用于前面所述的楼盖、屋盖外，工业民用建筑中的楼梯、挑檐、雨篷、阳台等也是梁板结构的各种组合，只是这些构件的形式较特殊，其工作条件也有所不同，因而在计算中各具有其特点，本节着重分析以受弯为主的楼梯计算及构造特点。

楼梯（图 3.62）是多层及高层房屋的竖向通道，是房屋的重要组成部分。钢筋混凝土楼梯由于经济耐用，耐火性能好，因而在多层和高层房屋中得到广泛的应用。

图 3.62　楼　梯

楼梯的结构设计步骤包括：① 根据建筑要求和施工条件，确定楼梯的结构型式和结构布

置；② 根据建筑类别，确定楼梯的活荷载标准值；③ 进行楼梯各部件的内力分析和截面设计；④ 绘制施工图，处理连接部件的配筋构造。

3.4.1 楼梯的结构选型

1. 建筑类型

根据使用要求和建筑特点，楼梯可以分成下列不同的建筑类型。

1）直跑楼梯

直跑楼梯适用于平面狭长的楼梯间和人流较少的次要楼梯。在房屋层高较小时，直跑楼梯中部可不设休息平台；层高较大、步数超过 17 步时，宜在中部设置休息平台。如图 3.63 所示。

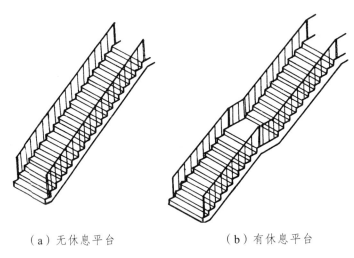

（a）无休息平台 　　　　　　　　（b）有休息平台

图 3.63　直跑楼梯

2）两跑楼梯

两跑楼梯应用最为广泛，适用于层高不太大的一般多层建筑。这种楼梯的平面形式多样，如图 3.64 所示。

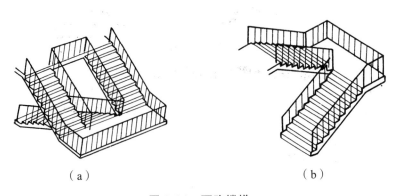

（a） 　　　　　　　　　　　　（b）

图 3.64　两跑楼梯

3）三跑楼梯

当建筑层高较大时，一般采用三跑楼梯，层间设置两个休息平台，楼梯间一般为方形或接近方形的平面，如图 3.65 所示。

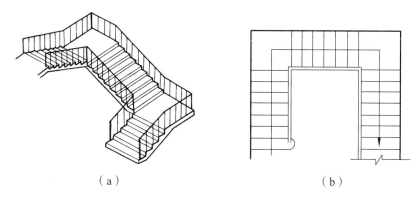

（a） （b）

图 3.65 三跑楼梯

4）剪刀式楼梯

剪刀式楼梯交通方便，适于在人流较多的公共建筑中采用，如图 3.66 所示。

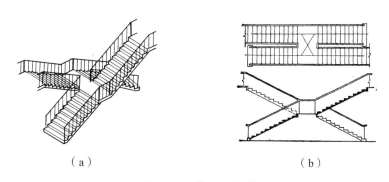

（a） （b）

图 3.66 剪刀式楼梯

5）螺旋形楼梯

螺旋形楼梯也称圆形楼梯，它的形式比较美观，常在公共建筑的门厅或室外采用，而且往往设置在显著的位置上，以增加建筑空间的艺术效果，如图 3.67 所示。它的另一个优点是楼梯间常可设计成圆形或方形，占用的建筑面积较小，所以在一般建筑中也可采用。

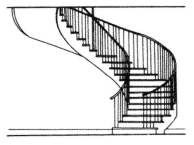

图 3.67 螺旋形楼梯

6）悬挑板式楼梯

钢筋混凝土悬挑板式楼梯的挑出部分没有梁和柱，形式新颖、轻巧，有很好的建筑艺术效果，如图 3.68 所示。这种楼梯在 20 世纪 50 年代国际上就已经用得很广泛了。

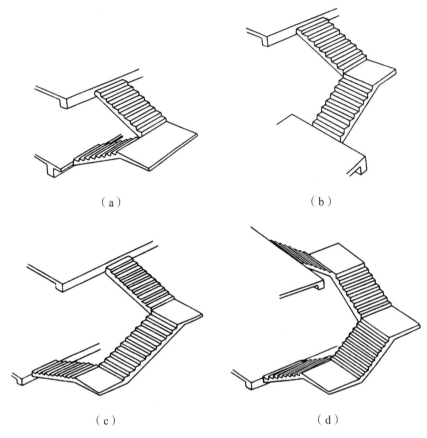

（a）　　　　　　　　　　（b）

（c）　　　　　　　　　　（d）

图 3.68　悬挑板式楼梯

2．结构类型

钢筋混凝土楼梯可以是现浇的或预制装配的。钢筋混凝土现浇楼梯按其结构型式和受力特点大致可分为板式楼梯和梁式楼梯两种基本型式（图 3.69）。

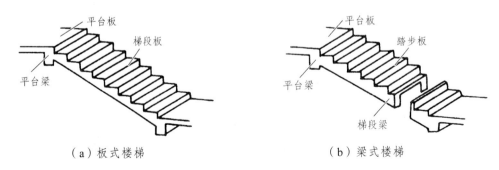

（a）板式楼梯　　　　　　　　　　（b）梁式楼梯

图 3.69　钢筋混凝土楼梯

板式楼梯由梯段板、平台板和平台梁组成［图 3.69（a）］。梯段板是一块带有踏步的斜板，两端支承在上、下平台梁上。其优点是下表面平整，支模施工方便，外观也较轻巧。其缺点是梯段跨度较大时，斜板较厚，材料用量较多。因此，当活荷载较小，梯段跨度不大于 3 m 时，宜采用板式楼梯。

梁式楼梯由踏步板、梯段梁、平台板和平台梁组成［图 3.69（b）］。踏步板支承在两边斜梁上；斜梁再支承在平台梁上，斜梁可设在踏步下面或上面，也可以用现浇拦板代替斜梁。当梯段跨度大于 3 m 时，采用梁式楼梯较为经济，但支模及施工比较复杂，而且外观也显得比较笨重。

选择楼梯的结构型式，应根据使用要求、材料供应、荷载大小、施工条件等因素以及适用、经济、美观的原则来选定。

3.4.2　楼梯的设计要点

发生强烈地震时，楼梯间是重要的紧急逃生竖向通道，楼梯间（包括楼梯板）的破坏会延误人员撤离及救援工作，从而造成严重伤亡。我国的《建筑抗震设计规范》（GB 50011—2010）自 2008 年局部修订时增加了对楼梯间的抗震设计要求，第 6.1.15 条规定：楼梯间宜采用钢筋混凝土楼梯；对于框架结构，楼梯间的布置不应导致结构平面特别不规则；楼梯构件与主体结构整浇时，应计入楼梯构件对地震作用及其效应的影响，应进行楼梯构件的抗震承载力验算；宜采取构造措施，减少楼梯构件对主体结构刚度的影响；楼梯间两侧填充墙与柱之间应加强拉结。条文说明中进一步指出：对于框架结构，楼梯构件与主体结构整浇时，梯板起到斜支撑的作用，对结构刚度、承载力、规则性的影响比较大，应参与抗震计算；当采取措施，如梯板滑动支承于平台板，楼梯构件对结构刚度等的影响较小，是否参与整体抗震计算差别不大。对于楼梯间设置刚度足够大的抗震墙的结构，楼梯构件对结构刚度的影响较小，也可不参与整体抗震计算。

下面仅介绍板式楼梯的设计要点。

板式楼梯的设计内容包括梯段板、平台板和平台梁的设计。

1．梯段斜板

近似假定梯段板按斜放的简支梁计算，计算跨度取平台梁间的斜长净距，取 1 m 宽板带作为计算单元，计算简图如图 3.70 所示。

普通平放的板所受荷载（包括恒载和活载）是沿水平方向分布的，但在楼梯斜板中，其恒载 g'（包括踏步、梯段斜板及上下粉刷重）和使用活载 q' 是沿板的倾斜方向分布的。

为计算梯段斜板内力，应将恒载 g' 和使用活载 q' 分解为垂直于板面和平行板面的两个荷载 $(g'+q')\cos\alpha$ 和 $(g'+q')\sin\alpha$［图 3.70（b）、（c）］。

斜板在荷载 $(g'+q')\cos\alpha$ 作用下，沿其法线方向产生弯曲，产生如图 3.70（b）所示的弯矩和剪力。而在 $(g'+q')\sin\alpha$ 作用下，在斜板横截面上产生轴力 N［图 3.70（c）］，对一般楼梯斜板设计时，由于楼梯倾角 α 较小，因而轴力 N 影响很小，设计时可不予考虑。因此，斜板内力计算时，仅需计算在荷载 $(g'+q')\cos\alpha$ 作用下的内力。

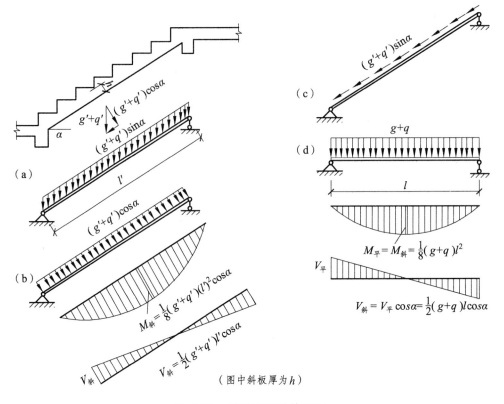

（图中斜板厚为 h）

图 3.70 梯段板的计算简图

斜板的内力由图 3.70（b）可得，跨中弯矩：

$$M_{斜} = \frac{1}{8}(g'+q')(l')^2 \cos\alpha \qquad (3.29)$$

支座剪力：

$$V_{斜} = \frac{1}{2}(g'+q')l' \cos\alpha \qquad (3.30)$$

式中　l'——梯段斜板斜向计算跨度。

如果用 $l'=l/\cos\alpha$，$g'+q'=(g+q)\cos\alpha$ 代入上式则得：

$$M_{斜} = \frac{1}{8}(g'+q')(l')^2\cos\alpha = \frac{1}{8}(g'+q')\left(\frac{l}{\cos\alpha}\right)^2\cos\alpha = \frac{1}{8}(g+q)l^2 \qquad (3.31)$$

$$V_{斜} = \frac{1}{2}(g'+q')l'\cos\alpha = \frac{1}{2}(g+q)\cos\alpha\frac{l}{\cos\alpha}\cos\alpha = \frac{1}{2}(g+q)l\cos\alpha \qquad (3.32)$$

式中　l——梯段斜板计算跨度的水平投影长度；

　　　g，q——每单位水平长度上的竖向均布恒载和活载。

可见，简支斜梁在竖向均布荷载 $p=g+q$ 作用下的最大弯矩，等于其水平投影长度的简支梁在 p 作用下的最大弯矩，最大剪力为水平投影长度的简支梁在 p 作用下的最大剪力值乘以 $\cos\alpha$。

考虑到梯段板与平台梁整浇，平台对斜板的转动变形有一定的约束作用，故计算板的跨中正弯矩时，常近似取

$$M = \frac{1}{10}(g+q)l^2 \tag{3.33}$$

截面承载力计算时，斜板的截面高度应垂直于斜面量取，并取齿形的最薄处。梯段板厚度应不小于（$1/25 \sim 1/30$）l。

为避免斜板在支座处产生过大的裂缝，应在板面配置一定数量钢筋，一般取 $\Phi 8@200$，长度为 $l_0/4$（图 3.71）。在垂直受力钢筋方向仍应按构造配置分布钢筋，并要求每个踏步板内至少放置一根分布钢筋，且应放置在受力钢筋的内侧。梯段板和一般板的计算相同，可不必进行斜截面受剪承载力验算。

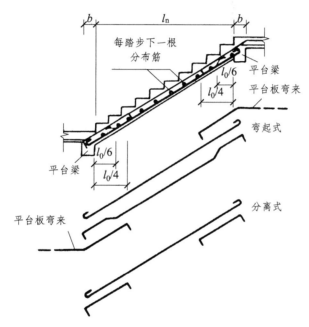

图 3.71　板式楼梯梯段板的配筋示意图

2．平台板和平台梁

平台板一般设计成单向板（有时也可能是双向板），可取 1 m 宽板带进行计算，平台板一端与平台梁整体连接，另一端可能支承在砖墙上，也可能与过梁整浇。

当板的两边均与梁整体连接时，考虑梁对板的弹性约束，板的跨中弯矩可按式（3.34）计算，即

$$M = \frac{1}{10}(g+q)l^2 \tag{3.34}$$

当板的一边与梁整体连接而另一边支承在墙上时，板的跨中弯矩则应按式（3.35）计算：

$$M = \frac{1}{8}(g+q)l^2 \tag{3.35}$$

式中 l——平台板的计算跨度。

考虑到平台板支座的转动会受到一定约束，一般应将平台板下部钢筋在支座附近弯起一半，或在板面支座处另配短钢筋，伸出支承边缘长度为 $l_n/4$，图 3.72 为平台板的配筋。

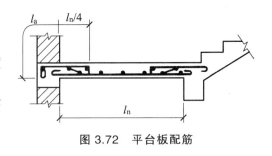

图 3.72 平台板配筋

平台梁的设计与一般梁相似。平台梁截面高度 h，一般取 $h \geqslant l_0/12$，l_0 为平台梁的计算跨度，其他构造要求与一般梁相同。

3．楼梯构件抗震承载力验算要求

（1）与楼梯构件相连的框架柱、框架梁，应计入楼梯构件附加的地震内力（尤其是轴力和剪力）。

（2）与楼梯构件不相连的框架柱、框架梁，可按不计入楼梯构件的情况设计。

（3）梯板应计入地震轴力和面内弯矩的影响，按偏心受拉、偏心受压构件计算，按双层配筋设计。

（4）连接梯板和框架的休息平台梁应计入地震轴力影响，按压弯或拉弯构件设计；支承梯板的平台梁应按拉弯剪构件设计。

（5）支承平台梁的梯柱应取平台梁的轴向力作为剪力进行设计。

【例 3.6】 某办公楼板式楼梯的结构布置图及剖面图见图 3.73。层高 3.6 m，踏步尺寸 150 mm×300 mm。作用于楼梯上的活荷载标准值为 2.5 kN/m²。踏步面层为 20 mm 厚水泥砂浆抹灰，底面为 20 mm 厚混合砂浆抹灰。混凝土采用 C20，楼梯平台梁中的受力纵筋采用 HRB335 级，其余钢筋均采用 HPB300 级。请设计此楼梯。

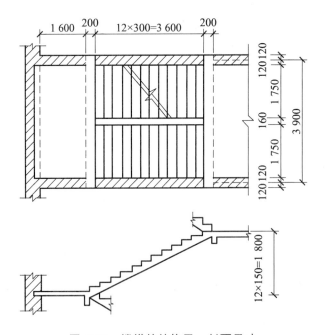

图 3.73 楼梯的结构平、剖面尺寸

【解】（1）梯段板设计。

板倾斜角的 $\tan\alpha = 150/300 = 0.5$，$\cos\alpha = 0.894$。

估算板厚：

$$h = \left(\frac{1}{25} - \frac{1}{30}\right)l = \left(\frac{1}{25} - \frac{1}{30}\right)\frac{l_{\mathrm{n}}}{\cos\alpha} = \left(\frac{1}{25} - \frac{1}{30}\right)\frac{3\,600}{0.894} = 161 \sim 134 \text{ (mm)}$$

取板厚 $h = 140$ mm，取 1 m 宽板带作为计算单元。

① 梯段板的荷载计算。

恒载计算：

水磨石面层	$1 \times (0.3+0.15) \times 0.65/0.3 = 0.98$（kN/m）
三角形踏步	$1 \times 0.5 \times 0.15 \times 0.3 \times 25/0.3 = 1.88$（kN/m）
混凝土斜板	$1 \times 0.14 \times 25/0.894 = 3.91$（kN/m）
板底抹灰	$1 \times 0.02 \times 17/0.894 = 0.38$（kN/m）
恒载标准值	$g_{\mathrm{k}} = 7.15$（kN/m）

活荷载标准值　　　　　$q_{\mathrm{k}} = 1 \times 2.5 = 2.5$（kN/m）

总荷载设计值　　　　　$p_1 = 1.2 \times 7.15 + 1.4 \times 2.5 = 12.08$（kN/m）

$p_2 = 1.35 \times 7.15 + 0.7 \times 1.4 \times 2.5 = 12.10$（kN/m）

$\max(p_1, p_2) = 12.1$（kN/m）

② 内力计算。

板水平投影计算跨度：$l_0 = l_{\mathrm{n}} + b = 3.6 + 0.3 = 3.8$（m）

跨中最大设计值：

$$M = \frac{1}{10}pl_0^2 = \frac{1}{10} \times 12.1 \times 3.8^2 = 17.47 \text{（kN·m）}$$

③ 截面设计。

板的有效高度：$h_0 = 140 - 20 = 120$（mm）

$$x = h_0 - \sqrt{h_0^2 - \frac{2M}{\alpha_1 f_{\mathrm{c}}b}} = 120 - \sqrt{120^2 - \frac{2 \times 17.47 \times 10^6}{1.0 \times 9.6 \times 1\,000}}$$

$$= 16.3 \text{ (mm)} < 0.614 \times 120 = 73.7 \text{ (mm)}$$

$$A_{\mathrm{s}} = \frac{f_{\mathrm{c}}bx}{f_y} = \frac{9.6 \times 1\,000 \times 16.3}{270} = 579.6 \text{ (mm}^2\text{)}$$

选取 Φ10@125（实配 628 mm²），分布筋每踏步下 Φ8，垂直受力筋放置，且放于内侧。

（2）平台板设计。

取 1 m 宽板带作为计算单元，设平台板厚 $h \geqslant l/35 \approx 1\,600/35 = 46$ mm < 60 mm，取板厚 $h = 60$ mm。

① 荷载计算。

恒　载：

平台板自重　　　　　　$1 \times 0.06 \times 25 = 1.50$（kN/m）

板面抹灰重　　　　　　$1 \times 0.02 \times 20 = 0.40$（kN/m）

板底抹灰重　　　　　　$1 \times 0.02 \times 17 = 0.34$（kN/m）

恒载标准值　　　　　　$g_k = 2.24$（kN/m）

活荷载标准值　　　　　$q_k = 1 \times 2.5 = 2.5$（kN/m）

总荷载设计值　　　　　$p_1 = 1.20 \times 2.24 + 1.40 \times 2.5 = 6.19$（kN/m）

　　　　　　　　　　　$p_2 = 1.35 \times 2.24 + 0.7 \times 1.4 \times 2.5 = 5.47$（kN/m）

　　　　　　　　　　　$p = \max(p_1, p_2) = 6.19$（kN/m）

② 内力计算。

板计算跨度：　　　　　$l_0 = l_n + h/2 + b/2 = 1.6 + 0.06/2 + 0.2/2 = 1.73$（m）

跨中最大设计值：

$$M = \frac{1}{8}pl_0^2 = \frac{1}{8} \times 6.19 \times 1.73^2 = 2.32 \, (\text{kN·m})$$

③ 截面设计。

板的有效高度：　　　　$h_0 = h_0 - a_s = 60 - 20 = 40$（mm）

$$x = h_0 - \sqrt{h_0^2 - \frac{2M}{\alpha_1 f_c b}} = 40 - \sqrt{40^2 - \frac{2 \times 2.32 \times 10^6}{1.0 \times 9.6 \times 1\,000}}$$

$$= 6.6 \, (\text{mm}) < 0.614 \times 40 = 24.6 \, (\text{mm})$$

$$A_s = \frac{f_c bx}{f_y} = \frac{9.6 \times 1\,000 \times 6.6}{270} = 234.7 \, (\text{mm}^2)$$

选取 Φ8@200（实配 251 mm²），分布筋 Φ8@250。

（3）平台梁设计。

计算跨度：　　　　　　$l_0 = 1.05 l_n = 1.05 \times 3.66 = 3.84$（m）$< l_n + a = 3.66 + 0.24 = 3.90$（mm）

估算截面尺寸：　　　　$h = l_0/12 = 3\,840/12 = 320$（mm），取 $b \times h = 200 \, \text{mm} \times 400 \, \text{mm}$

① 荷载计算。

梯段板传来　　　　　　$12.1 \times 3.6/2 = 21.78$（kN/m）

平台板传来　　　　　　$6.19 \times (1.6/2 + 0.2) = 6.19$（kN/m）

平台梁自重　　　　　　$1.2 \times 0.2 \times (0.4 - 0.06) \times 25 = 2.04$（kN/m）

平台梁侧抹灰　　　　　$1.2 \times 2 \times (0.4 - 0.06) \times 0.02 \times 17 = 0.28$（kN/m）

合　计　　　　　　　　$p = 30.29$（kN/m）

② 内力计算。

跨中最大弯矩：

$$M = \frac{1}{8}pl_0^2 = \frac{1}{8} \times 30.29 \times 3.84^2 = 55.83$$（kN·m）

支座最大剪力：

$$M = \frac{1}{2} \times 30.29 \times 3.66 = 55.43 \text{（kN · m）}$$

③ 截面计算。

a. 受弯承载力计算。

按倒 L 形截面计算，受压翼缘计算宽度取下列中较小值：

$$b'_f = \min\left(\frac{l_0}{6}, b+\frac{s_0}{2}\right) = \min\left(3\,840, 200+\frac{1\,600}{2}\right)$$
$$= 640 \text{ (mm)}$$

$$h_0 = 400 - 35 = 365 \text{ (mm)}$$

$$\alpha_1 f_c b'_f h'_f \left(h_0 - \frac{h'_f}{2}\right) = 1 \times 1.96 \times 640 \times \left(365 - \frac{60}{2}\right)$$
$$= 123.49 \text{ (kN·m)} > 55.63 \text{ (kN·m)}$$

属于第一类 T 形截面。

$$x = h_0 - \sqrt{h_0^2 - \frac{2M}{\alpha_1 f_c b}} = 365 - \sqrt{365^2 - \frac{2 \times 55.83 \times 10^6}{1.0 \times 9.6 \times 1\,000}}$$
$$= 91 \text{ (mm)} < 0.614 \times 365 = 200.8 \text{ (mm)}$$

$$A_s = \frac{f_c bx}{f_y} = \frac{9.6 \times 200 \times 91}{300} = 582.4 \text{ (mm}^2\text{)}$$

选 3 根 HRB335 级直径 16 mm 纵筋。

b. 受剪承载力计算。

$$0.25\beta_c f_c bh_0 = 0.25 \times 1 \times 9.6 \times 200 \times 365 = 175.2 \text{ (kN)} > 55.43 \text{ (kN)}$$

截面尺寸满足要求。

$$0.7 f_t bh_0 = 0.7 \times 1.1 \times 200 \times 365 = 56.2 \text{ (kN)} \approx 55.43 \text{ (kN)}$$

可按构造要求选用双肢 Φ8@300。

$$V = 0.7 f_t bh_0 + 1.25 f_{yv} \frac{A_{sv}}{s} h_0$$
$$= 0.7 \times 1.1 \times 200 \times 365 + 1.25 \times 210 \times \frac{2 \times 50.3}{300} \times 365$$
$$= 68.3 \text{ (kN)} > 55.43 \text{ (kN)}$$

配筋见图 3.74。

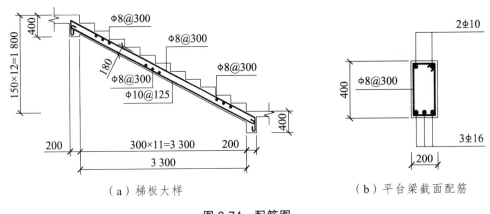

（a）梯板大样　　　　　　　　　（b）平台梁截面配筋

图 3.74　配筋图

习　题

3.1　钢筋混凝土楼盖有哪些类型？

3.2　单向板和双向板是如何划分的？它们的受力特点和计算简图有何不同？

3.3　如何估算梁的截面尺寸？

3.4　如何估算板的厚度？

3.5　如何确定梁、板的计算跨度？

3.6　如何确定 T 形梁及倒 L 形梁的计算宽度？

3.7　钢筋混凝土楼盖结构的设计步骤如何？

3.8　按弹性理论确定单向板和次梁的计算简图时，将整浇梁视为不动铰支座，这与实际结构受力情况有何区别？如何修正？

3.9　双向板按弹性理论计算时，其基本假定是什么？

3.10　为什么要考虑活荷载的不利布置？试用图示说明确定截面内力最不利活载的布置原则。

3.11　内力包络图的含义是什么？如何绘制内力包络图？

3.12　什么是塑性铰？它与力学中的"理想铰"有何区别？

3.13　什么是"内力重分布"？"塑性铰"与"内力重分布"有何关系？

3.14　对钢筋混凝土连续梁，按考虑塑性内力重分布方法进行设计有什么优缺点？适用情况如何？

3.15　塑性铰的转动能力与哪些因素有关？

3.16　按考虑塑性内力重分布方法与按弹性理论方法计算内力时的计算跨度取值有何不同？

3.17　采用调幅法进行构件设计时，为什么要控制调幅幅度？

3.18　肋梁楼盖中板的配筋形式有哪几种？

3.19　楼板设计中分布钢筋的作用是什么？

3.20　主、次梁设计时其截面形式如何确定？

3.21　简述梁中箍筋的主要作用。

3.22　按弹性或考虑塑性重分布计算出板的内力后为什么要进行调整?

3.23　某三跨连续梁,其计算简图如图 3.75 所示。已知活载标准值 $P_k = 15$ kN,恒载标准值 $g_k = 20$ kN/m,求内力设计值,并画出内力图。(活载分项系数取 1.4,恒载分项系数取 1.2)

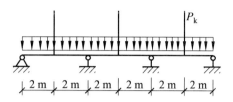

图 3.75　习题 3.23 图

3.24　某三跨连续梁如图 3.76 所示,已知恒载设计值 $g = 10$ kN/m,活载设计值 $q = 15$ kN/m,试绘制其内力包络图。

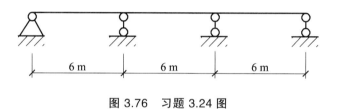

图 3.76　习题 3.24 图

3.25　如图 3.77 所示九跨钢筋混凝土连续单向板,板厚 $h = 80$ mm。所用材料:混凝土强度等级为 C30,钢筋为 HPB300 级。板上承受均布永久荷载标准值 $g_k = 4.0$ kN/m² (包括板自重),均布可变荷载标准值 $q_k = 3.5$ kN/m²。试按塑性内力重分布理论对此连续单向板进行内力与配筋计算。注:次梁纵向跨度(即主梁间距)为 6.0 m。

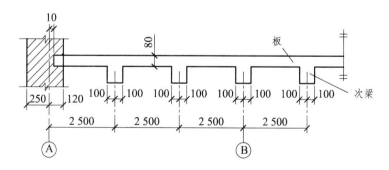

图 3.77　习题 3.25 图

3.26　五跨连续板的内跨板带如图 3.78 所示,板跨 2.4 m,受恒载 $g_k = 3$ kN/m²,荷载分项系数为 1.2,活荷载 $q_k = 3.5$ kN/m²,分项系数为 1.4;混凝土强度等级为 C20,HPB300 级钢筋;次梁截面尺寸 $b \times h = 200$ mm × 450 mm。分别按弹性理论和塑性理论计算板厚及其配筋,并绘出配筋草图。

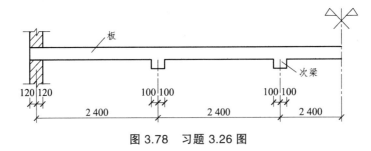

图 3.78　习题 3.26 图

3.27　如图 3.79 所示，五跨连续次梁两端支承在 370 mm 厚的砖墙上。中间支承在 $b \times h = 300\ \text{mm} \times 700\ \text{mm}$ 的主梁上。承受板传来的恒荷载 $g_k = 12\ \text{kN/m}$，分项系数为 1.2，活荷载 $q_k = 10\ \text{kN/m}$，分项系数为 1.3。混凝土强度等级为 C20，采用 HPB300 级钢筋，试考虑塑性内力重分布设计该梁（确定截面尺寸及配筋），并绘出配筋草图。

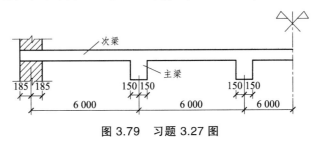

图 3.79　习题 3.27 图

3.28　如图 3.80 所示五跨钢筋混凝土连续次梁。所用材料：混凝土强度等级为 C30，纵筋为 HRB400 级，箍筋为 HPB300 级。梁上承受均布永久荷载标准值 $g_k = 13.0\ \text{kN/m}$（包括次梁自重），均布可变荷载标准值 $q_k = 8.5\ \text{kN/m}$。试按考虑塑性内力重分布理论对此次梁进行内力与配筋计算。

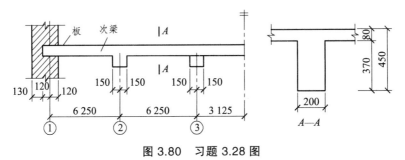

图 3.80　习题 3.28 图

3.29　如图 3.81 所示钢筋混凝土四边固定板，板厚 100 mm，混凝土强度等级为 C30，钢筋为 HPB300 级，板上承受总的均布荷载设计值 $g = 9.04\ \text{kN/m}^2$。试按弹性理论对此单块板进行配筋计算。

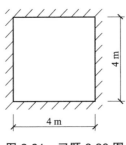

图 3.81　习题 3.29 图

3.30　如图 3.82 所示钢筋混凝土两跨双向板，板厚 80 mm，混凝土强度等级为 C25，钢筋为 HPB300 级。板上承受均布永久荷载标准值为 6 kN/m²（包括板自重），均布可变荷载标准值 2.5 kN/m²。该板周边搁置在墙上，中间与 $b \times h = 200$ mm × 500 mm 钢筋混凝土梁整体浇筑。试对此两跨双向板进行配筋计算并选配受力筋直径与间距。

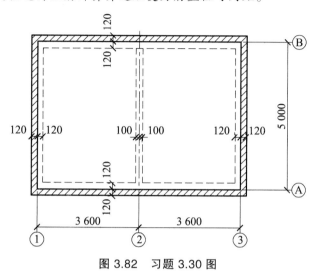

图 3.82　习题 3.30 图

3.31　某多层楼盖如图 3.83 所示。采用 C25 混凝土，HPB300 级钢筋。要求采用：① 单向板肋梁楼盖；② 双向板肋梁楼盖进行楼板设计。现已知楼面活荷载标准值 $q_k = 2.5$ kN/m²，板面和板底装饰面层自重 $g_k = 1.2$ kN/m²，板厚自己确定。请对该楼盖进行设计。

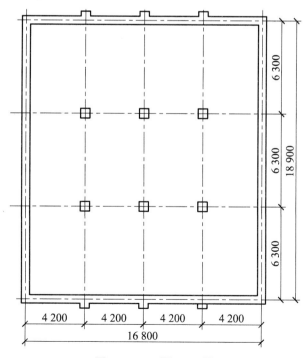

图 3.83　习题 3.31 图

附表 3.1 常用荷载作用下等截面等跨连续梁的内力系数表

1. 在均布及三角形荷载作用下

   M = 表中系数 × ql^2

   Q = 表中系数 × ql

2. 在集中荷载作用下

   M = 表中系数 × pl

   Q = 表中系数 × p

3. 内力正、负号规定

   M —— 使截面上部受压、下部受拉为正；

   Q —— 对邻近截面所产生的力矩沿顺时针方向者为正。

附表 3.1.1 两 跨 梁

荷 载 图	跨 内 最 大 弯 矩		支座弯矩	剪 力		
	M_1	M_2	M_B	Q_A	Q_{Bz} Q_{By}	Q_C
	0.70	0.070 3	− 0.125	0.375	− 0.625 0.625	− 0.375
	0.096	—	− 0.063	0.437	− 0.563 0.063	0.063
	0.048	0.048	− 0.078	0.172	− 0.328 0.328	− 0.172
	0.064	—	− 0.039	0.211	− 0.289 0.039	0.039
	0.156	0.156	− 0.188	0.312	− 0.688 0.688	− 0.312
	0.203	—	− 0.094	0.406	− 0.594 0.094	0.094
	0.222	0.222	− 0.333	0.667	− 1.333 1.333	− 0.667
	0.278	—	− 0.167	0.833	− 1.167 0.167	0.167

附表 3.1.2　三　跨　梁

荷　载　图	跨内最大弯矩		支　座　弯　矩		剪　力			
	M_1	M_2	M_B	M_C	Q_A	Q_{Bz} Q_{By}	Q_{Cz} Q_{Cy}	Q_D
(均布荷载 q，A B C D，l l l)	0.080	0.025	−0.100	−0.100	0.400	−0.600 0.500	−0.500 0.600	−0.400
(M_1 M_2 M_3)	0.101	—	−0.050	−0.050	0.450	−0.550 0	0 0.550	−0.450
	—	0.075	−0.050	−0.050	0.050	−0.050 0.500	−0.500 0.050	0.050
	0.073	0.054	−0.117	−0.033	0.383	−0.617 0.583	−0.417 0.033	0.033
	0.094	—	−0.067	0.017	0.433	−0.567 0.083	0.083 −0.017	−0.017
	0.054	0.021	−0.063	−0.063	0.183	−0.313 0.250	−0.250 0.313	−0.188
	0.068	—	−0.031	−0.031	0.219	−0.281 0	0 0.281	−0.219
	—	0.052	−0.031	−0.031	0.031	−0.031 0.250	−0.250 0.031	0.031
	0.050	0.038	−0.073	−0.021	0.177	−0.323 0.302	−0.198 0.021	0.021
	0.063	—	−0.042	0.010	0.208	−0.292 0.052	0.052 −0.010	−0.010
(P P P)	0.175	0.100	−0.150	−0.150	0.350	−0.650 0.500	−0.500 0.650	−0.350
(P P)	0.213	—	−0.075	−0.075	0.425	−0.575 0	0 0.575	−0.425
(P)	—	0.175	−0.075	−0.075	−0.075	−0.075 0.500	−0.500 0.075	0.075
(P P)	0.162	0.137	−0.175	−0.050	0.325	−0.675 0.625	−0.375 0.050	0.050

荷 载 图	跨内最大弯矩		支座弯矩		剪 力			
	M_1	M_2	M_B	M_C	Q_A	Q_{Bz} Q_{By}	Q_{Cz} Q_{Cy}	Q_D
	0.200	—	−0.100	0.025	0.400	−0.600 0.125	0.125 −0.025	−0.025
	0.244	0.067	−0.267	0.267	0.733	−1.267 1.000	−1.000 1.267	−0.733
	0.289	—	0.133	−0.133	0.866	−1.134 0	0 1.134	−0.866
	—	0.200	−0.133	0.133	−0.133	−0.133 1.000	−1.000 0.133	0.133
	0.229	0.170	−0.311	−0.089	0.689	−1.311 1.222	−0.778 0.089	0.089
	0.274	—	0.178	0.044	0.822	−1.178 0.222	0.222 −0.044	−0.044

附表 3.1.3 四 跨 梁

荷 载 图	跨内最大弯矩				支座弯矩			剪 力				
	M_1	M_2	M_3	M_4	M_B	M_C	M_D	Q_A	Q_{Bz} Q_{By}	Q_{Cz} Q_{Cy}	Q_{Dz} Q_{Dy}	Q_E
	0.077	0.036	0.036	0.077	−0.107	−0.071	−0.107	0.393	−0.607 0.536	−0.464 0.464	−0.536 0.607	−0.393
	0.100	—	0.081	—	−0.054	−0.036	−0.054	0.446	−0.554 0.018	0.018 0.482	−0.518 0.054	0.054
	0.072	0.061	—	0.098	−0.121	−0.018	−0.058	0.380	−0.620 0.603	−0.397 −0.040	−0.040 0.558	−0.442
	—	0.056	0.056	—	−0.036	−0.107	−0.036	−0.036	−0.036 0.429	−0.571 0.571	−0.429 0.036	0.036
	0.094	—	—	—	−0.067	0.018	−0.004	0.433	−0.567 0.085	0.085 −0.022	0.022 0.004	0.004
	—	0.071	—	—	−0.049	−0.054	0.013	−0.049	−0.049 0.496	−0.504 0.067	0.067 −0.013	−0.013

续附表

荷 载 图	跨内最大弯矩			支 座 弯 矩				剪　力				
	M_1	M_2	M_3	M_4	M_B	M_C	M_D	Q_A	Q_{Bz} / Q_{By}	Q_{Cz} / Q_{Cy}	Q_{Dz} / Q_{Dy}	Q_E
	0.052	0.028	0.028	0.052	−0.067	−0.045	−0.067	0.183	−0.317 / 0.272	−0.228 / 0.228	−0.272 / 0.317	−0.183
	0.067	—	0.055	—	−0.034	−0.022	−0.034	0.217	−0.284 / 0.011	0.011 / 0.239	−0.261 / 0.034	0.034
	0.049	0.042	—	0.066	−0.075	−0.011	−0.036	0.175	−0.325 / 0.314	−0.186 / −0.025	−0.025 / 0.286	−0.214
	—	0.040	0.040	—	−0.022	−0.067	−0.022	−0.022	−0.022 / 0.205	−0.295 / 0.295	−0.205 / 0.022	0.022
	0.063	—	—	—	−0.042	0.011	−0.003	0.208	−0.292 / 0.053	0.053 / −0.014	−0.014 / 0.003	0.003
	—	0.051	—	—	−0.031	−0.034	0.008	−0.031	−0.031 / 0.247	−0.253 / 0.042	0.042 / −0.008	−0.008
	0.169	0.116	0.116	0.169	−0.161	−0.107	−0.161	0.339	−0.661 / 0.554	−0.446 / 0.446	−0.554 / 0.661	−0.339
	0.210	—	0.183	—	−0.080	−0.054	−0.080	0.420	−0.580 / 0.027	0.027 / 0.473	−0.527 / 0.080	0.080
	0.159	0.146	—	0.206	−0.181	−0.027	−0.087	0.319	−0.681 / 0.654	−0.346 / −0.060	−0.060 / 0.587	−0.413
	—	0.142	0.142	—	−0.054	−0.161	−0.054	0.054	−0.054 / 0.393	−0.607 / 0.607	−0.393 / 0.054	0.054
	0.200	—	—	—	−0.100	0.027	−0.007	0.400	−0.600 / 0.127	0.127 / −0.033	−0.033 / 0.007	0.007
	—	0.173	—	—	−0.074	−0.080	0.020	−0.074	−0.074 / 0.493	−0.507 / 0.100	0.100 / −0.020	−0.020
	0.238	0.111	0.111	0.238	−0.286	−0.191	−0.286	0.714	1.286 / 1.095	−0.905 / 0.905	−1.095 / 1.286	−0.714
	0.286	—	0.222	—	−0.143	−0.095	−0.143	0.857	−1.143 / 0.048	0.048 / 0.952	−1.048 / 0.143	0.143
	0.226	0.194	—	0.282	−0.321	−0.048	−0.155	0.679	−1.321 / 1.274	−0.726 / −0.107	−0.107 / 1.155	−0.845
	—	0.175	0.175	—	−0.095	−0.286	−0.095	−0.095	0.095 / 0.810	−1.190 / 1.190	−0.810 / 0.095	0.095
	0.274	—	—	—	−0.178	0.048	−0.012	0.822	−1.178 / 0.226	0.226 / −0.060	−0.060 / 0.012	0.012
	—	0.198	—	—	−0.131	−0.143	0.036	−0.131	−0.131 / 0.988	−1.012 / 0.178	0.178 / −0.036	−0.036

附表 3.2 双向板计算系数表

符 号 说 明

刚 度 $B_C = \dfrac{Eh^3}{12(1-\mu^2)}$

式中 E——弹性模量；

  h——板厚；

  μ——泊松比。

表中 f，$f_{\max}$——板中心点的挠度和最大挠度；

  f_{0x}，f_{0y}——平行于 l_x 和 l_y 方向自由边的中心挠度；

  m_x，$m_{x\max}$——平行于 l_x 方向板中心点单位板宽内的弯矩和板跨内最大弯矩；

  m_y，$m_{y\max}$——平行于 l_y 方向板中心点单位板宽内的弯矩和板跨内最大弯矩；

  m_{0x}，m_{0y}——平行于 l_x 和 l_y 方向自由边的中点单位板宽内的弯矩；

  $m_{\dot{x}}$——固定边中点沿 l_x 方向单位板宽内的弯矩；

  $m_{\dot{y}}$——固定边中点沿 l_y 方向单位板宽内的弯矩；

  m_{xz}——平行于 l_x 方向自由边上固定端单位板宽内的支座弯矩。

图中 ——— 代表自由边；======= 代表简支边；⊥⊥⊥⊥ 代表固定边。

正、负号的规定：

  弯矩——使板的受荷面受压者为正；

  挠度——变位方向与荷载方向相同者为正。

（1）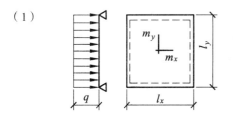

挠度 = 表中系数 × $\dfrac{ql^4}{B_C}$；

$\mu = 0$，弯矩 = 表中系数 × ql^2；

式中 l 取用 l_x 和 l_y 中之较小者。

附表 3.2.1

l_x/l_y	f	m_x	m_y	l_x/l_y	f	m_x	m_y
0.50	0.010 13	0.096 5	0.017 4	0.80	0.006 03	0.056 1	0.033 4
0.55	0.009 40	0.089 2	0.021 0	0.85	0.005 47	0.050 6	0.034 8
0.60	0.008 67	0.082 0	0.024 2	0.90	0.004 96	0.045 6	0.035 8
0.65	0.007 96	0.075 0	0.027 1	0.95	0.004 49	0.041 0	0.036 4
0.70	0.007 27	0.068 3	0.029 6	1.00	0.004 06	0.036 8	0.036 8
0.75	0.006 63	0.062 0	0.031 7				

（2）

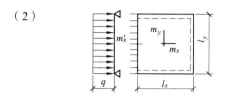

$$挠度 = 表中系数 \times \frac{ql^4}{B_C};$$

$\mu = 0$，弯矩 = 表中系数 $\times ql^2$；

式中 l 取用 l_x 和 l_y 中之较小者。

附表 3.2.2

l_x/l_y	l_y/l_x	f	$f_{\max}$	m_x	$m_{x\max}$	m_y	$m_{y\max}$	m_x'
0.50		0.004 88	0.005 04	0.058 3	0.064 6	0.006 0	0.006 3	− 0.121 2
0.55		0.004 71	0.004 92	0.056 3	0.061 8	0.008 1	0.008 7	− 0.118 7
0.60		0.004 53	0.004 72	0.053 9	0.058 9	0.010 4	0.011 1	− 0.115 8
0.65		0.004 32	0.004 48	0.051 3	0.055 9	0.012 6	0.013 3	− 0.112 4
0.70		0.004 10	0.004 22	0.048 5	0.052 9	0.014 8	0.015 4	− 0.108 7
0.75		0.003 88	0.003 99	0.045 7	0.049 6	0.016 8	0.017 4	− 0.104 8
0.80		0.003 65	0.003 76	0.042 8	0.046 3	0.018 7	0.019 3	− 0.100 7
0.85		0.003 43	0.003 52	0.040 0	0.043 1	0.020 4	0.021 1	− 0.096 5
0.90		0.003 21	0.003 29	0.037 2	0.040 0	0.021 9	0.022 6	− 0.092 2
0.95		0.002 99	0.003 06	0.034 5	0.036 9	0.023 2	0.023 9	− 0.088 0
1.00	1.00	0.002 79	0.002 85	0.031 9	0.034 0	0.024 3	0.024 9	− 0.083 9
	0.95	0.003 16	0.003 24	0.032 4	0.034 5	0.028 0	0.028 7	− 0.088 2
	0.90	0.003 60	0.003 68	0.032 8	0.034 7	0.032 2	0.033 0	− 0.092 6
	0.85	0.004 09	0.004 17	0.032 9	0.034 7	0.037 0	0.037 8	− 0.097 0
	0.80	0.004 64	0.004 73	0.032 6	0.034 3	0.042 4	0.043 3	− 0.101 4
	0.75	0.005 26	0.005 36	0.031 9	0.033 5	0.048 5	0.049 4	− 0.105 6
	0.70	0.005 95	0.006 05	0.030 8	0.032 3	0.055 3	0.056 2	− 0.109 6
	0.65	0.006 70	0.006 80	0.029 1	0.030 6	0.062 7	0.063 7	− 0.113 3
	0.60	0.007 52	0.007 62	0.026 8	0.028 9	0.070 7	0.071 7	− 0.116 6
	0.55	0.008 38	0.008 48	0.023 9	0.027 1	0.079 2	0.080 1	− 0.119 3
	0.50	0.009 27	0.009 35	0.020 5	0.024 9	0.088 0	0.088 8	− 0.121 5

（3）

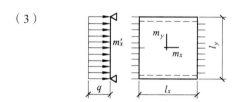

$$挠度 = 表中系数 \times \frac{ql^4}{B_C};$$

$\mu = 0$，弯矩 = 表中系数 $\times ql^2$；

式中 l 取用 l_x 和 l_y 中之较小者。

附表 3.2.3

l_x/l_y	l_y/l_x	f	m_x	m_y	m_x'
0.50		0.002 61	0.041 6	0.001 7	− 0.084 3
0.55		0.002 59	0.041 0	0.002 8	− 0.084 0
0.60		0.002 55	0.040 2	0.004 2	− 0.083 4
0.65		0.002 50	0.039 2	0.005 7	− 0.082 6
0.70		0.002 43	0.037 9	0.007 2	− 0.081 4
0.75		0.002 36	0.036 6	0.008 8	− 0.079 9
0.80		0.002 28	0.035 1	0.010 3	− 0.078 2
0.85		0.002 20	0.033 5	0.011 8	− 0.076 3
0.90		0.002 11	0.031 9	0.013 3	− 0.074 3
0.95		0.002 01	0.030 2	0.014 6	− 0.072 1
1.00	1.00	0.001 92	0.028 5	0.015 8	− 0.069 8
	0.95	0.002 23	0.029 6	0.018 9	− 0.074 6
	0.90	0.002 60	0.030 6	0.022 4	− 0.079 7
	0.85	0.003 03	0.031 4	0.026 6	− 0.085 0
	0.80	0.003 54	0.031 9	0.031 6	− 0.090 4
	0.75	0.004 13	0.032 1	0.037 4	− 0.095 9
	0.70	0.004 82	0.031 8	0.044 1	− 0.101 3
	0.65	0.005 60	0.030 8	0.051 8	− 0.106 6
	0.60	0.006 47	0.029 2	0.060 4	− 0.111 4
	0.55	0.007 43	0.026 7	0.069 8	− 0.115 6
	0.50	0.008 44	0.023 4	0.079 8	− 0.119 1

（4）

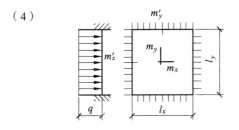

挠度 = 表中系数 $\times \dfrac{ql^4}{B_C}$;

$\mu = 0$, 弯矩 = 表中系数 $\times ql^2$;

式中 l 取用 l_x 和 l_y 中之较小者。

附表 3.2.4

l_x / l_y	f	m_x	m_y	m_x'	m_y'
0.50	0.002 53	0.040 0	0.003 8	− 0.082 9	− 0.057 0
0.55	0.002 46	0.038 5	0.005 6	− 0.081 4	− 0.057 1
0.60	0.002 36	0.036 7	0.007 6	− 0.079 3	− 0.057 1
0.65	0.002 24	0.034 5	0.009 5	− 0.076 6	− 0.057 1
0.70	0.002 11	0.032 1	0.011 3	− 0.073 5	− 0.056 9
0.75	0.001 97	0.029 6	0.013 0	− 0.070 1	− 0.056 5
0.80	0.001 82	0.027 1	0.014 4	− 0.066 4	− 0.055 9
0..85	0.001 68	0.024 6	0.015 6	− 0.062 6	− 0.055 1
0.90	0.001 53	0.022 1	0.016 5	− 0.058 8	− 0.054 1
0.95	0.001 40	0.019 8	0.017 2	− 0.055 0	− 0.052 8
1.00	0.001 27	0.017 6	0.017 6	− 0.051 3	− 0.051 3

（5）

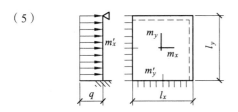

挠度 = 表中系数 $\times \dfrac{ql^4}{B_C}$;

$\mu = 0$, 弯矩 = 表中系数 $\times ql^2$;

式中 l 取用 l_x 和 l_y 中之较小者。

附表 3.2.5

L_x / l_y	f	f_{max}	m_x	m_{xmax}	m_y	m_{ymax}	m_x'	m_y'
0.50	0.004 68	0.004 71	0.055 9	0.056 2	0.007 9	0.013 5	− 0.117 9	− 0.078 6
0.55	0.004 45	0.004 54	0.052 9	0.053 0	0.010 4	0.015 3	− 0.114 0	− 0.078 5
0.60	0.004 19	0.004 29	0.049 6	0.049 8	0.012 9	0.016 9	− 0.109 5	− 0.078 2
0.65	0.003 91	0.003 99	0.046 1	0.046 5	0.015 1	0.018 3	− 0.104 5	− 0.077 7
0.70	0.003 63	0.003 68	0.042 6	0.043 2	0.017 2	0.019 5	− 0.099 2	− 0.077 0
0.75	0.003 35	0.003 40	0.039 0	0.039 6	0.018 9	0.020 6	− 0.093 8	− 0.076 0
0.80	0.003 08	0.003 13	0.035 6	0.036 1	0.020 4	0.021 8	− 0.088 3	− 0.074 8
0.85	0.002 81	0.002 86	0.032 2	0.032 8	0.021 5	0.022 9	− 0.082 9	− 0.073 3
0.90	0.002 56	0.002 61	0.029 1	0.029 7	0.022 4	0.023 8	− 0.077 6	− 0.071 6
0.95	0.002 32	0.002 37	0.026 1	0.026 7	0.023 0	0.024 4	− 0.072 6	− 0.069 8
1.00	0.002 10	0.002 15	0.023 4	0.024 0	0.023 4	0.024 9	− 0.067 7	− 0.067 7

（6）

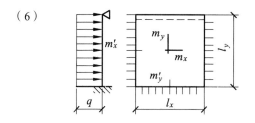

$$挠度 = 表中系数 \times \frac{ql^4}{B_C};$$

$\mu = 0$，弯矩 $=$ 表中系数 $\times ql^2$；

式中 l 取用 l_x 和 l_y 中之较小者。

附表 3.2.6

l_x / l_y	l_y / l_x	f	$f_{\max}$	m_x	$m_{x\max}$	m_y	$m_{y\max}$	m_x'	m_y'
0.50		0.002 57	0.002 58	0.040 8	0.040 9	0.002 8	0.008 9	$-0.083\ 6$	$-0.056\ 9$
0.55		0.002 52	0.002 55	0.039 8	0.039 9	0.004 2	0.009 3	$-0.082\ 7$	$-0.057\ 0$
0.60		0.002 45	0.002 49	0.038 4	0.038 6	0.005 9	0.010 5	$-0.081\ 4$	$-0.057\ 1$
0.65		0.002 37	0.002 40	0.036 8	0.037 1	0.007 6	0.011 6	$-0.079\ 6$	$-0.057\ 2$
0.70		0.002 27	0.002 29	0.035 0	0.035 4	0.009 3	0.012 7	$-0.077\ 4$	$-0.057\ 2$
0.75		0.002 16	0.002 19	0.033 1	0.033 5	0.010 9	0.013 7	$-0.075\ 0$	$-0.057\ 2$
0.80		0.002 05	0.002 08	0.031 0	0.031 4	0.012 4	0.014 7	$-0.072\ 2$	$-0.057\ 0$
0.85		0.001 93	0.001 96	0.028 9	0.029 3	0.013 8	0.015 5	$-0.069\ 3$	$-0.056\ 7$
0.90		0.001 81	0.001 84	0.026 8	0.027 3	0.015 9	0.016 3	$-0.066\ 3$	$-0.056\ 3$
0.95		0.001 69	0.001 72	0.024 7	0.025 2	0.016 0	0.017 2	$-0.063\ 1$	$-0.055\ 8$
1.00	1.00	0.001 57	0.001 60	0.022 7	0.023 1	0.016 8	0.018 0	$-0.060\ 0$	$-0.055\ 0$
	0.95	0.001 78	0.001 82	0.022 9	0.023 4	0.019 4	0.020 7	$-0.062\ 9$	$-0.059\ 9$
	0.90	0.002 01	0.002 06	0.022 8	0.023 4	0.022 3	0.023 8	$-0.065\ 6$	$-0.065\ 3$
	0.85	0.002 27	0.002 33	0.022 5	0.023 1	0.025 5	0.027 3	$-0.068\ 3$	$-0.071\ 1$
	0.80	0.002 56	0.002 62	0.021 9	0.022 4	0.029 0	0.031 1	$-0.070\ 7$	$-0.077\ 2$
	0.75	0.002 86	0.002 94	0.020 8	0.021 4	0.032 9	0.035 4	$-0.072\ 9$	$-0.083\ 7$
	0.70	0.003 19	0.003 27	0.019 4	0.020 0	0.037 0	0.040 0	$-0.074\ 8$	$-0.090\ 3$
	0.65	0.003 52	0.003 65	0.017 5	0.018 2	0.041 2	0.044 6	$-0.076\ 2$	$-0.097\ 0$
	0.60	0.003 86	0.004 03	0.015 3	0.016 0	0.045 4	0.049 3	$-0.077\ 3$	$-0.103\ 3$
	0.55	0.004 19	0.004 37	0.012 7	0.013 3	0.049 6	0.054 1	$-0.078\ 0$	$-0.109\ 3$
	0.50	0.004 49	0.004 63	0.009 9	0.010 3	0.053 4	0.053 8	$-0.078\ 4$	$-0.114\ 6$

第4章 钢筋混凝土单层厂房

4.1 概 述

4.1.1 单层厂房的特点

单层厂房和民用建筑一样，具有建筑的共同性质，但是，因为单层厂房为生产服务的使用要求和民用建筑为生活服务的使用要求有很大差别，所以单层厂房又具有自己的特点。各种工业生产提出了很多民用建筑设计中不常遇到的问题：如厂房承受巨大的荷载，沉重的撞击和振动，厂房内有生产散发的大量余热和烟尘，空气湿度很高或有大量废水，有各种侵蚀性液体和气体，以及很高的噪声等。又如，有些工厂为了保证产品的质量要求，厂房内须保持一定的恒温、恒湿条件，或有防爆、防尘、防菌、防辐射等要求。此外，近代工业生产还必须设置各种与厂房有关的运输设备，因而单层厂房设计时应充分考虑这些特点，结合具体情况加以合理解决，如图 4.1 所示。

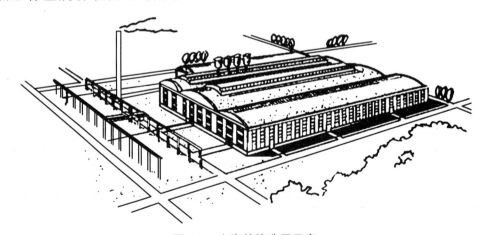

图 4.1 上海某铸造厂示意

综合来看，单层厂房具有如下几个特点：

（1）单层厂房在施工和使用期间，所承受的荷载种类较多。按随时间的变异区分，主要有永久荷载和可变荷载两类。永久荷载（习称恒载）主要包括结构构件与围护结构自重，以及固定在厂房结构上的设备、管道等。可变荷载（习称活载）主要包括屋面活荷载、雪荷载、积灰荷载、吊车竖向荷载、吊车水平荷载、风荷载和地震作用等。有些车间尚需考虑动力荷载的影响。

为了以最经济的手段满足结构安全性的功能要求，既要明确各种荷载的传力路线，又要考虑各种可变荷载同时作用的可能性以及同时作用概率的大小。所以，在结构设计中，对于可变荷载必须结合具体工程做出符合实际的判断。例如：风荷载不可能从左边作用的同时，又从右边作用；吊车荷载在考虑吊车制动力的同时，必须考虑吊车竖向荷载的作用；在考虑最大雪压的同时，出现最大屋面活荷载的概率就很小等。

（2）单层厂房结构构件的种类较多，为了简化设计，缩短工期，提高综合经济效益，在满足正常使用要求的前提下，在厂房结构设计中，应力求做到柱网布置定型化、结构构件标准化、生产制作工厂化和运输安装机械化。由于单层厂房结构除屋盖和围护结构自重以及作用其上的活荷载和吊车荷载由厂房结构所承受以外，厂房内部大部分荷载直接作用于地面，这就使厂房设计与施工的定型化、标准化、工厂化、机械化成为可能。

尽管单层厂房结构构件种类很多，但只要符合我国颁布的《厂房建筑模数协调标准》（原《厂房建筑统一化基本准则》），多数构件（柱与基础除外）都可以根据工程具体情况，从工业厂房结构构件标准图集中选用合适的标准构件，不必另行设计。

工业厂房结构构件标准图可分为 3 类：经建设部批准的全国通用标准图集，适用于全国各地；经某地区（省、市）审定的通用图集，适用于该地区（省、市）所属的部门；经某设计院审定的定型图集，适用于该设计院所设计的工程。图集一般包括设计和施工说明、结构布置图、构件选用表、构件模板与配筋图、连接大样图、预埋件详图、钢筋和钢材用量表等。可直接作为结构施工图使用。柱和基础一般应由设计者进行设计。

（3）单层厂房排架结构和刚架结构，均属于平面受力体系，而且一般单层厂房的跨度和净空较大，所以单层厂房结构空间刚度较弱，特别是地震区的单层厂房更显突出。为了保证厂房的整体稳定性，增强厂房的横向、纵向与整体刚度和抗震性能，在厂房结构设计中，应注意以下 3 个方面：一是按《建筑抗震设计规范》的规定设置支撑体系；二是按《砌体结构设计规范》的规定，在围护结构内设置封闭式钢筋混凝土圈梁，以及连系梁、过梁、基础梁，并注意各种构件（包括屋盖构件）的可靠连接；三是注意增强主要受力构件（屋架、排架柱、抗风柱等）的延性，并符合规范规定的配筋构造要求。

4.1.2　单层厂房的结构形式

单层厂房可按不同方式进行分类。按厂房车间的生产规模大小可分为大型厂房、中型厂房和小型厂房。按所用结构材料的不同，可分为混合结构（由砖柱和钢筋混凝土屋架或轻钢屋架组成）、钢筋混凝土结构厂房和钢结构厂房。承重结构的选择主要取决于厂房的跨度、高度和吊车起重量等因素：对于无吊车或吊车起重量不超过 5 t、跨度在 15 m 以内、柱顶标高不超过 8 m 且无特殊工艺要求的小型厂房，可采用砖混结构；对有重型吊车（吊车起重量在 250 t 以上，吊车工作级别为 A4、A5 级的中级载荷状态）、跨度大于 36 m 或有特殊工艺要求（如设有 10 t 以上的锻锤以及高温车间的特殊部位）的大型厂房，一般采用钢屋架和钢筋混凝土柱或全钢结构；其他大部分厂房均可采用混凝土结构。而且除特殊情况之外，一般均可采用装配式钢筋混凝土结构。

按结构形式或受力特点，单层厂房结构可分为排架结构、门式刚架结构、V 形折板及 T 形板结构、拱结构等几种结构类型。

1．排架结构

当柱与屋面梁或屋架为铰接，而与基础刚接所组成的平面结构，称为排架结构（图 4.2）。装配式钢筋混凝土排架结构是单层厂房中应用最广泛的一种结构形式，它根据生产工艺和使用要求的不同，可设计成单跨或多跨、等高或不等高、锯齿形等多种形式。钢筋混凝土排架结构的跨度可超过 30 m，高度可达 20～30 m 或更大，吊车起重量可达 150 t 甚至更大。

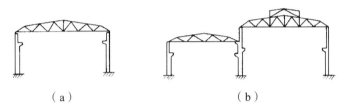

（a）　　　　　　　　　　　（b）

图 4.2　钢筋混凝土排架结构厂房

2．刚架结构

当柱与梁为刚接，其所构成的平面结构，称为刚架结构（图 4.3）。当厂房跨度在 18 m 及以下时，多采用三铰门式刚架；跨度更大时，多采用两铰门式刚架。由于门架的构件呈Γ形或 Y 形，其翻身、吊装和对中就位等均比较麻烦，所以其应用受到一定的限制。门架结构一般适用于屋盖较轻的无吊车或吊车起重量不超过 10 t、跨度不超过 18 m、檐口高度不超过 10 m 的中小型单层厂房结构。

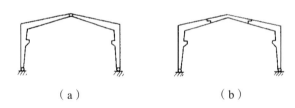

（a）　　　　　　　　　　　（b）

图 4.3　钢筋混凝土门式刚架结构厂房

装配式钢筋混凝土排架结构是目前单跨厂房结构的基本结构形式，也是单层厂房中应用最广泛的一种结构形式。它是由钢筋混凝土屋架（或屋面梁）、柱和基础所组成，柱顶与屋架为铰接，柱底与基础为刚接。根据生产工艺和使用要求的不同，排架结构可做成等高、不等高和锯齿形等多种形式。其跨度可超过 30 m，高度可达 20～30 m 或更高，吊车起重量可达 150 t 甚至更大。因此，本章仅介绍装配式钢筋混凝土单层厂房排架结构设计。

4.2　单层厂房结构的组成及布置

4.2.1　单层厂房结构的组成

钢筋混凝土单层厂房结构通常是由下列各种结构构件所组成并连成一个整体（图 4.4）。

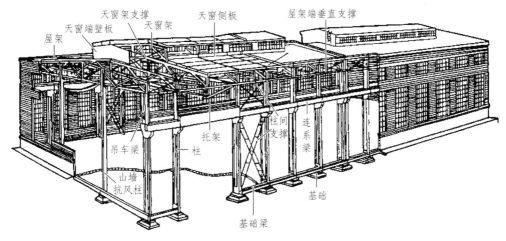

图 4.4　单层厂房结构组成

1．屋盖结构

屋盖结构由屋面板、天沟板、天窗架、屋架（或屋面大梁）、托架等组成，可分为无檩屋盖体系和有檩屋盖体系两类。凡大型屋面板直接支承在屋架上者，为无檩屋盖体系，如图 4.5 （b）所示，其刚度和整体性好，目前采用很广泛。而小型屋面板支承在檩条上，檩条支承在屋架上，这样的结构体系称为有檩屋盖体系，如图 4.5（a）所示，这种屋盖由于构件种类多，荷载传递路线长，刚度和整体性较差，尤其是对于保温屋面更为突出，所以除轻型不保温的厂房外，较少采用。屋面板起覆盖、围护作用；屋架又称为屋面承重结构，它除承受自重外，还承担屋面活荷载，并将其传到排架柱。屋架（屋面大梁）承受屋盖的全部荷载，并将它们传给柱子。当柱间距大于屋架间距时（抽柱）用以支承屋架，并将屋架荷载传给柱子。天窗架也是一种屋面承重结构，主要用于设置通风、采光天窗。

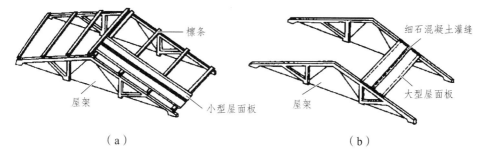

图 4.5　屋盖结构

2．吊车梁

吊车梁承担吊车竖向荷载及水平荷载，并将这些荷载传给排架结构。

3．梁柱系统

梁柱系统由排架柱、抗风柱、吊车梁、基础梁、连系梁、过梁、圈梁构成。其中：屋架和横向柱列构成横向平面排架，是厂房的基本承重结构；由纵向柱列、连系梁、吊车梁和柱组成纵向平面排架，其主要作用是保证厂房结构纵向稳定和刚度，并承受相应的纵向吊车梁简支在柱牛腿上，承受吊车荷载，并将其传至横向或纵向平面排架。

圈梁将墙体同厂房排架柱、抗风柱等箍在一起，以加强厂房的整体刚度，防止由于地基的不均匀沉降或较大振动荷载等引起对厂房的不利影响。连系梁联系纵向柱列，以增强厂房的纵向刚度并传递风荷载到纵向柱列，且将其上部墙体重量传给柱子。过梁承受门窗洞口上的荷载，并将它传到门窗两侧的墙体。基础梁承托围护墙体重量，并将其传给柱基础，而不另作墙基础。

排架柱承受屋盖、吊车梁、墙传来的竖向荷载和水平荷载，并把它们传给基础。抗风柱承受山墙传来的风荷载，并将其传给屋盖结构和基础。

4．支撑系统

支撑系统包括屋盖支撑和柱间支撑。其中，屋盖支撑又分为上弦横向水平支撑、下弦横支撑、纵向水平支撑、垂直支撑及系杆。支撑的主要作用是加强结构的空间刚度，承受并传递各种水平荷载，保证构件在安装和使用阶段的稳定和安全。

5．基　础

基础包含柱下独立基础和设备基础。柱下独立基础承受柱、基础梁传来的荷载，并将其传给地基；设备基础承受设备传来的荷载。

6．围护系统

围护结构体系，包括纵墙和山墙、墙梁、抗风柱（有时还有抗风梁或抗风桁架）、基础梁以及基础等构件。

围护结构的作用，除承受墙体构件自重以及作用在墙面上的风荷载以外，主要起围护、采光、通风等作用。

围护结构的竖向荷载，除悬墙自重通过墙梁传给横向柱列或抗风柱外，墙梁以下的墙体及其围护构件（如门窗、圈梁等）自重，直接通过基础梁传给基础和地基。

4.2.2　单层厂房的荷载及传力途径

1．单层厂房的荷载

作用在单层厂房结构上的荷载有竖向荷载和水平荷载。竖向荷载主要由横向平面排架承担，水平荷载则由横向平面排架和纵向平面排架共同承担。

（1）竖向荷载：使用过程中的竖向荷载主要包括构件和设备自重、吊车起吊重物时的荷载、雪荷载和积灰荷载、检修荷载。

（2）水平荷载：水平荷载主要包括风荷载、吊车水平制动荷载、水平地震作用。其中，风荷载包括迎风面的风压力和背风面的风吸力。

2．传力途径

在上述构件中，装配式钢筋混凝土单层厂房结构，根据荷载的传递途径和结构的工作特点又可分为：横向平面排架和纵向平面排架。

横向平面排架是由横梁（屋面梁或屋架）、横向柱列和基础所组成，如图 4.6 所示。由于梁跨度多大于纵向排架柱间距，各种荷载主要向短边传递，所以横向平面排架是单层厂房的主要承重结构，承受厂房的竖向荷载、横向水平荷载，并将它们传给地基。因此，单层厂房设计中，一定要进行横向平面排架计算。

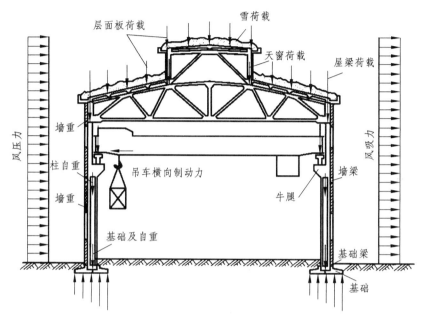

图 4.6　单层厂房横向平面排架结构及其荷载示意图

横向平面排架结构上主要荷载的传递途径为：

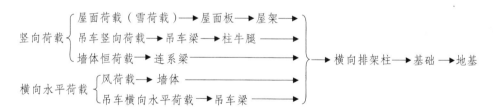

纵向平面排架是由连系梁、吊车梁、纵向柱列（包括柱间支撑）和基础所组成，如图 4.7 示，主要承受作用于厂房纵向的各种水平力，并把它们传给地基，同时也承受因温度变化和收缩变形而产生的内力，起保证厂房结构纵向稳定性和增强刚度的作用。由于厂房纵向长度较大，纵向柱列中柱子数量多，故当厂房设计不考虑抗震设防时，一般可不进行纵向平面排架计算。

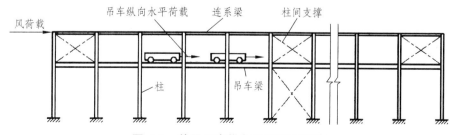

图 4.7　单层厂房纵向平面排架结构

纵向平面排架结构上的主要荷载传递途径为：

纵向平面排架间和横向平面排架间主要依靠屋盖结构和支撑体系相连接，以保证厂房结构的整体性和稳定性。所以，屋盖结构和支撑体系也是厂房结构的重要组成部分。

4.2.3 承重结构构件的布置

1．柱网布置

厂房承重柱或承重墙的定位轴线在平面上构成的网络，称为柱网。

柱网布置就是确定纵向定位轴线之间的尺寸（跨度）和横向定位轴线之间的尺寸（柱距）。柱网布置既是确定柱的位置，也是确定屋面板、屋架和吊车梁等构件尺寸（跨度）的依据，并涉及结构构件的布置。柱网布置恰当与否，将直接影响厂房结构的经济合理性和先进性，与生产使用也有密切关系。

为了保证构件标准化、定型化，主要尺寸和标高应符合统一模数。中华人民共和国国家标准《厂房建筑模数协调标准》（GB 50006—2010）规定的统一协调模数制，以 100 mm 为基本单位，用 M 表示。并规定建筑的平面和竖向协调模数的基数值均应取扩大模数 3M，即 300 mm。厂房建筑构件的截面尺寸，宜按 M/2（50 mm）或 1M（100 mm）进级。

当厂房的跨度不超过 18 m 时，跨度应取 30M（3 m）的倍数；当厂房的跨度超过 18 m 时，跨度应取 60M（6 m）的倍数；当工艺布置有明显的优越性时，跨度允许采用 21 m、27 m和 33 m。厂房的柱距一般取 6 m 或 6 m 的倍数，个别厂房也可以采用 9 m 的柱距。但从经济指标、材料用量和施工条件等方面来衡量，一般厂房采用 6 m 柱距比 12 m 柱距优越。

单层厂房自室内地坪至柱顶和牛腿面的高度应为扩大模数 3M（300 mm）的整倍数。柱网布置的原则一般为：① 符合生产和使用要求；② 建筑平面和结构方案经济合理；③ 在厂房结构形式和施工方法上具有先进性和合理性，适应生产发展和技术革新的要求，符合《厂房建筑模数协调标准》（GB 50006—2010）的模数规定。柱网布置如图 4.8 所示。

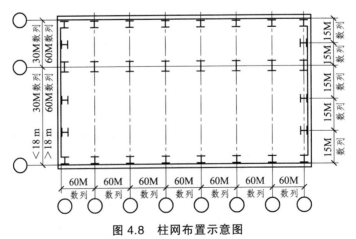

图 4.8　柱网布置示意图

2．变形缝

变形缝包括伸缩缝、沉降缝和防震缝。

1）伸缩缝

如果厂房长度和跨度过大，当气温变化时，温度变形将使结构内部产生很大的温度应力，严重的可使墙面、屋面和构件等拉裂，影响使用，如图 4.9 所示。

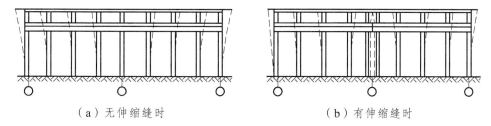

（a）无伸缩缝时　　　　　　　　　　　（b）有伸缩缝时

图 4.9　厂房因温度变化引起的变形

为减少厂房结构中的温度应力，可设置伸缩缝将厂房结构分成若干温度区段。伸缩缝应从基础顶面开始，将两个温度区段的上部结构构件完全分开，并留出一定宽度的缝隙，使上部结构在气温有变化时，在水平方向可以自由地发生变形。《混凝土结构设计规范》（GB 50010—2010）规定：对于排架结构，当有墙体封闭的室内结构，其伸缩缝最大间距不得超过 100 m；而对于无墙体封闭的露天结构，则不得超过 70 m。

2）沉降缝

在一般单层厂房排架结构中，通常可不设沉降缝，因为排架结构能适应地基的不均匀沉降，只有在特殊情况下才考虑设置。如厂房相邻两部分高度相差很大（如 10 m 以上），两跨间吊车起重量相差悬殊，地基承载力或下卧层土质有极大差别，厂房各部分的施工时间先后相差很长，土壤压缩程度不同等。

沉降缝应将建筑物从屋顶到基础全部分开。

3）防震缝

当厂房平、立面布置复杂时才考虑设防震缝。防震缝是为了减轻厂房地震灾害而采取的措施之一。当厂房有抗震设防要求时，如厂房平、立面布置复杂，结构高度或刚度相差悬殊时，应设置防震缝将相邻部分分开。

4.2.4　支撑的布置及作用

支撑可分屋盖支撑和柱间支撑两大类，如图 4.10 所示。在单层厂房中，支撑虽属非承重构件，但却是联系主体结构，以使整个厂房形成整体的重要组成部分。支撑的主要作用是：增强厂房的空间刚度和整体稳定性，保证结构构件的稳定与正常工作；将纵向风荷载、吊车纵向水平荷载及水平地震作用传递给主要承重构件；保证在施工安装阶段结构构件的稳定。工程实践表明，如果支撑布置不当，不仅会影响厂房的正常使用，还可能导致某些构件的局部破坏，乃至整个厂房的倒塌。支撑是联系屋架和柱等主要结构构件以构成空间骨架的重要组成部分，是保证厂房安全可靠和正常使用的重要措施，应予以足够重视。

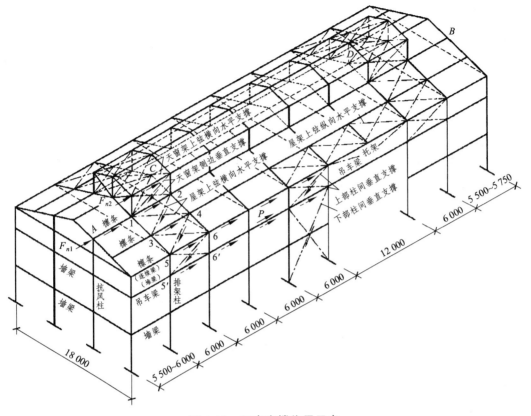

图 4.10 厂房支撑作用示意

1. 屋盖支撑

屋盖支撑通常包括上弦水平支撑、下弦水平支撑、垂直支撑、纵向水平系杆以及天窗架支撑等，如图 4.11 所示。这些支撑不一定在同一个厂房中全都设置。屋盖上、下弦水平支撑是布置在屋架上、下弦平面内以及天窗架上弦平面内的水平支撑，杆件一般采用十字交叉形式布置，倾角为 30° ～ 60°。屋盖垂直支撑是指布置在屋架间和天窗架间的支撑。系杆分为刚性压杆和柔性拉杆两种。系杆设置在屋架上、下弦及天窗上弦平面内。

屋盖支撑的布置应考虑以下因素：厂房的跨度及高度；柱网布置及结构形式；厂房内起重设备的特征及工作等级；有无振动设备及特殊的水平荷载。

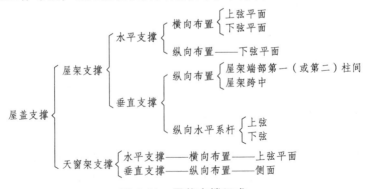

图 4.11 屋盖支撑组成

1）屋架上弦横向水平支撑

屋架上弦横向水平支撑，系指厂房每个伸缩缝区段端部用交叉角钢、直腹杆和屋架上弦共同构成的，连接于屋架上弦部位的水平桁架，如图 4.12 所示。其作用是：在屋架上弦平面内构成刚性框，用以增强屋盖的整体刚度，保证屋架上弦平面外的稳定，同时将抗风柱传来的风荷载及地震作用传递到纵向排架柱顶。

其布置原则是：当屋盖采用有檩体系或无檩体系的大型屋面板与屋架无可靠连接时，在伸缩缝区段的两端（或在第二柱间、同时在第一柱间增设传力系杆）设置；当山墙风力通过抗风柱传至屋架上弦时，在厂房两端（或在第二柱间）设置；当有天窗时，在天窗两端柱间设置；地震区，尚应在有上、下柱间支撑的柱间设置。

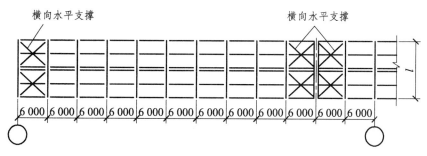

图 4.12　上弦横向水平支撑（单位：mm）

2）屋架下弦横向水平支撑

屋架下弦横向水平支撑，系指在屋架下弦平面内，由交叉角钢、直腹杆架下弦共同构成的水平桁架，如图 4.13 所示。其作用是：将山墙风荷载或吊车纵向水平荷载及地震作用传至纵向列柱时防止屋架下弦的侧向振动。

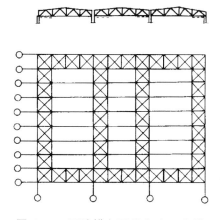

图 4.13　下弦横向及纵向水平支撑

其布置原则是：当山墙风力通过抗风柱传至屋架下弦时，宜在厂房两端（或第二柱间）设置；当屋架下弦有悬挂吊车且纵向制动力较大或厂房内有较大振动时，应在伸缩缝区段的两端（或在第二柱间）设置。

3）屋架下弦纵向水平支撑

屋架下弦纵向水平支撑，系指由交叉角钢、直杆和屋架下弦第一节间组成的纵向水平桁架，如图 4.13 所示。其作用是：提高厂房的空间刚度，加强厂房的工作空间；直接增强屋盖的横向水平刚度，保证横向水平荷载的纵向分布；当设有托架时，将支撑在托架上的屋架所承担的横向水平风载传到相邻柱顶，并保证托架上翼缘的侧向稳定性。

其布置原则是：当厂房高度较大（如大于 15 m）或吊车起重物较大（如大于 50 t）时宜设置；当厂房内设有硬钩桥式吊车或设有大于 5 t 悬挂吊，或设有较大振动的设备时宜设置；当厂房内因抽柱或柱距较大而需设置托架时宜设置。当厂房设有下弦横向水平支撑时，为保证厂房空间刚度，纵向水平支撑应尽可能与横向水平支撑连接，以形成封闭的水平支撑体系。

4）垂直支撑和水平系杆

垂直支撑由角钢杆件与屋架的直腹杆或天窗架的立柱组成垂直桁架，如图 4.14 所示。垂直支撑一般设置在伸缩缝区段两端的屋架端部或跨中。布置原则为：屋架端部（或天窗架）的高度（外包尺寸）大于 1.2 m 时，屋架端部（或天窗架）两端各设一道垂直支撑；屋架中部的垂直支撑，可按表 4.1 设置，表中 L 为屋架的跨度。

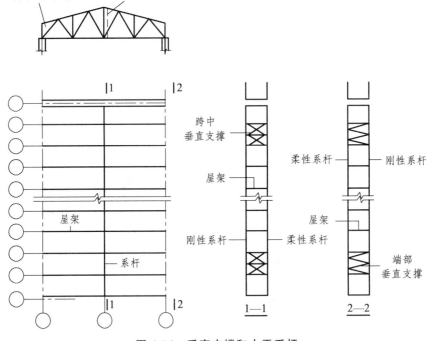

图 4.14 垂直支撑和水平系杆

垂直支撑除保证屋盖系统的空间刚度和屋架安装时结构的安全以外，还将屋架上弦平面内的水平荷载传递到屋架下弦平面内。所以，垂直支撑应与屋架下弦横向水平支撑布置在同一柱间内。在有檩体系屋盖中，上弦纵向水平系杆则是用来保证屋架上弦或屋面梁受压翼缘的侧向稳定（防止局部失稳）及上弦杆的计算长度。

表 4.1　屋架中部的垂直支撑

$L = 12 \sim 18$ m	18 m$<L \leqslant 24$ m	24 m$<L \leqslant 30$ m		30 m$<L \leqslant 36$ m	
		端部不设	端部设	端部不设	端部设
不设	一道	两道	一道	三道	两道

系杆是单根的连系杆件，如图 4.14 所示。既能承受拉力又能承受压力的系杆称为刚性系杆，只能承受拉力的系杆称为柔性系杆。系杆一般沿通长布置，布置原则是：① 有上弦横向水平支撑时，设上弦受压系杆。② 有下弦横向水平支撑或纵向水平支撑时，设下弦受压系杆。③ 屋架中部有垂直支撑时，在垂直支撑同一铅垂面内设置通长的上弦受压系杆和通长的下弦受拉系杆；屋架端部有垂直支撑时，在垂直支撑同一铅垂面内设置通长的受压系杆。④ 当屋架横向水平支撑设置在端部第二柱间时，第一柱间的所有系杆均应为刚性系杆。

5）天窗架支撑

天窗架间支撑包括天窗上弦水平支撑、天窗架间的垂直支撑和水平系杆，如图 4.15 所示。其作用是保证天窗上弦的侧向稳定和将天窗端壁上的风荷载传给屋架。

天窗架支撑的布置原则是：天窗架上弦横向水平支撑和垂直支撑一般均设置在天窗端部第一柱间内。当天窗区段较长时，还应在区段中部设有柱间支撑的柱间设置天窗垂直支撑。

垂直支撑一般设置在天窗的两侧，当天窗架跨度大于或等于 12 m 时，还应在天窗中间竖平面内增设一道垂直支撑。天窗有挡风板时，在挡风板立柱平面内也应设置垂直支撑。在未设置上弦横向水平支撑的天窗架间，应在上弦节点处设置柔性水平系杆。天窗垂直支撑除保证天窗架安装时的稳定外，还将天窗端壁上的风荷载传至屋架上弦水平支撑，因此，天窗架垂直支撑应与屋架上弦水平支撑布置在同一柱距内（在天窗端部的第一柱距内），且一般沿天窗的两侧设置。

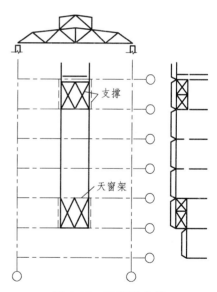

图 4.15　天窗架支撑

2．柱间支撑

柱间支撑是由型钢和两相邻柱组成的竖向悬臂桁架，其作用是将山墙风荷载、吊车纵向水平荷载传至基础，增加厂房的纵向刚度。

对于有吊车的厂房，柱间支撑分上部和下部两种：前者位于吊车梁上部，用以承受作用在山墙上的风力并保证厂房上部的纵向刚度；后者位于吊车梁下部，承受上部支撑传来的力和吊车梁传来的吊车纵向制动力，并把它们传至基础（图 4.16）。

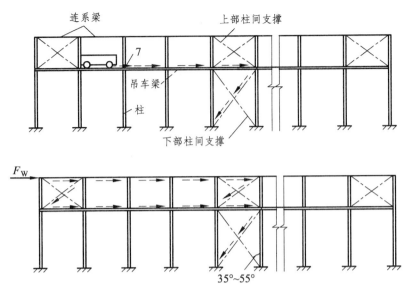

图 4.16 柱间支撑的传力示意图

非地震区的一般单层厂房，凡属下列情况之一者，均应设置柱间支撑。

（1）设有悬臂式吊车或 30 kN 及以上的悬挂式吊车。

（2）设有重级工作制吊车，或设有中、轻级工作制吊车，其起重量在 100 kN 和 100 kN 以上。

（3）厂房的跨度在 18 m 或 18 m 以上，或者柱高在 8 m 以上。

（4）厂房纵向柱的总数在 7 根以下。

（5）露天吊车栈桥的柱列。

柱间支撑应设置在伸缩缝区段中央柱间或临近中央的柱间。这样有利于在温度变化或混凝土收缩时，厂房可向两端自由变形，而不致发生较大的温度或收缩应力。每一伸缩缝区段一般设置一道柱间支撑。

4.2.5 围护结构的布置

围护结构中的墙体一般沿厂房四周布置，墙体中一般还要布置圈梁、过梁、墙梁和基础梁等。

圈梁是在平面内封闭的钢筋混凝土梁，其作用是增强厂房结构的整体性。圈梁宜连续地设在同一水平面上，并形成封闭状；当圈梁被门窗洞口截断时，应在洞口上部增设相同截面的附加圈梁。附加圈梁的搭接长度不应小于 1 m，且不应小于其垂直间距离的 2 倍，如图 4.17 所示。圈梁的宽度宜与墙厚相同，当墙厚 $h \geqslant 240$ mm 时，其宽度不宜小于 $2h/3$；圈梁高度不应小于 120 mm。圈梁的纵向钢筋不宜少于 4Φ10，箍筋直径一般为 Φ6，间距不宜大于 300 mm。纵向钢筋绑扎接头的搭接长度按受拉钢筋考虑。

对无桥式吊车的厂房，圈梁应按下列原则布置：① 房屋檐口高度不足 8 m 时，应在檐口附近设置一道圈梁；② 房屋檐口高度大于 8 m 时，宜在墙体适当部位增设一道圈梁。

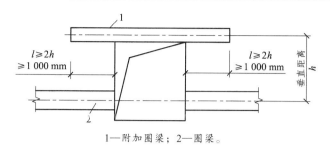

1—附加圈梁；2—圈梁。

图 4.17　附加圈梁的构造要求

对有桥式吊车的厂房，圈梁应按下列原则布置：①除在檐口或窗顶处设一道圈梁外，应在吊车标高或墙体适当部位增设一道圈梁；②外墙高度在 15 m 以上时，除檐口设置圈梁外还应根据墙体高度适当增设圈梁；③有振动设备的厂房，除满足上述要求外，每隔 4 m 距离，应有一道圈梁。

当厂房的高度超过一定限度（比如 15 m）时，宜设置墙梁，以承担上部墙体的重量。门窗洞口处应设置过梁，过梁在墙体上的支承长度不宜小于 240 mm。设计时应尽量使圈梁、墙梁和过梁三梁合一。

在一般厂房中，通常用基础梁来承受围护墙体的重量，而不另做墙下基础。基础梁底部距地基土表面应预留 100 mm 的空隙，使梁可随柱基础一起沉降。当基础下有冻胀土时，应在梁下铺设一层干砂、碎砖、矿渣等松散材料，并留 50～100 mm 的空隙，可防止土冻胀时将梁顶裂。基础梁一般可直接搁置在柱基础杯口上；当基础埋置较深时，可放置在基础上面的混凝土垫块上，如图 4.18 所示。施工时，基础梁支座处应座浆。

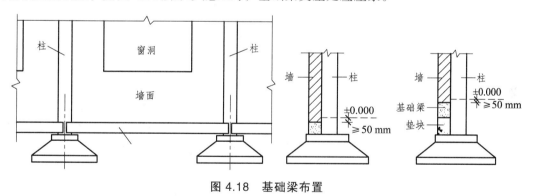

图 4.18　基础梁布置

当厂房高度不大，且地基比较好，柱基础埋置又较浅时，也可不设基础梁而用砖、混凝土做墙下条形基础。基础梁应优先采用矩形截面，必要时才采用梯形截面。连系梁、过梁和基础梁都有全国通用图集，设计时可直接查用。图集代号为：基础梁图集 93G320，连系梁图集 93G321，过梁图集 93G322。

4.3　单层厂房结构的构件选型

单层厂房的结构构件和部件有屋面板、天窗架、支撑、屋架或屋面梁、托架、吊车梁、连系梁、基础梁、柱、基础等。这些构件和部件中，除柱和基础需要设计外，一般都可以根据工程的具体情况，从工业厂房结构构件标准图集中选用合适的标准构件。

工业厂房结构构件标准图有 3 类：① 经国家建委审定的全国通用标准图集，适用于全国各地；② 经某地区或某工业部门审定的通用图集，适用于该地区或该部门所属单位；③ 经某设计院审定的定型图集，适用于该设计院所设计的工程。图集中一般包括设计和施工说明、构件选用表、结构布置图、连接大样图、模板图，配筋图、预埋件详图、钢筋及钢材用量表等几个部分，根据图集即可对该类结构构件进行施工。

构件的选型需进行技术经济比较，尽可能节约材料，降低造价。根据对一般中型厂房（跨度为 24 m，吊车起重量为 15 t）所作的统计，厂房主要构件的材料用量和各部分造价占土建总造价的百分比分别见表 4.2 和表 4.3。从各部分构件的造价来看，屋盖结构费用最多，从材料用量来看，屋面板、屋架、吊车梁、柱的耗钢量较多，而屋面板和基础的混凝土用量较多。因此，选型时要全面考虑厂房刚度、生产使用和建筑的工业化、现代化要求，根据具体设计、施工与经济条件，选择较为合适的标准构件及其截面形式与尺寸，这本身就是建筑和结构设计的一项重要工作。

表 4.2　中型钢筋混凝土单层厂房结构各主要构件材料用量

材　料	每平方米建筑面积构件材料用量	每种构件材料用量占总用量的百分比/%				
		屋面板	屋架	吊车梁	柱	基础
混凝土	$0.13 \sim 0.18$ m^3	30～40	8～12	10～15	15～20	25～35
钢　材	18～20 kg	25～30	20～30	20～32	18～25	8～12

表 4.3　厂房各部分造价占土建总造价的百分比

项　目	屋盖	柱、梁	基础	墙	地面	门窗	其他
百分比/%	30～50	10～20	5～10	10～18	4～7	5～11	3～5

4.3.1　屋面板、檩条

屋盖结构在整个厂房中造价最高和用料最多，而作为既起承重作用又起围护作用的屋面板又是屋盖结构体系中造价最高、用料最多的构件。常用的屋面板类型及适用条件可根据G410、CG411 和 CG412 等图集选用，或采用预应力混凝土单肋板、钢筋混凝土槽瓦以及石棉水泥瓦等屋面板。

檩条在有檩体系屋盖中起支承上部小型屋面板或瓦材，并将屋面荷载传给屋架（或屋面梁）的作用，同时还和屋盖支撑系统一起增强屋盖的总体刚度。根据厂房柱距的不同，檩条长度一般为 4 m 或 6 m，目前应用较多的是倒 L 形或 T 形截面普通或预应力混凝土檩条。轻型瓦材屋面也常用轻钢组合桁架式檩条。

4.3.2　屋架、屋面梁

屋架（或屋面梁）是屋盖结构最主要的承重构件，它除承受屋面板传来的屋面荷载外，有时还要承受厂房中的悬挂吊车、高架管道等荷载。

屋面梁为梁式结构，它便于制作和安装，但由于自重大、费材料，所以一般只用于跨度较小的厂房。屋架则由于矢高大、受力合理、自重轻，适用于较大的跨度。

屋架的外形有三角形、梯形、拱形、折线形等几种。屋架的外形不同，其受力大小与合理性也不相同。常用的钢筋混凝土屋架和屋面梁形式、特点和适用条件可根据 G145、G215、G414、G310、G312 和 G314 等图集选用。

在单层厂房中，有时采用钢结构梯形屋架和平行弦屋架，尽管受力不够合理，但由于杆件内力与屋架高度成反比，所以适当增加屋架高度，杆件内力可相应减小，适用于跨度较大的情况；而钢结构折线形屋架，则由于节点复杂，制造困难，一般不用。

总之，屋架的选型，必须综合考虑建筑的使用要求、跨度和荷载的大小，以及材料供应、施工条件等因素，进行全面的技术经济分析。

4.3.3　天窗架、托架

天窗架随天窗跨度的不同而不同。目前用得最多的是三铰刚架式天窗架，如图 4.19（a）所示。两个三角形刚架在脊节点及下部与屋架的连接均为铰接。当厂房柱距为 12 m，而采用 6 m 大型屋面板时，则需在沿纵向柱与柱之间设置托架，以支承屋架。最常用的托架形式，如图 4.19（b）所示。

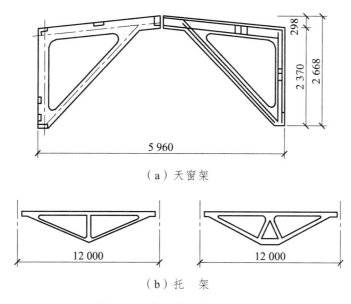

（a）天窗架

（b）托　架

图 4.19　常用的天窗架和托架

4.3.4　吊车梁

吊车梁是有吊车厂房的重要构件，它直接承受吊车传来的竖向荷载和纵、横向水平制动力，并将这些力传给厂房柱。因为吊车梁所承受的吊车荷载属于吊车起重、运行、制动时产生的往复移动荷载，所以，除应满足一般梁的强度、抗裂度、刚度等要求外，尚须满足疲劳强度的要求。同时，吊车梁还有传递厂房纵向荷载、保证厂房纵向刚度等作用。因此，对吊车梁的选型、设计和施工均应予以重视。

吊车梁的形式很多，钢筋混凝土吊车梁的形式可根据 G157、G158、G323、G234、G425、G426 和 CG427 等图集选用。设计时可根据吊车起重能力、跨度和吊车工作制的不同酌情选用。其中鱼腹式吊车梁受力最合理，但施工麻烦，故多用于 12 m 大柱距厂房。桁架式吊车梁结构轻巧，但承载能力低，一般只用于小起重量吊车的轻型厂房，对于一般中型厂房目前多采用等高 T 形或工字形截面吊车梁。

4.3.5　排架柱

1. 柱的形式选择

单层厂房排架柱常用的截面形式有矩形截面柱、工字形截面柱、双肢柱和管柱等，如图 4.20 所示。

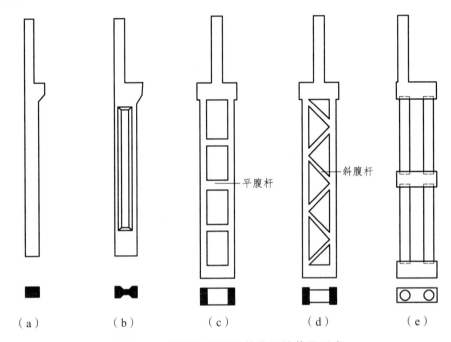

图 4.20　单层厂房排架柱常用的截面形式

在中小型厂房中，常用矩形截面柱和工字形截面柱。矩形截面柱的混凝土不能全部充分发挥作用，浪费材料，自重大，但构造简单，施工方便，主要用于截面高度 $h \leqslant 700$ mm 的小型柱。

工字形截面柱的截面形式合理，施工也较简单，应用较广泛。但当截面太大（如 $h \geqslant$ 1 600 mm）时，重量大，吊装困难，因此，当截面高度 $h > 1$ 600 mm 时，采用双肢柱。

2. 柱截面尺寸的确定

柱截面尺寸不仅应满足承载力，还必须保证具有足够的刚度，以保证厂房在正常使用过程中不致出现过大的变形，影响吊车正常运行，造成吊车轮与轨道磨损严重或造成墙体和屋盖开裂等情况。根据刚度要求，表 4.4 给出了 6 m 柱距的单跨和多跨厂房柱截面尺寸 b 和 h 的最小限值。对于一般厂房，如满足该限值，厂房的侧移可以满足规范的要求。

表 4.4　6 m 柱距的单跨和多跨厂房柱截面尺寸 b 和 h 的最小限值

项次	柱的类型	截面尺寸			
		b	h		
			$Q\leqslant 10$ t	10 t$<Q<30$ t	30 t$\leqslant Q\leqslant 50$ t
1	有吊车厂房下柱	$\geqslant\dfrac{H_l}{25}$	$\geqslant\dfrac{H_l}{14}$	$\geqslant\dfrac{H_l}{12}$	$\geqslant\dfrac{H_l}{10}$
2	露天吊车柱	$\geqslant\dfrac{H_l}{25}$	$\geqslant\dfrac{H_l}{10}$	$\geqslant\dfrac{H_l}{8}$	$\geqslant\dfrac{H_l}{7}$
3	单跨及多跨无吊车厂房	$\geqslant\dfrac{H}{30}$	$\geqslant\dfrac{1.5H}{25}$ (单跨)，$\geqslant\dfrac{1.25H}{25}$ (多跨)		
4	山墙柱（仅受风荷载及自重）	$\geqslant\dfrac{H_b}{40}$	$\geqslant\dfrac{H_l}{25}$		
5	山墙柱（同时承受由连系梁传来的墙重）	$\geqslant\dfrac{H_b}{30}$	$\geqslant\dfrac{H_l}{25}$		

注：H_l —— 从基础顶面至装配式吊车梁底面或现浇式吊车梁顶面的柱下部高度。

H —— 从基础顶面算起的柱全高。

H_b —— 山墙柱从基础顶面至柱平面外（柱宽度 b 方向）支撑点的距离。

4.3.6　基　础

基础支承着厂房上部结构的全部重量，并将其传递到地基中去，起着承上传下的作用，也是厂房结构的重要构件之一。常用的基础形式有杯形基础、双杯形基础、条形基础、高杯基础以及桩基础等。

基础形式的选择，主要取决于上部结构荷载的大小和性质、工程地质条件等。在一般情况下，多采用杯形基础；当上部结构荷载较大，而地基承载力较小，如采用杯形基础则底面积过大，致使距相邻基础太近，或者地基土质条件较差时，可采用条形基础；当地基的持力层较深时，可采用高杯基础或爆扩桩基础；当上部结构的荷载很大，且对地基的变形限制较严时，可考虑采用桩基础等。

随着基础形式的不断革新，还出现了薄壁的壳体基础，以及无钢筋倒圆台基础等。其共同的特点是受力性能较好，用料较省，但施工比较复杂。

4.4　单层厂房结构排架内力分析

单层厂房结构是一个复杂的空间体系，为了简化，一般按纵、横向平面结构计算。纵向平面排架的柱较多，其纵向的刚度较大，每根柱子分到的内力较小，故对厂房纵向平面排架往往不必计算。仅当厂房特别短、柱较少、刚度较差时，或需要考虑地震作用或温度内力时才进行计算。本节主要介绍横向平面排架的计算。

横向平面排架计算的目的在于为设计柱子和基础提供内力数据，横向平面排架计算的主要内容为：① 确定计算简图；② 各项荷载计算；③ 在各项荷载作用下进行排架内力分析，求出各控制截面的内力值；④ 内力组合，求出各控制截面的最不利内力。

4.4.1 计算单元与计算简图

1．计算单元

在进行横向排架内力分析时，首先沿厂房纵向选取出一个或几个有代表性的单元，称为计算单元，如图 4.21（a）的阴影部分所示。然后将此计算单元的屋架、柱和基础抽象为合理的计算简图，再在该单元全部荷载的作用下计算其内力。

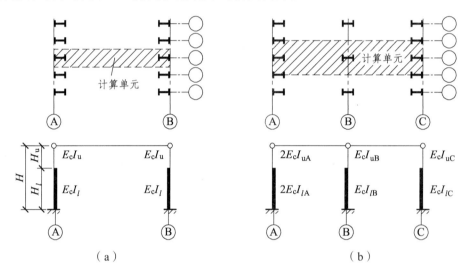

图 4.21 排架的计算单元和计算简图

除吊车等移动的荷载外，阴影范围内的荷载便作用在这榀排架上。对于厂房端部和伸缩缝处的排架，其负荷范围只有中间排架的一半，但为了设计、施工的方便，通常不再另外单独分析，而按中间排架设计。当单层厂房因生产工艺要求各列柱距不等时，则应根据具体情况选取计算单元，如图 4.21（b）所示。如果屋盖结构刚度很大，或设有可靠的下弦纵向水平支撑，可认为厂房的纵向屋盖构件把各横向排架连接成一个空间整体，这样就有可能选取较宽的计算单元进行内力分析。此时可假定计算单元中同一柱列的柱顶水平位移相等，则计算单元内的两榀排架可以合并为一榀排架来进行内力分析，合并后排架柱的惯性矩应按合并考虑。需要注意，按上述计算简图求得内力后，应将内力向单根柱上再进行分配。

2．计算假定和简图

为了简化计算，根据厂房结构的连接构造，对于钢筋混凝土排架结构通常做如下假定：① 由于屋架与柱顶靠预埋钢板焊接或螺栓连接，抵抗弯矩的能力很小，但可以有效地传递竖向力和水平力，故假定柱与屋架为铰接；② 由于柱子插入基础杯口有一定深度，用细石混凝土嵌固，且一般不考虑基础的转动（有大面积堆载和地质条件很差时除外），故假定柱与基础为刚接；③ 由于屋架（或屋面梁）的轴向变形与柱顶侧移相比非常小（用钢拉杆作下弦的组合屋架除外），故假定屋架为刚性连杆。

这个假定对采用钢筋混凝土屋架、预应力混凝土屋架或屋面梁作为横梁是接近实际的。图 4.21 中排架柱的高度由基础顶面算至柱顶，其中 H_u 表示上柱高度（从牛腿顶面至柱顶），H_l 表示下柱高度（从基础顶面至牛腿顶面）；排架柱的计算轴线均取上下柱截面的形心线。跨度以厂房的轴线为准。抗弯刚度 EI 可由预先假定的截面形状、尺寸计算。当柱最后的实际抗弯刚度值与计算假定抗弯刚度值相差在 30% 之内时，计算是有效的，不必重算。

4.4.2　荷载计算

作用在厂房上的荷载有永久荷载和可变荷载两大类（偶然荷载，即地震作用在"结构抗震"课程中讲授）。前者包括屋盖、柱、吊车梁及轨道等自重；后者包括屋盖活荷载、吊车荷载和风荷载等。如图 4.22 所示。

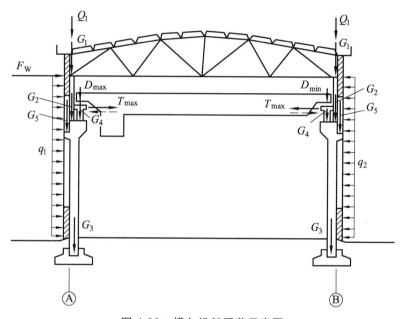

图 4.22　横向排架受荷示意图

1．永久荷载

各种永久荷载可根据材料及构件的几何尺寸和容重计算，标准构件也可直接从标准图上查出。

1）屋盖自重

屋盖自重（G_1）包括屋面板、屋面上各种构造层、屋架（屋面大梁）、天窗架、屋盖支撑等构件重量。

G_1 通过屋架支承点或屋面大梁垫板中心作用于柱顶，对上柱截面形心的偏心距 $e_1 = h_1/2 - 150$，h_1 为上柱截面高度，如图 4.23（a）、（b）所示。由图可见，G_1 对上柱截面几何中心存在偏心距 e_1，对下柱截面几何中心的偏心距为 $e_1 + e_0$。

2）柱自重

上、下柱自重重力荷载 G_2、G_3 分别作用于各自截面的几何中心线上，且上柱自重 G_2 对下柱截面几何中心线有一偏心距 e_0，如图 4.23（c）所示。

3）吊车梁和轨道及其连接件自重

吊车梁和轨道及其连接件重力荷载可从轨道连接标准图中查得，或按 1 ~ 2 kN/m 估算。它以竖向集中力的形式沿吊车梁截面中心线作用在柱牛腿顶面，G_4 对下柱截面几何中心线的偏心距为 e_4，如图 4.23（c）所示。

4）悬墙自重

当设有连系梁支承围护墙体时，排架柱承受着计算单元范围内连系梁、墙体和窗等重力荷载，它以竖向集中力 G_5 的形式作用在支承连系梁的柱牛腿顶面，其作用点通过连系梁或墙体截面的形心轴线，距下柱截面几何中心的偏心距为 e_5，如图 4.23（c）所示。

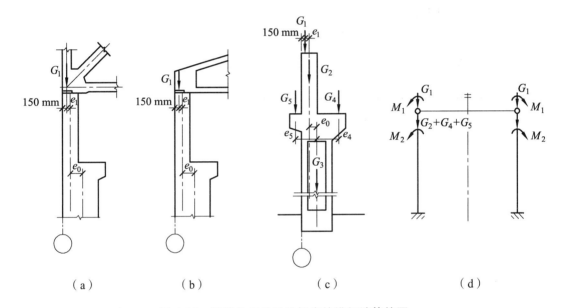

图 4.23　恒载作用位置及相应的排架计算简图

各种恒载作用下某单跨横向排架结构的计算简图，如图 4.23（d）所示。应当说明，柱、吊车梁及轨道等构件吊装就位后，屋架尚未安装，此时还形不成排架结构，故柱在其自重、吊车梁及轨道等自重重力荷载作用下，应按竖向悬臂柱进行内力分析。但考虑到此种受力状态比较短，且不会对柱控制截面内力产生较大影响，为简化计算，通常仍按排架结构进行内力分析。

2．屋面活荷载

屋面活荷载包括屋面均布活荷载、屋面雪荷载和屋面积灰荷载三部分，它们均按屋面水平投影面积计算，其荷载分项系数均为 1.4。

1）屋面均布活荷载

屋面均布活荷载系考虑屋面在施工、检修时的活荷载，其标准值根据《建筑结构荷载规范》规定按下列情况取：不上人的屋面为 0.5 kN/m²，上人的屋面为 2.0 kN/m²。对不上人的屋面，当施工或维修荷载较大时，应按实际情况采用。

2）屋面雪荷载

屋面雪荷载的计算方法见第 2 章。

3）积灰荷载

对于生产中有大量排灰的厂房及其邻近建筑物应考虑屋面积灰荷载。对于具有一定除尘设施和清灰制度的机械、冶金和水泥厂房的屋面，按《建筑结构荷载规范》规定，其积灰荷载为 0.3~1.0 kN/m²。

荷载的组合：屋面均布活荷载与雪荷载不同时考虑，两者中取较大值计算；当有积灰荷载时，积灰荷载应与雪荷载或不上人的屋面均布活荷载两者中的较大值同时考虑。上述三种荷载都是以集中力按与屋盖自重相同的途径传至柱顶。

3．吊车荷载

单层厂房中吊车荷载是对排架结构起控制作用的一种主要荷载。吊车荷载是随时间和平面位置不同而不断变动的，对结构还有动力效应。桥式吊车由大车（桥架）和小车组成。大车在吊车梁轨道上沿厂房纵向行驶，小车在桥架（大车）上沿厂房横向运行，如图 4.24 所示，大车和小车运行时都可能产生制动刹车力。因此，吊车荷载有竖向荷载和横向荷载两种，而吊车水平荷载又分为纵向和横向两种。

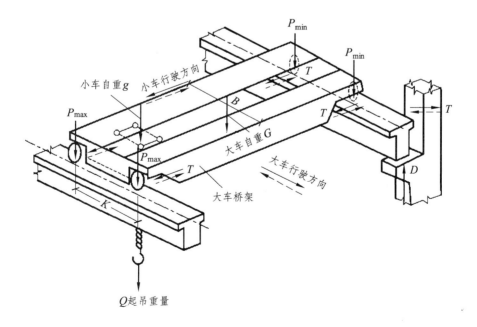

图 4.24　桥式吊车的受力状况

1）吊车竖向荷载

桥式吊车的竖向荷载标准值是由大车和小车自重及起吊重量产生的垂直轮压，它通过吊车梁传给排架柱牛腿，作用位置同 G_4，如图 4.25 所示。

由于小车的移动，大车两边的轮压一般是不相等的。当小车的吊重达到额定最大值并行驶到大车一侧的极限位置时，则这一侧大车的每个轮子作用在吊车轨道上的压力称为最大轮压 P_{max}。与最大轮压同时存在的另一侧轮压为最小轮压 P_{min}。最大轮压标准值 P_{max} 可从起重机械产品目录或有关手册中查出，最小轮压标准值 P_{min}（有的产品目录中也给出）可按下式计算。对一般的四轮吊车：

$$P_{min} = \frac{G + g + Q}{2} - P_{max} \tag{4.1}$$

式中：G 为大车自重标准值（kN）；g 为横行小车自重标准值（kN）；Q 为吊车额定起重量（kN）。

吊车梁承受的吊车轮压力是一组移动荷载，其支座反力应用反力影响线的原理求出。吊车梁支座反力即为吊车梁传给柱子的竖向荷载。计算多台吊车竖向荷载时，对一层有吊车单跨厂房的每个排架，参与组合的吊车台数不宜多于 2 台；多跨厂房的每个排架，参与组合的吊车台数不宜多于 4 台。当两台吊车并行，吊车轮子的最不利位置如图 4.25 所示，图中 B，K 分别为大车宽和轮距。

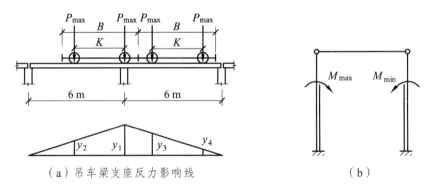

（a）吊车梁支座反力影响线　　　　　　　　　（b）

图 4.25　吊车竖向荷载

由图可知，当吊车轮压为 P_{max} 时，柱子所受的压力最大，记为 D_{max}。当吊车轮压为 P_{min} 时，柱子所受的压力记为 D_{min}，两者同时发生。如图 4.25 所示，当车间内有两台吊车时，吊车竖向荷载的设计值 D_{max} 和 D_{min} 应考虑两台吊车作用时的最不利位置，利用支座反力影响线按下式计算：

$$\begin{cases} D_{max} = \gamma_Q \psi_c P_{max} \sum y_i \\ D_{min} = \gamma_Q \psi_c P_{min} \sum y_i = D_{max} \dfrac{P_{min}}{P_{max}} \end{cases} \tag{4.2}$$

式中：γ_Q 为可变荷载分项系数，$\gamma_Q = 1.4$；ψ_c 为多台吊车的荷载折减系数，见表 4.5；$\sum y_i$ 为各轮子下影响线纵坐标之和。

表 4.5　多台吊车的荷载折减系数 ψ_c

参与组合的吊车台数	吊车工作级别	
	A1～A5	A6～A8
2	0.9	0.95
3	0.85	0.90
4	0.8	0.85

D_{max} 和 D_{min} 可能发生在左柱，也可发生在右柱，应分别计算。D_{max} 和 D_{min} 对下柱为偏心压力，作用于下柱顶面力矩可按下式计算：

$$\begin{cases} M_{max} = D_{max}e_3 \\ M_{min} = D_{min}e_3 \end{cases} \qquad (4.3)$$

式中：e_3 为吊车梁支座钢垫板的中心线至下柱截面中心线的距离。

2）吊车水平荷载

吊车水平荷载分为横向水平荷载和纵向水平荷载两种。纵向水平荷载系由大车刹车引起，由厂房纵向排架承受，一般可不做计算。

吊车横向水平荷载是当小车达到额定起重量时，启动或制动引起的垂直轨道方向的水平惯性力，由小车轮子传给大车，再由大车各个轮子平均传给两侧轨顶，由轨顶传给吊车梁，最后通过吊车梁顶面与柱的连接件传给柱子，如图 4.26 所示。吊车横向水平荷载的方向可左可右。因此，对排架来说，T_{max} 作用在吊车梁顶面处。

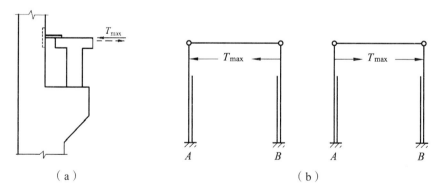

图 4.26　吊车水平荷载

四轮大车每个轮子传递的横向水平荷载标准值 T_k 和设计值 T 分别按下式计算：

$$T_k = \alpha(g+Q)/4 \qquad (4.4)$$

$$T = \gamma_Q T_k = \gamma_Q \alpha(g+Q)/4 \qquad (4.5)$$

式中：α 为横向水平荷载系数（软钩吊车：当 $Q \leqslant 100$ kN 时，$\alpha = 0.12$；当 $Q = 150 \sim 500$ kN 时，$\alpha = 0.10$；当 $Q \geqslant 750$ kN 时，$\alpha = 0.08$。硬钩吊车：$\alpha = 0.2$）。

计算吊车横向水平荷载时，对每个排架（不论单跨还是多跨）参与组合的吊车台数不应多于 2 台。用计算竖向荷载时的同样方法可求出作用在排架柱上的最大横向水平荷载设计值 T_{max}：

$$T_{max} = \psi_c \gamma_Q T_k \sum y_i = \psi_c T \sum y_i \tag{4.6}$$

或

$$T_{max} = \frac{1}{\gamma_Q} T \frac{D_{max}}{P_{max}} = T_k \frac{D_{max}}{P_{max}} \tag{4.7}$$

必须注意，小车是沿横向左右运行的，T_{max} 可以向左作用，也可以向右作用，所以对于单跨厂房来讲，就有两种情况，如图 4.26 所示。对于多跨厂房的吊车水平荷载，《建筑结构荷载规范》规定，最多考虑 2 台吊车，因为 4 台吊车在同一跨间同时刹车的情况是不大可能的。因此，对两跨厂房来说，吊车横向水平荷载对排架的作用就有 4 种情况，如图 4.27 所示。

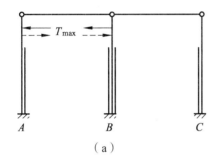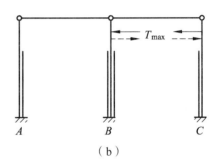

图 4.27　吊车横向水平荷载的 4 种情况

在排架内力组合时，对于多台吊车的竖向荷载和水平荷载，考虑到多台吊车同时达到额定最大起重量，小车又同时开到大车某一侧的极限位置的情况是极少的，所以应根据参与组合的吊车台数及吊车的工作制级别，乘以折减系数后采用，折减系数见表 4.5。

厂房中的吊车以往是按吊车荷载达到其额定值的频繁程度分成 4 种工作制：

（1）轻级。在生产过程中不经常使用的吊车（吊车运行时间占全部生产时间不足 15% 者），例如用于机器设备检修的吊车等。

（2）中级。当运行为中等频繁程度的吊车，例如机械加工车间和装配车间的吊车等。

（3）重级。当运行较为频繁的吊车（吊车运行时间占全部生产时间不少于 40% 者），例如用于冶炼车间的吊车等。

（4）超重级。当运行极为频繁的吊车，这在极个别的车间采用。

我国现行国家标准《起重机设计规范》为了与国际有关规定相协调，参照国际标准《起重设备分级》的原则，按吊车在使用期内要求的总工作循环次数和荷载状态将吊车分为 8 个工作级别，作为吊车设计的依据。为此《荷载规范》规定，在厂房结构设计时，可按表 4.6 中吊车的工作制等级与工作级别的对应关系进行设计。

表 4.6　吊车的工作制等级与工作级别的对应关系

工作制等级	轻级	中级	重级	超重级
工作级别	A1～A3	A4、A5	A6、A7	A8

吊车纵向水平荷载是大车启动或制动引起的水平惯性力，纵向水平荷载的作用点位于刹车轮与轨道的接触点，方向与轨道方向一致，由大车每侧的刹车轮传至轨顶，继而传至吊车梁，通过吊车梁传给纵向排架。对一般四轮吊车，作用在一边轨道上每个制动轮产生的纵向水平荷载 $T_1 = 0.1nP_{max}$。纵向排架其纵向水平荷载总设计值 T_0 应按下式确定：

$$T_0 = \gamma_Q m \psi_c T_1 = \gamma_Q m \psi_c 0.1 n P_{max} \tag{4.8}$$

式中：n 为作用在一边轨道上最大刹车轮压总数，对一般四轮吊车，取 $n = 1$；m 为起重量相同的吊车台数，不论单跨或多跨厂房，当 $m>2$ 时，取 $m = 2$。

【例 4.1】 已知某单层单跨厂房，跨度为 18 m，柱距为 6 m，设计时考虑两台中级工作制、起重量为 10 t 的桥式软钩吊车，吊车桥架跨度 $L = 16.5$ m，由电动桥式吊车数据查得：桥架宽度 $B = 5\,150$ mm，轮距 $K = 4\,050$ mm，小车重量 $g = 39.0$ kN，吊车最大及最小轮压 $P_{max} = 117$ kN，$P_{min} = 26$ kN，吊车总重量为 186 kN。求 D_{max}、D_{min}、T_{max} 及 T_0。

【解】 图 4.28 为两台 10 t 吊车荷载作用下支座反力影响线。

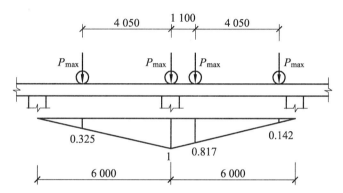

图 4.28　两台 10 t 吊车荷载作用下支座反力影响线（单位：mm）

由式（4.2）、式（4.4）、式（4.7），有

$$D_{max} = \psi_c \gamma_Q P_{max} \sum y_i = 0.9 \times 1.4 \times 117 \times (0.325 + 1 + 0.817 + 0.142) = 336.7 \text{ (kN)}$$

$$D_{min} = D_{max} \frac{P_{min}}{P_{max}} = 336.7 \times \frac{26}{117} = 74.8 \text{ (kN)}$$

$$T_k = \alpha(g + Q)/4 = 0.12 \times (39 + 100)/4 = 4.17 \text{ (kN)}$$

$$T_{max} = T_k \frac{D_{max}}{P_{max}} = 4.17 \times \frac{336.7}{117} = 12 \text{ (kN)}$$

$$T_0 = \gamma_Q m \psi_c 0.1 n P_{max} = 1.4 \times 2 \times 0.9 \times 0.1 \times 117 = 29.48 \text{ (kN)}$$

4．风荷载

作用在厂房上的风荷载，在迎风墙面上形成压力，在背风墙面上为吸力，对屋盖则视屋顶形式不同可出现压力或吸力。风荷载的大小与厂房的高度和外表体形有关。垂直作用在建筑物表面上的风荷载标准值 w_k（kN/m²）应按第 2 章计算公式计算。

一般单层厂房高度 z 处的风振系数 $\beta_z = 1.0$。排架内力分析时，为简化计算，柱顶以下风

荷载 q_1、q_2 可按均布考虑，μ_z 按柱顶标高处取值，柱顶以上风荷载按作用于柱顶的水平集中力 F_w 考虑（图 4.29），F_w 包括柱顶以上屋架支座高度范围内墙体迎风面、背风面和屋面风荷载的水平力的总和。计算 F_w 时，风压高度变化系数 μ_z 取为：有天窗时按天窗檐口标高取值；无天窗时按厂房檐口标高取值。

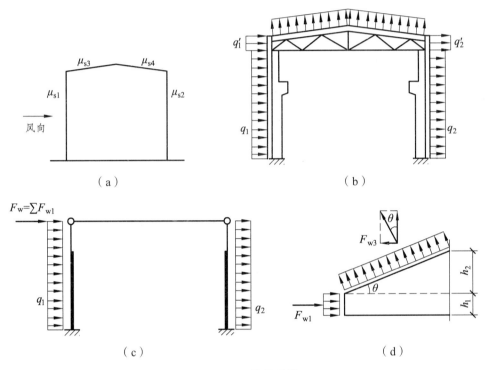

图 4.29　风荷载计算

q_1、q_2、F_w 的风荷载设计值按下式计算：

$$\begin{cases} q_1 = \gamma_w w_{k1} B = \gamma_w \mu_z \mu_{s1} w_0 B \\ q_2 = \gamma_w w_{k2} B = \gamma_w \mu_z \mu_{s2} w_0 B \\ F_w = \gamma_w \sum_{i=1}^{n} w_{ki} B l \sin\theta = \gamma_w \left[(\mu_{s1} + \mu_{s2}) h_1 + (\pm \mu_{s3} + \mu_{s4}) h_2 \right] \mu_z w_0 B \end{cases} \qquad (4.9)$$

式中：B 为计算单元宽度；γ_w 为风荷载的分项系数，取 1.4，风荷载的组合值和准永久值系数可分别取 0.6 和 0；l 为屋面斜长；其余符号意义见图 4.29。

【例 4.2】　某厂房排架各部尺寸如图 4.30（a）所示，按 B 类地面，屋面坡度为 1∶10，排架的间距为 6 m，基本风压值 $w = 0.40 \text{ kN/m}^2$。如图 4.30（b）所示，求作用在排架上的风荷载设计值。

【解】　（1）求风压高度变化系数 μ_z。

由表 2.14 查得风压高度变化系数 μ_z，取（每一部分均按高点取值）：

柱顶（按离地面高度 11.4 m 计）$\mu_z = 1.04$

屋面（标高 12.5 m 处）$\mu_z = 1.07$

屋面（标高 13.0 m 处）$\mu_z = 1.08$

屋面（标高 15.5 m 处）$\mu_z = 1.16$

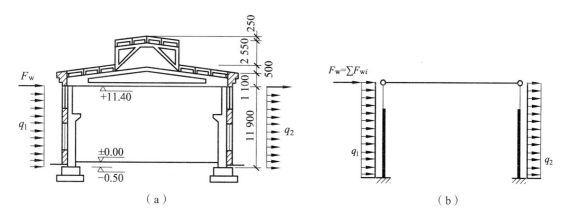

图 4.30　单跨厂房剖面尺寸（单位：mm）

（2）求 q_1、q_2、F_w。

风荷载体型系数，见表 2.15 所示，则得作用在厂房排架边柱上的均布风荷载设计值：

迎风面 $q_1 = 1.4 \times 0.8 \times 1.04 \times 0.40 \times 6 = 2.80$（kN/m）

背风面 $q_2 = 1.4 \times 0.5 \times 1.04 \times 0.40 \times 6 = 1.75$（kN/m）

作用于柱顶标高以上集中风荷载的设计值：

$$F_w = 1.4 \times [(0.8 + 0.5) \times 1.07 \times 1.1 + (-0.2 + 0.6) \times 1.08 \times 0.5 + (0.6 + 0.6) \times$$
$$1.16 \times 2.55 + (-0.7 + 0.7) \times 1.16 \times 0.25] \times 0.4 \times 6 = 17.8 \text{（kN）}$$

此题计算 F_w 时，风压高度变化系数 μ_z 也可按天窗檐口标高取值（柱顶以上各部分风荷载均可近似以天窗檐口离地面高度 15.5 m 计），$\mu_z = 1.16$，则

$$F_w = 1.4 \times [(0.8 + 0.5) \times 1.1 + (-0.2 + 0.6) \times 0.5 + (0.6 + 0.6) \times 2.55 +$$
$$(-0.7 + 0.7) \times 0.25] \times 1.16 \times 0.4 \times 6 = 18.3 \text{（kN）}$$

两者相差 2.67%，后者偏于安全。排架在风荷载作用下的计算简图如图 4.31（b）所示。

在确定屋盖部分风压高度变化系数时，计算高度的取值在实际计算时有 3 种不同的取法，分别为：① 取每一竖向区段的顶点，如图 4.31（a）所示；② 取每一竖向区段的中点，如图 4.31（b）所示；③ 取整个屋盖高度部分的中点，如图 4.31（c）所示。竖向高度不太大的一般中小型房屋，上述 3 种处理方法对最后计算结果不会产生很大的差异；对于大型房屋，则应该采用较精确的方法。

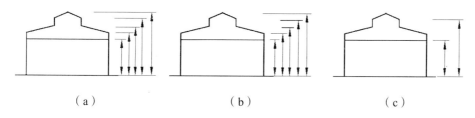

图 4.31　计算高度的取值方法

4.4.3 等高排架的内力计算

作用在排架上的荷载种类很多，究竟在哪些荷载作用下哪个截面的内力最不利，很难一下判断出来。但是，我们可以把排架所受的荷载分解成单项荷载，先计算单项荷载作用下排架柱的截面内力，然后再把单项荷载作用下的计算结果综合起来，通过内力组合确定控制截面的最不利内力，以其作为设计依据。

单层厂房排架为超静定结构，它的超静定次数等于它的跨数。等高排架是指各柱的柱顶标高相等，或柱顶标高虽不相等，但在任意荷载作用下各柱柱顶侧移相等。由结构力学知道，等高排架不论跨数多少，由于等高排架柱顶水平位移全部相等的特点，可用比位移法更为简捷的"剪力分配法"来计算。这样超静定排架的内力计算问题就转变为静定悬臂柱在已知柱顶剪力和外荷载作用下的内力计算。任意荷载作用下等高排架的内力计算，需要首先求解单阶超静定柱在各种荷载作用下的柱顶反力。因此，下面先讨论单阶超静定柱的计算问题。

作用在对称排架上的荷载可分为对称和非对称两类，它们的内力计算方法有所不同，现分述如下。

1．对称荷载作用

对称排架在对称荷载作用下，排架柱顶无侧移，排架简化为下端固定，上端不动铰的单阶变截面柱，如图 4.32（a）所示。这是一次超静定结构，用力法（或其他方法）求出支座反力后，便可按竖向悬臂构件求得各个截面的内力。

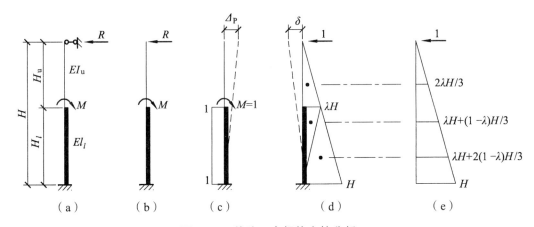

图 4.32 单阶一次超静定柱分析

如在变截面处作用一力矩 M 时，设柱顶反力为 R，取基本体系如图 4.32（b）所示，由力法方程可得

$$R\delta - \Delta_P = 0 \qquad\qquad (4.10)$$

即

$$R = \Delta_P / \delta \qquad\qquad (4.11)$$

式中：δ 为悬臂柱在柱顶单位水平力作用下柱顶处的侧移值，因其主要与柱的形状有关，故称为形常数；Δ_P 为悬臂柱在荷载作用下柱顶处的侧移值，因与荷载有关，故称为载常数。

由式（4.11）可见，柱顶不动铰支座反力 R 等于柱顶处的载常数除以该处的形常数。

令　　　　　　　$\lambda = \dfrac{H_u}{H}, \ n = \dfrac{I_u}{I_l}$

由图 4.32（c）、（d）、（e），根据结构力学中的图乘法可得

$$\begin{cases} \delta = \dfrac{H^3}{C_0 EI_l} \\[3mm] \Delta_P = \left(1 - \lambda^2\right)\dfrac{H^2}{2EI_l}M \end{cases} \tag{4.12}$$

将式（4.12）代入式（4.11），得

$$R = C_M \frac{M}{H} \tag{4.13}$$

式中　C_0——单阶变截面柱的柱顶位移系数，按下式计算：

$$C_0 = \frac{3}{1 + \lambda^3 \left(\dfrac{1}{n} - 1\right)} \tag{4.14}$$

C_M——单阶变截面柱在变阶处集中力矩作用下的柱顶反力系数，按下式计算：

$$C_M = \frac{3}{2} \cdot \frac{1 - \lambda^2}{1 + \lambda^3 \left(\dfrac{1}{n} - 1\right)} \tag{4.15}$$

按照上述方法，可得到单阶变截面柱在各种荷载作用下的柱顶反力系数。表 4.7 列出了单阶变截面柱的柱顶位移系数 C_0 及在各种荷载作用下的柱顶反力系数 $C_1 \sim C_{11}$，供设计计算时查用。

表 4.7　单阶变截面柱的柱顶位移系数 C_0 及在各种荷载作用下的柱顶反力系数 $C_1 \sim C_{11}$

序号	简图	R	系　数	序号	简图	R	系　数
0			$\delta = \dfrac{H^3}{C_0 EI_l}$ $C_0 = \dfrac{3}{1 + \lambda^3\left(\dfrac{1}{n}-1\right)}$	3		$\dfrac{M}{H}C_3$	$C_3 = \dfrac{3}{2}\cdot\dfrac{1-\lambda^2}{1+\lambda^3\left(\dfrac{1}{n}-1\right)}$
1		$\dfrac{M}{H}C_1$	$C_1 = \dfrac{3}{2}\cdot\dfrac{1-\lambda^2\left(1-\dfrac{1}{n}\right)}{1+\lambda^3\left(\dfrac{1}{n}-1\right)}$	4		$\dfrac{M}{H}C_4$	$C_4 = \dfrac{3}{2}\cdot\dfrac{2b(1-\lambda)-b^2(1-\lambda)^2}{1+\lambda^3\left(\dfrac{1}{n}-1\right)}$
2		$\dfrac{M}{H}C_2$	$C_2 = \dfrac{3}{2}\cdot\dfrac{1+\lambda^2\left(\dfrac{1-a^2}{n}-1\right)}{1+\lambda^3\left(\dfrac{1}{n}-1\right)}$	5		TC_5	$C_5 = \left\{2-3a\lambda + \lambda^3\left[\dfrac{(2+a)(1-a)^2}{n}-(2-3a)\right]\right\} \div 2\left[1+\lambda^3\left(\dfrac{1}{n}-1\right)\right]$

序号	简图	R	系　数	序号	简图	R	系　数
6		TC_6	$C_6 = \dfrac{1 - 0.5\lambda(3 - \lambda^2)}{1 + \lambda^3\left(\dfrac{1}{n} - 1\right)}$	9		qHC_9	$C_9 = \dfrac{8\lambda - 6\lambda^2 + \lambda^4\left(\dfrac{3}{n} - 2\right)}{8\left[1 + \lambda^3\left(\dfrac{1}{n} - 1\right)\right]}$
7		TC_7	$C_7 = \dfrac{b^2(1-\lambda)^2[3 - b(1-\lambda)]}{2\left[1 + \lambda^3\left(\dfrac{1}{n} - 1\right)\right]}$	10		qHC_{10}	$C_{10} = \left\{3 - b^3(1-\lambda)^3[4 - b(1-\lambda)] + 3\lambda^4\left(\dfrac{1}{n} - 1\right)\right\} \div 8\left[1 + \lambda^3\left(\dfrac{1}{n} - 1\right)\right]$
8		qHC_8	$C_8 = \left\{\dfrac{a^4}{n}\lambda^4 - \left(\dfrac{1}{n} - 1\right)(6a-8)a\lambda^4 - a\lambda(6a\lambda - 8)\right\} \div 8\left[1 + \lambda^3\left(\dfrac{1}{n} - 1\right)\right]$	11		qHC_{11}	$C_{11} = \dfrac{3\left[1 + \lambda^4\left(\dfrac{1}{n} - 1\right)\right]}{8\left[1 + \lambda^3\left(\dfrac{1}{n} - 1\right)\right]}$

注：表中 $n = I_u/I_l$，$\lambda = H_u/H$，$1 - \lambda = H_l/H$。

　　单跨厂房的屋盖恒荷载是对称荷载。屋面活荷载是非对称荷载。为了简化计算，对于单跨厂房的排架可按对称荷载计算，即可不考虑活荷载在半跨范围内的布置情况，由此引起的计算误差很小。

2．非对称荷载作用

　　作用在单跨排架上的非对称荷载有风荷载、吊车竖向荷载和吊车横向水平荷载。在非对称荷载作用下，无论结构是否对称，排架顶端均产生位移，此时可用材料力学中的力法等进行计算。对于等高排架，用剪力分配法计算是很方便的。

1）柱顶水平集中力作用下的内力分析

　　如图 4.33 所示，在柱顶水平集中力 F 作用下，等高排架各柱顶将产生侧移动。由于假定横梁为无轴向变形的刚性连杆，故有下列变形条件：

$$\Delta_1 = \Delta_2 = \cdots = \Delta_n = \Delta \tag{4.16}$$

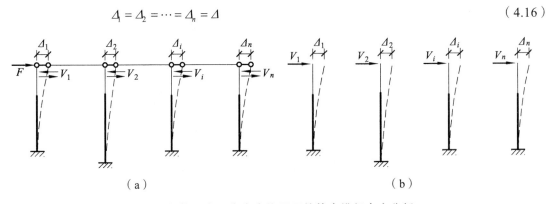

（a）　　　　　　　　　　　　　　　　（b）

图 4.33　柱顶水平集中力作用下的等高排架内力分析

若沿横梁与柱的连接处将各柱的柱顶切开，则在各柱顶的切口上作用有一对相应的剪力 V_i，如图 4.33（a）所示。如取出横梁为脱离体，则有下列平衡条件：

$$F = V_1 + V_2 + \cdots + V_n = \sum_{i=1}^{n} V_i \qquad (4.17)$$

此外，如图 4.33（b）所示，根据形常数 δ_i 的物理意义，可得下列物理条件：

$$V_i \delta_i = \Delta_i \qquad (4.18)$$

求解联立方程（4.16）和（4.17），并利用式（4.18），可得

$$V_i = \frac{\dfrac{1}{\delta_i}}{\displaystyle\sum_{i=1}^{n} \dfrac{1}{\delta_i}} F = \eta_i F \qquad (4.19)$$

式中：$1/\delta_i$ 为第 i 根排架柱的抗侧移刚度（或抗剪刚度），即悬臂柱柱顶产生单位侧移所需施加的水平力；η_i 为第 i 根排架柱的剪力分配系数，按下式计算：

$$\eta_i = \frac{\dfrac{1}{\delta_i}}{\displaystyle\sum_{i=1}^{n} \dfrac{1}{\delta_i}} \qquad (4.20)$$

显然，剪力分配系数 η_i 与各柱的抗剪刚度 $1/\delta_i$ 成正比，抗剪刚度 $1/\delta_i$ 愈大，剪力分配系数也愈大，分配到的剪力也愈大。

按式（4.19）求得柱顶剪力 V_i 后，用平衡条件可得排架柱各截面的弯矩和剪力。由式（4.20）可见：①当排架结构柱顶作用水平集中力 F 时，各柱的剪力按其抗剪刚度与各柱抗剪刚度总和的比例关系进行分配，故称为剪力分配法；②剪力分配系数满足 $\sum \eta_i = 1$；③各柱的柱顶剪力 V_i 仅与 F 的大小有关，而与其作用在排架左侧或右侧柱顶处的位置无关，但 F 的作用位置对横梁内力有影响。

2）任意荷载作用下的等高排架内力分析

为了利用剪力分配法来求解这一问题，对任意荷载作用，必须把计算过程分为 3 个步骤：第一步先假想在排架柱顶增设不动铰支座，由于不动铰支座的存在，排架将不产生柱顶水平侧移，而在不动铰支座中产生水平反力 R，如图 4.34（b）所示。由于实际上并没有不动铰支座，因此，第二步必须撤除不动铰支座，换言之，即加一个和 R 数值相等而方向相反的水平集中力于排架柱顶，如图 4.34（c）所示，以使排架恢复到实际情况，这时排架就转换成柱顶受水平集中力作用的情况，即可利用剪力分配法来计算。最后，将上面两步的计算结果进行叠加，即可求得排架的实际内力。

排架具体的实际内力分析如下：

（1）对承受任意荷载作用的排架，如图 4.34（a）所示，先在排架柱顶部附加一个不动铰支座以阻止其侧移，则各柱为单阶一次超静定柱，如图 4.34（b）所示。

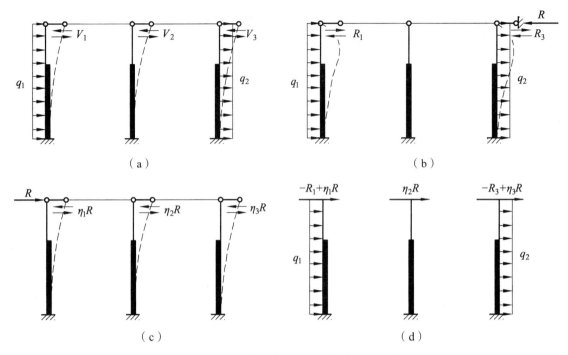

图 4.34 任意荷载作用下等高排架内力分析

应用柱顶反力系数可求得各柱反力 R_i 及相应的柱端剪力，柱顶假想的不动铰支座总反力为：

$$R = \sum R_i \tag{4.21}$$

在图 4.34（b）中，$R = R_1 + R_3$，因为 R_2 为零。

（2）撤除假想的附加不动铰支座，将支座总反力 R 反向作用于排架柱顶，如图 4.34（c）所示，应用剪力分配法可求出柱顶水平力 R 作用下各柱顶剪力 $\eta_i R$。

（3）将图 4.34（b）、（c）的计算结果相叠加，可得到在任意荷载作用下排架柱顶剪力

$$V_i = R_i + \eta_i R \tag{4.22}$$

按图 4.34（d）可求出各柱的内力。

（4）按悬臂构件求柱各截面的内力。

【例 4.3】 已知有一榀二跨等高排架（图 4.35），风荷载设计值 $F_w = 11.77$ kN，$q_1 = 3.46$ kN/m，$q_2 = 1.74$ kN/m。A 与 C 柱相同，$I_{1A} = I_{1C} = 2.13 \times 10^9$ mm⁴，$I_{2A} = I_{2C} = 8.75 \times 10^9$ mm⁴，B 柱 $I_{1B} = 7.2 \times 10^9$ mm⁴，$I_{2B} = 8.75 \times 10^9$ mm⁴，上柱高均为 $H_1 = 3.3$ m，柱总高均为 $H = 11.75$ m。试用剪力分配法计算排架内力，并绘出各柱弯矩图。

【解】 （1）计算剪力分配系数。

$$\lambda = \frac{H_1}{H} = \frac{3.3}{11.75} = 0.281$$

A、C 柱 $n = 2.13/8.75 = 0.243$

B 柱 $n = 7.2/8.75 = 0.832$

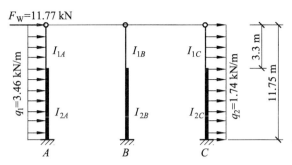

图 4.35　等高排架计算简图

查表 4.7 得 A、C 柱 $C_0 = 2.81$，B 柱 $C_0 = 2.99$。

因各柱总高及下柱高皆相同，故

$$\eta_A = \eta_C = \frac{2.81}{2 \times 2.81 + 2.99} = 0.326$$

$$\eta_B = \frac{2.99}{2 \times 2.81 + 2.99} = 0.347$$

（2）计算各柱顶剪力。

由于 q_1、q_2 的作用，由表 4.7 得：

$$C_{11} = 0.358$$

$$R_A = C_{11} q_1 H = 0.358 \times 3.46 \times 11.75 = 14.55 \ \text{(kN)}$$

$$R_C = C_{11} q_1 H = 0.358 \times 1.74 \times 11.75 = 7.32 \ \text{(kN)}$$

柱顶剪力：

$$V_A = \eta_A (R_A + R_C + F_w) - R_A = 0.326 \times (14.55 + 7.32 + 11.77) - 14.55 = -3.58 \ \text{(kN)} \ (\leftarrow)$$

$$V_B = \eta_B (R_A + R_C + F_w) = 0.347 \times (14.55 + 7.32 + 11.77) = 11.67 \ \text{(kN)} \ (\rightarrow)$$

$$V_C = \eta_C (R_A + R_C + F_w) - R_C = 0.326 \times (14.55 + 7.32 + 11.77) - 7.32 = 3.65 \ \text{(kN)} \ (\rightarrow)$$

（3）绘制弯矩图（图 4.36）。

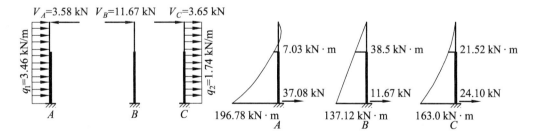

图 4.36　等高排架弯矩图

从计算结果可以看出：① 在风荷载作用下，柱底弯矩值最大。所以，风荷载在单层厂房排架结构内力分析中是一种主要荷载。② 在风荷载作用下，直接受载的排架柱的弯矩图为一曲线；非直接受载的排架柱的弯矩图为一直线。排架内力按柱的抗剪刚度分配，刚度较大的柱所分配到的内力较多。③ 在计算过程中，应随时对柱顶剪力或柱底剪力与荷载的关系进行复核，以免出错。同时，还应注意柱底剪力的方向问题。柱的弯矩图应画在柱受拉的一侧。

4.4.4 单层厂房的整体空间作用

1. 厂房整体空间作用的基本概念

单层厂房结构是由排架、屋盖系统、支撑系统和山墙等组成的一个空间结构，如果简化成按平面排架计算，虽然简化了计算，但却与实际情况有出入。

在恒载、屋面荷载、风载等沿厂房纵向均布的荷载作用下，除了靠近山墙处的排架的水平位移稍小以外，其余排架的水平位移基本上是差别不大。因而各排架之间相互牵制作用不显著，按简化成平面排架来计算对排架内力影响很小，故在均布荷载作用下不考虑整体空间作用，如图 4.37（a）、（b）所示。

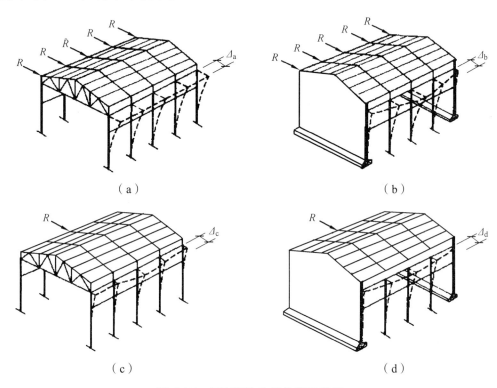

图 4.37　厂房整体空间作用示意图

但是，吊车荷载（竖向和水平）是局部荷载，当吊车荷载局部作用于某几个排架时，其余排架以及两山墙都对承载的排架有牵制作用，如图 4.37（c）、（d）所示。如厂房跨数较多、屋盖刚度较大，则牵制作用也较大。这种排架与排架、排架与山墙之间相互关联和牵制的整体作用，即称为厂房的整体空间作用。

根据实测及理论分析，厂房的整体空间作用的大小主要与下列因素有关：① 屋盖刚度：屋盖刚度越大，空间作用越显著，故无檩屋盖的整体空间作用大于有檩屋盖。② 厂房两端有无山墙：山墙的横向刚度很大，能承担很大部分横向荷载。根据实测资料表明，两端有山墙与两端无山墙的厂房，其整体空间作用将相差几倍甚至十几倍。③ 厂房长度：厂房的长度长，空间作用就大。④ 排架本身刚度：排架本身的刚度越大，直接受力排架承担的荷载就越多，传给其他排架的荷载就越少，空间作用就相对减少。此外，还与屋架变形等因素有关。

　　对于一般单层厂房，在恒载、屋面活荷载、雪荷载以及风荷载作用下，按平面排架结构分析内力时，可不考虑厂房的整体空间作用。而吊车荷载仅作用在几榀排架上，属于局部荷载，因此，《混凝土结构设计规范》规定，在吊车荷载作用下才考虑厂房的整体空间作用。

　　2. 吊车荷载作用下考虑厂房整体空间作用的排架内力分析

　　图 4.38 所示的单层厂房，当某一榀排架柱顶作用水平集中力 R 时，若不考虑厂房的整体空间作用，则此集中力 R 完全由直接受荷排架承受，其柱顶水平位移为 Δ，如图 4.38（c）所示；当考虑厂房的整体空间作用时，由于相邻排架的协同工作，柱顶水平集中力 R 不仅由直接受荷载排架承受，而且将通过屋盖等纵向联系构件传给相邻的其他排架，使整个厂房共同承担。

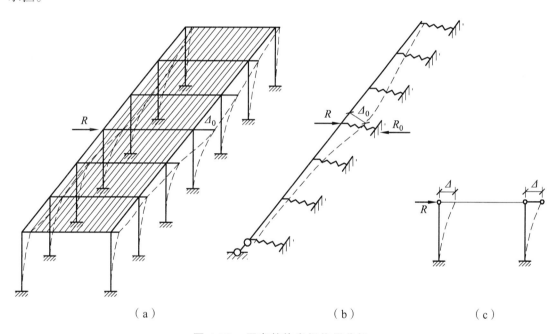

（a）　　　　　　　　　（b）　　　　　　　　（c）

图 4.38　厂房整体空间作用分析

　　如果把屋盖看作一根在水平面内受力的梁，而各榀横向排架作为梁的弹性支座，如图 4.38（b）所示，则各支座反力 R_i 即为相应排架所分担的水平力。如设直接受荷排架对应的支座反力为 R_0，则 $R_0<R$，R_0 与 R 之比称为单个荷载作用下的空间作用分配系数，以 μ 表示。由于在弹性阶段，排架柱顶的水平位移与其所受荷载成正比，故空间作用分配系数 μ 可表示为柱顶水平位移之比（Δ_0/Δ），即

$$\mu = R_0/R = \Delta_0/\Delta < 1.0 \tag{4.23}$$

式中：Δ_0 为考虑空间作用时直接受荷排架的柱顶位移。

　　可见，μ 表示当水平荷载作用于排架柱顶时，由于厂房结构的空间作用，该排架所分配到的水平荷载与不考虑空间作用按平面排架计算所分配的水平荷载的比值。μ 值越小，说明

厂房的空间作用越大，反之则越小。根据试验及理论分析，表 4.8 给出了吊车荷载作用下单层、单跨厂房的 μ 值，可供设计时参考。

表 4.8 单跨厂房空间作用分配系数 μ

厂房情况		吊车起重量/t	厂房长度/m	
			≤60	>60
有檩屋盖	两端无山墙或一端有山墙	≤30	0.90	0.85
	两端有山墙	≤30	0.85	
			厂房跨度/m			

无檩屋盖	两端无山墙或一端有山墙	≤75	12～27	>27	12～27	>27
			0.90	0.85	0.85	0.80
	两端有山墙	≤75	0.80			

3．考虑厂房整体空间作用时排架内力计算步骤

对于图 4.39（a）所示排架，当考虑厂房整体空间作用时，可按下述步骤计算排架内力：

（1）先假定排架柱顶无侧移，求出在吊车水平荷载 T_{max} 作用下的柱顶反力 R 以及相应的柱顶剪力，如图 4.39（b）所示。

（2）将柱顶反力 R 乘以空间作用分配系数 μ，并将它反方向施加于该排架的柱顶，按剪力分配法求出各柱顶剪力，如图 4.39（c）所示。

（3）将上述两项计算求得的柱顶剪力叠加，即为考虑空间作用的柱顶剪力。根据柱顶剪力及柱上实际承受的荷载，按静定悬臂柱可求出各柱的内力，如图 4.39（d）所示。

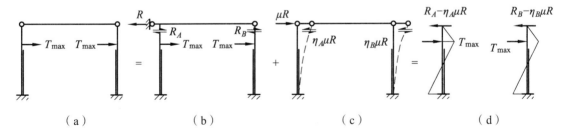

图 4.39 考虑空间作用时排架内力分析

4.4.5 内力组合

所谓内力组合，就是将排架柱在各单项荷载作用下的内力，按照它们在使用过程中同时出现的可能性，求出在某些荷载共同作用下，柱控制截面可能产生的最不利内力，作为柱和基础配筋计算的依据。

1．控制截面

控制截面是指对截面配筋起控制作用的截面。从排架内力分析中可知，排架柱内力沿柱高各个截面都不相同，故不可能（也没有必要）计算所有的截面，而是选择几个对柱内配筋起控制作用的截面进行计算。对单阶柱，为便于施工，整个上柱截面配筋相同，整个下柱截面的配筋也相同。

对上柱来说，上柱柱底弯矩和轴力最大，是控制截面，记为Ⅰ—Ⅰ截面，如图4.40所示。对下柱来说，下柱牛腿顶截面处在吊车荷载作用下弯矩最大，下柱底截面在吊车横向水平荷载和风荷载作用下弯矩最大，此两截面是下柱的控制截面，分别记为Ⅱ—Ⅱ截面和Ⅲ—Ⅲ截面，如图4.40所示。同时，柱下基础设计也需要Ⅲ—Ⅲ截面的内力值。

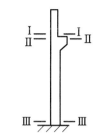

图 4.40　柱控制截面

2．荷载组合原则

建筑结构荷载规范规定，荷载效应基本组合的效应设计值 S_d 应从下列组合值中取最不利值确定。

（1）由可变荷载效应控制的组合：

$$S_d = \sum_{j=1}^{m} \gamma_{G_j} S_{G_j k} + \gamma_{Q_1} \gamma_{L_1} S_{Q_1 k} + \sum_{i=2}^{n} \gamma_{Q_i} \gamma_{L_i} \psi_{c_i} S_{Q_i k} \qquad （4.24）$$

（2）由永久荷载效应控制的组合：

$$S_d = \sum_{j=1}^{m} \gamma_{G_j} S_{G_j k} + \sum_{i=1}^{n} \gamma_{Q_i} \gamma_{L_i} \psi_{c_i} S_{Q_i k} \qquad （4.25）$$

式中：$S_{G_j k}$ 为按第 j 个永久荷载标准值 G_{jk} 计算的荷载效应值；S_{Qik} 为按第 i 个可变荷载标准值 Q_{ik} 计算的荷载效应值，其中 S_{Q1k} 为诸可变荷载效应中起控制作用者；γ_{Qi} 为第 i 个可变荷载的分项系数，其中 γ_{Q1} 为主导可变荷载 Q_1 的分项系数，按规范选用；γ_{Li} 为第 i 个可变荷载考虑设计使用年限的调整系数，其中 γ_{L1} 为主导可变荷载 Q_1 考虑设计使用年限的调整系数；ψ_{ci} 为第 i 个可变荷载的组合值系数。

对于正常使用极限状态，应根据不同的设计要求，采用荷载的标准组合、频遇组合或准永久组合；计算地基承载力时，应采用荷载效应的标准组合。

3．内力组合

排架柱为偏心受压构件，各个截面都有弯矩、轴向力和剪力存在，它们的大小是设计柱的依据，同时也影响基础设计。

柱的配筋是根据控制截面最不利内力组合计算的。当按某一组内力计算时，柱内钢筋用量最多，则该组内力即为不利的内力组合。

由偏心受压构件计算可知：大偏心受压情况下，当 M 不变，N 愈小，或当 N 不变，M 愈大时，钢筋用量愈多；小偏心受压时，当 M 不变，N 愈大，或当 N 不变，M 愈大时，钢筋用量愈多。因此，一般情况下可按下述 4 个项目进行组合：① + M_{max} 与相应的 N，V 组合；② − M_{max} 与相应的 N，V 组合；③ N_{max} 与相应的 M，V 组合；④ N_{min} 与相应的 M，V 组合。

4．内力组合注意事项

（1）永久荷载在任何情况下都参加组合。

（2）吊车竖向荷载 D_{max} 和 D_{min} 在同一跨内并存。D_{max}（D_{min}）可能作用在左柱，也可能作用在右柱，只取一种情况参加组合。

（3）吊车横向水平荷载 T_{max} 同时作用在两侧柱上，方向可向左，也可向右，只取一种情况参加组合。

（4）同一跨间有 T_{max} 时必有 D_{max}（D_{min}），因此，选择 T_{max} 参加组合的同时必然有 D_{max}（D_{min}）。反之，有 D_{max}（D_{min}）时不一定有 T_{max}。有 T_{max} 时方向可左可右，因此，选择 D_{max}（D_{min}）参加组合时应考虑 T_{max}。

（5）风荷载有向左和向右两种情况，只取其一参加组合。

【**例 4.4**】 一钢筋混凝土排架，由于三种荷载（不包括柱自重）使排架柱柱脚 A 处产生三个柱脚弯矩标准值，柱顶处屋架上永久荷载的偏心反力产生的 $M_{Agk} = 50\ kN \cdot m$，柱顶处屋架上活荷载的偏心反力产生的 $M_{Aqk} = 30\ kN \cdot m$，柱中部吊车梁上 A5 级软钩吊车荷载的偏心反力产生的 $M_{Ack} = 60\ kN \cdot m$，如图 4.41（c）所示，风荷载作用下产生的柱脚弯矩标准值 $M_{Awk} = 65\ kN \cdot m$，如图 4.41（d）所示。试求：

（1）由排架上永久荷载、活荷载和吊车荷载产生的柱脚最大弯矩设计值 M。

（2）若还需考虑风荷载作用下产生的柱脚弯矩，由排架上永久荷载和三种可变荷载确定的柱脚最大弯矩设计值 M。

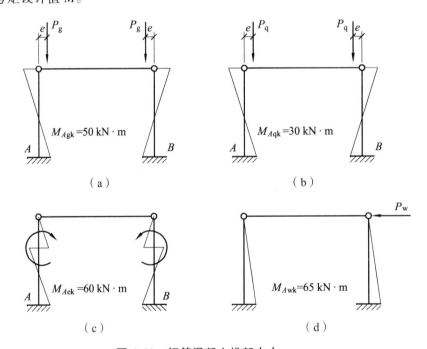

图 4.41　钢筋混凝土排架内力

【解】　（1）由排架上永久荷载、活荷载和吊车荷载产生的柱脚最大弯矩设计值 M_A。屋面活荷载及吊车荷载的组合值系数均是 $\psi = 0.7$。

①　当由屋面活荷载效应控制的组合时：

$$M_A = 1.2 \times 50 + 1.4 \times 1.0 \times 30 + 1.4 \times 1.0 \times 0.7 \times 60 = 160.8 \text{ (kN·m)}$$

②　当由吊车荷载效应控制的组合时：

$$M_A = 1.2 \times 50 + 1.4 \times 1.0 \times 60 + 1.4 \times 1.0 \times 0.7 \times 30 = 173.4 \text{ (kN·m)} > 160.8 \text{ (kN·m)}$$

显然，本题是吊车荷载效应控制的组合产生最大柱脚弯矩设计值。

（2）由排架上永久荷载和三种可变荷载确定的柱脚最大弯矩设计值 M_A。

①　当由屋面活荷载效应控制的组合时（风荷载的组合系数 $\psi_w = 0.6$）：

$$M_A = 1.2 \times 50 + 1.4 \times 1.0 \times 30 + 1.4 \times 1.0 \times 0.7 \times 60 + 1.4 \times 1.0 \times 0.6 \times 65 = 215.4 \text{ (kN·m)}$$

②　当由吊车荷载效应控制的组合时：

$$M_A = 1.2 \times 50 + 1.4 \times 1.0 \times 60 + 1.4 \times 1.0 \times 0.7 \times 30 + 1.4 \times 1.0 \times 0.6 \times 65 = 228.0 \text{ (kN·m)}$$

③　当属风荷载效应控制的组合时：

$$M_A = 1.2 \times 50 + 1.4 \times 1.0 \times 65 + 1.4 \times 1.0 \times 0.7 \times 30 + 1.4 \times 1.0 \times 0.7 \times 60 = 239.2 \text{ (kN·m)}$$

比较上述三种组合的计算结果，可知风荷载效应控制的组合产生的柱脚弯矩设计值最大，为 239.2 kN·m。

4.5　单层厂房柱的设计

4.5.1　柱的截面设计及配筋构造要求

1．柱截面承载力验算

单层厂房柱，根据排架分析求得的控制截面最不利组合的内力 M 和 N，按偏心受压构件进行正截面承载力计算及按轴心受压构件进行弯矩作用平面外受压承载力验算。一般情况下，矩形、T 形截面实腹柱可按构造要求配置箍筋，不必进行斜截面受剪承载力计算。因为柱截面上同时作用有弯矩和轴力，而且弯矩有正、负两种情况，所以一般采用对称配筋。

在对柱进行受压承载力计算及验算时，柱因弯矩增大系数及稳定系数均与柱的计算长度有关，而单层厂房排架柱的支承条件比较复杂，所以，柱的计算长度不能简单地按材料力学中几种理想支承情况来确定。

对于单层厂房，不论它是单跨厂房还是多跨厂房，柱的下端插入基础杯口，杯口四周空隙用现浇混凝土将柱与基础连成一体，比较接近固定端；而柱的上端与屋架连接，既不是理想自由端，也不是理想的不动铰支承，实际上属于一种弹性支承情况。因此，柱的计算长度不能用工程力学中提出的各种理想支承情况来确定。对于无吊车的厂房柱，其计算长度显然介于上端为不动铰支承与自由端两种情况之间。对于有吊车厂房的变截面柱，由于吊车桥架的影响，还需对上柱和下柱给出不同的计算长度。《混凝土结构设计规范》根据厂房实际工作特点，经过综合分析给出了单层厂房柱的计算长度的规定，见表 4.9。

表 4.9 单层厂房柱的计算长度

柱的类型		排架方向	垂直排架方向	
			有柱间支撑	无柱间支撑
无吊车厂房柱	单跨	$1.5H$	$1.0H$	$1.2H$
	两跨及多跨	$1.25H$	$1.0H$	$1.2H$
有吊车厂房柱	上柱	$2.0H_u$	$1.25H_u$	$1.5H_u$
	下柱	$1.0H_l$	$0.8H_l$	$1.0H_l$
露天吊车柱和栈桥柱		$2.0H_l$	$1.0H_l$	—

注：H_l —— 从基础顶面至装配式吊车梁底面或现浇式吊车梁顶面的柱下部高度；
$\quad H$ —— 从基础顶面算起的柱全高；
$\quad H_u$ —— 柱上部高度。

2．柱的裂缝宽度验算

《混凝土结构设计规范》规定，对 $e_0/h_0>0.55$ 的偏心受压构件，应进行裂缝宽度验算。验算要求：按荷载效应的标准组合并考虑长期作用影响计算的最大裂缝宽度 $\omega_{max} \leqslant \omega_{min}$（最大裂缝宽度限值）。对 $e_0/h_0 \leqslant 0.55$ 的偏心受压构件，可不验算裂缝宽度。

3．柱吊装阶段的承载力和裂缝宽度验算

预制柱一般在混凝土强度达到设计值的 70% 以上时，即可进行吊装就位。当柱中配筋能满足平吊时的承载力和裂缝宽度要求时，如图 4.42（a）所示，宜采用平吊，以简化施工。但当平吊需较多地增加柱中配筋时，则应考虑改为翻身起吊，如图 4.42（b）所示，以节约钢筋用量。

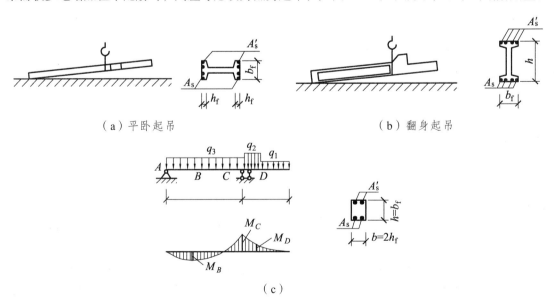

（a）平卧起吊　　　　　　　　　　　　（b）翻身起吊

图 4.42 柱吊装阶段的承载力和裂缝宽度验算

吊装验算时的计算简图应根据吊装方法来确定,如采用一点起吊,吊点位置设在牛腿的下边缘处。当吊点刚离开地面时,柱子底端搁在地上,柱子成为带悬臂的外伸梁,计算时有动力作用,应将自重乘以动力系数 1.5。同时考虑吊装时间短促,承载力验算时结构重要性系数应较其使用阶段降低一级采用。

为了简化计算,吊装阶段的裂缝宽度不直接验算,可用控制钢筋应力和直径的办法来间接控制裂缝宽度,即钢筋应力 σ_{ss} 应满足下式要求:

$$\sigma_{ss} = \frac{M_s}{0.87 h_0 A_s} \leqslant [\sigma_{ss}] \tag{4.26}$$

式中:M_s 为吊装阶段截面上按荷载短期效应组合计算的弯矩值,需考虑动力系数(1.5);$[\sigma_{ss}]$ 为不需验算裂缝宽度的钢筋最大允许应力,可在《混凝土结构设计原理》查得(由已知截面上钢筋直径 d 及 ρ_{te},查得不需作裂缝宽度验算的最大允许应力值)。

4. 构造要求

柱的混凝土强度等级不宜低于 C20,纵向受力钢筋 $d \geqslant 12$ mm。全部纵向钢筋的配筋率 $\rho \leqslant 5\%$。当柱的截面高度 $h \geqslant 600$ mm 时,在侧面设置直径为 $10 \sim 16$ mm 的纵向构造筋,并且应设置附加箍筋或拉筋。柱内纵向钢筋的净距不应小于 50 mm,对水平浇筑的预制柱,其上部纵筋的最小净间距不应小于 30 mm 和 $1.5d$;下部纵筋的净间距不应小于 25 mm 和 d(d 为柱内纵筋最大直径)。

柱中的箍筋应做成封闭式。箍筋的间距不大于 400 mm、不大于 b 且不大于 $15d$(对绑扎骨架)或不大于 $20d$(对焊接骨架),d 为纵筋最大直径;当采用热轧钢筋时,箍筋直径不小于 $d/4$,且不大于 6 mm;当柱中全部纵筋的配筋率超过 3% 时,箍筋直径不宜小于 8 mm,间距不应大于 $10d$(d 为纵筋最小直径),且不大于 200 mm;当柱截面短边尺寸大于 400 mm,且每边的纵向钢筋多于 3 根时(或当柱子短边尺寸不大于 400 mm 但纵向钢筋多于 4 根时),应设置复合箍筋。

4.5.2　柱牛腿设计

在单层厂房中,通常采用柱侧伸出的短悬臂——"牛腿"来支承屋架、吊车梁及墙梁等构件,如图 4.43 所示。牛腿不是一个独立的构件,其作用就是将牛腿顶面的荷载传递给柱子。由于这些构件大多是负荷大或有动力作用,所以牛腿虽小,却是一个重要部件。

根据牛腿所受竖向荷载 F_v 作用点到牛腿下部与柱边缘交接点的水平距离 a 与牛腿垂直截面的有效高度 h_0 之比的大小,可把牛腿分成两类:① $a > h_0$ 时为长牛腿,如图 4.43(a)所示,按悬臂梁进行设计;② 当 $a \leqslant h_0$ 时为短牛腿,如图 4.43(b)所示,是一个变截面短悬臂深梁。单层厂房中遇到的一般为短牛腿。下面主要讨论短牛腿(以下简称牛腿)的应力状态、破坏形态和设计方法。

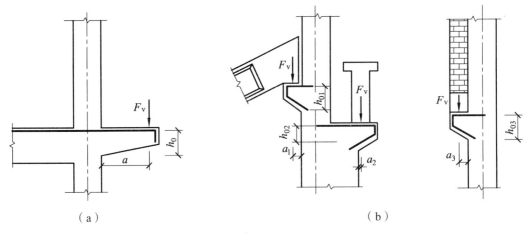

（a）　　　　　　　　　　　　　　　（b）

图 4.43　牛腿分类

1．牛腿的应力状态和破坏形态

1）牛腿的应力状态

图 4.44 所示为对 $a/h_0 = 0.5$ 的环氧树脂牛腿模型进行光弹性试验得到的主应力迹线，牛腿上部的主拉应力方向基本上与上边缘平行，到加载点附近稍向下倾斜。牛腿上表面的拉应力，沿牛腿长度方向分布比较均匀，在加载点外侧，拉应力迅速减少至零。

这样，可以把牛腿上部近似地假定为一个拉杆，且拉杆与牛腿上边缘平行。主压应力方向大致与加载点到牛腿下部转角的连线 AB 相平行，并在一条不很宽的带状区域内主压应力迹线密集地分布，这一条带状区域可以看作传递主压应力的压杆。

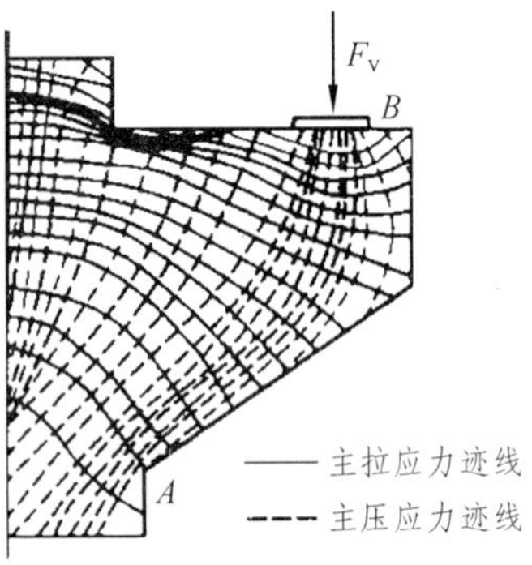

2）牛腿的破坏形态

对 $a/h_0 = 0.1 \sim 0.75$ 范围内的钢筋混凝土牛腿做试验，结果表明，牛腿混凝土的开裂以及最终破坏形态与上述光弹性模型试验所得的应力状态相一致。

图 4.44　牛腿的光弹性试验
得到的主应力迹线

牛腿的破坏形态主要取决于 a/h_0，有 5 种破坏形态，分别为弯压破坏、剪切破坏、斜压破坏、斜拉破坏和局压破坏，如图 4.45 所示。

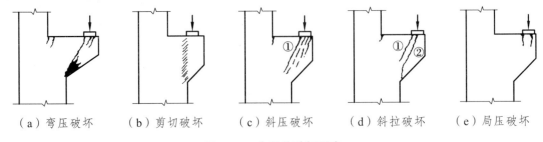

（a）弯压破坏　　　（b）剪切破坏　　　（c）斜压破坏　　　（d）斜拉破坏　　　（e）局压破坏

图 4.45　牛腿的破坏形态

（1）弯压破坏。当 $0.75 < a/h_0 < 1$ 或受拉纵筋配筋率较低时，它与一般受弯构件破坏特征

相近，首先受拉纵筋屈服，最后受压区混凝土压碎而破坏，如图 4.45（a）所示。

（2）剪切破坏。当 $a/h_0 \leqslant 0.1$ 时，或虽 a/h_0 较大但牛腿的外边缘高度 h_1 较小时，在牛腿与柱边交接面上出现一系列短而细的斜裂缝，最后牛腿沿此裂缝从柱上切下而破坏，破坏时牛腿的纵向钢筋应力较小，如图 4.45（b）所示。

（3）斜压破坏。当 a/h_0 值在 0.1～0.75 范围内时，随着荷载增加，在斜裂缝外侧出现细而短小的斜裂缝，当这些斜裂缝逐渐贯通时，斜裂缝间的斜向主压应力超过混凝土的抗压强度，直至混凝土剥落崩出，牛腿即发生斜压破坏，如图 4.45（c）所示。有时，牛腿不出现斜裂缝，而是在加载垫板下突然出现一条通长斜裂缝而发生斜拉破坏，如图 4.45（d）所示。因为单层厂房的牛腿 a/h_0 值一般在 0.1～0.75 范围内，故大部分牛腿均属斜压破坏。

（4）局压破坏。当加载垫板尺寸过小时，会导致加载板下混凝土局部压碎破坏，如图 4.45（e）所示。

为了防止上述各种破坏，牛腿应有足够大的截面尺寸，配置足够的钢筋，垫板尺寸不能过小并满足一系列的构造要求。

2. 牛腿的设计

牛腿设计内容包括 3 个方面的内容，分别为：① 牛腿截面尺寸的确定；② 牛腿承载力计算；③ 牛腿配筋构造。

1）牛腿截面尺寸的确定

由于牛腿截面宽度与柱等宽，因此只需确定截面高度即可。牛腿是一重要部件，又考虑到出问题后又不易加固，因此截面高度一般以斜截面的抗裂度为控制条件，即以控制其在正常使用阶段不出现或仅出现微细裂缝为宜。如图 4.46 所示，设计时可根据经验预先假定牛腿高度，然后按下列裂缝控制公式进行验算。

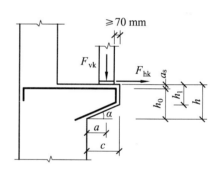

图 4.46　牛腿截面尺寸的确定

$$F_{vk} = \beta \left(1 - 0.5 \frac{F_{hk}}{F_{vk}}\right) \frac{f_{tk} b h_0}{0.5 + \dfrac{a}{h_0}} \qquad (4.27)$$

即

$$h_0 \geqslant \frac{0.5 F_{vk} + \sqrt{0.25 F_{vk}^2 + 4ab\beta \left(1 - 0.5 F_{hk}/F_{vk}\right) F_{vk} f_{tk}}}{2b\beta \left(1 - 0.5 F_{hk}/F_{vk}\right) f_{tk}} \qquad (4.28)$$

当仅有竖向力作用时，（4.27）、（4.28）公式如下：

$$F_{vk} = \beta \frac{f_{tk} b h_0}{0.5 + \dfrac{a}{h_0}} \qquad (4.29)$$

即

$$h_0 \geqslant \frac{0.5 F_{vk} + \sqrt{0.25 F_{vk}^2 + 4ab\beta F_{vk} f_{tk}}}{2b\beta f_{tk}} \qquad (4.30)$$

式中：F_{vk} 为作用于牛腿顶部按荷载效应标准组合计算的竖向力值；F_{hk} 为作用在牛腿顶部按荷载效应标准组合计算的水平拉力值；β 为裂缝控制系数（对支承吊车梁的牛腿，$\beta = 0.65$；对其他牛腿，$\beta = 0.80$）；a 为竖向力的作用点至下柱边缘的水平距离，此时应考虑安装偏差 20 mm，当 $a<0$ 时，取 $a = 0$；b 为牛腿宽度；h_0 为牛腿与下柱交接处的垂直截面有效高度，取 $h_0 = h_1 - a_s + c\tan\alpha$，当 $\alpha >45°$ 时，取 $\alpha = 45°$。

此外，牛腿的外边缘高度 h_1 不应小于 $h/3$，且不应小于 200 mm，牛腿外边缘至吊车梁外边缘的距离不宜小于 70 mm，牛腿底边倾斜角 $\alpha \leqslant 45°$。否则会影响牛腿的局部承压力，并可能造成牛腿外缘混凝土保护层剥落。

为了防止牛腿顶面加载垫板下混凝土的局部受压破坏，垫板下的局部压应力应满足

$$\sigma_c = \frac{F_{vk}}{A} \leqslant 0.75 f_c \tag{4.31}$$

式中：A 为局部受压面积，$A = a \cdot b$，其中 a、b 分别为垫板的长和宽；f_c 为混凝土轴心抗压强度设计值。

当不满足式（4.31）要求时，应采取加大垫板尺寸、提高混凝土强度等级或设置钢筋网等有效的加强措施。

2）牛腿承载力计算

根据前述牛腿的试验结果指出，常见的斜压破坏形态的牛腿，在即将破坏时的工作状况可以近似看作以纵筋为水平拉杆，以混凝土压力带为斜压杆的三角形桁架，如图 4.47 所示。

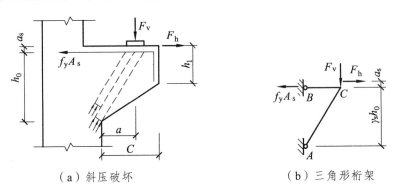

（a）斜压破坏　　　　　　　　　（b）三角形桁架

图 4.47　牛腿计算简图

（1）正截面承载力

通过三角形桁架拉杆的承载力计算来确定纵向受力钢筋用量，纵向受力钢筋由随竖向力所需的受拉钢筋和随水平拉力所需的水平锚筋组成，钢筋的总面积 A_s' 可由图 4.47（b）取 $\sum M_A = 0$，求得：

$$F_v a + F_h (\gamma_s h_0 + a_s) = A_s f_y \gamma_s h_0 \tag{4.32}$$

近似取 $\gamma_s = 0.85$，$(\gamma_s h_0 + a_s)/rh_0 \approx 1.2$，即：

$$A_s \geqslant \frac{F_v a}{0.85 f_y h_0} + 1.2 \frac{F_h}{f_y} \tag{4.33}$$

当仅有竖向力作用时，公式（4.33）如下：

$$A_s \geq \frac{F_v a}{0.85 f_y h_0} \tag{4.34}$$

式中：F_v 为作用在牛腿顶部的竖向力设计值；F_h 为作用在牛腿顶部的水平拉力设计值；a 为竖向力 F_v 作用点至下柱边缘的水平距离，当 $a < 0.3 h_0$ 时，取 $a = 0.3 h_0$。

（2）斜截面承载力

牛腿的斜截面承载力主要取决于混凝土和弯起钢筋，而水平箍筋对斜截面受剪承载力没有直接作用，但水平箍筋可有效地限制斜裂缝的开展，从而可间接提高斜截面承载力。根据试验分析及设计，只要牛腿截面尺寸满足式（4.33）或式（4.34）的要求，且按构造要求配置水平箍筋和弯起钢筋，则斜截面承载力均可得到保证。

3）牛腿配筋构造

如图 4.48 所示，在总结我国的工程设计经验和参考国外有关设计规范的基础上，《混凝土结构设计规范》规定：

（1）牛腿的几何尺寸应满足图 4.48 所示的要求。

（2）牛腿内纵向受拉钢筋宜采用变形钢筋，除满足计算要求外，还应满足图 4.48 的各项要求。

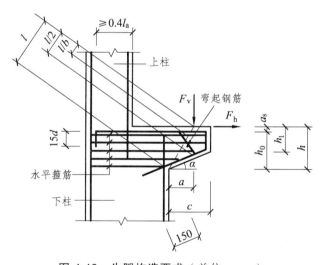

图 4.48　牛腿构造要求（单位：mm）

（3）牛腿内水平箍筋直径应取用 6～12 mm，间距为 100～150 mm，且在上部 $2h_0/3$ 范围内的水平箍筋总截面面积不应小于承受竖向力的受拉钢筋截面面积的 1/2，即水平箍筋总截面面积应符合下列要求：

$$A_{sh} \geq \frac{F_v a}{1.7 f_y h_0} \tag{4.35}$$

（4）试验表明，弯起钢筋虽然对牛腿抗裂的影响不大，但对限制斜裂缝展开的效果较显著。试验还表明，当剪跨比 $a/h_0 \geq 0.3$ 时，弯起钢筋可提高牛腿的承载力 10%～30%，剪跨比较小时，在牛腿内设置弯起钢筋不能充分发挥作用。因此，当牛腿的剪跨比 $a/h_0 \geqslant 0.3$ 时，应设置弯起钢筋，弯起钢筋亦宜采用变形钢筋，其截面积 A_{sb} 不应少于承受竖向力的受拉钢筋面积的 1/2，其根数不应少于 2 根，直径不应小于 12 mm，并应配置在牛腿上部 1/6 ~ 1/2 的范围内，其截面面积 A_{sb} 应满足下列要求：

$$A_{sb} \geqslant \frac{F_v a}{1.7 f_y h_0} \tag{4.36}$$

【例 4.5】 某单层厂房，上柱截面尺寸为 400 mm × 400 mm，下柱截面尺寸为 400 mm × 600 mm，如图 4.49 所示。厂房跨度为 18 m，牛腿上吊车梁承受两台 10 t 中级工作制吊车，其竖向荷载标准值 $F_{vk} = 259.3$ kN，竖向荷载设计值 $F_v = 356$ kN，混凝土强度等级为 C30，纵筋、弯起钢筋及箍筋均采用 HRB400 级。试确定其牛腿的尺寸及配筋。

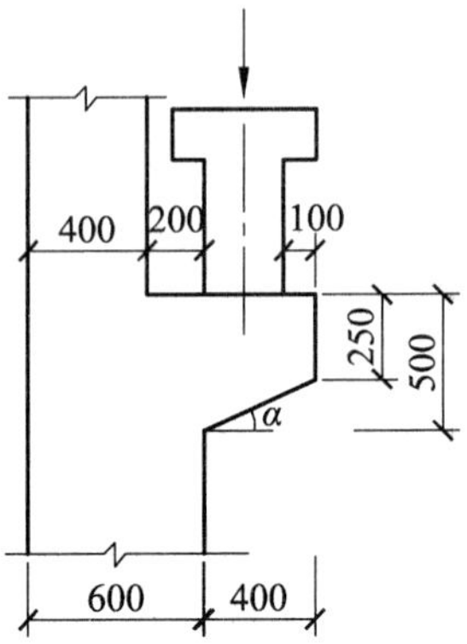

【解】 （1）截面尺寸验算。

$$\beta\left(1 - 0.5\frac{F_{hk}}{F_{vk}}\right)\frac{f_{tk}bh_0}{0.5 + \dfrac{a}{h_0}} = 0.65 \times \frac{2.01 \times 400 \times 465}{0.5 + \dfrac{150}{465}}$$

$$= 295.4 \, (\text{kN}) > F_{vk} = 259.3 \, (\text{kN})$$

故满足要求。

（2）配筋计算。

纵筋截面面积

$$A_s = \frac{150 \times 356 \times 10^3}{0.85 \times 360 \times 465} = 375 \, (\text{mm}^2)$$

又

$$A_s = \rho_{min}bh = 0.002 \times 400 \times 500 = 400 \, (\text{mm}^2)$$

故选用 4Φ12（ $A_s = 452 \, \text{mm}^2$ ）。

箍筋选用 Φ8 间距 100 mm（ $A_{sh} = 101 \, \text{mm}^2$ ），则在上部 $2h_0/3$ 处实配箍筋截面面积为：

$$A_{sh} = \frac{101}{100} \times \frac{2}{3} \times 465 = 313 \, (\text{mm}^2) > \frac{1}{2}A_s = \frac{1}{2} \times 450 = 225 \, (\text{mm}^2)$$

故满足要求。

弯起钢筋，因 $a/h_0 = 150/465 = 0.32 > 0.3$，故需设置，所需截面面积：

$$A_{sb} = \frac{1}{2}A_s = \frac{1}{2} \times 450 = 225 \, (\text{mm}^2)$$

故选用 2Φ12（ $A_s = 226 \, \text{mm}^2$ ），满足要求。

单位：mm

图 4.49　例题 4.5 图

4.5.3　抗风柱的设计要点

厂房两端山墙由于其面积较大，所承受的风荷载亦较大，故通常需设计成具有钢筋混凝土壁柱而外砌墙体的山墙，这样，使墙面所承受的部分风荷载通过该柱传到厂房的纵向柱列中去，这种柱子称为抗风柱。抗风柱的作用是承受山墙风载或同时承受由连系梁传来的山墙重力荷载。

厂房山墙抗风柱的柱顶一般支承在屋架（或屋面梁）的上弦，其间多采用弹簧板相互连接，以便保证屋架（或屋面梁）可以自由地沉降，而又能够有效地将山墙的水平风荷载传递到屋盖上去，如图 4.50 所示。

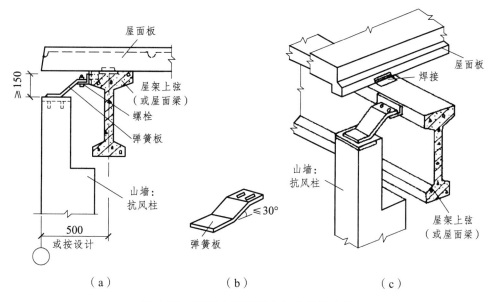

图 4.50　屋架（屋面梁）与抗风柱连接

为了避免抗风柱与端屋架相碰，应将抗风柱的上部截面高度适当减小，形成变截面柱，如图 4.51 所示。抗风柱的柱顶标高应低于屋架上弦中心线 50 mm，以使柱顶对屋架施加的水平力可通过弹簧钢板传至屋架上弦中心线，不使屋架上弦杆受扭；同时抗风柱变阶处的标高应低于屋架下弦底边 200 mm，以防止屋架产生挠度时与抗风柱相碰。

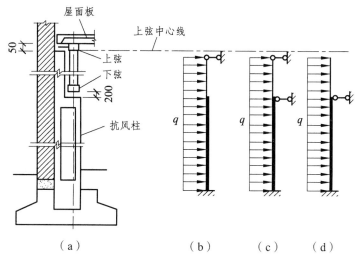

图 4.51　抗风柱计算简图

上部支承点为屋架上弦杆或下弦杆，或同时与上下弦铰接，因此，在屋架上弦或下弦平面内的屋盖横向水平支撑承受山墙柱顶部传来的风载。在设计时，抗风柱上端与屋盖连接可视为不动铰支座，下端插入基础杯口内可视为固定端，一般按变截面的超静定梁进行计算，抗风柱在风载作用下的计算简图如图 4.51（b）所示。

由于山墙的重量一般由基础梁承受，故抗风柱主要承受风荷载；若忽略抗风柱自重，则可按变截面受弯构件进行设计。当山墙处设有连系梁时，除风荷载外，抗风柱还承受由连系梁传来的墙体重量，则抗风柱可按变截面的偏心受压构件进行设计。

抗风柱上柱截面尺寸不宜小于 350 mm × 300 mm，下柱截面尺寸宜采用工字形截面或矩形截面，其截面高度应满足 ≥H_x/25，且 ≥600 mm；其截面宽度应满足 ≥H_y/35，且 ≥350 mm。其中，H_x 为基础顶面至屋架与山墙柱连接点（当有两个连接点时指较低连接点）的距离；H_y 为山墙柱平面外竖向范围内支点间的最大距离，除山墙柱与屋架及基础的连接点外，与山墙柱有锚筋连接的墙梁也可视为连接点。

4.6 单层厂房各构件与柱连接构造设计

装配式钢筋混凝土单层厂房柱除了按上述内容进行设计外，还必须进行柱和其他构件的连接构造设计。柱子是单层厂房中的主要承重构件，厂房中许多构件，如屋架、吊车梁、支撑、基础梁及墙体等都要和它相联系。由各种构件传来的竖向荷载和水平荷载均要通过柱子传递到基础上去，所以，柱子与其他构件有可靠连接是使构件之间有可靠传力的保证，在设计和施工中不能忽视。同时，构件的连接构造关系到构件设计时的计算简图是否基本合乎实际情况，也关系到工程质量及施工进度。因此，应重视单层厂房结构中各构件间的连接构造设计。

4.6.1 单层厂房各构件与柱连接构造

1．柱与屋架的连接构造

在单层厂房中，柱与屋架的连接，采用柱顶和屋架端部的预埋件进行电焊的方式连接（图4.52）。垫板尺寸和位置应保证屋架传给柱顶的压力的合力作用线正好通过屋架上、下弦杆的交点，一般位于距厂房定位轴线 150 mm 处［图 4.52（a）］。

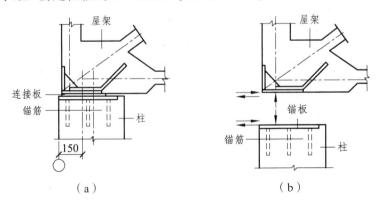

图 4.52 柱与屋架的连接构造

柱与屋架（屋面梁）连接处的垂直压力由支承钢板传递，水平剪力由锚筋和焊缝承受［图 4.52（b）］。

2．柱与吊车梁的连接构造

单层厂房柱子承受由吊车梁传来的竖向及水平荷载，因此，吊车梁与柱在垂直方向及水平方向都应有可靠的连接（图 4.53），吊车梁的竖向荷载和纵向水平制动力通过吊车梁梁底支承板与牛腿顶面预埋连接钢板来传递。吊车梁顶面通过连接角钢（或钢板）与上柱侧面预埋件焊接，主要承受吊车横向水平荷载。同时，采用 C20～C30 的混凝土将吊车梁与上柱的空隙灌实，以提高连接的刚度和整体性。

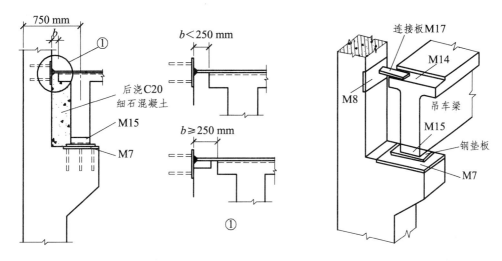

图 4.53　柱与吊车梁的连接构造

3．柱间支撑与柱的连接构造

柱间支撑一般由角钢制作，通过预埋件与柱连接，如图 4.54 所示。预埋件主要承受拉力和剪力。

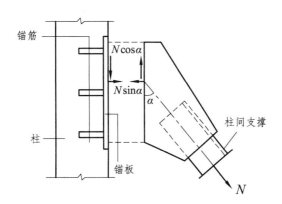

图 4.54　柱间支撑与柱的连接构造

4.6.2 单层厂房各构件与柱连接预埋件计算

1. 预埋件的构造要求

1)预埋件的组成

预埋件由锚板、锚筋焊接组成。受力预埋件的锚板宜采用可焊性及塑性良好的 Q235、Q345 级钢制作。受力预埋件的锚筋应采用 HRB400 或 HPB300 钢筋。若锚筋采用 HPB300 级钢筋时，受力埋设件的端头须加标准钩。不允许用冷加工钢筋做锚筋。在多数情况下，锚筋采用直锚筋的形状 [图 4.55（a）、（b）]，有时也可采用弯折锚筋的形状 [图 4.55（d）、（e）]。

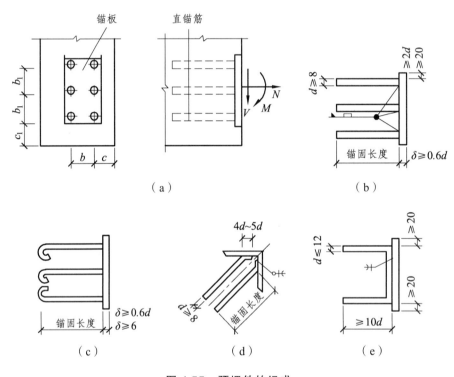

图 4.55 预埋件的组成

预埋件的受力直锚钢筋不宜少于 4 根，且不宜多于 4 排；其直径不宜小于 8 mm，且不宜大于 25 mm。受剪埋设件的直锚钢筋允许采用 2 根。

直锚筋与锚板应采用 T 形焊连接。锚筋直径不大于 20 mm 时，宜采用压力埋弧焊；锚筋直径大于 20 mm 时，宜采用穿孔塞焊。当采用手工焊时，焊缝高度不宜小于 6 mm 及 0.5d（300 MPa 级钢筋）或 0.6d（其他钢筋）。

2)预埋件的形状和尺寸要求

受力预埋件一般采用图 4.55（b）、（c）、（d）所示形状。锚板厚度 δ 应大于锚筋直径的 0.6 倍，且不小于 6 mm；受拉和受弯埋设件锚板厚度 δ 尚应大于 1/8 锚筋的间距 b [图 4.55（a）、（b）]。锚筋到锚板边缘的距离，不应小于 2d 及 20 mm。受拉和受弯预埋件锚筋的间距以及至构件边缘的边距均不应小于 3d 及 45 mm。

受剪预埋件锚筋的间距应不大于 300 mm。受剪预埋件直锚筋的锚固长度不应小于 15d，其长度比受拉、受弯时小，这是因为预埋件承受剪切作用时，混凝土对其锚筋有侧压力，从而增大了混凝土对锚筋的黏结力的缘故。

2．预埋件的构造计算

预埋件的计算，主要指通过计算确定锚板的面积和厚度、受力锚筋的直径和数量等。它可按承受法向压力、法向拉力、单向剪力、单向弯矩、复合受力等几种不同预埋件的受力特点通过计算确定，并在参考构造要求后予以确定。

1）承受法向压力的预埋件的计算

承受法向压力的预埋件，根据混凝土的抗压强度来验算承压锚板的面积（图 4.55）：

$$A \geqslant \frac{N}{0.5f_c} \tag{4.37}$$

式中：A 为承压锚板的面积（钢板中压力分布线按 45°）；N 为由设计荷载值算得的压力；f_c 为混凝土轴心抗压强度设计值；0.5 为保证锚板下混凝土压应力不致过大而采用的经验系数。

承压钢板的厚度和锚筋的直径、数量、长度可按构造要求确定。

2）承受法向拉力的预埋件的计算

承受法向拉力的预埋件的计算原则是，拉力首先由拉力作用点附近的直锚筋承受，与此同时，部分拉力由于锚板弯曲而传给相邻的直锚筋，直至全部直锚筋到达屈服强度时为止。因此，埋设件在拉力作用下，当锚板发生弯曲变形时，直锚筋不仅单独承受拉力，而且还承受由于锚板弯曲变形而引起的剪力，使直锚筋处于复合应力状态，因此其抗拉强度应进行折减。锚筋的总截面面积可按下式计算：

$$A \geqslant \frac{N}{0.8\alpha_b f_y} \tag{4.38}$$

式中：f_y 为锚筋的抗拉强度设计值，不应大于 300 N/mm²；N 为法向拉力设计值；α_b 为锚板的弯曲变形折减系数，与锚板厚度 t 和锚筋直径 d 有关，可取：

$$\alpha_b = 0.6 + 0.25\frac{t}{d} \tag{4.39}$$

当采取防止锚板弯曲变形的措施时，可取 $\alpha_b = 1.0$。

【例 4.6】　已知一直锚筋预埋件，承受拉力设计值 $N = 169$ kN，构件的混凝土为 C20（$f_t = 1.1$ N/mm²），锚筋为 HRB335 级钢筋（$f_y = 300$ N/mm²）。钢板为 Q235 级钢，厚度 $t = 10$ mm。要求：求预埋件直锚筋的总截面面积、直径及锚固长度。

【解】　根据《规范》规定，"锚板厚度宜大于锚筋直径的 0.6 倍"。假定锚筋直径为 $d = 14$ mm，$t/d = 10/14 = 0.7 > 0.6$，满足要求。

锚板的弯曲变形折减系数：

$$\alpha_b = 0.6 + 0.25\frac{t}{d} = 0.6 + 0.25 \times \frac{10}{14} = 0.78$$

直锚筋的总截面面积：

$$A_s = \frac{N}{0.8\alpha_b f_y} = \frac{169 \times 10^3}{0.8 \times 0.78 \times 300} = 902.8 \ (\text{mm}^2)$$

锚筋采用 6Φ14，满足要求。

规范规定：受拉直锚筋的锚固长度不应小于受拉钢筋的锚固长度。

钢筋的外形系数 $\alpha = 0.14$。

$$l_a = \alpha \frac{f_y}{f_t} = 0.14 \times \frac{300}{1.1} = 535 \ (\text{mm})$$

取 $l_a = 540 \ \text{mm}$。

3）承受单向剪力的预埋件的计算

目前采用的直锚筋在混凝土中的抗剪强度计算公式，是经一些预埋件的剪切试验后得到的半理论半经验公式。试验表明，预埋件的受剪承载力与混凝土强度等级、锚筋抗拉强度、锚筋截面面积和直径等有关。在保证锚筋锚固长度和直锚筋到构件边缘合理距离的前提下，预埋件承受单向剪力的计算公式为：

$$A_s \geqslant \frac{V}{\alpha_r \alpha_v f_y} \tag{4.40}$$

式中：V 为剪力设计值；α_r 为锚筋层数的影响系数；当锚筋按等间距配置时，二层取 1.0，三层取 0.9，四层取 0.85；α_v 为锚筋的受剪承载力系数，反映了混凝土强度、锚筋直径 d、锚筋强度的影响，应按下列公式计算：

$$\alpha_v = (4.0 - 0.08d)\sqrt{\frac{f_c}{f_y}} \tag{4.41}$$

当 $\alpha_v > 0.7$ 时，取 $\alpha_v = 0.7$。

【例 4.7】 已知某焊有直锚筋的预埋件，承受剪力设计值 $V = 181 \ \text{kN}$，锚板采用 Q235 钢，厚度 $t = 14 \ \text{mm}$。构件的混凝土强度等级为 C25（$f_c = 11.9 \ \text{N/mm}^2$），锚筋为 HRB335 级钢筋（$f_y = 300 \ \text{N/mm}^2$）。求预埋件直锚筋的总截面面积、锚筋直径及锚固长度。

【解】 设锚筋为 3 层，$\alpha_v = 0.9$。

根据《规范》规定，"锚板厚度宜大于锚筋直径的 0.6 倍"。假定锚筋直径为 $d = 16 \ \text{mm}$，$t/d = 14/16 = 0.8 > 0.6$，满足要求。

则由式（4.41）得：

$$\alpha_v = (4.0 - 0.08d)\sqrt{\frac{f_c}{f_y}} = (4 - 0.08 \times 16)\sqrt{\frac{11.9}{300}} = 0.542 < 0.7$$

由式（4.40）得：

$$A_s \geqslant \frac{V}{\alpha_r \alpha_v f_y} = \frac{181 \times 10^3}{0.9 \times 0.542 \times 300} = 1\ 236 \ (\text{mm}^2)$$

选用直锚筋 6Φ16，分 3 层布置，每层 2Φ16，满足构造要求。

受剪直锚筋的锚固长度不应小于 15d，则：

$$l_a = 15 \times 16 = 240 \text{ (mm)}$$

取 $l_a = 240$ mm。

4）承受单向弯矩的预埋件的计算

预埋件承受单向弯矩时，各排直锚筋所承担的作用力是不等的，如图 4.56 所示。试验表明，受压区合力点往往超过受压区边排锚筋以外。为计算简便起见，在埋设件承受单向弯矩 M 的强度计算公式中，拉力部分取该埋设件承受法向拉力时锚筋可以承受拉力的一半，同时考虑锚板的变形引入修正系数 α_b，再引入安全储备系数 0.8，即 $0.8\alpha_b \times 0.5 A_s f_y$；力臂部分取埋设件外排直锚筋中心线之间的距离 z 乘以直锚筋排数影响系数 α_r，于是锚筋截面面积按下式计算：

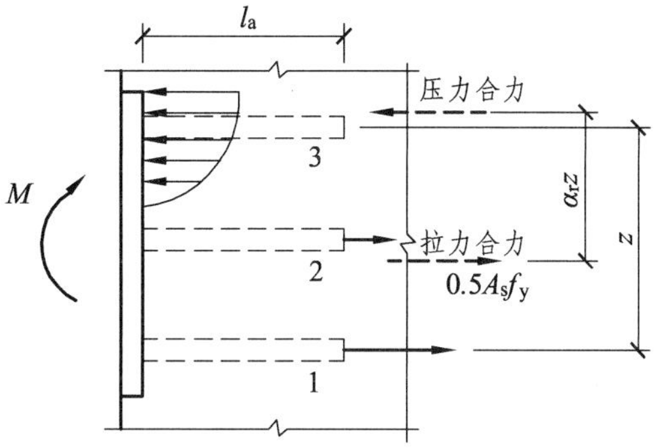

图 4.56　弯矩作用下的预埋件

$$A_s \geqslant \frac{M}{0.4 \alpha_r \alpha_b f_y z} \qquad （4.42）$$

式中：M 为弯矩设计值；z 为沿弯矩作用方向最外层锚筋中心线之间的距离。

5）拉弯预埋件

根据试验，预埋件在受拉与受弯复合力作用下，可以用线性相关方程表达它们的强度。这样做既偏于安全，也使强度计算公式得到简化，给设计计算带来方便。

当预埋件承受法向拉力和弯矩共同作用时，其直锚筋的截面面积 A_s 应按下式计算：

$$A_s \geqslant \frac{N}{0.8 \alpha_b f_y} + \frac{M}{0.4 \alpha_r \alpha_b f_y z} \qquad （4.43）$$

式中：N 为法向拉力设计值；M 为弯矩设计值；z 为沿剪力作用方向最外层锚筋中心线之间的距离。

6）压弯预埋件

当预埋件承受法向压力和弯矩共同作用时，其直锚筋的截面面积 A_s 应按下式计算：

$$A_s \geqslant \frac{M - 0.4Nz}{0.4 \alpha_r \alpha_b f_y z} \qquad （4.44）$$

式中：N 为法向压力设计值。

上式中 N 应满足 $N \leqslant 0.5 f_c A$ 的条件，A 为锚板的面积。

7）拉剪预埋件

根据试验，预埋件在受拉与受剪复合力作用下，可以用线性相关方程表达它们的强度。当预埋件承受法向拉力和剪力共同作用时，其直锚筋的截面面积 A_s 应按下式计算：

$$A_s \geqslant \frac{V}{\alpha_r \alpha_v f_y} + \frac{N}{0.8 \alpha_b f_y} \qquad (4.45)$$

式中：N 为法向拉力设计值。

8）压剪预埋件

当预埋件承受法向压力和剪力共同作用时，其直锚筋的截面面积 A_s 应按下式计算：

$$A_s \geqslant \frac{V - 0.3N}{\alpha_r \alpha_v f_y} \qquad (4.46)$$

式中：N 为法向压力设计值。

上式中 N 应满足 $N \leqslant 0.5 f_c A$ 的条件，A 为锚板的面积。

9）弯剪预埋件

根据试验，预埋件在受剪与受弯复合力作用下，都可以用线性相关方程表达它们的强度。当预埋件承受剪力、弯矩共同作用时，其直锚筋的总截面面积 A_s 应按下列两个公式计算，并取计算结果中的较大值：

$$A_s \geqslant \frac{V}{\alpha_r \alpha_v f_y} + \frac{M}{1.3 \alpha_r \alpha_b f_y z} \qquad (4.47)$$

$$A_s \geqslant \frac{M}{0.4 \alpha_r \alpha_b f_y z} \qquad (4.48)$$

10）预埋件在剪力、法向力和弯矩共同作用下的强度计算

埋设件一般都处于受拉（或受压）、受剪、受弯等各种组合的复合力作用之下。因此，除了掌握它们在单向力作用下的强度计算方法以外，还必须掌握它们在各种复合力作用下的强度计算方法。

（1）预埋件在剪力、拉力和弯矩共同作用下的强度计算

根据试验，预埋件在受拉、受剪复合力以及在受拉、受弯复合力作用下，都可以用线性相关方程表达它们的强度。这样做既偏于安全，也使强度计算公式得到简化，给设计计算带来方便。因此，预埋件在受拉、受剪、受弯三种力的复合作用下，应取两个公式计算结果的较大者选取直锚筋：

$$A_s \geqslant \frac{V}{\alpha_r \alpha_v f_y} + \frac{N}{0.8 \alpha_b f_y} + \frac{M}{1.3 \alpha_r \alpha_b f_y z} \qquad (4.49)$$

$$A_s \geqslant \frac{N}{0.8 \alpha_b f_y} + \frac{M}{0.4 \alpha_r \alpha_b f_y z} \qquad (4.50)$$

（2）预埋件在剪力、压力和弯矩共同作用下的强度计算

当预埋件在法向压力、剪力、弯矩共同作用下时，预埋件所需的直锚筋总截面面积 A_s 取下列两式计算结果的较大者：

$$A_s \geqslant \frac{V-0.3N}{\alpha_r \alpha_v f_y} + \frac{M-0.4Nz}{1.3\alpha_r \alpha_b f_y z} \tag{4.51}$$

$$A_s \geqslant \frac{M-0.4Nz}{0.4\alpha_r \alpha_b f_y z} \tag{4.52}$$

当 $M < 0.4Nz$ 时，取 $M = 0.4Nz$。

式中，N 为法向压力设计值，不应大于 $0.5f_cA$，此处，A 为锚板的面积。

【例 4.8】 已知某焊有直锚筋的预埋件，承受斜向偏心压力 $N_a = 49$ kN，如图 4.57 所示，斜向压力与预制锚板之间的夹角为 $\alpha = 45°$，对锚筋截面重心的偏心距 $e_0 = 50$ mm。锚板采用 Q235 钢，锚板厚度 $t = 14$ mm，4 层锚筋，锚筋之间的距离为 $b_1 = 90$ mm，$b = 120$ mm，外层锚筋中心至锚板边缘的距离 $a = 40$ mm，构件的混凝土强度等级为 C30（$f_c = 14.3$ N/mm^2），锚筋为 HRB335 级钢筋（$f_y = 300$ N/mm^2）。求预埋件直锚筋的总截面面积和锚筋直径。

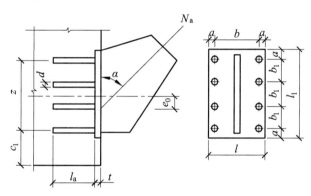

图 4.57　例 4.8 计算图

【解】 锚筋为 4 层，$\alpha_v = 0.85$。

外层锚筋中心线之间的距离　$z = 3 \times 90 = 270$（mm）

锚板宽度　　$l = b + 2a = 120 + 2 \times 40 = 200$（mm）

锚板长度　　$l_1 = 3b_1 + 2a = 3 \times 90 + 2 \times 40 = 350$（mm）

锚板面积　　$A = 200 \times 350 = 70\,000$（mm^2）

假定锚筋直径为 $d = 16$ mm。

则由式（4.41）得：

$$\alpha_v = (4.0 - 0.08d)\sqrt{\frac{f_c}{f_y}} = (4 - 0.08 \times 16)\sqrt{\frac{11.9}{300}} = 0.542 < 0.7$$

法向压力设计值：

$$N = N_a \sin \alpha = 491 \times \sin 45° = 347.19 \text{ (kN)}$$

剪力设计值：

$$N = N_a \cos \alpha = 491 \times \cos 45° = 347.19 \text{ (kN)}$$

弯矩设计值：

$$M = Ne_0 = 347.19 \times 0.05 = 17.359 \text{ (kN·m)}$$

由于

$$0.4Nz = 0.4 \times 347.19 \times 0.27 = 37.5 \text{ (kN} \cdot \text{m)} > M = 17.359 \text{ (kN} \cdot \text{m)}$$

故取

$$M = 0.4Nz$$

且

$$0.5f_cA = 0.5 \times 14.3 \times 70\ 000 = 500\ 500 \text{ (N)} = 500.5 \text{ (kN)} > N = 347.19 \text{ (kN)}$$

则由式（4.46）得：

$$A_s \geqslant \frac{V - 0.3N}{\alpha_r \alpha_v f_y} = \frac{347.19 \times 10^3 - 0.3 \times 347.19 \times 10^3}{0.85 \times 0.594 \times 300} = 1\ 604 \text{ (mm}^2)$$

选用直锚筋 $8\oplus16$，$A_s = 1\ 680 \text{ mm}^2$；$t/d = 14/16 = 0.875 > 0.6$。
满足要求。

11）弯折锚筋预埋件计算

由锚板和对称配置的弯折锚筋及直锚筋共同承受剪力的预埋件（图4.58），其弯折锚筋的
截面面积 A_{sb} 应符合：

$$A_{sb} = 1.4\frac{V}{f_y} - 1.25\alpha_v A_s \tag{4.53}$$

式中：V 为剪力设计值；α_v 为锚筋的受剪承载力系数，
应按下列公式计算：

$$\alpha_v = (4.0 - 0.08d)\sqrt{\frac{f_c}{f_y}} \tag{4.54}$$

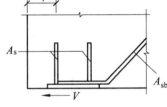

图4.58　由锚板和弯折锚筋及
直锚筋组成的预埋件

当 $\alpha_v > 0.7$ 时，取 $\alpha_v = 0.7$。

当直锚筋按构造要求设置时，取 $A_s = 0$。

注：弯折锚筋与钢板之间的夹角不宜小于15°，也不宜大于45°。

【例4.9】 由图4.59所示，预埋板和对称于力作用
线配置的弯折锚筋与直锚筋共同受力，已知承受的剪力 V
$= 213 \text{ kN}$，有锚筋直径 $d = 14 \text{ mm}$，为4根，弯折面间的
夹角 $\alpha = 25°$，直锚筋间的距离均为 100 mm，弯折锚筋之
间的距离均为 100 mm。构件的混凝土为 C25（$f_t =$
1.27 N/mm^2，$f_c = 11.9 \text{ N/mm}^2$），弯折锚筋与直锚筋均为
HRB335 级钢筋（$f_y = 300 \text{ N/mm}^2$）。钢板为 Q235 级钢，
厚度 $t = 10 \text{ mm}$。要求：求预埋件直锚筋的总截面面积、
直径及锚固长度。

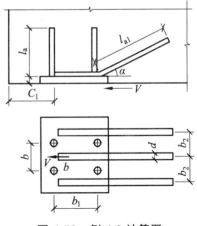

图4.59　例4.9计算图

【解】 直锚筋截面总面积 $A_s = 615 \text{ mm}^2$。
锚筋的受剪承载力系数：

$$\alpha_v = (4.0 - 0.08d)\sqrt{\frac{f_c}{f_y}} = (4 - 0.08 \times 14)\sqrt{\frac{11.9}{300}}$$

$$= 0.574 < 0.7$$

取 $\alpha_v = 0.574$。

弯折锚筋的截面面积：

$$A_{sb} = 1.4\frac{V}{f_y} - 1.25\alpha_v A_s$$

$$= 1.4 \times \frac{213 \times 10^3}{300} - 1.25 \times 0.574 \times 615 = 553 \text{ (mm}^2)$$

弯折锚筋采用 3Φ16，$A_{sb} = 603 \text{ mm}^2$，可以。

锚固长度：

$$l_a = \alpha \frac{f_y}{f_t} = 0.14 \times \frac{300}{1.27} = 529 \text{ (mm)}$$

取 $l_a = 530$ mm。

3．吊环计算

为了吊装预制钢筋混凝土构件，通常在构件中设置预埋吊环（图 4.60）。吊环应采用可焊性及塑性良好的钢材，一般用 HPB300 级钢筋制成，不允许采用经过冷加工处理的钢筋。在构件的自重标准值 G_k（不考虑动力系数）作用下，假定每个构件设置 n 个吊环，每个吊环按 2 个截面计算，吊环钢筋的允许拉应力值为 $[\sigma_s]$，则吊环钢筋的截面面积 A_s 可按下式计算：

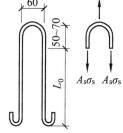

图 4.60　预埋吊环

$$A_s \geqslant \frac{G_k}{2n[\sigma_s]} \qquad (4.55)$$

式中：G_k 为吊环承受的构件自重的标准值，以 kN 计；A_s 为吊环钢筋截面面积，以 mm² 计；$[\sigma_s]$ 为钢筋的允许拉应力，可取 50 N/mm²。

根据施工时的实际受力状况，当一个构件设有 4 个吊环时，只考虑其中的 3 个能够同时起作用。

吊环在混凝土中的锚固长度为 $30d$（d 为吊环钢筋直径），并应将吊环焊接或绑扎在受力钢筋骨架上。

【例 4.10】 已知一预制楼板重 75 kN，设置有 4 个吊环，采用 HPB300 级钢。要求求每个吊环所需钢筋截面面积 A_s。

【解】 仅考虑 3 个吊环同时发挥作用，则：

$$A_s = \frac{75\,000}{2 \times 3 \times 50} = 250 \text{ (mm}^2)$$

选用 Φ18 钢筋，$A = 255 \text{ mm}^2$，满足要求。

习　题

4.1　单层厂房装配式钢筋混凝土排架结构由哪些构件组成，其传力路线是什么？

4.2　单层厂房排架结构，一般应设置哪些支撑？简述这些支撑的作用及布置原则。

4.3 单层厂房的变形缝有哪几种？在什么情况下应设置伸缩缝？在什么情况下应设置沉降缝？

4.4 单层厂房中目前常用的屋面板、屋面梁以及屋架、天窗架和托架的形式有哪些？

4.5 排架的计算简图有哪些基本假定？在什么情况下这些基本假定不适用？

4.6 排架上承受哪些荷载？作用在排架上的吊车竖向荷载 D_{max}、D_{min} 及吊车横向水平荷载 T_{max} 是如何计算的？

4.7 按照《建筑结构荷载规范》的规定，在有多台吊车的单跨或多跨排架分析中，其竖向荷载和横向水平荷载的吊车台数应如何考虑？对于多台吊车为什么要乘以荷载折减系数？

4.8 作用在排架上的风荷载，柱顶以下和柱顶以上各是如何计算的？

4.9 何谓单根悬臂柱的柔度系数和刚度系数（即抗剪刚度）？何谓剪力分配系数？

4.10 排架内力组合时应注意哪些问题？

4.11 吊车荷载作用下厂房整体空间作用的计算方法与平面排架的计算方法有什么异同？

4.12 目前常用的单层厂房柱有哪几种形式？柱吊装验算的计算简图是怎样的？工字形截面柱平卧起吊时，截面尺寸 $b \times h$ 及纵向受力钢筋如何确定？

4.13 单层厂房柱的截面设计，主要包括哪些内容？设计时应着重考虑哪些问题？

4.14 简述牛腿的主要破坏形态。牛腿的截面高度和牛腿水平受拉钢筋应如何确定？

4.15 牛腿的受力特点是什么？可简化为怎样的一个计算简图？设计的具体步骤是什么？

4.16 牛腿中的弯筋和水平箍筋应满足哪些构造要求？

4.17 用剪力分配法计算等高排架的基本原理是什么？单阶排架柱的抗剪刚度是怎样计算的？

4.18 某厂房各部尺寸如图 4.61 所示，地面粗糙度为 B 类，排架间距 6.0 m，基本风压 $w_0 = 0.45 \text{ kN/m}^2$。求作用在排架上的风荷载设计值 q_1、q_2 和 F_w。

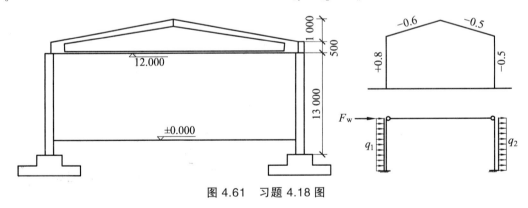

图 4.61 习题 4.18 图

4.19 某单层单跨厂房，跨度 18 m，柱距 6 m，内有两台 10 t A6 级工作制吊车。起重机有关资料如下：吊车跨度 16.5 m，吊车宽 5.44 m，轮距 4.4 m，吊车总质量 18.23 t，小车质量 3.684 t，额定起重量 10 t，最大轮压 $P_{max} = 10.47 \text{ t}$。试求该柱承受的吊车竖向荷载 D_{max}、D_{min} 和横向水平荷载 T_{max}。

4.20 某单跨厂房，在各种荷载标准值作用下②柱Ⅲ—Ⅲ截面内力如表 4.11 所示，有两台吊车，吊车工作级别为 A5 级，试对该截面进行内力组合。

表 4.11 习题 4.20②柱Ⅲ—Ⅲ截面内力标准值

简图及正、负号规定	荷载类型		序号	$M/(\text{kN·m})$	N/kN	V/kN
	恒 载		①	29.32	346.45	6.02
	屋面活载		②	8.70	54.00	1.84
	吊车竖向荷载	D_{max} 在 A 柱	③	16.40	290.00	-3.74
		D_{min} 在 B 柱	④	-42.90	52.80	-3.74
	吊车水平荷载		⑤、⑥	±110.35	0	±8.89
	风荷载	右吹风	⑦	459.45	0	52.96
		左吹风	⑧	-422.55	0	-42.10

4.21 如图 4.62 所示排架结构,各柱均为等截面,截面弯曲刚度如图所示。试求该排架在柱顶水平力作用下各柱所承受的剪力,并绘制弯矩图。

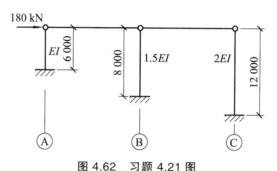

图 4.62 习题 4.21 图

4.22 如图 4.63 所示单跨单层厂房排架结构,两柱截面尺寸相同,上柱 $I_{\text{上}} = 2.5 \times 10^9 \text{ mm}^4$,下柱 $I_{\text{下}} = 1.8 \times 10^{10} \text{ mm}^4$,混凝土强度等级为 C30。试求该排架在柱顶水平力作用下各柱所承受的剪力,并绘制弯矩图。

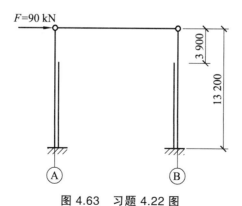

图 4.63 习题 4.22 图

4.23 如图 4.64 所示单跨单层厂房排架结构,两柱截面尺寸相同,上柱 $I_{\text{上}} = 2.0 \times 10^9 \text{ mm}^4$,下柱 $I_{\text{下}} = 1.5 \times 10^{10} \text{ mm}^4$,在 $M_1 = 360 \text{ kN·m}$,$M_1 = 80 \text{ kN·m}$ 作用下,各柱所承受的剪力,并绘制弯矩图。

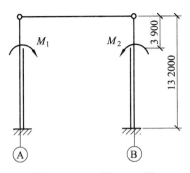

图 4.64　习题 4.23 图

4.24　如图 4.65 所示单跨单层厂房排架结构，两柱截面尺寸相同，上柱 $I_上 = 1.5 \times 10^9$ mm^4，下柱 $I_下 = 1.2 \times 10^{10}$ mm^4，在风荷载 $q_1 = 1.8$ kN/m，$q_1 = 0.9$ kN/m 作用下各柱所承受的剪力，并绘制弯矩图。

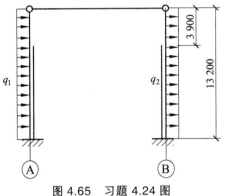

图 4.65　习题 4.24 图

4.25　如图 4.66 所示柱牛腿，已知竖向力标准值 $F_v = 324$ kN，水平拉力标准值 $F_h = 78$ kN，牛腿宽 450 mm，采用 C20 混凝土和 HRB400 级钢筋。试计算牛腿的纵向受力钢筋。

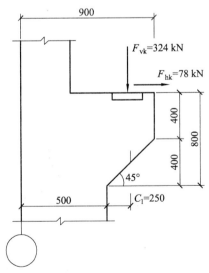

图 4.66　习题 4.25 图

第 5 章　砌体结构

砌体结构是指由块体和砂浆砌筑而成的墙、柱作为建筑物主要受力构件的结构，是砖砌体、砌块砌体和石砌体结构的统称。砌体结构是工程建设中的重要结构型式之一，具有悠久的历史。普通的砌体工程是建造坚固、美观建筑物的一种经济、迅速且简单的建筑技术。尽管自 19 世纪以来，钢结构和钢筋混凝土结构在结构工程中得到迅猛的发展，但砌体结构在我国及世界各国建筑工程中仍然在广泛地应用。

5.1　概　述

5.1.1　砌体结构的历史

砌体是人类应用的最古老的建筑材料，国外采用石材乃至砖建造各种建筑物已有几千年的历史，几乎与人类的文明同时诞生。实际上，砌体结构的诞生标志着土木工程的诞生。最初人们把各种大小不同的石块用随机的方式堆垒成墙体，其中小石头用来填大石头之间的空隙。后来人们有采用石料和黏土砌筑房屋，许多文明古国都建造了大量具有代表性的砖石结构建筑物。

砌体结构在我国有着十分悠久的历史。早在 6 000 年前，就已有木构架和木骨泥墙。公元前 20 世纪，有土夯实的城墙。公元前 1388 年—公元前 1122 年，已逐渐开始采用黏土做成板筑墙，并逐步采用晒干的土坯砌筑墙。公元前 1134 年至公元前 771 年已有烧制的瓦，公元前 475 年—公元前 221 年已有烧制的大尺寸空心砖，公元 317 年—558 年已有实心砖的使用。中国是砌体结构使用的大国，2 000 多年前建造的万里长城（图 5.1）是世界上最伟大的砌体结构工程之一，在春秋战国时期李冰父子修建的都江堰（图 5.2）在今天仍然起灌溉的作用，1 400 年前用料石修建的河北赵县安济桥，是世界上现存的敞肩式的拱桥。

图 5.1　万里长城

图 5.2　都江堰水利工程

在国外，大约 8 000 年前已开始使用晒干的土坯，5 000—6 000 年前经凿琢的天然石材已广泛使用，采用烧制砖也有约 3 000 年的历史。人们用砌体建造了大量建筑物，特别是在具有悠久文化历史的国家和地区。如：享有悠久历史声誉的埃及胡夫金字塔（图 5.3），是现存世界最古老的石结构。古罗马的大量石结构废墟及塞戈维亚水渠，被维苏威火山吞没的庞贝古城，古希腊众多的神庙，著名的意大利比萨斜塔，法国巴黎圣母院，印度的泰姬陵，柬埔寨吴哥寺，伊拉克的古巴比伦空中花园，希腊的雅典卫城以及运动场、竞技场、露天音乐场和纪念馆等公共建筑，古罗马的斗兽场（图 5.4）、引水渠、浴室、神庙和教堂，土耳其的圣索菲亚大教堂等。

图 5.3　胡夫金字塔

图 5.4　古罗马的斗兽场

自从 19 世纪 20 年代有了高强度的水泥砂浆之后，砌体结构的质量大大提高，并得到广泛应用，设计理论也取得了一定的发展。20 世纪 30 至 40 年代，人们广泛采用经验法设计砌体结构，或者采用容许应力法做粗略的估算。这些方法设计出的砌体结构承重构件粗大笨重。苏联及欧美国家从 20 世纪 40、50 年代起，对砌体结构的力学性能进行了系列的研究，提出了以结构试验和理论分析为依据的设计方法。我国从 20 世纪的 60 年代起，开始对砌体结构进行了系统的试验和理论研究，结合工程实践，建立了较为完整的砌体结构设计理论。

5.1.2　砌体结构的发展现状

1．国外砌体结构的发展现状

在国外，砌体结构从材料、计算理论、设计方法到工程应用都得到了发展。材料性能方面，黏土砖的强度等级高达 100 MPa，砂浆的强度等级达到 20 MPa。在砂浆中掺入有机化合物形成的高黏合砂浆，甚至可以使砌体的抗压强度达 35 MPa 以上。

在工程应用方面，国外砌体结构多用于建造多层居住和办公等建筑，其中包括一些高层建筑。第一幢用砖砌体及铁混合材料建成的高层建筑是 1889 年在美国芝加哥建成的 Monadnock 大厦，17 层，高 66 m。1891 年在美国芝加哥建造了一幢 17 层砖房，由于技术条件限制，底层承重墙厚达 1.8 m。1909 年建成的美国纽约圣约翰大教堂，砖砌圆顶直径达 40.2 m。1957 年在瑞士苏黎世，采用强度为 58.8 MPa、空心率为 28% 的空心砖建成了一幢

19 层塔式住宅,墙厚仅仅 0.38 m。其他如 1970 年在英国诺丁汉市建成的一幢 14 层砌块房屋,美国丹佛市 17 层的"五月市场"公寓和 20 层的派克兰姆塔楼等。

现代配筋砌体的发展一般认为是从印度的 A.Brebner 对配筋砌体的先遣研究开始的,他于 1923 年发表了为期两年的试验研究的结果。美国于 20 世纪 70 年代在匹兹堡建造了一座 20 层的配筋砌体房屋,英国于 1981 年提出了配筋砌体和预应力砌体设计规范。1990 年落成的美国拉斯维加斯 28 层爱斯凯利堡旅馆是目前最高的配筋砌体建筑。在美国科罗拉多州建造的一座 20 层配筋砌体塔楼和在加州建造的采用高强混凝土砌块并配筋的希尔顿饭店,都经受了地震的考验而未受损坏。

在计算理论、设计方法方面,自 20 世纪 60 年代以来,欧美许多国家逐渐改变了长期采用的容许应力设计法。1980 年,国际建筑研究与文献委员会承重墙委员会(CIB W23)颁发了《砌体结构设计与施工的国际建议》(CIBJ58),意大利砖瓦工业联合会编制的《承重砖砌体结构设计计算的建议》,1987 年英国标准协会编制的《砌体结构设施规范》等均采用极限状态设计法。

2．国内砌体结构的发展现状

砌体是我国建筑工程中最常用的建筑材料,在挡土墙、单层和多层房屋等建(构)筑物中,90% 以上的墙体都采用砌体作为材料,近些年我国砖的年产量达到了世界其他各国年产量的总和。我国 1952 年统一了黏土砖的规格,20 世纪 60 年代以来,砌块及砖的生产和应用都有很大的发展,砖已从过去单一的烧结普通砖发展到采用多孔砖和空心砖、混凝土空心砌块、轻集料混凝土或加气混凝土砌块、非烧结硅酸盐砖、硅酸盐砖、粉煤灰砌块、灰砂砖以及其他工业废渣或煤矿石等制成的无熟料水泥煤渣混凝土砌块等。2000 年我国的新型墙体材料应用占墙体材料总用量的 28%,超过"十五"计划 20% 的目标。新型墙体材料的应用达到了 2 100 亿块标准砖,新型墙体材料总建筑面积在 3.3 亿平方米。全国很多城市的砌体结构房屋已建到 7~8 层,在非地震区已建到 12 层。砌体结构不仅大量用于各类民用建筑房屋,而且也在工业建筑中大量采用。另外,砌体结构体系同时还向多样化发展,从单一的砌体承重,发展到底框、内框架结构等。

经历了 1976 年唐山大地震之后,我国还加强了对配筋砌体的试验和研究,于 1983 年和 1986 年在广西南宁修建了 10 层配筋砌块的住宅楼和 11 层办公楼试点房屋。随后,1998年又在上海建成一栋 18 层的配筋砌块剪力墙结构建筑,所用砌块是从美国引进的 MU20 砌块。2007 年在湖南株洲建成的 19 层配筋砌块剪力墙住宅楼,是目前国内最高的配筋砌体结构房屋。

砌体结构尽管在我国的历史十分悠久,但理论发展却较为缓慢。1949 年前,由于生产力水平的限制,砌体结构房屋的设计没有一套完整的设计理论,一直都是凭经验进行设计。自 20 世纪 50 年代中期才开始研究砌体材料性能,但是对砌体结构的系统试验研究是从 60年代才开始的,在全国范围内对砌体结构做了比较系统的试验研究以及比较深入的理论探讨,总结出了一套较为先进的砌体结构的理论计算方法及应用经验。1973 年颁布的具有我国特色的《砖石结构设计规范》,基本上是根据我国自己的大量数据修订的,结束了我国长期袭用外国规范的历史。1988 年又颁布了《砌体结构设计规范》(GBJ 3—88),2001 颁布了《砌体结构设计规范》(GB 50003—2001),2011 颁布了新的《砌体结构设计规范》

（GB 50003—2011）。我国现行规范中采用的以概率理论为基础的极限状态设计方法，把房屋空间工作的计算从单层房屋推广到多层房屋，以及考虑墙和梁共同工作的墙梁设计等，都达到了世界先进水平。

5.1.3 砌体结构的应用范围及优缺点

1．砌体结构的优点

（1）可以就地取材。原材料来源方便，可以"因地制宜，就地取材"。砌体是由块材和砂浆砌筑而成的，而生产块材和砂浆所用的黏土、砂、石灰等都属于地方材料，几乎到处都有，成本低廉，而且可以采用粉煤灰等工业废料制成粉煤灰砖、粉煤灰砌块和砂渣砖等各种块材。

（2）砌体具有良好的耐久性、大气稳定性和耐火性能。我国嵩岳寺砖塔已经历 1 400 多年的风风雨雨，虽有一定风化，但仍屹立于万山丛中；埃及的古金字塔迄今仍完好无损。很多工程实例表明，砌体具有良好的耐腐蚀和耐冻融的大气稳定性，合理的设计足以使砌体结构使用到预期的耐久年限。砌体结构的耐火性能也非常好，黏土砖在 800~900 ℃的高温作用下无明显破坏。耐火试验得出，240 mm 非承重砖墙可耐火 8 h，承重砖墙可耐火 5.5 h。

（3）具有良好的保温、隔热和隔音性能。黏土砖的蓄湿型、透气性好，有利于调节室内的空气湿度，使人感到舒适，具有良好的保温、隔热和隔声性能，节能效果明显，所以既是较好的承重结构，也是较好的围护结构。

（4）施工适应性好，造价低。与钢筋混凝土结构相比，砌体结构在施工时不需要模板和特殊的施工设备，方法较简单，并且可节约大量木材、钢材及水泥，工程造价低，施工工艺简单，施工工序简便。

2．砌体结构的缺点

（1）砌体结构自重大，强度低。其抗压强度一般仅为混凝土抗压强度的 1/2~1/7，因而墙、柱截面面积较大，材料用量多，增大了自重，不仅使得运输量和施工量增加，而且在地震作用下惯性力也大，对抗震不利。

（2）无筋砌体抗拉、抗弯和抗剪等强度都较低，延性差。块材和灰浆间的粘结力较小，因而砌体的抗拉、抗弯、抗剪强度很低，延性小，无筋砌体抗震能力较差。

（3）砖石结构砌筑工作量大，劳动强度高。目前，砌体结构都采用手工方式砌筑，劳动量大，生产效率低。

（4）烧制黏土砖生产占用大片良田，对保持国土生态平衡不利。不仅影响农业生产，而且污染环境，造成资源浪费。目前，许多省、市已经禁止使用烧结普通黏土砖。

3．砌体结构的应用范围

（1）工业与民用建筑。用于工业与民用房屋建筑中的基础、内外墙、柱和过梁等构件。由于砌体结构抗震技术和计算理论的发展，5~6 层高的房屋通常也可以采用以砖砌体竖向承重的混合结构形式。在钢筋混凝土框（排）架结构的建筑中，砌体往往用来砌筑围护墙。中、小型厂房和多层轻工业厂房，以及影剧院、食堂、仓库等建筑，也广泛地采用砌体作墙身或立柱和基础墙。

（2）水工结构。各种地下渠道、涵洞、挡土墙、小型水坝、小型水池和渡槽支架等。

（3）交通土建结构。如桥梁、隧道等。

（4）特殊结构及构筑物。如高度较低的烟囱、小型管道支架、料仓、地沟及对渗水性要求不高的水池。还可用于建造其他各种构筑物，如围墙、大门、建筑小品和景观结构等。

近年来，国内外采用配筋砌体结构和混凝土结构混合作为高层建筑结构的主体结构也取得了成功经验。由于砌体结构采用手工砌筑，砌筑质量难以保证均匀，整体性较差，在地震区使用时，应采用抗震措施予以加强。

5.1.4　砌体结构设计规范简介

在 20 世纪 40 年代，砌体结构的设计还没有一套完整的设计理论，一直都是凭经验进行设计。我国最早应用于砌体结构设计的规范是 1956 年苏联按定值极限状态设计法编著的《砖石及钢筋砖石结构设计标准及技术规范》。20 世纪 60 年代至 70 年代初，我国在全国范围针对砌体结构展开研究工作，并于 1973 年颁布了第一部《砖石结构设计规范》（GBJ 3—1973）。首次提出了刚弹性静力计算方案，考虑了房屋整体空间工作性能，对受压构件提出了统一的计算公式。1988 年颁布并实施了《砌体结构设计规范》（GBJ 3—1988），该规范摒弃了 1973 版采用的单一安全系数的极限状态的设计法，采用了以概率理论为基础，以分项系数的设计表达式进行计算的极限状态设计法。

1998 年起，在总结新的科研成果和工程经验的基础上，有关高校、科研和设计单位对砌体结构设计规范进行了全面修订，编制出新的《砌体结构设计规范》（GB 50003—2001）。在该规范中，增加了组合砖墙、配筋砌块砌体剪力墙结构，以及地震区的无筋和配筋砌体结构构件设计等内容；引入了新型砌体材料，如蒸压灰砂砖、蒸压粉煤灰砖、轻集料混凝土砌块及混凝土小型空心砌块灌孔砌体，并给出它们的计算指标和材料强度等级，调整了材料设计强度的取值；补充了以承受永久荷载为主的内力组合，增加了施工质量控制等级的内容，以提高结构的可靠度；补充了砖砌体和混凝土构造柱组合墙、配筋砌块剪力墙的设计方法；对结构和构件承载力计算方法（如局部受压、墙梁计算等）做了进一步改进，并补充和完善了防止墙体开裂的构造措施等。

为了克服 2001 规范的某些不足，国家相关部门又于 2011 年编制了《砌体结构设计规范》（GB 50003—2011），与 2001 规范相比较，新的规范：增添了成熟可行的新型砌体材料，如新型蒸压粉煤灰渣砖、新型蒸压硅酸盐砖、蒸压磷渣硅酸盐砖、混凝土普通砖与混凝土多孔砖；采用新型砂浆，不同的块体所用建筑砂浆不同，将采用混凝土小型空心砖专用砌筑砂浆（Mb）、蒸压加气混凝土专用砌筑砂浆（Ma）、蒸压灰砂砖、蒸压粉煤灰砖专用砌筑砂浆（Ms）和混凝土小型空心砌块灌孔混凝土（Cb）作为新型砌体的重要组成；对砌体结构的耐久性进行增补和完善，新规范对砌体结构的耐久性进行了增补和完善并单独作为一节列出。

5.1.5 砌体结构的发展展望

砌体结构由于其取材方便、造价相对便宜，在以后相当长的时期内仍将是我国的一种主导结构形式。随着科学技术的发展，砌体结构也会快速发展。国外由于采用高强度砖并配筋，早已建造了 10～20 层的配筋砌体高层建筑，并认为在此高度上用配筋砌体建造高层建筑是经济合理的，甚至可以和钢筋混凝土结构及钢结构竞争。中华人民共和国成立以来，我国砌体结构虽然得到了迅速的发展，但与先进国家相比，砌体结构的应用仍处于较落后的水平。因此很有必要发展和完善砌体结构的结构性能，大力开展以下工作。

1. 开发砌体结构新材料

限制黏土砖的应用，大力发展新型砌体材料，把工业废料利用起来，发展节能环保的砌体结构。大力发展蒸压灰沙废渣砌体材料制品，包括粉煤灰加气混凝土墙板、粉煤灰砖、炉渣砖及空心砌块、钢渣砖等。

2. 发展高强度砂浆砖（块材）和砂浆的强度

在国外，砖（块材）正向高强、大孔、薄壁和大尺寸发展，这样做不仅可以节省原材料，减轻结构自重，提高施工效率，还可以使砌体在保温、隔音、防火和建筑节能等方面优于其他结构材料。

与西方一些经济发达国家相比，我们的差距主要在砌体的材料方面。例如，我国目前生产的各类砖块体的抗压强度一般为 10～15 MPa，最高为 30 MPa。而美国商品砖的抗压强度为 17.2～140 MPa，最高 230 MPa。英国砖的抗压强度达 140 MPa。法国、比利时和澳大利亚砖的抗压强度一般达 60 MPa。国外采用砂浆强度也很高，一般为 15～40 MPa，例如美国水泥石灰砂浆的一般抗压强度为 13.9～25.5 MPa。一些国家还致力于研究高粘结砂浆，如掺加聚氯乙烯乳胶的砂浆强度已超过 55 MPa。德国的砂浆抗压强度一般为 14.0 MPa 左右，而我国常用砂浆的抗压强度一般为 2.5～10 MPa。国外空心砖的孔洞率一般为 25%～40%，有的高达 60%，并且空心砖产量占砖年总产量的比例达 90% 以上。我国承重空心砖的孔洞率一般在 30% 以内。提高空心砖的孔洞率，减小砌体自重，不仅节约了材料、降低造价，而且地震时地震作用减小，间接提高了砌体结构的抗震能力。

由于块材和砂浆性能的改善，砌体的抗压强度已相当于普通强度等级的混凝土抗压强度。加快砌筑砖和砂浆的研究，发展轻质高强的砌体是今后砌体结构发展的重要方向，砌体强度提高了，墙、柱的截面尺寸才可能减小，材料消耗才会减少，砌体的应用范围将进一步扩大，房屋的建造高度将进一步提高，经济指标将会更趋合理。

3. 加强配筋砌体的研究和应用

我国是一个多地震的国家，无筋砌体的抗震性能较差，在很大程度上限制了砌体结构的应用范围。配筋砌体不但能提高砌体的强度和抗裂性，而且能有效地提高砌体结构的整体性和抗震性能。例如，美国加利福尼亚州用配筋砌体建造的 16～18 层公寓楼，经受了大地震的考验，为砌体在高层建筑和地震区建筑的应用开辟了新的途径。

我国配筋砌体结构起步较晚，1976 年唐山大地震的沉痛教训促进了配筋砌体结构在我国的研究与发展。20 世纪 80 年代，广西南宁市修建了配筋砌块砌体 10 层住宅楼和 11 层办公楼试点房屋。其后辽宁本溪修建了一批配筋砌块砌体 10 层住宅楼。但因缺乏系统的试验没有得到推广。20 世纪 90 年代，不少大学和科研院所对配筋砌块砌体房屋的受力和抗震性能进行了一系列的试验研究。1997 年，在辽宁盘锦建成一栋 15 层配筋砌块剪力墙点式住宅，1998 年上海建成 18 层配筋砌块剪力墙塔楼。配筋砌块剪力墙的设计方法也已写入 2011 年颁布的《砌体结构设计规范》（GB 50003—2011）。这表明配筋砌块砌体在我国发展已进入一个新的阶段。

4．完善砌体综合性能和设计理论

完善砌体综合性能。砌体是较混凝土更为复杂的复合材料，在各种不同的受力状态下，具有明显的各向异性的特点。至今，对砌体的各向异性特性、多种破坏形态发生相互转换的条件认识还很不够，对砌体在复合受力条件下的破坏机理、砌体与其他材料共同工作等方面的认识还有许多不足。进一步完善砌体的各项物理性能，对于砌体结构应用和推广更加有利。

砌体结构的动力反应和抗震性能也有待进一步深入研究。这对砌体结构的合理设计和进一步扩大砌体结构的应用范围有着重要的意义，应深入研究砌体结构的本构关系、破坏机理和受力的性能，研究砌体结构的整体工作性能，多高层计算理论及方法。通过物理和数学模型，建立精确并且系统的砌体结构理论，使砌体结构的计算方法及设计理论更趋于完善。

另外，荷载长期影响的问题、耐久性研究都有大量工作要做。

5.2　砌体材料、力学性能和强度设计值

5.2.1　砌体材料及强度等级

砌体是由块体和砂浆砌筑而成的材料，块体和砂浆的强度等级是根据其抗压强度划分的，它是确定砌体在各种受力状态下强度的基础。块体强度等级用符号"MU"（Masonry Unit）表示，砂浆强度等级用符号"M"（Mortar）表示，对于混凝土小型空心砌块砌体，砌筑砂浆的强度级用符号"Mb"表示，灌孔混凝土的强度等级用符号"Cb"表示（其中的符号"b"指的是 block）。

1．块　体

块体分为砖、砌块和石材三大类。通常按块体高度尺寸划分砖和砌块，块体高度小于180 mm 的称为砖，大于 180 mm 的称为砌块。

1）砖

砖是我国砌体结构中应用最广泛的一种块体，历史最悠久。我国目前用作砌体结构的砖主要有烧结普通砖、烧结多孔砖、非烧结硅酸盐砖和混凝土砖四类。

烧结普通砖是以煤矸石、页岩、粉煤灰或黏土为主要原料，经过焙烧而成的实心砖。根据主要原料的不同，分为烧结煤矸石砖、烧结页岩砖、烧结粉煤灰砖和烧结黏土砖等。目前，我国生产的烧结普通砖统一规格为 240 mm（长）×115 mm（宽）×53 mm（高）。烧结普通砖可

由手工或机械化生产，耐久性、保温隔热性好，生产工艺简单，砌筑方便，在建筑工程中被广泛应用。多用作砌筑单层及多层房屋的承重墙、隔墙和过梁、基础，以及构筑物中的挡土墙、水池和烟囱等，同时还适用于作为潮湿环境及耐高温的砌体。另外，由于生产黏土砖会毁坏大量的农田，浪费资源，目前，许多省、市已经禁止使用烧结普通黏土砖。

烧结多孔砖是指以煤矸石、页岩、黏土或粉煤灰为主要原料，经焙烧而成，孔洞率不大于35%，孔的尺寸小而数量多，主要用于承重部位的砖。我国生产的烧结多孔砖，其孔型和外形尺寸多种多样，主要规格有：KM1 型 190mm × 190 mm × 90 mm、KP1 型 240 mm × 115 mm × 90 mm、KP2 型 240 mm × 180 mm × 115 mm，如图 5.5 所示。以上型号中字母 K 表示"空心"，P 表示"普通"，M 表示"模数"。

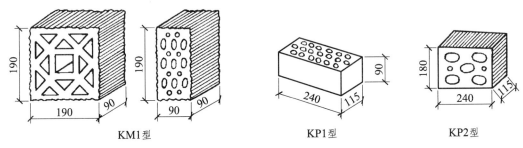

KM1型   KP1型   KP2型

图 5.5 烧结多孔砖

非烧结硅酸盐砖通常是指经压力釜蒸汽养护而制成的实心砖，常用的有蒸压灰砂普通砖、蒸压粉煤灰普通砖、炉渣砖和矿渣砖等，其规格尺寸同烧结普通砖。这种砖由于未经焙烧，所以不宜砌筑处于高温环境下的砌体。

蒸压灰砂普通砖是以石灰等钙质材料和砂等硅质材料为主要原料，经坯料制备、压制排气成型、高压蒸汽养护而成的实心砖，简称灰砂砖，如图 5.6 所示。用料中石英砂一般占 80% ~ 90%，石灰一般占 10% ~ 20%，色泽一般为灰白色。

蒸压粉煤灰普通砖是以石灰、消石灰（如电渣）或水泥钙质材料与粉煤灰等硅质材料及集料（砂等）为主要原料，掺加适量石膏，经坯料制备、压制成型、高压蒸汽养护而成的实心砖，简称粉煤灰砖，如图 5.7 所示。

图 5.6 蒸压灰砂普通砖

图 5.7 蒸压粉煤灰普通砖

炉渣砖又称煤渣砖，是以炉渣为主要原料，掺配适量的石灰、石膏或其他碱性激发剂，经加水发拌、消化、轮碾和蒸压养护而成。

　　矿渣砖是以未经处理的高炉矿渣为主要原料，掺配一定比例的石灰、粉煤灰或煤渣，经过原料制备、搅拌、消化、轮碾、半干压成型以及蒸汽养护等工序制成。

　　混凝土砖是指以水泥为胶凝材料，以砂、石等为主要集料，加水搅拌、成型、养护制成的一种多孔的混凝土半盲孔砖或实心砖。多孔砖的主要规格尺寸为 240 mm × 115 mm × 90 mm、240 mm × 190 mm × 90 mm、190 mm × 190 mm × 90 mm 等；实心砖的主要规格尺寸为 240 mm × 115 mm × 53 mm、240 mm × 115 mm × 90 mm 等。

　　2）砌　块

　　砌块包括普通混凝土砌块和轻集料混凝土砌块，是指采用普通混凝土或利用浮石、火山渣、陶粒等为骨料的轻骨料混凝土制成的实心或空心砌块。轻集料混凝土砌块包括煤矸石混凝土砌块和孔洞率不大于 35% 的火山渣、浮石和陶粒混凝土砌块。砌体外形尺寸可达标准砖的 6～60 倍，采用大尺度砌块替代砖，可以减轻劳动量，加快施工进度。按尺寸大小可分为小型砌块、中型砌块和大型砌块三种，我国通常把砌块高度为 180～350 mm 的称为小型砌块，高度为 360～900 mm 的称为中型砌块、高度大于 900 mm 的称为大型砌块，混凝土空心砌块的重力密度一般为 12～18 kN/m³。采用较大尺寸的砌块来代替砖砌筑砌体，可以减轻劳动量，加快施工进度。

　　我国目前在承重墙体中使用最为普遍的是混凝土小型空心砌块（图 5.8），它是由普通混凝土或轻集料混凝土制成。主要规格尺寸为 390 mm × 190 mm × 190 mm，空心率一般为 25%～50%，简称混凝土砌块或砌块。尺寸较小、自重较轻、型号多、使用灵活、便于手工操作，目前在我国应用很广泛。中型、大型砌块尺寸较大、自重较重，适用于机械起吊和安装，可提高施工速度、减轻劳动强度，但其型号不多，使用不够灵活，在我国很少采用。小型砌块使用灵活，中型和大型砌块则需要吊装机械。空心砌块孔洞率较大，一般为 40%～60%，使砂浆和块体的结合较差，因而砌块砌体的整体性和抗剪性能不如砖砌体。

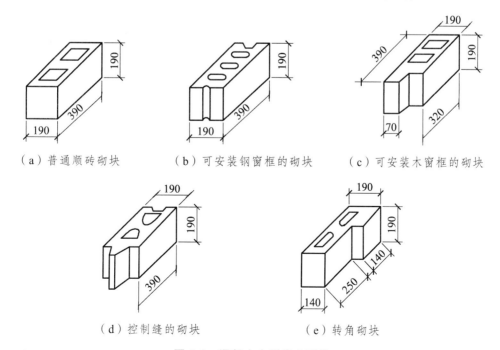

（a）普通顺砖砌块　　　（b）可安装钢窗框的砌块　　　（c）可安装木窗框的砌块

（d）控制缝的砌块　　　（e）转角砌块

图 5.8　混凝土小型空心砌块

3）石　材

在建筑工程中常用的石材有重质岩石（重力密度 ≥ 18 kN/m³）和轻质岩石（重力密度 < 18 kN/m³）。但石材导热系数大，在寒冷及炎热地区不宜作为建筑物外墙。重质岩石具有强度高、抗冻与抗气性能好等优点，但传热性较高，可用于砌筑条形基础、承重墙及重要房屋的贴面装饰材料，但用于砌筑炎热及寒冷地区的墙体时，因其保温性能差需要较大的墙厚而显得不经济。轻质岩石容易加工，传热性小，可有效地用作外墙砌体，但其抗冻性和抗水性很低。

天然石材根据其外形和加工程度，可分为料石和毛石两种。料石又可分为细料石、粗料石和毛料石。细料石：通过细加工，外形规则，叠砌面凹入深度不大于 10 mm，截面的宽度、高度不小于 200 mm 且不小于长度的 1/4。粗料石：规格尺寸同上，叠砌面凹入深度不大于 20 mm。毛料石：外形大致方正，一般不需加工或稍加工修正，高度不小于 200 mm，叠砌面凹入深度不大于 25 mm。毛石：形状不规则、中部厚度不小于 200 mm 的块石。

2．块体材料的强度等级

块体强度等级是按标准试验方法得到的极限抗压强度，按规定的评定方法确定的强度值称为该块体的强度等级，用符号"MU*"表示，其后数字表示块体的抗压强度值，单位为 MPa（N/mm²）。

1）砖的强度等级

砖的强度等级由抗压强度（10 块平均值、单块最小值）和抗折强度（5 块平均值，单块最小值）综合确定。烧结普通砖的抗压强度采用的试件为两个半砖（115 mm × 115 mm × 120 mm）中间用一道水平灰缝连接。确定蒸压粉煤灰砖的强度等级时，其抗压强度应乘以自然碳化系数，当无自然碳化系数时，可取人工碳化系数的 1.15 倍。空心块材的强度等级是由试件破坏荷载值除以受压毛面积确定的，在设计计算时不需再考虑孔洞的影响。对于蒸压灰砂普通砖、蒸压粉煤灰普通砖、烧结多孔砖以及混凝土多孔砖，为了防止其过早断裂，在确定强度等级时，除依据抗压强度外，还应满足按相应强度等级规定的抗折强度要求，该项要求通常用折压比表示。

烧结普通砖、烧结多孔砖的强度等级分为 MU30、MU25、MU20、MU15 和 MU10 五个等级，蒸压灰砂普通砖、蒸压粉煤灰普通砖强度等级分为 MU25、MU20 和 MU10 三个等级，混凝土普通砖、混凝土多孔砖的强度等级分为 MU30、MU25、MU20 和 MU15 四个等级。

2）砌块的强度等级

砌块的强度等级是根据 3 个试块单块抗压强度平均值确定，按毛截面面积计算的平均抗压强度值来划分。当确定掺有粉煤灰 15% 以上的混凝土砌块的强度等级时，其抗压强度应乘以自然碳化系数，当无自然碳化系数时，可取人工碳化系数的 1.15 倍。混凝土砌块、轻集料混凝土砌块的强度等级为 MU20、MU15、MU10、MU7.5 和 MU5 五个等级。

3）石材的强度等级

由于石材的大小和规格不一，石材的强度等级通常用 3 个边长为 70 mm 的立方体试块进行抗压试验，按其破坏强度的平均值而确定。石材的强度划分为 MU100、MU80、MU60、

MU50、MU40、MU30 和 MU20 七个等级。试件也可采用表 5.1 所列边长的立方体，但应对试验结果乘以相应的换算系数后方可作为石材的强度等级。

表 5.1　石材强度等级的换算系数

立方体边长/mm	200	150	100	70	50
换算系数	1.43	1.28	1.14	1	0.86

3．砂　浆

砂浆是由砂、无机胶结料（水泥、石灰、石膏、黏土等）按一定比例加水搅拌而成。砂浆在砌体中所占体积虽小，但它却能将砌体中的块材粘结成整体，使其共同工作，并抹平砖石表面，使砌体受力均匀，从而改善块材在砌体中的受力状态，同时也改善了砌体的透气性、保温隔热性和抗冻性能。

1）砂浆的种类

砌体中常用的砂浆可分为普通砂浆和专用砂浆两大类。而普通砂浆又有水泥砂浆、混合砂浆和非水泥砂浆三种，专用砂浆有蒸压灰砂砖、蒸压粉煤灰砖专用砂浆和混凝土砌块（砖）专用砂浆两种。

（1）普通砂浆

① 水泥砂浆。是由水泥、砂和水按一定配合比拌制而成，为不掺石灰、石膏等塑化剂的纯水泥砂浆。这种砂浆强度高，耐久性好，能在潮湿环境下硬化。但是，其和易性和保水性较差，施工难度较大。宜在对强度和耐久性有较高要求，以及在地面或防潮层以下的砌体中采用。

② 混合砂浆。是在水泥砂浆中加入一定量的塑化剂的砂浆。例如水泥石灰砂浆、水泥石膏砂浆等。混合砂浆具有较好的和易性和保水性，砌筑方便，适用于一般地面以上的墙、柱砌体。

③ 非水泥砂浆。一般指不含水泥的石灰砂浆、黏土砂浆和石膏砂浆等，其强度和耐久性都较差，只适宜于砌筑承受荷载不大的砌体或临时性建筑物、构筑物。

（2）专用砂浆

① 蒸压灰砂砖、蒸压粉煤灰砖专用砂浆。由水泥、砂、水以及根据需要掺入的掺和料和外加剂等组分，按一定比例，采用机械拌和制成，专门用于砌筑蒸压灰砂砖或蒸压粉煤灰砖砌体，且砌体抗剪强度应不低于烧结普通砖砌体取值的砂浆。砌筑蒸压灰砂砖或蒸压粉煤灰砖由于其表面光滑，与砂浆粘结力较差，砌体沿灰缝抗剪强度较低，为了保证砂浆砌筑时的工作性能和砌体抗剪强度不低于用普通砂浆砌筑的烧结普通砖，应采用粘结强度高、工作性能好的专用砂浆。

② 混凝土砌块（砖）专用砌筑砂浆。由水泥、集料、水以及根据需要掺入的掺和料和外加剂等组分，按一定比例，采用机械搅拌和制成，专门用于砌筑混凝土砌块的砌筑砂浆，简称砌块专用砂浆。对于块体高度较高的普通混凝土砖空心砌块，普通砂浆很难保证竖向灰缝的砌筑质量，因此需采用与砌块相适应的专用砂浆。

2）砂浆的强度等级

砂浆的强度等级采用 6 块边长为 70.7 mm 的立方体试块，在标准条件下养护 28 d（石膏砂浆为 7 d）后进行抗压试验所得的以 MPa 表示的抗压强度平均值确定，确定砂浆强度等级时应采用同类块体为砂浆强度试块底模。烧结普通砖、烧结多孔砖采用的普通砌筑砂浆的强度等级为 M15、M10、M7.5、M5 和 M2.5。其中 M 表示砂浆，其后数字表示砂浆的强度大小（单位为 MPa）。毛料石、毛石砌体采用的砂浆强度等级为 M7.5、M5 和 M2.5。蒸压灰砂普通砖和蒸压粉煤灰普通砖砌体采用的专用砌筑砂浆的强度等级用 Ms 标记，其强度等级有 Ms15、Ms10、Ms7.5 和 Ms5。混凝土普通砖、混凝土多孔砖、单排孔混凝土砌块和煤矸石混凝土砌块砌体砌筑砂浆的强度等级用 Mb 标记，其强度等级有 Mb20、Mb15、Mb10、Mb7.5 和 Mb5。双排孔或多排孔轻集料混凝土砌块砌体采用的砂浆强度等级为 Mb10、Mb7.5 和 Mb5，当验算施工阶段砂浆尚未硬化的新砌体强度时，可按砂浆强度为零来确定其砌体强度。

3）对砂浆的质量要求

为了满足工程设计需要和施工质量，砂浆应当满足以下要求：

（1）砂浆应有足够的强度，应符合砌体强度及建筑物耐久性要求。

（2）砂浆应具有较好的和易性，保证砂浆在砌筑时能很容易且较均匀地铺开，以提高砌体强度和施工劳动效率。砂浆的可塑性指是砌体砌筑过程中砂浆的流动性，用锥体沉入砂浆中的深度测定。锥体的沉入深度可根据砂浆的用途来规定。对实心砖砌体，要求沉入量为 70～100 mm；对空心砖砌体，要求沉入量为 60～80 mm；对砌块砌体，要求沉入量为 70～100 mm；对石砌体，要求沉入量为 30～50 mm。

（3）砂浆应具有适当的保水性，使其在存放、运输和砌筑过程中不出现明显的泌水、分层、离析现象，以保证砌筑质量、砂浆的强度和砂浆与块材之间的粘结力。保水性可由分层度衡量，在新拌砂浆静置 30 min 后，以上、下层砂浆沉入量的差值来表示分层度，一般要求砂浆分层度不大于 20 mm。在砂浆中增加石灰膏或黏土浆可以改善砂浆的保水性。

4. 混凝土砌块灌孔混凝土

混凝土砌块灌孔混凝土是由水泥、集料、水以及根据需要掺入的掺和料和外加剂等组分，按一定比例，采用机械搅拌后，用于浇注混凝土砌块砌体芯柱或其他需要填实部位孔洞的混凝土，简称砌块灌孔混凝土。灌孔混凝土应具有较大流动性，其坍落度应控制在 200～250 mm。

在混凝土小型砌块建筑中，为了提高房屋的整体性、承载能力和抗震性能，常在砌块孔洞中设置钢筋并浇入灌孔混凝土，使其形成钢筋混凝土芯柱。在有些混凝土小型砌块砌体中，虽然孔内并没有配钢筋，但为了增大砌体的横截面积或为了满足其他功能要求，也需要灌孔。根据灌孔尺寸大小和灌注高度不同，灌孔混凝土又分为粗灌孔混凝土和细灌孔混凝土。二者的区别为细灌孔混凝土中不加碎石（豆石），仅为一定比例的水泥、砂子和水，有时还加少量白灰。

为了保证施工质量，要求灌孔混凝土既容易灌注又不致离析，并能保证钢筋的正确位置。混凝土砌块砌体的灌孔混凝土强度等级不应低于 Cb20，且不应低于 1.5 倍的块体强度等级，灌孔混凝土强度指标取同强度等级的混凝土强度指标。

5．砌体材料的选择

在砌体结构设计中，块体及砂浆的选择既要保证结构的安全可靠，又要获得合理的经济技术指标。一般应按照以下的原则和规定进行选择：

（1）应根据"因地制宜，就地取材"的原则，尽量选择当地性能良好的块材和砂浆材料，以获得较好的技术经济指标。

（2）要根据设计计算选择强度等级适宜的块体和砂浆，以满足砌体结构构件对承载力的要求。

（3）要保证砌体的耐久性和抗冻性。所谓耐久性就是要保证砌体在长期使用过程中具有足够的承载能力和正常使用性能，避免或减少块体中可溶性盐的结晶风化导致块体掉皮和层层剥落现象。另外，块体的抗冻性能对砌体的耐久性有直接影响。抗冻性的要求是要保证在多次冻融循环后块体不至于剥蚀及强度降低。一般块体吸水率越大，抗冻性越差。

（4）砌体中的砂浆不但应有足够的强度，还应具有一定的和易性（可塑性）以便于砌筑，具有一定的保水性以保证砂浆硬化所需要的水分。一般情况下，砌体常采用混合砂浆砌筑，地面以下或防潮层以下的砌体、潮湿房间的墙体，采用水泥砂浆砌筑。

表 5.2 地面以下或防潮层以下的砌体、潮湿房间墙所用材料的最低强度等级

潮湿程度	烧结普通砖	混凝土普通砖、蒸压普通砖	混凝土砌块	石材	水泥砂浆
稍潮湿的	MU15	MU20	MU7.5	MU30	M5
很潮湿的 含水饱和的	MU20 MU20	MU20 MU25	MU10 MU15	MU30 MU40	M7.5 M10

表 5.3 砌体结构的环境类别

环境类别	条件
1	正常居住及办公建筑的内部干燥环境
2	潮湿的室内或室外环境，包括与无侵蚀性土和水接触的环境
3	严寒和使用化冰盐的潮湿环境（室内或室外）
4	与海水直接接触的环境，或处于滨海地区的盐饱和的气体环境
5	有化学侵蚀的气体、液体或固态形式的环境，包括有侵蚀性土壤的环境

（5）设计使用年限为 50 年时，地面以下或防潮层以下的砌体、潮湿房间的墙或环境类别 2 的砌体，所用材料的最低强度等级应符合表 5.2 的规定，砌体结构的环境类别见表 5.3。在冻胀地区，地面以下或防潮层以下的砌体，不宜采用多孔砖；如采用时，其孔洞应用不低于 M10 的水泥砂浆预先灌实；当采用混凝土空心砌块时，其孔洞应采用强度等级不低于 Cb20 的混凝土预先灌实。对安全等级为一级或设计使用年限大于 50 年的房屋，表中材料强度等级应至少提高一级。

（6）设计使用年限为 50 年时，处于环境类别 3～5 等有侵蚀性介质的砌体材料应符合下列规定：

① 不应采用蒸压灰砂普通砖、蒸压粉煤灰普通砖。

② 应采用实心砖，砖的强度等级不应低于 MU20，水泥砂浆的强度等级不应低于 M10。

③ 混凝土砌块的强度等级不应低于 MU15，灌孔混凝土的强度等级不应低于 Cb30，砂浆的强度等级不应低于 Mb10。

④ 应根据环境条件对砌体材料的抗冻指标、耐酸、耐碱性能提出要求，或符合有关规范的规定。

5.2.2 砌体结构种类

砌体结构根据受力性能分为无筋砌体和配筋砌体。无筋砌体包括砖砌体、砌块砌体和石砌体；配筋砌体包括横向配筋砌体和组合砌体等。

1. 无筋砌体

由块材和砂浆组成的砌体称为无筋砌体。无筋砌体应用范围广泛，但抗震性能较差。按照所用材料不同无筋砌体又可细分为砖砌体、砌块砌体和石砌体。

1）砖砌体

砖砌体是指用烧结普通砖、烧结多孔砖、非烧结硅酸盐砖或混凝土砖与砂浆砌筑的砌体，它是目前用量最大的一种砌体，常用作内外承重墙或围护墙。在房屋建筑中，砖砌体通常用作一般单层和多层工业与民用建筑的内外墙、柱、基础等承重结构，也可用作多高层建筑的围护墙与隔墙等非承重墙体等。

砖可砌成实心砌体，也可砌成空心砌体。实心砖砌体墙常用的砌筑方法有一顺一丁、梅花丁和三顺一丁等组合方式，如图 5.9 所示。实砌标准砖墙厚度为 240 mm（1 砖）、370 mm（1 砖半）、490 mm（2 砖）等。如果不按上述尺寸而按 1/4 进位，则需加砌一块侧砖而使墙厚度为 180 mm、300 mm、420 mm 等。采用国内几种规格的多孔砖可以砌成厚度为 90 mm、180 mm、240 mm、290 mm 及 390 mm 等的墙体。在有经验的地区也可以采用传统的空斗墙砌体。这种砌体自重轻，节省砖和砂浆，热工性能好，降低造价，但其整体性和抗震性能较差。

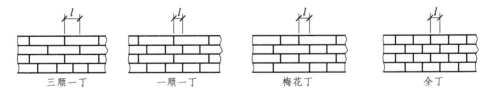

三顺一丁　　　　　一顺一丁　　　　　梅花丁　　　　　全丁

图 5.9　实心砖砌体墙常用的砌筑方法

2）砌块砌体

砌块砌体是指用混凝土砌块或硅酸盐砌块和砂浆砌筑的砌体。目前常用的砌块砌体以混凝土空心砌块砌体为主，其中包括以普通混凝土为块体材料的混凝土空心砌块砌体和以轻集料混凝土为块体材料的轻集料混凝土空心砌块砌体。

砌块砌体根据块体尺寸可分为小型砌块砌体、中型砌块砌体和大型砌块砌体。按砌块材料又可分为混凝土砌块砌体、轻集料混凝土砌块砌体、加气混凝土砌块砌体和粉煤灰砌块砌体。砌块不得与普通砖等混合砌筑。同普通砖砌体相比，砌块砌体自重轻，技术经济效果较好，可用于地震区，但其构造措施要求比较严格。由于中型砌块重量较大，一般采用吊装机具。这种结构具有建筑工厂化和施工速度快的优点，但砌块砌体的水平缝抗剪强度较低，一般为相应砖砌体的 40% ~ 50%，因而砌块砌体的整体性和抗剪性能不如普通砖砌体，其弹性模量普遍高于砖砌体。

我国目前使用的砌块砌体多为小型混凝土空心砌块砌体，主要用于多层民用建筑、工业建筑的墙体结构。混凝土小型砌块在砌筑中较一般砖砌体复杂。一方面要保证上下皮砌块搭接长度不得小于 90 mm；另一方面，要保证空心砌块孔对孔、肋对肋砌筑。因此，在砌筑前应将各配套砌块的排列方式进行设计，要尽量采用主规格砌块。砌块不得与普通砖等混合砌筑。砌块墙体一般由单排砌块砌筑，即墙厚度等于砌块宽度。

3）石砌体

石砌体由天然石材和砂浆或石材和混凝土砌筑而成，分为料石砌体、毛石砌体和毛石混凝土砌体，如图 5.10 所示。在产石区，采用石砌体比较经济。工程中，石砌体主要用作受压构件，如一般民用建筑的承重墙、柱和基础。石砌体中石材的强度利用率很低，这是由于石材加工困难，其表面难以平整。石砌体的抗剪强度也较低，抗震性能较差。但是用石材建造的砌体结构物具有很高的抗压强度，良好的耐磨性和耐久性，并且石砌体表面经过加工后美观且富于装饰性，石材资源分布广，生产成本低，人们通常用它来建造重要的建筑物和纪念性的构筑物，在桥梁、屋基、道路和水利等工程中也多有应用。

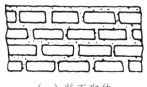 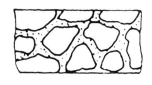 

（a）料石砌体　　　　　　　（b）毛石砌体　　　　　　　（c）毛石混凝土砌体

图 5.10　料石砌体、毛石砌体和毛石混凝土砌体

2．配筋砌体

像混凝土一样，砖砌体和砌块砌体具有较高的抗压强度，但抗拉能力很弱。但可在砌体中配筋使它们能够承受拉力，或施加预应力以克服上述弱点；同时，钢筋还可直接协助砌体承压。在砌体中配置钢筋或钢筋混凝土以增强砌体本身的抗压、抗拉、抗剪、抗弯强度，减小构件的截面面积。

配筋砌体由于变形能力较好因而具有较高的抗震能力，近年来发展较快，如复合配筋砌体是在块体的竖向孔洞内设置钢筋混凝土芯柱，在水平灰缝内配置水平钢筋所形成的砌体，可较有效地提高墙体的抗剪能力；预应力配筋砌体是在大孔空心砖的竖向通孔和水平灰缝中设置预应力筋，可大大提高砌体的抗裂性。配筋砌体目前常用配筋形式有：网状配筋砌体、组合砖砌体和配筋砌块砌体。

1）网状配筋砖砌体

网状配筋砖砌体是指在砖砌体的水平灰缝内设置一定数量和规格的钢筋以共同工作，如

图 5.11 所示。因为钢筋设置在水平灰缝内，所以又称为横向配筋砖砌体。主要用作承受轴心压力或偏心距较小的受压墙、柱。

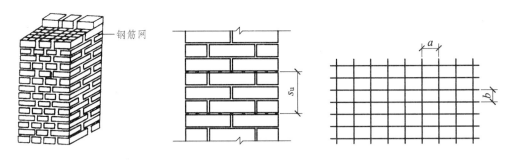

图 5.11 网状配筋砖砌体

2）组合砖砌体

组合砖砌体是指由钢筋混凝土或钢筋砂浆组成的砌体，是将钢筋混凝土或砂浆面层设置在垂直于弯矩作用方向的两侧，用以提高构件的抗弯能力，其主要用于偏心距较大的受压构件。工程上有两种形式：一种形式为砖砌体和钢筋混凝土面层或钢筋砂浆面层的组合砌体构件，即砖和钢筋混凝土组合柱，如图 5.12 所示；另一种形式为砖砌体和钢筋混凝土构造柱组合墙，即砖和钢筋混凝土组合墙，如图 5.13 所示。

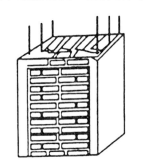
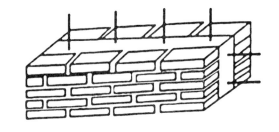

图 5.12 砖和钢筋混凝土组合柱　　　　　图 5.13 砖和钢筋混凝土组合墙

3）配筋砌块砌体

配筋砌块砌体是指在砌筑中上下孔洞对齐，在竖向孔中配置钢筋，并浇筑灌孔混凝土，在横肋凹槽中配置水平钢筋并浇注灌孔混凝土或在水平灰缝配置水平钢筋所形成的砌体。这种配筋砌体自重轻、地震作用小，抗震性能好，受力性能类似于钢筋混凝土结构，但造价较钢筋混凝土结构低。

配筋砌块砌体有复合配筋砌块砌体、约束配筋砌块砌体和均匀配筋砌块砌体三种形式。复合配筋砌块砌体是指在块体的竖向孔洞内设置钢筋混凝土芯柱、在水平灰缝内配置水平钢筋所形成的砌体，如图 5.14 所示。约束配筋砌块砌体是仅在砌块砌体的转角、接头部位及较大洞的边缘设置竖向钢筋，并在这些部位设置一定数量的钢筋网片，主要用于中、低层建筑，如图 5.15 所示。

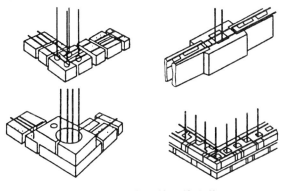

图 5.14　复合配筋砌块砌体

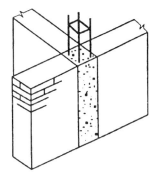

图 5.15　约束配筋砌块砌体

均匀配筋砌块砌体是在砌块墙体上下贯通的竖向孔洞中插入竖向钢筋，并且用灌孔混凝土填实，使竖向和水平钢筋与砌体形成一个共同工作的整体，故此又称配筋砌块剪力墙，它可用于大开间建筑和中高层建筑。

5.2.3　砌体的力学性能

1. 砌体的受压性能

1）砌体受压试验研究

（1）砌体受压破坏特征

砌体的受压工作性能与单一匀质材料有明显的差别，不同类型的砌体，抗压强度也有明显的差异，但其受压工作机理有很多相同之处。下面以标准砖砌体为例，说明砌体受压的破坏过程。试验砌体的标准试件尺寸为 240 mm × 370 mm × 720 mm，砖的强度为 10 MPa，砂浆强度为 2.5 MPa，实测砌体抗压强度为 2.4 MPa。试验表明，砌体轴心受压从加载直到破坏，可分为 3 个阶段，如图 5.16 所示。

第一阶段：从砌体开始受压到个别砖出现垂直或略偏斜向的第一条（批）裂缝，其压力一般为破坏时压力的 50% ~ 70%，如图 5.16（a）所示。随着压力的增大，单块砖内会产生细小裂缝，但多数情况下裂缝没有穿过砂浆层，但如果压力不增加，裂缝也不会继续发展。

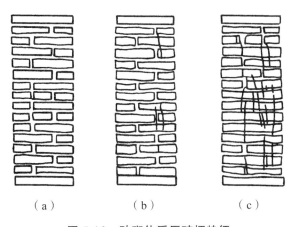

（a）　　　　　　　　（b）　　　　　　　　（c）

图 5.16　砖砌体受压破坏特征

第二阶段：随着压力的继续增加，单块砖内裂缝不断发展，延长、加宽，并沿竖向通过若干皮砖，在砌体内逐渐连接成一段段的裂缝，同时产生新的裂缝，其压力一般为破坏时压力的 80%～90%，如图 5.16（b）所示。此时，即使压力不再增加，裂缝仍会继续发展，砌体已临近破坏，状态十分危险。实际上因为房屋是在长期荷载作用下，应认为这一阶段就是砌体的实际破坏阶段。

第三阶段：压力继续增加，裂缝迅速加长加宽，其中几条主要的连续竖向裂缝把砌体分割成若干截面尺寸为半砖左右的小柱体。整个砌体明显外胀，个别砖可能被压碎，最终由于某些小柱失稳或压碎而导致整个砌体破坏，如图 5.16（c）所示。用破坏时压力除以砌体横截面面积所得的应力称为该砌体的极限强度。

（2）砌体受压时应力状态

① 块体处于复杂应力状态。轴心受压砖的砌体，就其整体来看属于均匀受压状态。砌体中的块体材料本身的表面形状不平整、灰缝的厚度不一定均匀饱满密实，使得单个块体在砌体内受压不均匀，因此，在受压的同时块体还处于受弯和受剪的复杂应力状态（图 5.17），因此在砌体试验时，测得的砌体强度是远低于块体的抗压强度的。

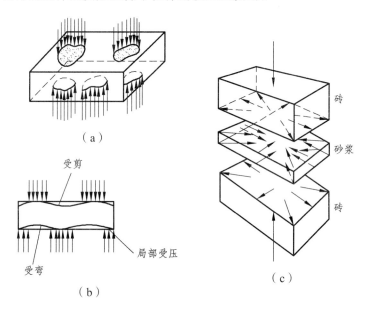

图 5.17　单块砌体处于复杂应力状态

② 砌体中的块体受水平拉应力。当砌体受压时要产生横向变形，由于砖砌体中砖和砂浆的弹性模量及横向变形系数不同，一般情况下，在砌体受压时块体的横向变形将小于砂浆的横向变形，但由于砌体中砂浆的硬化粘结、块体材料和砂浆间存在切向粘结力，在此粘结力作用下，块体将约束砂浆的横向变形，而砂浆则有使块体横向变形增加的趋势，并由此在块体内产生拉应力。

③ 竖向灰缝上的应力集中。砌体中竖向灰缝一般不密实饱满，加之砂浆硬化过程中收缩，同时竖向灰缝内的砂浆和块体的粘结力也不能保证竖向两侧块体的整体性，容易导致竖向灰缝上产生应力集中，加速砌体中单砖开裂，降低砌体强度。

2）影响砌体抗压强度的因素

通过对砖砌体在轴心受压时的试验和受力分析，可得出影响砌体抗压强度的主要因素如下：

（1）块体和砂浆强度

块体和砂浆的强度是影响砌体抗压强度的最主要因素。砌体的抗压强度主要取决于块体抗弯和抗拉能力。一般来说，强度等级高的块体，其抗弯、抗拉强度也比较高，因而它的砌体抗压强度也高。砂浆强度越高，其横向变形就越小，块体在砌体内受到的附加拉力就越少。对于提高砌体强度而言，提高块体的强度等级比提高砂浆强度更有效。

（2）块体的表面平整度和几何尺寸

试验证明，砖的厚度越大，其抗弯、抗剪和抗拉能力也越大，由它砌成的砌体抗压强度也越高。砖的长度越大，其在砌体中产生的弯剪应力也越大，砌体的强度也越低。砖形状的规则程度对砌体的抗压强度也有显著的影响。当砖表面不平整时，在压力作用下，砖块将产生较大的附加弯、剪应力，砌体抗压强度会下降。

（3）砂浆的流动性、保水性及弹性模量

砂浆的流动性大与保水性好时，容易铺成厚度和密实性较均匀的灰缝，因而可减少单块块体内的弯剪应力，提高砌体强度。水泥砂浆的流动性较差，所以同一强度等级的混合砂浆砌筑的砌体强度要比相应的水泥砂浆砌体高。砂浆弹性模量的大小对砌体强度也有很大的影响，当砖强度不变时，砂浆的弹性模量决定其变形率，而砖与砂浆的相对变形大小影响单块砖的弯剪应力及横向变形的大小。因此砂浆的弹性模量越大，相应砌体的抗压强度越高。试验研究表明，纯水泥砂浆的和易性和保水性较差，采用纯水泥砂浆砌筑的砌体，其抗压强度比采用混合砂浆砌筑的砌体一般降低 15% ~ 50%。

（4）砌筑质量和水平灰缝厚度

砌体砌筑时水平灰缝的厚度、饱满度、块体的含水率及砌筑方法，均影响到砌体的强度和整体性。水平灰缝饱满度应不低于 80%；砌体砌筑时，应提前将砖浇水湿润，含水率不宜过大或过低（一般要求控制在 10% 到 15%）；砌筑时砖砌体应横平竖直，上下错缝，内外搭接。砂浆铺砌饱满、均匀，可以改善砖块在砌体中的受力性能，提高砌体抗压强度。试验表明，当砂浆饱满度由 80% 降到 65% 时，砌体强度约降低 20%。灰缝厚度对砌体抗压强度也有明显影响。灰缝厚，容易铺砌得均匀，对改善砖的复杂受力状态有利；但砂浆横向变形的不利影响加大，砌体的抗压强度随灰缝厚度的加大而降低。实践表明，灰缝厚度在 10 mm 左右较好。

（5）砖砌筑时含水率

砌筑时砖的含水率对砌体抗压强度也有明显影响。普通实心黏土砖砌体，其砌体抗压强度随砌筑时砖含水率的增大而提高。试验表明：砖较干时，铺砌在砖面上的砂浆大部分水分会很快被砖吸收，不利于砂浆的硬化，使砌体强度降低；而处于潮湿状态的砖，有利于砂浆的硬化，同时也有利于砂浆铺砌均匀，从而改善砌体内的复杂应力状态，使砌体抗压强度得到提高。作为正常的施工标准，要求烧结普通砖和空心砖在砌筑时的含水率为 10% ~ 15%。

（6）块体的搭接方式

砌筑时块体的搭接方式影响砌体的整体性。整体性不好，会导致砌体强度的降低。为了保证砌体的整体性，烧结普通砖和蒸压砖砌体应上、下错缝，内外搭砌。实心砌体宜采用一顺一丁、梅花丁或三顺一丁的砌筑形式，砖柱不得用包心砌法。

此外，龄期、竖向灰缝的填满程度、试验方法等对砌体抗压强度也有一定程度的影响。

3）砌体抗压强度平均值

尽管各类砌体的抗压受力特征不同，经过对大量砌体抗压强度的试验研究，获得了数以千计的试验数据，在对这些数据分析研究的基础上，考虑影响砌体抗压强度的主要因素，提出适用于各类砌体结构的抗压强度平均值计算公式如下：

$$f_{m} = k_1 f_1^a (1 + 0.07 f_2) k_2 \qquad (5.1)$$

式中　f_m——砌体抗压强度平均值（MPa）；

　　　f_1——块材抗压强度平均值（MPa）；

　　　f_2——砂浆抗压强度平均值（MPa）；

　　　k_1——与块体和砌体类别有关的参数，其取值见表 5.4；

　　　k_2——砂浆强度影响修正系数，其取值见表 5.4；

　　　a——与块体和砌体类别有关的参数，其取值见表 5.4。

表 5.4　各类砌体轴心抗压强度平均值的计算参数

序号	砌　体　种　类	k_1	a	k_2
1	烧结普通砖、烧结多孔砖、蒸压灰砂砖、蒸压粉煤灰砖	0.78	0.5	当 $f_2<1$ 时，$k_2=0.6+0.4f_2$
2	混凝土砌块	0.46	0.9	当 $f_2=0$ 时，$k_2=0.8$
3	毛料石	0.79	0.5	当 $f_2<1$ 时，$k_2=0.6+0.4f_2$
3	毛　石	0.22	0.5	当 $f_2<2.5$ 时，$k_2=0.4+0.24f_2$

注：① k_2 在表列条件以外时均等于 1；② 混凝土砌块砌体的轴心抗压强度平均值计算时，当 $f_2 > 10$ MPa 时，应乘以系数 $1.1 - 0.01f_2$；MU20 的砌体应乘以系数 0.95，且满足 $f_1 \geqslant f_2$，$f_1 \leqslant 20$ MPa。

当单排孔混凝土砌块、对孔砌筑并灌孔的砌体，空心砌块砌体与芯柱混凝土共同工作时，可以较大地提高砌体的抗压强度。按应力叠加方法并考虑灌孔率的影响，灌孔砌块砌体抗压强度平均值可以按下式计算：

$$f_{g,m} = f_m + 0.94 \frac{A_c}{A} f_{c,m} \qquad (5.2)$$

式中　$f_{g,m}$——灌孔砌块砌体抗压强度平均值（MPa）；

　　　$f_{c,m}$——混凝土的轴心抗压强度平均值（MPa）；

　　　f_m——空心砌块砌体抗压强度平均值（MPa）；

　　　A_c——灌孔混凝土截面面积（mm²）；

　　　A——砌体截面面积（mm²）。

2．砌体的受拉、受弯和受剪性能

在实际工程中，砌体主要承受压力，但有时因外部荷载的复杂性，砌体不可避免地会遇到砌体承受拉力和剪切的情况。如圆形水池的池壁上存在环向拉力，挡土墙受到土侧压力形成的弯矩作用，砖砌过梁受到的弯、剪作用，拱支座处的剪力作用等（图5.18）。与砌体的抗压强度相比，砌体的抗拉、抗弯和抗剪强度都远较其抗压强度低，所以设计砌体结构时总是力求造成使其承受压力的工作条件。试验表明，砌体在轴心受拉、受弯和受剪时的破坏一般都发生在砂浆与块体的结合面上，砌体的拉、弯、剪强度主要取决于灰缝与块体的粘结强度。

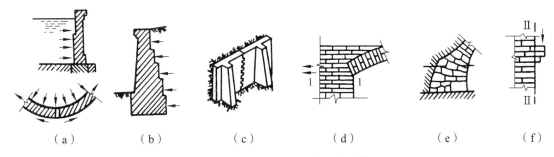

（a）　　　（b）　　　（c）　　　（d）　　　（e）　　　（f）

图 5.18　砌体受拉、受弯和受剪情况

1）砌体的轴心受拉

（1）砌体轴心受拉破坏特征

砌体轴心受拉时，如图5.19所示，有3种破坏形态：① 沿通缝截面破坏。当力的方向垂直于水平灰缝时，破坏沿砌体通缝截面发生，而砌体强度则由砂浆和砖石的法向粘结力确定。由于块体和砂浆的法向粘结力较低，因此规范不允许设计成沿通缝截面的受拉构件。② 沿齿缝（I–I截面）破坏。③ 沿块体和竖向灰缝截面的破坏（Ⅱ–Ⅱ截面）。

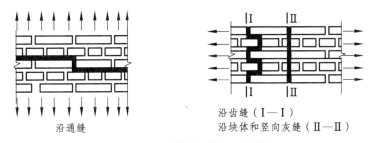

沿通缝

沿齿缝（I—I）
沿块体和竖向灰缝（Ⅱ—Ⅱ）

图 5.19　砌体轴心受拉破坏形态

若块体的强度较低，而砂浆强度较高时，可能发生沿块体和竖向灰缝截面的破坏。此时，截面承载力由砖石的抗裂强度决定。《砌体结构设计规范》对块体的最低强度做了限制后，实际上防止了沿Ⅱ—Ⅱ截面形式的破坏形态的发生。当力的方向平行于水平灰缝时，若块体的强度较高，而砂浆强度较低时，则可能发生沿齿缝截面的破坏。此时，砌体的抗拉强度取决于砂浆和块材的切向粘结强度。

（2）砌体轴心抗拉强度平均值

砌体沿齿缝截面破坏的轴心抗拉强度平均值，可按下面公式计算：

$$f_{t,m} = k_3 \sqrt{f_2} \qquad (5.3)$$

式中　f_2——砂浆的抗压强度平均值（MPa）；

k_3——砌体类别有关的参数，其取值见表5.5。

表 5.5　系数 k_3、k_4、k_5 的取值

序号	砌 体 种 类	k_3	k_4 沿齿缝	k_4 沿通缝	k_5
1	烧结普通砖、烧结多孔砖	0.141	0.250	0.125	0.125
2	混凝土砌块	0.069	0.081	0.056	0.069
3	蒸压灰砂砖、蒸压粉煤灰砖	0.090	0.180	0.090	0.090
4	毛石	0.075	0.113	——	0.188

2）砌体的弯曲受拉

（1）砌体弯曲受拉破坏特征

砌体受弯时，总是在受拉区发生破坏，如图 5.20 所示，有 3 种破坏形式：① 砌体沿通缝截面破坏；② 砌体沿齿缝截面破坏；③ 砌体沿块体和竖向灰缝截面破坏。

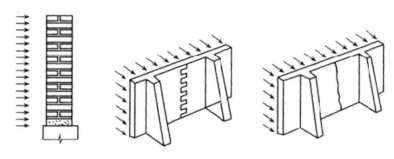

（a）沿通缝破坏　　　（b）沿齿缝破坏　　　（c）沿块体和竖向灰缝破坏

图 5.20　砌体弯曲受拉破坏形态

砌体的受弯破坏，实质上是弯曲受拉破坏，是由于截面上拉应力超过砌体抗拉强度造成的。由于规范规定了块体最低强度等级，实际上防止了沿块体和竖向灰缝的破坏。因此，砌体只需要进行沿齿缝和沿通缝破坏时的弯曲受拉强度计算，和轴心抗拉强度计算类似，砌体的弯曲抗拉强度也以砂浆抗拉强度为基础计算。

（2）砌体弯曲抗拉强度平均值计算公式

砌体沿齿缝和沿通缝截面受弯破坏弯曲抗拉强度平均值按下式计算：

$$f_{\mathrm{tm,m}} = k_4 \sqrt{f_2} \tag{5.4}$$

式中　f_2——砂浆的抗压强度平均值（MPa）；

　　　　k_4——砌体类别有关的参数，其取值见表 5.5。

3）砌体的受剪

（1）砌体受剪破坏特征

受纯剪时，根据构件的实际破坏情况，如图 5.21 所示，可分为沿通缝抗剪、沿齿缝抗剪、沿阶梯形缝抗剪三种状态。齿缝受剪破坏一般仅发生在错缝较差的砖砌体及毛石砌体中，其中沿阶梯形缝破坏是地震中墙体最常见的破坏形式，由于砌体中竖向灰缝饱满度较差，一般不考虑它的抗剪作用。根据试验，这三种抗剪强度值基本相同，抗剪强度和块体与砂浆之间的粘结强度有关。

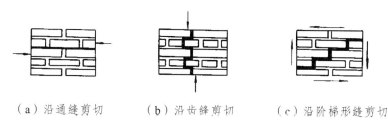

（a）沿通缝剪切　　　（b）沿齿缝剪切　　　（c）沿阶梯形缝剪切

图 5.21　砌体剪切破坏形态

（2）砌体抗剪强度平均值

砌体抗剪强度平均值，按下面公式计算：

$$f_{v,m} = k_5 \sqrt{f_2} \tag{5.5}$$

式中　f_2——砂浆的抗压强度平均值（MPa）；

　　　k_5——砌体类别有关的参数，其取值见表 5.5。

此外，对于灌孔混凝土砌块砌体，除了与砂浆强度有关外，其抗剪强度主要取决于灌孔混凝土强度的影响。根据试验结果，单排孔且对孔砌筑的混凝土砌块，灌孔砌体的抗剪强度设计值 $f_{vg,m}$ 应按下列公式计算：

$$f_{vg,m} = 0.2 f_{g,m}^{0.55} \tag{5.6}$$

式中　$f_{g,m}$——灌孔混凝土砌块砌体抗压强度平均值。

5.2.4　砌体的强度设计值

1. 强度标准值和设计值

1）砌体的强度标准值

砌体强度标准值是结构设计时采用的强度基本代表值。砌体强度标准值的确定考虑了强度的变异性，按照《建筑结构设计统一标准》的要求，取概率密度函数的 5% 分位值（即具有 95% 保证率），砌体强度标准值 f_k 与平均值 f_m 的关系为：

$$f_k = f_m - 1.645 \sigma_f = f_m (1 - 1.645 \delta_f) \tag{5.7}$$

式中　σ_f——砌体强度的标准差；

　　　δ_f——砌体强度的变异系数，按表 5.6 采用。

表 5.6　砌体强度变异系数 δ_f

砌体类型	砌体抗压强度	砌体抗拉、抗弯、抗剪强度
各种砖、砌块、毛料石砌体	0.17	0.20
毛石砌体	0.24	0.26

2）砌体的强度设计值

砌体强度设计值是由可靠度分析方法或工程经验校准法确定的，引入了材料性能分项系数来体现不同情况的可靠度要求，砌体强度设计值直接用于结构构件的承载力计算。砌体强度设计值 f 与标准值 f_k 的关系为

$$f = \frac{f_k}{\gamma_f} \tag{5.8}$$

式中　　γ_f——砌体结构材料性能分项系数，当施工质量控制等级为 A 级时取 γ_f 为 1.5，当施工质量控制等级为 B 级时取 γ_f 为 1.6，当为 C 级时取 γ_f 为 1.8。

2．砌体的抗压强度设计值

龄期为 28 d 的以毛截面计算的砌体抗压强度设计值，当施工质量控制等级为 B 级时，应根据块体和砂浆的强度等级分别按下列规定采用。

1）烧结普通砖和烧结多孔砖砌体

烧结普通砖和烧结多孔砖砌体的抗压强度设计值，应按表 5.7 采用。当烧结多孔砖的孔洞率大于 30% 时，表中数值应乘以 0.9。

表 5.7　烧结普通砖和烧结多孔砖砌体的抗压强度设计值　　　　　单位：MPa

砖强度等级	砂浆强度等级					砂浆强度
	M15	M10	M7.5	M5	M2.5	0
MU30	3.94	3.27	2.93	2.59	2.26	1.15
MU25	3.60	2.98	2.68	2.37	2.06	1.05
MU20	3.22	2.67	2.39	2.12	1.84	0.94
MU15	2.79	2.31	2.07	1.83	1.60	0.82
MU10	—	1.89	1.69	1.50	1.30	0.67

2）混凝土普通砖和混凝土多孔砖砌体

混凝土普通砖和混凝土多孔砖砌体的抗压强度设计值，应按表 5.8 采用。

表 5.8　混凝土普通砖和混凝土多孔砖砌体的抗压强度设计值　　　　单位：MPa

砖强度等级	砂浆强度等级					砂浆强度
	Mb20	Mb15	Mb10	Mb7.5	M5	0
MU30	4.61	3.94	3.27	2.93	2.59	1.15
MU25	4.21	3.60	2.98	2.68	2.37	1.05
MU20	3.77	3.22	2.67	2.39	2.12	0.94
MU15	—	2.79	2.31	2.07	1.83	0.82

3）蒸压灰砂普通砖和蒸压粉煤灰普通砖砌体

蒸压灰砂普通砖和蒸压粉煤灰普通砖砌体的抗压强度设计值，应按表 5.9 采用。当采用专用砂浆砌筑时，其抗压强度设计值仍按表中数值采用。

表 5.9 蒸压灰砂普通砖和蒸压粉煤灰砖普通砌体的抗压强度设计值 单位：MPa

砖强度等级	砂浆强度等级				砂浆强度
	M15	M10	M7.5	M5	0
MU25	3.60	2.98	2.68	2.37	1.05
MU20	3.22	2.67	2.39	2.12	0.94
MU15	2.79	2.31	2.07	1.83	0.82

4）单排孔混凝土砌块和轻集料混凝土砌块砌体

单排孔混凝土砌块和轻集料混凝土砌块对孔砌筑砌体的抗压强度设计值，应按表 5.10 采用。对独立柱或厚度为双排组砌的砌块砌体，应按表中数值乘以 0.7；对 T 形截面墙体、柱，应按表中数值乘以 0.85。

表 5.10 单排孔混凝土砌块和轻集料混凝土砌块对孔砌筑砌体的抗压强度设计值 单位：MPa

砌块强度等级	砂浆强度等级					砂浆强度
	Mb20	Mb15	Mb10	Mb7.5	Mb5	0
MU20	6.3	5.68	4.95	4.44	3.94	2.33
MU15	—	4.61	4.02	3.61	3.20	1.89
MU10	—	—	2.79	2.50	2.22	1.31
MU7.5	—	—	—	1.93	1.71	1.01
MU5	—	—	—	—	1.19	0.70

单排孔混凝土砌块对孔砌筑时，灌孔混凝土强度等级不应低于 Cb20，且不应低于 1.5 倍的块体强度等级。灌孔混凝土强度指标取同等级的混凝土强度指标。灌孔混凝土砌块砌体的抗压强度设计值 f_g，应按下列公式计算

$$f_g = f + 0.6\alpha f_c \tag{5.9}$$

$$\alpha = \delta\rho \tag{5.10}$$

式中 f_g——灌孔混凝土砌块砌体的抗压强度设计值，该值不应大于未灌孔砌体抗压强度设计值的 2 倍（MPa）；

f——未灌孔混凝土砌块砌体的抗压强度设计值（MPa），应按表 5.10 采用；

f_c——灌孔混凝土的轴心抗压强度设计值（MPa）；

α——混凝土砌块砌体中灌孔混凝土面积和砌体毛面积的比值；

δ——混凝土砌块的孔洞率；

ρ——混凝土砌块砌体的灌孔率，系截面灌孔混凝土面积和截面孔洞面积的比值，灌孔率应根据受力或施工条件确定，且不应小于 33%。

5）双排孔或多排孔轻集料混凝土砌块砌体

当砌块为火山渣、浮石和陶粒轻骨料混凝土砌块时，双排孔或多排孔轻集料混凝土砌块砌体的抗压强度设计值，应按表 5.11 采用。对厚度方向为双排组砌的轻集料混凝土砌块砌体的抗压强度设计值，应按表中数值乘以 0.8。

表 5.11　双排孔或多排孔轻集料混凝土砌块砌体的抗压强度设计值　　单位：MPa

砌块强度等级	砂浆强度等级			砂浆强度
	Mb10	Mb7.5	Mb5	0
MU10	3.08	2.76	2.45	1.44
MU7.5	—	2.13	1.88	1.12
MU5	—	—	1.31	0.78
MU3.5	—	—	0.95	0.56

6）毛料石砌体

块体高度为 180～350 mm 的毛料石砌体的抗压强度设计值，应按表 5.12 采用。对细料石砌体、粗料石砌体和干砌勾缝石砌体，表中数值分别乘以调整系数 1.4、1.2 和 0.8。

表 5.12　毛料石砌体的抗压强度设计值　　单位：MPa

毛料石强度等级	砂浆强度等级			砂浆强度
	M7.5	M5	M2.5	0
MU100	5.42	4.80	4.18	2.13
MU80	4.85	4.29	3.73	1.91
MU60	4.20	3.71	3.23	1.65
MU50	3.83	3.39	2.95	1.51
MU40	3.43	3.04	2.64	1.35
MU30	2.97	2.63	2.29	1.17
MU20	2.42	2.15	1.87	0.95

7）毛石砌体

毛石砌体的抗压强度设计值，应按表 5.13 采用。

表 5.13　毛石砌体的抗压强度设计值　　单位：MPa

毛石强度等级	砂浆强度等级			砂浆强度
	M7.5	M5	M2.5	0
MU100	1.27	1.12	0.98	0.34
MU80	1.13	1.00	0.87	0.30
MU60	0.98	0.87	0.76	0.26
MU50	0.90	0.80	0.69	0.23
MU40	0.80	0.71	0.62	0.21
MU30	0.69	0.61	0.53	0.18
MU20	0.56	0.51	0.44	0.15

3. 砌体的抗拉和抗剪强度设计值

龄期为 28 d 的以毛截面计算的各类砌体的轴心抗拉强度设计值、弯曲抗拉强度设计值和抗剪设计值，应按表 5.14 采用。并应符合下列规定：

表 5.14　沿砌体灰缝截面破坏时砌体的轴心抗拉强度设计值、弯曲抗拉强度设计值和抗剪强度设计值

单位：MPa

强度类别	破坏特征及砌体种类		砂浆强度等级			
			≥M10	M7.5	M5	M2.5
轴心抗拉	沿齿缝	烧结普通砖、烧结多孔砖	0.19	0.16	0.13	0.09
		混凝土普通砖、混凝土多孔砖	0.19	0.16	0.13	—
		蒸压灰砂砖、蒸压粉煤灰砖	0.12	0.10	0.08	—
		混凝土和轻集料混凝土砌块	0.09	0.08	0.07	—
		毛石	—	0.07	0.06	0.04
弯曲抗拉	沿齿缝	烧结普通砖、烧结多孔砖	0.33	0.29	0.23	0.17
		混凝土普通砖、混凝土多孔砖	0.33	0.29	0.23	—
		蒸压灰砂砖、蒸压粉煤灰砖	0.24	0.20	0.16	—
		混凝土和轻集料混凝土砌块	0.11	0.09	0.08	—
		毛石	—	0.11	0.09	0.07
	沿通缝	烧结普通砖、烧结多孔砖	0.17	0.14	0.11	0.08
		混凝土普通砖、混凝土多孔砖	0.17	0.14	0.11	—
		蒸压灰砂砖、蒸压粉煤灰砖	0.12	0.10	0.08	—
		混凝土和轻集料混凝土砌块	0.08	0.06	0.05	—
抗剪	烧结普通砖、烧结多孔砖		0.17	0.14	0.11	0.08
	混凝土普通砖、混凝土多孔砖		0.17	0.14	0.11	—
	蒸压灰砂砖、蒸压粉煤灰砖		0.12	0.10	0.08	—
	混凝土和轻集料混凝土砌块		0.09	0.08	0.06	—
	毛石		—	0.19	0.16	0.11

（1）对于用形状规则的块体砌筑的砌体，当搭接长度与块体高度的比值小于 1 时，其轴心抗拉强度设计值 f_t 和弯曲抗拉强度设计值 f_{tm} 应按表中数值乘以搭接长度与块体高度比值后采用；对孔洞率不大于 35% 的双排孔或多排孔轻骨料混凝土砌块砌体的抗剪强度设计值，可按表中混凝土砌块砌体抗剪强度设计值乘以 1.1。

（2）表中数值是依据普通砂浆砌筑的砌体确定的，当采用经研究性试验且通过技术鉴定的专用砂浆砌筑的蒸压灰砂普通砖、蒸压粉煤灰普通砖砌体，其抗剪强度设计值按相应普通砂浆强度等级砌筑的烧结普通砖砌体采用。

（3）对混凝土普通砖、混凝土多孔砖、混凝土和轻集料混凝土砌块砌体，表中的砂浆强度等级分别为：≥Mb10、Mb7.5 及 Mb5。

单排孔混凝土砌块对孔砌筑时，灌孔砌体的抗剪强度设计值 f_{vg}，应按下列公式计算：

$$f_{vg}=0.2f_g^{0.55} \tag{5.11}$$

式中　f_g——灌孔砌体的抗压强度设计值（MPa）。

4．砌体强度设计值的调整

下列情况的各类砌体，其砌体强度设计值应乘以调整系数 γ_a：

（1）对无筋砌体构件，其截面面积小于 0.3 m² 时，γ_a 为其截面面积加 0.7；对配筋砌体构件，当其中砌体截面面积小于 0.2 m² 时，γ_a 为其截面面积加 0.8；构件截面面积以"m²"计。

（2）当砌体用强度等级小于 M5.0 的水泥砂浆砌筑时，对表 5.5～5.10 中的抗压强度设计值，γ_a 为 0.9；对表 5.11 中的轴心抗拉强度设计值、弯曲抗拉强度设计值和抗剪强度设计值，γ_a 为 0.8。

（3）当验算施工中房屋的构件时，γ_a 为 1.1。

5.3　砌体结构的静力计算

在设计砌体结构房屋时，首先要确定房屋承重墙的布置方案，然后对房屋进行静力分析和计算。在砌体结构中，房屋的全部垂直荷载都由墙或柱承受并传给基础，所以墙体在砌体结构中至关重要。砌体结构房屋的结构布置方案一般有 4 种：① 纵墙承重体系；② 横墙承重体系；③ 纵横墙承重体系；④ 内框架承重体系。

5.3.1　砌体结构房屋的静力计算方案

砌体结构房屋墙体的结构计算包括两个方面：内力计算和截面承载力验算。墙体结构在荷载作用下的内力计算方法与墙体的计算简图有关，因此，在房屋墙体布置方案确定后，应先确定房屋和墙体的计算简图，也就是确定房屋的静力计算方案。

1．房屋的空间工作性能

砌体结构房屋实际上是由屋盖、楼盖、墙柱以及基础等主要承重构件相互连接所构成的空间结构体系，要承受各种竖向荷载、水平荷载以及地震作用，墙体的设计计算（包括内力和承载力计算）一定要符合空间工作特点，由此确定其计算简图。在荷载作用下，空间受力体系与平面受力体系的变形以及荷载传递的路径是不同的，下面以受水平荷载作用的单层房屋为例说明荷载传递和空间工作特点。

如图 5.22 所示的无山墙和横墙的单层房屋，其屋盖支承在外纵墙上。如果从两个窗口中间截取一个单元，则这个单元的受力状态与整个房屋的受力状态是一样的。可以用这个单元的受力状态来代表整个房屋的受力状态，这个单元称为计算单元，如图 5.22（a）、（b）所示。沿房屋纵向各个单元之间不存在相互制约的空间作用，因此这种房屋的计算简图可以简化为一单跨平面排架［图 5.22（d）］。可对此排架进行平面受力分析，排架柱顶的侧移为 u_p，其变形如图 5.22（c）、（d）所示。

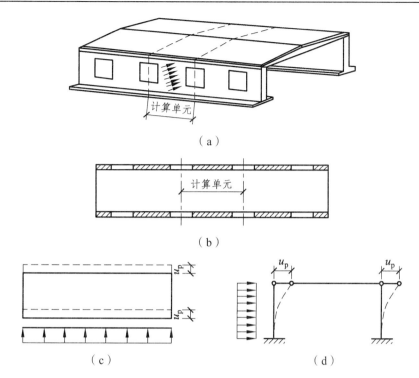

（a）

（b）

（c）　　　　　　　　（d）

图 5.22　无山墙单跨房屋在水平力作用下的变形情况

若在上述单层房屋的两端设置山墙，则屋盖不仅与纵墙相连，而且也与山墙（横墙）相连。图 5.23（a）为风压力作用下的外纵墙计算单元。外纵墙计算单元可看成是竖立的柱子，一端支承在基础上，一端支承在屋面上，屋面结构可看作水平方向的梁，跨度为房屋长度 s，两端支承在山墙上，而山墙可看成是竖向的悬臂柱支承在基础上。屋面梁承受部分风载 R 后，可分成两部分：一部分 R_1 通过屋面梁的平面弯曲传给山墙，再由山墙传给山墙基础，这属于空间传力体系；另一部分 R_2 通过平面排架，直接传给外纵墙基础，这属于平面传力体系。因此，风荷载的传递路线为：

风荷载 ┬── 屋盖结构 ── 山墙 ── 山墙基础 ──┬── 地基
　　　　└── 纵墙 ──── 基础 ─────────────┘

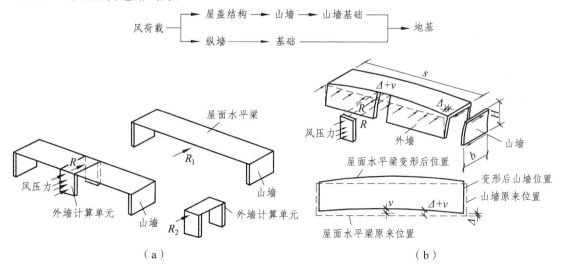

（a）　　　　　　　　　　　　　　　（b）

图 5.23　有山墙单跨房屋在水平力作用下的变形情况

当水平荷载作用于外墙纵面时，屋盖结构如同水平方向的梁而弯曲，水平位移包括两个部分：一部分是屋盖水平梁的水平位移，最大值在中部；另一部分为山墙顶点的水平位移。因此，屋盖的最大水平总侧移是两者之和。沿房屋的纵向，其墙体中部的侧移为最大，靠近山墙两端的纵墙侧移最小，这也是屋盖、山墙和纵墙所组成的空间受力体系共同工作的结果。由此可见，砌体结构房屋在水平荷载作用下各种构件将相互支承，相互影响，处于空间工作状态。房屋在水平荷载作用下产生的水平侧移大小与房屋的空间刚度有关。房屋的空间刚度愈大，各种结构构件协同工作的效果就愈好，房屋的水平侧移就愈小。

2．房屋静力计算方案类别

试验分析表明，房屋的空间刚度主要与楼（屋）盖的水平刚度、横墙的间距和墙体本身的刚度有关。《砌体结构设计规范》按房屋的空间刚度大小，将房屋的静力计算方案分为刚性方案、弹性方案和刚弹性方案。

1）刚性方案

房屋的横墙间距较小，屋盖和楼盖的水平刚度较大，则房屋的空间刚度也较大，在水平荷载作用下，房屋的水平侧移较小，可以忽略水平位移的影响，这时屋盖可视为纵向墙体上端的不动铰支座，墙体内力可按上端有不动铰支座的竖向构件进行计算，这类房屋称为刚性方案房屋。一般砌体结构的多层住宅、办公楼、教学楼、宿舍、医院等均属于刚性方案房屋。单层刚性方案房屋的计算简图如图 5.24（a）所示。

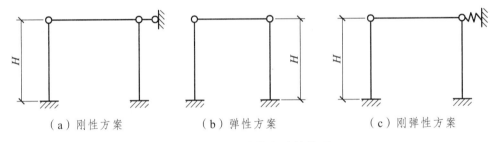

（a）刚性方案　　　　　（b）弹性方案　　　　　（c）刚弹性方案

图 5.24　房屋的静力计算简图

2）弹性方案

房屋的横墙间距较大，屋盖和楼盖的水平刚度较小，则房屋的空间刚度也小，在水平荷载的作用下，房屋的水平侧移就较大。墙顶的最大水平位移接近于平面结构体系，这时墙柱内力可按不考虑空间作用的排架或框架计算，这类房屋称为弹性方案房屋。一般单层弹性方案房屋墙体的计算简图，可按墙、柱上端与屋架铰接，下端嵌固于基础顶面的铰接平面排架考虑。单层弹性方案房屋的计算简图如图 5.24（b）所示。

3）刚弹性方案

若房屋的空间刚度介于上述两种方案之间，在水平荷载的作用下，纵墙顶端水平位移比弹性方案要小，但又不可忽略不计，受力状态介于刚性方案和弹性方案之间，这时墙柱内力可按考虑空间作用的排架或框架计算，这类房屋称为刚弹性方案房屋。刚弹性方案房屋静力计算简图，可视作在墙、柱顶与屋架连接处具有一弹性支座的平面排架。单层刚弹性方案房屋的计算简图如图 5.24（c）所示。

3．静力计算方案的确定

1）静力计算方案

按照上述原则，为了方便设计，《砌体结构设计规范》将房屋按屋盖或楼盖的刚度划分为3 种类型，并按房屋的横墙间距按表 5.15 确定静力计算方案。表中 s 为房屋横墙间距，其长度单位为 m；当屋盖、楼盖类别不同或横墙间距不同时，可按《砌体结构设计规范》的有关规定确定房屋的静力计算方案；对无山墙或伸缩缝处无横墙的房屋，应按弹性方案考虑。

表 5.15　房屋的静力计算方案

序号	屋盖或楼盖类别	刚性方案	刚弹性方案	弹性方案
1	整体式、装配整体和装配式无檩体系钢筋混凝土屋盖或钢筋混凝土楼盖	$s < 32$	$32 \leqslant s \leqslant 72$	$s > 72$
2	装配式有檩体系钢筋混凝土屋盖、轻型屋盖和有密铺望板的木屋盖或木楼盖	$s < 20$	$20 \leqslant s \leqslant 48$	$s > 48$
3	瓦材屋面的木屋盖和轻型屋盖	$s < 16$	$16 \leqslant s \leqslant 36$	$s > 36$

2）刚性和刚弹性方案房屋的横墙规定

（1）横墙中开有洞口时，洞口的水平截面面积不应超过横墙截面面积的 50%。

（2）横墙的厚度不宜小于 180 mm。

（3）单层房屋的横墙长度不宜小于其高度，多层房屋的横墙长度不宜小于 $H/2$（H 为横墙总高度）。

当横墙不能同时符合上述要求时，应对横墙的刚度进行验算。如其最大水平位移值 $u_{\max} \leqslant H/4\,000$ 时，仍可视作刚性或刚弹性方案房屋的横墙；凡符合前述刚度要求的一段横墙或其他结构构件（如框架等），也可视作刚性或刚弹性方案房屋的横墙。

3）带壁柱墙的计算截面翼缘宽度

带壁柱墙的计算截面翼缘宽度 b_f，可按下列规定采用：

（1）多层房屋，当有门窗洞口时，可取窗间墙宽度；当无门窗洞口时，每侧翼墙宽度可取壁柱高度（层高）的 1/3，但不应大于相邻壁柱间的距离。

（2）单层房屋，可取壁柱宽加 2/3 墙高，但不大于窗间墙宽度和相邻壁柱间距离。

（3）计算带壁柱墙的条形基础时，可取相邻壁柱间的距离。

5.3.2　刚性方案房屋的静力计算

1．单层刚性方案房屋承重纵墙的计算

1）计算单元

房屋的每片承重墙体一般都较长，设计时可仅取其中有代表性的一段或若干段进行计算。这有代表性的一段或若干段称为计算单元。计算单层房屋承重纵墙时，对有门窗洞口的外纵墙可取一个开间的墙体作为计算单元；对于无门窗间的纵墙，可取 1 m 长墙体作为计算单元。其受荷宽度为该墙左右各 1/2 的开间宽度。

2）计算假定

刚性方案的单层房屋，由于其屋盖刚度较大，横墙间距较密，纵墙顶端的水平位移很小，静力分析时可以认为水平位移为零。在荷载作用下，墙、柱下端可视为嵌固于基础，上端与屋盖结构铰接，屋盖结构可视为墙、柱上端的不动铰支座，屋盖结构可视为刚度无穷大的杆件，受力后的轴向变形可以忽略不计。

按照上述假定，每片纵墙就可以按上端支承在不动铰支座和下端支承在固定支座上的竖向构件单独进行计算，计算简图如图5.25所示。

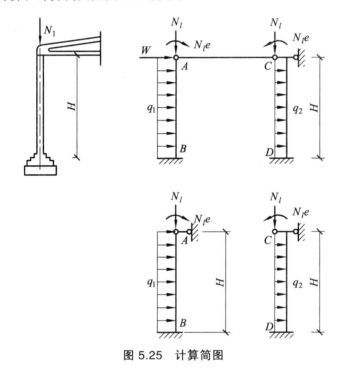

图 5.25　计算简图

3）计算荷载

作用在纵墙上的荷载竖向荷载和水平荷载两种荷载。

（1）竖向荷载

竖向荷载一般包括屋盖传给墙体的恒载和活载，以及墙体自重、建筑装修和构造层等的重力荷载。单层工业厂房可能还有吊车荷载。屋盖荷载以集中力 N_l 的形式，通过屋架或屋面大梁作用于墙体顶端。轴向力作用点到墙内边取 $0.4a_0$，N_l 对墙中心线的偏心距 $e = d/2 - 0.4a_0$（d 为墙厚），对墙体产生的弯矩为 $M = N_l e$。

墙体自重作用在墙、柱截面的重心处。当墙体为等截面时，自重不会产生弯矩。

当活载与风荷载或地震作用组合时，可按荷载规范或抗震设计规范的规定乘以组合系数。

（2）水平荷载

水平荷载一般包括风荷载、水平地震作用、吊车水平制动力和竖向偏心荷载产生的水平力。其中，风荷载包括作用于墙面上和屋面上的风荷载。屋面上的风荷载可简化为作用于墙顶的集中力 W。刚性方案中集中力 W 通过屋盖直接传至横墙，再由横墙传给基础，最后传至地基，对纵墙不产生内力。墙面风荷载为均布荷载，迎风面为压力，背风面为吸力。

4）内力计算

可用力学方法求出墙体在各种荷载作用下的内力。

（1）竖向荷载作用下内力计算

如图 5.26 所示，竖向荷载作用下的内力计算公式如下：

$$
\left.
\begin{aligned}
R_A &= R_B = -\frac{3M}{2H} \\
M_A &= M \\
M_B &= -\frac{M}{2} \\
M_x &= \frac{M}{2}\left(2 - 3\frac{x}{H}\right)
\end{aligned}
\right\}
\tag{5.12}
$$

（2）水平荷载作用下内力计算

如图 5.26 所示，水平荷载作用下的内力计算公式如下：

$$
\left.
\begin{aligned}
R_A &= \frac{3}{8}qH \\
R_B &= \frac{5}{8}qH \\
M_B &= \frac{qH^2}{8} \\
M_x &= -\frac{qHx}{8}\left(3 - 4\frac{x}{H}\right)
\end{aligned}
\right\}
\tag{5.13}
$$

当 $x = \frac{3}{8}H$ 时，$M_{\max} = -\frac{9qH^2}{128}$。

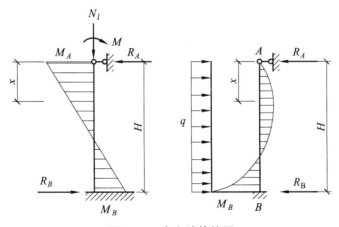

图 5.26　内力计算简图

5）截面承载力验算

在验算承重纵墙承载力时，可取纵墙顶部和底部两个控制截面进行内力组合，考虑荷载组合系数，取最不利内力进行验算。

（1）恒载、风载和其他活荷载组合。这时，除恒载外，风荷载和其他活荷载产生的内力乘以组合系数 ψ。

（2）恒载和风荷载组合。这时，风载产生的内力不予降低。

（3）恒载和活载组合。这时，活载产生的内力不予降低。

2．多层刚性方案房屋承重纵墙的计算

1）计算单元的选取

刚性方案房屋计算单元的选取方法与单层房屋基本相同。由于建筑立面的要求，一般多层刚性方案房屋窗洞的宽度比较一致，计算单元可取其纵墙上有代表性的一段，当开间尺寸不一致时，计算单元常取荷载较大、墙截面较小的一个开间，计算单元的受荷宽度为 $(l_1 + l_2)/2$，如图 5.27 所示。一般情况下，对有门窗洞口的内外纵墙，计算截面宽度取窗间墙宽度，对无门窗洞口的墙体，计算截面宽度取 $(l_1 + l_2)/2$。对无门窗洞口且受均布荷载的墙体，取 1 m 宽的墙体计算。

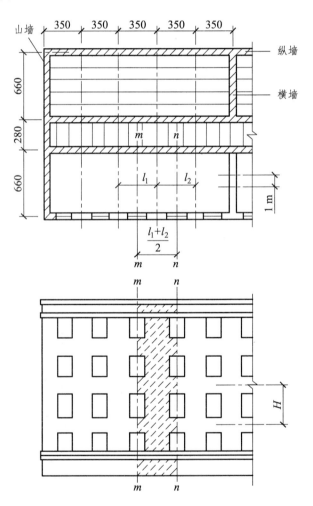

图 5.27 多层刚性方案房屋计算单元

2）计算简图

（1）竖向荷载作用下

在竖向荷载作用下多层房屋的墙、柱如竖向连续梁一样地工作。每层楼盖的梁或板都伸入墙内，使墙体在楼盖支承处截面被削弱，该处墙体传递弯矩的作用不大，为简化计算，假定连续梁在楼盖支承处为铰接；在基础顶面，由于轴向力较大，弯矩相对较小，而该处对承载力起控制作用的是轴向力，故墙体在基础顶面也可假定为铰接［图 5.28（a）］。这样，墙体在每层高度范围内均简化为两端铰支的竖向构件［图 5.28（b）］。计算每层内力时，分层按简支梁分析墙体内力，计算简图中的构件长度为：底层，取底层层高加上室内地面至基础顶面的距离；以上各层可取相应的层高。

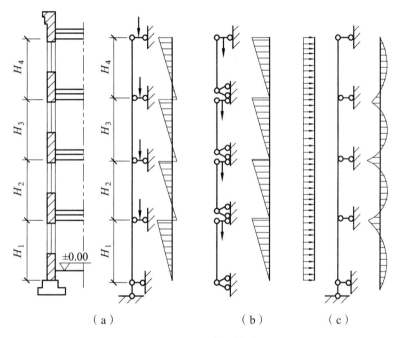

（a）　　　　　　　　（b）　　　　（c）

图 5.28　外纵墙计算简图

简化后，每层楼盖传下的轴向力 N_l，只对本层墙体产生弯矩；上面各层传下来的竖向荷载 N_0，可认为是通过上一层墙体截面中心线传来的集中力。本层楼盖梁端支承压力 N_l 到墙内边缘的距离取为 $0.4a_0$，屋盖梁取为 $0.33a_0$。

单层房屋则不同，一般层高较大，计算时需考虑风荷载，因而弯矩较大，墙体与基础顶面交接处的轴向力和弯矩都是最大的，不能把弯矩作为次要因素而忽略。因此，在单层房屋的计算简图中，假定墙体在基础顶面固结。

（2）水平荷载作用下

作用在外纵墙上水平荷载通常为风荷载，计算简图可视为多跨连续梁［图 5.28（c）］。为简化计算，该连续梁的支座与跨中弯矩可近似按下式计算：

$$M = \pm \frac{1}{12} w H_i^2 \tag{5.14}$$

式中 w——计算单元沿墙体高度水平均布风荷载设计值（kN/m）；

$\quad\quad H_i$——第 i 层层高（m）。

计算时应考虑两种风向（迎风面和背风面）。对于刚性方案多层房屋的外墙，当洞口水平截面面积不超过全截面的 2/3，其层高和总高不超过表 5.16 的规定，且屋面自重不小于 0.8 kN/m² 时，可不考虑风荷载的影响，仅按竖向荷载进行计算。

表 5.16　外墙不考虑风荷载影响时的最大高度

基本风压值 /（kN/m²）	层　高/m	总　高/m
0.4	4.0	28
0.5	4.0	24
0.6	4.0	18
0.7	3.5	18

对于多层混凝土砌块房屋，当外墙厚度不小于 190 mm、层高不大于 2.8 m、总高不大于 19.6 m、基本风压不大于 0.7 kN/m² 时，也可不考虑风荷载的影响。

3）控制截面的内力

所谓"控制截面"是指内力较大、截面尺寸较小的截面，因为这些截面在内力作用下有可能先于其他截面发生破坏，如果这些截面的强度得以保证，那么构件其他截面的强度也可以得到保证。多层刚性方案房屋外纵墙在计算内力时，根据上述计算简图，可知每层轴力和弯矩都是变化的，N 值上小、下大，而弯矩值一般是上大、下小。有门窗洞口的外墙，截面面积沿层高也是变化的。从弯矩看，控制截面应取每层墙体的顶部截面；而从轴力看，控制截面应取每层墙体的底部截面；从墙体截面面积看，则应取窗（门）间墙墙截面。一般情况下，每层控制截面可能有 4 个，如图 5.29 所示。

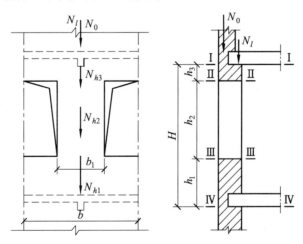

图 5.29　外墙最不利截面位置

（1）Ⅰ-Ⅰ截面

Ⅰ-Ⅰ截面是各层楼（屋）盖大梁底面处，此截面弯矩最大，轴力也较大，应对该截面进行偏心受压和梁下砌体局部受压的承载力验算。

以标准荷载计算的弯矩值为：

$$M_{1k} = N_{lk}e_1 - N_{0k}e_2 \qquad (5.15)$$

式中　e_1——N_l对该层墙的偏心距，$e_1 = d/2 - 0.4a_0$，d为该层墙厚；

e_2——上层墙体重心对该层墙体重心的偏心距，如果上、下层墙体厚度相同，则$e_2 = 0$。

此时，该截面标准荷载产生的轴向力偏心距为：

$$e_1 = \frac{M_{1K}}{N_{0K} + N_{lK}} \qquad (5.16)$$

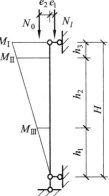

图 5.30　内力图

设计荷载产生的轴向力为：

$$N_I = N_l + N_0 \qquad (5.17)$$

当Ⅰ-Ⅰ截面距窗口上边缘较近，为简化计算并偏于安全，墙体截面面积可取窗间墙截面积即Ⅱ-Ⅱ截面进行承载力验算。

（2）Ⅱ-Ⅱ截面（窗口上边缘处）

该处标准荷载弯矩值可由三角形弯矩图按内插法求得，如图 5.30所示。

$$M_{II} = M_I \cdot \frac{h_1 + h_2}{H} \qquad (5.18)$$

轴向力偏心距：

$$e_{II} = \frac{M_{II}}{N_I + N_{h3}} \qquad (5.19)$$

设计荷载产生的轴向力为：

$$N_{II} = N_I + N_{h3} \qquad (5.20)$$

式中　N_{h3}——高为h_3、宽为b的墙体自重标准值。

（3）Ⅲ-Ⅲ截面（窗口下边缘处）

该处标准荷载弯矩为：

$$M_{III} = M_I \frac{h_1}{H} \qquad (5.21)$$

轴向力偏心距：

$$e_{III} = \frac{M_{III}}{N_{II} + N_{h2}} \qquad (5.22)$$

该截面处的轴向力为：

$$N_{III} = N_{II} + N_{h2} \qquad (5.23)$$

式中　N_{h2}——高为h_2、宽为b_1窗间墙自重。

（4）Ⅳ-Ⅳ截面（下层楼盖大梁底面稍上处）

该处弯矩$M_{IV} = 0$，轴向力为：

$$N_{IV} = N_{III} + N_{h1} \qquad (5.24)$$

式中 N_{h1}——高为 h_1、宽为 b 的墙体自重。

偏于安全，截面面积可仍取 $A_N = b_1h$。在实际工程中，为了简化计算，一般取每层墙体的顶部和底部两个截面进行承载力验算，而截面面积则取窗（门）间墙截面。

4）截面承载力计算

根据上述方法求出最不利截面的轴向力设计值 N 和偏心距 e 后，按受压构件承载力计算公式进行截面承载力验算。若几层墙体的截面和砂浆强度等级相同，则只需验算其中最下一层即可。若砂浆强度有变化，则降低砂浆强度的一层也应验算。

3．多层刚性方案房屋承重横墙的计算

1）计算单元和计算简图

多层刚性方案房屋中，横墙承受两侧楼板直接传来的均布荷载，且很少开设洞口，故可取 1 m 宽的墙体为计算单元。每层横墙视为两端不动铰接的竖向构件（图5.31）。

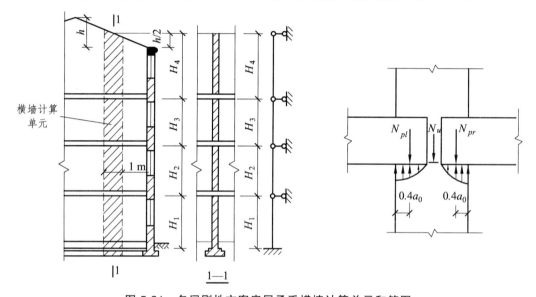

图 5.31　多层刚性方案房屋承重横墙计算单元和简图

每层构件高度的取值与纵墙相同，对于房屋底层，为楼板顶面到基础顶面的距离，当基础埋置较深且有刚性地坪时，可取室外地面下 500 mm 处；但当顶层为坡屋顶时，其构件高度取层高加山墙尖高的一半。

2）控制截面与承载力验算

承重横墙的控制截面一般为每层底部截面，该截面轴力最大。若横墙偏心受压，则还需对横墙顶部截面进行验算，内力计算与前述相同。

5.3.3　弹性方案单层房屋的静力计算

当房屋横墙间距较大，超过刚弹性方案房屋横墙间距时，即为弹性方案房屋。弹性方案及刚弹性方案房屋一般多为单层房屋。由于单层弹性方案房屋的空间刚度很小，所以墙柱内力按有侧移的平面排架计算。

弹性方案房屋的空间刚度很小，结构的空间工作性能很差，在水平荷载作用下，房屋结构近似于平面受力状态。所以弹性方案房屋仅可在单层房屋中采用。

1．计算假定和计算简图

单层房屋属于弹性方案时，在荷载作用下，墙、柱内力可按有侧移的平面排架计算，不考虑房屋的空间工作，其计算简图可按下列假定确定：

（1）屋盖结构与墙、柱上端的连接可视作铰接，墙、柱下端与基础顶面（一般为大放脚顶面）的连接为固接。

（2）屋盖结构（即排架横梁）为刚度无限大的链杆。

根据上述假定，纵墙的计算图形如图 5.32 所示。

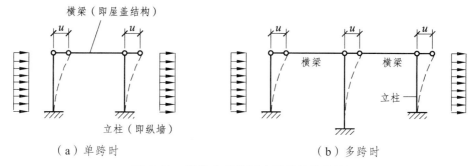

图 5.32　弹性方案单层房屋的计算简图

2．内力计算

内力计算步骤如下：

（1）在排架顶端加一个假想的不动铰支座，计算在荷载作用下该支座的反力 R，并画出排架柱的内力图。

（2）将算出的假想反力 R 反向作用在排架顶端，求出相应排架内力并画出排架柱相应的内力图。

（3）将上述两种计算结果叠加，叠加后的内力图即为有侧移平面排架的内力计算结果。

现以两侧墙体（或柱）为相同截面、等高且采用相同材料做成的单跨弹性方案房屋［图 5.33（a）］为例，进行有关内力计算的讨论。

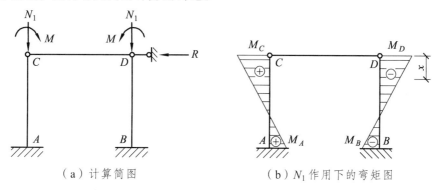

图 5.33　单跨弹性方案房屋的内力计算

1）屋盖荷载作用下

由于屋盖荷载 N_1 作用点对墙体截面重心的偏心距为 e_1，所以排架柱顶截面除轴心压力 N_1 作用外，尚有弯矩 $M = N_1e_1$。屋盖荷载对称作用在排架上，排架柱顶侧移 $u = 0$，假设的柱顶不动铰支座的反力 $R = 0$，排架弯矩图如图 5.33（b）所示，其中

$$
\left.\begin{aligned}
M_C &= M_D = M = N_1e_1 \\
M_A &= M_B = \frac{M}{2} \\
M_x &= \frac{M}{2}\left(2 - 3\frac{x}{H}\right) = M\left(1 - \frac{3x}{2H}\right)
\end{aligned}\right\} \tag{5.25}
$$

2）水平风荷载作用下

假设 w 为排架柱顶以上屋盖结构传给排架的水平集中风力，w_1 为迎风面风力（压力），w_2 为背风面风力（吸力），则由图 5.34（b）可得

$$
R = W + \frac{3}{8}(w_1 + w_2)H \tag{5.26}
$$

$$
\left.\begin{aligned}
M_{A(b)} &= \frac{1}{8}w_1H^2 \\
M_{B(b)} &= \frac{1}{8}w_2H^2
\end{aligned}\right\} \tag{5.27}
$$

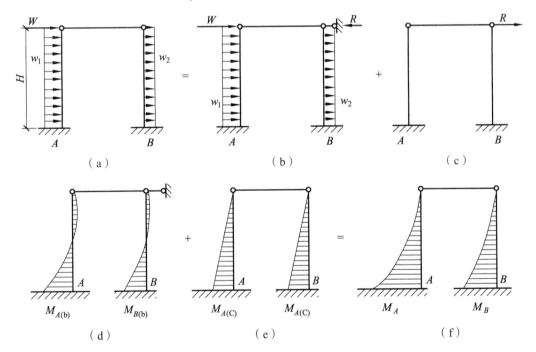

图 5.34　风载作用下的弯矩图

将 R 反向作用于排架顶端，则从图 5.34（c）可得

$$M_{A(c)} = M_{B(c)} = \frac{R}{2}H = \frac{WH}{2} + \frac{3H^2}{16}(w_1 + w_2) \tag{5.28}$$

将图 5.34（b）、（c）两种情况叠加可得

$$M_A = \frac{WH}{2} + \frac{5}{16}w_1H^2 + \frac{3}{16}w_2H^2 \tag{5.29}$$

$$M_B = \frac{WH}{2} + \frac{3}{16}w_1H^2 + \frac{5}{16}w_2H^2 \tag{5.30}$$

排架的弯矩如图 5.34（f）所示。

弹性方案单层房屋山（横）墙的计算，由于在一般建筑物中纵墙间的距离不大，房屋在纵向静力计算中一般均能满足刚性方案的条件，因而屋盖结构可视作山（横）墙的不动支点，山（横）墙的计算简图同刚性方案单层房屋时的山（横）墙。

5.3.4　刚弹性方案房屋的计算

刚弹性方案房屋的空间刚度介于弹性方案和刚性方案之间，结构具有一定的空间工作性能，在水平荷载作用下，屋盖对墙体（柱）顶点的水平位移有一定约束，可视为墙（柱）的弹性支座。在各种荷载作用下，墙（柱）内力可按铰接的平面排架计算，但需引入考虑空间作用的空间性能影响系数 η（η 定义为考虑空间工作的柱顶侧移与不考虑空间工作时柱顶侧移之比，η 值愈小，表示房屋的空间工作性能愈强）。根据国内一些单位对房屋空间工作性能的一系列实测资料的统计分析，《砌体结构设计规范》确定了房屋空间性能影响系数 η 值（表 5.17）。

表 5.17　房屋各层的空间性能影响系数 η_i

屋盖或楼盖类别	横　墙　间　距　s /m														
	16	20	24	28	32	36	40	44	48	52	56	60	64	68	72
1	—	—	—	—	0.33	0.39	0.45	0.50	0.55	0.60	0.64	0.68	0.71	0.74	0.77
2	—	0.35	0.45	0.54	0.61	0.68	0.73	0.78	0.82	—	—	—	—	—	—
3	0.37	0.49	0.60	0.68	0.75	0.81	—	—	—	—	—	—	—	—	—

注：i 取 $1 \sim n$，n 为房屋的层数。

1. 刚弹性方案单层房屋的计算

刚弹性方案的房屋空间刚度介于弹性方案和刚性方案之间，在水平荷载作用下，刚弹性方案房屋墙顶也产生水平位移，其值比弹性方案按平面排架计算的小，但又不能忽略，其计算简图是在弹性方案房屋计算简图的基础上在柱顶加一弹性支座（图 5.35），以考虑房屋的空间工作。

设排架柱顶作用于一集中力 W，由于刚弹性方案房屋的空间工作的影响，其柱顶水平位移为 $u_k = \eta u_p$，较平面排架柱顶减少了 $(1-\eta)u_p$，根据位移与内力成正比的关系，可求出弹性支座的水平反力 X。

$$\frac{u_p}{(1-\eta)u_p} = \frac{W}{X} \tag{5.31}$$

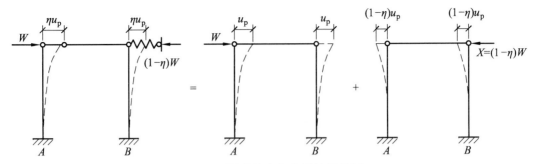

图 5.35　刚弹性方案房屋计算简图

则

$$X = (1-\eta)W \tag{5.32}$$

由上式可见，反力 X 与水平力的大小以及房屋空间工作性能影响系数 η 有关，其中 η 可由表 5.17 得出。

根据以上分析，如图 5.36 所示，单层刚弹性方案房屋，在水平荷载作用下，墙、柱的内力计算步骤如下：

（1）先在排架柱柱顶加一个假设的不动铰支座，计算出此不动铰支座反力 R，并求出这种情况下的内力图 [图 5.36（b）、（d）]。

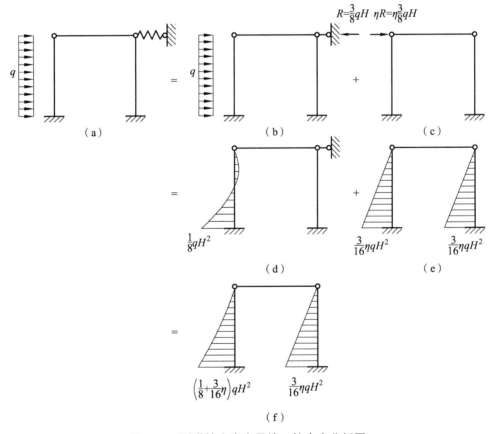

图 5.36　刚弹性方案房屋墙、柱内力分析图

（2）把求出的假设支座反力 R 乘以 η，将 ηR 反向作用于排架柱柱顶，再求出这种情况下的内力图［图 5.36（c）、（e）］。

（3）将上述两种情况的计算结果相叠加，即为刚弹性方案墙、柱的内力。

2．刚弹性方案多层房屋的计算

1）竖向荷载作用下内力计算

对于一般形状较规则的多层多跨房屋，其在竖向荷载作用下产生的水平位移较小，为简化计算，可近似地按多层刚性方案房屋计算其内力。

2）水平荷载作用下内力计算

在水平荷载（风荷载）作用下，多层房屋不仅在平面各开间之间存在空间作用，而且在沿房屋高度的各层之间也有较强的空间作用。为简化计算，多层房屋的空间作用每层均采用空间影响系数 η_i，根据屋盖的类别由表 5.17 查取。

多层房屋刚弹性方案房屋墙、柱内力分析可按如下步骤进行，然后将两步结果叠加，即得最后内力：

（1）在平面计算简图中，各层横梁与柱连接处加水平铰支杆，计算其在水平荷载（风荷载）作用下无侧移时的内力与各支杆反力 R_i［图 5.37（a）］。

（2）考虑房屋的空间作用，将各支杆反力 R_i 乘以由表 5.17 查得的相应空间性能影响系数 η_i，并反向施加于节点上，计算其弯矩和剪力［图 5.37（b）］。

（3）将上述两步计算结果叠加，求出最后的内力值。

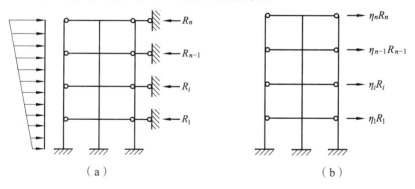

图 5.37　刚弹性方案房屋的静力计算简图

5.4　无筋砌体构件承载力计算

5.4.1　受压构件的承载力计算

1．单向偏心受压构件

1）单向偏心受压构件试验

（1）受压短柱（$\beta \leqslant 3$，$e \neq 0$）

当受压构件的计算高度 H_0 与截面计算方向边长 h 之比，即高厚比 β 不大于 3 时，称为短柱，此时可不考虑构件纵向弯曲对承载力的影响。试验表明，短柱在轴向力作用下当偏心距不同时，其截面上的应力分布状态是变化的（图 5.38）。

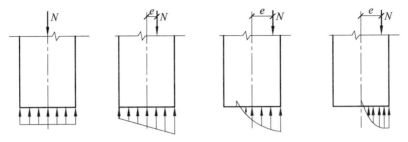

图 5.38　砌体受压的截面应力变化

砌体短柱在轴心荷载作用下，砌体内横截面在各阶段的应力都是均匀分布的。而构件在偏心荷载作用下的受力特性将发生很大变化。当偏心距不大时，整个截面受压，由于砌体的弹塑性性能，截面中的应力呈曲线分布，靠近轴向力一侧压应力较大，远离轴向力一侧压应力较小。随着偏心距的不断增大，远离轴向力一侧截面边缘的应力逐步由受压过渡到受拉，但只要受拉边的拉应力尚未达到砌体沿通缝的抗拉强度，受拉边就不会出现开裂；当偏心距进一步增大，一旦截面受拉边的拉应力超过砌体沿通缝的抗拉强度时，受拉边将出现沿通缝截面的水平裂缝，这种情况属于正常使用极限状态，已开裂处的截面退出工作。在这种情况下，裂缝在开裂后和破坏前都不会无限制地增大而使构件发生受拉破坏，而是在剩余截面和已经减少了偏心距的荷载作用下达到新的平衡。这种平衡随裂缝的不断展开被打破，进而又达到一个新的平衡。剩余截面的压应力进一步加大，并出现竖向裂缝。最后由于受压承载能力耗尽而破坏。破坏时，虽然砌体受压一侧的极限变形和极限强度都比轴压构件高，但由于压应力不均匀的加剧和受压面的减少，截面所能承担的轴向压力将随偏心距的增大而明显下降。必须指出，由于砌体具有弹塑性性能，且具有局部受压性质，故在破坏时，砌体受压一侧的极限变形和极限强度均比轴压高，提高的程度随偏心距的增大而加大。

（2）轴心受压长柱（$\beta > 3$，$e = 0$）

细长柱和高而薄的墙，在轴心受压时，由于偶然偏心的影响，往往会产生侧向变形，并导致构件发生纵向弯曲从而降低其承载力。偶然偏心包括轴向力作用点与截面形心不完全对中（几何偏心），以及由于构件材料性质不均匀而导致的轴力作用点与截面形心的不对中（物理偏心）。长柱的承载力将比短柱有所下降，下降的幅度与砂浆的强度等级及构件的高厚比有关。

对于砌体构件，由于大量灰缝的存在以及块体和灰缝的匀质性较差，增加了偶然偏心的概率；砂浆的变形模量还随应力的增高而大幅度降低，这些都会导致砌体构件中纵向弯曲的不利影响比混凝土构件更为严重。试验表明，对于砌体构件，当其高厚比 $\beta > 3$ 时，应考虑纵向弯曲的影响。

（3）偏心受压长柱（$\beta > 3$，$e \neq 0$）

细长柱在偏心压力作用下，会由于纵向弯曲的影响在原有偏心距 e 的基础上产生附加偏心距 e_i，使荷载偏心距增大，而附加弯矩的存在又加大了柱的侧向变形，如此交互作用加剧了长柱的破坏（图 5.39）。随着偏心压力的增大，柱中部截面水平裂缝逐步开展，同时受压面积缩小，压应力增大；当压应力达到抗压强度时，柱即破坏。

为了准确地估计偏压长柱的承载能力，应当考虑砌体的材料非线性和几何非线性，进行全过程分析。但这种分析相当复杂，不便实用。因此，当前各国规范多采用基于试验的简化计算方法。我国砌体结构设计规范采用附加偏心距法进行偏压长柱的承载力计算。

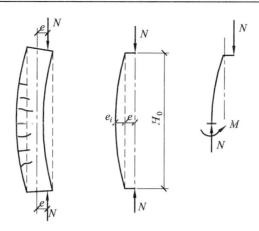

图 5.39 偏压长柱的受力分析

2）受压构件承载力计算

砌体的抗拉、抗弯和抗剪强度远低于其抗压强度，所以无筋砌体主要用作受压构件。对于无筋砌体受压构件，无论是轴心受压或偏心受压，长柱或短柱，都采用下式的承载力设计计算公式：

$$N \leqslant \varphi f A \qquad (5.33)$$

式中　N——轴向压力设计值（N）；

　　　f——砌体抗压强度设计值（MPa），见表 5.7 ~ 5.13；

　　　A——截面面积（对各类砌体均按毛面积计算）（mm^2），带壁柱墙的计算截面翼缘宽度，可按下列规定采用：① 多层房屋，当有门窗洞口时，可取窗间墙宽度；当无门窗洞口时，每侧翼墙宽度可取壁柱高度（层高）的 1/3，但不应大于相邻壁柱间的距离；② 单层房屋，可取壁柱宽加 2/3 墙高，但不应大于窗间墙宽度和相邻壁柱间的距离；③ 计算带壁柱墙的条形基础时，可取相邻壁柱间的距离；

　　　φ——高厚比 β 和轴向力偏心距 e 对受压构件承载力的影响系数。

对矩形截面构件，当轴向力偏心方向的截面边长大于另一方向的边长时，除按偏心受压计算外，还应对较小边长方向按轴心受压进行验算。

（1）受压构件的承载力影响系数

受压构件承载力影响系数 φ 是高厚比 β 和轴向力偏心距 e 对受压构件承载力的影响系数，按照附加偏心距的分析方法并结合试验研究结果，计算公式如下：

$$\varphi = \frac{1}{1+12\left[\dfrac{e}{h}+\sqrt{\dfrac{1}{12}\left(\dfrac{1}{\varphi_0}-1\right)}\right]^2} \qquad (5.34)$$

式中　e——荷载设计值产生的偏心距，$e=M/N$（M、N 分别为作用在受压构件上的弯矩、轴向力设计值），按内力设计值计算的轴向力的偏心距 e 不应超过 $0.6y$（y 为截面重心到轴力所在偏心方向截面边缘的距离），如图 5.40 所示；

　　　h——矩形截面荷载偏心方向的边长，计算 T 形截面时，应以折算厚度 $h_T=3.5i$（i 为 T 形截面的回转半径）代替截面在偏心方向上的高度 h；

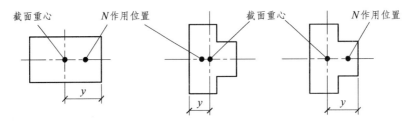

图 5.40　偏心距 e 限值

φ_0——轴心受压构件的稳定系数，按下式计算：

$$\varphi_0 = \frac{1}{1 + \alpha\beta^2} \qquad (5.35)$$

其中　β——构件高厚比，当 $\beta \leqslant 3$ 时，取 $\varphi_0 = 1$；

α——与砂浆强度等级有关的系数：当砂浆强度等级大于或等于 M5 时取 0.001 5；

当砂浆强度等级等于 M2.5 时取 0.002；当砂浆强度为 0 时取 0.009。

无筋砌体矩形截面单向偏心受压构件承载力影响系数，可按式（5.34）计算，也可表按 5.18～表 5.20 查用。

表 5.18　影响系数 φ（砂浆强度等级 ≥ M5）

β	e/h 或 e/h_T						
	0	0.025	0.05	0.075	0.1	0.125	0.15
≤3	1	0.99	0.97	0.94	0.89	0.84	0.79
4	0.98	0.94	0.90	0.85	0.80	0.74	0.69
6	0.95	0.91	0.86	0.80	0.75	0.69	0.64
8	0.91	0.86	0.81	0.76	0.70	0.64	0.59
10	0.87	0.82	0.76	0.70	0.65	0.60	0.55
12	0.82	0.77	0.71	0.66	0.60	0.55	0.51
14	0.77	0.72	0.66	0.61	0.56	0.51	0.47
16	0.72	0.67	0.61	0.56	0.52	0.47	0.44
18	0.67	0.62	0.57	0.52	0.48	0.44	0.40
20	0.63	0.57	0.53	0.48	0.44	0.41	0.37
22	0.58	0.53	0.49	0.45	0.41	0.38	0.35
24	0.54	0.49	0.45	0.41	0.38	0.35	0.32
26	0.50	0.46	0.42	0.38	0.35	0.33	0.30
28	0.46	0.42	0.39	0.36	0.33	0.30	0.28
30	0.43	0.39	0.36	0.33	0.31	0.28	0.26
β	e/h 或 e/h_T						
	0.175	0.2	0.225	0.25	0.275	0.3	—
≤3	0.73	0.68	0.62	0.57	0.52	0.48	—
4	0.63	0.58	0.53	0.49	0.45	0.41	—
6	0.59	0.54	0.49	0.45	0.42	0.38	—
8	0.54	0.50	0.46	0.42	0.39	0.35	—
10	0.50	0.46	0.42	0.39	0.36	0.33	—

β	e/h 或 e/h_T						
	0.175	0.2	0.225	0.25	0.275	0.3	—
12	0.47	0.43	0.39	0.36	0.33	0.31	—
14	0.43	0.40	0.36	0.34	0.31	0.29	—
16	0.40	0.37	0.34	0.31	0.29	0.27	—
18	0.37	0.34	0.31	0.29	0.27	0.25	—
20	0.34	0.32	0.29	0.27	0.25	0.23	—
22	0.32	0.30	0.27	0.25	0.23	0.22	—
24	0.30	0.28	0.26	0.24	0.22	0.21	—
26	0.28	0.26	0.24	0.22	0.21	0.19	—
28	0.26	0.24	0.22	0.21	0.19	0.18	—
30	0.24	0.23	0.21	0.20	0.18	0.17	—

表 5.19 影响系数 φ（砂浆强度等级 **M2.5**）

β	e/h 或 e/h_T						
	0	0.025	0.05	0.075	0.1	0.125	0.15
≤3	1	0.99	0.97	0.94	0.89	0.84	0.79
4	0.97	0.93	0.89	0.84	0.78	0.73	0.67
6	0.93	0.89	0.84	0.78	0.73	0.67	0.62
8	0.89	0.84	0.78	0.72	0.67	0.62	0.57
10	0.83	0.78	0.72	0.67	0.61	0.56	0.52
12	0.78	0.72	0.66	0.61	0.56	0.52	0.47
14	0.72	0.66	0.61	0.56	0.51	0.47	0.43
16	0.66	0.61	0.56	0.51	0.47	0.43	0.40
18	0.61	0.56	0.51	0.47	0.43	0.39	0.36
20	0.56	0.51	0.47	0.43	0.39	0.36	0.33
22	0.51	0.47	0.43	0.39	0.36	0.33	0.31
24	0.46	0.43	0.39	0.36	0.33	0.31	0.28
26	0.43	0.39	0.36	0.33	0.31	0.28	0.26
28	0.39	0.36	0.33	0.30	0.28	0.26	0.24
30	0.36	0.33	0.30	0.28	0.26	0.24	0.22

β	e/h 或 e/h_T						
	0.175	0.2	0.225	0.25	0.275	0.3	—
≤3	0.73	0.68	0.62	0.57	0.52	0.48	—
4	0.62	0.57	0.52	0.48	0.44	0.40	—
6	0.57	0.52	0.48	0.44	0.40	0.37	—
8	0.52	0.48	0.44	0.40	0.37	0.34	—
10	0.47	0.43	0.40	0.37	0.34	0.31	—
12	0.43	0.40	0.37	0.34	0.31	0.29	—
14	0.40	0.37	0.34	0.31	0.29	0.27	—
16	0.36	0.34	0.31	0.29	0.26	0.25	—
18	0.33	0.31	0.28	0.26	0.24	0.23	—
20	0.31	0.28	0.26	0.24	0.23	0.21	—
22	0.28	0.26	0.24	0.23	0.21	0.20	—
24	0.26	0.24	0.23	0.21	0.20	0.18	—
26	0.24	0.23	0.21	0.20	0.18	0.17	—
28	0.22	0.21	0.20	0.18	0.17	0.16	—
30	0.21	0.19	0.18	0.17	0.16	0.15	—

表 5.20　影响系数 φ（砂浆强度 0）

β	e/h 或 e/h_T						
	0	0.025	0.05	0.075	0.1	0.125	0.15
≤3	1	0.99	0.97	0.94	0.89	0.84	0.79
4	0.87	0.82	0.77	0.71	0.65	0.60	0.55
6	0.76	0.70	0.64	0.59	0.54	0.50	0.46
8	0.63	0.58	0.54	0.49	0.45	0.41	0.38
10	0.53	0.48	0.44	0.41	0.37	0.34	0.32
12	0.44	0.40	0.37	0.34	0.31	0.29	0.27
14	0.36	0.33	0.31	0.28	0.26	0.24	0.23
16	0.30	0.28	0.26	0.24	0.22	0.21	0.19
18	0.26	0.24	0.22	0.21	0.19	0.18	0.17
20	0.22	0.20	0.19	0.18	0.17	0.16	0.15
22	0.19	0.17	0.16	0.15	0.14	0.14	0.13
24	0.16	0.15	0.14	0.13	0.13	0.12	0.11
26	0.14	0.13	0.13	0.12	0.11	0.11	0.10
28	0.12	0.12	0.11	0.11	0.10	0.09	0.09
30	0.11	0.10	0.10	0.09	0.09	0.09	0.08

续表

β	e/h 或 e/h_T						
	0.175	0.2	0.225	0.25	0.275	0.3	—
≤3	0.73	0.68	0.62	0.57	0.52	0.48	—
4	0.51	0.47	0.43	0.39	0.36	0.33	—
6	0.42	0.39	0.35	0.33	0.30	0.28	—
8	0.35	0.32	0.30	0.27	0.25	0.24	—
10	0.29	0.27	0.25	0.23	0.22	0.20	—
12	0.25	0.23	0.21	0.20	0.19	0.17	—
14	0.21	0.20	0.18	0.17	0.16	0.15	—
16	0.18	0.17	0.16	0.15	0.14	0.13	—
18	0.16	0.15	0.14	0.13	0.12	0.12	—
20	0.14	0.13	0.12	0.12	0.11	0.10	—
22	0.12	0.11	0.11	0.10	0.10	0.09	—
24	0.11	0.10	0.10	0.09	0.09	0.08	—
26	0.10	0.09	0.09	0.08	0.08	0.08	—
28	0.09	0.08	0.08	0.07	0.07	0.07	—
30	0.08	0.07	0.07	0.07	0.07	0.06	—

（2）高厚比及调整

确定影响系数 φ 时，考虑不同类型砌体受压性能的差异，构件的高厚比 β 应乘以调整系数 γ_β。构件高厚比 β 是指构件的计算高度 H_0 与截面在偏心方向上的高度 h 的比值。

① 矩形截面

$$\beta = \gamma_\beta \frac{H_0}{h} \tag{5.36a}$$

② T 形截面

$$\beta = \gamma_\beta \frac{H_0}{h_T} \tag{5.36b}$$

式中　γ_β——不同材料砌体构件的高厚比修正系数，按表 5.21 采用；

　　　H_0——受压构件的计算高度，按表 5.22 确定；

　　　h——矩形截面轴向力偏心方向的边长，当轴心受压时为截面较小边长；

　　　h_T——T 形截面的折算厚度，可近似按 $3.5i$ 计算，其中 i 为截面回转半径。

表 5.21　高厚比修正系数 γ_β

砌　体　类　型	γ_β
烧结普通砖、烧结多孔砖、灌孔混凝土砌块	1.0
混凝土普通砖、混凝土多孔砖、混凝土及轻集料混凝土砌块	1.1
蒸压灰砂砖、蒸压粉煤灰砖、细料石、半细料石	1.2
粗料石和毛石砌体	1.5

（3）受压构件的计算高度

受压构件的计算高度 H_0，应根据房屋类别和构件支承条件等按表 5.22 采用。表中的构件高度 H_0 应按下列规定采用。

① 在房屋底层，H_0 为楼板顶面到构件下端支点的距离。下端支点的位置，可取在基础顶面。当埋置较深且有刚性地坪时，可取室外地面以下 500 mm 处。

② 在房屋其他层，H_0 为楼板或其他水平支点间的距离。

③ 对于无壁柱的山墙，可取层高加山墙尖高度的 1/2；对于带壁柱的山墙可取壁柱处的山墙高度。

对于变截面柱，如无吊车，或者虽有吊车但不考虑吊车作用时，变截面柱上段的计算高度可按表 5.22 规定采用。变截面柱下段的计算高度可按下列规定采用：

① 当 $H_u/H \leqslant 1/3$ 时，取无吊车房屋的 H_0。

② 当 $1/3 < H_u/H < 1/2$ 时，取无吊车房屋的 H_0 乘以修正系数 μ：$\mu = 1.3 - 0.3 I_u / I_L$（$I_u$ 为变截面柱上段的惯性矩；I_L 为下段的惯性矩）。

③ 当 $H_u / H \geqslant 1/2$ 时，取无吊车房屋的 H_0，但在确定 β 值时，应采用上柱的截面。

表 5.22　受压构件的计算高度 H_0

房　屋　类　别			柱		带壁柱墙或周边拉结的墙		
			排架方向	垂直排架方向	$s>2H$	$2H \geqslant s \geqslant H$	$s < H$
有吊车的单层房屋	变截面柱上段	弹性方案	$2.5H_u$	$1.25H_u$	$2.5H_u$		
		刚性、刚弹性方案	$2.0H_u$	$1.25H_u$	$2.0\,H_u$		
	变截面柱下段		$1.0H_L$	$0.8H_L$	$1.0H_L$		
无吊车的单层和多层房屋	单　跨	弹性方案	$1.5H$	$1.0H$	$1.5\,H$		
		刚弹性方案	$1.2H$	$1.0H$	$1.2H$		
	两跨或多跨	弹性方案	$1.25H$	$1.0H$	$1.25\,H$		
		刚弹性方案	$1.1H$	$1.0H$	$1.1\,H$		
	刚　性　方　案		$1.0H$	$1.0H$	$1.0H$	$0.4s+0.2H$	$0.6s$

注：① 表中 H_u 为变截面柱的上段高度，s 为周边拉结墙的水平距离，H_L 为变截面柱的下段高度；② 对于上端为自由端的构件，$H_0 = 2H$；③ 独立砖柱，当纵向柱列无柱间支撑或柱间墙时，柱在垂直排架方向的 H_0，应按表中数值乘以 1.25 后采用；④ 自承重墙的计算高度应根据周边支承或拉结条件确定。

【例 5.1】　截面为 490 mm × 600 mm 的砖柱，采用强度等级为 MU15 的蒸压粉煤灰普通砖和 M5 混合砂浆砌筑，柱的计算长度 $H_0 = 6\ \text{m}$，轴向压力设计值 $N = 380\ \text{kN}$，试验算该柱的承载力是否满足安全性要求。

【解】 （1）求 A 值。

$A = 0.49 \times 0.60 = 0.294\ (\text{m}^2) < 0.3\ (\text{m}^2)$，强度调整系数 $\gamma_a = 0.7 + 0.294 = 0.994$。

（2）求 f 值。

查表 5.9 得砌体抗压强度设计值为 1.83 MPa。

$$f = 1.83\gamma_a = 1.83 \times 0.994\ (\text{MPa}) = 1.819\ (\text{MPa})$$

（3）求 φ 值。

查表 5.21 高厚比修正系数 $\gamma_\beta = 1.2$。

$$\beta = \gamma_\beta \frac{H_0}{h} = 1.2 \times \frac{6}{0.49} = 14.694，再根据 e/h=0，查表 5.18 得 \varphi = 0.755$$

（4）承载力验算。

$$\varphi Af = (0.755 \times 0.294) \times (1.819 \times 10^3) = 403.8\ (\text{kN}) > 380\ (\text{kN})$$

该柱的承载力满足安全性要求。

【例 5.2】 截面为 490 mm × 370 mm 的砖柱，采用 MU10 烧结普通砖和 M5 混合砂浆砌筑。柱的计算高度 3.2 m（两端为不动铰接），柱顶承受轴向力标准值 N_k=160 kN，其中永久荷载产生的轴向力标准值为 130 kN，可变荷载产生的轴向力标准值为 130 kN，可变荷载组合值系数为 0.7，试验算该柱的承载力是否满足安全性要求。

【解】 （1）求 A 值。

$$A = 0.49 \times 0.37 = 0.18\ (\text{m}^2) < 0.3\ (\text{m}^2)$$

强度调整系数 $\gamma_a = 0.7 + A = 0.7 + 0.18 = 0.88$

（2）求 f 值。

查表 5.7 得砌体抗压强度设计值为 1.50 MPa。

$$f = 1.50\gamma_a = 1.50 \times 0.88\ (\text{MPa}) = 1.32\ (\text{MPa})$$

（3）求 φ 值。

查表 5.21 高厚比修正系数 $\gamma_\beta = 1.0$。

$$\beta = \gamma_\beta \frac{H_0}{h} = 1.0 \times \frac{3.2}{0.37} = 8.65，再根据 e/h=0，查表 5.18 得 \varphi = 0.90$$

（4）求柱底轴向力设计值。

永久荷载起控制作用时：

$$N = \gamma_G G_k + \gamma_Q Q_k = 1.35 \times (130 + 0.49 \times 0.37 \times 3.2 \times 19) + 1.4 \times 0.7 \times 30 = 219.8\ (\text{kN})$$

可变荷载起控制作用时：

$$N = \gamma_G G_k + \gamma_Q Q_k = 1.2 \times (130 + 0.49 \times 0.37 \times 3.2 \times 19) + 1.4 \times 30 = 211.2\ (\text{kN})$$

因此，$N = 219.8\ \text{kN}$。

（5）承载力验算。

柱底截面的抗力设计值：

$$N_u = \varphi f A = 0.9 \times 1.32 \times 490 \times 370 = 215.4 \text{ (kN)} < N = 219.8 \text{ (kN)}$$

该柱的承载力不满足安全性要求。

【例 5.3】 某一刚性方案的多层房屋中，有一厚 190 mm 的轴心受压内横墙（墙体面积大于 0.3 m²），采用 MU5 单排孔且对孔砌筑的小型混凝土空心砌块（390 mm × 190 mm × 190 mm）和 Mb5 砂浆砌筑；双面石灰粗砂粉刷墙已知作用在底层墙底的外荷载产生的轴力设计值为 118 kN/m，墙底自重产生的轴力设计值为 13.80 kN/m，纵墙间距 6.8 m，横墙间距 3.4 m，$H = 3.5$ m。试验算该墙的承载力是否满足安全性要求。

【解】 （1）求 A 值。

墙体面积大于 0.3 m²，取 1 m 墙长为计算单元、厚 190 mm 的承重内横墙截面面积 $A = 1 \text{ m/m} \times 0.19 \text{ m} = 0.19 \text{ m}^2/\text{m}$。

（2）求 f 值。

查表 5.10 得砌体抗压强度设计值取 $f = 1.19$ MPa。

（3）求 φ 值。

查表 5.21 高厚比修正系数 $\gamma_\beta = 1.1$。

查表 5.22，$H <$ 纵墙间距 $s = 6.8$ m $< 2H$（若计算横墙荷载时 s 则为房屋纵墙间距）

$$H_0 = 0.4s + 0.2H = 0.4 \times 6.8 + 0.2 \times 3.5 = 3.42 \text{ (m)}$$

$\beta = \gamma_\beta \dfrac{H}{h} = 1.1 \times \dfrac{42}{0.19} = 19.8$，再根据 e/h=0，查表 5.18 得 $\varphi = 0.630$

（4）求底部截面上轴力。底层墙下部截面轴力设计值为：

$$N = 118 + 13.80 = 131.8 \text{ (kN/m)}$$

（5）承载力验算。

$$\varphi A f = (0.630 \times 0.19) \times (1.19 \times 10^3) = 142.4 \text{ (kN/m)} > 131.8 \text{ (kN/m)}$$

该墙的承载力满足安全性要求。

【例 5.4】 截面为 400 mm × 600 mm 的单排孔且对孔砌筑小型轻集料混凝土空心砌块独立柱，采用 MU15 砌块及 Mb7.5 砂浆砌筑，设在截面两个方向的柱计算高度相同，即 $H_0 = 5.2$ m，该柱承受的荷载设计值 $N = 280$ kN，在长边方向的偏心距 $e = 100$ mm。试验算该柱的承载力是否满足安全性要求。

【解】 （1）偏心方向受压承载力验算（长边方向）。

① 求 A 值。

$A = 0.4 \times 0.6 = 0.24 \text{ (m}^2) < 0.3 \text{ (m}^2)$，强度调整系数 $\gamma_a = 0.7 + 0.24 = 0.94$。

② 求 f 值。

查表 5.10 得砌体抗压强度设计值为 3.61MPa，因为是独立柱，还应乘以系数 0.7，则 $f = 0.7 \times 0.94 \times 3.61 \text{ (MPa)} = 2.38 \text{ (MPa)}$。

③ 求 φ 值。

查表 5.21 高厚比修正系数 $\gamma_\beta = 1.1$。

$$\beta = \gamma_\beta \frac{H_0}{h} = 1.1 \times \frac{5.2}{0.6} = 9.53 , \quad \frac{e}{h} = \frac{0.1}{0.6} = 0.167$$

查表 5.18 或根据式（5.34）计算，得 $\varphi = 0.527$。

④ 承载力验算。

$$\varphi Af = (0.527 \times 0.24) \times (2.38 \times 10^3) = 301 \text{ (kN)} > 280 \text{ (kN)}$$

长边方向承载力满足安全性要求。

（2）短边方向按轴心受压验算。

① 求 φ 值。

$$\beta = \gamma_\beta \frac{H_0}{h} = 1.1 \times \frac{5.2}{0.6} = 14.3 , \quad 查表 5.18 得 \varphi = 0.765$$

② 承载力验算。

$$\varphi Af = (0.765 \times 0.24) \times (2.38 \times 10^3) = 437 \text{ (kN)} > 280 \text{ (kN)}$$

短边方向承载力满足安全性要求。

【例 5.5】试验算单层单跨无吊车工业厂房窗间墙截面的承载力。房屋柱距为 4 m，窗间墙截面如图 5.41。计算高度 $H_0 = 6.48$ m，墙用 MU10 烧结普通砖及 M2.5 水泥砂浆砌筑。荷载设计值产生的轴向力 N 为 320 kN，荷载设计值产生的偏心距 e 为 0.128 m，荷载偏向翼缘侧。试验算该墙的承载力是否满足安全性要求。

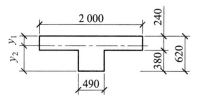

图 5.41　墙体截面

【解】（1）求解截面几何特征。

① 面　积：

$$A = 2 \times 0.24 + 0.49 \times 0.38 = 0.666\,2 \text{ (m}^2) > 0.3 \text{ (m}^2)$$

② 截面重心位置：

$$y_1 = \frac{2 \times 0.24 \times 0.12 + 0.49 \times 0.38 \times (0.24 + 0.19)}{0.666\,2} = 0.207 \text{ (m)}$$

$$y_2 = 0.62 - 0.207 = 0.413 \text{ (m)}$$

③ 惯性矩：

$$I = \frac{1}{12} \times 2 \times 0.24^3 + 2 \times 0.24 \times (0.207 - 0.12)^2 + \frac{1}{12} \times 0.49 \times 0.38^3 + 0.49 \times 0.38 \times (0.413 - 0.19)^2$$
$$= 0.017\,44 + 0.49 \times 0.38 \times (0.413 - 0.19)^2 = 0.017\,44 + 0.49 \times 0.38 \times (0.413 - 0.19)^2$$
$$= 0.017\,44 \text{ (m}^4)$$

④ 回转半径：

$$i = \sqrt{\frac{I}{A}} = \sqrt{\frac{0.017\,44}{0.666\,2}} = 0.162 \text{ (m)}$$

⑤ 截面折算厚度：

$$h_\text{T} = 3.5i = 3.5 \times 0.162 = 0.566 \text{ (m)}$$

（2）求 f 值。

查表 5.7 得砌体抗压强度设计值为 1.30 N/mm^2，采用 M2.5 水泥砂浆，考虑强度调整系数 0.9，则 $f = 0.9 \times 1.3 \text{ (MPa)} = 1.17 \text{ (MPa)}$。

（3）求 φ 值。

$$\frac{e}{y_1} = \frac{0.128}{0.207} \approx 0.6, \quad \beta = \frac{H_0}{h_\text{T}} = \frac{6.48}{0.566} = 11.4, \quad \frac{e}{h_\text{T}} = \frac{0.128}{0.566} = 0.226$$

查表 5.18 或根据式（5.34）计算，$\varphi = 0.374$。

（4）承载力验算。

$$N_\text{u} = \varphi f A = 0.374 \times 1.17 \times 10^3 \times 0.666\,2 = 291.5 \text{ (kN)} < 320 \text{ (kN)}$$

该墙的承载力不满足安全性要求。

2．双向偏心受压构件

轴向压力在矩形截面的两个主轴方向都有偏心距，或同时承受轴心压力及两个方向弯矩的构件，即为双向偏心受压构件，如图 5.42 所示。

双向偏心受压构件截面承载力的计算，显然比单向偏心受压构件复杂得多。国内外有关研究较少，目前尚无精确的理论求解方法。根据湖南大学的试验研究，《砌体结构设计规范》建议采用附加偏心距法。

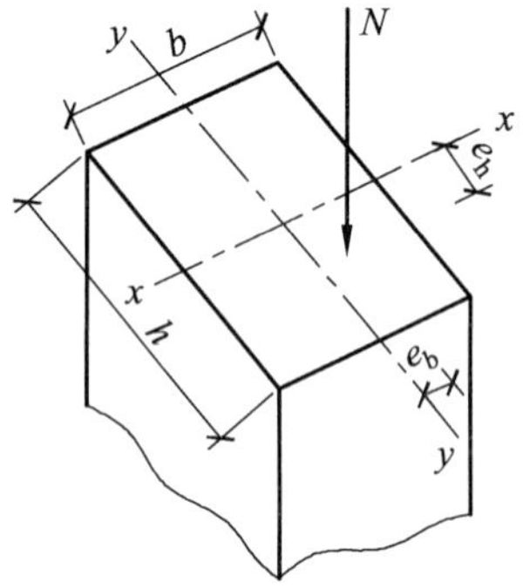

矩形截面双向偏心受压构件截面承载力的计算公式：

$$N \leqslant \varphi f A \tag{5.37}$$

式中　N——纵向压力设计值；

　　　A——构件截面面积；

　　　f——砌体抗压强度设计值；

　　　φ——承载力影响系数，计算公式如下：

图 5.42　双向偏心受压构件

$$\varphi = \frac{1}{1 + 12\left[\left(\dfrac{e_\text{b} + e_{ib}}{b}\right)^2 + \left(\dfrac{e_\text{h} + e_{ih}}{h}\right)^2\right]} \tag{5.38}$$

式中　e_b，e_h——轴向力在截面重心 x 轴、y 轴方向的偏心距（图 5.42）；

　　　e_{ib}，e_{ih}——轴向力在截面重心 x 轴、y 轴方向的附加偏心距，按以下公式计算：

$$e_{ih} = \frac{h}{\sqrt{12}} \sqrt{\frac{1}{\varphi_0} - 1} \left[\frac{\dfrac{e_\text{h}}{h}}{\dfrac{e_\text{h}}{h} + \dfrac{e_\text{b}}{b}}\right] \tag{5.39}$$

$$e_{ib} = \frac{b}{\sqrt{12}}\sqrt{\frac{1}{\varphi_0}-1}\left[\frac{\dfrac{e_b}{b}}{\dfrac{e_h}{h}+\dfrac{e_b}{b}}\right] \tag{5.40}$$

式中　　φ_0——构件的稳定系数，按式（5.35）计算。

试验表明，当偏心距 $e_b > 0.3b$ 和 $e_h > 0.3h$ 时，随着荷载的增加，砌体内水平裂缝和竖向裂缝几乎同时发生，甚至水平裂缝早于竖向裂缝出现。因而设计双向偏心受压构件时，规定偏心距限值为 e_b、e_h 宜分别不大于 $0.25b$ 和 $0.25h$。附加偏心距法分析还表明，当一个方向的偏心率不大于另一方向偏心率的 5% 时，可简化按另一方向的单向偏心受压计算，其承载力的计算误差小于 5%。

为了简化计算，《砌体结构设计规范》规定，当一个方向的偏心率（e_b/b 或 e_h/h）不大于另一方向的偏心率 5% 时，可简化按另一个方向的单向偏心受压计算。

上述计算方法与单向偏心受压承载力计算相衔接，且与试验研究结果符合良好。

【例 5.6】　双向偏心受压柱，截面尺寸为 490 mm × 620 mm（图 5.43）。用 MU10 烧结普通砖和 M7.5 混合砂浆砌筑。柱的计算高度为 4.8 m，作用于柱上的轴向力设计值为 200 kN，沿 b 方向作用的弯矩设计值 M_b 为 20 N·m，沿 h 方向作用的弯矩设计 M_h 值为 24 kN·m，试验算该柱的承载力是否满足安全性要求。

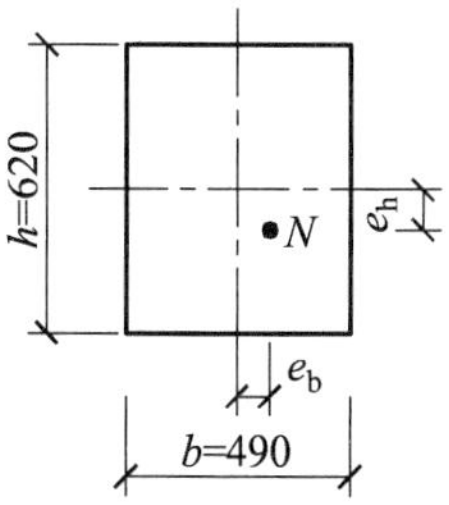

【解】　（1）求 A 值。

$$A = 0.49 \times 0.62 = 0.303\ 8\ (\text{m}^2) > 0.3\ (\text{m}^2)$$

图 5.43　例 5.6 图

（2）求偏心距 e_b、e_h。

$$e_b = \frac{M_b}{N} = \frac{20}{200} = 0.1\ (\text{m}) = 100\ (\text{mm}) < 0.25b = 122.5\ (\text{mm})$$

$$e_h = \frac{M_h}{N} = \frac{24}{200} = 0.12\ (\text{m}) = 120\ (\text{mm}) < 0.25h = 155\ (\text{mm})$$

（3）求附加偏心距 e_{ib}、e_{ih}。

$$\beta = \frac{H_0}{b} = \frac{4.8}{0.49} = 9.8$$

$$\varphi_0 = \frac{1}{1+\alpha\beta^2} = \frac{1}{1+0.001\ 5\times 9.8^2} = 0.874$$

$$e_{ih} = \frac{h}{\sqrt{12}}\sqrt{\frac{1}{\varphi_0}-1}\left(\frac{\dfrac{e_h}{h}}{\dfrac{e_h}{h}+\dfrac{e_b}{b}}\right) = \frac{620}{\sqrt{12}}\sqrt{\frac{1}{0.874}-1}\left(\frac{\dfrac{120}{620}}{\dfrac{120}{620}+\dfrac{100}{490}}\right) = 30.1\ (\text{mm})$$

$$e_{ib} = \frac{b}{\sqrt{12}}\sqrt{\frac{1}{\varphi_0}-1}\left(\frac{\dfrac{e_b}{b}}{\dfrac{e_h}{h}+\dfrac{e_b}{b}}\right) = \frac{490}{\sqrt{12}}\sqrt{\frac{1}{0.874}-1}\left(\frac{\dfrac{100}{490}}{\dfrac{120}{620}+\dfrac{100}{490}}\right) = 27.6\ (\text{mm})$$

（4）求 f 值。

查表 5.7 得砌体抗压强度设计值为 1.69 N/mm²。

（5）求 φ 值。

$$\varphi=\frac{1}{1+12\left[\left(\dfrac{e_{\mathrm{b}}+e_{i\mathrm{b}}}{b}\right)^2+\left(\dfrac{e_{\mathrm{h}}+e_{i\mathrm{h}}}{h}\right)^2\right]}=\frac{1}{1+12\left[\left(\dfrac{100+27.6}{490}\right)^2+\left(\dfrac{120+30.1}{620}\right)^2\right]}=0.397$$

（6）承载力验算。

$$\varphi fA=0.397\times1.69\times0.303\,8\times10^3=204\,(\mathrm{kN})>200\,(\mathrm{kN})$$

该柱的承载力满足安全性要求。

5.4.2 局部受压验算

压力仅作用在砌体部分面积上的受力状态称为局部受压，如图 5.44 所示。局部受压是砌体结构中常见的受力形式。砌体局部受压强度不足可能导致砌体墙、柱破坏，危及整个结构的安全。

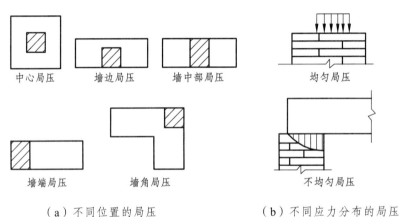

（a）不同位置的局压　　　　　（b）不同应力分布的局压

图 5.44　局部受压示意

1．局部受压类型

按压力分布情况不同可分为两种情况：当砌体截面上作用局部均匀压力时，称为局部均匀受压；当砌体截面上作用局部非均匀压力时，则称为局部不均匀受压。砌体局部受压有多种形式。按局压面积 A_l 与其受压底面积 A_0 的相对位置不同，局部受压可分为中心局压、墙边缘局压、墙中部局压、墙端部局压及墙角部局压等，如图 5.44（a）所示。按局压应力的分布情况，可分为均匀局压及不均匀局压，如图 5.44（b）所示，前者如钢筋混凝土柱或砖柱支承于砌体基础上，后者如钢筋混凝土梁支承于砖墙上的情况。

这些情况的共同特点是砌体支承着比自身强度高的上层构件，上层构件的总压力通过局部受压面积传递给本层砌体构件。在这种受力状态下，不利的一面是在较小的承压面积上承受着较大的压力，有利的一面是砌体局部受压强度高于其抗压强度。其原因是在轴向压力作用下，由于力的扩散作用，如图 5.45（a）所示，不仅直接承压面下的砌体发生变形，而且在它的四周也发生变形，离直接承压面愈远变形愈小。这样，由于砌体局部受压时未直接受压的四周砌体对直接受压的内部砌体的横向变形具有约束作用，即"套箍强化"作用，产生了三向或双向受压应力状态，如图 5.45（b）所示，因而其局部抗压强度比一般情况下的抗压强度有较大的提高。当砌体局压强度不足时，可在梁、柱下设置钢筋混凝土垫块，以扩大局压面积 A_l。垫块的形式有整浇刚性垫块、预制刚性垫块、柔性垫梁及调整局压力作用点位置的特殊垫块。

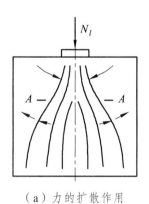
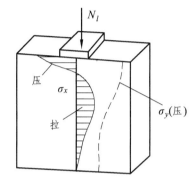

（a）力的扩散作用　　　　　　（b）均匀局部受压的应力分布

图 5.45　局部受压力的扩散和应力分布

2．局部均匀受压

局部均匀受压是局部受压的基本情况，在工程中并不多见，但它是研究其他局部受压类型的基础。根据大量的局部受压试验，可知局部受压强度的提高主要取决于砌体原有的轴心抗压强度和周围砌体对局部受压区的约束程度。局部均匀受压，随着 A_0/A_l 比值的不同，可能有竖向裂缝发展而破坏、劈裂破坏和局部压碎三种破坏形态，如图 5.46 所示。

竖向裂缝发展而破坏：初裂往往发生在与垫块直接接触的 1~2 皮砖以下的砌体，随着荷载的增加，纵向裂缝向上、向下发展，同时也产生新的竖向裂缝和斜向裂缝，如图 5.46（a）所示，一般来说它在破坏时有一条主要的竖向裂缝。在局部受压中，这是较常见也是最基本的破坏形态。

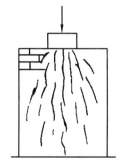
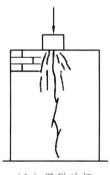
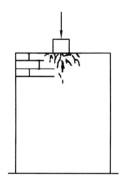

（a）竖向裂缝发展而破坏　　　（b）劈裂破坏　　　　　（c）局部压碎

图 5.46　局压破坏形态

劈裂破坏：这种破坏形态的特点是，在荷载作用下，纵向裂缝少而集中，一旦出现纵向裂缝，砌体即犹如刀劈而破坏，如图 5.46（b）所示。试验表明，只有当局部受压面积与砌体面积之比相当小，才有可能产生这种破坏形态。砌体局压破坏时初裂荷载与破坏荷载十分接近。这种破坏为突然发生的脆性破坏，危害极大，在设计中应避免出现这种破坏。

局部压碎：这种情况较少见，一般当墙梁的墙高与跨度之比较大，砌体强度较低时，有可能产生梁支承附近砌体被压碎的现象，如图 5.46（c）所示。

1）局部均匀受压承载力验算

砌体截面中受局部均匀压力时的承载力，应满足下式的要求：

$$N_l \leqslant \gamma f A_l \tag{5.41}$$

式中 N_l——局部受压面积上的轴向力设计值（N）；

γ——砌体局部抗压强度提高系数；

f——砌体的抗压强度设计值（MPa），局部受压面积小于 0.3 m^2，可不考虑强度调整系数 γ_a 的影响；

A_l——局部受压面积（mm^2）。

2）砌体局部抗压强度提高系数

砌体局部抗压强度提高系数 γ，可按下式计算：

$$\gamma = 1 + 0.35 \sqrt{\frac{A_0}{A} - 1} \tag{5.42}$$

式中 A_0——影响砌体局部抗压强度的计算面积。

计算所得的 γ 值，尚应符合下列规定：

（1）在图 5.47（a）"中心"局部受压的情况下，$\gamma \leqslant 2.5$。

（2）在图 5.47（b）一般墙段"中部边缘"局部受压的情况下，$\gamma \leqslant 2.0$。

（3）在图 5.47（c）墙"角部"局部受压的情况下，$\gamma \leqslant 1.5$。

（4）在图 5.47（d）墙"端部"局部受压的情况下，$\gamma \leqslant 1.25$。

（5）按《砌体结构设计规范》要求灌孔的混凝土砌块墙体，在（1）（2）的情况下，尚应符合 $\gamma \leqslant 1.5$；未灌孔混凝土砌块砌体，$\gamma = 1.0$。

（6）对多孔砖砌体孔洞难以灌实时，应按 $\gamma = 1.0$ 取用；当设置混凝土垫块时，按垫块下的砌体局部受压计算。

3）影响砌体局部抗压强度的计算面积 A

可按下列规定采用：

（1）在图 5.47（a）的情况下 $A_0 = (a + d + h)h$

（2）在图 5.47（b）的情况下 $A_0 = (b + 2h)h$

（3）在图 5.47（c）的情况下 $A_0 = (a + h)h + (b + h_1 - h)h_1$

（4）在图 5.47（d）的情况下 $A_0 = (a + h)h$

式中 a，b——矩形局部受压面积 A_l 的边长；

h，h_1——墙厚或柱的较小边长；

d——矩形局部受压面积的外边缘至构件边缘的较小距离，当大于 h 时，应取为 h。

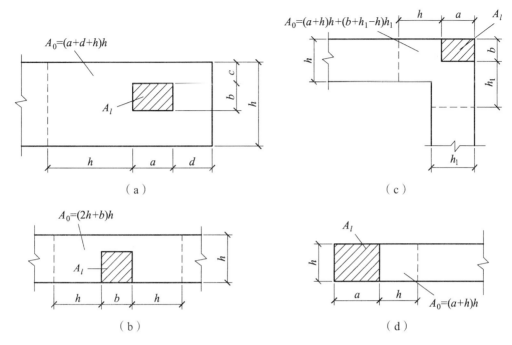

图 5.47　影响局部抗压强度的面积

3．梁端支承处砌体的局部受压

钢筋混凝土梁或屋架支承在砖墙上时，梁或屋架与砖墙的接触面只是墙体截面的一部分，这就是典型的梁端支承处砌体局部受压。梁端支承处砌体的局部受压面积上除了承受梁端传来的支撑压力 N_l 外，还承受由上部荷载产生的轴向力 N_0。

1）局部受压承载力计算公式

梁端支承处砌体的局部受压承载力应按下列公式计算：

$$\psi N_0 + N_l \leqslant \eta \gamma f A_l \tag{5.43}$$

$$\psi = 1.5 - 0.5 \frac{A_0}{A_l} \tag{5.44}$$

$$N_0 = \sigma_0 A_l \tag{5.45}$$

$$A_l = a_0 b \tag{5.46}$$

$$a_0 = 10 \sqrt{\frac{h_c}{f}} \tag{5.47}$$

式中　ψ——上部荷载的折减系数，当 $A_0 / A_l \geqslant 3$ 时，应取 ψ 等于 0；

N_0——局部受压面积内上部轴向力设计值（N）；

N_l——梁端支承压力设计值（N）；

σ_0——上部平均压应力设计值（N/mm²）；

η——梁端底面压应力图形的完整系数，应取 0.7，对于过梁和墙梁取 1.0；

a_0——梁端有效支承长度（mm），当 a_0 大于 a 时，应取 a_0 等于 a，a 为梁端实际支承长度（mm）；

b——梁的截面宽度（mm）；

h_c——梁的截面高度（mm）；

f——砌体的抗压强度设计值（MPa）。

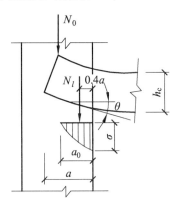

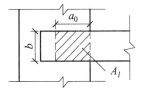

2）梁的有效支承长度

当梁直接支承在砌体上时，由于梁的弯曲和支承处砌体压缩变形的影响，梁端与砌体接触的长度并不等于实际支承长度 a，而为有效支承长度 a_0，$a_0 \leqslant a$，如图 5.48 所示。此时砌体局部受压面积 $A_l = a_0 b$。梁端有效支承长度 a_0 与 N_l 大小、支承情况、梁的刚度及梁端底面砌体的弹塑性有关。

经试验分析，为了便于工程应用，《砌体结构设计规范》给出梁的有效支承长度的计算公式，即式（5.47）。

3）上部荷载对砌体局部抗压强度的影响

一般梁端支承处局部受压的砌体，除承受梁端支承压力 N_l 外，还可能有上部荷载产生的轴向力 N_0，如图 5.49 所示。

图 5.48 梁的有效支承长度

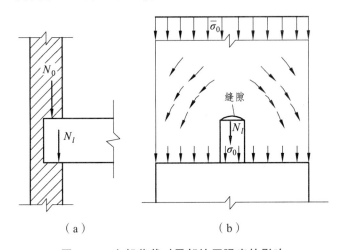

（a）   （b）

图 5.49 上部荷载对局部抗压强度的影响

试验表明，当 N_0 较小、N_l 较大时，梁端底部的砌体将产生压缩变形，使梁端顶部与砌体接触面减少，甚至脱开，产生水平缝隙。原来由上部砌体传给梁端支承面上的压力 N_0 将转而通过上部砌体自身的内拱作用传给梁端周围的砌体。上部荷载 σ_0 的扩散对梁端下局部受压的砌体起了横向约束作用，对砌体的局部受压是有利的。上部荷载 σ_0 对梁端下局部受压砌体的影响主要与 A_0/A_l 比值有关。当 A_0/A_l 足够大时，内拱卸荷作用就可形成。《砌体结构设计规范》采用上部荷载折减系数 ψ 来反映这种有利因素的影响。

4．梁端刚性垫块下砌体局部受压

1）刚性垫块下的砌体局部受压承载力

刚性垫块下的砌体局部受压承载力，应按下列公式计算：

$$N_0 + N_l \leqslant \varphi \gamma_1 f A_{\text{b}} \tag{5.48}$$

$$N_0 = \sigma_0 A_{\text{b}} \tag{5.49}$$

$$A_{\text{b}} = a_{\text{b}} b_{\text{b}} \tag{5.50}$$

式中　N_0——垫块面积 A_{b} 内上部轴向力设计值（N）；

　　　　σ_0——上部平均压应力设计值（N/mm²）；

　　　　γ_1——垫块外砌体面积的有利影响系数，γ_1 应为 0.8γ，但不小于 1.0，γ 为砌体局部抗压强度提高系数，按式（5.42）以 A_{b} 代替 A_l 计算得出；

　　　　A_{b}——垫块面积（mm²）；

　　　　a_{b}——垫块伸入墙内的长度（mm）；

　　　　b_{b}——垫块的宽度（mm）；

　　　　φ——垫块上 N_0 及 N_l 合力的影响系数，采用表 5.18~5.20 中 $\beta \leqslant 3$ 时的 φ 值，e 为 N_0、N_l 合力对垫块形心的偏心距，N_l 距垫块边缘的距离可取 $0.4 a_0$，e 按下式计算：

$$e = \frac{N_l \left(\dfrac{a_{\text{b}}}{2} - 0.4 a_0 \right)}{N_0 + N_l} \tag{5.51}$$

式中　a_0——设刚性垫块时的梁端有效支承长度（mm）。

2）梁端有效支承长度

设刚性垫块时，梁端有效支承长度 a_0 应按下式确定：

$$a_0 = \delta_1 \sqrt{\frac{h_{\text{c}}}{f}} \tag{5.52}$$

式中　δ_1——刚性垫块的影响系数，可按表 5.23 采用。

表 5.23　系数 δ_1

σ_0 / f	0	0.2	0.4	0.6	0.8
σ_1	5.4	5.7	6.0	6.9	7.8

试验和有限元分析表明，垫块上表面 a_0 较小，这对于垫块下局部受压承载力计算影响不是很大（有垫块时局部压应力大为减小），但可能对其下的墙体受力不利，增大了荷载偏心距，因此有必要给出垫块上表面梁端有效支承长度，可采用式（5.52）计算。对于采用与梁端现浇成整体的刚性垫块与预制刚性垫块下局部受压有些区别，但为简化计算，也可按后者计算。

3）刚性垫块的构造要求

刚性垫块的构造，应符合下列规定：

（1）刚性垫块的高度不宜小于 180 mm，自梁边算起的垫块挑出长度不宜大于垫块高度 t_b。

（2）在带壁柱墙的壁柱内设刚性垫块时，其计算面积应取壁柱范围内的面积，而不应计算翼缘部分，同时壁柱上垫块伸入翼墙内的长度不应小于 120 mm。

（3）当现浇垫块与梁端整体浇筑时，垫块可在梁高范围内设置。

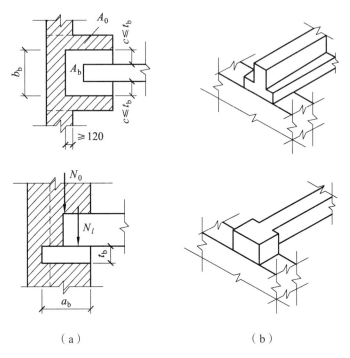

（a） （b）

图 5.50 梁端下预制刚性垫块

5．梁端垫梁下砌体局部受压

在实际工程中，常在梁或屋架端部下面的砌体墙上设置连续的钢筋混凝土梁，如圈梁等。此钢筋混凝土梁可把承受的局部集中荷载扩散到一定范围的砌体墙上，起到垫块的作用，故称为垫梁，如图 5.51 所示。柔性垫梁可视为弹性地基上的无限长梁，墙体即为弹性地基。如将局压破坏荷载 N_l 作用下按弹性地基梁理论计算出砌体中最大压应力 σ_{max} 与砌体抗压强度 f_m 的比值记作 γ，则试验发现 γ 均在 1.6 以上。这是因为柔性垫梁能将集中荷载传布于砌体的较大范围。应力分布可近似视为三角形，其长度 $l = \pi h_0$。h_0 为垫梁的折算高度。根据力的平衡条件可写出：

$$N_l = \frac{1}{2}\pi h_0 \sigma_{max} b_b \tag{5.53}$$

则有

$$\sigma_{max} = \frac{2N_l}{\pi b_b h_0} \tag{5.54}$$

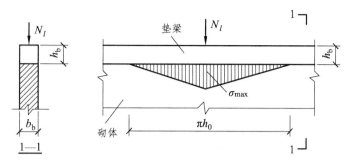

图 5.51　垫梁局部受压

根据试验结果，考虑垫梁上可能存在的上部荷载作用，取 $\gamma = 1.5$，则可写出下式：

$$\sigma_0 + \sigma_{max} \leq 1.5f \tag{5.55}$$

将式（5.54）代入得

$$\sigma_0 + \frac{2N_l}{\pi b_b h_0} \leq 1.5f \tag{5.56}$$

$$\sigma_0 \frac{\pi b_b h_0}{2} + N_l \leq 2.4 h_0 b_b f \tag{5.57}$$

上式中还应考虑 N_l 沿墙厚方向产生不均匀分布压应力的影响，为此引入垫梁底面压应力分布系数 δ_2。综上所述，钢筋混凝土垫梁受上部荷载 N_0 和集中局部荷载 N_l 作用，且垫梁长度大于 πh_0 时，垫梁下的砌体局部受压承载力按下列公式计算：

$$N_0 + N_l \leq 2.4 \delta_2 h_0 b_b f \tag{5.58}$$

$$N_0 = \pi b_b h_0 \sigma_0 / 2 \tag{5.59}$$

$$h_0 = 2\sqrt[3]{\frac{E_b I_b}{Eh}} \tag{5.60}$$

式中　N_l——垫梁上集中局部荷载设计值（N）；

　　　N_0——垫梁在 $\pi b_b h_0 /2$ 范围内由上部荷载设计值产生的轴向力（N）；

　　　b_b——垫梁宽度（mm）；

　　　δ_2——当荷载沿墙厚方向均匀分布时 δ_2 取 1.0，不均匀时 δ_2 可取 0.8；

　　　f——砌体的抗压强度设计值（MPa）；

　　　h_0——垫梁折算高度（mm）；

　　　E_b，I_b——垫梁的混凝土弹性模量（N/mm²）和截面惯性矩（mm⁴）；

　　　E——砌体的弹性模量（N/mm²）；

　　　h——墙厚（mm）。

【例 5.7】验算房屋外纵墙上跨度为 5.8 m 的大梁端部下砌体局部受压的承载（图 5.52）。已知大梁截面尺寸为 200 mm × 550 mm，实际支承长度 $a = 240$ mm，支座反力 $N_l = 80$ kN，梁底墙体截面处的上部设计荷载值为 240 kN，窗间墙截面 1 200 mm × 390 mm，采用孔洞率不大于 35% 的双排孔轻集料混凝土小型空心砌块，等级为 MU10，以及 Mb5 等级的砂浆砌筑。试验算梁端砌体的局部受压承载力。

【解】　（1）求 f 值。

查表 5.11 得抗压强度设计值为 2.45 MPa；因系双排组砌的轻集料混凝土砌块砌体，应乘以折减系数 0.8，则 $f = 0.8 \times 2.45 = 1.96\,(\text{MPa})$。

（2）求 A_0，A_l。

$$a_0 = 10\sqrt{\frac{h_c}{f}} = 10\sqrt{\frac{550}{1.96}} = 167.5\,(\text{mm}) < 240\,(\text{mm})$$

梁端有效支承长度取 $a_0 = 167.5\,\text{mm}$ 计算，则：

$$A_l = a_0 b = 167.5 \times 200 = 33\,500\,(\text{mm}^2)$$

$$A_0 = (b + 2h)h = (200 + 2 \times 390) \times 390 = 382\,200\,(\text{mm}^2)$$

$$\frac{A_0}{A_l} = \frac{382\,200}{33\,500} = 11.4 > 3，上部荷载折减系数 \psi = 0$$

（3）求 γ 值。

$$\gamma = 1 + 0.35\sqrt{\frac{A_0}{A_l} - 1} = 1 + 0.35 \times \sqrt{11.4 - 1} = 2.13 > 2，取 \gamma = 2$$

（4）局部受压承载力验算。

应力图形的完整性系数 $\eta = 0.7$，则：

$$\eta\gamma f A_l = 0.7 \times 2 \times 1.96 \times 0.033\,5 = 92\,(\text{kN}) > \psi N_0 + N_l = 80\,(\text{kN})$$

梁端砌体的局部受压安全。

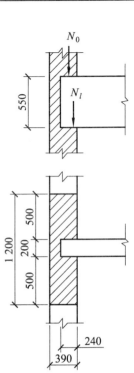

图 5.52　例 5.7 图

【例 5.8】　房屋外纵墙上跨度为 5.8 m 的大梁端部下砌体局部受压（图 5.53），已知大梁截面尺寸为 200 mm×550 mm，实际支承长度 $a = 240\,\text{mm}$，支座反力 $N_l = 110\,\text{kN}$ 并采用刚性垫块，预制刚性垫块尺寸为 $a_b \times b_b \times t_b = 240\,\text{mm} \times 600\,\text{mm} \times 200\,\text{mm}$，梁底墙体截面处的上部设计荷载值为 240 kN，窗间墙截面 1 100 mm×390 mm，采用孔洞率不大于 35% 的双排孔轻集料混凝土小型空心砌块，等级为 MU10 及 Mb5 等级的砂浆砌筑。试验算局部受压承载力。

【解】　（1）求 f 值。

查表 5.11 得抗压强度设计值为 2.45 MPa；因系双排组砌的轻集料混凝土砌块砌体，应乘以折减系数 0.8，则 $f = 0.8 \times 2.45 = 1.96\,\text{MPa}$。

（2）求 A_0，A_b。

$$t_b = 200\,\text{mm} > 180\,\text{mm}（满足刚性垫块要求）$$

$$b_b - b = 600 - 200 = 400\,(\text{mm}) = 2t_b$$

$b_b + 2h = 600 + 2 \times 390 = 1\,380\,(\text{mm}) > 1\,100\,(\text{mm})$（窗间墙长），取

$b_b + 2h = 1\,100\,\text{mm}$，$A_0 = (b_b + 2h)h = 1\,100 \times 390 = 429\,000\,(\text{mm}^2)$。

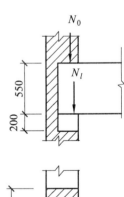

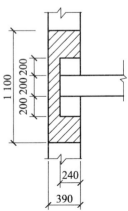

图 5.53　例 5.8 图

$$A_b = a_b \times b = 240 \times 600 = 144\,000\ (\text{mm}^2)$$

（3）求 γ_1 值。

$$\gamma_1 = 0.8 \times (1 + 0.35\sqrt{\frac{A_0}{A_b} - 1}) = 0.8 \times (1 + 0.35\sqrt{\frac{0.429}{0.144} - 1}) = 1.20$$

（4）求 N_0 值。

$$\sigma_0 = \frac{N_0^l}{A_0} = \frac{240\,000}{429\,000}\ (\text{N}/\text{mm}^2) = 0.56\ (\text{MPa})$$

作用在垫块上的

$$N_0 = \sigma_0 A_b = 0.56 \times 144\,000\ (\text{N}) = 80.64\ (\text{kN})$$

（5）求 φ 值（据 $\beta \leqslant 3$ 及 e/h 查表）。

$\sigma_0 / f = 0.56/1.96 = 0.29$ ，查表得 $\delta_1 = 5.84$

梁端有效支承长度：

$$a_0 = \delta_1\sqrt{\frac{h_c}{f}} = 5.84\sqrt{\frac{500}{1.96}} = 93.3\ (\text{mm}) < a = 240.0\ (\text{mm})$$

取 $a_0 = 93.3$ mm ， N_l 作用点离边缘为 $0.4a_0 = 0.4 \times 93.3 = 37.3$ (mm) ，对垫块形心的偏心距 e 为

$$e = \frac{N_l\left(\dfrac{a_b}{2} - 0.40a_0\right)}{N_0 + N_l} = \frac{110 \times (120 - 37.3)}{80.64 + 110} = 47.72\ (\text{mm})$$

$$\frac{e}{h} = \frac{e}{a} = \frac{47.72}{240} = 0.199 ，查表 5.18（\beta \leqslant 3）得 \varphi = 0.68$$

（6）局部受压承载力验算。

$$\varphi\gamma_1 fA_b = 0.68 \times 1.20 \times 1.96 \times 0.144 \times 10^3 = 230\ (\text{kN}) > N_0 + N_l = 190.64\ (\text{kN})$$

局部受压承载力满足要求。

【例 5.9】 某窗间墙截面 1 100 mm × 390 mm（图 5.54），采用孔洞率不大于 35% 的双排孔轻料混凝土小型空心砌块，等级为 MU10 以及 Mb5 等级的砂浆砌筑。房屋外纵墙上跨度为 5.8 m 的大梁端部下采用垫梁，已知大梁截面尺寸为 $b \times h = 200$ mm×500 mm ，实际支承长度 $a = 240$ mm ，支座反力 $N_l = 110$ kN ，垫梁尺寸为 $b_b \times h_b = 240$ mm×180 mm ，采用 C20 级混凝土浇筑，梁底墙体截面处的上部设计荷载值为 240 kN。验算垫梁下的砌体局部受压承载力。

【解】 （1）求 f 值。

查表 5.11 得抗压强度设计值为 2.45 MPa；因系双排组砌的轻集料混凝土砌块砌体，应乘以折减系数 0.8，则 $f = 0.8 \times 2.45 = 1.96$ MPa 。

$$E = 1\,500f = 1\,500 \times 1.96\ (\text{MPa}) = 2\,940\ (\text{MPa})$$

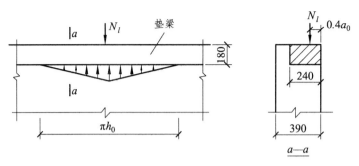

图 5.54 例 5.9 图

（2）求 h_0。

$$I = \frac{b_b h_b^3}{12} = \frac{240 \times 180^3}{12} = 1.166\ 4 \times 10^8 \ (\text{mm}^4)$$

由《混凝土结构设计规范》（GB 50010—2010）表 4.1.5 查得 $E_c = 2.55 \times 10^4$ MPa。

$$h_0 = 2\sqrt[3]{\frac{E_c I_c}{Eh}} = 2 \times \sqrt[3]{\frac{2.55 \times 10^4 \times 1.166\ 4 \times 10^8}{2\ 940 \times 390}} = 274.8 \ (\text{mm})$$

$$\pi h_0 = 3.14 \times 274.8 = 863 \ (\text{mm}) < 1\ 100 \ (\text{mm})$$

（3）求 δ_2 值。

荷载沿墙厚不均匀分布，所以 δ_2 取 0.8。

（4）求 N_0 值。

$$A = bh = 1\ 100 \times 390 = 429\ 000 \ (\text{mm}^2)$$

$$\sigma_0 = \frac{N_0'}{A} = \frac{240\ 000}{429\ 000} \ (\text{N}/\text{mm}^2) = 0.56 \ (\text{MPa})$$

作用在垫梁上的 $N_0 = \dfrac{\pi b_b h_b \sigma_0}{2} = \dfrac{3.14 \times 240 \times 274.8 \times 0.56}{2} = 57.99 \ (\text{kN})$

（5）局部受压承载力验算。

$$2.4\delta_2 f b_h h_0 = 2.4 \times 0.8 \times 1.96 \times 240 \times 274.8 = 248.19 \ (\text{kN})$$

$$N_0 + N_l = 57.99 + 110 = 167.99 \ (\text{kN}) < 2.4\delta_2 f b_h h_0 = 248.19 \ (\text{kN})$$

局部受压承载力满足要求。

5.4.3 轴心受拉构件的承载力计算

砌体在轴心拉力的作用下，一般是沿齿缝截面破坏，这时砌体的抗拉强度主要取决于块体材料与砂浆的黏结强度，同时也与破坏面砂浆的水平黏结面积有关。因为块体材料与砂浆间的黏结强度主要取决于砂浆的强度等级，所以砌体的轴心抗拉强度由砂浆的强度等级来确定。

轴心受拉构件的承载力，应满足下式的要求：

$$N_t \leqslant f_t A \tag{5.61}$$

式中　N_t——轴心拉力设计值（N）；

　　　f_t——砌体轴心抗拉强度设计值（MPa），按表 5.14 采用；

　　　A——砌体的截面面积（mm^2）。

【例 5.10】　某圆形砖砌水池，壁厚 $h = 370$ mm，采用 MU10 烧结多孔砖和 M10 水泥砂浆砌筑，池壁承受每米高环向轴心拉力设计值 $N_t = 64$ kN。试验算池壁的受拉承载力。

【解】　（1）求 f_t 值。

查表 5.14 得 $f_t = 0.19$ MPa（采用 M10 水泥砂浆砌筑时 $\gamma_a = 1$）。

（2）求 A 值。

$$A = 1\,000 \times 370 = 370\,000\ (mm^2)$$

（3）受拉承载力验算。

$$f_t A = 0.19 \times 370\,000 \times 10^{-3} = 70.3\ (kN) > N_t = 64\ (kN)$$

池壁的受拉承载力满足要求。

5.4.4　受弯构件的承载力计算

砌体结构中常出现受弯构件，如砌体过梁、带壁柱的挡土墙等。砌体受弯构件除要进行正截面受弯承载力计算外，还要进行斜截面受剪承载力计算。

1．受弯承载力计算

砌体受弯构件承载力计算公式如下：

$$M \leqslant f_{tm} W \tag{5.62}$$

式中　M——弯矩设计值（N·mm）；

　　　f_{tm}——砌体弯曲抗拉强度设计值（MPa），按表 5.14 采用；

　　　W——截面抵抗矩（mm^3）。

2．受剪承载力计算

砌体受弯构件斜截面受剪承载力计算公式如下：

$$V \leqslant f_v b Z \tag{5.63}$$

式中　V——剪力设计值（N）；

　　　f_v——砌体的抗剪强度设计值（N/mm^2）；

　　　b——截面宽度（mm）；

　　　Z——内力臂（mm），$Z = I/S$，当截面为矩形时 $Z = 2h/3$；

　　　其中　I——截面惯性矩（mm^4）；

S——截面面积矩（mm^3）；

h——截面高度（mm）。

【例 5.11】 有一砖砌挡土墙，墙厚 370 mm，采用 MU10 烧结普通砖和 M7.5 混合砂浆砌筑。试计算挡土墙底面沿通缝截面的受弯承载力 M_u 和受剪承载力 V_u。

【解】（1）求 f_{tm}，f_v 值。

采用 M7.5 混合砂浆砌筑时，查表 5.14 得 $f_{tm} = 0.14$ MPa，$f_v = 0.14$ MPa。

（2）计算截面抵抗矩（取 1m 宽挡土墙计算）。

$$W = \frac{bh^2}{6} = \frac{1\,000 \times 370^2}{6} = 0.022\,817 \; (m^3)$$

（3）计算受弯承载力 M_u。

$$M_u = f_{tm}W = 0.14 \times 10^3 \times 0.022\,817 = 3.19 \; (kN \cdot m)$$

（4）计算内力臂 Z。

$$Z = \frac{2}{3}h = \frac{2 \times 370}{3} = 246.67 \; (mm)$$

（5）计算受剪承载力 V_u。

$$V_u = f_v bZ = 0.14 \times 10^{-3} \times 1\,000 \times 246.67 = 34.53 \; (kN)$$

5.4.5 受剪构件的承载力计算

常见的砌体受剪构件如门、窗、墙体的过梁等。砌体结构中单纯受剪的情况很少，工程中大量遇到的是剪压复合受力情况，即砌体在竖向压力作用下同时受剪。例如在无拉杆拱的支座处，同时受到拱的水平推力和上部墙体对支座水平截面产生垂直压力而处于复合受力状态。试验研究表明，当构件水平截面上作用有压应力时，由于灰缝黏结强度和摩擦力的共同作用，砌体抗剪承载力有明显的提高，因此计算时应考虑剪、压的复合作用。

沿通缝或阶梯形截面破坏时受剪构件的承载力，应按下列公式计算：

$$V \leqslant (f_v + \alpha\mu\sigma_0)A \tag{5.64}$$

当 $\gamma_G = 1.2$ 时：

$$\mu = 0.26 - 0.082\sigma_0/f \tag{5.65}$$

当 $\gamma_G = 1.35$ 时：

$$\mu = 0.23 - 0.065\sigma_0/f \tag{5.66}$$

式中　V——截面剪力设计值（N）；

A——水平截面面积（mm^2），当有孔洞时，取净截面面积；

f_v——砌体抗剪强度设计值（MPa），对灌孔的混凝土砌块取 f_{vg}；

α——修正系数：当 $\gamma_G = 1.2$ 时，砖（含多孔砖）砌体取 0.60，混凝土砌块砌体取 0.64；

当 $\gamma_G = 1.35$ 时，砖（含多孔砖）砌体取 0.64，混凝土砌块砌体取 0.66；

σ_0——永久荷载设计值产生的水平截面平均压应力，其值不应大于 $0.8f$；

f——砌体的抗压强度设计值（MPa）。

为方便计算，α 与 μ 的乘积可查表 5.24。

表 5.24　α 与 μ 的乘积

γ_G	σ_0 / f	0.1	0.2	0.3	0.4	0.5	0.6	0.7	0.8
1.2	砖砌体	0.15	0.15	0.14	0.14	0.13	0.13	0.12	0.12
	砌块砌体	0.16	0.16	0.15	0.15	0.14	0.13	0.13	0.12
1.35	砖砌体	0.14	0.14	0.13	0.13	0.13	0.12	0.12	0.11
	砌块砌体	0.15	0.14	0.14	0.13	0.13	0.13	0.12	0.12

【例 5.12】　拱式过梁在拱座处的水平推力设计值为 15.5 kN（图 5.55），墙体用 MU10 单排孔混凝土小型砌块和 Mb10 砂砌筑，宽度为 490 mm，墙厚 370 mm，作用于拱座水平截面由永久荷载设计值产生的纵向力，$V = 33$ kN。试验算所示拱座截面的水平受剪承载力。

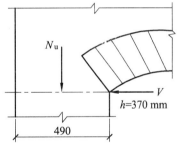

图 5.55　例 5.12 图

【解】　（1）求截面面积。

$$A = 0.49 \times 0.37 = 0.181\ 3\ (\text{m}^2) < 0.3\ (\text{m}^2)$$

$$\gamma_a = 0.7 + A = 0.7 + 0.181\ 3 = 0.881\ 3$$

（2）求 f，f_v 值。

查表得 $f = 2.79$ MPa，$f_v = 0.09$ MPa，所以：

$$f = 2.79 \times 0.881\ 3 = 2.459\ (\text{MPa})，\quad f_v = 0.09 \times 0.881\ 3 = 0.079\ 3\ (\text{MPa})$$

（3）水平截面平均压应力 σ_0 计算。

$$\sigma_0 = \frac{N_u}{A} = \frac{33\ 000}{181\ 300} = 0.182\ (\text{MPa})$$

$$\frac{\sigma_0}{f} = \frac{0.182}{2.459} = 0.074 < 0.8$$

（4）系数 α、μ 确定。

按 $\gamma_G = 1.35$（γ_G 取 1.35 是按由永久荷载控制的组合），查表 5.24 得 $\alpha\mu = 0.15$。

（5）水平受剪承载力验算。

$$(f_v + \alpha\mu\sigma_0)A = (0.079\ 3 + 0.15 \times 0.182) \times 0.181\ 3 \times 10^3 = 19.3\ (\text{kN}) > 15.5\ (\text{kN})$$

水平受剪承载力满足要求。

5.5　配筋砌体构件设计

5.5.1　配筋砖砌体构件设计

1. 网状配筋砖砌体构件

当砖砌体受压构件的承载力不足而截面尺寸又受到限制时,可考虑采用网状配筋砖砌体。网状配筋砖砌体是在砌筑砌体时将事先制作好的钢筋网按一定的设计要求设置在砌体的水平灰缝内,如图 5.56 所示。因为钢筋设置在水平灰缝内,所以又称为横向配筋砖砌体。钢筋网可作成方格网[图 5.56(a)],也可做成连弯钢筋网[图 5.56(b)]。构件在竖向压力作用下,由于钢筋和砂浆之间的黏结力和摩擦力,钢筋与砌体共同工作。砂浆层在竖向力作用下发生横向变形使钢筋受拉,但钢筋的弹性模量高,可以阻止砌体横向变形的发展,使砌体处于约束受压状态,从而间接提高了砌体承受竖向荷载的能力。试验表明,其砌体的抗压强度可比无筋砌体提高 20% 左右。

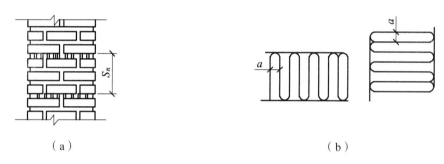

（a）　　　　　　　　　　　　　　　　　（b）

图 5.56　网状配筋砌体形式

1）破坏形态

网状配筋轴心受压构件,从加荷至破坏与无筋砌体轴心受压构件类似可分为 3 个阶段,每个阶段的受力特点与无筋砌体有较大的差别。

第一阶段,加荷初期配筋砌体的受力特点与无筋砌体一样,随着压力的增加,第一条(批)单砖出现裂缝。试件在轴向压力作用下,纵向发生压缩变形的同时,横向发生拉伸变形,网状钢筋受拉。由于钢筋的弹性模量远大于砌体的弹性模量,故能约束砌体的横向变形,同时网状钢筋的存在,改善单砖在砌体中的受力状态,从而推迟了第一条(批)单砖裂缝的出现。产生第一条(批)裂缝时的荷载一般为极限荷载的 60% ~ 75%,高于无筋砌体,是因为灰缝中的钢筋提高了单砖的抗弯、抗剪能力。

第二阶段,随着荷载的增大,砌体裂缝数量增多,但由于网状钢筋的约束作用,裂缝发展缓慢。竖向裂缝由于受到横向钢筋网的约束,不能沿砌体高度方向形成贯通的竖向裂缝,此阶段的受力特点与无筋砌体有明显的不同。

第三阶段,当荷载加至极限荷载时,在网状钢筋之间的砌体中,裂缝多而细,个别砖被压碎而脱落,宣告试件破坏(图 5.57),由于钢筋的拉结作用,避免了被竖向裂缝分割的小柱失稳破坏，砖的抗压强度能得到充分利用，因此砌体的极限承载力较无筋砌体明显提高。

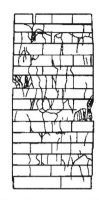

图 5.57　网状配筋砖砌体受压破坏形态

2）受力性能分析

当砌体上作用有轴向压力时，不仅产生纵向压缩变形，同时还产生横向变形。当砌体配置横向钢筋时，由于钢筋的弹性模量比砌体的弹性模量高得多，故能阻止砌体的横向变形发展。网状钢筋抑制了砌体竖向裂缝的发展，使之不会形成贯通的竖向裂缝，并能联结为竖向裂缝所分割的小砖柱，使之不会过早失稳破坏，因而间接地提高了砌体承担轴向荷载的能力。

在下列情况下，配筋砖砌体承载能力的提高受到限制：

（1）偏心距 e 较大。试验表明，当荷载偏心作用时，横向配筋的效果将随偏心距 e 的增大而降低。这是由于在这种受力状态下，实际受压区较小，而受拉区较大，钢筋与砂浆的黏结力得不到保证，对砌体产生的横向约束作用将减弱。因此，《砌体结构设计规范》规定，偏心距不应超过截面核心范围，对矩形截面即 $e/h \leq 0.17$。

（2）高厚比 β 较大。由于纵向弯曲会产生较大的附加偏心距，因而构件的实际偏心距增大。构件高厚比愈大，整个构件失稳破坏的可能性就愈大，此时横向钢筋的作用就难以发挥。因此规范规定构件的高厚比 $\beta \leq 16$。

（3）水平钢筋网的数量限制。不论钢筋多到什么程度，砌体的抗压强度也不会高于块材本身的强度。因此，配筋率不宜过大。但钢筋若配置过少，网状钢筋对砖砌体"箍"的作用将不明显。因此，《砌体结构设计规范》要求网状钢筋砌体的体积比配筋率 ρ 不应小于 0.1%，也不应大于 1%。

3）网状配筋砖砌体受压构件承载力计算

网状配筋砖砌体受压构件的承载力，应按下列公式计算：

$$N \leq \varphi_n f_n A \tag{5.67}$$

$$f_n = f + 2\left(1 - \frac{2e}{y}\right)\rho f_y \tag{5.68}$$

$$\rho = \frac{(a+b)A_s}{abs_n} \tag{5.69}$$

$$\varphi_n = \cfrac{1}{1+12\left[\cfrac{e}{h} + \sqrt{\cfrac{1}{12}\left(\cfrac{1}{\varphi_{0n}}-1\right)}\right]^2} \tag{5.70}$$

$$\varphi_{0n} = \frac{1}{1+(0.001\,5+0.45\rho)\beta^2} \tag{5.71}$$

式中　N——轴向力设计值（N）；

　　　φ_n——高厚比和配筋率以及轴向力的偏心距对网状配筋砖砌体受压构件承载力的影响系数，也可直接查用表 5.25；

　　　φ_{0n}——网状配筋砖砌体受压构件的稳定系数；

f_n——网状配筋砖砌体的抗压强度设计值（MPa）；

A——截面面积（mm^2）；

e——轴向力的偏心距（mm），$e = M / N$；

y——自截面重心至轴向力所在偏心方向截面边缘的距离（mm）；

ρ——体积配筋率；

f_y——钢筋的抗拉强度设计值（MPa），当 f_y 大于 320 MPa 时，仍采用 320 MPa；

a，b——钢筋网格尺寸（mm）；

A_s——钢筋的截面面积（mm^2）；

s_n——钢筋网的竖向间距（mm）。

表 5.25　影响系数 φ_n

ρ /%	β ＼ e/h	0	0.05	0.1	0.15	0.17
0.1	4	0.97	0.89	0.79	0.67	0.63
	6	0.93	0.84	0.73	0.62	0.58
	8	0.89	0.78	0.67	0.57	0.53
	10	0.84	0.73	0.62	0.52	0.48
	12	0.78	0.67	0.57	0.48	0.44
	14	0.72	0.61	0.52	0.44	0.41
	16	0.67	0.56	0.47	0.40	0.37
0.3	4	0.96	0.87	0.76	0.65	0.61
	6	0.91	0.80	0.69	0.59	0.55
	8	0.85	0.74	0.63	0.53	0.49
	10	0.78	0.67	0.56	0.47	0.44
	12	0.71	0.60	0.51	0.43	0.40
	14	0.64	0.54	0.46	0.38	0.36
	16	0.58	0.49	0.41	0.35	0.32
0.5	4	0.94	0.85	0.74	0.63	0.59
	6	0.88	0.77	0.66	0.56	0.52
	8	0.81	0.69	0.59	0.50	0.46
	10	0.73	0.62	0.52	0.44	0.41
	12	0.65	0.55	0.46	0.39	0.36
	14	0.58	0.48	0.41	0.35	0.32
	16	0.51	0.43	0.36	0.31	0.29
0.7	4	0.93	0.83	0.72	0.61	0.57
	6	0.86	0.75	0.64	0.54	0.50
	8	0.77	0.66	0.56	0.47	0.44
	10	0.68	0.58	0.49	0.41	0.38
	12	0.60	0.50	0.42	0.36	0.34
	14	0.52	0.44	0.37	0.32	0.30
	16	0.46	0.38	0.33	0.28	0.26

续表

ρ /%	β \ e/h	0	0.05	0.1	0.15	0.17
0.9	4	0.92	0.82	0.71	0.60	0.56
	6	0.83	0.72	0.61	0.52	0.48
	8	0.74	0.63	0.53	0.45	0.42
	10	0.64	0.54	0.46	0.38	0.36
	12	0.56	0.47	0.39	0.33	0.31
	14	0.48	0.40	0.34	0.29	0.27
	16	0.41	0.35	0.30	0.25	0.24
1	4	0.91	0.81	0.70	0.59	0.55
	6	0.82	0.71	0.60	0.51	0.47
	8	0.72	0.61	0.52	0.44	0.41
	10	0.63	0.53	0.44	0.37	0.35
	12	0.54	0.45	0.38	0.32	0.30
	14	0.46	0.39	0.33	0.28	0.26
	16	0.39	0.33	0.28	0.24	0.23

对矩形截面构件，当轴向力偏心方向的截面边长大于另一方向的边长时，除按偏心受压计算外，还应对较小边长方向按轴心受压进行验算。

4）构造要求

（1）采用钢筋网时，钢筋的直径宜采用 3~4 mm。

（2）钢筋网中钢筋的间距，不应大于 120 mm，并不应小于 30 mm。

（3）钢筋网的间距，不应大于 5 皮砖，并不应大于 400 mm。

（4）网状配筋砖砌体所用的砂浆强度等级不应低于 M7.5；钢筋网应设置在砌体的水平灰缝中，灰缝厚度应保证钢筋上下至少各有 2 mm 厚的砂浆层。

【例 5.13】一网状配筋砌体柱，截面尺寸为 490 mm × 490 mm，柱的计算高度 $H_0 = 4.5$ m，柱采用 MU10 烧结普通砖及 M7.5 混合砂浆砌筑。承受的轴向压力设计值 $N = 480$ kN，网状配筋选用 φ4 冷拔低碳钢丝方格网，$e = 0$，$A_s = 12.6$ mm^2，$s_n = 240$ mm（4 皮砖），$a = 50$ mm。试验算该柱的承载力。

【解】（1）求 A。

$$A = 0.49 \times 0.49 = 0.24\,(\text{m}^2) > 0.2\,(\text{m}^2)，不需考虑砌体强度调整系数 \gamma_a$$

（2）求体积配筋率 ρ。

$$\rho = \frac{2A_s}{as_n} = \frac{2 \times 12.6}{50 \times 240} = 0.21\% > 0.1\%，且小于 1\%$$

（3）求 f_n。

根据 MU10 烧结普通砖及 M7.5 混合砂浆，查表 5.7 得 $f = 1.69$ MPa，冷拔低碳钢丝屈服强度 $f_y = 430$ MPa > 320 MPa，取 $f_y = 320$ MPa。

$$f_n = f + 2\left(1 - \frac{2e}{y}\right)\rho f_y = 1.69 + 2 \times 0.002\ 1 \times 320 = 3.03 \ (\text{MPa})$$

（4）求 φ_n。

根据 $\beta = \dfrac{H_0}{h} = \dfrac{4.5}{0.49} = 9.2 < 16$，$\dfrac{e}{h} = 0$，查表 5.25 得，$\varphi_n = 0.83$。

也可用式（5.70）计算 φ_n。

$$\varphi_{0n} = \frac{1}{1 + (0.001\ 5 + 0.45\rho)\beta^2} = \frac{1}{1 + (0.001\ 5 + 0.45 \times 0.002\ 1) \times 9.2^2} = 0.829$$

$$\varphi_n = \frac{1}{1 + 12\left[\dfrac{e}{h} + \sqrt{\dfrac{1}{12}\left(\dfrac{1}{\varphi_0} - 1\right)}\right]^2} = \varphi_{0n} = 0.829$$

（5）承载力验算。

$$\varphi_n f_n A = 0.829 \times 3.03 \times 0.24 \times 10^3 = 603 \ (\text{kN}) > 480 \ (\text{kN})$$

该柱的承载力满足要求。

【例 5.14】 一偏心受压网状配筋柱，截面尺寸为 490 mm × 620 mm，柱的计算高度为 4.2 m，承受轴向力设计值 $N = 180$ kN，弯矩设计值 $M = 18$ kN·m（沿截面长边）。采用 MU10 烧结普通砖和 M7.5 水泥砂浆。网状配筋选用 $\phi 4$ 冷拔低碳钢丝方格网，$f_y = 430$ kN/mm^2，$A_s = 12.6$ mm^2，$s_n = 180$ mm（3 皮砖），$a = 60$ mm。试验算该柱的承载力。

【解】 （1）偏心方向（沿截面长边）承载力验算。

① 求 A。

$$A = 0.49 \times 0.62 = 0.304 \ (\text{m}^2) > 0.2 \ (\text{m}^2)，不需考虑砌体强度调整系数$$

② 求体积配筋率 ρ。

$$\rho = \frac{2A_s}{as_n} = \frac{2 \times 12.6}{60 \times 180} = 0.233\% > 0.1\% \text{且} < 1\%$$

③ 求 f_n。

根据 MU10 烧结普通砖和 M7.5 水泥砂浆，查表 5.7 得 $f = 1.69$ MPa，水泥砂浆强度大于 M5，不需调整，取 $f = 1.69$ MPa，则：

$$\begin{aligned} f_n &= f + 2\left(1 - \frac{2e}{y}\right)\frac{\rho}{100}f_y \\ &= 1.69 + 2 \times \left(1 - \frac{2 \times 100}{620/2}\right) \times 0.002\ 33 \times 320 = 2.219 \ (\text{MPa}) \end{aligned}$$

④ 高厚比与偏心距的计算。

$$\beta = \frac{H_0}{h} = \frac{4.2}{0.62} = 6.77$$

$$e = \frac{M}{N} = \frac{18}{180} = 100 \text{ (mm)} < 0.17h = 105.4 \text{ (mm)}$$

$$e/h = 100/620 = 0.161$$

⑤ 求 φ_n。

考虑到查表需多次内插，可按式（5.70）计算，即：

$$\varphi_{0n} = \frac{1}{1 + (0.001\,5 + 0.45\rho)\beta^2} = \frac{1}{1 + (0.001\,5 + 0.45 \times 0.002\,33) \times 6.77^2} = 0.895$$

$$\varphi_n = \frac{1}{1 + 12\left[\dfrac{100}{620} + \sqrt{\dfrac{1}{12}\left(\dfrac{1}{0.895} - 1\right)}\right]^2} = 0.55$$

⑥ 承载力验算。

$$\varphi_n f_n A = 0.55 \times 2.219 \times 490 \times 620 = 370.77 \text{ (kN)} > 180 \text{ (kN)}$$

偏心方向（沿截面长边）承载力满足要求。

（2）截面短向轴心受压承载力验算。

因偏心方向为截面长边，还应进行截面短向轴心受压承载力验算。

① 求高厚比。

$$\beta = \frac{H_0}{b} = \frac{4.2}{0.49} = 8.57$$

② 求 φ_n。

$$\varphi_{0n} = \frac{1}{1 + (0.001\,5 + 0.45\rho)\beta^2} = \frac{1}{1 + (0.001\,5 + 0.45 \times 0.002\,33) \times 8.57^2} = 0.842$$

$$\varphi_n = \varphi_{0n} = 0.842$$

③ 承载力验算。

$$\varphi_n f_n A = 0.842 \times 2.219 \times 490 \times 620 = 567.62 \text{ (kN)} > 180 \text{ (kN)}$$

截面短向轴心受压承载力满足要求。

5.5.2　组合砖砌体构件

组合砖砌体是指由砖砌体和现浇钢筋混凝土面层（或钢筋砂浆面层）组合而成的结构构件。当无筋砌体的截面尺寸受限制，或轴向压力偏心距过大时，可采用组合砖砌体。我国当前常用的组合砖砌体是指由砖砌体和钢筋混凝土面层或钢筋砂浆面层组成的组合砖砌体。图

5.58 为几种常用的组合砖砌体构件截面形式。为了简化计算，对于砖墙与组合砌体一同砌筑的 T 形截面构件［图 5.58（b）］，其承载力和高厚比可按矩形截面组合砌体构件计算［图 5.58（c）］。

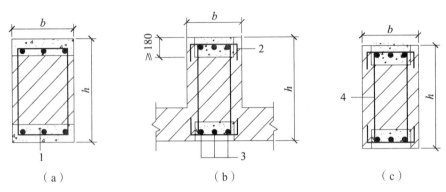

1—混凝土或砂浆；2—拉结钢筋；3—纵向钢筋；4—箍筋。

图 5.58　组合砖砌体构件截面

组合砌体一般用于砖柱中，其截面形状有矩形、T 形、十字形等。下列情况下宜采用组合砖砌体构件：

（1）轴向力偏心距 $e > 0.6y$（y 为截面形心到轴向力所在偏心方向截面边缘的距离）时。

（2）受压砖构件当轴向力偏心距很小，轴向力很大，而截面尺寸受到严格限制时。

（3）采用无筋砌体设计不经济时。

（4）对已建成的砖砌体构件进行加固时。

1．组合砖砌体轴心受压构件

1）受力特点与破坏特征

由于砖能吸收混凝土中多余的水分，因此，组合砌体中混凝土的强度比在木模或钢模中硬化时要高。试验表明，钢筋混凝土面层（或钢筋砂浆面层）与砖砌体间有较好的黏结力，它们能够共同工作，因而组合砖砌体受压构件的受力分析与钢筋混凝土受压构件的分析有类似之处。

组合砖砌体在轴心压力作用下，截面中三种材料的变形相同。由于三种材料达到各自强度时的压应变不同，钢筋达到屈服时的压应变最小，混凝土次之，砖砌体达到抗压强度时的压应变最大。因此组合砖砌体在轴心压力作用下，纵向钢筋首先屈服，然后混凝土达到抗压强度，此时砖砌体尚未破坏，如图 5.59 所示。在构件破坏时，砌体的强度不能充分利用。

外设钢筋混凝土或钢筋砂浆层的矩形截面偏心受压组合砖砌体构件的试验表明，承载力和变形性能与钢筋混凝土偏压构件类似。组合砖砌体在偏心压力作用下，达到极限压力时偏心一侧的混凝土或砂浆面层可以达到抗压强度，受压钢筋达到抗压强度，受拉钢筋在大偏心受压时才能达到抗拉强度。因此，偏心受压组合砖砌体构件可分为两种破坏形态：小偏心受压时，受压区混凝土或砂浆面层及部分砌体受压破坏；大偏心受压时，受拉钢筋首先屈服，然后受压区的砌体和混凝土产生破坏。其破坏特征与钢筋混凝土构件相似。

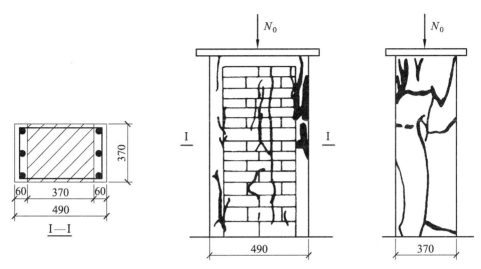

图 5.59　轴心受压组合砖柱的破坏特征

2）承载力计算

组合砖砌体轴心受压构件与无筋砌体构件一样应考虑纵向弯曲的影响,其纵向弯曲的影响用稳定系数 φ_{com} 表示。φ_{com} 应介于无筋砌体的稳定系数 φ_0 与钢筋混凝土构件的稳定系数 φ 之间。试验表明, φ_{com} 主要与构件的高厚比 β 和含钢率 ρ 有关,可按表 5.26 直接查用。表中, $\rho = A'_s / bh$, A'_s 为受压钢筋的截面面积, b、h 分别为矩形截面构件的截面宽和高。

表 5.26　组合砖砌体构件的稳定系数 φ_{com}

高厚比 β	配筋率 ρ/%					
	0	0.2	0.4	0.6	0.8	≥1.0
8	0.91	0.93	0.95	0.97	0.99	1.00
10	0.87	0.90	0.92	0.94	0.96	0.98
12	0.82	0.85	0.88	0.91	0.93	0.95
14	0.77	0.80	0.83	0.86	0.89	0.92
16	0.72	0.75	0.78	0.81	0.84	0.87
18	0.67	0.70	0.73	0.76	0.79	0.81
20	0.62	0.65	0.68	0.71	0.73	0.75
22	0.58	0.61	0.64	0.66	0.68	0.70
24	0.54	0.57	0.59	0.61	0.63	0.65
26	0.50	0.52	0.54	0.56	0.58	0.60
28	0.46	0.48	0.50	0.52	0.54	0.56

组合砖砌体轴心受压构件的承载力，可按下式计算：

$$N \leqslant \varphi_{\text{com}}(fA + f_c A_c + \eta_s f_y' A_s') \tag{5.72}$$

式中　φ_{com}——组合砖砌体构件的稳定系数，按表 5.26 采用；

　　　A——砖砌体的截面面积（mm^2）；

　　　f——砖砌体抗压强度设计值（MPa）；

　　　f_c——混凝土或面层水泥砂浆的轴心抗压强度设计值（MPa），砂浆的轴心抗压强度设计值可取为同强度等级混凝土的轴心抗压强度设计值的 70%：当砂浆为 M15 时，取 5.0 MPa；当砂浆为 M10 时，取 3.4 MPa；当砂浆强度为 M7.5 时，取 2.5 MPa；

　　　A_c——混凝土或砂浆面层的截面面积（mm^2）；

　　　η_s——受压钢筋的强度系数，当为混凝土面层时可取 1.0，当为砂浆面层时可取 0.9；

　　　f_y'——钢筋的抗压强度设计值（MPa）；

　　　A_s'——受压钢筋的截面面积（mm^2）。

2. 组合砖砌体偏心受压构件

1）受力特点与破坏特征

以设钢筋混凝土或钢筋砂浆层的矩形截面偏心受压组合砖砌体构件的试验表明，其承载能力和变形性能与钢筋混凝土偏压构件类似，构件的破坏也可分为大偏心破坏和小偏心破坏两种形态。

当偏心距较大且受拉钢筋配置不过多时，发生大偏心破坏即受拉钢筋先屈服，然后受压区的混凝土（砂浆）及受压砖砌体被压坏。当面层为钢筋混凝土时，破坏时受压钢筋可达屈服强度；当面层为钢筋砂浆时，破坏时受压钢筋达不到屈服强度。

当荷载作用的偏心距较小，或荷载作用的偏心距较大但受拉钢筋配置过多时，发生小偏压破坏。即受压区混凝土或砂浆面层及部分受压砌体受压破坏，而受拉钢筋没有达到屈服。

2）承载力计算

组合砖砌体受压构件正截面计算如图 5.60 所示。

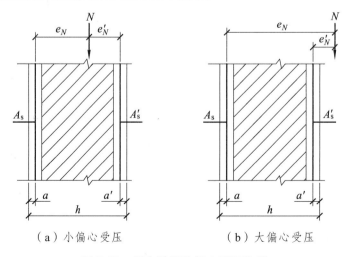

（a）小偏心受压　　　　　　（b）大偏心受压

图 5.60　组合砖砌体偏心受压构件

组合砖砌体偏心受压构件的承载力，应按下列公式计算：

$$N \leqslant fA' + f_c A'_c + \eta_s f'_y A'_s - \sigma_s A_s \tag{5.73a}$$

或

$$Ne_N \leqslant fS_s + f_c S_{c,s} + \eta_s f'_y A'_s (h_0 - a'_s) \tag{5.73b}$$

此时受压区的高度 x 可按下列公式确定：

$$fS_N + f_c S_{c,N} \pm \eta_s f'_y\, A'_s\, e'_N - \sigma_s A_s e_N = 0 \tag{5.74}$$

$$e_N = e + e_a + (h/2 - a_s) \tag{5.75}$$

$$e'_N = e + e_a - (h/2 - a'_s) \tag{5.76}$$

$$e_a = \frac{\beta^2 h}{2\,200}(1 - 0.022\beta) \tag{5.77}$$

式中　A'——砖砌体受压部分的面积（mm^2）；

　　　A'_s——混凝土或砂浆面层受压部分的面积（mm^2）；

　　　A_s——距轴向力 N 较远侧钢筋的截面面积（mm^2）；

　　　σ_s——钢筋 A_s 的应力（MPa）；

　　　S_s——砖砌体受压部分的面积对钢筋 A_s 重心的面积矩（mm^3）；

　　　$S_{c,s}$——混凝土或砂浆层受压部分的面积对钢筋 A_s 重心的面积矩（mm^3）；

　　　S_N——砖砌体受压部分的面积对轴向力 N 作用点的面积矩（mm^3）；

　　　$S_{c,N}$——混凝土或砂浆面层受压部分的面积对轴向力 N 作用点的面积矩（mm^3）；

　　　e_N，e'_N——钢筋 A_s 和 A'_s 重心至轴向力 N 作用点的距离（mm）（图 5.60）；

　　　e——轴向力的初始偏心距（mm），按荷载设计值计算，当 e 小于 $0.05h$ 时，应取 e 等于 $0.05h$；

　　　e_a——组合砖砌体构件在轴向力作用下的附加偏心距（mm）；

　　　h_0——组合砖砌体构件截面的有效高度（mm），$h_0 = h - a_s$；

　　　a_s，a'_s——钢筋 A_s 和 A'_s 重心至截面较近边的距离（mm）；

　　　h——偏心力所在方向的截面高度（mm）；

　　　β——偏心所在方向的构件高厚比。

组合砖砌体钢筋 A_s 的应力单位为 MPa，正值为拉应力，负值为压应力，应按下列规定计算。

当为小偏心受压，即 $\xi > \xi_b$ 时：

$$\sigma_s = 650 - 800\xi \tag{5.78}$$

当为大偏心受压，即 $\xi \leqslant \xi_b$ 时：

$$\sigma_s = f_y \tag{5.79}$$

式中　σ_s——钢筋的应力（MPa）：当 $\sigma_s > f_y$ 时，取 $\sigma_s = f_y$；当时 $\sigma_s < f'_y$，取 $\sigma_s = f'_y$；

ξ——组合砖砌体构件截面的相对变压区高度，$\xi = x / h_0$；

f_y——钢筋的抗拉强度设计值（MPa）。

组合砖砌体构件相对受压区高度的界限值为 ξ_b：对于 HRB400 级钢筋，应取 0.36；对于 HRB335 级钢筋，应取 0.44；对于 HPB300 级钢筋，应取 0.47。

3）构造要求

为了满足承载力和耐久性要求，组合砖砌体受压构件还应符合下列构造要求：

（1）面层混凝土强度等级宜采用 C20；面层水泥砂浆强度等级不宜低于 M10；为了不使砖砌体的强度过低，砌筑砂浆的强度等级不宜低于 M7.5。

（2）砂浆面层的厚度可采用 30 ~ 45 mm；当面层厚度大于 45 mm 时，宜采用混凝土。

（3）竖向钢筋宜采用 HPB300 级钢筋，对于混凝土面层，也可采用 HRB335 级钢筋。受压钢筋一侧的配筋率，对砂浆面层不宜小于 0.1%，对混凝土面层不宜小于 0.2%；受扭钢筋的配筋率，不应小于 0.1%；竖向受力钢筋的直径不应小于 8 mm，钢筋的净距不应小于 30 mm。

（4）箍筋的直径不宜小于 4 mm 及 0.2 倍的受压钢筋的直径，并不宜大于 6 mm；箍筋的间距不应大于 20 倍受压钢筋的直径及 500 mm，并不应小于 120 mm。

（5）当组合砖砌体构件一侧的面层组合墙竖向受力钢筋多于 4 根时，应设置附加箍筋或拉结钢筋。

（6）对于截面长短边相差较大的构件如墙体等，应采用穿通墙体的拉结钢筋作为箍筋，同时设置水平分布钢筋；水平分布钢筋的竖向间距及拉结钢筋的水平间距，均不应大于 500 mm，如图 5.61 所示。

（7）组合砖砌体构件的顶部、底部以及牛腿部位，必须设置钢筋混凝土垫块；竖向受力钢筋伸入垫块的长度，必须满足锚固要求。

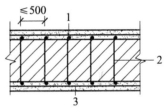

1—竖向受力钢筋；2—拉结钢筋；
3—水平分布钢筋。

图 5.61　混凝土或砂浆面层组合墙

【例 5.15】　截面尺寸为 370 mm × 490 mm 的轴心受压组合砖柱，计算高度 $H_0 = 5.7$ m，承受的轴向压力设计值 $N = 820$ kN，采用 MU10 烧结普通砖及 M7.5 混合砂浆砌筑，采用 C20 混凝土（$f_c = 9.6$ MPa）面层，如图 5.62 所示，钢筋采用 HPB300 级（$f_y = f_y' = 270$ MPa），$A_s = A_s' = 615$ mm²（4φ14）。试验算该柱的承载力。

【解】　（1）砖砌体截面面积。

$A = 0.25$ m $\times 0.37$ m $= 0.092\,5$ m² < 0.2 m²，需考虑砌体强度调整系数。

$$\gamma_a = 0.8 + 0.092\,5 = 0.893$$

混凝土截面面积：

$$A_c = 2 \times 120 \times 370 = 88\,800 \text{ (mm}^2)$$

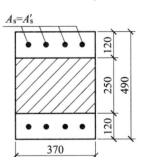

图 5.62　例 5.15 图

（2）求 f。

根据 MU10 烧结普通砖及 M7.5 混合砂浆，查表 5.7 得砌体强度为 $f = 1.69$ MPa，

$$\beta = \frac{H_0}{h} - \frac{5.7}{0.37} = 15.4 。$$

（3）求配筋率 ρ 。

$$\rho = \frac{A_s}{bh} = \frac{615}{370 \times 490} = 0.339\%$$

（4）求 φ_{com} 。

根据 $\beta = 15.4, \rho = 0.339\%$ ，查表 5.26 得 $\varphi_{com} = 0.78$ 。

（5）承载力验算。

$$\varphi_{com}(fA + f_c A_c + \eta_s f'_y A'_s) = 0.78 \times (1.69 \times 0.893 \times 92\,500 + 9.6 \times 88\,800 + 270 \times 615 \times 2) \times 10^{-3}$$
$$= 1\,032.9 \ (kN) > 820 \ (kN)$$

该柱的承载力满足要求。

【例 5.16】 某偏心受压组合砖柱，截面尺寸如图 5.63 所示，计算高度 $H_0 = 6\,000$ mm，承受轴向力设计值 $N = 480$ kN，弯矩设计值 $M = 227.37$ kN·m，组合砖柱采用 MU10 烧结普通砖，M7.5 混合砂浆，C20 混凝土面层及 HRB335 钢筋。当对称配筋时，求 A_s 及 A'_s 。

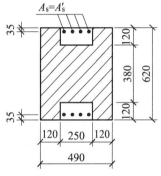

图 5.63　例 5.16 图

【解】 （1）计算基本参数。

$0.49 \times 0.62 = 0.303\,8$ (m²) > 0.2 (m²)，MU10 烧结普通砖，M7.5 混合砂浆，不考虑强度调整，查表 5.7 得砌体抗压强度设计值为 $f = 1.69$ N/mm²；C20 混凝土轴心抗压强度设计值为 $f_c = 9.6$ N/mm²；HRB335 钢筋强度设计值为 $f_y = 300$ N/mm²。

偏心距

$$e = \frac{M}{N} = \frac{227.37 \times 10^6}{480 \times 10^3} = 473.68 \ (mm)$$

高厚比

$$\beta = \frac{6\,000}{620} = 9.68$$

附加偏心距

$$e_a = \frac{\beta^2 h}{2\,200}(1 - 0.02\beta) = \frac{9.68^2 \times 620}{2\,200}(1 - 0.22 \times 9.68) = 20.78 \ (mm)$$

$$e_N = e + e_a + (h/2 - a_s) = 473.68 + 20.78 + \left(\frac{620}{2} - 35\right) = 769.46 \ (mm)$$

$$h_0 = 620 - 35 = 585 \ (mm)$$

（2）大小偏心的判别。

假定为大偏心受压，且 $x \geqslant 120$ mm，则：

$$x = \frac{N - b'_c h'_c(f_c - f)}{fb} = \frac{480\,000 - 250 \times 120 \times (9.6 - 1.69)}{1.69 \times 490} = 293.08 \ (mm)$$

120 mm $< x < 0.55 h_0 = 321.8$ mm

符合大偏心受压构件的假定。

（3）A_s、A_s' 的计算。

$$S_{c,s} = 120 \times 250 \times \left(585 - \frac{120}{2}\right) = 15\ 750\ 000\ (mm^3)$$

$$S_s = 490 \times 293.7 \times \left(585 - \frac{293.08}{2}\right) - 15\ 750\ 000 = 47\ 350\ 094\ (mm^3)$$

$$A_s = A_s' = \frac{Ne_N - f\ S_s - f_c S_{c,s}}{\eta_s f_y (h_0 - a)}$$

$$= \frac{480\ 000 \times 769.46 - 1.69 \times 47\ 350\ 094 - 9.6 \times 15\ 750\ 000}{1 \times 300 \times (585 - 35)}$$

$$= 837\ (mm^2)$$

$$\rho = \frac{A_s'}{bh} = \frac{837}{490 \times 620} = 0.28\% > 0.2\%$$

配筋率符合要求。

每边选用 4Φ16，$A_s = A_s' = 803\ mm^2$。

（4）短边方向按轴心受压验算。

$$A = 490 \times 620 - 2 \times 120 \times 250 = 243\ 800\ (mm^2)$$

$$A_c' = 2 \times 120 \times 250 = 6\ 000\ (mm^2)$$

$$A_s' = 2 \times 803 = 1\ 606\ (mm^2)$$

$$\rho = \frac{A_s'}{bh} = \frac{1\ 606}{490 \times 620} = 0.529\%$$

$$\beta = \frac{H_0}{b} = \frac{6\ 000}{490} = 12.24$$

查表 5.26 得 $\varphi_{com} = 0.892$，则：

$$\varphi_{com}(fA + f_c A_c' + \eta_s f_y' A_s') = 0.892 \times (1.69 \times 243\ 800 + 9.6 \times 60\ 000 + 1 \times 300 \times 1\ 606)$$

$$= 1\ 311.1\ (kN) > N = 480\ (kN)$$

故承载力满足要求。

5.5.3 砖砌体和钢筋混凝土构造柱组合墙

1．组合墙受力性能

砖混结构墙体设计中，当砖砌体墙的竖向受压承载力不满足而墙体厚度又受到限制时，在墙体中设置一定数量的钢筋混凝土构造柱形成砖砌体和钢筋混凝土构造柱组合墙，如图 5.64 所示。这种墙体在竖向压力作用下，由于构造柱和砖砌体墙的刚度不同，以及内力重分布的结果，构造柱分担较多墙体上的荷载；并且构造柱和圈梁形成的"构造框架"，约束了砖砌体的横向和纵向变形，不但使墙的开裂荷载和极限承载力提高，而且加强了墙体的整体性，提高了墙体的延性，增强了墙体抵抗侧向地震作用的能力。

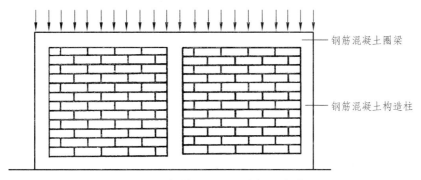

图 5.64　钢筋混凝土构造柱组合墙

组合墙从加载到破坏经历 3 个阶段。第一阶段：当竖向荷载小于极限荷载 40% 时，组合墙的受力处于弹性阶段，墙体竖向压应力分布不均匀，上部截面应力大，下部截面应力小；两构造柱之间中部砌体应力大，两端砌体的应力小。第二阶段：继续增加竖向荷载，在上部圈梁与构造柱连接的附近及构造柱之间中部砌体出现竖向裂缝，上部圈梁在跨中处产生自下而上的竖向裂缝；当竖向荷载约为极限荷载 70% 时，裂缝发展缓慢，裂缝走向大多数指向构造柱柱脚，中部构造柱为均匀受压，边构造柱为小偏心受压。第三阶段：随着竖向荷载的进一步增加，墙体内裂缝进一步扩展和增多，裂缝开始贯通，最终穿过构造柱的柱脚，构造柱内钢筋压屈，混凝土被压碎剥落，同时两构造柱之间中部的砌体产生受压破坏，如图 5.65 所示。

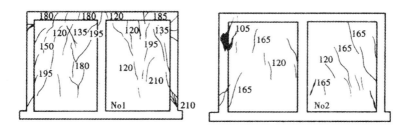

图 5.65　组合墙的受压破坏形态

试验中未出现构造柱与砌体交接处竖向开裂或脱离现象。试验结果表明，在使用阶段，构造柱和砖墙体具有良好的整体工作性能。

2. 组合墙的受压承载力验算

设置构造柱砖墙与组合砖砌体构件有类似之处，试验研究表明，可采用组合砖砌体轴心受压构件承载力的计算公式，但引入强度系数以反映前者与后者的差别。《砌体结构规范》给出的轴心受压砖砌体和钢筋混凝土构造柱组合墙（图 5.66）承载力计算公式如下：

$$N \leqslant \varphi_{\text{com}}\left[fA + \eta(f_{\text{c}}A_{\text{c}} + f_{\text{y}}'A_{\text{s}}')\right] \tag{5.80}$$

$$\eta = \left(\frac{1}{l/b_{\text{c}} - 3}\right)^{1/4} \tag{5.81}$$

式中　φ_{com}——组合砖墙的稳定系数，可按表 5.26 采用；

　　　　η——强度系数，当 l/b_c 小于 4 时，取 l/b_c 等于 4；

　　　　l——沿墙长方向构造柱的间距（mm）；

　　　　b_c——沿墙长方向构造柱的宽度（mm）；

　　　　A——扣除孔洞和构造柱的砖砌体截面面积（mm²）；

　　　　A_c——构造柱的截面面积（mm²）。

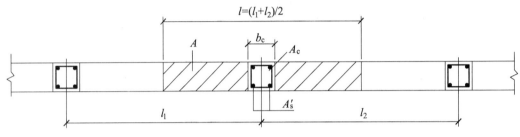

图 5.66　砖砌体和构造柱组合墙截面

砖砌体和钢筋混凝土构造柱组合墙，平面外的偏心受压承载力，可按偏心受压配筋砌体确定构造柱纵向钢筋，但截面宽度应改为构造柱间距 l；大偏心受压时，可不计受压区构造柱混凝土和钢筋的作用。

3．组合墙的构造要求

砖砌体和钢筋混凝土构造柱组合墙的构造应符合下列规定：

（1）砂浆的强应等级不应低于 M5，构造柱的混凝土强度等级不宜低于 C20。

（2）构造柱的截面尺寸不宜小于 240 mm × 240 mm，其厚度不应小于墙厚，边柱、角柱的截面宽度宜适当加大；柱内竖向受力钢筋，对于中柱，钢筋数量不宜少于 4 根，直径不宜小于 12 mm；对于边柱、角柱，钢筋数量不宜少于 4 根，直径不宜小于 14 mm。构造柱的竖向受力钢筋的直径也不宜大于 16 mm；其箍筋一般部位宜采用直径 6 mm、间距 200 mm；楼层上下 500 mm 范围内宜采用直径 6 mm、间距 100 mm；构造柱的竖向受力钢筋应在基础梁和楼层梁中锚固，并符合受拉钢筋的锚固要求。

（3）组合砖墙砌体结构房屋应在纵横墙交界处、墙端部和较大洞口的洞边设置构造柱，其间距不宜大于 4 m；各层洞口宜设置相应位置，并宜上下对齐。

（4）组合砖墙砌体结构房屋应在基础顶面、有组合墙的楼层处设现浇钢筋混凝土圈梁；圈梁的截面高度不宜小于 240 mm，纵向钢筋数量不宜少于 4 根，直径不宜小于 12 mm；纵向钢筋伸入构造柱内，并应符合受拉钢筋的锚固要求；梁的箍筋直径宜采用 6 mm，间距 200 mm。

（5）砖砌体与构造柱的连接处应砌成马牙槎，并应沿墙高每隔 500 mm 设 2 根直径 6 mm 的拉结钢筋，且每边伸入墙内不宜小于 600 mm。

（6）构造柱可不单独设置基础，但应伸入室外地坪下 500 mm，或与埋深小于 500 mm 的基础梁相连。

（7）组合砖墙的施工顺序应为先砌墙后浇混凝土构造柱。

【例 5.17】某承重横墙如图 5.67 所示，采用砌体和钢筋混凝土构造柱组合墙形式，采用 MU10 烧结普通砖和 M7.5 混合砂浆砌筑。计算高度 $H = 3.6$ m，墙体承受轴心压力设计值

N = 500 kN/m。构造柱截面为 240 mm × 240 mm，间距为 1.2 m，柱内配有纵筋 4Φ12，混凝土强度等级为 C20，横墙厚为 240 mm。试验算此横墙承载力。

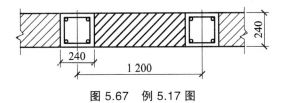

图 5.67 例 5.17 图

【解】 在一个构造柱两边各取 1/2 间距墙体作为研究对象。

（1）求面积、配筋率、高厚比。

构造柱截面面积

$$A_c = 240 \times 240 = 57\ 600\ (\text{mm}^2)$$

砖砌体截面面积

$$A = 240 \times (1\ 200 - 240) = 230\ 400\ (\text{mm}^2)$$

钢筋面积

$$A'_s = 4 \times 113.1 = 452.4\ (\text{mm}^2)$$

配筋率

$$\rho = \frac{452.4}{1\ 200 \times 240} = 0.157\%$$

高厚比

$$\beta = \frac{H}{b_c} = \frac{360}{24} = 15$$

（2）求 φ_{com}。

查表 5.26 得组合砖墙稳定系数 φ_{com} = 0.77。

（3）求强度系数。

$$\frac{l}{b_c} = \frac{1\ 200}{240} = 5 > 4\ ,\quad \eta = \left[\frac{1}{l/b_c - 3}\right]^{1/4} = 0.841$$

（4）承载力验算。

把上述值代入组合砖墙轴心受压承载力计算公式：

$$\varphi_{com}\left[fA + \eta(f_c A_c + f'_y A'_s)\right] = 0.77 \times \left[1.69 \times 230\ 400 + 0.81 \times (10 \times 57\ 600 + 210 \times 452.4)\right]$$
$$= 743.4\ (\text{kN}) > 1.2 \times 500 = 600\ (\text{kN})$$

该横墙承载力满足要求。

5.6 墙、柱高厚比验算

砌体结构房屋中墙、柱是受压构件，除了应满足强度要求外，还必须有足够的稳定性，防止在施工和使用过程中发生墙体倾斜、鼓出等现象。无论墙柱是否承重，首先应保证其稳定性。一片独立墙从基础顶面开始砌筑到足够高度时，即使未承受外力，也可能在自重下失稳而倾倒。墙、柱丧失整体稳定的原因，包括施工偏差、施工阶段和使用期间的偶然撞击和振动等。墙、柱高厚比验算是保证墙柱构件在施工阶段和使用期间稳定性的一项重要构造措施。《砌体结构设计规范》规定，用验算墙柱高厚比的方法来保证其稳定性。

需要进行高厚比验算的构件不仅包括承重的柱、无壁柱墙、带壁柱墙，也包括带构造柱墙及非承重墙等，墙、柱高厚比验算是计算其受压承载力的重要参数。

5.6.1 墙、柱允许高厚比

影响墙、柱允许高厚比 [β] 取值的因素十分复杂，很难用一个理论推导的公式来表达。规范规定的允许高厚比 [β] 是结合我国工程实践经验，综合考虑下列因素确定的。

（1）砂浆强度等级

墙、柱的稳定性与刚度有关，而砂浆的强度直接影响砌体的刚度，所以砂浆强度越高，[β] 值越大，反之，[β] 越小。

（2）砌体类型

空斗墙和毛石墙砌体较实心砖墙刚度差，[β] 值应降低；组合砖砌体刚度好，[β] 值应相应提高。

（3）横墙间距

横墙间距越小，墙体的稳定性和刚度就越好；反之，墙体的稳定性和刚度就差。规范采用改变墙体计算高度 H_0 的方法来考虑这一因素的影响。

（4）支承条件

刚性方案房屋的墙、柱在楼（屋）盖支承处变位小，刚度大，[β] 值可以提高；弹性和刚弹性方案房屋的墙、柱的 [β] 应减少，这一影响因素也在 H_0 中考虑。

（5）砌体的截面形式

截面惯性矩越大，构件的稳定性越好。有门窗洞口的墙较无门窗洞口的墙稳定性差，所以 [β] 值相应减少。

（6）构件重要性和房屋的使用情况

非承重墙、次要构件，且荷载为墙体自重，[β] 可适当提高；使用时有振动的房屋，[β] 应相应降低。

我国规范采用的允许高厚比 [β] 见表 5.27 所示。

表 5.27　墙、柱的允许高厚比 [β] 值

砌体类型	砂浆强度等级	墙	柱
无筋砌体	M2.5	22	15
	M5.0 或 Mb5.0、Ms5.0	24	16
	≥M7.5 或 Mb7.5、Ms7.5	26	17
配筋砌块砌体	—	30	21

注：① 毛石墙、柱的允许高厚比应按表中数值降低 20%；② 带有混凝土或砂浆面层的组合砖砌体构件的允许高厚比，可按表中数值提高 20%，但不得大于 28；③ 验算施工阶段砂浆尚未硬化的新砌砌体构件高厚比时，允许高厚比对墙取 14，对柱取 11。

5.6.2 矩形截面墙、柱高厚比验算

1．高厚比验算公式

一般墙、柱高厚比应按下式进行验算：

$$\beta = \frac{H_0}{h} \leqslant \mu_1 \mu_2 [\beta] \tag{5.82}$$

式中 H_0——墙、柱的计算高度（mm），按表 5.22 采用；

  h ——墙厚或矩形截面柱与 H_0 相对应的边长（mm）；

  μ_1——非承重墙允许高厚比的修正系数，对承重墙取 $\mu_1 = 1.0$；

  μ_2——有门窗洞口墙允许高厚比的修正系数；

  $[\beta]$——墙、柱的允许高厚比，应按表 5.27 采用。

当与墙连接的相邻两墙间的距离 $s \leqslant \mu_1 \mu_2 [\beta] h$ 时，墙的高度可不受式（5.82）限制。变截面柱的高厚比可按上、下截面分别验算，其计算高度可按表 5.22 采用。验算上柱的高厚比时，墙、柱的允许高厚比可按表 5.27 的数值乘以 1.3 后采用。

2．非承重墙允许高厚比的修正系数

厚度不大于 240 mm 的自承重墙，允许高厚比修正系数 μ_1，应按下列规定采用：

（1）墙厚为 240 mm 时，μ_1 取 1.2；墙厚为 90 mm 时，μ_1 取 1.5；当墙厚小于 240 mm 且大于 90 mm 时，μ_1 按插入法取值。

（2）上端为自由端墙的允许高厚比，除按上述规定提高外，尚可提高 30%。

（3）对厚度小于 90 mm 的墙，当双面采用不低于 M10 的水泥砂浆抹面，包括抹面层的墙厚不小于 90 mm 时，可按墙厚等于 90 mm 验算高厚比。

3．有门窗洞口墙允许高厚比的修正系数

对有门窗洞口的墙，允许高厚比修正系数，应符合下列要求。

允许高厚比修正系数，应按下式计算：

$$\mu_2 = 1 - 0.4 \frac{b_s}{s} \tag{5.83}$$

式中 b_s——在宽度 s 范围内的门窗洞口总宽度，如图 5.68 所示；

  s ——相邻窗间墙或壁柱之间的距离。

由表 5.27 可见，柱的 $[\beta]$ 值均为墙的 $[\beta]$ 值的 0.7 倍左右，当按公式（5.83）计算的 μ_2 的值小于 0.7 时，μ_2 取 0.7。由于 μ_2 是按 $H_1/H = 2/3$ 推算的，当洞口高度 H_1 等于或小于墙高 H 的 1/5 时，μ_2 取 1.0。当洞口高度大于或等于墙高的 4/5 时，可按独立墙段验算高厚比。

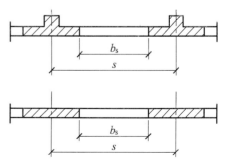

图 5.68　墙体有门窗洞口时的计算简图

5.6.3 带壁柱墙的高厚比验算

带壁柱墙的高厚比验算包括两部分内容,即对整片墙和壁柱间墙的高厚比分别进行验算。

1. 整片墙的高厚比验算

整片墙的高厚比验算,即相当于验算墙体的整体稳定,按下式进行

$$\beta = \frac{H_0}{h_T} \leq \mu_1 \mu_2 [\beta] \qquad (5.84)$$

式中 H_0——带壁柱墙的计算高度,按表 5.22 采用,计算 H_0 时墙体的长度 s 应取与之相交相邻墙之间的距离;

h_T——带壁柱墙的折算厚度

$$h_T = 3.5i = 3.5\sqrt{\frac{I}{A}} \qquad (5.85)$$

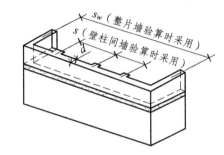

图 5.69 带壁柱墙的高厚比验算

计算 I 和 A 时,墙体计算截面的翼缘宽度 b_f 按式(5.33)的规定采用。

2. 壁柱间墙的高厚比验算

壁柱间墙的高厚比验算相当于验算墙的局部稳定,可按式(5.82)进行计算。在确定壁柱间墙的计算高度 H_0 时,应注意下列各点:

(1)墙的长度 s 取壁柱间的距离。

(2)确定壁柱间墙的 H_0 时,可一律按刚性方案考虑。

(3)带壁柱墙设有钢筋混凝土圈梁,且当 $b/s \geq 1/30$ 时(b 为圈梁宽度),圈梁可看作壁柱间墙的不动铰支点,此时壁柱间墙的计算高度 H_0 为基础顶面(对底层墙)或楼盖处(对楼层墙)到圈梁间的距离。这是由于圈梁的水平刚度较大,能够起到限制壁柱间墙体侧向变形的作用。如果具体条件不允许增加圈梁宽度,可按等刚度原则(即与墙体平面外刚度相等)增加圈梁高度,以满足壁柱间墙不动铰支点的要求。

5.6.4 设置构造柱墙的高厚比验算

1. 整片墙高厚比验算

为了考虑设置构造柱后的有利作用,可将墙的允许高厚比 [β] 乘以提高系数 μ_c,即

$$\beta = \frac{H_0}{h} \leq \mu_1 \mu_2 \mu_c [\beta] \qquad (5.86)$$

式中 μ_c——带构造柱墙允许高厚比提高系数,可按下式计算:

$$\mu_c = 1 + \gamma \frac{b_c}{l} \qquad (5.87)$$

式中　γ——系数：对细料石砌体，$\gamma = 0$；对混凝土砌块、混凝土多孔砖、粗料石、毛料石及
毛石砌体，$\gamma = 1.0$；其他砌体，$\gamma = 1.5$；

　　　b_c——构造柱沿墙长方向的宽度（mm）；

　　　l——构造柱的间距（mm）。

当 $b_c / l > 0.25$ 时，取 $b_c / l = 0.25$；当 $b_c / l < 0.05$ 时，取 $b_c / l = 0$。

2．构造柱间墙高厚比验算

构造柱间墙的高厚比验算相当于验算墙的局部稳定，可按式（5.82）进行计算。在确定构造柱间墙的计算高度 H_0 时，应注意下列各点：

（1）墙的长度 s 取构造柱间的距离。

（2）确定构造柱间墙的 H_0 时，可一律按刚性方案考虑。

（3）带构造柱墙设有钢筋混凝土圈梁，且当 $b/s \geq 1/30$ 时（b 为圈梁宽度），圈梁可看作构造柱间墙的不动铰支点，此时构造柱间墙的计算高度 H_0 为基础顶面（对底层墙）或楼盖处（对楼层墙）到圈梁间的距离。这是由于圈梁的水平刚度较大，能够起到限制构造柱间墙体侧向变形的作用。如果具体条件不允许增加圈梁宽度，可按等刚度原则（即与墙体平面外刚度相等）增加圈梁高度，以满足构造柱间墙不动铰支点的要求。

【例 5.18】　某刚性方案砌体结构单层房屋的顶层山墙高度为 4.1 m（取山墙顶和檐口的平均高度），山墙为用 Mb7.5 砌块砌筑的单排孔混凝土小型空心砌块砌墙，厚 190 mm，长 8.4 m。试验算其高厚比：① 不开门窗洞口；② 开有 3 个 1.2 m 宽的窗洞口时。

【解】

$$s = 8\,400 \text{ mm}, \quad 2H = 2 \times 4\,100 = 8\,200 \text{ (mm)}$$

查表 5.22，$H_0 = 1.0H = 4\,100 \text{ mm}$

查表 5.27，$[\beta] = 26$，$u_1 = 1.0$（非自承重墙）

（1）不开门窗洞口

$$\beta = \frac{H_0}{h} = \frac{4\,100}{190} = 21.6 < [\beta]$$

高厚比满足要求。

（2）有门窗洞口

$$\mu_2 = 1 - 0.4 \frac{b_s}{s} = 1 - 0.4 \times \frac{1\,200 \times 3}{8\,400} = 0.83, \quad \mu_1 \mu_2 [\beta] = 1.0 \times 0.83 \times 26 = 21.58$$

$$\beta = \frac{H_0}{h} = \frac{4\,100}{190} = 21.58 = \mu_1 \mu_2 [\beta]$$

高厚比满足要求。

【例 5.19】　某办公楼平面布置如图 5.70 所示，采用装配式钢筋混凝土楼盖，M10 砖墙承重。纵墙及横墙厚度均为 240 mm，砂浆强度等级 M5，底层墙高 $H = 4.5$ m（从基础顶面算起），隔墙厚 120 mm。要求：验算墙高厚比。

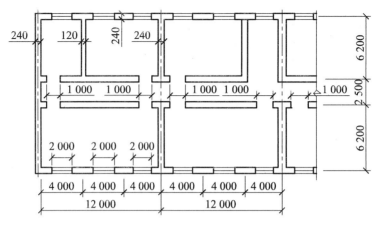

图 5.70 某办公楼平面布置图

【解】 根据横墙最大间距 $s = 12$ m < 32 m 和楼盖类型，查表 5.15，属于刚性方案。

（1）外纵墙高厚比验算。

由 $s = 12$ m，$H = 4.5$ m 知 $s = 12$ m < $2H = 9$ m，由表 5.22 查得 $H_0 = 1.0H$。

由表 5.27 查得砂浆强度等级 M5 时，允许高厚比 $[\beta] = 24$。

又因为承重墙，$\mu_1 = 1.0$，$\mu_2 = 1 - 0.4 \dfrac{b_s}{s} = 1 - 0.4 \times \dfrac{2}{4} = 0.8 > 0.7$

由式（5.82）得：

$$\beta = \frac{H_0}{h} = \frac{4.5}{0.24} = 18.75 \leqslant \mu_1 \mu_2 [\beta] = 1.0 \times 0.8 \times 24 = 19.2$$

外纵墙高厚比满足要求。

（2）承重横墙高厚比验算。

纵墙间距 $s = 6.2$ m，故 $H = 4.5$ m < s < $2H = 9$ m。

从表 5.22 查得：

$$H_0 = 0.4s + 0.2H = 0.4 \times 6.2 + 0.2 \times 4.5 = 3.38 \text{ (m)}$$

又因为承重墙，$\mu_1 = 1.0$，未开洞口，$\mu_2 = 1.0$。

由式（5.82）得：

$$\beta = \frac{H_0}{h} = \frac{3.38}{0.24} = 14.08 \leqslant \mu_1 \mu_2 [\beta] = 1 \times 1 \times 24 = 24$$

承重横墙满足要求。

（3）内纵墙高厚比验算。

由于内纵墙的厚度、砌筑砂浆、墙体高度均与纵墙相同，洞口宽度小于外墙的洞口宽度，故外墙高厚比验算满足要求，则内墙自然满足要求。

（4）隔墙高厚比验算。

因隔墙上端在砌筑时，一般用斜放立砖顶住楼板，故可按顶端为不动铰支点考虑。设隔墙与纵墙拉结，则 $s = 6.2$ m，$2H = 9$ m > s > $H = 4.5$ m。

由表 5.22 得

$$H_0 = 0.4s + 0.2H = 0.4 \times 6.2 + 0.2 \times 4.5 = 3.38 \text{ (m)}$$

隔墙为非承重墙，因此

$$\mu_1 = 1.2 + \frac{1.5 - 1.2}{240 - 90} \times (240 - 120) = 1.44$$

未开洞口，$\mu_2 = 1.0$，则

$$\beta = \frac{H_0}{h} = \frac{3.38}{0.12} = 28.16 < \mu_1 \mu_2 [\beta] = 1.44 \times 1.0 \times 24 = 34.56$$

隔墙高厚比满足要求。

【例 5.20】　某单层单跨无吊车厂房采用钢筋混凝土大型屋面板屋盖，其纵横承重墙采用 MU10 烧结普通砖，壁柱柱距 4.5 m，每开间有 2.0 m 宽的窗洞，厂房长 27 m，两端设有山墙，每边山墙上设有 4 个 240 mm × 240 mm 构造柱，如图 5.71 所示。自基础顶面算起墙高 5.4 m，壁柱为 370 mm × 250 mm，墙厚 240 mm，砂浆强度等级 M5。要求：验算该壁柱墙的高厚比、壁柱间墙的高厚比、厂房山墙的高厚比及厂房构造柱间墙高厚比。

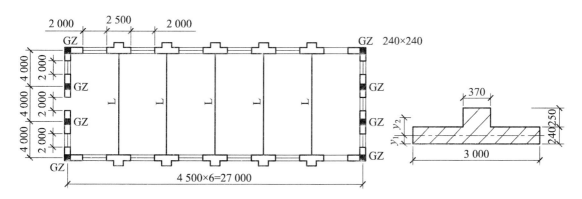

图 5.71　某单层单跨无吊车厂房平面、壁柱墙截面示意

【解】　（1）带壁柱墙整片墙高厚比验算。

该厂房为一类屋盖，查表 5.15，纵墙间距 $s = 27$ m < 32 m，属刚性方案。

由表 5.27，M5 砂浆墙的允许高厚比 $[\beta] = 24$。

① 带壁柱墙计算截面翼缘宽度 b_f 的确定。

$$b_f = b + \frac{2}{3}H = 370 + \frac{2}{3} \times 5\,400 = 3\,970 \text{ (mm)} > \text{窗间墙宽度} = 2\,500 \text{ (mm)}$$

故取 $b_f = 2\,500$ mm。

② 确定壁柱截面的几何特征。

截面面积

$$A = 240 \times 2\,500 + 370 \times 250 = 692\,500 \text{ (mm}^2)$$

形心位置

$$y_1 = \frac{240 \times 2\,500 \times 120 + 250 \times 370\left(240 + \frac{250}{2}\right)}{692\,500} = 152.7 \ (\text{mm})$$

$$y_2 = (240 + 250) - 152.7 = 344 \ (\text{mm})$$

惯性矩、回转半径、折算高度

$$I = \frac{2\,500}{3} \times 152.7^3 + \frac{(2\,500 - 370)}{3} \times (240 - 152.7)^3 + \frac{370}{3} \times 337.3^3$$

$$= 8.17 \times 10^9 \ (\text{mm}^4)$$

$$i = \sqrt{\frac{I}{A}} = \sqrt{\frac{8\,172.44 \times 10^6}{692\,500}} = 108.6 \ (\text{mm})$$

$$h_\text{T} = 3.5i = 3.5 \times 108.6 = 380.2 \ (\text{mm})$$

③ 验算带壁柱墙高厚比（整片墙）。

由 $s = 27$ m，$H = 5.4$ m 知 $s = 27$ m$> 2H = 10.8$ m，由表 5.22 得

$$H_0 = 1.0H = 1.0 \times 5.4 = 5.4 \ (\text{m})$$

因为是承重墙，取 $\mu_1 = 1$，开有门窗洞的墙 $[\beta]$ 的修正系数 μ_2 为：

$$\mu_2 = 1 - 0.4\frac{b_\text{s}}{s} = 1 - 0.4 \times \frac{2.0 \times 6}{4.5 \times 6} = 0.82$$

由式（5.84）得：

$$\beta = \frac{H_0}{h_\text{T}} = \frac{5\,400}{380.2} = 14.2 < \mu_1\mu_2[\beta] = 1.0 \times 0.82 \times 24 = 19.68$$

带壁柱墙整片墙高厚比满足要求。

（2）壁柱间墙高厚比验算。

$$s = 4.5 \ \text{m} < H = 5.4 \ \text{m}$$

由表 5.22 查得：

$$H_0 = 0.6s = 0.6 \times 4.5 = 2.7 \ (\text{m})$$

因为是承重墙，取 $\mu_1 = 1$，开有门窗洞的墙 $[\beta]$ 的修正系数 μ_2 为：

$$\mu_2 = 1 - 0.4\frac{b_\text{s}}{s} = 1 - 0.4 \times \frac{2.0}{4.5} = 0.82$$

由式（5.82）得：

$$\beta = \frac{H_0}{h} = \frac{2\,700}{240} = 11.25 < \mu_1\mu_2[\beta] = 1 \times 0.82 \times 24 = 19.67$$

壁柱间墙高厚比满足要求。

（3）山墙高厚比（整片墙）验算。

山墙截面为厚 240 mm 的矩形截面，但设置了钢筋混凝土构造柱，则

$$\frac{b_c}{l} = \frac{240}{4\ 000} = 0.06 > 0.05, \quad s = 12\ \text{m} > 2H = 10.8\ \text{m}$$

查表 5.22，$H_0 = 1.0\ H = 5.4$ m。

山墙为承重墙，取

$$\mu_1 = 1$$

$$\mu_2 = 1 - 0.4\frac{b_s}{s} = 1 - 0.4 \times \frac{2.0 \times 3}{4.0 \times 3} = 0.80 > 0.7$$

$$\mu_c = 1 + \gamma\frac{b_c}{l} = 1 + 1.5 \times 0.06 = 1.09$$

由式（5.86）得：

$$\beta = \frac{H_0}{h} = \frac{5\ 400}{240} = 22.5 > \mu_1\mu_c\mu_2[\beta] = 1.0 \times 1.09 \times 0.8 \times 24 = 20.93$$

山墙高厚比不满足要求。

（4）山墙构造柱间墙高厚比验算。

构造柱间距 $s = 4$ m $< H = 5.4$ m，查表 5.22，则：

$$H_0 = 0.6s = 0.6 \times 4.0 = 2.4\ (\text{m})$$

山墙为承重墙，取

$$\mu_1 = 1$$

$$\mu_2 = 1 - 0.4\frac{b_s}{s} = 1 - 0.4 \times \frac{2.0}{4.0} = 0.80 > 0.7$$

由式（5.82）得：

$$\beta = \frac{H_0}{h} = \frac{2\ 400}{240} = 10 < \mu_2[\beta] = 0.8 \times 24 = 19.2$$

山墙构造柱间墙满足要求。

5.7　过梁、墙梁和挑梁设计

5.7.1　过梁设计

1．过梁的类型及构造要求

过梁通常指的是墙体门、窗洞口上部的梁，用以承受洞口以上墙体和楼（屋）盖构件传来的荷载。常用的过梁有以下 4 种类型。

1）砖砌平拱过梁

这种过梁可分为砖块竖放立砌和对称斜砌两种，如图 5.72（a）所示。将砖竖放砌筑的这

部分高度不应小于 240 mm。砖砌平拱过梁跨度不宜超过 1.2 m，砖的强度等级不应低于 MU10。这类过梁适用于无振动、地基土质较好不需做抗震验算的一般建筑物。

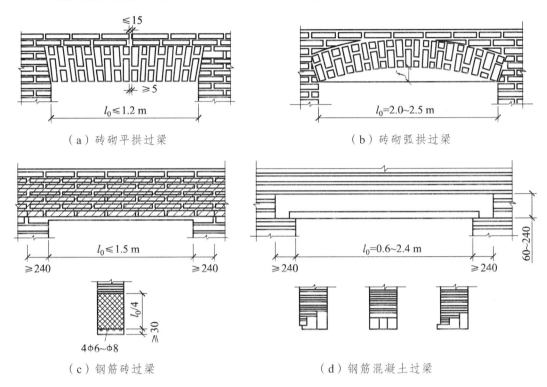

（a）砖砌平拱过梁   （b）砖砌弧拱过梁

（c）钢筋砖过梁   （d）钢筋混凝土过梁

图 5.72　过梁的类型

2）砖砌弧拱过梁

砖砌弧拱过梁砌法同砖砌平拱过梁，但呈圆弧（或其他曲线）形，可用于对建筑外形有一定艺术要求的建筑物。将砖竖放砌筑的这部分高度不应小于 120 mm，其跨度与矢高 f 有关。当 $f = (1/12 \sim 1/8)l_0$ 时，最大跨度可达 2.0 ~ 2.5 m；当 $f = (1/6 \sim 1/5)l_0$ 时，最大跨度可达 3.0 ~ 4.0 m。如图 5.72（b）所示。

3）钢筋砖过梁

这类过梁中，砖块的砌筑方法与墙体相同，仅在过梁底部放置纵向受力过梁，并铺放厚度不小于 30 mm 的砂浆层，如图 5.72（c）所示。钢筋砖过梁的跨度不宜超过 1.5 m，过梁底面以上截面计算高度内的砖不应低于 MU10，砂浆不应低于 M5（Mb5，Ms5），底面砂浆的钢筋直径不应小于 5 mm，间距不应大于 120 mm，钢筋伸入支座砌体内的长度不宜小于 240 mm。

4）钢筋混凝土过梁

同一般预制钢筋混凝土梁，通常在有较大振动荷载或可能产生不均匀沉降的房屋中采用，跨度较小时常做成预制。为满足门、窗洞口过梁的构造要求需要，可做成矩形截面或带挑口的"L"形截面，如图 5.72（d）所示。由于这种过梁施工方便，并不费模板，在实际的砌体结构中大量被采用，上述各种砖砌过梁已几乎被它所代替。

2．过梁上的荷载

过梁既是"梁"，又是墙体的组成部分，过梁上的墙体在砂浆硬结后具有一定的刚度，可以将过梁以上的荷载部分地传递给过梁两侧墙体。所以在设计过梁时，确定过梁所承受的荷载十分重要。过梁上的荷载一般包括两部分：一部分为墙体重量；另一部分为楼（屋）盖板、梁或其他结构传来的荷载。如表 5.28 所示。

表 5.28　过梁荷载取值表

荷载种类	简　图	砌体种类		荷载取值方法
墙体自重		砖砌体	$h_w < l_n/3$	按全部墙体的均布自重
			$h_w \geq l_n/3$	按高度 $l_n/3$ 墙体的均布自重
		砌块砌体	$h_w < l_n/2$	按全部墙体的均布自重
			$h_w \geq l_n/2$	按高度为 $l_n/2$ 墙体的均布自重
梁板荷载（包括梁板承受的荷载）		砖砌体、小型砌块	$h_w < l_n$	按梁、板传来的荷载采用
			$h_w \geq l_n$	梁、板荷载可不予考虑

注：① 表中 l_n 为过梁的净跨；② 表中 h_w 为包括灰缝厚度在内的每皮砌块高度。

1）墙体荷载

对砖砌体，当过梁上的墙体高度 $h_w < l_n/3$（l_n 为过梁的净跨）时，墙体荷载应按墙体的均布自重采用，否则应按高度为 $l_n/3$ 墙体的均布自重来采用。对砌块砌体，当过梁上的墙体高度 $h_w < l_n/2$ 时，墙体荷载应按墙体的均布自重采用；否则应按高度为 $l_n/2$ 墙体的均布自重采用。

2）梁、板荷载

对砖和砌块砌体，当梁板下的墙体高度 $h_w < l_n$ 时，过梁应计入梁、板传来的荷载，否则可不考虑梁、板荷载。

3．过梁承载力计算

1）砖砌过梁的破坏特征

过梁在竖向荷载作用下和受弯构件相似，截面上产生弯矩和剪力。随着荷载的不断增大，当跨中正截面的拉应力超过砌体沿阶梯形截面抗剪强度时，在靠近支座处将出现 45° 的阶梯形斜裂缝。

对砖砌平拱过梁，正截面下部受拉区的拉力将由两端支座提供的推力来平衡，如图 5.73（a）所示；对钢筋砖过梁，正截面下部受拉区的拉力将由钢筋承受，如图 5.73（b）所示。平拱砖过梁和钢筋砖过梁在上部竖向荷载作用下，各个截面均产生弯矩和剪力，和一般受弯构件类似，下部受拉，上部受压。随着荷载的增大，一般先在跨中受拉区出现垂直裂缝，然后在支座处出现阶梯形裂缝，如图 5.73 所示。

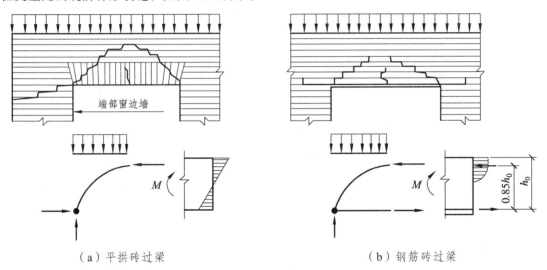

（a）平拱砖过梁   （b）钢筋砖过梁

图 5.73 过梁的破坏特征

2）砖砌平拱过梁计算

砖砌平拱的受弯承载力可按式（5.62）计算，式中，f_{tm} 为砌体沿齿缝截面的弯曲抗拉强度设计值。砖砌平拱的受剪承载力可按式（5.63）计算。

3）钢筋砖过梁计算

钢筋砖过梁的受弯承载力可按设拉杆的三拱铰计算，内力臂系数近似取 0.85，其计算公式为：

$$M \leqslant 0.85 h_0 f_y A_s \tag{5.88}$$

式中 M——按简支梁计算的跨中弯矩设计值（N·mm）；

h_0——过梁截面的有效高度（mm），$h_0 = h - a_s$；

h——过梁的截面计算高度（mm），取过梁底面以上的墙体高度，但不大于 $l_n/3$；当考虑梁、板传来的荷载时，则按梁、板下的高度采用；

a_s——受拉钢筋重心至截面下边缘的距离（mm）；

f_y——钢筋的抗拉强度设计值（MPa）；

A_s——受拉钢筋的截面面积（mm）。

钢筋砖过梁的受剪承载力可按式（5.63）计算。

4）钢筋混凝土过梁计算

混凝土过梁的承载力，应按混凝土受弯构件计算。验算过梁下砌体局部受压承载力时，可不考虑上层荷载的影响；梁端底面压应力图形完整系数可取 1.0，梁端有效支承长度可取实际支承长度，但不应大于墙厚。

　　5）过梁的构造要求

　　（1）砖砌过梁截面计算高度内的砂浆不宜低于 M5（Mb5、Ms5）。

　　（2）砖砌平拱用竖砖砌筑部分的高度不应小于 240 mm。

　　（3）钢筋砖过梁底面砂浆层处的钢筋，其直径不应小于 5 mm，间距不宜大于 120 mm，钢筋伸入支座砌体内的长度不宜小于 240 mm，砂浆层的厚度不宜小于 30 mm。

　　（4）钢筋混凝土过梁端部的支承长度，不宜小于 240 mm。

　　【例 5.21】　已知钢筋混凝土过梁净跨 $l_n = 3.0$ m，过梁上砌体高度 1.2 m，墙厚 240 mm，墙采用 MU10 烧结普通砖、M5 混合砂浆，承受楼板传来的均布荷载设计值 15 kN/m，试设计该过梁（图 5.74）。

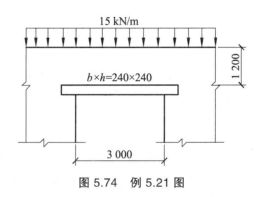

图 5.74　例 5.21 图

　　【解】　（1）荷载与内力计算。

　　过梁自重（包括过梁 3 个侧面的抹灰重）：

$$q_1 = 0.24 \times 0.24 \times 25 + 0.02 \times (0.24 \times 2 + 0.24) \times 17 = 1.685 \ (\text{kN/m})$$

　　墙高 $h_w = 1.2$ m $> l_n / 3 = 3.0/3 = 1$ m，故仅考虑 1 m 高墙的自重。

　　墙体双面抹混合砂浆 20 mm 厚自重：

$$q_2 = 5.24 \times 1 = 5.24 \ (\text{kN/m})$$

　　楼板荷载位置高度小于过梁净跨，应考虑其作用。过梁上的荷载设计值：

$$q = (1.685 + 5.24) \times 1.2 + 15 = 23.31 \ (\text{kN/m})$$

　　计算跨度：　$l_0 = 1.05 \times l_n = 1.05 \times 3.0 = 3.15$ (m)

$$M = \frac{1}{8} q l_0^2 = \frac{1}{8} \times 23.31 \times 3.15^2 = 28.91 \ (\text{kN·m})$$

$$V = \frac{1}{2} q l_n = \frac{1}{2} \times 23.31 \times 3.0 = 34.96 \ (\text{kN})$$

　　（2）按钢筋混凝土受弯构件进行正截面受弯和斜截面受剪承载力计算。

　　过梁采用 C20 混凝土，主筋采用 HRB335 级钢筋，则

$$f_c = 9.6 \text{ N/mm}^2, \ f_t = 1.1 \text{ N/mm}^2, \ f_y = 300 \text{ N/mm}^2, \ h_0 = h - 35 = 240 - 35 = 205 \ (\text{mm})$$

$$a_s = \frac{M}{f_c b h_0^2} = \frac{28.91 \times 10^6}{9.6 \times 240 \times 205^2} = 0.351$$

得 $\qquad \xi = 0.454$

$$A_s = \frac{\xi f_c b h_0}{f_y} = \frac{0.454 \times 9.6 \times 240 \times 205}{300} = 714 \ (\text{mm}^2)$$

选 3Φ18，$A_s = 763 \text{ mm}^2$。

$0.25 b h_0 f_c = 0.25 \times 240 \times 205 \times 9.6 = 118 \ (\text{kN}) > V = 34.96 \ (\text{kN})$，截面尺寸满足要求。

$0.7 b h_0 f_t = 0.7 \times 240 \times 205 \times 1.1 = 37\,884 \ (\text{N}) = 37.9 \ (\text{kN}) > V = 34.96 \ (\text{kN})$，可按构造配置钢箍，选用双肢箍，$\Phi$6@200 mm。

5.7.2 墙梁设计

由支承墙体的钢筋混凝土梁及其上计算高度范围内墙体所组成的能共同工作的组合构件称为墙梁。其中的钢筋混凝土梁称为托梁。在多层砌体结构房屋中，为了满足使用要求，往往要求底层有较大的空间，如底层为商店、饭店等，而上层为住宅、办公室、宿舍等小房间的多层房屋，可用托梁承托以上各层的墙体，组成墙梁结构，上部各层的楼面及屋面荷载将通过砖墙及支撑在砖墙上的钢筋混凝土楼面梁或框架梁（托梁）传递给底层的承重墙或柱。此外，单层工业厂房中外纵墙与基础梁、承台梁与其上墙体等也构成墙梁。与钢筋混凝土框架结构相比，采用墙梁可节约钢材 60%、水泥 25%，节省人工 25%，降低造价 20%，并可加快施工进度，经济效益较好。

墙梁按承受荷载不同可分为承重墙梁和自承重墙梁两类；按支承条件不同分为简支墙梁、框支墙梁和连续墙梁，如图 5.75（a）所示；根据墙梁上是否开洞，墙梁又可分为无洞口墙梁和有洞口墙梁。承重墙梁除了承受自重外，尚需承受计算高度范围以上各层墙体以及楼盖、屋盖或其他结构传来的荷载，如图 5.75（a）所示。非承重墙梁仅承受墙梁自重，即托梁和砌筑在上面的墙体自重，工业厂房围护墙的基础梁、连系梁是典型的非承重墙梁的托梁，如图 5.75（b）所示。

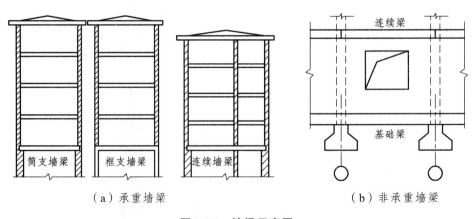

（a）承重墙梁　　　　　　　　　　　　　（b）非承重墙梁

图 5.75　墙梁示意图

1. 简支墙梁的受力性能和破坏形态

墙梁中的墙体不仅作为荷载作用在钢筋混凝土托梁上，而且与托梁共同工作形成组合构件，作为结构的一部分与托梁共同工作。墙梁的受力性能与支承情况、托梁和墙体的材料、托梁的高跨比、墙体的高跨比、墙体上是否开洞、洞口的大小与位置等因素有关。墙梁的受力较为复杂，其破坏形态是墙梁设计的重要依据。

1）无洞口墙梁

（1）无洞口墙梁的受力特点

试验表明，墙梁在出现裂缝之前如同由砖砌体和钢筋混凝土两种材料组成的深梁一样地工作。墙梁在荷载作用下的应力包括正截面上的水平正应力 σ_x、水平截面上的法向正应力 σ_y、剪应力 τ_{xy} 和相应的主应力。σ_x 沿正截面的分布情况大体上是墙体截面大部分受压，托梁截面全部受拉；σ_y 的分布情况大体上是愈接近墙顶水平截面应力分布愈均匀，愈接近托梁底部水平截面应力愈向托梁支座集中；剪应力 τ_{xy} 的分布情况大体上是在托梁支座和托梁与墙体界面附近变化较大，而且剪力由托梁和墙体共同承担。在荷载作用下，无洞口墙梁中裂缝开展过程如下：

① 当托梁的拉应力超过混凝土的极限拉应力时，在其中段出现多条竖向裂缝①，并很快上升至梁顶，随着荷载的增大，也可能穿过托梁和墙体的界面，向墙体伸延，如图 5.76（a）所示。

② 托梁刚度随之削弱，并引起墙体内力重分布，使主压应力进一步向支座附近集中，当墙体中主拉应力超过砌体的抗拉强度时，将出现呈枣核形的斜裂缝②，如图 5.76（b）所示。

③ 随着荷载的增大，斜裂缝向上、下方延伸，形成托梁端部较陡的上宽下窄的斜裂缝，临近破坏时，由于界面中段存在较大的垂直拉应力而出现水平裂缝③，如图 5.76（c）所示。

④ 但支座附近区段，托梁与砌体始终保持紧密相连，共同工作。临近破坏时，墙梁将形成以支座上方斜向砌体为拱肋、以托梁为拉杆的组合拱受力体系，如图 5.76（d）所示。

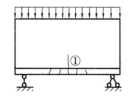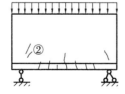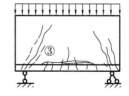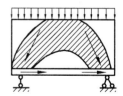

（a）托梁和墙体出现竖向裂缝　（b）墙体出现斜裂缝　（c）界面出现水平裂缝　（d）墙梁的拉杆拱受力模型

图 5.76　墙梁裂缝及受力模型

（2）无洞口墙梁的破坏形态

影响墙梁破坏形态的因素较多，如墙体高跨比 h_w/l，托梁高跨比 h_b/l_0，砌体抗压强度 f，混凝土抗压强度 f_c，托梁配筋率，受荷方式，集中力的剪高比 aF/h_w，有无纵向翼墙，等等。由于这些因素的不同，墙梁可能发生弯曲破坏、斜拉破坏、斜压破坏、劈裂破坏以及局压破坏等 5 种破坏形态，如图 5.77 所示。

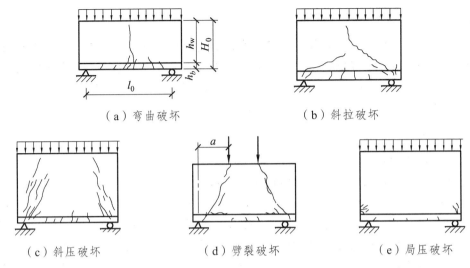

（a）弯曲破坏　　　　　　　　　　（b）斜拉破坏

（c）斜压破坏　　　　　（d）劈裂破坏　　　　　（e）局压破坏

图 5.77　墙梁的破坏形态

① 弯曲破坏

当托梁中的配筋较少，而砌体强度却相对较高，且 h_w/l_0 也较小时，墙梁在荷载作用下首先在托梁中段出现竖向裂缝。随着荷载的增加，竖向裂缝穿过托梁和墙体界面迅速向上延伸，并穿过梁与墙的界面进入墙体，最后托梁的下部和上部纵向钢筋先后达到屈服，墙梁沿跨中垂直截面而发生弯曲破坏，如图 5.77（a）所示。破坏时受压区仅有 3~5 皮砖高，但砌体没有沿水平方向压坏。

② 剪切破坏

当托梁配筋率较高而砌体强度相对较低时，一般 h_w/l_0 适中，易在支座上部的砌体中出现因主拉应力或主压应力过大而引起的斜裂缝，发生墙体的剪切破坏。

由于影响因素的变化，剪切破坏一般有斜拉破坏、斜压破坏和劈裂破坏三种形式。

a. 斜拉破坏。当 $h_w/l_0<0.35$，砂浆强度等级较低时，砌体因主拉应力超过沿齿缝的抗拉强度，产生沿齿缝截面比较平缓的斜裂缝而破坏；或当墙梁顶部作用有集中力，且剪跨比较大时，也易产生斜拉破坏，如图 5.77（b）所示。

b. 斜压破坏。当 $h_w/l_0>0.35$，或集中荷载作用剪跨比较小时，支座附近的砌体中主压应力超过抗拉强度而产生沿斜向的斜压裂缝。这种破坏裂缝较多且穿过砖和灰缝，裂缝倾角一般为 55°~60°，斜裂缝较多且穿过砖和水平灰缝，破坏时有被压碎的砌体碎屑，开裂荷载和破坏荷载均较大，如图 5.77（c）所示。

c. 劈裂破坏。在集中荷载的作用下，临近破坏时墙梁突然在集中力作用点与支座连线上出现一条通长的裂缝，并伴发响声，墙体发生劈裂破坏。这种破坏形态的开裂荷载和破坏荷载比较接近，破坏突然，因无预兆而较危险，属脆性破坏，如图 5.77（d）所示。在集中荷载作用下，墙梁的承载能力仅为均布荷载的 1/6~1/2。

③ 局部受压破坏

当托梁中钢筋较多而砌体强度相对较低，且 $h_w/l_0 \geq 0.75$ 时，在托梁支座上方的砌体由于竖向正应力的集聚形成较大的应力集中。当该处应力超过砌体的局部抗压强度时，在支座上方较小范围内砌体将出现局部压碎现象，即局压破坏，如图 5.77（e）所示。

2）有洞口墙梁

试验研究和有限元分析表明，墙体跨中段有门洞墙梁的应力分布和主应力轨迹线与无洞口墙梁基本一致，如图 5.78 所示。斜裂缝出现后也将逐渐形成组合拱受力体系。当在墙体靠近支座处开门洞时，门洞上的过梁受拉而墙体顶部受压，门洞下的托梁下部受拉、上部受压。说明托梁的弯矩较大而形成大偏心受拉状态。由于门洞侵入，原无洞口墙梁拱形压力传递线改为上传力线和下传力线，使主应力轨迹线变得极为复杂。斜裂缝出现后，对于偏开洞墙梁，荷载呈大拱套小拱的形式向下传递，托梁不仅作为大拱的拉杆，还作为小拱的弹性支座，承受小拱传来的压力。因此偏开洞墙梁可模拟为梁-拱组合受力机构，如图 5.78（a）所示。随着洞口向跨中移动，大拱的作用不断加强，小拱的作用逐渐减弱，当洞口位于跨中时，小拱的作用消失，由于此时洞口设在墙体的低应力区，荷载通过大拱传递，所以跨中开洞墙梁的工作特征与无洞墙梁相似，如图 5.78（b）所示。

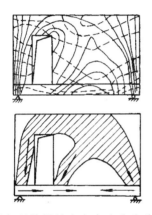 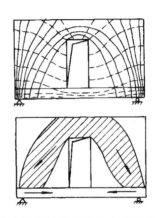

（a）偏开门洞墙梁的主应力迹线及受力模型　（b）跨中有门洞墙梁的主应力迹线及受力模型

图 5.78　有洞口墙梁的应力形态

试验表明，墙体跨中段有门洞墙梁的裂缝出现规律和破坏形态与无洞口墙梁基本一致。当墙体靠近支座开门洞时，将先在门洞外侧墙肢沿界面出现水平裂缝①，不久在门洞内侧出现阶梯形斜裂缝②，随后在门洞顶侧墙肢出现水平裂缝③。加荷至 0.6～0.8 倍破坏荷载时，门洞内侧截面处的托梁出现竖向裂缝④，最后在界面出现水平裂缝⑤，如图 5.79 所示。

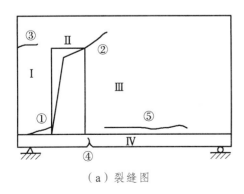 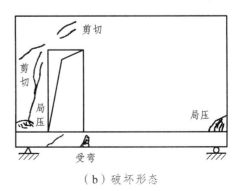

（a）裂缝图　　　　　　　　　　　　（b）破坏形态

图 5.79　偏开门洞墙梁

偏开门洞墙梁将发生弯曲破坏、剪切破坏和局部破坏等三种破坏形态。

弯曲破坏：墙梁沿门洞内侧边截面发生弯曲破坏，即托梁在拉力和弯矩共同作用下，沿特征裂缝④形成大偏心受拉破坏。

墙体剪切破坏形态有：门洞外侧墙肢斜剪破坏、门洞上墙体产生阶梯形斜裂缝的斜拉破坏或在集中荷载作用下的斜剪破坏。托梁剪切破坏除发生在支座斜截面外，门洞处斜截面尚有可能在弯矩、剪力的联合作用下发生拉剪破坏。

局部受压破坏：托梁支座上部砌体发生的局部受压破坏和无洞口墙梁基本相同。

2. 框支墙梁的受力性能和破坏形态

由钢筋混凝土框架支承的墙梁结构体系称为框支墙梁。框支墙梁可以适应较大的跨度和较重的荷载并有利于抗震。框支墙梁在弹性阶段的应力分布与简支墙梁和连续墙梁类似。约在 40% 的破坏荷载时托梁的跨中截面先出现竖向裂缝，并迅速向上延伸至墙体中。在 70%~80% 的破坏荷载时，在墙体或托梁端部出现斜裂缝，经过延伸逐渐形成框架组合受力体系。临近破坏时，在梁和墙体的界面可能出现水平裂缝，在框架柱中出现竖向或水平裂缝。

框支墙梁的破坏形态有弯曲破坏、剪切破坏、弯剪破坏和局部受压破坏四类破坏形态。

（1）弯曲破坏。当 h_w/l_0 稍小，框架梁、柱配筋较少而砌体强度较高时，易于发生这种破坏。此时梁的纵向钢筋先屈服，在跨中形成一个拉弯塑性铰，随后可能在托梁端部负弯矩处钢筋屈服形成塑性铰，或在框架柱上端截面外侧纵筋屈服产生大偏心受压破坏形成压弯塑性铰，最后使框支墙梁形成弯曲破坏机构，如图 5.80（a）所示。

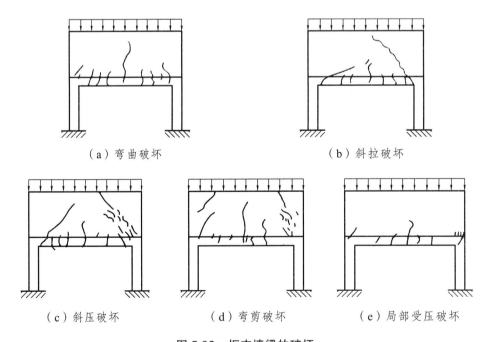

（a）弯曲破坏　　　　　　　　　　（b）斜拉破坏

（c）斜压破坏　　　　（d）弯剪破坏　　　　（e）局部受压破坏

图 5.80　框支墙梁的破坏

（2）剪切破坏。当框架梁、柱配筋较多，承载力较强而墙砌体强度较低时，在一般的高跨比情况下，靠近支座的墙体会出现斜裂缝而发生剪切破坏。根据破坏成因的不同，可分为两种：

当墙梁的高跨比较小，墙体的主拉应力超过墙体复合抗拉强度时，墙体会沿灰缝发生阶梯形斜向裂缝，倾角一般小于 45°，为斜拉破坏，如图 5.80（b）所示。

当墙梁的高跨比较大时，主应力易超过砌体的复合抗压强度，在墙体上形成斜裂缝，裂缝的倾角一般为 55°~60°，成为斜压破坏，如图 5.80（c）所示；若斜压裂缝延伸入框架的梁柱节点，则产生劈裂破坏。

（3）弯剪破坏。当框架梁与墙砌体强弱相当，即梁受弯承载力和墙体受剪承载力接近时，梁跨中竖向裂缝开展后纵筋屈服，同时墙体斜裂缝开展导致斜压破坏，梁端上部钢筋或柱顶外侧钢筋屈服，框支墙梁发生弯剪破坏。弯剪破坏其实是弯曲破坏和剪切破坏两者间的界限破坏，如图 5.80（d）所示。

（4）局部受压破坏。当墙体高跨比较大，支座上方应力较集中时，会发生支座上方墙体的局部受压破坏或框架梁柱节点区的局部受压破坏，如图 5.80（e）所示。

3．连续墙梁的受力性能及破坏形态

由混凝土连续托梁及支承在连续托梁上的计算高度范围内的墙体所组成的组合构件，称为连续墙梁。连续墙梁是多层砌体房屋中常见的墙梁形式，在单层厂房建筑中也应用较多。它的受力特点与单跨墙梁有共同之处。

现以两跨连续墙梁为例简单介绍连续墙梁的受力特点，两跨连续墙梁的受力体系如图 5.81 所示。墙梁顶面处应按构造要求设置圈梁并宜在墙梁上拉通，称为顶梁。在弹性阶段，连续墙梁如同由托梁、墙体和顶梁组合而成的连续深梁，其应力分布及弯矩、剪力和支座反力均反映连续深梁的受力特点。有限元分析表明，与一般连续梁相比，由于墙梁的组合作用，托梁的弯矩和剪力均有一定程度的降低；同时，托梁中却出现了轴力，在跨中区段出现了较大的轴拉力，在支座附近则受轴压力作用。

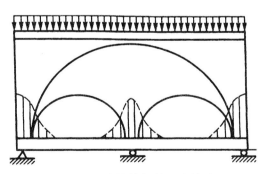

图 5.81　连续墙梁的受力性能

随着裂缝的出现和开展，连续托梁跨中段出现多条竖向裂缝，且很快上升到墙中；但对连续梁受力影响并不显著，随后，在中间支座上方顶梁出现通长竖向裂缝，且向下延伸至墙中。当边支座或中间支座上方墙体中出现斜裂缝并延伸至托梁时，将对连续墙梁受力性能产生重大影响，连续墙梁的受力逐渐转为连续组合拱机制；临近破坏时，托梁与墙体界面将出现水平裂缝，托梁的大部分区段处于偏心受拉状态，仅在中间支座附近的很小区段，由于拱

的推力而使托梁处于偏心受压和受剪的复合受力状态。顶梁的存在使连续墙梁的受剪承载力有较大提高。无翼墙或构造柱时，中间支座上方的砌体中竖向压应力过于集中，会使此处的墙体发生严重的局部受压破坏。中间支座处也比边支座处更容易发生剪切破坏。

连续深梁的破坏形态和简支墙梁相似，也有正截面受弯破坏、斜截面受剪破坏和砌体局部受压破坏。

① 弯曲破坏。连续墙梁的弯曲破坏主要发生在跨中截面，托梁处于小偏心受拉状态而使下部和上部钢筋先后屈服。随后发生的支座截面弯曲破坏将使顶梁钢筋受拉屈服。由于跨中和支座截面先后出现塑性铰而使连续墙梁形成弯曲破坏机构。

② 剪切破坏。连续墙梁墙体剪切破坏的特征和简支墙梁相似，墙体剪切多发生斜压破坏或集中荷载作用下的劈裂破坏。由于连续托梁分担的剪力比简支托梁更大些，故中间支座处托梁剪切破坏比简支墙梁更容易发生。

③ 局部受压破坏。中间支座处托梁上方砌体比边支座处托梁上方砌体更易发生局部受压破坏。破坏时，中支座托梁上方砌体产生向斜上方辐射状斜裂缝，最终导致局部砌体压碎。

4. 墙梁的计算

1) 墙梁的适用条件

试验研究和理论分析表明，为保证墙梁的组合作用，托梁上的墙体高度不能太小，当墙梁的 $h_w / l_0 < 0.35 \sim 0.4$ 时，墙砌体和钢筋混凝土托梁的组合作用明显减弱，为防止出现上述斜拉破坏现象，根据试验、理论分析和工程实践经验，《砌体结构设计规范》规定采用烧结普通砖砌体、混凝土普通砖砌体、混凝土多孔砖砌体和混凝土砌块砌体的墙梁设计应符合下列规定：

（1）墙梁设计应符合表 5.29 的规定，参数如图 5.82。

表 5.29　墙梁的一般规定

墙梁类别	墙体总高度 /m	跨度 /m	墙体高跨比 h_w / l_{0i}	托梁高跨比 h_b / l_{0i}	洞宽比 b_h / l_{0i}	洞高 h_h
承重墙梁	≤18	≤9	≥0.4	≥1/10	≤0.3	≤$5h_w/6$ 且 $h_w - h_h ≥ 0.4$ m
非承重墙梁	≤18	≤12	≥1/3	≥1/15	≤0.8	—

注：墙体总高度指托梁顶面到檐口的高度，带阁楼的坡屋面应算到山尖墙1/2高度处。

（2）墙梁计算高度范围内每跨只允许设置一个洞口，洞口高度为窗洞顶至托梁顶面距离。对自承重墙梁，洞口至边支座中心的距离不应小于 $0.10 l_{0i}$，门窗洞上口至墙顶的距离不应小于 0.5 m。

（3）洞口边缘至支座中心的距离，距边支座不应小于墙梁计算跨度的 0.15 倍，距中支座不应小于墙梁计算跨度的 0.07 倍。托梁支座处上部墙体设置混凝土构造柱，且构造柱边缘至洞口边缘的距离不小于 240 mm 时，洞口边至支座中心距离的限值可不受本规定限制。

（4）托梁高跨比。对无洞口墙梁不宜大于 1/7，对靠近支座有洞口的墙梁不宜大于 1/6。配筋砌块砌体墙梁的托梁高跨比可适当放宽，但不宜小于 1/14；当墙梁结构中的墙体均为配筋砌块砌体时，墙体总高度可不受本规定限制。

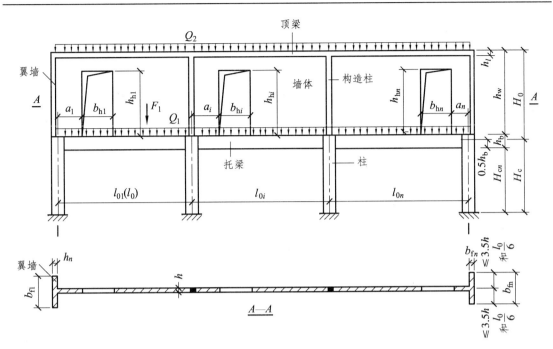

$l_0(l_{0i})$—墙梁计算跨度；h_w—墙体计算高度；h—墙体厚度；H_0—墙梁跨中截面计算高度；
b_{f1}—翼墙计算宽度；H_c—框架柱计算高度；b_{hi}—洞口宽度；h_{hi}—洞口高度；
a_i—洞口边缘至支座中心的距离；Q_1，F_1—承重墙梁的托梁顶面的
荷载设计值；Q_2—承重墙梁的墙梁顶面的荷载设计值。

图 5.82 墙梁的计算参数

2）墙梁的计算简图

墙梁的计算简图应按图 5.82 采用，各计算参数应符合下列规定：

（1）墙梁计算跨度，对简支墙梁和连续墙梁取净跨的 1.1 倍或支座中心线距离的较小值；框支墙梁支座中心线距离，取框架柱轴线间的距离。

（2）墙体计算高度，取托梁顶面上一层墙体（包括顶梁）高度，当 h_w 大于 l_0 时，取 h_w 等于 l_0（对连续墙梁和多跨框支墙梁，l_0 取各跨的平均值）。

（3）墙梁跨中截面计算高度，取 $H_0=h_w+0.5h_b$。

（4）翼墙计算宽度，取窗间墙宽度或横墙间距的 2/3，且每边不大于 3.5 倍的墙体厚度和墙梁计算跨度的 1/6。

（5）框架柱计算高度，取 $H_c=H_{cn}+0.5h_b$，H_{cn} 为框架柱的净高取基础顶面至托梁底面的距离。

3）墙梁的计算荷载

（1）使用阶段墙梁上的荷载

① 承重墙梁的托梁顶面的荷载设计值，取托梁自重及本层楼盖的恒荷载和活荷载。

② 承重墙梁的墙梁顶面的荷载设计值，取托梁以上各层墙体自重，以及墙梁顶面以上各层楼（屋）盖的恒荷载和活荷载；集中荷载可沿作用的跨度近似化为均布荷载。

③ 自承重墙梁的墙梁顶面的荷载设计值，取托梁自重及托梁以上墙体自重。

（2）施工阶段托梁上的荷载

① 托梁自重及本层楼盖的恒荷载。

② 本层楼盖的施工荷载。

③ 墙体自重，可取高度为 $l_{0max}/3$ 高度的墙体自重；开洞时尚应按洞顶以下实际分布的墙体自重复核；l_{0max} 为各计算跨度的最大值。

4）墙梁承载力计算

墙梁应分别进行托梁使用阶段正截面承载力和斜截面受剪承载力计算、墙体受剪承载力计算和托梁支座上部砌体局部受压承载力计算，以及施工阶段托梁承载力验算。自承重墙梁可不验算墙体受剪承载力和砌体局部受压承载力。

（1）托梁正截面承载力计算

托梁跨中截面应按钢筋混凝土偏心受拉构件计算。第 i 跨跨中最大弯矩设计值 M_{bi} 及轴心拉力设计值 N_{bti} 可按下列公式计算：

$$M_{bi} = M_{1i} + a_M M_{2i} \qquad (5.89)$$

$$N_{bti} = \eta_N \frac{M_{2i}}{H_0} \qquad (5.90)$$

① 当为简支墙梁时

$$\alpha_M = \psi_M \left(\frac{1.7h_b}{l_0} - 0.03 \right) \qquad (5.91)$$

$$\psi_M = 4.5 - \frac{10a}{l_0} \qquad (5.92)$$

$$\eta_N = 0.44 + 2.1 \frac{h_w}{l_0} \qquad (5.93)$$

② 当为连续梁和框支墙梁时

$$\alpha_M = \psi_M \left(\frac{2.7h_b}{l_{0i}} - 0.08 \right) \qquad (5.94)$$

$$\psi_M = 3.8 - \frac{8a_i}{l_{0i}} \qquad (5.95)$$

$$\eta_N = 0.8 + 2.6 \frac{h_w}{l_0} \qquad (5.96)$$

式中　M_{1i}——荷载设计值 Q_1、F_1 作用下的简支梁跨中弯矩或按连续梁、框架分析的托梁第 i 跨跨中最大弯矩（N·mm）；

M_{2i}——荷载设计值 Q_2 作用下的简支梁跨中弯矩或按连续梁、框架分析的托梁第 i 跨跨中弯矩中的最大值（N·mm）；

α_M——考虑墙梁组合作用的托梁跨中弯矩系数，可按公式（5.91）或（5.94）计算，但对自承重简支墙梁应乘以折减系数 0.8；当公式（5.91）中的 $h_b / l_0 > 1/6$ 时，取 $h_b / l_0 = 1/6$；当公式（5.94）中 $h_b / l_{0i} > 1/7$ 时，取 $h_b / l_{0i} = 1/7$；当 $\alpha_M > 1.0$ 时，取 $\alpha_M = 1.0$；

η_N——考虑墙梁组合作用的托梁跨中轴力系数，可按公式（5.93）或（5.96）计算，但对自承重简支墙梁应乘以折减系数 0.8；式中，当 $h_w / l_{0i} > 1$ 时，取 $h_w / l_{0i} = 1$；

ψ_M——洞口对托梁弯矩的影响系数，对无洞口墙梁取 1.0，对有洞口墙梁按公式（5.92）或（5.95）计算。

（2）托梁支座截面计算

托梁支座截面应按混凝土受弯构件计算，第 j 支座的弯矩设计值 M_{bj} 可按下列公式计算：

$$M_{bj} = M_{1j} + a_M M_{2j} \tag{5.97}$$

$$\alpha_M = 0.75 - \frac{a_i}{l_{0i}} \tag{5.98}$$

式中　M_{1j}——荷载设计值 Q_1、F_1 作用下按连续梁或框架分析的托梁第 j 支座截面的弯矩设计值（N·mm）；

M_{2j}——荷载设计值 Q_2 作用下按连续梁或框架分析的托梁第 j 支座截面的弯矩设计值（N·mm）；

α_M——考虑墙梁组合作用的托梁支座弯矩系数，无洞口墙梁取 0.4，有洞口墙梁可按式（5.98）计算；当支座两边的墙体均有洞口时，a_i 取两者的较小值。

（3）托梁斜截面受剪承载力计算

墙梁的托梁斜截面受剪承载力应按混凝土受弯构件计算，第 j 支座边缘截面的剪力设计值 V_{bj} 可按下式计算：

$$V_{bj} = V_{1j} + \beta_v V_{2j} \tag{5.99}$$

式中　V_{1j}——荷载设计值 Q_1、F_1 作用下按简支梁、连续梁或框架分析的托梁第 j 支座边缘截面剪力设计值（N）；

V_{2j}——荷载设计值 Q_2 作用下按简支梁、连续梁或框架分析的托梁第 j 支座边缘截面剪力设计值（N）；

β_v——考虑组合作用的托梁剪力系数，无洞口墙梁边支座取 0.6，中支座取 0.7；有洞口墙梁边支座取 0.7，中支座取 0.8；对自承重墙梁，无洞口时取 0.45，有洞口时取 0.5。

（4）墙梁墙体受剪承载力计算

近年的试验研究表明，墙体抗剪承载力不仅与墙体砌体抗压强度设计值 f、墙厚 h、墙体计算高度 h_w 及托梁的高跨比 h_b / l_0 有关，还与墙梁顶面圈梁（简称顶梁）的高跨比 h_t / l_0 有关。另外，由于翼墙或构造柱的存在，多层墙梁楼盖荷载向翼墙或构造柱卸荷而减小墙体剪力，改善墙体的受剪性能，故采用了翼墙或构造柱影响系数 ξ_1。考虑洞口对墙梁的抗剪能力的减弱，采用了洞口影响系数 ξ_2。《砌体规范》给出墙梁墙体的受剪承载力计算公式如下：

$$V_2 \leqslant \xi_1 \xi_2 \left(0.2 + \frac{h_b}{l_{0i}} + \frac{h_t}{l_{0i}} \right) f h h_w \tag{5.100}$$

式中　V_2——在荷载设计值 Q_2 作用下墙梁支座边缘截面剪力的最大值（N）；

　　　ξ_1——翼墙影响系数：对单层墙梁取 1.0；对多层墙梁，当 $b_f/h = 3$ 时取 1.3，当 $b_f/h = 7$ 时取 1.5，当 $3 < b_f/h < 7$ 时按线性插入取值；

　　　ξ_2——洞口影响系数，无洞口墙梁取 1.0，多层有洞口墙梁取 0.9，单层有洞口墙梁取 0.6；

　　　h_t——墙梁顶面圈梁截面高度（mm）。

当墙梁支座处墙体中设置上、下贯通的落地混凝土构造柱，且其截面不小于 240 mm × 240 mm 时，可不验算墙梁的墙体受剪承载力。

（5）托梁支座上部砌体局部受压承载力计算

托梁上部砌体局部受压承载力计算公式为：

$$Q_2 \leqslant \zeta f h \tag{5.101}$$

$$\zeta = 0.25 + 0.08 \frac{b_f}{h} \tag{5.102}$$

式中　ζ——局部系数。

当墙梁的墙体中设置上、下贯通的落地混凝土构造柱，且其截面不小于 240 mm × 240 mm 时，或当 b_f/h 大于等于 5 时，可不验算托梁支座上部砌体局部受压承载力。

（6）施工阶段托梁承载力验算

在施工阶段，托梁与墙体的组合拱作用还没有完全形成，因此不能按墙梁计算。施工阶段的荷载应由托梁单独承受。托梁应按钢筋混凝土受弯构件进行正截面抗弯和斜截面抗剪承载力验算。

5．墙梁的构造要求

墙梁在满足表 5.29 规定并经计算后尚需满足下列构造要求（也是能进行验算的前提和措施）。

1）材　料

（1）托梁和框支柱的混凝土强度等级不应低于 C30。

（2）承重墙梁的块体强度等级不应低于 MU10，计算高度范围内墙体的砂浆强度等级不应低于 M10（Mb10）。

2）墙　体

（1）框支墙梁的上部砌体房屋，以及设有承重的简支墙梁或连续墙梁的房屋，应满足刚性方案房屋的要求。

（2）墙梁的计算高度范围内的墙体厚度，对砖砌体不应小于 240 mm，对混凝土砌块砌体不应小于 190 mm。

（3）墙梁洞口上方应设置混凝土过梁，其支承长度不应小于 240 mm；洞口范围内不应施加集中荷载。

（4）承重墙梁的支座处应设置落地翼墙，翼墙厚度对砖砌体不应小于 240 mm，对混凝土砌块砌体不应小于 190 mm，翼墙宽度不应小于墙梁墙体厚度的 3 倍，并与墙梁墙体同时砌筑。当不能设置翼墙时，应设置落地且上、下贯通的构造柱。

（5）当墙梁墙体在靠近支座 1/3 跨度范围内开洞时，支座处应设置落地且上、下贯通的构造柱，并应与每层圈梁连接。

（6）墙梁计算高度范围内的墙体，每天可砌高度不应超过 1.5 m，否则，应加设临时支撑。

　3）托　梁

（1）托梁两侧各两个开间的楼盖间应采用现浇混凝土楼盖，楼板厚度不宜小于 120 mm，当楼板厚度大于 150 mm 时，应采用双层双向钢筋网，楼板上应少开洞，洞口尺寸大于 800 mm 时应设洞口边梁。

（2）托梁每跨底部的纵向受力钢筋应通长设置，不得在跨中段弯起或截断。钢筋接长应采用机械连接或焊接。

（3）托梁跨中截面纵向受力钢筋总配筋率不应小于 0.6%。

（4）托梁上部通常布置的纵向钢筋面积与跨中下部纵向钢筋面积之比值不应小于 0.4；连续墙梁或多跨框支墙梁的托梁中支座上部附加纵向钢筋从支座边算起每边延伸不少于 $l_0/4$。

（5）承重墙梁的托梁在砌体墙、柱上的支承长度不应小于 350 mm。纵向受力钢筋伸入支座应符合受拉钢筋的锚固要求。

（6）当托梁高度 $h_b \geq 450$ mm 时，应沿梁高设置通长水平腰筋，直径不应小于 12 mm，间距不应大于 200 mm。

（7）对于偏开洞口的墙梁，其托梁的箍筋加密区范围应延伸到洞口外，距洞口的距离大于等于托梁截面高度宽度 h_b，箍筋直径不应小于 8 mm，间距不大于 100 mm，如图 5.83 所示。

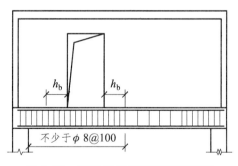

图 5.83　偏开洞时托梁箍筋加密区

【**例 5.22**】　如图 5.84 所示四层房屋，刚性方案，内外纵墙均为 370 mm 厚，开间 3.6 m，层高 3.6 m，楼板 120 mm 厚。底层为大开间房间，二、三、四层为小开间房间。在底层设置截面尺寸为 250 mm × 600 mm 的托梁，梁上砌筑 240 mm 厚的承重墙体形成墙梁。墙梁混凝土强度等级 C30，纵向主筋 HRB335 级，其他钢筋为 HPB300 级，烧结普通砖 MU10、混合砂浆 M10，假设外纵墙每开间开窗 1.8 m × 1.8 m，算得屋盖恒、活荷载为 7.0 kN/m²（设计值），楼盖恒、活荷载为 8.0 kN/m²（设计值），240 mm 墙厚双面抹灰墙体自重为 6.29 kN/m²（设计值），试设计该梁。

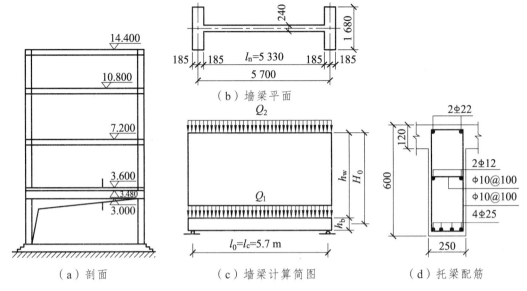

图 5.84 例 5.22 图

【解】 （1）按图 5.84 求得墙梁各项几何参数，见表 5.30。

（2）各项荷载设计值，见表 5.31。

（3）托梁正截面承载力计算。

表 5.30 墙梁各项几何参数

l	l_n	l_0	H	h_w	b_b	h_b	H_0	h	h_f	b_f
5.7	5.33	5.7	$14.4-3.6=10.8$	$7.2-0.12-3.6=3.48$	0.25	0.6	$3.48+0.3=3.78$	0.24	0.37	$7\times0.24=1.68$

注：① $h_w/l_0=3.48/5.7=1/1.638>1/2.5$；② $h_b/l_0=0.6/5.7=1/9.5>1/10$，均符合表 5.29 要求。

表 5.31 荷载设计值

Q_1	Q_i	q_w	Q_2
$8\times3.60+5.09=33.89$	$8\times3.60\times2+7\times3.60\times1=82.80$	$6.29\times(3.60-0.12)\times3=65.67$	$65.67+82.8=148.47$

注：托梁自重为 $1.2\times[25\times0.25\times0.60+0.34\times(2\times0.60+0.25)]=5.09$ kN/m。

① 内力计算。

$$M_{bi}=M_{1i}+\alpha_M M_{2i}$$

$$M_{1i}=Q_1 l_0^2/8=33.89\times5.7^2/8=137.64\ (\text{kN}\cdot\text{m})$$

$$M_{2i}=Q_2 l_0^2/8=148.47\times5.7^2/8=602.97\ (\text{kN}\cdot\text{m})$$

无洞口 $\psi_M=1.0$， $\alpha_M=\psi_M\left(\dfrac{1.7h_b}{l_0}-0.03\right)=1\times\left(1.7\times\dfrac{0.6}{5.7}-0.03\right)=0.149$

$$M_{bi}=137.64+0.149\times602.97=227.48\ (\text{kN}\cdot\text{m})$$

$$\eta_N=0.44+2.1h_w/l_0=0.44+2.1\times3.48/5.7=1.72$$

$$N_{bt} = \eta_N M_{2i} / H_0 = 1.72 \times 602.97 / 3.78 = 274.37 \text{ (kN)}$$

② 配筋计算。

托梁截面尺寸 $b_b = 250$ mm， $h_b = 600$ mm， $h_{b0} = 560$ mm， $a_s = a_s' = 40$ mm， $e_0 = M_{bi} / N_{bt}$ $= 227.48 \times 10^3 / 274.37 = 829$ (mm) $> (0.5h_b - a_s) = 26$ (mm)。

应按大偏心受拉构件计算配筋，经验算后需在托梁下部设置 4Φ25 钢筋、托梁截面上部设置 2Φ22，均沿梁通常设置。根据构造要求配其他钢筋见图 5.84。

（4）托梁斜截面受剪承载力计算。

① 内力计算。

$$V_{bj} = V_{1j} + \beta_v M_{2j}$$

$$V_{1j} = Q_1 l_n / 2 = 33.89 \times 5.33 / 2 = 90.32 \text{ (kN)}$$

$$V_{2j} = Q_2 l_n / 2 = 148.47 \times 5.33 / 2 = 395.67 \text{ (kN)}$$

$$\beta_v = 0.6, \quad V_{bj} = 90.32 + 0.6 \times 395.67 = 327.72 \text{ (kN)}$$

$$V_{bj} \leqslant 0.25 \beta_c f_c b h_0 = 0.25 \times 14.3 \times 250 \times 560 = 500.5 \text{ (kN)}$$

② 配筋计算。

C30（ $f_c = 14.3$ N/mm^2、 $f_t = 14.3$ N/mm^2 ）， HPB300（ $f_{yv} = 14.3$ N/mm^2 ）。

$$V_{bj} = 0.7 f_t b h_0 + f_{yv} \frac{n A_{sv1}}{s} h_0 = 0.7 \times 1.43 \times 250 \times 560 N + 270 \times \frac{2 \times 78.5 N}{100} \times 560$$
$$= 377.52 \text{ (kN)} > 327.72 \text{ (kN)}$$

需配置双肢箍， Φ10@100。

（5）墙梁墙体受剪承载力计算。

$$V_2 \leqslant \xi_1 \xi_2 \left(0.2 + \frac{h_b}{l_{0i}} + \frac{h_t}{l_{0i}} \right) f h h_w \text{ 中 } V_2 = 395.67 \text{ kN}, \quad f = 1.89 \text{ N/mm}^2, \quad h = 240 \text{ mm},$$

$h_w = 3\,480$ mm， 因为 $\dfrac{b_f}{h} = 7$， $\xi_1 = 1.5$， $\xi_2 = 1.0$， 无洞口 $\dfrac{h_b}{l_{0i}} = \dfrac{600}{5\,700} = 0.105$， 则

$$\xi_1 \xi_2 \left(0.2 + \frac{h_b}{l_{0i}} + \frac{h_t}{l_{0i}} \right) f h h_w = 1.5 \times 1.0 \times (0.2 + 0.105 + 0) \times 1.89 \times 240 \times 3\,480$$
$$= 722.18 \text{ (kN)} > 395.67 \text{ (kN)}$$

满足要求。

（6）墙体砌体局部受压验算。

$$Q_2 \leqslant \zeta f h = 148.47 \text{ kN/m}, \quad \zeta = 0.25 + 0.08 \frac{b_f}{h} = 0.25 + 0.08 \times 7 = 0.81$$

$$\zeta f h = 0.81 \times 1.89 \times 240 = 367.4 \text{ (kN/m)} > Q_2 = 148.47 \text{ (kN/m)}$$

满足要求。

（7）施工阶段托梁承载力验算。

为计算简化并偏安全考虑，假定施工期间楼面活荷载等于使用期间的楼面活荷载，墙体自重按高度为 $l_0/3$ 计，则作用于托梁上的荷载设计值为：

$$q_1 = 8.0 \times 3.6 + (5.7 \times 6.29)/3 = 40.75 \ (\text{kN}/\text{m})$$

求得

$$M_{max} = q_1 l_0^2 / 8 = 40.75 \times 5.7^2 / 8 = 165.50 \ (\text{kN} \cdot \text{m})$$

$$V_{max} = q_1 l_n / 2 = 40.75 \times 5.33 / 2 = 165.50 \ (\text{kN})$$

按受弯构件，托梁已配置的纵向钢筋和箍筋均能满足要求。

5.7.3 挑梁设计

在砌体结构房屋中，由于使用和建筑艺术上的要求，往往将钢筋混凝土的梁或板悬挑在墙体外面，形成屋面挑檐、凸阳台、雨篷和悬挑楼梯、悬挑外廊等。这种一端嵌入砌体墙内、一端挑出的梁或板，称为悬挑构件，简称挑梁。

当埋入墙内的长度较大且梁相对于砌体的刚度较小时，即 $l_1 \geqslant 2.2 h_b$（l_1 为挑梁埋入砌体墙中的长度，h_b 为挑梁的截面高度），梁发生明显的挠曲变形，这种挑梁称为弹性挑梁；当埋入墙内的长度较短时，即 $l_1 < 2.2 h_b$ 埋入墙的梁相对于砌体刚度较大，挠曲变形很小，主要发生刚体转动变形，这种挑梁称为刚性挑梁。

1．挑梁的受力性能及破坏形态

挑梁是埋设在墙体中的悬臂构件，承受挑出于墙体的阳台或走廊等各种荷载，通过自身受弯、受剪、受扭将荷载安全可靠地传递给承重墙体。在多层砌体房屋中，挑梁的一般嵌固方式是埋入墙体内一定长度，或置于顶层水平承重体系内一定长度。该长度内的竖向压力作用可以平衡挑梁挑出端承受的荷载，使得挑梁不致在挑出荷载作用下发生倾覆破坏。此外，在挑梁设计中，还要保证挑梁本身承载力和变形的要求以及保证挑梁下端的砌体不致因局部受压承载力不足而发生局部受压破坏。

试验表明，挑梁在挑出荷载作用下经历以下 3 个阶段：弹性阶段、界面水平方向裂缝发展阶段和破坏阶段。3 个阶段的应力状态、裂缝分布及破坏形态见图 5.85。由图可见，挑梁犹如埋设在墙体中的一根撬棍，受力后使得靠近悬臂端根部的墙体上部受拉、下部受压，而埋入端墙体则上部受压、下部受拉。因而，裂缝先在墙体的受拉处出现水平裂缝①、②，继之在埋入端角部墙体上出现向斜上方发展的阶梯形裂缝③。此外，在悬挑端根部还可能因砌体局部受压承载力不足而产生多条竖向裂缝④。

挑梁的破坏形态可分为 3 种：① 因抗倾覆力矩不足引起绕 O 点转动的倾覆力矩破坏；② 因局部受压承载力不足引起的局部受压破坏；③ 因挑梁本身承载力不足的破坏或因挑梁端部变形过大影响正常使用。

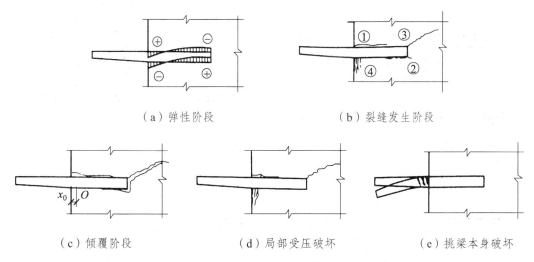

（a）弹性阶段　　　　　　　　　　（b）裂缝发生阶段

（c）倾覆阶段　　　　（d）局部受压破坏　　　　（e）挑梁本身破坏

图 5.85　挑梁的受力和破坏形态

2．挑梁的计算

挑梁的计算包括挑梁抗倾覆验算、挑梁悬挑端根部砌体局部受压承载力验算和挑梁自身承载力计算三部分。在工程设计中，如果挑梁的截面高度与挑出长度的比值小于 1/6，可以不必进行正常使用极限状态下的变形验算。

1）挑梁抗倾覆验算

砌体墙中混凝土挑梁的抗倾覆，应按下列公式进行验算：

$$M_{0v} \leqslant M_r \tag{5.103}$$

式中　M_{0v}——挑梁的荷载设计值对计算倾覆点产生的倾覆力矩（N·mm）；

　　　　M_r——挑梁的抗倾覆力矩设计值（N·mm）。

挑梁的抗倾覆力矩设计值，可按下式计算：

$$M_r = 0.8G_r(l_2 - x_0) \tag{5.104}$$

式中　G_r——挑梁的抗倾覆荷载（N），为挑梁尾端上部 45° 扩散角的阴影范围（其水平长度为 l_3）内本层的砌体与楼面恒荷载标准值之和（图 5.86）；当上部楼层无挑梁时，抗倾覆荷载中可计及上部楼层的楼面永久荷载；

　　　　l_2——G_r 作用点至墙体外边缘的距离（mm）；

　　　　x_0——挑梁计算倾覆点至墙外边缘的距离（mm）：当 $l_1 \geqslant 2.2h_b$ 时，$x_0 = 0.3h_b$，且其结果不应大于 $0.13l_1$；当 $l_1 < 2.2h_b$ 时，取 $x_0 = 0.3l_1$；当挑梁下有混凝土构造柱或垫梁时，计算倾覆点至墙外边缘的距离可取 $0.5x_0$。

雨篷的抗倾覆计算仍按照上述公式进行计算，抗倾覆荷载 G_r 按图 5.87 取用，l_2 为 G_r 距墙边缘的距离，为墙厚的 1/2，l_3 为门窗洞口净跨的 1/2。

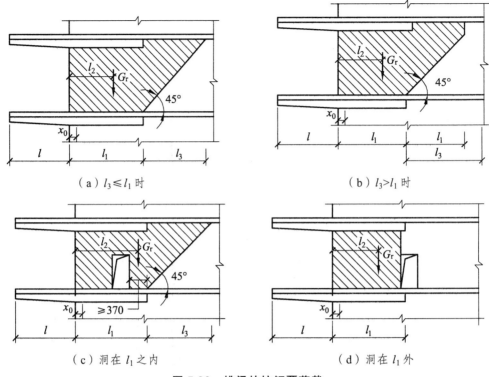

（a）$l_3 \leqslant l_1$ 时　　　　　　　　　　（b）$l_3 > l_1$ 时

（c）洞在 l_1 之内　　　　　　　　　　（d）洞在 l_1 外

图 5.86　挑梁的抗倾覆荷载

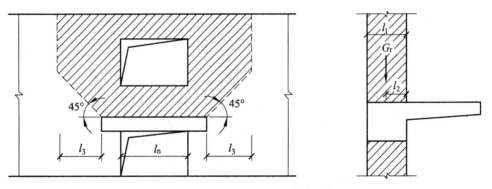

G_r—抗倾覆荷载；l_1—墙厚；l_2—G_r 距墙外边缘的距离。

图 5.87　雨篷的抗倾覆荷载

2）挑梁下砌体的局部受压承载力验算

可按下式进行验算：

$$N_l \leqslant \eta \gamma f A_l \tag{5.105}$$

式中　N_l——挑梁下的支承压力，可取 $N_l = 2R$，R 为挑梁的倾覆荷载设计值（N）；

　　　η——梁端底面压应力图形完整性系数，可取 0.7；

　　　γ——砌体局部抗压强度提高系数，对图 5.88（a）取 1.25，对图 5.88（b）取 1.5；

　　　A_l——挑梁下砌体局部受压面积（mm²），可取 $A_l = 1.2b\,h_b$，b 为挑梁截面宽度（mm），h_b 为挑梁截面高度（mm）。

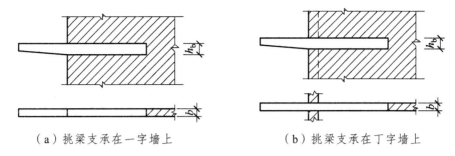

（a）挑梁支承在一字墙上　　　　　　（b）挑梁支承在丁字墙上

图 5.88　挑梁下砌体局部受压

3）挑梁自身设计

挑梁自身的受弯、受剪承载力与一般混凝土受弯构件进行正截面受弯承载力和斜截面受剪承载力计算相同。

挑梁最大弯矩设计值 M_{max} 和最大剪力设计值 V_{max} 分别按以下公式计算：

$$M_{max} = M_0 \tag{5.106}$$

$$V_{max} = V_0 \tag{5.107}$$

式中　M_0——挑梁的荷载设计值对计算倾覆点截面产生的弯矩（N·mm）；

　　　V_0——挑梁荷载设计值在挑梁的墙外边缘处截面产生的剪力（N）。

4）挑梁的构造要求

（1）挑梁埋入砌体长度 l_1 与挑出长度 l 之比宜大于 1.2；当挑梁上无砌体时，l_1/l 宜大于 2.0。

（2）挑梁纵筋至少应有 1/2 的钢筋面积伸入梁尾端，且不少于 2Φ12。其余钢筋伸入支座的长度不应小于 $2l_1/3$。

【例 5.23】　一承托阳台的钢筋混凝土挑梁埋置于 T 形截面墙段，挑出长度 $l = 1.8$ m，埋入长度 $l_1 = 2.2$ m，挑梁截面 $b = 240$ mm，$h_b = 350$ mm，挑出端截面高度为 150 mm；挑梁墙体净高 2.8 m，墙厚 $h = 240$ mm；采用 MU10 烧结多孔砖、M5 混合砂浆；荷载标准值：挑出端 $F_k = 6$ kN，挑梁本身承担的静荷载 $g_{1k} = g_{2k} = 17.75$ kN/m，活荷载 $q_{1k} = 8.25$ kN/m，$q_{2k} = 4.95$ kN/m，$g_{3k} = 18.15$ kN/m，$q_{3k} = 2.31$ kN/m；挑梁采用 C20 混凝土，纵筋为 HRB335 级钢筋，箍筋为 HPB300 级钢筋；挑梁自重：挑出段为 1.725 kN/m，埋入段为 2.31 kN/m。试设计该挑梁（图 5.89）。

【解】　（1）抗倾覆验算。

$$l_1 = 2.2 \text{ m} > 2.2h_b = 2.2 \times 0.35 = 0.77 \text{ (m)}$$

$$x_0 = 0.3 h_b = 0.3 \times 0.35 = 105 \text{ (mm)}$$

$$M_{0v} = 1.2 \times 6 \times (1.8 + 0.105) + \frac{1}{2}[1.4 \times 8.25 + 1.2 \times (1.725 + 17.75)] \times (1.8 + 0.105)^2$$

$$= 77.08 \text{ (kN·m)}$$

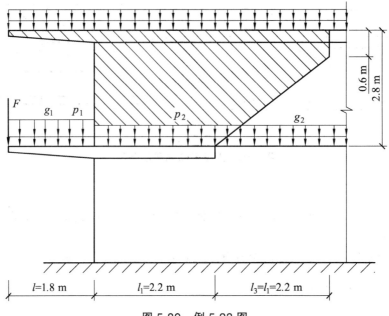

图 5.89　例 5.23 图

$$M_r = 0.8 \times \left[\frac{1}{2}(17.75 + 2.31) \times (2 - 0.105)^2 + 2 \times 2.8 \times 0.28 \times 19 \times \left(\frac{2.2}{2} - 0.105 \right) + \right.$$

$$\left. \frac{1}{2} \times 2.2 \times 2.2 \times 0.28 \times 19 \left(\frac{2.2}{3} + 2.2 - 0.105 \right) + 2.2 \times 0.6 \times 0.28 \times 19 \times \left(\frac{2.2}{2} + 2.2 - 0.105 \right) \right]$$

$$= 92.62 \ (\text{kN} \cdot \text{m})$$

$$M_r > M_{0v}$$

抗倾覆验算满足要求。

（2）挑梁下砌体局部受压承载力计算。

$$N_l = 2R = 2\{1.2 \times 6 + [1.4 \times 8.25 + 1.2(1.725 + 17.75)] \times 1.905\} = 147.45 \ (\text{kN})$$

$$< \eta \gamma f A_l = 0.7 \times 1.5 \times 1.5 \times 1.2 \times 240 \times 350 = 158.76 \ (\text{kN})$$

挑梁下砌体局部受压承载力满足要求。

（3）挑梁承载力计算。

$$M_{\max} = M_0 = 77.08 \ (\text{kN} \cdot \text{m})$$

$$V_{\max} = V_0 = 1.2 \times 6 + [1.4 \times 8.25 + 1.2 \times (1.725 + 17.75)] \times 1.8 = 70.06 \ (\text{kN})$$

按钢筋混凝土受弯构件计算，采用单排钢筋，$A_s = 1\ 039\ \text{mm}^2$，选配 2Φ18+2Φ20（1 017 mm^2）；其中 2Φ18 伸入挑梁尾端，2Φ20 伸入墙内 1.5 m 处截断。

$$A_{sv} / s = 0.143$$

选配双肢箍，Φ6@180（$A_{sv} / s = 0.317$），且 $\rho_{sv} = 57/(240 \times 180) = 0.132\% > \rho_{sv,\min} = 0.02 \times 1.1/210 = 0.126\%$，满足要求。

5.8　砌体结构的构造措施

5.8.1　一般构造要求

1. 支承构造要求

地震灾害的经验表明，预制钢筋混凝土板之间有可靠连接，墙和楼板接触面上的摩擦力可有效地传递水平力，才能保证楼面板的整体作用，增加墙体约束，减少墙体竖向变形，避免楼板在较大传移时坍塌。相对而言，屋架或大梁的重要性较大，但屋架或大梁与墙、柱的接触面却相对较小。当屋架或大梁的跨度较大时，两者之间的摩擦力不可能有效地传递水平力，此时应采用锚固件加强屋架或大梁与墙、柱的锚固。支承构造应符合下列要求：

（1）预制钢筋混凝土板在混凝土圈梁上的支承长度不应小于 80 mm，板端伸出的钢筋应与圈梁可靠连接，且同时浇筑；预制钢筋混凝土板在墙上的支承长度不应小于 100 mm，并应按下列方法进行连接：

① 板支承于内墙时，板端钢筋伸出长度不应小于 70 mm，且与支座处沿墙配置的纵筋绑扎，用强度等级不应低于 C25 的混凝土浇筑成板带。

② 板支承于外墙时，板端钢筋伸出长度不应小于 100 mm，且与支座处沿墙配置的纵筋绑扎，用强度等级不应低于 C25 的混凝土浇筑成板带。

③ 预制钢筋混凝土板与现浇板对接时，预制板端钢筋应伸入现浇板中进行连接后，再浇筑现浇板。

（2）支承在墙、柱上的吊车梁、屋架及跨度大于或等于 9 m（支承在砖砌体上）、7.2 m（支承在砌块和料石砌体上）的预制梁的端部，应采用锚固件与墙、柱上的垫块锚固，如图 5.90 所示。

为了减小屋架或梁端部支承压力对墙体的偏心距，可以采用有中心垫板的垫块或缺口垫块，如图 5.91 所示。

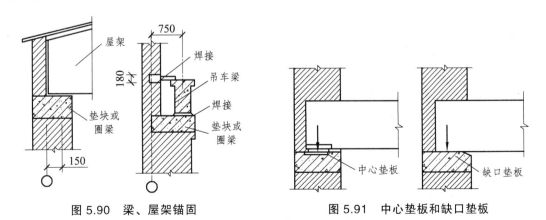

图 5.90　梁、屋架锚固　　　　　图 5.91　中心垫板和缺口垫板

2. 墙、柱截面最小尺寸

墙、柱截面尺寸小，稳定性就差，也越容易失去稳定，并且截面局部削弱，施工质量对

墙、柱承载力的影响越大。因此，承重的独立砖柱截面尺寸不应小于 240 mm×370 mm，毛石墙的厚度不宜小于 350 mm，毛料石柱较小边长不宜小于 400 mm。当有振动荷载时，墙、柱不宜采用毛石砌体。

3．垫块设置

当屋架、大梁搁置墙、柱上时，屋架、大梁端部支承处的砌体处于局部受压状态。当屋架、大梁的受荷面积较大而局部受压面积较小时，容易发生局部受压破坏。因此跨度大于 6 m 的屋架和跨度大于 4.8 m（采用砖砌体）、4.2 m（采用砌块和料石砌体）、3.9 m（采用毛石砌体），应在支承处砌体上设置混凝土或钢筋混凝土垫块；当墙中设有圈梁时，垫块与圈梁宜浇成整体。

4．壁柱设置

当墙体高度较大、厚度较薄而所受的荷载又较大时，墙体平面外的刚度和稳定性较差。为了加强墙体的刚度和稳定性，可在墙体的适当部位设置壁柱。当梁跨度大于或等于 6 m（对 240 mm 厚的砖墙）、4.8 m（对 180 mm 厚的砖墙）、4.8 m（对砌块、料石墙）时，其支承处宜加设壁柱，或者采取其他加强措施。山墙处的壁柱宜砌至山墙顶部，屋面构件应与山墙可靠拉结。

5．墙、柱的拉结

为了确保填充墙、隔墙的稳定性并有效传递水平力，应分别采取措施与周边主体结构可靠连接，连接构造和张拉材料应能满足传力、变形、耐久和防护要求。

工程实践表明，墙体转角处和纵横墙交接处设拉结钢筋是提高墙体稳定性和房屋整体性的重要措施之一。该项措施对防止墙体温度或干缩变形引起的开裂也有一定作用。调查发现，一些开有大（多）孔洞的块材墙体，其设于墙体灰缝内的拉结钢筋大多放到了孔洞处，严重影响了钢筋的拉结。研究表明，由于多孔砖孔洞的存在，钢筋在多孔砖砌体灰缝内的锚固承载力小于同等条件下在实心砖砌体灰缝内的锚固承载力。对于孔洞率不大于 30 的多孔砖，墙体水平灰缝拉结钢筋的锚固长度应为实心砖墙体的 1.4 倍。

墙体转角处和纵横墙交接处应沿竖向每隔 400～500 mm 设拉结钢筋，其数量为 120 mm 墙厚不小于 1 根直径 6 mm 的钢筋；或采用焊接钢筋网片，埋入长度从墙的转角或交接处算起，对实心墙砖每边不小于 500 mm，对多孔砖墙和砌块墙不小于 700 mm。

混凝土砌块房屋，宜将纵横墙交接处，距墙中心线每边不小于 300 mm 范围内的孔洞，采用强度不低于 Cb20 的混凝土沿全墙高灌实。山墙处的壁柱或构造柱宜砌至山墙顶部，且屋面构件应与山墙可靠拉结。

砌块砌体应分皮错缝搭砌，上下皮搭砌长度不应小于 90 mm。当搭砌长度不满足上述要求时，应在水平灰缝内设置不小于 2 根直径不小于 4 mm 的焊接钢筋网片（横向钢筋的间距不应大于 200 mm，网片每端应伸出该垂直缝不小于 300 mm）。

砌块墙与后砌隔墙交接处，应沿墙高每 400 mm 在水平灰缝内设置不少于 2 根直径不小于 4 mm、横筋间距不大于 200 mm 的焊接钢筋网片，如图 5.92 所示。

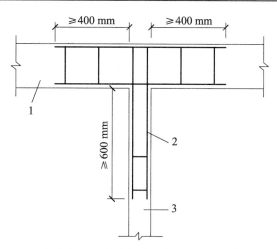

1—砌块墙；2—焊接钢筋网片；3—后砌隔墙。

图 5.92　砌块墙与后砌隔墙交接处钢筋网片

5.8.2　框架填充墙

框架填充墙墙体除应满足稳定要求外，尚应考虑水平风荷载及地震作用的影响。地震作用可按现行国家标准《建筑抗震设计规范》GB 50011 中非结构构件的规定计算。在正常使用和正常维护条件下，填充墙的使用年限宜与主体结构相同，结构的安全等级可按二级考虑。填充墙的构造设计，应符合下列规定。

1．填充墙的构造设计

填充墙的构造设计，应符合下列规定：

（1）填充墙宜选用轻质块体材料，空心砖、轻集料混凝土砌块的强度等级应采用 MU10、MU7.5、MU5 和 MU3.5。

（2）填充墙砌筑砂浆的强度等级不宜低于 M5（Mb5、Ms5）。

（3）填充墙墙体墙厚不应小于 90 mm。

（4）用于填充墙的夹心复合砌块，其两肢块体之间应有拉结。

2．填充墙与框架的连接

填充墙与框架的连接，可根据设计要求采用脱开或不脱开方法。有抗震设防要求时宜采用填充墙与框架脱开的方法。

（1）当填充墙与框架采用脱开的方法时，宜符合下列规定：

① 填充墙两端与框架柱，填充墙顶面与框架梁之间留出不小于 20 mm 的间隙。

② 填充墙端部应设置构造柱，柱间距宜不大于 20 倍墙厚且不大于 4 000 mm，柱宽度不小于 100 mm。柱竖向钢筋不宜小于 φ10，箍筋宜为 φ^{R}5，竖向间距不宜大于 400 mm。竖向钢筋与框架梁或其挑出部分的预埋件或预留钢筋连接，绑扎接头时不小于 30d，焊接时（单面焊）不小于 10d（d 为钢筋直径）。柱顶与框架梁（板）应预留不小于 15 mm 的缝隙，用硅

酮胶或其他弹性密封材料封缝。当填充墙有宽度大于 2 100 mm 的洞口时，洞口两侧应加设宽度不小于 50 mm 的单筋混凝土柱。

③ 填充墙两端宜卡入设在梁、板底及柱侧的卡口铁件内，墙侧卡口板的竖向间距不宜大于 500 mm，墙顶卡口板的水平间距不宜大于 1 500 mm。

④ 墙体高度超过 4 m 时宜在墙高中部设置与柱连通的水平系梁。水平系梁的截面高度不小于 60 mm。填充墙高不宜大于 6 m。

⑤ 填充墙与框架柱、梁的缝隙可采用聚苯乙烯泡沫塑料板条或聚氨酯发泡材料充填，并用硅酮胶或其他弹性密封材料封缝。

⑥ 所有连接用钢筋、金属配件、铁件、预埋件等均应做防腐防锈处理，并应符合本规范第 4.3 节的规定。嵌缝材料应能满足变形和防护要求。

（2）当填充墙与框架采用不脱开的方法时，宜符合下列规定：

① 沿柱高每隔 500 mm 配置 2 根直径 6 mm 的拉结钢筋（墙厚大于 240 mm 时配置 3 根直径 6 mm），钢筋伸入填充墙长度不宜小于 700 mm，且拉结钢筋应错开截断，相距不宜小于 200 mm。填充墙墙顶应与框架梁紧密结合。顶面与上部结构接触处宜用一皮砖或配砖斜砌楔紧。

② 当填充墙有洞口时，宜在窗洞口的上端或下端、门洞口的上端设置钢筋混凝土带，钢筋混凝土带应与过梁的混凝土同时浇筑，其过梁的断面及配筋由设计确定。钢筋混凝土带的混凝土强度等级不小于 C20。当有洞口的填充墙尽端至门窗洞口边距离小于 240 mm 时，宜采用钢筋混凝土门窗框。

③ 填充墙长度超过 5 m 或墙长大于 2 倍层高时，墙顶与梁宜有拉接措施，墙体中部应加设构造柱；墙高度超过 4 m 时宜在墙高中部设置与柱连接的水平系梁，墙高超过 6 m 时，宜沿墙高每 2 m 设置与柱连接的水平系梁，梁的截面高度不小于 60 mm。

5.8.3 防止和减轻墙体开裂的主要措施

1．伸缩缝的设置

如果房屋过长，由于温差和墙体的收缩，在墙体内会产生过大的温度应力和收缩应力，使墙体中部或某些薄弱部位产生竖向裂缝，影响房屋的正常使用。钢筋混凝土屋盖和楼盖有较大的温度变形，也会使墙体受拉开裂。因此，当房屋的长度超过规定值时，应设置伸缩缝。将房屋分为若干长度较小的单元，以防止或减轻墙体的开裂。

伸缩缝应设在温度变形和收缩变形可能引起应力集中、砌体最可能出现裂缝的部位，例如，体型变化处和平面转折处，房屋的中间部位以及房屋的错层处。

伸缩缝的间距与墙体所用材料、屋盖和楼盖的形式以及保温隔热状况等因素有关，当结构的温差较大或屋盖的整体性较好，可能产生较大的温度、收缩变形时，伸缩缝的间距宜小一些，采用刚度很差的瓦屋面、木屋面或楼盖及与墙体有相近性能的砖石屋盖、楼盖时，屋盖、楼盖对墙体开裂的影响很小，此时伸缩缝间距主要由砌体的温度、收缩性能所确定。根据多年的工程实践经验，砌体结构伸缩缝的间距可按表 5.32 采用。

表 5.32 砌体房屋伸缩缝的最大间距 单位：m

屋盖或楼盖类别		间　距
整体式或装配整体式钢筋混凝土结构	有保温层或隔热层的屋盖、楼盖	50
	无保温层或隔热层的屋盖	40
装配式无檩体系钢筋混凝土结构	有保温层或隔热层的屋盖、楼盖	60
	无保温层或隔热层的屋盖	50
装配式有檩体系钢筋混凝土结构	有保温层或隔热层的屋盖	75
	无保温层或隔热层的屋盖	60
瓦材屋盖、木屋盖或楼盖、轻钢屋盖		100

注：① 对烧结普通砖、烧结多孔砖、配筋砌块砌体房屋，取表中数值；对石砌体、蒸压灰砂普通砖、蒸压粉煤灰普通砖、混凝土砌块、混凝土普通砖和混凝土多孔砖房屋，取表中数值乘以 0.8 的系数，当墙体有可靠外保温措施时，其间距可取表中数值。② 在钢筋混凝土屋面上挂瓦的屋盖应按钢筋混凝土屋盖采用。③ 层高大于 5 m 的烧结普通砖、烧结多孔砖、配筋砌块砌体结构单层房屋，其伸缩缝间距可按表中数值乘以 1.3。④ 温差较大且变化频繁地区和严寒地区不采暖的房屋及构筑物墙体的伸缩缝的最大间距，应按表中数值予以适当减小。⑤ 墙体的伸缩缝应与结构的其他变形缝相重合，缝宽度应满足各种变形缝的变形要求；在进行立面处理时，必须保证缝隙的变形作用。

2．房屋顶层及底层墙体处

房屋顶层墙体，宜根据情况采取下列措施：

（1）屋面应设置保温、隔热层。

（2）屋面保温（隔热）层或屋面刚性面层及砂浆找平层应设置分隔缝，分隔缝间距不宜大于 6 m，其缝宽不小于 30 mm，并与女儿墙隔开。

（3）采用装配式有檩体系钢筋混凝土屋盖和瓦材屋盖。

（4）顶层屋面板下设置现浇钢筋混凝土圈梁，并沿内外墙拉通，房屋两端圈梁下的墙体内宜设置水平钢筋。

（5）顶层墙体有门窗等洞口时，在过梁上的水平灰缝内设置 2～3 道焊接钢筋网片或 2 根直径 6 mm 钢筋，焊接钢筋网片或钢筋应伸入洞口两端墙内不小于 600 mm。

（6）顶层及女儿墙砂浆强度等级不低于 M7.5（Mb7.5、Ms7.5）。

（7）女儿墙应设置构造柱，构造柱间距不宜大于 4 m，构造柱应伸至女儿墙顶并与现浇钢筋混凝土压顶整浇在一起。

（8）对顶层墙体施加竖向预应力。

房屋底层墙体，宜根据情况采取下列措施：

（1）增大基础圈梁的刚度。

（2）在底层的窗台下墙体灰缝内设置 3 道焊接钢筋网片或 2 根直径 6 mm 的钢筋，并应伸入两边窗间墙内不小于 600 mm。

3．门、窗过梁处

在每层门、窗过梁上方的水平灰缝内及窗台下第一和第二道水平灰缝内，宜设置焊接钢筋网片或 2 根直径 6 mm 的钢筋，焊接钢筋网片或钢筋应伸入两边窗间墙内不小于 600 mm。当墙长大于 5 m 时，宜在每层墙高度中部设置 2～3 道焊接钢筋网片或 3 根直径 6 mm 的通长水平钢筋，竖向间距为 500 mm。

房屋两端和底层第一、第二开间门窗洞处,可采取下列措施:

(1)在门窗洞口两边墙体的水平灰缝中,设置长度不小于 900 mm、竖向间距为 400 mm 的 2 根直径 4 mm 的焊接钢筋网片。

(2)在顶层和底层设置通长钢筋混凝土窗台梁,窗台梁高宜为块材高度的模数,梁内纵筋不少于 4 根,直径不小于 10 mm,箍筋直径不小于 6 mm,间距不大于 200 mm,混凝土强度等级不低于 C20。

(3)在混凝土砌块房屋门窗洞口两侧不少于一个孔洞中设置直径不小于 12 mm 的竖向钢筋,竖向钢筋应在楼层圈梁或基础内锚固,孔洞用强度等级不低于 Cb20 的混凝土灌实。

4.其他措施

填充墙砌体与梁、柱或混凝土墙体结合的界面处(包括内、外墙),宜在粉刷前设置钢丝网片,网片宽度可取 400 mm,并沿界面缝两侧各延伸 200 mm,或采取其他有效的防裂、盖缝措施。

当房屋刚度较大时,可在窗台下或窗台角处墙体内、墙体高度或厚度突然变化处设置竖向控制缝。竖向控制缝宽度不宜小于 25 mm,缝内填以压缩性能好的填充材料,且外部用密封材料密封,并采用不吸水的、闭孔发泡聚乙烯实心圆棒(背衬)作为密封膏的隔离物,如图 5.93 所示。

夹心复合墙的外叶墙宜在建筑墙体适当部位设置控制缝,其间距宜为 6~8 m。

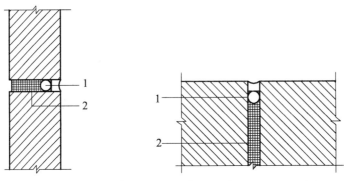

1—不吸水的、闭孔发泡聚乙烯实心圆棒;2—柔软、可压缩的填充物。

图 5.93　控制缝构造

习　题

5.1　已知混凝土小型空心砌块强度等级为 MU15,砌块孔洞率为 47%,采用砌块专用砂浆 Mb10 砌筑,用 Cb25 混凝土全灌孔。试计算该灌孔砌块砌体抗压强度设计值。(调整系数 $\gamma_a = 0.9$)

5.2　某单层厂房如图 5.94 所示,房屋长度 48 m,宽 12 m,柱距 6 m,截面尺寸如图所示。采用装配式有檩体系钢筋混凝土槽瓦屋盖,基本风压 w_0 为 0.35 kN/m²(B 类),风载体型系数见图中标注,屋面恒荷载标准值为 2 kN/m²(水平投影),屋面活荷载标准值为 0.7 kN/m²

（屋面雪荷载小于此值），屋面出檐 0.5 m，屋架支座底面标高为 5.0 m，屋架支座底面至屋脊的高度为 2.6 m，室外地坪标高为 −0.300 m，基础顶面标高为 −0.500 m。试进行以下计算：确定房屋的静力计算方案；计算排架上的竖向荷载和风荷载作用标准值；计算排架结构在风荷载作用下的柱脚截面弯矩。

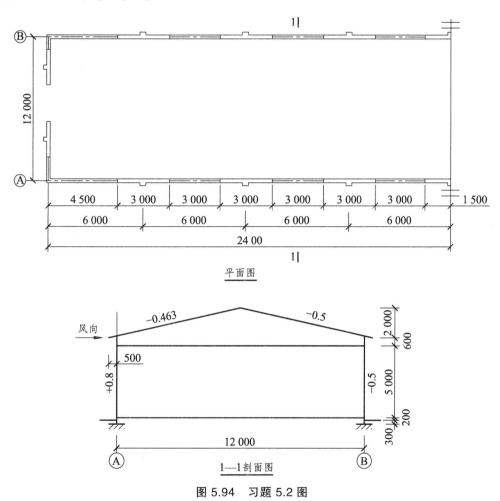

图 5.94 习题 5.2 图

5.3 已知某一砖柱的截面尺寸为 490 mm × 370 mm，采用 MU7.5 烧结普通砖和 M5 混合砂浆砌筑。柱的计算高度为 5 m（两端为不动铰接），柱顶承受轴向力设计值 145 kN，试验算柱底截面承载力。

5.4 已知有一截面尺寸为 490 mm × 740 mm 的砖柱，采用 MU10 烧结普通砖和 M7.5 混合砂浆砌筑。柱的计算高度 $H_0 = 6$ m，该柱危险截面承受轴向力设计值 $N = 50$ kN，弯矩设计值 $M = 15$ kN·m。试验算该柱承载力。

5.5 某承重内横墙厚 190 mm，采用 MU15 单排孔且孔对孔砌筑的混凝土空心砌块和 Mb5 水泥砌筑。已知作用在底层墙顶的荷载设计值为 150 kN/m，纵墙间距为 7.2 m，横墙间距 $s = 3.6$ m，墙高 $H = 3.5$ m。试验算底层墙底截面承载力。（墙自重为 3.36 kN/m²）

5.6 某截面尺寸为 490 mm × 490 mm 的单排孔且孔孔砌筑的轻料混凝土小型砌块柱，采用 MU20 砌块和 Mb5 水泥混合砂浆砌筑。设柱在两个方向的计算高度相同，$H_0 = 5.2$ m，该柱承受的荷载设计值 $N = 400$ kN，$M = 40$ kN·m。试验算两个方向的受压承载力。

5.7 如图 5.95 所示某带壁柱窗间墙截面，计算高度 $H_0 = 5$ m，采用 MU10 烧结多孔砖和 M5 混合砂浆砌筑，轴向力分别作用于截面上垂心点 O、A 和 B。试分别计算其轴向受压承载力。

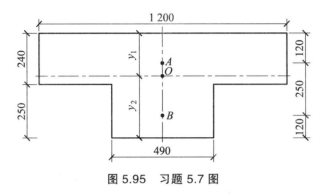

图 5.95 习题 5.7 图

5.8 某带壁柱墙，采用烧结普通砖、M5 砂浆砌筑，装配式有檩体系钢筋混凝土屋盖，柱距 5 m，窗宽 2.5 m，横墙间距 30 m，纵墙墙厚 240 mm，包括纵墙在内的壁柱截面为 370 mm × 490 mm。试验算其高厚比。

5.9 已知某窗间墙的截面尺寸为 800 mm × 240 mm，采用 MU10 混凝土普通砖和 M5 混合砂浆砌筑，墙上支承钢筋混凝土梁，梁端支承长度为 240 mm，梁截面尺寸为 200 mm × 500 mm，梁端荷载设计值产生的支承压力为 50 kN，上部荷载设计值产生的轴向力为 120 kN。试验算梁端支承处砌体的局部受压承载力。

5.10 如图 5.96 所示某窗间墙截面尺寸为 1 500 mm × 370 mm，采用 MU10 烧结普通砖、M5 混合砂浆砌筑；中部支承混凝土梁截面尺寸为 $b \times h = 250$ mm × 550 mm，实际支承长度 $a = 240$ mm，梁端支承反力设计值 $N_l = 110$ kN，上层墙体传来轴向力设计值为 $N_0 = 140$ kN。试验算梁端支承处砌体的局部受压承载力。

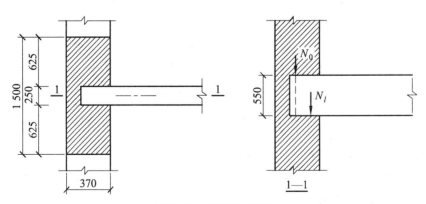

图 5.96 习题 5.10 图

5.11 如图 5.97 所示某窗间墙截面尺寸为 1 500 mm × 370 mm，采用 MU10 烧结普通砖、M5 混合砂浆砌筑；中部支承混凝土梁截面尺寸为 $b \times h = 250$ mm × 550 mm，实际支承长度 $a = 240$ mm，梁端支承反力设计值 $N_l = 110$ kN，上层墙体传来轴向力设计值为 $N_0 = 140$ kN，梁下采用预制刚性垫块尺寸为 $a_b = 240\,\text{mm}$，$b_b = 650\,\text{mm}$，$t_b = 200\,\text{mm}$。试验算垫块下物体局部受压的承载力。

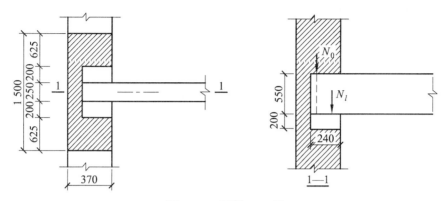

图 5.97　习题 5.11 图

5.12　如图 5.98 所示某窗间墙截面尺寸为 1 500 mm×370 mm，采用 MU10 烧结普通砖、M5 混合砂浆砌筑；中部支承混凝土梁截面尺寸为 $b \times h = 250\,\text{mm} \times 550\,\text{mm}$，实际支承长度 $a = 240\,\text{mm}$，梁端支承反力设计值 $N_l = 110\,\text{kN}$，上层墙体传来轴向力设计值为 $N_0 = 140\,\text{kN}$，垫梁采用 C20 混凝土浇筑，垫梁尺寸为 $b_b = 240\,\text{mm}$，$h_b = 180\,\text{mm}$。试验算垫梁下砌体局部受压的承载力。

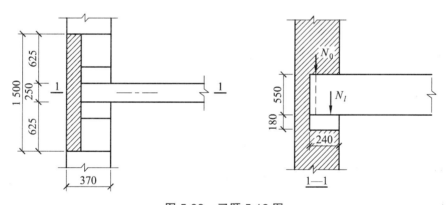

图 5.98　习题 5.12 图

5.13　网状配筋砖柱，截面尺寸为 490 mm×490 mm，柱的计算高度 $H_0 = 4.5\,\text{m}$，柱采用 MU15 烧结普通砖及 M7.5 水泥砂浆砌筑。承受轴向压力设计值 $N = 530\,\text{kN}$。网状配筋选用，Φ4 冷拔低碳钢丝方格网，方格网尺寸为 $a = 50\,\text{mm}$，$f_y = 430\,\text{MPa}$，$A_s = 12.6\,\text{mm}^2$，$s_n = 240\,\text{mm}$（四皮砖）。试验算其承载力。

5.14　偏心受压网状配筋柱，截面尺寸为 490 mm×620 mm，采用 MU10 烧结普通砖及 M7.5 混合砂浆砌筑。柱的计算高度 $H_0 = 4.2\,\text{m}$，承受的轴向压力设计值 $N = 190\,\text{kN}$，弯矩设计值 $M = 200\,\text{kN·m}$（沿截面长边），网状配筋选用 Φ4 冷拔低碳钢丝方格网，方格网尺寸为 $a = 60\,\text{mm}$，$f_y = 430\,\text{MPa}$，$A_s = 12.6\,\text{mm}^2$，$s_n = 240\,\text{mm}$（四皮砖）。试验算其承载力。

5.15　如图 5.99 所示的组合砖柱，截面尺寸为 490 mm×620 mm，柱计算高度 $H_0 = 6.0\,\text{m}$。

钢筋采用 HPB300 级，采用 C25 混凝土面层，砌体用 MU15 烧结普通砖及 M7.5 混合砂浆砌筑，承受的轴向压力设计值为 $N = 400$ kN，弯矩设计值为 $M = 124$ kN·m，采用对称式配筋。试确定钢筋面积（$A_s = A_s'$）。

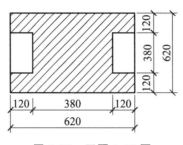

图 5.99　习题 5.15 图

5.16　已知过梁净跨 $l_n = 3.0$ m，过梁上墙体高度 1.2 m，墙厚 240 mm，承受梁板荷载 12 kN/m（其中活荷载 5 kN/m），墙体采用 MU20 烧结普通砖、M10 混合砂浆，过梁混凝土强度等级 C30，纵筋为 HRB400 级钢筋，箍筋为 HPB300 级钢筋。试设计该混凝土过梁。

5.17　如图 5.100 所示某单跨 5 层商店住宅楼的局部平面、剖面、楼盖荷载标准值及各层门洞口尺寸。托梁采用 C30 混凝土、HRB400 级纵向受力钢筋和 HRB335 级箍筋；墙体厚度为 240 mm，采用 MU25 烧结普通砖、M10 混合砂浆砌筑。墙梁顶部圈梁 240 mm×240 mm。试设计该墙梁。

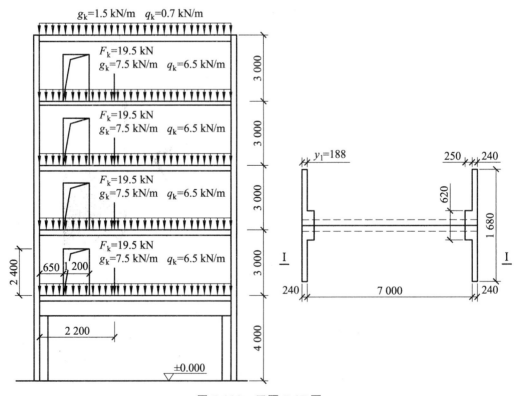

图 5.100　习题 5.17 图

5.18　承托阳台的钢筋混凝土挑梁埋置于 T 形截面墙段中，如图 5.101 所示。挑出长度 $l = 1.5$ m，埋入长度 $l_1 = 2.1$ m。挑梁截面 $b \times h_b = 240$ mm $\times 350$ mm，挑梁上墙体净高 2.95 m，墙厚 240 mm，采用 MU20 烧结普通砖、M10 混合砂浆砌筑，墙体及楼（屋）盖传给挑梁的荷载为：活荷载 $q_1 = 3.0$ kN/m，$q_2 = 3.4$ kN/m，$q_3 = 1.2$ kN/m；恒荷载 $g_1 = 4.2$ kN/m，$g_2 = 8.2$ kN/m，$g_3 = 11.0$ kN/m；挑梁自重：挑出部分 1.5 kN/m，埋入部分 2.4 kN/m，集中力 $F = 12.0$ kN。试设计此挑梁。

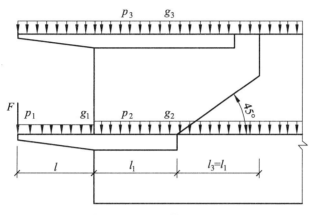

图 5.101　习题 5.18 图

5.19　某房屋入口处钢筋混凝土雨篷，尺寸如图 5.102 所示。雨篷板上的均布恒荷载标准值 2.5 kN/m²，均布活荷载标准值 1.0 kN/m²，集中荷载标准值 2.0 kN。雨篷的净跨度（门洞宽）为 1.8 m，梁两端伸入墙各 600 mm。雨篷板采用 C25 混凝土、HRB400 级钢筋。试设计该雨篷。

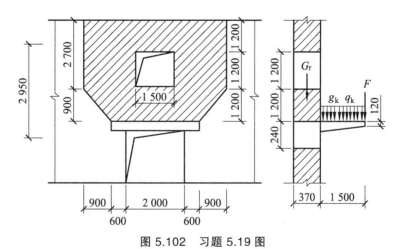

图 5.102　习题 5.19 图

第 6 章 建筑结构 CAD

6.1 概 述

6.1.1 建筑结构 CAD 发展简况

计算机辅助设计（Computer Aided Design，简称 CAD）是利用计算机高效、快速、准确和存储量大的特点，结合设计人员的逻辑思维、综合分析和设计经验来完成工程设计领域的各项工作，它包括工程或产品的功能设计、计算分析、绘制图形等内容，建筑结构 CAD 就是指建筑结构技术领域的计算机辅助设计。

计算机辅助设计是将人和计算机的功能完美结合的新型设计方法。在设计过程中，人可以进行创造性的思维活动，将设计思想、设计方法经过分析后转换成计算机可处理的模型和程序，人可以控制设计过程和评价设计结果，实现最优化设计。建筑结构设计除结构内力分析、截面承载力计算与校核以及工程图绘制外，它还包括：结构方案的选择、结构构件的截面和节点的设计；对设计结果进行评估和判断，必要时重新调整结构形式、构件截面等，重新进行结构设计；编制设计文档。因此，与传统的结构设计相比，利用建筑结构 CAD 技术进行设计具有设计效率高、质量优和易于修改保存等优点，缺点在于不利于设计图的整体校对。

CAD 技术是随着计算机硬件及软件技术的进步而发展起来的。自从第一台电子计算机 ENIAC（Electronic Numerical Integrator and Calculator）在 1946 年问世以来，利用计算机进行工程和产品辅助设计技术的发展大体经历了如下几个阶段：（1）孕育、形成阶段（20 世纪 40 年代末至 50 年代末）：此期间使用的是电子管式计算机，用户要用机器语言编写计算程序，只有少数专家能够使用，计算机在解题中仅起数值计算作用。（2）成长阶段（20 世纪 50 年代末至 60 年代中后期）：晶体管成为电子计算机的基本元件，计算机的运算与存储功能有较大提高，陆续开发出一批高级程序设计语言，如 FOR II（1958）、ALGOR-60（1960）、COBOL（1960）、FOR IV（I960）以及 PL/I 语言（1965）等。1962 年，美国麻省理工学院学者 I.E.Sutherland 研制出了第一个计算机图形处理系统 SKETCHPAD，采用与计算机连接的阴极射线管 CRT 和光笔，实现了人机交互式工作，此后不久自动绘图机出现，解决了图形输出问题。在此阶段后期，随着计算机软、硬件的迅速进展，CAD 技术突飞猛进，从简单的零部构件的设计计算发展到大型电站锅炉、核反应堆热交换器以及汽车身外形设计之中。（3）开发应用阶段（20 世纪 70 年代以后）：此时计算机已采用集成电路，计算速度与内存容量均有极大增长，图形输出输入设备亦获得了进一步发展，CRT 显示器发展出光栅扫描图形显示器、彩色图形终端等，全电子式坐标数字化仪及其他图形输入设备取代了光笔并得到广泛应用，机控精密绘图机能高速、高质量地绘制实用图纸，图形信息处理技术问题也已基本解决，各种数值分析技术（偏微分方程的数值解法、数值模拟、数值积分、离散数学、有限元等）和现代设计方法（如优化算法、可靠性设计）、系统工程等在计算机应用的刺激下有了很大的发展；它们反过来又推动 CAD 的应用，逐步开发出一批工程和产品设计的完整的 CAD 系统。

（4）CAD 向标准化、集成化、智能化方向发展的时期（20 世纪 80 年代中期以后）：小型机与微型机的性能日益完善，专门的图形处理与数据库处理机的出现，软件方面虚拟存储操作系统、分布式数据库技术与网络技术的应用，CAD 技术从航空、汽车、机械制造行业扩展到电子电器、化工、土木、水利、交通、纺织服装、资源勘探、医疗保健等各行各业，出现了由 CAD/CAM（计算机辅助制造，Computer Aided Manufacture）/CAE（计算机辅助工程，Computer Aided Engineering）/MIS（管理信息系统，Management Information System）构成的计算机集成制造系统（CIMS-Computer Integrated Manufacturing System）。

我国的建筑结构 CAD 技术起步稍晚，在 20 世纪 70 年代，少数单位开始利用国外的 CAD 系统进行结构分析和截面校核，操作人员也仅仅限于计算机技术人员，相应地，CAD 技术应用水平较低。随着 80 年代后期工程设计行业开始推广 CAD 应用技术以来，吸引诸多研究者致力于建筑工程设计 CAD 系统的研发，开发了一批符合我国国情的早期结构 CAD 软件，并具备了结构分析和绘图的功能，越来越多的建筑工程设计人员掌握了 CAD 技术。但是，由于受计算机硬件系统的限制，此时的 CAD 系统功能较为单一，使用范围也受到许多限制。随着计算机运算速度、存储能力的大大提升，结构 CAD 得到迅速发展，目前已有功能强大、适用范围广且具有一定智能化的综合 CAD 系统，CAD 技术成为土木建筑行业工程技术人员的必备技能。可以预测，具有智能化的专家设计库、虚拟现实技术、多媒体技术等新技术将会出现在未来的建筑结构 CAD 系统中。

6.1.2 建筑结构 CAD 系统简介

建筑结构 CAD 系统由硬件系统和软件系统组成。硬件系统是一个能进行图形操作的具有高性能计算和交互设计能力的计算机系统，一般由计算机、存储设备、显示设备、输入输出设备等组成，为软件的正常运行提供基础保证和运行环境。软件系统根据执行的任务和服务对象不同，一般可分为系统软件、支撑软件和应用软件。其中：系统软件是用户与计算机连接的纽带，为应用程序的开发和使用提供支持条件，是支撑软件和应用软件的基础；支撑软件是 CAD 系统的核心，它是在系统软件的基础上开发的、满足 CAD 用户需要的通用软件或工具软件；应用软件是在系统软件的基础上，为解决实际问题而开发的应用程序。

1．建筑结构 CAD 系统的基本组成

建筑结构 CAD 系统作为一个软件系统，按系统的功能要求、集成环境、支持系统等不同而不同，但其系统的基本组成相同，可分为若干个不同功能部分，每个功能部分又可分为若干个功能模块，通常包含前处理、结构计算与设计和后处理三部分。

（1）前处理。前处理是建筑结构 CAD 系统的基础部分。通过前处理，形成结构计算和设计所需的数据文件，包括结构的空间构成与边界条件、构件的截面特性、作用在结构上的荷载等数据。

（2）结构计算与设计。结构计算与设计是建筑结构 CAD 系统的核心部分。建筑结构的设计主要由系统的分析设计功能来完成，通过选择合理、简单且能反映结构性能的计算模型，计算分析结构的内力和变形，根据各种荷载工况确定截面最不利内力，进行截面设计及校核，并对设计结果进行判断。结构内力分析的基本方法是有限单元法，它包括结构刚度矩阵的生成与修改、形成荷载列阵、解有限元基本方程组求得节点位移、根据节点位移求得单元内力等步骤，而结构设计则按现行有关国家设计规范进行。

（3）后处理。后处理是对结构计算和设计的结果进行图形和文档处理，一般包括分析结果的图形和文本的显示、构件和节点设计、施工图（包括节点详图）的绘制、设计文档的编制等。

2. 建筑结构 CAD 系统的基本功能

建筑结构 CAD 系统的基本功能由两部分组成，即建筑结构的设计功能和由计算机提供的辅助设计功能。

建筑结构 CAD 系统的设计功能一般包括：①结构体系的选择、结构造型及修改；② 结构计算简图和计算单元的确定；③结构分析和重分析；④ 结构设计与重设计；⑤ 分析与设计结果的评估及修改；⑥ 节点设计；⑦ 施工图及详图的绘制；⑧ 设计数据、图档的汇编。

建筑结构 CAD 系统的辅助设计功能一般包括：① 人机交互功能，用于结构分析、设计的数据生成、作业运行的控制与干预；② 图形生成、编辑、显示、存储等图形功能；③ 数据处理功能，用于数据的显示、调用、交换和存储等。

6.1.3　CAD 应用软件的发展

CAD 是将人和计算机的最优特性结合起来，完成特定设计任务的一种技术。人具有逻辑思维、识别、判断、推理和自适应的能力，计算机则以运算速度快，存储量大，精确度高，能适应重复、烦琐的工作而见长。CAD 应用软件就是根据某一专业的特点和规定，将人和计算机有机地结合在一起，去完成该专业的设计任务而编写的专用软件。

早期的结构分析程序一般采用数据文件方式提供数据，输入数据文件一般由用户事先准备好，然后再启动程序输入这些数据文件，这种方式容易产生数据错位或数据本身的错误，也不利于修改。目前国内外比较优秀的结构分析程序已不再采用这种方法，而是充分运用图形手段和人机对话技术，用友好的界面帮助用户在图形交互方式下输入数据。这种输入过程一般是由专门的前处理（Pre-processor）程序来完成。前处理程序一般具有相对的独立性，能对输入数据进行一些逻辑检查，对规则结构可以自动划分有限元网格，对用户输入的内容能用图形再现在屏幕上，一旦发现输入有误，就可以在图形状态下直接进行修改。结构分析结果的图形输出也从早期的数表形式过渡到数表加图形方式，一般是由专门的后处理（Post-processor）程序来完成。图形输出一般有等值线、等高线、彩色区域图等，这些图与结构几何形状配合，非常直观、一目了然。

大型、复杂结构一般采用结构有限元分析程序进行分析计算，这些程序可分为专用程序和通用程序两类：专用程序可以根据计算要求自行开发，也可以是为某一专题研制的商业软件；通用程序一般是大型程序，由一些专门从事有限元分析研制工作的公司提供的，是通用性软件产品，设有包含不同单元类型的单元库，如结构分析程序 SAP（Structural Analysis Program）系列的单元库中就包含了三维桁架杆件单元、三维梁单元、平面应力单元、平面应变单元、三维块体单元、薄板单元、薄壳单元、管道单元等多种单元。

虽然有限元方法从原理上来讲带有普遍性，但是不同的程序常常具有不同的解题范围，程序编制方法和技巧也不同。所以，几乎没有一个有限元分析的前后处理程序能包络品种繁多的有限元软件的输入输出。在一般情况下，前后处理程序只对功能较强、流行较广的有限元通用程序，例如 ANSYS、ABAQUS、MSC/PATOAN、MSC/NASTRAN、MARC 等，这些程序都配有标准接口。ANSYS 软件是融静力、动力、线性及非线性问题，结构、流体、电磁场、声场和耦合场等分析于一体的大型通用有限元分析软件。它由世界上最大的有限元分析软件公司之一的美国 ANSYS 公司开发，能与多数 CAD 软件接口，实现数据的共享和交换，如 Pro/Engineer NAS- TRAN，Algor，AutoCAD 等，是现代产品设计中的高级 CAD 工具之一。ABAQUS 是国际上最先进的大型通用有限元计算分析软件之一，具有惊人的广泛的模拟性能。它拥有大量不同种类的单元模型、材料模型、分析过程等。无论是分析一个简单的线弹性问题，还是一个包括几种不同材料、承受复杂的机械和热载荷过程以及变化接触条件的非线性组合问题，应用该软件计算分析都会得到令人满意的结果。MSC/PATRAN、MSC/NASTRAN、MARC 是世界上优秀的非线性分析的大型软件。Midas Civil 是韩国 MIDAS IT 公司开发的目前国内应用最广的桥梁结构分析软件。此外，有的软件公司或使用单位在结构分析程序前、后处理程序的基础上，增加结构细部设计的内容，如钢筋混凝土构件设计与计算，结点大样设计与绘图等，逐渐达到或接近结构 CAD 系统的基本功能和要求。

建筑设计对计算机软硬件的要求较高，因此，计算机在建筑设计中的应用滞后于结构设计。20 世纪 80 年代后期，计算机技术的飞速发展，使得建筑师要求的三维造型、着色渲染、光影效果、质感纹理等能够在工作站或高档微机上实现，从而促进了建筑 CAD 技术的普及与推广。计算机绘图软件（Computer-Aided Drafting）则大多以绘图为目的。它们一般具有生成基本图素（如直线、曲线、圆弧、字符）等功能和丰富的图形编辑功能，对图形进行擦除、移动、镜像、拷贝、缩放和插入等操作。人们可以利用这些功能在计算机屏幕上画图，再用绘图仪输出屏幕上的图形。就基本图素的生成过程来讲，用计算机绘图比手工绘图又快又好，绘图软件功能不断完善，手工能画的图形计算机都能做到，且计算机绘图强大的图形编辑功能是手工绘图所不可及的。

6.1.4 建筑工程设计图纸

建筑工程设计的最终成果是施工图纸，因此我们的设计必须用图形来表示。从前手工绘图需要使用绘图笔画出各种线条，现在使用计算机绘图也大致如此，一个 CAD 系统是必不可少的。

图纸是工程师的语言，而图例符号是这种语言的基本组成元素。设计部门用图纸表达设计思想和设计意图，生产部门用图纸指导加工与制造，使用部门用图纸作为编制招标书的依据，或用以指导使用和维护，施工部门要用图纸编制施工组织计划、编制投标报价及准备材料、组织施工等的依据。因此，图纸的绘制应按行业的有关标准来进行。

1．图纸的种类

图纸的种类很多，建筑工程领域中使用的图纸是建筑工程图。它按专业可划分为建筑图、结构图、采暖空调图、给排水图、电气图等。建筑不同专业的图纸有其不同的表达方式和各自的特点。在不同的设计单位，尤其是各大设计院，往往自成体系，存在着不同的规定画法和习惯做法。但也有许多基本规定和格式是各设计院统一遵守的，那就是国家制图标准，如GB/T 50001—2010《房屋建筑制图统一标准》、GB/T 50104—2010《建筑制图标准》及GB/T 50105—2010《建筑结构制图标准》等。

2．图纸的规格

图幅尺寸：设计图纸的图幅尺寸有6种规格，建筑图纸的幅面是A类。一般分为6种，从0号到5号，4、5号图纸建筑设计中几乎用不到。具体尺寸（长×宽，mm×mm）为A0（841×1 189）、A1（594×841）、A2（420×594）、A3（297×420）、A4（210×297）和A5（148×210）。各种图纸一般不加宽，但是有的时候为了表达狭长的建筑，需要将某些规格的图纸加长。加长图纸不是任意的，应该按照图纸长边的1/8的比例加长。常用的是2号加长图，规格为420×822。特殊情况下，允许加长1~3号图纸的长度和宽度，0号图纸只能加长长边，不得加宽。4~5号图纸不得加长或加宽。1~3号图纸加长后的边长不得超过1 931 mm。对同一个项目尽量使用同一种规格的图纸，这样显得整齐，适合存档和使用，施工方便。应尽量避免大小幅面的图纸混合使用。

图标：图标一定要填写清楚。0~4号图纸，无论采用横式或立式图幅，工程设计图标均应设置在图纸的右下方，紧靠图框线。图标相当于商品的商标，图标的主要内容可能因设计院的不同而有所不同，大致包括：工程名称、图纸的名称、比例、设计单位、制图人、设计人、专业负责人、工程负责人、审核人、审定人、完成日期和图别等。

尺寸标注：建筑工程图纸上标注的尺寸通常采用毫米（mm）为单位，只有总平面图或特大设备以及标高用米（m）为单位，所以建筑工程图纸一般不标注尺寸单位。

比例和方位标志：施工图常用的比例有1∶200，1∶150，1∶100，1∶50。大样图的比例可以用1∶20，1∶10或1∶5，建筑总图常用小比例。做概预算统计工程量时就需要用到这个比例尺。

图纸中的方位：按国际惯例通常是上北下南，左西右东。有时为了使图面布局更加合理，也有可能采用其他方位，但必须标明指北针。

标高：建筑图纸中的标高通常是相对标高。一般将±0.00设定在建筑物首层室内地坪，往上为正值，往下为负值。室外安装工程常用绝对标高，这是以中国青岛市外海平面为零点而确定的高度尺寸，又称海拔高度。

图例：为了简化作图，国家有关标准和一些设计单位有针对性地将常见的材料构件、施工方法等规定了一些固定的画法式样，有的还附有文字符号标注。要看懂施工图，就要明白图上这些符号的含义。建筑工程图纸中的图例如果是由国家统一规定的称为国标符号，由有关部委颁布的符号称为部标符号。另外一些大的设计院还有其内部的补充规定，即所谓院标，或称之为习惯标注符号。

3．设计中的图线

图纸中的各种线条均应符合制图标准中的有关要求。标准实线宽度应在 0.1～1.6 mm 选择，其余各种图形的线宽基本要求是：大小配合得当、重点突出、主次分明。

4．字　　体

墨线图应采取仿宋字。图中书写的各种字母和数字，可采用向右倾斜与水平方向成 75°角的斜体字。当与汉字混合书写时，可采用直体字，但物理符号推荐采用斜体字。汉字的笔画粗细约为字高的 1/15。各种文种字母和数字的笔画粗细约为字高的 1/8 或 1/7。计算机绘图时，同字号的中文和西文字体看起来西文字体要大一些。为美观起见，建议采用大小一致的为好。这样一来，中西文需要分别输入，字体比例大约是黄金分割率，即西文字高设为 3 mm，中文字高为 5 mm 为宜。

6.2　PKPM 系列软件及应用

6.2.1　PKPM 软件概述

PKPM 系列软件是由中国建筑科学研究院研发，集建筑设计、结构设计、设备设计、工程量统计、概预算、鉴定加固及施工软件等于一体的大型建筑工程综合 CAD 系统，是目前国内建筑工程界应用最广、用户最多的一套计算机辅助设计系统。在 PKPM 系列软件开发之初，我国的建筑工程设计领域计算机应用水平相对较落后，仅用于结构分析，CAD 技术应用还很少，其主要原因是缺乏适合我国国情的 CAD 软件。国外的一些较好的软件，如阿波罗、Inter graph 等都是在工作站上实现的，不仅引进成本高，应用效果也很不理想，能在国内普及率较高的 PC 机上运行的软件几乎是空白。因此，开发一套计算机建筑工程 CAD 软件，对提高工程设计质量和效率是极为迫切的。针对上述情况，中国建筑科学研究院经过几年的努力，研制开发了 PKPM 系列 CAD 软件。该软件自 1987 年推广以来，历经了多次更新改版，目前已经发展成为一个集建筑、结构、设备、管理于一体的集成系统。

目前，PKPM 结构软件常用模块有 PMCAD、SATWE、TAT、STS、PK、JCCAD、PMSAP、墙梁柱施工图等，几乎覆盖了所有类型的结构设计，采用独特的人机交互输入方式，配有先进的结构分析软件包，吸取了国内外流行的各种计算方法，全部结构计算模块均按照最新的规范要求。该软件具有以下优点：① 人机交互方式、操作简便、功能强大、汉化菜单易于使用；② 可以进行整体建筑结构设计；③ 具有单机版和网络版两种形式；④ 软件之间接口方便，传输数据准确。

PMCAD 模块：PMCAD 是整个结构 CAD 的核心，通过人机交互方式建立结构设计模型，作为二维、三维结构计算软件的前期处理部分，是梁、柱、剪力墙、楼板等施工图设计软件和基础 JCCAD 的必备接口软件。该模块通过人机交互方式输入各层平面布置和外加荷载信息后，可自动计算结构自重并形成整栋建筑的荷载数据库，由此数据可自动给框架、空间杆系薄壁柱、砖混计算提供数据文件，后续可与 SATWE、PMSAP、TAT、PK、STS、JCCAD 等模块配合使用。PMCAD 也可作砖混结构及底框上砖房结构的抗震分析验算，计算现浇楼板的内力和配筋并画出板配筋图，绘制出框架、框剪、剪力墙及砖混结构的结构平面图以及砖混结构的圈梁、构造柱节点大样图。

SATWE 模块：SATWE 通过接收 PMCAD、STS、QITI 等前导模块数据，采用空间杆单元模拟梁、柱及支撑等杆件，并采用在壳元的基础上凝聚而成的墙元模拟剪力墙。这是高层建筑结构空间有限元分析软件，对上部结构进行整楼三维空间有限元分析设计，用于进行多层和高层的钢筋混凝土框架、框架-剪力墙结构、剪力墙结构、多高层钢结构、钢-混凝土组合结构的计算。墙元是专用于模拟高层建筑结构中剪力墙的，对于尺寸较大或带洞口的剪力墙，按照子结构的思路，由程序自动进行细分，然后用静力凝聚原理将由于墙元的细分而增加的内部自由度消去，从而保证墙元的精度和有限的出口自由度。墙元不仅具有平面内刚度，也具有平面外刚度，可以较好地模拟工程中剪力墙的实际受力状态。对于楼板，该程序给出了四种简化假定，即楼板整体平面内无限刚性、楼板分块平面内无限刚性、楼板分块平面内无限刚性连接板带和弹性楼板、平面外刚度均为零。在应用时，可根据结构的具体形式高效准确地考虑楼板刚度的影响。当结构布置较规则时，TAT 甚至 PK 即可满足工程精度要求，因此采用相对简单的软件效率更高。但对于结构的荷载分布有较大不均匀、存在框支剪力墙、剪力墙布置变化较大、剪力墙墙肢间连接复杂、楼板局部开大洞及特殊楼板等各种复杂的结构，则应选用 SATWE 进行结构分析才能得到满意的结果。SATWE 计算完成后，可经全楼归并接力 PK 绘制梁、柱施工图，接力 JLQ 绘制剪力墙施工图，并可为各类基础设计软件提供设计荷载。

TAT 模块：TAT 是多高层建筑结构三维分析与设计软件，为三维空间杆件薄壁柱程序，适用于分析、设计结构竖向质量和刚度变化不大，剪力墙平面和竖向变化不复杂，荷载基本均匀的框架、框剪、剪力墙及筒体结构（事实上大多数实际工程都在此范围内），它不但可以计算多种结构形式的钢筋混凝土高层建筑，还可以计算钢结构以及钢-混凝土混合结构。TAT 程序采用空间杆-薄壁柱计算模型。该程序不仅可以计算钢筋混凝土结构，而且对钢结构中的水平支撑、垂直支撑、斜柱以及节点域的剪切变形等均予以考虑，可以对高层建筑结构进行动力时程分析和几何非线性分析。TAT 和 SATWE 都可以与 PKPM 系列 CAD 系统连接，与该系统的各功能模块接力运行，可从 PMCAD 中生成数据文件，从而省略计算数据填表。程序运行后，可接力 PK 绘制梁、柱施工图，并可为各类基础设计软件提供柱、墙底的组合内力作为各类基础的设计荷载。

PMSAP 模块：PMSAP 是一个线弹性组合结构有限元分析程序，能够对结构做线弹性范围内的静力分析固有振动分析、时程反应分析和地震反应谱分析，并依据规范对混凝土构件、钢构件进行配筋设计或验算。对于多高层建筑中的剪力墙、楼板、厚板转换层等关键构件提出高精度分析方法，并可做施工模拟分析、温度应力分析、预应力分析、活荷载不利布置分析等，与一般通用的专业程序不同，PMSAP 中提出"二次位移假定"的概念并加以实现，使得结构分析的精度与速度得到兼顾。

STS 模块：用于建立多高层钢框架、门式刚架、桁架、支架、排架、框排架等钢结构的二维和三维模型，绘制钢结构施工图纸，与 PMCAD、PMSAP 交叉运行，共享模型数据。通过前导模块 SATWE、TAT 导入分析数据，返回至 STS 进行节点计算，STS 工具箱是其后续模块。

PK 模块：该模块计算所需的数据文件可由 PMCAD 自动生成，也可通过交互方式直接输入，可进行平面框架、排架及框排架结构的内力分析和配筋计算（包括抗震验算及梁裂缝宽度计算），并完成施工图辅助设计工作。一般设计排架、门式刚架等以单向受力为主的结构体系时很常用，也用于桁架或接力多高层三维分析软件 TAT、SATWE、PMSAP 计算结果及砖混底框、框支梁计算结果进行计算。

墙梁柱施工图模块：前导模块为 SATWE、TAT、PMSAP、STS，后续模块为图形编辑打印通过 TCAD，把 PKPM 生成的 T 图形文件，转换成 DWG 格式的文件。绘图前可以进行重新归并，修改原有配筋数据。软件提供了以下几种绘图方法：梁立面、剖面施工图画法和梁平法施工图；柱立面、剖面施工图画法、柱平法施工图画法和柱剖面列表画法；整榀框架施工图画法；绘制剪力墙、梁、柱平法或立剖面表示的施工图。

JCCAD 模块：用于创建各类基础设计模型，可完成柱下独立基础，砖混结构墙下条形基础，正交、非正交及弧形弹性地基梁式、梁板式、墙下筏板式、柱下平板式和梁式与梁板式混合形基础及与桩有关的各种基础的结构计算和施工图设计。其前导模块为 SATWE、TAT、PMSAP、STS，后续模块为图形编辑打印 TCAD。

LTCAD 模块：LTCAD 采用交互方式布置楼梯，或直接与 APM 或 PMCAD 接口读入数据，可用于进行单跑、两跑、三跑等梁式及板式楼梯和螺旋楼梯及悬挑等各种异形楼梯的结构计算、配筋设计和施工图绘制。

6.2.2　结构平面 CAD 软件 PMCAD

PMCAD 软件采用人机交互方式，引导用户逐层地布置各层平面和各层楼面，再输入层高就建立起一套描述建筑物整体结构的数据。PMCAD 具有较强的荷载统计和传导计算功能，除计算结构自重外，还自动完成从楼板到次梁，从次梁到主梁，从主梁到承重的柱墙，再从上部结构传到基础的全部计算，加上局部的外加荷载，PMCAD 可方便地建立整栋建筑的荷载数据。

由于建立了整栋建筑的数据结构，PMCAD 成为 PKPM 系列结构设计各软件的核心，它为各分析设计模块提供必要的数据接口。PMCAD 是三维建筑设计软件 APM 与结构设计 CAD 相连接的必要接口。因此，它在整个系统中起到承前启后的重要作用。

1．PMCAD 的基本功能

（1）智能交互建立全楼结构模型：智能交互方式引导用户在屏幕上逐层布置柱、梁、墙、洞口、楼板等结构构件，快速搭起全楼的结构构架，输入过程伴有中文菜单及提示，并便于用户反复修改。

（2）自动导算荷载建立恒活荷载库：对于用户给出的楼面恒活荷载，程序自动进行楼板到次梁、次梁到框架梁或承重墙的分析计算，所有次梁传到主梁的支座反力、各梁到梁、各梁到节点、各梁到柱传递的力均通过平面交叉梁系计算求得；可分类详细输出各类荷载，也可综合叠加输出各类荷载；计算次梁、主梁及承重墙的自重；引导用户人机交互地输入或修改各房间楼面荷载、主梁荷载、次梁荷载、墙间荷载、节点荷载及柱间荷载，并方便用户使用复制、拷贝、反复修改等功能。

（3）为各种计算模型提供计算所需数据文件：可指定任一个轴线形成 PK 模块平面杆系计算所需的框架计算数据文件，包括结构立面、恒载、活载、风载的数据；可指定任一层平面的任一由次梁或主梁组成的多组连梁，形成 PK 模块按连续梁计算所需的数据文件；为空间有限元壳元计算程序 SATWE 提供数据，SATWE 用壳元模型精确计算剪力墙，程序对墙自动划分壳单元并写出 SATWE 数据文件（这部分功能放在 SATWE 中）；为三维空间杆系薄壁柱程序 TAT 提供计算数据，程序把所有梁柱转成三维空间杆系，把剪力墙墙肢转成薄壁柱计算模型（这部分功能放在 TAT 模块中）；为特殊多、高层建筑结构分析与设计程序（广义协调墙元模型）PMSAP 提供计算数据（这部分功能放在 PMSAP 模块中）。

（4）为上部结构各绘图模块提供结构构件的精确尺寸：如梁柱总图的截面、跨度、挑梁、次梁、轴线号、偏心等，剪力墙的平面与立面模板尺寸，楼板厚度，楼梯间布置等。

（5）为基础设计 CAD 模块提供布置数据与恒活荷载：不仅为基础设计 CAD 模块提供底层结构布置与轴线网格布置，还提供上部结构传下的恒活荷载。

2．启动建模程序 PMCAD

PKPM 主界面如图 6.1 所示，在对话框右上角的专业模块列表中选择"结构建模"选项。点击主界面左侧的"SATWE 核心的集成设计"（普通标准层建模）按钮，或者"PMSAP 核心的集成设计"（普通标准层+空间层建模）。启动后的 PMCAD 主界面如图 6.2 所示。

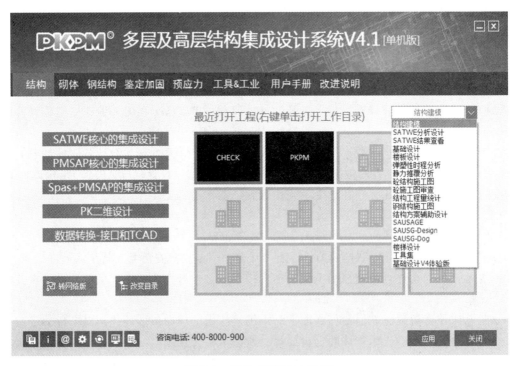

图 6.1　启动 PKPM 主界面

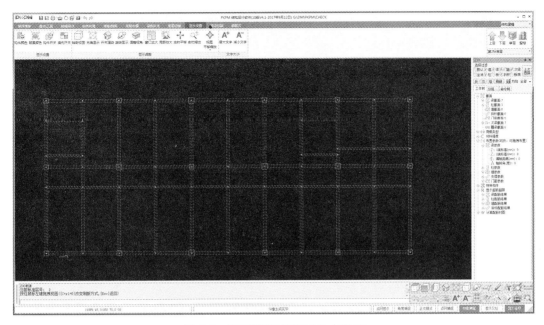

图 6.2　建模程序 PMCAD 主界面

3．建模过程概述

PMCAD 建模是逐层录入模型，再将所有楼层组装成工程整体的过程。其输入的大致步骤如下：

（1）平面布置首先输入轴线。程序要求平面上布置的构件一定要放在轴线或网格线上，因此凡是有构件布置的地方一定先用【轴线网点】菜单布置它的轴线。轴线可用直线、圆弧等在屏幕上画出，对正交网格也可用对话框方式生成。程序会自动在轴线相交处计算生成节点（白色），两节点之间的一段轴线称为网格线。

（2）构件布置需依据网格线。两节点之间的一段网格线上布置的梁、墙等构件就是一个构件。柱必须布置在节点上。比如一根轴线被其上的 4 个节点划分为 3 段，3 段上都布满了墙，则程序就生成了 3 个墙构件。

（3）用【构件布置】菜单定义构件的截面尺寸、输入各层平面的各种建筑构件，并输入荷载。构件可以设置对于网格和节点的偏心。

（4）【荷载布置】菜单中程序可布置的构件有柱、梁、墙（应为结构承重墙）、墙上洞口、支撑、次梁、层间梁。输入的荷载有作用于楼面的均布恒载和活载，梁间、墙间、柱间和节点的恒载和活载。

（5）完成一个标准层的布置后，可以使用【增加标准层】命令，把已有的楼层全部或局部复制下来，再在其上接着布置新的标准层，这样可保证在各层组装在一起时，上下楼层的坐标系自动对位，从而实现上下楼层的自动对接。

（6）依次录入各标准层的平面布置，最后使用【楼层组装】命令组装成全楼模型。

4．轴线输入与网格生成

绘制轴网是整个交互输入程序最为重要的一环，【轴线网点】菜单如图 6.3 所示，其中集成了轴线输入和网格生成两部分功能，只有在此绘制出准确的图形才能为以后的布置工作打下良好的基础。

图 6.3　轴线网点菜单

1）轴线输入

在网格节点里有"直线""折线""平行直线""矩形""节点""圆环""圆弧"和"三点"等选项，在轴网里有"正交轴网""圆弧轴网""轴线命名""删除轴网"和"轴线隐现"等选项。轴线具体输入时，可采取键盘坐标、追踪线方式、鼠标键盘配合输入相对距离等，同时利用捕捉工具配合。

【两点直线】：点击【两点直线】，鼠标左击确定第一点，点击第二次确定第二个点，操作完成后，在两点之间形成轴线。

【折线】：适用于绘制连续首尾相接的直轴线和弧轴线，按【Esc】可以结束一条折线，输入另一条折线或切换为切向圆弧。

【平行直线】：点击【平行直线】，绘制第一条直线，按照命令提示框提示，输入直线复制间距和次数，绘制一组平行轴线；适用于绘制一组平行的直轴线；首先绘制第一条轴线；以第一条轴线为基准输入复制的间距和次数，间距值的正负决定了复制的方向；以"上、右为正"，可以分别按不同的间距连续复制，提示区自动累计复制的总间距。

【矩形】：适用于绘制一个与 x、y 轴平行的，闭合矩形轴线，它只需要两个对角的坐标，因此它比用【折线】绘制同样的轴线更快速。

【节点】：点击【节点】，鼠标选中位置单击左键屏幕上出现一个白点，此点即为"节点"，此操作的目的实质上是确定了轴线的位置；用于直接绘制白色节点，供以节点定位的构件使用，绘制是单个进行的，如果需要成批输入可以使用图编辑菜单进行复制。

【圆环】：适用于绘制一组闭合同心圆环轴线；在确定圆心和半径或直径的两个端点或圆上的三个点后可以绘制第一个圆；输入复制间距和次数可绘制同心圆，复制间距值的正负决定了复制方向，以"半径增加方向为正"，可以分别按不同间距连续复制，提示区自动累计半径增减的总和。

【圆弧】：适用于绘制一组同心圆弧轴线。按圆心起始角、终止角的次序绘出第一条弧轴线，绘制过程中还可以使用热键直接输入数值或改变顺逆时针方向；输入复制间距的次数，复制间距值的正负表示复制方向，以"半径增加方向为正"，可以分别按不同间距连续复制，提示区自动累计半径增减总和。

在轴线输入部分有【正交轴网】和【圆弧轴网】两个命令，可不通过屏幕画图方式，而是参数定义方式形成平面正交轴线或圆弧轴网。

【正交轴网】是通过定义开间和进深形成正交网格，定义开间是输入横向从左到右连续各跨跨度，定义进深是输入竖向从下到上各跨跨度，跨度数据可用光标从屏幕上已有的常见数据中挑选，也可以用键盘输入。点击【正交轴网】，弹出如图 6.4 所示的对话框，输入具体的开间进深尺寸。开间进深的输入方法可以是"尺寸,尺寸,尺寸""尺寸×数字";"上""右"为正,"下""左"为负;一般设计输入下开间和左进深即可。输完开间和进深后,【确定】退出对话框,此时移动光标可将形成的轴网布置在平面上任意位置。布置时可输入轴线的倾斜角度,也可以直接捕捉现有的网点使新建轴网与之相连。【圆弧轴网】(图 6.5)的开间是指轴线展开角度,进深是指沿半径方向的跨度,点取确定时再输入径向轴线端部延伸长度和环向轴线端部延伸角度。

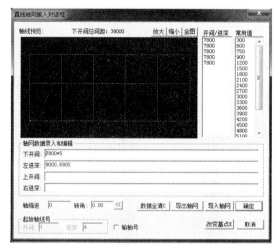

图 6.4 正交轴网对话框

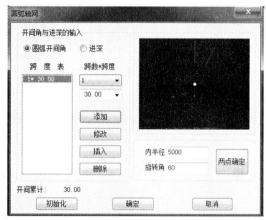

图 6.5 圆弧轴网对话框

【轴线命名】是在网点生成之后为轴线命名的菜单。在此输入的轴线名将在施工图中使用,而不能在本菜单中进行标注。在输入轴线中,凡在同一条直线上的线段不论其是否贯通都视为同一轴线,在执行本菜单时可以一一点取每根网格,为其所在的轴线命名,对于平行的直轴线可以在按一次【Tab】键后进行成批的命名,这时程序要求点取相互平行的起始轴线以及虽然平行但不希望命名的轴线,点取之后输入一个字母或数字后程序自动顺序地为轴线编号。对于数字编号,程序将只取与输入的数字相同的位数。轴线命名完成后,应该用【F5】刷新屏幕。

注意:同一位置上在施工图中出现的轴线名称,取决于这个工程中最上一层(或最靠近顶层)中命名的名称,所以当想修改轴线名称时,应重新命名的为靠近顶层的层。

2)网格生成

在网点编辑里可以选择的选项有"删除网格""删除节点""形成网点""网点清理""上节点高"与"上节点高(错层)""网点平移""节点下传""节点对齐""数据显示""归并距离"和"梁板交点"等。

【删除节点】:在形成网点图后可对节点进行删除。删除节点过程中若节点已被布置的墙线挡住,可使用【F9】键中的【填充开关】项使墙线变为非填充状态。端节点的删除将导致与之联系的网格也被删除。

【形成网点】:可将用户输入的几何线条转变成楼层布置需用的白色节点和红色网格线。并显示轴线与网点的总数;这项功能在输入轴线后自动执行,一般不必专门点此菜单。

【网点平移】:可以不改变构件的布置情况,而对轴线、节点、间距进行调整。对于与圆弧有关的节点应使所有与该圆弧有关的节点一起移动，否则圆弧的新位置无法确定。

【网点清理】：本菜单将清除本层平面上没有用到的网格和节点；程序会把平面上的无用网点，如作辅助线用的网格、从别的层拷贝来的网格等得到清理，以避免无用网格对程序运行产生的负面影响。网点的清理遵循以下原则：① 网格上没有布置任何构件（并且网格两端节点上无柱）时，将被清理；② 节点上没有布置柱、斜杆；③ 节点上未输入过附加荷载并且不存在其他附加属性；④ 与节点相连的网格不能超过两段，当节点连接两段网格时，网格必须在同一直轴线上；⑤ 当节点与两段网格相连并且网格上布置了构件时（构件包括墙、梁、圈梁），构件必须为同一类截面并且偏心等布置信息完全相同，并且相连的网格上不能有洞口；⑥ 如果清理此节点后会引起两端相连墙体的合并，则合并后的墙长不能超过 18 m（此数值可以定制）。

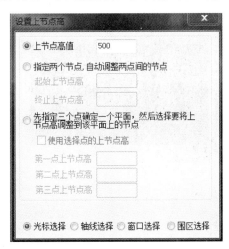

图 6.6 上节点高对话框

【上节点高】：运行上节点高菜单后，可在弹出的对话框中选择节点抬高方式，如图 6.6 所示；上节点高即是本层在层高处相对于楼层高的高差，程序隐含为每一节点高位于层高处，即其上节点高为 0；改变上节点高，也就改变了该节点处的柱高和与之相连的墙、梁的坡度，如图 6.7 所示；用该菜单可更方便地处理像坡屋顶这样楼面高度有变化的情况。

（a）上节点高为 0

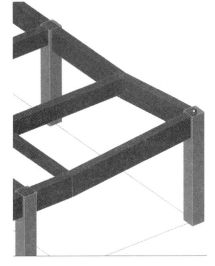

（b）上节点高大于 0

图 6.7 上节点高示例

【上节点高（错层）】：为了解决使用上节点高制造错层，而频繁修改边缘节点两端梁、墙顶标高的问题，在上节点高界面增加了"同步调整节点关联构件两端高度"选项，在设置上节点高时，如果勾选了该选项，则设置上节点高两端的梁、墙两端将保持同步上下平动，避免了手工调整梁、墙另一端节点的问题。

【删除网格】：在形成网点图后可对网格进行删除。注意：网格上布置的构件也会同时被删除。

【归并距离】：是为了改善由于计算机精度有限产生意外网格的菜单。如果有些工程规模很大或带有半径很大的圆弧轴线，【形成网点】菜单会由于计算误差、网点位置不准而引起网点混乱，常见的现象是本来应该归并在一起的节点却分开成两个或多个节点，造成房间不能封闭，此时应执行本菜单；程序要求输入一个归并间距，这样，凡是间距小于该数值的节点都被归并为同一个节点；程序初始值的节点归并间距设定为50 mm。

【节点对齐】：将上面各标准层的各节点与第一层的相近节点对齐，归并的距离就是"归并距离"中定义的节点距离，用于纠正上面各层节点网格输入不准的情况。

5．构件布置

1）柱布置

（1）截面定义

在柱布置集成面板中，点【增加】按钮，弹出柱的截面类型选择对话框如图6.8所示。选择某一类型，如矩形后，会弹出参数输入界面如图6.9所示。要求定义柱的截面尺寸及材料（混凝土或钢材料），同时右侧预览图根据输入尺寸按比例绘制截面形状。如果材料类别输入0，保存后自动更正为6（混凝土）。如果新建的截面参数与已有的截面参数相同，新建的截面将不会被保存。柱最多可以定义800类截面。如果需要更改截面类型，点【修改类型】按钮，弹出截面类型选择对话框，此时程序自动加亮当前被修改的类型图标，这样可方便地知道当前要被修改的截面类型，之后再选择新的截面类型即可。

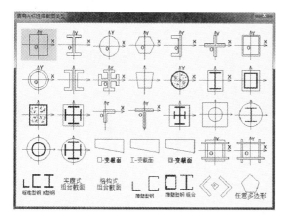

图6.8　截面类型选择对话框

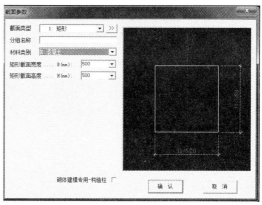

图6.9　截面参数对话框

（2）柱的布置

柱需要布置到节点上，靠节点定位，每节点上只能布置一根柱，如果在已布置了柱的节点上再布置柱，后布置的柱将覆盖掉已有的柱。柱的布置参数信息对话框中（图6.10）包含的参数有偏心、转角及柱底标高。柱宽边方向与*x*轴的夹角称为转角，沿柱截面宽方向（转角方向）相对于节点的偏心称为沿轴偏心，右

图6.10　柱的布置参数

偏为正，沿柱截面高方向的偏心称为偏轴偏心，以向上（柱高方向）为正。柱底标高指柱底相对于本层层底的高度，柱底高于层底时为正值，低于层底为负值。可以通过柱底标高的调整实现越层柱的建模。

2）主梁布置

同柱布置，与柱不同的是梁布置在网格上，一个网格上通过调整梁端的标高可布置多道梁，但两根梁之间不能有重合的部分。梁最多可以定义 800 类截面。主梁布置的参数有偏轴距离和其两端相对于楼层的高差。梁的布置参数如图 6.11 所示。

偏心：可以输入偏心的绝对值，布置梁时，光标偏向网格的哪一边，梁也偏向那一边。梁顶标高：梁两端相对于本层顶的高差。如果该节点有上节点高的调整，则是相对于的调整后节点的高差。如果梁所在的网格是竖直的，梁顶标高 1 指下面的节点，梁顶标高 2 指上面的节点；如果梁所在的网格不是竖直的，梁顶标高 1 指网格左面的节点，梁顶标高 2 指网格右面的节点。对于按主梁输入的次梁，三维结构计算程序将默认为不调幅梁。

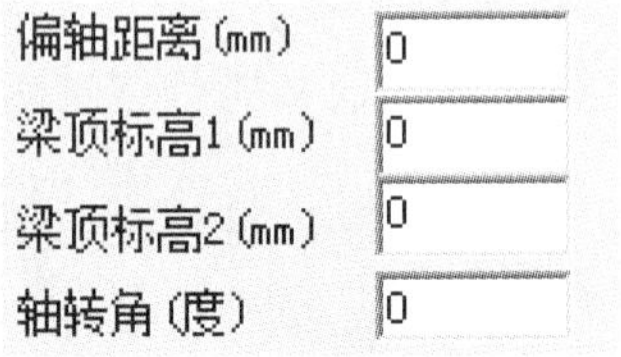

偏轴距离 (mm)	0
梁顶标高1 (mm)	0
梁顶标高2 (mm)	0
轴转角 (度)	0

图 6.11 梁的布置参数

3）次梁布置

次梁与主梁采用同一套截面定义的数据，如果对主梁的截面进行定义、修改，次梁也会随之修改。次梁布置时是选取它首、尾两端相交的主梁或墙构件，连续次梁的首、尾两端可以跨越若干跨一次布置，不需要在次梁下布置网格线，次梁的顶面标高和与它相连的主梁或墙构件的标高相同。

点击【次梁】按钮后，已有的次梁将会以单线的方式显示。次梁的端点可以不在节点上，只要搭接到梁或墙上即可。按程序的提示信息，逐步输入次梁的起点、终点后即可输入次梁。如果希望按房间布置，可以先布置某一个房间的次梁，再用"基本"菜单下的拖动复制按钮将此房间的次梁全部选取，将其复制到其他相同的房间内。次梁的端点一定要搭接在梁或墙上，否则悬空的部分传入后面的模块时将被删除掉。如果次梁跨过多道梁或墙，布置完成后次梁自动被这些杆件打断。

因为次梁定位时不靠网格和节点，是捕捉主梁或墙中间的一点，经常需要对该点的准确定位。常用到的方法就是"参照点定位"，可以用主梁或墙的某一个端节点作参照点。首先将光标移动到定位的参照点上，按【TAB】键后，鼠标即捕捉到参照点，再根据提示输入相对偏移值即可得到精确定位。

布置的次梁应满足以下 3 个条件：① 使其与房间的某边平行或垂直；② 非二级以上次梁；③ 次梁之间有相交关系时，必须相互垂直。对不满足这些条件的次梁，虽然可以正常建模，但后续模块的处理可能产生问题。

4）墙布置

墙需要定义厚度和材料（混凝土或烧结砖、蒸压砖、空心砌块四种）。布置方式同主梁布置。墙最多可以定义 200 类截面。墙布置时可以指定墙底标高和墙两端的顶标高（墙顶标高 1 和墙顶标高 2）。墙顶标高是指墙顶两端相对于所在楼层顶部节点的高度，如果该节点有上节点高的调整，则是相对于的调整后节点的高度。通过修改墙顶标高，可以建立山墙、错层墙等形式的模型，如图 6.12 所示。

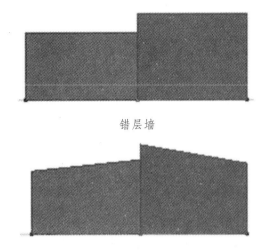

错层墙

错层+斜墙

图 6.12　墙两端的顶标高

对于山墙等墙顶倾斜的情况，混凝土结构计算程序和砌体结构程序都可以处理。需要特别指出的是，若需使用 SATWE 进行模型分析，则非顶部结构的剪力墙允许错层（即相邻两片墙顶标高可以不一致），但不允许墙顶倾斜。

5）洞口布置

洞口布置在网格上，该网格上还应布置墙。一段网格上只能布置一个洞口。布置洞口时，可以在洞口布置参数对话框中输入定位信息。定位方式有左端定位方式、中点定位方式、右端定位方式和随意定位方式，如果定位距离大于 0，则为左端定位，若键入 0，则该洞口在该网格线上居中布置，若键入一个小于 0 的负数（如 – D，单位：mm），程序将该洞口布置在距该网格右端为 D 的位置上。如需洞口紧贴左或右节点布置，可输入 1 或 – 1。如第一个数输入一大于 0 小于 1 的小数，则洞口左端位置可由光标直接点取确定。洞口最多可以定义 240 类截面。

6．楼板楼梯

1）普通楼板

楼板生成菜单位于程序构件布置楼板菜单组下，包含了自动生成楼板、楼板错层设置、板厚设置、板洞设置、悬挑板布置、预制板布置功能，楼板楼梯相关功能菜单如图 6.13 所示。其中的生成楼板功能按本层信息中设置的板厚值自动生成各房间楼板，同时产生了由主梁和墙围成的各房间信息。本菜单其他功能除悬挑板外，都要按房间进行操作。操作时，鼠标移动到某一房间时，其楼板边缘将以亮黄色勾勒出来，方便确定操作对象。

图 6.13　楼板楼梯相关功能菜单

打开此菜单后，结构平面图形上会以灰色显示出楼板边缘，并在房间中部显示出楼板厚度。

【生成楼板】：运行此命令可自动生成本标准层结构布置后的各房间楼板，板厚默认取【本层信息】菜单中设置的板厚值，也可通过"修改板厚"命令进行修改。生成楼板后，如果修改【本层信息】中的板厚，没有进行过手工调整的房间的板厚将自动按照新的板厚取值。如果生成过楼板后改动了模型，此时再次执行生成楼板命令，程序可以识别出角点没有变化的楼板，并自动保留原有的板厚信息，对新的房间则按照【本层信息】菜单中设置的板厚取值。布置预制板时，同样需要用到此功能生成的房间信息，因此要先运行一次生成楼板命令，再在生成好的楼板上进行布置。

【楼板错层】：运行此命令后，每块楼板上标出其错层值，并弹出错层参数输入窗口，输入错层高度后，此时选中需要修改的楼板即可，如图 6.14 所示。

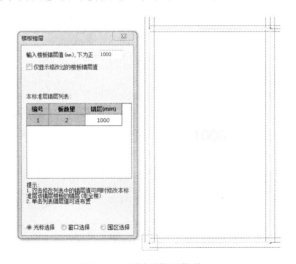

图 6.14　楼板错层菜单

2）板洞布置

板洞的布置方式与一般构件类似，需要先进行洞口形状的定义，然后再将定义好的板洞布置到楼板上，如图 6.15 所示。洞口布置的要点为：① 洞口布置首先选择参照的房间，当鼠标光标落在参照房间内时，图形上将加粗标识出该房间布置洞口的基准点和基准边，将鼠标靠近围成房间的某个节点，则基准点将挪动到该点上。② 矩形洞口插入点为左下角点，圆形洞口插入点为圆心，自定义多边形的插入点在画多边形后人工指定。③ 洞口的沿轴偏心指洞口插入点距离基准点沿基准边方向的偏移值；偏轴偏心则指洞口插入点距离基准点沿基准边法线方向的偏移值；轴转角指洞口绕其插入点沿基准边正方向开始逆时针旋转的角度。

图 6.15　板洞布置参数设置

3) 楼梯布置

《建筑抗震设计规范》(GB 50011—2010) 第 3.6.6.1 条规定:"计算模型的建立、必要的简化计算与处理,应符合结构的实际工作状况,计算中应考虑楼梯构件的影响。"条文说明中指出:"考虑到楼梯的梯板等具有斜撑的受力状态,对结构的整体刚度有较明显的影响。建议在结构计算中予以适当考虑。"为了适应新的抗震规范要求,PKPM 给出了计算中考虑楼梯影响的解决方案:在 PMCAD 的模型输入中输入楼梯,可在矩形房间输入二跑或平行的三跑、四跑楼梯等类型。程序可自动将楼梯转化成折梁或折板。此后在接力 SATWE 时,无须更换目录,在计算参数中直接选择是否计算楼梯即可。SATWE "参数定义"中可选择是否考虑楼梯作用,如果考虑,可选择梁或板任一种方式或两种方式同时计算楼梯,如图 6.16 所示。

图 6.16　SATWE "参数定义"中可选择是否考虑楼梯作用

点击【楼梯布置】菜单，光标处于识取状态，程序要求用户选择楼梯所在的矩形房间，当光标移到某一房间时，该房间边界将加亮，提示当前所在房间，点击左键确认。确认后，程序弹出楼梯定义对话框，如图 6.17 所示，对话框右上角为楼梯预览图，修改参数后，预览图与之联动。各参数含义如下：

选择楼梯类型：点击选择楼梯类型按钮，程序弹出楼梯布置类型对话框，供用户选择，目前程序共有 12 种楼梯类型可供用户选择，包括平行两跑楼梯、平行三跑楼梯、平行四跑楼梯、单跑直楼梯、双跑交叉楼梯、双跑剪刀楼梯带平台、双分平行楼梯 1、双分平行楼梯 2、双跑直楼梯、两跑转角楼梯、三跑转角楼梯、四跑转角楼梯。其中 PKPMV31 新增加了 4 种新的楼梯类型，分别为双跑直楼梯、两跑转角楼梯、三跑转角楼梯、四跑转角楼梯；起始高度（mm）：第一跑楼梯最下端相对本层底标高的相对高度；踏步总数：输入楼梯的总踏步数；踏步高、宽：定义踏步尺寸；坡度：当修改踏步参数时，程序根据层高自动调整楼梯坡度，并显示计算结果；起始节点号：用来修改楼梯布置方向，可根据预览图中显示的房间角点编号调整；是否是顺时针：确定楼梯走向；各梯段宽：设置梯板宽度；平台宽度：设置平台宽度；平板厚：设置平台板厚度；梯梁尺寸：设置梯梁的宽高尺寸；梯柱尺寸：设置梯柱的宽高尺寸；混凝土号：设置梯梁、梯柱、梯板的混凝土号；各标准跑详细设计数据：设置各梯跑定义与布置参数。

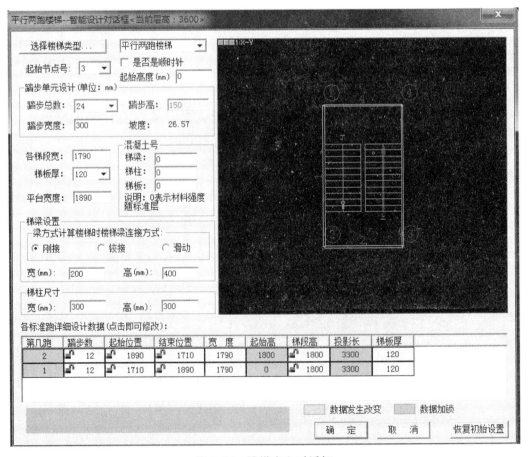

图 6.17 楼梯定义对话框

7．荷载输入

PMCAD 只有结构布置与荷载布置都相同的楼层才能成为同一结构标准层。标准层结构上的各类荷载，包括：① 楼面恒活荷载；② 非楼面传来的梁间荷载、次梁荷载、墙间荷载、节点荷载及柱间荷载；③ 人防荷载；④ 吊车荷载。【荷载布置】的各子功能菜单，如图 6.18 所示。

图 6.18　荷载布置的各子功能菜单

楼面恒载是指按楼面的建筑做法折算的单位面积重量，比如：根据建筑施工图楼面做法，20 mm 厚板底抹灰取 0.4 kN/m²；120 mm 厚现浇板取 3.0 kN/m²；20 mm 厚找平层取 0.4 kN/m²；20 mm 厚 1∶3 干硬性水泥砂浆结合层取 0.4 kN/m²；10 mm 厚釉面砖取 0.2 kN/m²；合计 4.4 kN/m²。楼面活载根据《建筑结构荷载规范》GB 50009—2012 中第 5 章楼面和屋面活荷载相关规定确定。梁间恒荷载是指梁上填充墙的折算线荷载。比如一般 200 mm 厚的加气混凝土砌块墙体自重（含粉刷层）2.8 kN/m²，若墙高 3.6 m，则 $q = 2.8 \times 3.6 = 10.0$（kN/m）。梁间活荷载：当楼梯间按照板洞布置处理，楼梯间梯板等上的面荷载传导到梯间梁上时，才需要计算梁间的活荷载；如果将楼梯间处理为板厚为 0，则可自动导入不用输入梁间活荷载。

1）楼面恒活设置

点击【恒活设置】，弹出得楼面荷载定义的对话框如图 6.19 所示。其中包含的设置内容有：① 自动计算现浇板自重。该控制项是全楼的，即非单独对当前标准层，选中该项后程序会根据楼层各房间楼板的厚度，折合成该房间的均布面荷载，并将其叠加到该房间的面恒载值中，若选中该项，则输入的楼面恒载值中不应该再包含楼板自重，反之，则必须包含楼板自重。② 异形房间导荷载采用有限元方法。在对异形房间（三角形、梯形、L 形、T 形、十字形、凹形、凸形等）进行房间荷载导算时，是按照每边的边长占整个房间周长的比值，按均布线荷载分配到每边的梁、墙上。③ 矩形房间导荷打断设

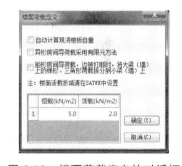

图 6.19　楼面荷载定义的对话框

置。这项设置，主要用来处理矩形房间边被打断时，是否将大梁（墙）上的梯形荷载、三角形荷载分拆到小梁（墙）上。

2）荷载通用布置

一般情况下，在布置构件荷载信息时，会通过不同构件采用点取不同菜单命令来布置荷载。所以，当要变换构件时，就需要结束当前命令，再点击相应菜单才可实现。采用【通用布置】命令，则是在不切换菜单的情况下，通过改变对话框中荷载的使用主体，实现荷载的布置，如图 6.20 所示。【管理定义】用于荷载的定义，会弹出构件荷载定义对话框，可

图 6.20　荷载通用布置内容

以进行荷载定义的增加、删除、修改等操作。布置时，先选取是布哪种构件的何种荷载类型，再选取是哪类荷载值，之后，可捕捉相应的构件进行布置。

3) 楼面荷载输入

楼屋面荷载输入的数值确定，是根据建筑施工图中建筑设计说明部分，注明的楼地面做法、屋面做法等为依据，计算楼板的重量。点击"恒载栏"中的【板】【楼面恒载】，则该标准层所有房间的恒载值将在图形上显示，同时弹出的"修改恒载"对话框。在对话框中，用户可以输入需要修改的恒载值，再在模型上选择需要修改的房间，即可实现对楼面荷载的修改。活载的修改方式也与此操作相同。对于已经布置了楼面荷载的房间，可以勾选"按本层默认值设置"选项，后续使用"恒活设置命令"修改楼面恒载、活载默认值时，这些房间的荷载值可以自动更新。此外，在修改楼面及层间板恒载、活载、人防荷载时，也提供了批量修改的功能。图6.21为楼板恒载修改功能截图。

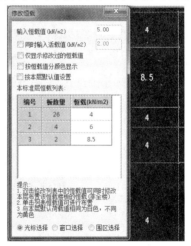

图 6.21　修改楼面荷载的对话框

当有层间楼板存在时，也可对层间楼板的板面荷载进行修改，操作方法与"楼面荷载"相同。

4) 梁间荷载输入

梁间恒载和活载所有操作方法相同，操作命令包括：【增加】、【修改】、【删除】、【显示】及【清理】。

点击【增加】菜单后，屏幕上显示平面图的单线条状态，并弹出选择梁荷载类型的对话框，如图6.22所示。一般情况下，在新建工程时，对话框中是空的，即没有梁荷载定义的内容，用户需要通过点取【增加】按钮，来添加梁荷载信息。如上图，在荷载输入截面，可输入分组组名，该名称可在荷载列表中点击"组名"列，进行自动排序。

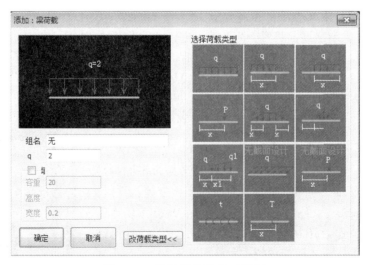

图 6.22　梁荷载的信息对话框

【修改】：修正当前选择荷载类型的定义数值。

【删除】：删除选定类型的荷载，工程中已布置的该类型荷载将被自动删除。在荷载定义删除时，支持多选，可用鼠标左键在列表中进行框选，或者按住键盘上的"Shift"键，再用鼠标左键进行单击，都可以选择连续的多项荷载定义进行删除。

8．楼层组装

楼层组装，主要完成为每个输入完成的标准层指定层高、层底标高后布置到建筑整体的某一部位，从而搭建出完整建筑模型的功能，界面如图 6.23 所示。

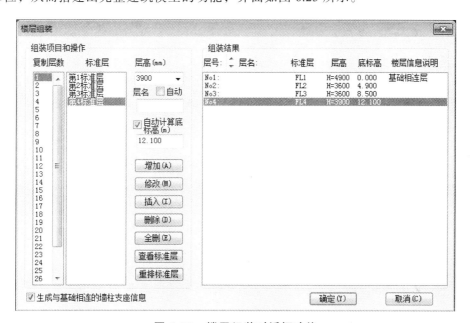

图 6.23　楼层组装对话框功能

6.2.3　空间有限元分析与设计软件 SATWE

1．SATWE 简介

中国建筑科学研究院的 PKPM 系列 CAD 软件，自 1987 年以来，历经多年的开发和推广应用，现已形成了一个包括建筑设计、结构设计、设备设计，在结构设计中又包括多层和高层、工业厂房和民用建筑，上部结构和各类基础在内的综合 CAD 系统，并正在向集成化和初级智能化方向发展。到目前为止，已为国内 9 000 多家设计单位所采用，成为国内用户最多、应用最广的一个 CAD 系统，并逐渐推广到东南亚国家。SATWE 为 Space Analysis of Tall-Buildings with Wall-Element 的词头缩写，是专门为多、高层建筑结构分析与设计而研制的空间结构有限元分析软件，适用于各种复杂体型的高层钢筋混凝土框架、框剪、剪力墙、筒体结构等，以及钢-混凝土混合结构和高层钢结构。SATWE 的基本功能如下：

（1）可自动读取经 PMCAD 的建模数据、荷载数据，并自动转换成 SATWE 所需的几何数据和荷载数据格式。

（2）程序中的空间杆单元除了可以模拟常规的柱、梁外，通过特殊构件定义，还可有效地模拟铰接梁、支撑等。特殊构件记录在 PMCAD 建立的模型中，这样可以随着 PMCAD 建模变化而变化，实现 SATWE 与 PMCAD 的互动。

（3）随着工程应用的不断拓展，SATWE 可以计算的梁、柱及支撑的截面类型和形状类型越来越多。梁、柱及支撑的截面类型在 PM 建模中定义。混凝土结构的矩形截面和圆形截面是最常用的截面类型。对于钢结构来说，工形截面、箱形截面和型钢截面是最常用的截面类型。除此之外，PKPM 的截面类型还有如下重要的几类：常用异型混凝土截面，如 L、T、十、Z 形混凝土截面；型钢混凝土组合截面；柱的组合截面；柱的格构柱截面；自定义任意多边形异型截面；自定义任意多边形、钢结构、型钢的组合截面。

对于自定义任意多边形异型截面和自定义任意多边形、钢结构、型钢的组合截面，需要用户用人机交互的操作方式定义，其他类型的定义都是用参数输入，程序提供针对不同类型截面的参数输入对话框，输入非常简便。

（4）剪力墙的洞口仅考虑矩形洞，无须为结构模型简化而加计算洞；墙的材料可以是混凝土、砌体或轻骨料混凝土。

（5）考虑了多塔、错层、转换层及楼板局部开大洞口等结构的特点，可以高效、准确地分析这些特殊结构。

（6）SATWE 也适用于多层结构、工业厂房以及体育场馆等各种复杂结构，并实现了在三维结构分析中考虑活荷不利布置功能、底框结构计算和吊车荷载计算。

（7）自动考虑了梁、柱的偏心、刚域影响。

（8）可任意指定水平力作用方向，程序自动按转角进行坐标变换及风荷载导算，还可根据用户需要进行特殊风荷载计算。

（9）在单向地震力作用时，可考虑偶然偏心的影响；可进行双向水平地震作用下的扭转地震作用效应计算；可计算多方向输入的地震作用效应；可按振型分解反应谱方法计算竖向地震作用；对于复杂体型的高层结构，可采用振型分解反应谱法进行耦联抗震分析和动力弹性时程分析。

2．SATWE 前处理及参数说明

SATWE 分析设计界面采用了目前流行的 Ribbon 界面风格，其界面的上侧为典型的 Ribbon 菜单，菜单的扁平化和图形化方便了用户进行菜单查找和对菜单功能的理解。界面的左侧为停靠对话框，更加方便地实现人图交互功能。界面的中间区域为图形窗口，用来显示图形以及进行人图交互。界面的左下角为当前的命令行，允许用户通过输入命令的方式实现特定的功能。界面的右下角为常用图标区域，该区域主要提供一些常用的、通用的功能。图 6.24 为 SATWE 前处理菜单。

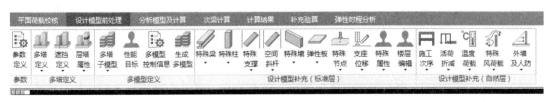

图 6.24　SATWE 前处理菜单

其中，"分析和设计参数补充定义"中的参数信息是 SATWE 计算分析所必需的信息。新建工程必须执行此项菜单，确认参数正确后方可进行下一步的操作，此后如参数不再改动，则可略过此项菜单。对应菜单为"设计模型前处理"->"参数定义"。分析和设计参数补充定义总信息界面如图 6.25 所示。

图 6.25　分析和设计参数补充定义总信息界面

"生成 SATWE 数据文件及数据检查"是 SATWE 前处理的核心功能，程序将 PM 模型数据和前处理补充定义的信息转换成适合有限元分析的数据格式。新建工程必须执行此项菜单，正确生成 SATWE 数据并且数据检查无错误提示后，方可进行下一步的计算分析。此外，只要在 PMCAD 中修改了模型数据或在 SATWE 前处理中修改了参数、特殊构件等相关信息，都必须重新执行"生成 SATWE 数据文件及数据检查"，才能使修改生效。对应菜单为"分析模型及计算"->"生成数据"，也可跳过此项，直接执行"生成数据+全部计算"。除上述两项之外，其余各项菜单不是每项工程必需的，可根据工程实际情况，有针对性地选择执行。

1）总信息

（1）水平力与整体坐标夹角

地震作用和风荷载的方向缺省是沿着结构建模的整体坐标系 x 轴和 y 轴方向成对作用的。当用户认为该方向不能控制结构的最大受力状态时，则可改变水平力的作用方向。改变"水平力与整体坐标夹角"，实质上就是填入新的水平力方向 x_n 与整体坐标系 x 轴之间的夹角 A_{rf}，逆时针方向为正，单位为度。程序缺省为 0 度。改变 A_{rf} 后，程序并不直接改变水平力的作用方向，而是将结构反向旋转相同的角度，以间接改变水平力的作用方向，即：填入 30 度时，

SATWE 中将结构平面顺时针旋转 30 度，此时水平力的作用方向将仍然沿整体坐标系的 x 轴和 y 轴方向，即 0 度和 90 度方向。改变结构平面布置转角后，必须重新执行"生成数据"菜单，以自动生成新的模型几何数据和风荷载信息。此参数将同时影响地震作用和风荷载的方向。因此建议需改变风荷载作用方向时才采用该参数。此时如果结构新的主轴方向与整体坐标系方向不一致，可将主轴方向角度作为"斜交抗侧力附加地震方向"填入，以考虑沿结构主轴方向的地震作用。如不改变风荷载方向，只需考虑其他角度的地震作用时，则无须改变"水平力与整体坐标夹角"，只增加附加地震作用方向即可。

（2）混凝土、钢材容重（单位 kN/m³）

混凝土容重和钢材容重用于求梁、柱、墙自重，一般情况下混凝土容重为 25 kN/m³，钢材容重为 78.0 kN/m³，即程序的缺省值。如要考虑梁、柱、墙上的抹灰、装修层等荷载时，可以采用加大容重的方法近似考虑，以避免烦琐的荷载导算。若采用轻质混凝土等，也可在此修改容重值。该参数在 PMCAD 和 SATWE 中同时存在，其数值是联动的。

（3）裙房层数

《建筑抗震设计规范》（GB 50011—2010）第 6.1.10 条文说明指出：有裙房时，加强部位的高度也可以延伸至裙房以上一层。SATWE 在确定剪力墙底部加强部位高度时，总是将裙房以上一层作为加强区高度判定的一个条件。程序不能自动识别裙房层数，需要人工指定。裙房层数应从结构最底层起算（包括地下室）。例如：地下室 3 层，地上裙房 4 层时，裙房层数应填入 7。裙房层数仅用作底部加强区高度的判断，规范针对裙房的其他相关规定，程序并未考虑。

（4）地下室层数

地下室层数是指与上部结构同时进行内力分析的地下室部分的层数。地下室层数影响风荷载和地震作用计算、内力调整、底部加强区的判断等众多内容，是一项重要参数。

（5）嵌固端所在层号

此处嵌固端不同于结构的力学嵌固端，不影响结构的力学分析模型，而是与计算调整相关的一项参数。对于无地下室的结构，嵌固端一定位于首层底部，此时嵌固端所在层号为 1，即结构首层；对于带地下室的结构，当地下室顶板具有足够的刚度和承载力，并满足规范的相应要求时，可以作为上部结构的嵌固端，此时嵌固端所在楼层为地上一层，即（地下室层数+1），这也是程序缺省的"嵌固端所在层号"。如果修改了地下室层数，应注意确认嵌固端所在层号是否需相应修改。嵌固端位置的确定应参照《建筑抗震设计规范》（GB 50011—2010）第 6.1.14 条和《高层建筑混凝土结构技术规程》（JGJ 3—2010）第 12.2.1 条的相关规定，其中应特别注意楼层侧向刚度比的要求。如地下室顶板不能满足作为嵌固端的要求，则嵌固端位置要相应下移至满足规范要求的楼层。程序缺省的"嵌固端所在层号"总是为地上一层，并未判断是否满足规范要求，用户应特别注意自行判断并确定实际的嵌固端位置。

（6）墙元、弹性板细分最大控制长度（单位 m）

这是墙元细分时需要的一个重要参数。对于尺寸较大的剪力墙，在作墙元细分形成一系列小壳元时，为确保分析精度，要求小壳元的边长不得大于给定限值 Dmax。工程规模较小时，建议在 0.5 到 1.0 之间填写；剪力墙数量较多，不能正常计算时，可适当增大细分尺寸，在 1.0 到 2.0 之间取值，但前提是一定要保证网格质量。用户可在 SATWE 的"分析模型及计算"→"模型简图"→"空间简图"中查看网格划分的结果。

（7）全楼强制采用刚性楼板假定

"强制刚性楼板假定"和"刚性楼板假定"是两个相关但不等同的概念，应注意区分。"刚性楼板假定"是指楼板平面内无限刚，平面外刚度为零的假定。每块刚性楼板有 3 个公共的自由度，从属于同一刚性板的每个节点只有 3 个独立的自由度。这样能大大减少结构的自由度，提高分析效率。

SATWE 自动搜索全楼楼板，对于符合条件的楼板，自动判断为刚性楼板，并采用刚性楼板假定，无须用户干预。某些工程中采用刚性楼板假定可能误差较大，为提高分析精度，可在"设计模型前处理"→"弹性板"菜单将这部分楼板定义为适合的弹性板。这样同一楼层内可能既有多个刚性板块，又有弹性板，还可能存在独立的弹性节点。对于刚性楼板，程序将自动执行刚性楼板假定，弹性板或独立节点则采用相应的计算原则。而"强制刚性楼板假定"则不区分刚性板、弹性板，或独立的弹性节点，只要位于该层楼面标高处的所有节点，在计算时都将强制从属同一刚性板。

"强制刚性楼板假定"可能改变结构的真实模型，因此其适用范围是有限的，一般仅在计算位移比、周期比、刚度比等指标时建议选择。在进行结构内力分析和配筋计算时，仍要遵循结构的真实模型，才能获得正确的分析和设计结果。

（8）整体指标计算采用强刚，其他指标采用非强刚

设计过程中，对于楼层位移比、周期比、刚度比等整体指标通常需要采用强制刚性楼板假定进行计算，而内力、配筋等结果则必须采用非强制刚性楼板假定的模型结果。勾选此项，程序自动对强制刚性楼板假定和非强制刚性楼板假定两种模型分别进行计算，并对计算结果进行整合。

（9）地震作用计算信息

程序提供了以下 4 个选项供用户选择：

① 不计算地震作用：对于不进行抗震设防的地区或者抗震设防烈度为 6 度时的部分结构，规范规定可以不进行地震作用计算，参见《建筑抗震设计规范》（GB 50011—2010）第 3.1.2 条，此时可选择"不计算地震作用"。《建筑抗震设计规范》（GB 50011—2010）第 5.1.6 条规定：6 度时的部分建筑，应允许不进行截面抗震验算，但应符合有关的抗震措施要求。因此这类结构在选择"不计算地震作用"的同时，仍然要在"地震信息"页中指定抗震等级，以满足抗震构造措施的要求。此时，"地震信息"页除抗震等级相关参数外其余项会变灰。

② 计算水平地震作用：计算 X、Y 两个方向的地震作用。

③ 计算水平和规范简化方法竖向地震：按《建筑抗震设计规范》（GB 50011—2010）第 5.3.1 条规定的简化方法计算竖向地震。

④ 计算水平和反应谱方法竖向地震：按竖向振型分解反应谱方法计算竖向地震；《高层建筑混凝土结构技术规程》（JGJ 3—2010）第 4.3.14 规定：跨度大于 24 m 的楼盖结构、跨度大于 12 m 的转换结构和连体结构，悬挑长度大于 5 m 的悬挑结构，结构竖向地震作用效应标准值宜采用时程分析方法或振型分解反应谱方法进行计算。采用振型分解反应谱法计算竖向地震作用时，程序输出每个振型的竖向地震力，以及楼层的地震反应力和竖向作用力，并输出竖向地震作用系数和有效质量系数，与水平地震作用均类似。

（10）楼梯计算

在结构建模中创建的楼梯，用户可在 SATWE 中选择是否在整体计算时考虑楼梯的作用。

若在整体计算中考虑楼梯，程序会自动将梯梁、梯柱、梯板加入模型当中。SATWE 中提供了两种楼梯计算的模型：壳单元和梁单元。默认采用壳单元。两者的区别在于对梯段的处理，壳单元模型用膜单元计算梯段的刚度，而梁单元模型用梁单元计算梯段的刚度，两者对于平台板都用膜单元来模拟。程序可自动对楼梯单元进行网格细分。此外，针对楼梯计算，SATWE设置了自动进行多模型包络设计。如果用户选择同时计算不带楼梯模型和带楼梯模型，则程序自动生成两个模型，并进行包络设计。

（11）楼板按有限元方式进行面外设计

梁板共同工作的计算模型，可使梁上荷载由板和梁共同承担，从而减少梁的受力和配筋，特别是针对楼板较厚的板，应将其设置为弹性板 3 或者弹性板 6 计算。既节约了材料，又实现强柱弱梁改善了结构抗震性能。傅学怡大师指出，不考虑实际现浇钢筋混凝土结构中梁、板互相作用的计算模式，单独计算板，由于忽略支座梁刚度的影响，无法正确反映板块内力的走向，容易留下安全隐患。

2）计算控制信息

（1）地震作用分析方法

"地震作用分析方法"有"侧刚分析方法"和"总刚分析方法"两个选项。其中"侧刚分析方法"是指按侧刚模型进行结构振动分析；"总刚分析方法"则是指按总刚模型进行结构振动分析。当结构中各楼层均采用刚性楼板假定时可采用"侧刚分析方法"；其他情况，如定义了弹性楼板或有较多的错层构件时，建议采用"总刚分析方法"，即按总刚模型进行结构的振动分析。

（2）传基础刚度

若想进行上部结构与基础共同分析，应勾选"生成传给基础的刚度"选项。这样在基础分析时，选择上部刚度，即可实现上部结构与基础共同分析。

（3）自定义风荷载信息

该参数主要用来控制是否保留"分析模型及计算"→"风荷载"定义的水平风荷载信息。用户在执行"生成数据"后可在"分析模型及计算"→"风荷载"菜单中对程序自动计算的水平风荷载进行修改。勾选此参数时，再次执行"生成数据"时程序将保留上次的风荷载数据（全楼所有风荷载数据均保留，不区分是否用户自定义）；如不勾选，则程序会重新生成风荷载，自定义数据不被保留。当模型发生变化时，应注意确认上次数据是否应被保留。

3）风荷载信息

SATWE 依据《建筑结构荷载规范》（GB 50009—2012）的公式（8.1.1-1）计算风荷载。计算相关的参数在此页填写，包括水平风荷载和特殊风荷载相关的参数。若在第一页参数中选择了不计算风荷载，可不必考虑本页参数的取值。

（1）地面粗糙度类别

分 A、B、C、D 四类，用于计算风压高度变化系数等。

（2）修正后的基本风压

一般按照荷载规范给出的 50 年一遇的风压采用，对于部分风荷载敏感建筑，应考虑地点和环境的影响进行修正：如沿海地区和强风地带等。又如《门刚规程》中规定，基本风压按现行国家标准《荷载规范》的规定值乘以 1.05 采用。用户应自行依据相关规范、规程对基本风压进行修正，程序以用户填入的修正后的风压值进行风荷载计算，不再另行修正。

（3）X、Y 向结构基本周期

"结构基本周期"用于脉动风荷载的共振分量因子 R 的计算，对于比较规则的结构，可以采用近似方法计算基本周期：框架结构 $T = (0.08 \sim 0.10)n$；框剪结构、框筒结构 $T = (0.06 \sim 0.08)n$；剪力墙结构、筒中筒结构 $T = (0.05 \sim 0.06)n$。其中 n 为结构层数。程序按简化方式对基本周期赋初值，用户也可以在 SATWE 计算完成后，得到准确的结构自振周期，再回到此处将新的周期值填入，然后重新计算，以得到更为准确的风荷载。

（4）风荷载作用下结构的阻尼比

与"结构基本周期"相同，该参数也用于脉动风荷载的共振分量因子 R 的计算。新建工程第一次进 SATWE 时，会根据"结构材料信息"自动对"风荷载作用下的阻尼比"赋初值：混凝土结构及砌体结构 0.05，有填充墙钢结构 0.02，无填充墙钢结构 0.01。

（5）承载力设计时风荷载效应放大系数

《高层建筑混凝土结构技术规程》（JGJ 3—2010）第 4.2.2 条规定：对风荷载比较敏感的高层建筑，承载力设计时应按基本风压的 1.1 倍采用。对于正常使用极限状态设计，一般仍可采用基本风压值或由设计人员根据实际情况确定。也就是说，部分高层建筑在风荷载承载力设计和正常使用极限状态设计时，可能需要采用两个不同的风压值。为此，SATWE 新增了"承载力设计时风荷载效应放大系数"，用户只需按照正常使用极限状态确定风压值，程序在进行风荷载承载力设计时，将自动对风荷载效应进行放大，相当于对承载力设计时的风压值进行了提高，这样一次计算就可同时得到全部结果。填写该系数后，程序将直接对风荷载作用下的构件内力进行放大，不改变结构位移。结构对风荷载是否敏感，以及是否需要提高基本风压，规范尚无明确规定，应由设计人员根据实际情况确定。程序缺省值为 1.0。

（6）顺风向风振

《建筑结构荷载规范》（GB 50009—2012）第 8.4.1 条规定：对于高度大于 30 m 且高宽比大于 1.5 的房屋，以及基本自振周期 T1 大于 0.25 s 的各种高耸结构，应考虑风压脉动对结构产生顺风向风振的影响。当计算中需考虑顺风向风振时，应勾选该菜单，程序自动按照规范要求进行计算。

（7）横风向风振与扭转风振

根据《建筑结构荷载规范》（GB 50009—2012）第 8.5.1 条规定："对于横风向风振作用效应明显的高层建筑以及细长圆形截面构筑物，宜考虑横风向风振的影响。"第 8.5.4 条规定："对于扭转风振作用效应明显的高层建筑及高耸接结构，宜考虑扭转风振的影响。"考虑风振的方式可以通过风洞试验或者按照规范附录 H.1，H.2 和 H.3 确定。当采用风洞试验数据时，软件提供文件接口 windhole.pm，用户可根据格式进行填写。当采用软件所提供的规范附录方法时，除了需要正确填写周期等相关参数外，必须根据规范条文确保其适用范围，否则计算结果可能无效。为便于验算，软件提供图示"校核"结果供用户参考，应仔细阅读相关内容。

4）地震信息

当抗震设防烈度为 6 度时，某些房屋虽然可不进行地震作用计算，但仍应采取抗震构造措施。因此，若在第一页参数中选择了不计算地震作用，本页中各项抗震等级仍应按实际情况填写，其他参数全部变灰。

（1）结构规则性信息

该参数在程序内部不起作用。

（2）设防地震分组

设防地震分组应由用户自行填写，用户修改本参数时，界面上的"特征周期 T_g"会根据抗规联动改变。因此，用户在修改设防地震分组时，应特别注意确认特征周期 T_g 值的正确性。特别是根据区划图确定了 T_g 值并正确填写后，一旦再次修改设防地震分组，程序会根据抗规联动修改 T_g 值，此时应重新填入根据区划图确定的 T_g 值。

（3）设防烈度

设防烈度应由用户自行填写，用户修改设防烈度时，界面上的"水平地震影响系数最大值"会根据抗规联动改变。因此，用户在修改设防烈度时，应特别注意确认水平地震影响系数最大值 α_{max} 的正确性。特别是根据区划图确定了 α_{max} 值并正确填写后，一旦再次修改设防烈度，程序会根据抗规联动修改 α_{max} 值，此时应重新填入根据区划图确定的 α_{max} 值。

（4）场地类别

依据抗震规范，提供 I_0、I_1、II、III、IV 共五类场地类别。用户修改场地类别时，界面上的特征周期 T_g 值会根据抗规联动改变，因此，用户在修改场地类别时，应特别注意确认特征周期 T_g 值的正确性。

（5）混凝土框架、剪力墙、钢框架抗震等级

程序提供 0、1、2、3、4、5 六种值。其中 0、1、2、3、4 分别代表抗震等级为特一级、一、二、三或四级，5 代表不考虑抗震构造要求。此处指定的抗震等级是全楼适用的。通过此处指定的抗震等级，SATWE 自动对全楼所有构件的抗震等级赋初值。依据抗规、高规等相关条文，某些部位或构件的抗震等级可能还需要在此基础上进行单独调整，SATWE 将自动对这部分构件的抗震等级进行调整。对于少数未能涵盖的特殊情况，用户可通过前处理第二项菜单"特殊构件补充定义"进行单构件的补充指定，以满足工程需求。

（6）抗震构造措施的抗震等级

在某些情况下，结构的抗震构造措施等级可能与抗震等级不同。用户应根据工程的设防类别查找相应的规范，以确定抗震构造措施等级。当抗震构造措施的抗震等级与抗震措施的抗震等级不一致时，在配筋文件中会输出此项信息。

（7）计算振型个数

在计算地震作用时，振型个数的选取应遵循《建筑抗震设计规范》（GB 50011—2010）第 5.2.2 条条文说明的规定："振型个数一般可以取振型参与质量达到总质量的 90% 所需的振型数。"当仅计算水平地震作用或者用规范方法计算竖向地震作用时，振型数应至少取 3。为了使每阶振型都尽可能地得到两个平动振型和一个扭转振型，振型数最好为 3 的倍数。振型数的多少与结构层数及结构形式有关，当结构层数较多或结构层刚度突变较大时，振型数也应相应增加，如顶部有小塔楼、转换层等结构形式。选择振型分解反应谱法计算竖向地震作用时，为了满足竖向振动的有效质量系数，一般应适当增加振型数。

（8）周期折减系数

周期折减的目的是充分考虑框架结构和框架-剪力墙结构的填充墙刚度对计算周期的影

响。对于框架结构，若填充墙较多，周期折减系数可取 0.6 ~ 0.7，填充墙较少时可取 0.7 ~ 0.8；对于框架-剪力墙结构，可取 0.7 ~ 0.8，纯剪力墙结构的周期可不折减。

（9）偶然偏心

《高层建筑混凝土结构技术规程》（JGJ 3—2010）4.3.3 条规定：计算地震作用时，应考虑偶然偏心的影响，附加偏心距可取与地震作用方向垂直的建筑物边长的 5%。

（10）双向地震作用

《建筑抗震设计规范》（GB 50011—2010）第 5.1.1 条规定：质量和刚度分布明显不对称的结构，应计入双向地震作用下的扭转影响。

（11）各楼层剪重比的控制

《建筑抗震设计规范》（GB 50011—2010）第 5.2.5 条规定：抗震验算时，结构任一楼层的水平地震的剪重比不应小于表 5.2.5 给出的最小地震剪力系数 λ。对于竖向不规则结构的薄弱层，尚应乘以 1.15 的增大系数。程序给出一个控制开关，由设计人员决定是否由程序自动进行调整。若选择由程序自动进行调整，则程序对结构的每一层分别判断，若某一层的剪重比小于规范要求，则相应放大该层的地震作用效应（内力）。

（12）地震位移控制和位移比

《高层建筑混凝土结构技术规程》（JGJ 3—2010）第 3.4.5 条规定：在考虑偶然偏心影响的规定水平地震力作用下，楼层竖向构件的最大水平位移和层间位移角，A、B 级高度高层建筑均不宜大于该楼层平均值的 1.2 倍；且 A 级高度高层建筑不应大于该楼层平均值的 1.5 倍，B 级高度高层建筑、混合结构高层建筑及复杂高层建筑，不应大于该楼层平均值的 1.4 倍。

针对此条，程序在位移输出文件中增加了有关信息，包括每一楼层竖向构件最大水平位移、楼层平均位移、二者的比值、楼层竖向构件最大层间位移、楼层平均层间位移、二者的比值以及最大层间位移角。其中平均值是按最大值和最小值之和的一半计算的。此外，在位移、层间位移计算中，考虑了偶然偏心影响，但未考虑双向地震作用影响。

对于楼层位移比和层间位移比控制，通常情况下采用强制刚性楼板假定时可以较好地反映楼层的整体扭转效应，过滤个别不规则构件的影响。但按照第 3.4.5 条条文说明"当楼板平面比较狭长、有较大的凹入和开洞而使楼板有较大削弱时，楼板可能产生显著的面内变形，这时宜采用考虑楼板变形影响的计算方法"。

（13）周期比控制

《高层建筑混凝土结构技术规程》（JGJ 3—2010）第 3.4.5 条：结构扭转为主的第一周期 T_t 与平动为主的第一周期 T_1 之比，A 级高度高层建筑不应大于 0.9；B 级高度高层建筑、混合结构高层建筑及复杂高层建筑不应大于 0.85。此条主要为控制结构在地震作用下的扭转效应。要计算周期比，首先要知道哪个周期是第一扭转周期，哪个周期是第一侧振周期。对于侧向刚度沿竖向分布基本均匀的较规则结构，其规律性较强，扭转为主的第一扭转周期 T_t 和平移为主的第一侧振周期 T_1 都比较好确定。但对于平面或竖向布置不规则的结构，则难以直观地确定 T_t 和 T_1。为便于设计人员执行这条规定，在软件中提供了各振型的振动形态判断和主振型判断功能。目前软件的这项功能仅适用于单塔结构，对于多塔结构，软件输出的振型方向因子暂时没有参考意义。在改进软件之前，应把多塔结构切分开，按单塔结构控制扭转周期。

3．SATWE 结果查看-图形文件

1）各层配筋构件编号简图

在各层配筋构件编号简图中标注了各层梁、柱、支撑和墙-柱、墙-梁的编号，如图 6.26 所示。计算机屏幕上图中的白色数字为节点号、青色数字为梁序号、黄色数字为柱序号、紫色数字为支撑序号、绿色数字为墙-柱序号、蓝色数字为墙-梁序号。每一根墙-梁下部都标出了其截面的宽度和高度。在第一结构层的配筋构件编号简图中，显示结构本层的刚度中心坐标（双同心圆）和质心坐标（带十字线的圆环）。

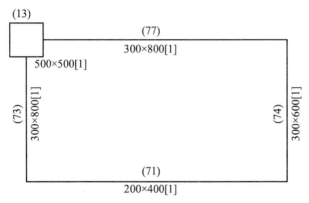

图 6.26　各层配筋构件编号简图

2）混凝土构件配筋及钢构件验算简图

其功能是以图形方式显示配筋计算结果，图中配筋面积单位为 cm^2，如果有超筋或柱的轴压比不满足要求，则以红色显示。配筋简图文件名为 WPJ*.T（其中*代表层号），如图 6.27 所示。

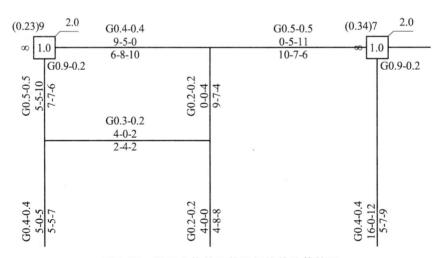

图 6.27　混凝土构件配筋及钢构件验算简图

3）混凝土柱和梁的配筋标注（图 6.28、图 6.29）

Asu1、Asu2、Asu3：梁上部左端、跨中、右端截面配筋面积（cm^2）。

Asd1，Asd2、Asd3：梁下部左端、跨中、右端截面配筋面积（cm²）。

GAsv：梁加密区箍筋间距范围内的抗剪箍筋面积和剪扭箍筋面积的较大值。

GAsv0：梁非加密区箍筋间距范围内的抗剪箍筋面积和剪扭箍筋面积的较大值。

VTAst、Ast1：梁受扭纵筋面积和抗扭箍筋沿周边布置的单肢箍面积；如果其值都为 0，则不用输入。

G、VT：箍筋和剪扭箍筋的标志。

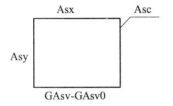

图 6.28　混凝土柱的配筋标注示意

图 6.29　混凝土梁的配筋标注示意

4．计算控制参数的分析与调整

采用 SATWE 进行结构分析，计算控制参数主要有轴压比、刚度比、剪重比、刚重比、位移比、周期比、有效质量系数、超配筋等方面满足规范要求，来确保结构的安全，若初步验算有某些指标不满足规范要求，则需反复试算，直至结果满足要求，同时要兼顾经济性要求。

1）柱轴压比

柱轴压比指柱（墙）的轴压力设计值与柱（墙）的全截面面积和混凝土轴心抗压强度设计值乘积之比，反应柱（墙）的受压情况，主要为控制结构的延性，轴压比不满足要求，结构的延性要求无法保证。轴压比过小，说明结构的经济技术指标较差，宜适当减少相应柱（墙）的截面面积。

轴压比不满足时的调整方法：增大柱（墙）的截面面积或者提高柱（墙）混凝土强度。

2）刚度比分析

刚度比的计算主要是用来确定结构中的薄弱层，控制结构竖向布置的规则性，或用于判断地下室的刚度是否满足嵌固要求。

（1）规范相关条文规定

抗震规范和高层规范及相应的条文说明，对于形成的薄弱层则按照高层规范相关条文予以加强。

①《抗震规范》附录 E.2.1 规定，筒体结构转换层上下的结构质量中心宜接近重合，转换层上下层的侧向刚度比不宜大于 2。

②《高规》3.5.3 条规定，A 级高度高层建筑的楼层抗侧力结构的层间受剪承载力不宜小于其相邻上一层受剪承载力的 80%，不应小于其相邻上一层受剪承载力的 65%；B 级高度高层建筑的楼层抗侧力结构的层间承载力不应小于其相邻上一层的 75%。

③《高规》5.3.7 条规定，高层建筑结构计算中，当地下室的顶板作为上部结构嵌固部位时，地下一层与首层侧向刚度比不宜小于 2。

④《高规》10.2.3 条规定，转换层上部结构与下部结构的侧向刚度变化应符合本规程附录 E 的规定。

⑤《高规》E.0.1 规定，当转换层设置在 1、2 层时，可近似采用转换层与其相邻上层结构的等效剪切刚度比 γ_{e1} 表示转换层上下层结构刚度的变化，γ_{e1} 宜接近 1，非抗震设计时不应小于 0.4，抗震设计时不应小于 0.5。

⑥《高规》E.0.2 规定，当转换层设置在第 2 层以上时，按本规程式（3.5.2-1）计算的转换层与其相邻上层的侧向刚度比不应小于 0.6。

（2）规范相关条文规定

规范要求结构各层之间的刚度比，并根据刚度比对地震力进行放大，所以刚度比的合理计算很重要，规范对结构的层刚度有明确的要求，在判断楼层是否为薄弱层、地下室是否能作为嵌固端、转换层刚度是否满足要求时，都要求有层刚度作为依据，所以层刚度计算时的准确性比较重要，程序提供了 3 种计算方法：

① 楼层剪切刚度。只要计算地震作用，一般选择此计算方法。

② 单层加单位力的楼层剪弯刚度，不计算地震作用，对于多层结构可以选择剪切层刚度算法，高层结构可以选择剪弯层刚度。

③ 楼层平均剪力与平均层间位移比值的层刚度：不计算地震作用，对于有斜支撑的钢结构可以选择剪弯层刚度算法。

算法的选择是程序依据相关规范条文指定完成，设计人员可根据需要调整。

（3）不满足时的调整方法

① 程序调整：程序自动在 SATWE 中将不满足要求楼层定义为薄弱层，并按照《高规》3.5.8 将该楼层地震剪力放大 1.25 倍。

② 人工调整：可适当加强本层墙柱、梁的刚度，适当削弱上部相关楼层墙柱、梁的刚度，在 WAMASS.OUT 文件中输出层刚度比计算结果。

（4）层刚度比验算原则

层刚度比的概念用来体现结构整体的上下匀称度，但是，对于一些复杂结构，如坡屋顶层、体育馆、看台、工业建筑等，此类结构或者柱、墙不在同一标高，或者本层根本没有楼板，所以在设计时可以不考虑此类结构所计算的层刚度特性。

对于错层结构或者带有夹层的结构，层刚度比有时得不到合理的计算，这是因为层的概念被广义化了，此时，需要采用模型简化才能计算出层刚度比。

按整体模型计算大底盘多塔结构时，大底盘顶层与上面一层塔楼的刚度比、楼层抗剪承载力比通常都会比较大，对结构设计没有实际指导意义，但程序仍会输出计算结果，设计人员可根据工程实际情况区别对待。

3）剪重比分析

剪重比为地震作用与重力荷载代表值，主要为限制各楼层的最小水平地震剪力，确保长周期结构的安全。剪重比不满足规范要求，说明结构刚度相对于水平地震剪力过小，但剪重比过大，则说明结构的经济技术指标较差。

（1）规范相关条文规定

《抗震规范》5.2.5 条规定，抗震验算时，任意一楼层的水平地震剪力应符合下式要求：

$$V_{\text{EK}i} = \lambda \sum_{j=1}^{n} G_j$$

式中：$V_{\text{EK}i}$ 为第 i 层对应于水平地震作用标准值的楼层剪力；λ 为剪力系数，不应小于规范表 3-6 规定的楼层最小地震剪力系数值，对竖向不规则结构的薄弱层，尚应乘以 1.15 的增大系数；G_j 为第 j 层的重力荷载代表值。

规范规定剪重比计算，主要是因为在长周期作用下，地震影响系数下降较快，对于基本周期大于 3.5 s 的结构，由此计算出来的水平地震作用下的结构效应有可能太小，而对于长周期结构，地震动态作用下的地面运动速度可能对结构有更大的破坏作用而振型分解反应谱法尚无法对此做出较准确的计算。出于安全考虑，该值如不满足要求，说明结构可能出现比较明显的薄弱部位。

（2）不满足时调整方法

① 在 SATWE 的"调整信息"中勾选"按抗震规范 5.2.5 调整各楼层地震内力"，SATWE 按抗震规范 5.2.5 自动将楼层最小地震剪力系数直接乘以该层及以上重力荷载代表值之和，用以调整该楼层地震剪力，以满足剪重比要求。

② 在 SATWE 的"调整信息"中勾选"全楼地震作用放大系数"中输入大于 1 的系数，增大地震作用，以满足剪重比要求。

③ 在 SATWE 的"调整信息"中勾选"周期折减系数"中适当减小系数，增大地震作用，以满足剪重比要求。

④ 当剪重比偏小且与规范限值相差较大时，宜调整增强竖向构件，加强墙、柱等竖向构件的刚度。

4）刚重比分析

刚重比是指结构的侧向刚度和重力荷载设计值之比，是影响重力二阶效应的主要参数。

（1）规范相关条文规定

规范上限主要要求用于确定重力荷载在水平作用位移效应引起的二阶效应是否可以忽略不计，见《高规》5.4.1 和 5.4.2 及相应的条文说明。刚重比不满足规范上限要求，说明重力二阶效应的影响较大，应该予以考虑。规范下限主要是控制重力荷载在水平作用位移效应引起的二阶效应不至于过大，避免结构的失稳倒塌，见《高规》5.4.4 及相应的条文说明。刚重比不满足规范下限要求，说明结构的刚度相对于重力荷载过小。但刚重比过大，则说明结构的经济技术指标较差，宜适当减少墙、柱等竖向构件的截面面积。

（2）调整方法

① 刚重比不满足规范上限要求，在 SATWE 的"设计信息"中勾选"考虑 $p-\Delta$ 效应"，程序自动计入重力二阶效应的影响。

② 刚重比不满足规范下限要求，只能通过调整增强竖向构件，加强墙、柱等竖向构件的刚度。

③规范给定的刚重比的上限值是 2.7，当小于这个值时需要考虑重力二阶效应，大于此值无须考虑。

5）位移角与位移比分析

（1）规范相关条文规定

《高规》3.4.5 条规定，"结构平面布置应减少扭转的影响。在考虑偶然偏心影响的规定水平地震力作用下，楼层竖向构件最大的水平位移和层间位移，A 级高度高层建筑不宜大于该楼层平均值的 1.2 倍，不应大于该楼层平均值的 1.5 倍；B 级高度高层建筑、超过 A 级高度的混合结构及本规程第 10 章所指的复杂高层建筑不宜大于该楼层平均值的 1.2 倍，不应大于该楼层平均值的 1.4 倍"。

《高规》3.4.5 条规定，"应在计入偶然偏心影响的规定水平地震力作用下，考虑结构楼层位移比的情况"。

（2）控制位移比的计算模型

按照规范要求的定义，位移比表示为"最大位移/平均位移"，而平均位移表示为 "（最大位移+最小位移）/2"。其中关键是最小位移，当楼层中产生 0 位移节点，则最小位移一定为 0。从而造成平均位移为最大位移的一半，位移比为 2，则失去位移比这个结构特征参数的意义，所以计算位移比时，如楼层中产生弹性节点，应选择"强制刚性楼板假定"。

（3）调　整

SATWE 程序本身无法自动实现，只能通过调整改变结构平面布置，减小结构刚心与质心的偏心距。

6）周期比分析

周期比侧重控制的是侧向刚度与扭转刚度之间的一种相对关系，目的是使抗侧力构件的平面布置更有效更合理，使结构不至于出现过大相对于侧移的扭转效应。周期比旨在要求结构承载布局的合理性。

（1）规范相关条文规定

《高规》3.4.5 条规定，"结构扭转为主的第一周期与平动为主的第一周期之比，A 级高度高层建筑不应大于 0.9，B 级高度高层建筑、混合结构高层建筑及复杂高层建筑不应大于 0.85"。对于规则单塔楼结构，如下验算周期比：① 根据各振型的平动系数大于 0.5，还是扭转系数大于 0.5，区分出各振型是扭转振型还是平动振型；② 通常周期最长的扭转振型对应的就是第一扭转周期，周期最长的平动振型对应的就是第一平动周期；③ 对照结构整体空间振动简图，考察第一扭转平动周期是否引起整体振动，如果仅是局部振动，则不是第一扭转平动周期，再考察下一个次长周期；④ 考察第一平动周期的基底剪力比是否为最大；⑤ 根据输出结果计算，看是否超过 0.9（0.85）。

（2）调　整

一般只能通过调整平面布置来改善这一状况，这种改变一般是整体性的，局部的小调整往往收效甚微。周期比不满足要求，说明结构的扭转刚度相对于侧移刚度较小，总的调整原则是加强结构外圈刚度。

7）有效质量系数分析

如果计算算时只取几个振型，那这几个振型的有效质量之和与总质量之比即为有效质量系数，用于判断振型是否足够。某些结构，需较多振型才能准确计算地震作用，这时尤其要注意有效质量系数是否超过了 90%，例如平面复杂、楼面刚度不是无穷大、振型整体较差、局部振动明显的结构，这种情况往往需要很多振型才能使有效质量系数满足要求。

当此系数大于 90%，表示振型数、地震作用满足规范要求。当有效质量系数小于 90% 时，应增加振型数以满足大于 90% 的要求，振型组合数应不大于结构自由度数（结构层数的 3 倍）。

8）超配筋信息

如果出现超配筋现象，首先结合"图形文件输出"中的"混凝土构件及钢构件计算简图"的图形信息，找出超筋部位，分析超筋原因，然后按以下 3 种方式调整结构：

（1）加大截面，增大截面刚度。一般在建筑要求严格处，如过廊等，加大梁宽；建筑要求不严格处，如卫生间处，加大梁高或提高混凝土强度等级。

（2）点铰，以梁端开裂为代价，不宜多用。点铰对输入的弯矩进行调幅到跨中，并释放扭矩，强行点铰不符合实际情况，不安全；或者改变截面大小，让节点有接近铰的趋势，并且相邻周边的竖向构件加强配筋。

（3）力流与刚度。通过调整构件刚度来改变输入力流的方向，使力流避开超筋处的构件，加大部分力流引到其他构件，但在高烈度区，会导致其他地方的梁超筋。

5．结构设计电算计算书的内容

一般来说，电算计算书包括文本信息和图形信息两部分。

1）文本信息

（1）总信息：选择"结构设计信息"选项，单击【应用】，弹出信息文本（WMASS.OUT），查看本结构设计的信息。

（2）周期：选择"周期振型地震力"选项，单击【应用】，弹出信息文本（WZQ.OUT），查看本结构设计的周期、振型、地震力等参数设置。

（3）位移角和位移比：选择"结构位移"选项，单击【应用】，弹出信息文本（WDISP.OUT）。

（4）框剪结构倾覆力矩比：选择"框架柱倾覆弯矩"选项，单击【应用】，弹出信息文本（WV02Q.OUT），查看本结构梁柱等构件是否超筋。

《抗震规范》6.1.3-1 条规定："设置少设抗震墙的框架结构，在规定的水平力作用下，底部框架所承担的地震倾覆力矩大于结构总地震倾覆力矩 50% 时，其框架的抗震等级仍应按框架结构确定，抗震墙的抗震等级可与框架的抗震等级相同。"《高规》8.1.3 条规定："抗震设计的框架剪力墙结构，应根据在规定的水平力作用下的结构底层框架部分承受的地震倾覆力矩与结构总地震倾覆力矩的比值，确定相应的设计方法。"

总之，框架-剪力墙结构中框架与剪力墙配合得越紧密，二者之间的传力越显著，两种方式统计的框架倾覆力矩差异越大。对于独立工作的框架和剪力墙，两种方法是一致的。一般建议《抗震规范》得到的结构首层或嵌固层的倾覆力矩，《高规》的力学方式可以反映框架的数量，还可以反映框架的空间布置，是更为合理的衡量"框架在整个抗侧力体系中作用"的指标，可以作为一种参考。

2）图形信息

计算书中的图形文件有以下几个部分内容：① 荷载：面荷载和线荷载；② 板厚；③ 板内力、配筋、裂缝、挠度；④ 梁柱断面简图、梁柱配筋简图：梁柱断面简图、梁柱配筋简图参见"各层配筋构件简图"和"混凝土构件配筋及钢构件验算简图"；⑤ 梁裂缝、挠度。

6.2.4　基础计算与设计软件 JCCAD

1．软件功能特点及概况

1）软件功能

基础设计软件 JCCAD 是 PKPM 系统中功能最为纷繁复杂的模块。其主要功能特点概括说明如下：

（1）适应多种类型基础的设计

可自动或交互完成工程实践中常用诸类基础设计，其中包括柱下独立基础、墙下条形基础、弹性地基梁基础、带肋筏板基础、柱下平板基础（板厚可不同）、墙下筏板基础、柱下独立桩基承台基础、桩筏基础、桩格梁基础等基础设计及单桩基础设计，还可进行由上述多类基础组合的大型混合基础设计，以及同时布置多块筏板的基础的设计。

可设计的各类基础中包含多种基础形式：独立基础包括倒锥型、阶梯型、现浇或预制杯口基础及单柱、双柱、多柱的联合基础；砖混条基包括砖条基、毛石条基、钢筋混凝土条基（可带下卧梁）、灰土条基、混凝土条基及钢筋混凝土毛石条基；筏板基础的梁肋可朝上或朝下；桩基包括预制混凝土方桩、圆桩、钢管桩、水下冲（钻）孔桩、沉管灌注桩、干作业法桩和各种形状的单桩或多桩承台。

（2）接力上部结构模型

基础的建模是接力上部结构与基础连接的楼层进行的，因此基础布置使用的轴线、网格线、轴号，基础定位参照的柱、墙等都是从上部楼层中自动传来的，这种工作方式大大方便了用户。

基础程序首先自动读取上部结构中与基础相连的轴线和各层柱、墙、支撑布置信息（包括异形柱、劲性混凝土截面柱和钢管混凝土柱），并可在基础交互输入和基础平面施工图中绘制出来。

如果是需要和上部结果两层或多个楼层相连的不等高基础，程序自动读入多个楼层中。

（3）接力上部结构计算生成的荷载

自动读取多种 PKPM 上部结构分析程序传下来的各单工况荷载标准值。有平面荷载（PMCAD 建模中导算的荷载或砌体结构建模中导算的荷载）、SATWE 荷载、TAT 荷载、PMSAP 荷载、PK 荷载等。

程序按要求进行荷载组合。自动读取的基础荷载可以与交互输入的基础荷载同工况叠加。此外，软件还能够提取利用 PKPM 柱施工图软件生成的柱钢筋数据，用来画基础柱的插筋。

（4）将读入的各荷载工况标准值按照不同的设计需要生成各种类型荷载组合

基础中用的荷载组合与上部结构计算所用的荷载组合是不完全相同的。程序自动按照《荷载规范》和《地基规范》的有关规定，在计算基础的不同内容时采用不同的荷载组合类型。

在计算地基承载力或桩基承载力时采用荷载的标准组合；在进行基础抗冲切、抗剪、抗弯、局部承压计算时采用荷载的基本组合；在进行沉降计算时采用准永久组合。在进行正常使用阶段的挠度、裂缝计算时取标准组合和准永久组合。程序在计算过程中会识别各组合的类型，自动判断是否适合当前的计算内容。

（5）施工图辅助设计

可以完成软件中设计的各种类型基础的施工图，包括平面图、详图及剖面图。施工图管理风格、绘制操作与上部结构施工图相同。软件依照《制图标准》《建筑工程设计文件编制深度规定》《设计深度图样》等相关标准。对于地基梁提供了立剖面表示法、平面表示法等多种方式，还提供了参数化绘制各类常用标准大样图功能。

2）JCCAD 主菜单及操作流程

进入 PKPM 系列软件的主菜单后，在屏幕右上角的专业分页上用鼠标选择"基础设计"菜单，进入 JCCAD 主菜单，如图 6.30 所示。

图 6.30 "基础设计"菜单

利用 JCCAD 软件完成基础设计的操作流程如下：

首先，进入 JCCAD 的【基础模型】菜单前，必须完成运行：结构的【建筑建模与荷载输入】或砌体结构的【砌体结构建模与荷载输入】或者钢结构的【三维模型与荷载输入】项目。如果要接力上部结构分析程序（如：SATWE、TAT、PMSAP、PK 等）的计算结果，还应该运行完成相应程序的内力计算。

然后，在 JCCAD 的【基础模型】菜单中，可以根据荷载和相应参数自动生成柱下独立基础、墙下条形基础及桩承台基础，也可以交互输入筏板、基础梁、桩基础的信息。柱下独基础、桩承台、砖混墙下条基等基础在本菜单中即可完成全部的建模、计算、设计工作；弹性地基梁、桩基础、筏板基础在此菜单中完成模型布置，再用后续计算模块进行基础设计。在【梁元法计算】菜单中，可以完成弹性地基梁基础、肋梁平板基础等基础的设计及独基、弹性地基梁板等基础的内力配筋计算。在【桩承台计算】菜单中，可以完成桩承台的设计及桩承台和独基的沉降计算。在【板元法计算】菜单中，可以完成各类有桩基础、平板基础、梁板基础、地基梁基础的有限元分析及设计。

最后，在基础施工图中，可以完成以上各类基础的施工图。

2．地质模型

地质资料是建筑物周围场地地基状况的描述，是基础设计的重要信息。如果要进行沉降计算，就必须有地质资料数据。通常情况下在进行桩基础的设计时也需要地质资料数据。在使用 JCCAD 软件进行基础设计时，用户必须提供建筑物场地的各个勘测孔的平面坐标、竖向土层标高和各个土层的物理力学指标等信息，此等信息应在地质资料文件（内定后缀为.dz）

中描述清楚。

地质资料文件可通过人机交互方式生成，也可用文本编辑工具直接填写。JCCAD 可以将用户提供的勘测孔的平面位置自动生成平面控制网格，并以形函数插值方法自动求得基础设计所需的任一处的竖向各土层的标高和物理力学指标，并可形象地观察平面上任意一点和任意竖向剖面的土层分布和土层的物理力学参数。

由于用途不同，对土的物理力学指标要求也不同。因此，可以将 JCCAD 地质资料分成两类：有桩地质资料和无桩地质资料。有桩地质资料需要每层土的压缩模量、重度、土层厚度、状态参数、内摩擦角和粘聚力等 6 个参数；而无桩地质资料只需每层土的压缩模量、重度、土层厚度等 3 个参数。

地质资料输入的步骤一般应为：

（1）归纳出能够包容大多数孔点的土层分布情况的"标准孔点"土层，并点击【标准孔点】菜单，再根据实际的勘测报告修改各土层物理力学指标承载力等参数进行输入。

（2）点击【输入孔点】菜单，将"标准孔点土层"布置到各个孔点。

（3）进入【动态编辑】菜单对各个孔点已经布置土层的物理力学指标、承载力、土层厚度、顶层土标高、孔点坐标、水头标高等参数进行细部调节。也可以通过添加、删除土层补充修改各个孔点的土层布置信息。因程序数据结构的需要，程序要求各个孔点的土层从上到下的土层分布必须一致，在实际情况中，当某孔点没有某种土层时，需将这种土层的厚度设为 0 厚度来处理。因此，孔点的土层布置信息中，会有 0 厚度土层存在，程序允许对 0 厚度土层进行编辑。

（4）对地质资料输入的结果的正确性，可以通过【点柱状图】、【土剖面图】、【画等高线】、【孔点剖面】、【三维显示】菜单进行校核。

（5）重复步骤（3）、步骤（4），完成地质资料输入的全部工作。

3．基础模型

1）概　述

本菜单根据用户提供的上部结构、荷载以及相关地基资料的数据，完成以下计算与设计：

（1）人机交互布置各类基础，主要有柱下独立基础、墙下条形基础、桩承台基础、钢筋混凝土弹性地基梁基础、筏板基础、梁板基础、桩筏基础等。

（2）柱下独立基础、墙下条形基础和桩承台的设计是根据用户给定的设计参数和上部结构计算传下的荷载，自动计算，给出截面尺寸、配筋等。在人工干预修改后程序可进行基础验算、碰撞检查。

（3）桩长计算。

（4）钢筋混凝土地基梁、筏板基础、桩筏基础是由用户指定截面尺寸并布置在基础平面上，这类基础的配筋计算和其他验算须由 JCCAD 的其他菜单完成。

（5）可对柱下独基、墙下条基、桩承台进行碰撞检查，并根据需要自动生成双柱或多柱基础。

（6）对平板式基础中进行柱对筏板的冲切计算，上部结构内筒对筏板的冲切、剪切计算。

（7）柱对独基、桩承台、基础梁和桩对承台的局部承压计算。

（8）可由人工定义和布置拉梁和圈梁，基础的柱插筋、填充墙、平板基础上的柱墩等，以便最后汇总生成画基础施工图所需的全部数据。

本菜单运行的必要条件为：

（1）已完成上部结构的模型、荷载数据的输入。程序可以接以下建模程序生成的模型数据和荷载数据：PMCAD、砌体结构、钢结构 STS 和复杂空间结构建模及分析。

（2）如果要读取上部结构分析传来的荷载还应该运行相应的程序的内力计算部分。这些程序包括：PK、SATWE、TAT、PMSAP、砌体结构等程序。

（3）如果要自动生成基础插筋数据还应运行画柱施工图程序。

2）荷　载

本菜单可以实现如下功能：

（1）自动读取多种 PKPM 上部结构分析程序传下来的各单工况荷载标准值。有平面荷载（PMCAD 建模中导算的荷载或砌体结构建模中导算的荷载）、SATWE 荷载、TAT 荷载、PMSAP荷载、PK 荷载等。

（2）对于每一个上部结构分析程序传来的荷载，程序自动读出的各种荷载工况下的内力标准值。基础中用的荷载组合与上部结构计算所用的荷载组合是不完全相同的。读取内力标准值后根据基础设计需要，程序将其代入不同荷载组合公式，形成各种不同工况下的荷载组合。

（3）程序自动按照《荷载规范》和《地基规范》的有关规定，在计算基础的不同内容时采用不同的荷载组合类型。在计算地基承载力或桩基承载力时采用荷载的标准组合；在进行基础抗冲切、抗剪、抗弯、局部承压计算时采用荷载的基本组合；在进行沉降计算时采用准永久组合。在进行正常使用阶段的挠度、裂缝计算时取标准组合和准永久组合。程序在计算过程中会识别各组合的类型，自动判断是否适合当前的计算内容。

（4）可输入用户自定义的附加荷载标准值，附加荷载标准值分为恒荷载与活荷载两种。附加荷载可以单独进行荷载组合，并进行相应的计算；如果读取了上部结构分析程序传来的荷载，程序同时还将用户输入的附加荷载标准值与读取的荷载标准值进行同工况叠加，然后再进行荷载组合。

（5）编辑已有的基础荷载组合值，程序提供修改、删除荷载的菜单供编辑荷载时使用。程序提供了【点荷编辑】、【点荷复制】、【线荷编辑】、【线荷复制】等菜单，供用户编辑荷载使用。这里的荷载编辑都是针对荷载标准值操作的，荷载标准值修改后荷载组合值会相应更新。

（6）按工程用途定义相关荷载参数，满足基础设计的需要，工程情况不同，荷载组合公式中的分项系数或组合值等系数也会有差异。对于每一种荷载组合类型，程序自动取用相关规范规定的荷载分项系数、组合值系数等。这些系数可以人工修改。

（7）校验、查看各荷载组合的数值，读取上部结构或输入附加荷载后，程序会在将荷载组合值显示在屏幕上。用户可以通过【当前组合】菜单来切换屏幕上显示的荷载组合。可以通过这种方式来查看，校核读取的荷载是否正确。另外程序还提供了【目标组合】菜单。该菜单可以显示具备一定特征的荷载数值，比如最大轴力、最大偏心距等。JCCAD 程序不但可以显示组合后的荷载值，还可以用【单工况值】菜单显示荷载的标准值。这样可以与上部结构分析程序计算结果中的单工况内力值比较。

【荷载组合】菜单用于输入荷载分项系数、组合系数等参数。点击后，弹出如图 6.31 所示的"输入荷载组合参数"对话框，内含其隐含值。这些参数的隐含值按规范的相应内容确定。白色输入框的值是用户必须根据工程的用途进行修改的参数。灰色的数值是规范指定值，一般不修改。若用户要修改灰色的数值可双击该值，将其变成白色的输入框，再修改。

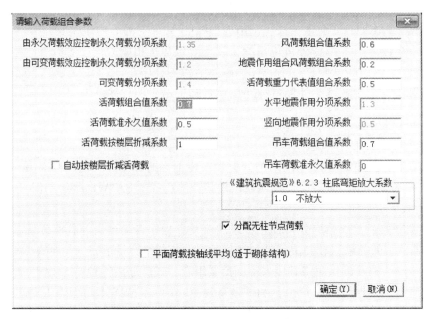

图 6.31　荷载组合参数对话框

其中：当"分配无柱节点荷载"选择项打"√"后，程序可将墙间无柱节点或无基础柱上的荷载分配到节点周围的墙上，从而使墙下基础不会产生丢荷载情况。分配荷载的原则为按周围墙的长度加权分配，长墙分配的荷载多，短墙分配的荷载少。当"自动按楼层折减活荷载"选项打"√"后，程序会根据与基础相连接的每个柱、墙上面的楼层数进行活荷载折减。这时查询活荷载的标准值时会发现活荷载的数值已经发生变化。因为 JC 读入的是上部未折减的荷载标准值，所以上部结构分析程序中输入的活荷载按楼层折减系数对传给基础的荷载标准值没有影响。如果需要考虑活荷载按楼层折减应该在 JCCAD 程序中考虑。

3）参数输入

菜单【参数】用于设置各类基础的设计参数，以适合当前工程的基础设计。

点击【参数】菜单后，屏幕产生如图 6.32 的菜单，用户可根据当前工程基础类型，修改相应的参数。一般来说，新输入的工程都要先执行【参数】菜单，并按工程的实际情况调整参数的数值。如不运行上述菜单，程序自动取其默认值。

（1）地基承载力

本菜单定义了各类基础的公共参数，在设计各种类型的基础时，还将伴有相关的参数定义，放在各类基础设计菜单之下（图 6.32）。基本参数有三页对话框。点击菜单后，屏幕显示出包含三页内容的"基本参数"对话框。第一页：地基承载力计算参数本页对话框的参数是用于确定地基承载力的。点击列表框，弹出可供选择的 5 种计算地基承载力的方法。一旦选定了某种方法，则会显示相应参数的对话框，用户按实际场地地基情况输入即可。

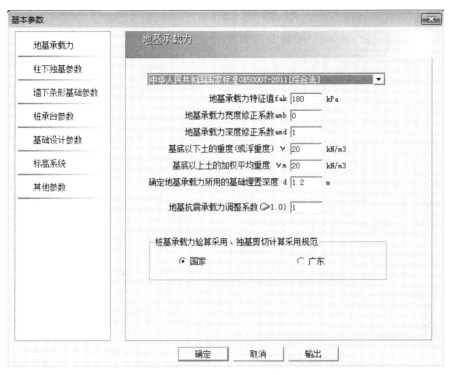

图 6.32　基本参数（地基承载力）对话框

（2）柱下独基参数

柱下独基对话框如图 6.33 所示。

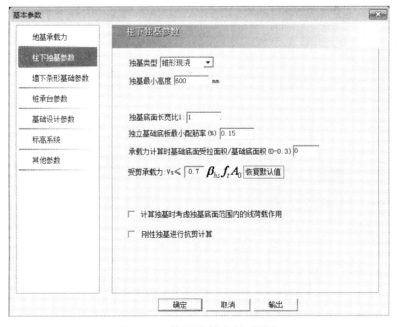

图 6.33　柱下独基参数对话框

"独基类型"：设置要生成的独基的类型。目前程序能够生成的独基类型包括：锥形现浇、锥形预制、阶形现浇、阶形预制、锥形短柱、锥形高杯、阶形短柱、阶形高杯。

"独基最小高度（mm）"：程序确定独立基础尺寸的起算高度。若冲切计算不能满足要求时，程序自动增加基础各阶的高度。其初始值为 600。

"独基底面长宽比（S/B）"：用来调整基础底板长和宽的比值。其初始值为 1。该值仅对单柱基础起作用。

"独立基础底板最小配筋率（%）"：用来控制独立基础底板的最小配筋百分率。如果不控制则填 0，程序按最小直径不小于 10 mm，间距不大于 200 mm 配筋。

"承载力计算时基础底面受拉面积/基础底面积（0-0.3）"：程序在计算基础底面积时，允许基础底面局部不受压。填 0 时全底面受压（相当于规范中偏心距 $e<b/6$ 情况）。

"受剪承载力系数"：该值默认为 0.7，双击可以修改。

"计算独基时考虑独基底面范围内的线荷载作用"：若"√"，则计算独立基础时取节点荷载和独立基础底面范围内的线荷载的矢量和作为计算依据。程序根据计算出的基础底面积迭代两次。

（3）基础设计参数

基础设计参数对话框如图 6.34 所示。

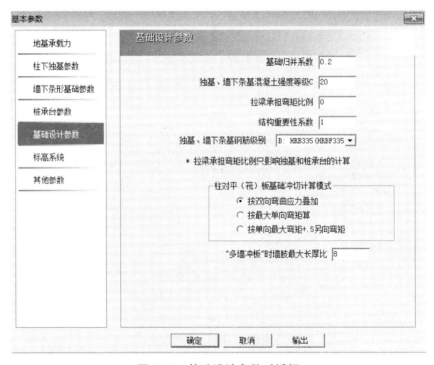

图 6.34　基础设计参数对话框

"基础归并系数"：独基和条基截面尺寸归并时的控制参数，程序将基础宽度相对差异在归并系数之内的基础自动归并为同一种基础。其初始值为 0.2。

"独基、墙下条基混凝土强度等级 C"：浅基础的混凝土强度等级（不包括柱、墙、筏板和基础梁），其初始值为 20。

"拉梁承担弯矩比例"：由拉梁来承受独立基础或桩承台沿梁方向上的弯矩，以减小独基底面积。承受的大小比例由所填写的数值决定，如填 0.5 就是承受 50%，填 1 就是承受 100%。其初始值为 0，即拉梁不承担弯矩。

"结构重要性系数"：对所有部位的混凝土构件有效，应按《混凝土规范》第 3.3.2 条采用，但不应小于 1.0。其初始值为 1.0。

"独基、墙下条基钢筋级别"：用来选择基础底板的钢筋级别。包括 HPB300、HRB335（HRBF335）、HRB400（HRBF400、RRB400）、HRB500（HRBF500）及 HPB235（原一级）。

"柱对平（筏）板基础冲切计算模式"：该参数决定柱对筏板的冲切验算时，弯矩的考虑方式。选择"按双向弯曲应力叠加"，则程序计算柱对筏板冲切验算时考虑双方向弯矩的应力叠加；选择"按最大单方向弯矩算"，则取两个方向弯矩中的较大者进行冲切验算；选择"按单方向弯矩+0.5 另方向弯矩"，则是将两个方向弯矩较大者加上另一方向弯矩的 0.5 倍进行柱冲切验算。

"多墙冲板"时墙肢最大长厚比：该参数决定"多墙冲板"时，每个墙肢的长厚比例，默认值为 8，即短肢剪力墙的尺寸要求。如果多墙的任何一个墙肢的长宽尺寸不满足该比例要求，则程序不执行多墙冲切验算命令。

4）独立基础

独立基础是一种分离式的浅基础。它承受一根或多根柱或者墙传来的荷载，基础之间可用拉梁连接在一起以增加其整体性。本菜单用于独立基础设计，根据用户指定的设计参数和输入的多种荷载自动计算独基尺寸、自动配筋，并可人工干预。本菜单可实现功能有：① 可自动将所有读入的上部荷载效应，按《地基规范》要求选择基础设计时，需要的各种荷载组合值，并根据输入的参数和荷载信息自动生成基础数据；② 提供给用户调整已生成基础数据的功能，当基础底面发生碰撞时，可以通过程序的碰撞检查功能自动生成多柱基础；③ 当程序生成的基础的角度和偏心与设计人员的期望不一致时，程序可按照用户修改的基础角度、偏心或者基础底面尺寸，重新自动生成基础设计结果；④ 程序自动生成的独立基础设计内容包括地基承载力计算、冲切计算和底板配筋计算，还可以针对程序生成的基础模型进行沉降计算；⑤ 剪力墙下自动生成独基时，程序会将剪力墙简化为柱子，再按柱下自动生成独基的方式生成独基，柱子的截面形状取剪力墙的外接矩形。注意：当选中的柱上没有荷载作用（即柱所在节点上无任何节点荷载）时，执行程序【自动生成】菜单，程序将无法生成柱下独基，如需要则可用【独基布置】菜单交互生成；若设计的基础为混合基础时，如在柱下独基自动生成前布置了地基梁，程序将不再自动生成位于地基梁端柱下的独基。

（1）人工布置

用于人工布置独基，人工布置独基之前，要布置的独基类型应该已经在类型列表中，独基类型可以是用户手工定义，也可以是用户通过"自动布置"方式生成的基础类型。点"人工布置"菜单程序会同时弹出"基础构件定义管理"菜单及基础布置参数菜单，如图 6.35 所示。柱下独基有 8 种类型，分别为锥形现浇、锥形杯口、阶形现浇、阶形杯口、锥形短柱、锥形高杯口、阶形短柱、阶形高杯口。若独基间设置了拉梁，则此拉梁也需用户补充计算。

图 6.35　独立基础人工布置对话框

（2）自动布置

自动生成"单柱基础""双柱基础""多柱墙基础"，用于独基自动设计。点击后，在平面图上用围区布置、窗口布置、轴线布置、直接布置等方式布置选取需要程序自动生成基础的柱、墙。选定后，在弹出如图所示对话框，输入地基承载力特征值和柱下独立基础的计算参数，按"确定"键，程序将自动进行这类独基的设计，并在屏幕显示柱下独基形状。若用户在对话框选中了"单独修改承载力、覆土参数"选项，弹出承载力修正的相关参数及覆土设定的相关参数，这些参数和前面提到的"参数"的"地基承载力"参数及"参数"里"其他参数"里的覆土输入项功能一致，只是这里的设置优先级高于"参数"里的设置。用户实际生成独基的时候，可以先在"参数"菜单里将工程中的共同的参数设置好，对于局部参数设置不一样的，可以在自动生成的时候单独指定。

基础底标高是相对标高，其相对标准有两个：一个是相对于柱底，即输入的基础底标高相对柱底标高而言，假如在 PMCAD 里，柱底标高输入值为 − 6 米，生成基础时选择相对柱底，且基础底标高设置为 − 1.5 米，则此时真实的基础底标高应该是 − 7.5 米；另一个标准是相对于正负 0，即如果在 PMCAD 里输入的柱底标高 − 6 米，生成基础是基础底标高选择相对正负 0，且输入 − 6.5 米，那么此时生成的基础真实底标高就是 − 6.5 米。

"计算模式"和"验算模式"："计算模式"是指如果生成独基的柱或者墙下已经布置了独基，程序会将原有独基删除重新生成新的独基；"验算模式"是程序会自动新生成的独基与原来已经布置的独基进行比较，如果新生成的独基大于原有独基，则程序删除原有独基，保留新生成独基，否则，保留原有独基。

独基计算书：用于查看全部独基计算结果文件。点击后，弹出"独基计算结果文件JC0.OUT"，可作为计算书存档。基础书中输出所有独基的底面积计算、冲切剪切计算及配筋计算的计算过程，每项只输出控制荷载下的计算过程。

单独验算：用于输出每个独基的详细计算过程。用户点击该菜单，然后在基础平面图上选择需要查看详细计算过程的独基，程序会输出每组荷载组合下的所有的计算过程。

独基删除：用于删除基础平面图上某些柱下独基。点击后，在基础平面图上用围区布置、窗口布置、轴线布置、直接布置等方式选取柱下独基即可删除。

独基归并：执行独基归并之前需要在"参数"菜单的"基础设计参数"输入相应的归并系数，如 0.2，表示两个独基计算结果里所有的结果数据相差都在 20% 以内，则这样的独基将归并成一个独基，同时为了安全考虑，归并的时候都是将小的结果数据归并到大的结果数据。设置好独基归并系数后，在点击"独基归并"菜单，则程序对已有的独基进行归并。

5）上部构件

本菜单用于输入基础上的一些附加构件，以便程序自动生成相关基础或者绘制相应施工图之用，点击"上部构件"后会出现图 6.36 的下拉菜单，主要有"导入钢筋""定义柱筋""填充墙""拉梁"和"圈梁"等。

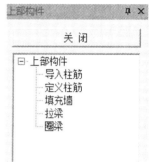

图 6.36　上部构件下拉菜单

（1）导入柱筋、定义柱筋

用于导入上部施工形成的柱插筋或者定义各类柱筋的数据和布置柱筋，作为柱下独立基础施工图绘制之用。用户可用"新建""修改""拾取"按钮来定义和修改柱筋类型。

（2）填充墙

用于输入基础上面的底层填充墙。在此布置完填充墙后，并在附加荷载中布置了相应的荷载，则在后续的菜单中，可自动生成墙下条基。点击后，弹出"基础构件定义管理"对话框（类同柱筋布置菜单）。用户可用"新建""修改""拾取"钮来定义和修改填充墙类型。输入填充墙宽度后，点"确认"即生成或修改一种填充墙类型。并可用"删除"，来删除已有的某类填充墙。

当要布置填充墙时，可选取一种填充墙类型，点击"布置"钮，在弹出的"输入移心值"对话框中，视需要输入偏轴移心值，再在平面图上选取相关网格线，布置填充墙。布置完填充墙后，可在其网格线位置双击填充墙可快速编辑已有填充墙信息。

对于框架结构，如底层填充墙下需设置条基，应先输入填充墙，再在【荷载输入】中用【附加荷载】菜单将填充墙荷载布在相应位置上，这样程序会画出该部分完整的施工图。

（3）拉　梁

用于定义各类拉梁尺寸和布置拉梁。点击后，弹出"基础构件定义管理"对话框。用户可用"新建""修改"和"拾取"拉梁类型。

（4）圈　梁

用于定义各类圈梁尺寸、钢筋信息和布置圈梁。用户可用"新建""修改"按钮来定义和修改圈梁类型。

（5）柱　墩

本菜单用于输入平板基础的柱墩。

4．基础施工图

基础施工图程序可以承接基础建模程序中构件数据绘制基础平面施工图，也可以承接 JCCAD 软件基础计算程序绘制基础梁平法施工图、基础梁立剖面施工图、筏板施工图、基础大样图（桩承台独立基础墙下条基）、桩位平面图等施工图。

1）参数设置

【参数设置】将基础平面图参数和基础梁平法施工图参数整合在同一对话框中，当点取【参数设置】菜单后，程序弹出如下的修改参数对话框，在完成参数修改并按"确定"按钮退出后，程序将根据最新的参数信息，重新生成弹性地基梁的平法施工图，并根据参数修改重绘当前的基础平面图。

2）标注轴线

本菜单作用是标注各类轴线（包括弧轴线）间距、总尺寸、轴线号等。各子菜单的功能与 PMCAD 的操作一致，增加了一项【标注板带】菜单。该菜单用于柱下平板基础中，配筋模式按整体通长配置的平板基础，它可标注出柱下板带和跨中板带钢筋配置区域。

3）标注构件

本菜单实现对所有基础构件的尺寸与位置进行标注，如图 6.37 所示。【条基尺寸】用于标注条形基础和上面墙体的宽度，使用时只需用光标点取任意条基的任意位置即可在该位置上标出相对于轴线的宽度。【柱尺寸】用于标注柱子及相对于轴线尺寸，使用时只需用光标点取任意一个柱子，光标偏向哪边尺寸线就标在哪边。【拉梁尺寸】用于标注拉梁的宽度以及与轴线的关系。【独基尺寸】用于标注独立基础及相对于轴线尺寸，使用时只需用光标点取任意一个独立基础，光标偏向哪边尺寸线就标在哪边。【承台尺寸】用于标注桩基承台及相对于轴线尺寸，使用时只需用光标点取任意一个桩基承台，光标偏向哪边尺寸线就标在哪边。【地梁长度】用于标注弹性地基梁（包括板上的肋梁）长度，使用时首先用光标点取任意一个弹性地基梁，然后再用光标指定梁长尺寸线标注位置。一般此功能用于挑出梁。【地梁宽度】用于标注弹性地基梁（包括板上的肋梁）宽度及相对于轴线尺寸，使用时只需用光标点取任意一根弹性地基梁的任意位置即可在该位置上标出相对于轴线的宽度。【标注加腋】用于标注弹性地基梁（包括板上的肋梁）对柱子的加腋线尺寸，使用时只需用光标点取任意一个周边有加腋线的柱子，光标偏向柱子哪边就标注哪边的加腋线尺寸。【筏板剖面】用于绘制筏板和肋梁的剖面，并标注板底标高。使用时须用光标在板上输入两点，程序即可在该处画出该两点切割出的剖面图。【标注桩位】用于标注任意桩相对于轴线的位置，使用时先用多种方式（围区、窗口、轴线、直接）选取一个或多个桩，然后光标点取若干同向轴线，按[Esc]键退出后再用光标给出画尺寸线的位置即可标出桩相对这些轴线的位置。如轴线方向不同，可多次重复选取轴线、定尺寸线位置的步骤。【标注墙厚】用于标注底层墙体相对轴线位置和厚度。使用时只需用光标点取任意一道墙体的任意位置即可在该位置上标出相对于轴线的宽度。

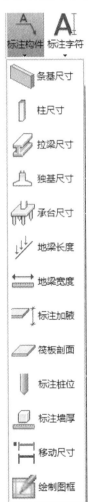

图 6.37　标注构件菜单

4）标注字符

本菜单的功能是标注写出柱、梁、独基的编号和在墙上设置、标注预留洞口，如图 6.38 所示。【注柱编号】、【拉梁编号】、【独基编号】、【承台编号】这四个菜单分别是用于写柱子、拉梁、独基、承台编号的，使用时先用光标点取任意一个或多个目标（应在同一轴线上），然后按[Esc]键中断，再用光标拖动标注线到合适位置，写出其预先设定好的编号。【标注开洞】菜单的功能是：在底层墙体上开预留洞的。点取本菜单后，在屏幕提示下先用光标点取要设洞口的墙体，然后输入洞宽和洞边距左下节点的距离（m）。【标注开洞】菜单的作用是：标注上个菜单画出的预留洞，使用时先用光标点取要标注的洞口，接着输入洞高和洞下边的标高，然后再用光标拖动标注线到合适的位置。【地梁编号】菜单提供自动标注和手工标注两种方式。自动标注的用途是把按弹性地基梁元法计算后进行归并的地基连续梁编号，自动标注在各个连梁上，使用时只要点取本菜单即可自动完成标注。手工标注将用户输入的字符标注在用户指定的连梁上。

5）基础详图

该菜单的功能是在当前图中或者新建图中添加绘制独立基础、条形基础、桩承台、桩的大样图，如图 6.39 所示。

图 6.38　标注字符菜单

图 6.39　基础详图菜单

【绘图参数】：点取该菜单后，弹出详图绘制对话框。【插入详图】：点取该菜单后，在选择基础详图对话框中列出应画出的所有大样名称，独基以“J-”字母打头，条基为各条基的剖面号，已画过的详图名称后面有记号“√”。用户点取某一详图后，屏幕上出现该详图的虚线轮廓，移动光标可移动该大样到图面空白位置，回车即将该图块放在图面上。【删除详图】：用来将已经插入的详图从图纸中去掉，具体操作是：点取菜单后，再点取要删除的详图即可。【移动详图】：可用来移动调整各详图在平面图上的位置。【钢筋表】：用于绘制独立基础和墙下条形基础的底板钢筋表。使用时只要用光标指定位置，程序会将所有柱下独立基础和墙下条形基础的钢筋表画在指定的位置上。钢筋表是按每类基础分别统计的。

6.2.5 混凝土结构施工图

混凝土结构施工图模块是 PKPM 设计系统的主要组成部分之一，其主要功能是辅助用户完成上部结构各种混凝土构件的配筋设计，并绘制施工图。该模块包括梁、柱、墙、板及组合楼板、层间板等多个子模块，用于处理上部结构中最常用到的各大类构件。混凝土结构施工图菜单如图 6.40 所示。

图 6.40　混凝土结构施工图菜单

施工图模块是 PKPM 软件的后处理模块，需要接力其他 PKPM 软件的计算结果进行计算。其中板施工图模块需要接力"结构建模"软件生成的模型和荷载导算结果来完成计算；梁、柱、墙施工图模块除了需要"结构建模"生成的模型与荷载外，还需要接力结构整体分析软件生成的内力与配筋信息才能正确运行。施工图模块可以接力计算的结构整体分析软件包括空间有限元分析软件 SATWE 和特殊多高层计算软件 PMSAP。

出施工图之前，需要划分钢筋标准层。构件布置相同、受力特点类似的数个自然层可以划分为一个钢筋标准层，每个钢筋标准层只出一张施工图。钢筋标准层是软件中引入的新概念，它与结构标准层有所区别。PM 建模时使用的标准层也被称为结构标准层，它与钢筋标准层的区别主要有两点：一是在同一结构标准层内的自然层的构件布置与荷载完全相同，而钢筋标准层不要求荷载相同，只要求构件布置完全相同；二是结构标准层只看本层构件，而钢筋标准层的划分与上层构件也有关系，例如屋面层与中间层不能划分为同一钢筋标准层。板、梁、柱、墙各模块的钢筋标准层是各自独立设置的，用户可以分别修改。

对于几何形状相同、受力特点类似的构件，通常做法是归为一组，采用同样的配筋进行施工。这样做可以减少施工图数量，降低施工难度。各施工图模块在配筋之前都会自动执行分组归并过程，分在同一组的构件会使用相同的名称和配筋。软件已经将归并过程集成到施工图软件中。

归并完成后，软件进行自动配筋。板模块根据荷载自动计算配筋面积并给出配筋，其他模块则是根据整体分析软件提供的配筋面积进行配筋。

1．梁施工图

梁施工图模块的主要功能为读取计算软件 SATWE 或 PMSAP 的计算结果，完成钢筋混凝土连续梁的配筋设计与施工图绘制。具体功能包括连续梁的生成、钢筋标准层归并、自动配筋、梁钢筋的修改与查询、梁正常使用极限状态的验算、施工图的绘制与修改等。

"梁"选项卡的菜单命令主要为专业设计的内容，包括设钢筋层、连梁的归并与修改、钢筋标注修改、挠度裂缝计算等内容。梁施工图软件可以按整体分析软件（SATWE 或 PMSAP）的内力和配筋计算结果进行自动配筋并绘制施工图。

如果模型中包含次梁，还必须经过整体分析程序中的"次梁计算"，生成次梁内力配筋文件 CILIANG.PK。如果不做次梁计算就使用梁施工图软件，所有次梁将按构造配筋进行选配。

1）连续梁的生成与归并

SATWE、PMSAP 等空间结构计算完成后，做梁柱施工图设计之前，要对计算配筋的结果作归并，从而简化出图。

梁（包括主梁及次梁）归并规定把配筋相近、截面尺寸相同、跨度相同、总跨数相同的若干组连梁的配筋归并为一组，从而简化画图输出。根据用户给出的归并系数，程序在归并范围内自动计算归并出有多少组需画图输出的连梁，用户只要把这几组连梁画出就可表达几层或全楼的梁施工图了。

连续梁生成和归并的基本过程大致为：① 划分钢筋标准层，确定哪几个楼层可以用一张施工图表示；② 根据建模时布置的梁段位置生成连续梁，判断连续梁的性质属于框架梁还是非框架梁；③ 在同一个标准层内对几何条件（包括性质、跨数、跨度、截面形状与大小等）相同的连续梁归类，找出几何标准连续梁类别总数；④对属于同一几何标准连续梁类别的连续梁，预配钢筋，根据预配的钢筋和用户给出的钢筋归并系数进行归并分组；⑤ 为分组后的连续梁命名，在组内所有连续梁的计算配筋面积中取大值，配出实配钢筋。

归并仅在同一钢筋标准层平面内进行。程序对不同钢筋标准层分别归并。首先根据连续梁的几何条件进行归类。找出几何条件相同的连续梁类别总数。几何条件包括连续梁的跨数、各跨的截面形状、各支座的类型与尺寸、各跨网格长度与净跨长度等。只有几何条件完全相同的连续梁才被归为一类。接着按实配钢筋进行归并。首先在几何条件相同的连续梁中选择任意一根梁进行自动配筋，将此实配钢筋作为比较基准。接着选择下一个几何条件相同的连续梁进行自动配筋，如果此实配钢筋与基准实配钢筋基本相同（何谓基本相同见下段阐述），则将两根梁归并为一组，将不一样的钢筋取大值作为新的基准配筋，继续比较其他的梁。

每跨梁比较 4 种钢筋：左右支座、上部通长筋、底筋。每次需要比较的总种类数为跨数×4。每个位置的钢筋都要进行比较，并记录实配钢筋不同的位置数量。最后得到两根梁的差异系数：差异系数 = 实配钢筋不同的位置数÷（连续梁跨数×4）。如果此系数小于归并系数，则两根梁可以看作配筋基本相同，可以归并成一组。因此，归并系数是控制归并过程的重要参数，归并系数越大，则归并出的连梁种类数越少。归并系数的取值范围是 0～1，缺省为 0.2。如果归并系数取 0，则只有实配钢筋完全相同的连续梁才被分为一组；如果归并系数取 1，则只要几何条件相同的连续梁就会被归并为一组。

2）梁平法施工图的绘制

梁施工图模块可以输出平法图、立剖面图、三维示意图等多种形式的施工图。平面整体表示法施工图，简称平法图，已经成为梁施工图中最常用的标准表示方法。该法具有简单明了、节省图纸和工作量的优点。因此梁施工图软件一直把平法作为软件最主要的施工图表示法，如图 6.41 所示。

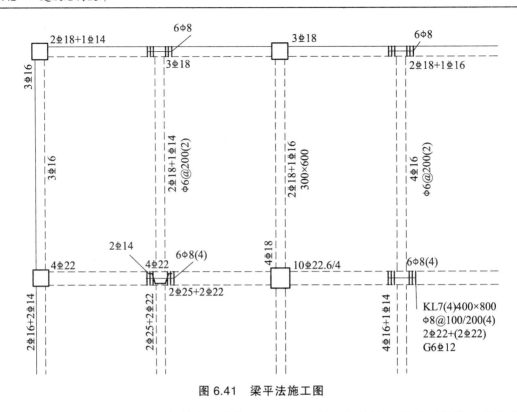

图 6.41 梁平法施工图

软件绘制的平法施工图完全符合图集《11G101-1 混凝土结构施工图平面整体表示方法制图规则和构造详图》。主要采用平面注写方式，分别在不同编号的梁中各选一根梁，在其上使用集中标注和原位标注注写其截面尺寸和配筋具体数值。

2．柱施工图

柱施工图模块主要功能包括：① 柱施工图可以接力三维整体分析软件 SATWE、PMSAP的计算分析结果。② 柱钢筋归并和施工图绘制在一个界面下完成，同时提供两种连续柱归并编号方式，"按全楼"归并编号和"按钢筋标准层"归并编号。③ 总结归纳各地的施工图绘制方法，提供 7 种画法，包括平法截面注写 1（原位）、平法截面注写 2（集中）、平法列表注写、PKPM 截面注写1（原位）、PKPM 截面注写 2（集中）、PKPM 剖面列表法和广东柱表，可以满足不同地区、不同施工图绘制方法的需求。④ 提供读取旧图的功能，对已经生成的柱施工图可反复打开继续画图，每次打开程序能够自动读取图中已有的钢筋信息（纵筋、箍筋等）和钢筋的标注位置等信息，用户可继续在其上工作。⑤ 提供柱内力配筋计算结果与配筋计算结果分别选择的参数，用户可以根据需要选择适合的计算结果进行配筋和内力验算。⑥ 提供各种截面柱的配筋，包括矩形、圆形、十字、T 形、L 形等截面的柱，并可以绘制PMCAD 中建模生成的各种截面柱。⑦ 提供柱立面图、线框图和渲染图，用户可以更加直观地查看柱钢筋的绑扎和搭接等情况，并可以进行立面改筋。⑧ 提供柱钢筋的计算钢筋面积和实配钢筋面积的显示、双偏压验算、校核配筋便于用户进行数据校核。

1）柱钢筋的全楼归并与选筋

柱钢筋的归并和选筋，是柱施工图最重要的功能。程序归并选筋时，自动根据用户设定的各种归并参数，并参照相应的规范条文对整个工程的柱进行归并选筋。

连续柱是柱配筋的基本单位。连续柱就是将上下层相互连接的柱段串成一根连续的柱串，把水平位置重合，柱顶和柱底彼此相连的柱段串起来，就形成了连续柱。连续柱的归并包括两个步骤：竖向归并和水平归并。竖向归并在连续柱内的不同柱段间进行。如果几个柱段位于不同层，但同属一根连续柱，且各柱段截面形状相同，那么可以用某层柱段的钢筋代表所有这些柱段的配筋，这就是柱的竖向归并。软件通过划分钢筋标准层来实现竖向归并。水平归并在不同连续柱之间进行。布置在不同节点上的多根连续柱，如果其几何信息相同，配筋面积相近，可以归并为一组进行出图，这就是柱的水平归并。软件通过"归并系数"等参数控制水平归并的过程。

2）柱平法施工图

平法截面注写 1 参照图集《混凝土结构施工图平面整体表示方法制图规则和构造详图》（16G101-1），分别在同一个编号的柱中选择其中一个截面，用比平面图放大的比例在该截面上直接注写截面尺寸、具体配筋数值的方式来表达柱配筋，如图 6.42 所示。

平法截面注写 2 参照图集《混凝土结构施工图平面整体表示方法制图规则和构造详图》（16G101-1），在平面图上原位标注归并的柱号和定位尺寸，截面详图在图面上集中绘制，也可以采取表格的形式和集中绘制，如图 6.43 所示。

图 6.42　平法截面注写 1

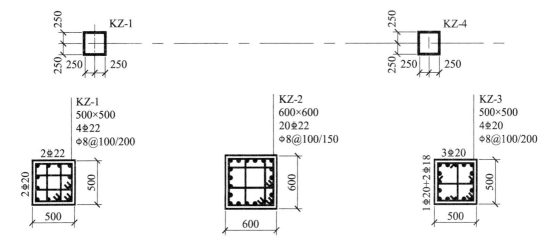

图 6.43　平法截面注写 2

平法列表注写参照图集《混凝土结构施工图平面整体表示方法制图规则和构造详图》（16G101-1）。该法由平面图和表格组成，表格中注写每一种归并截面柱的配筋结果，包括该柱各钢筋标准层的结果，注写了它的标高范围、尺寸、偏心、角筋、纵筋、箍筋等。程序还增加了L形、T形和十字形截面的表示方法。

6.3 其他建筑结构 CAD 软件介绍

6.3.1 YJK 软件介绍

YJK 软件是由北京盈建科软件有限责任公司（"盈建科"或"YJK"）开发的、面向国内及国际市场的建筑结构设计软件，既有中国规范版，也有国际规范版。盈建科建筑结构设计软件系统包括：盈建科建筑结构计算软件（YJK-A）；盈建科基础设计软件（YJK-F），盈建科砌体结构设计软件（YJK-M），盈建科结构施工图设计软件（YJK-D），盈建科钢结构施图设计软件（YJK-STS），盈建科弹塑性动力时程分析软件（YJK-EP）和接口软件等。这些模块都建立在三维的集成平台上，采用目前先进的图形用户界面，如先进的 Direct3d 图形技术和 Ribbon 菜单管理，并广泛吸收了当今 BIM 方面的领先软件 Revit 和 Autocad2010 的特点，其图形菜单美观紧凑，操作简洁顺畅。

YJK-A 软件是为多高层建筑结构计算分析而研制的空间组合结构有限元分析与设计软件，适用于各种规则或复杂体型的多高层钢筋混凝土框架、框剪、剪力墙、筒体结构、钢-混凝土混合结构和高层钢结构等。该软件由"建筑模型与荷载输入"和"上部结构计算"两大部分组成。

YJK-A 软件采用人机交互方式引导用户逐层布置建筑结构构件并输入荷载，通过楼层组装完成全楼模型的建立。之后，程序会对各层楼板荷载完成自动向房间周边梁墙的导算。该模型是后续功能模块如结构计算、砌体计算、基础设计、施工图设计的主要依据。程序由轴线网格、构件布置、楼板布置、荷载输入、自定义工况、楼层组装、空间结构七部分组成。"建筑模型与荷载输入"模块的主要特点是界面友好，突出三维操作模式，采用全面易学易用的查询、编辑修改方式，简化操作步骤，人机交互输入更为方便。

YJK-A 软件的主要功能是在连续完成恒、活、风、地震作用以及吊车、人防、温度等荷载效应计算的基础上，自动完成荷载效应组合、考虑抗震要求的调整构件设计及验算等步骤。该软件采用空间杆单元模拟梁、柱及支撑等杆系构件，用在壳元基础上凝聚而成的墙元模拟剪力墙，对于楼板提供刚性板和各种类型的弹性板（弹性膜、弹性板 3、弹性板 6）计算模型。YJK-A 软件采用先进的数据库管理技术，力学计算与专业设计分离。这种通用、先进的管理模式充分保证了各自专业优势的发挥。软件在计算上采用当前大量可用的先进技术，如合理应用偏心刚域、主从节点、协调与非协调单元、墙元优化等。此外，软件还采用目前领先的快速求解器，支持 64 位环境，使解题规模、计算速度和稳定性大幅度提高。

6.3.2　BIM 技术简介

1．BIM 的定义

BIM 是英文单词 Building Information Model 或 Building Information Modeling 的缩写，Building Information Model 中文翻译为建筑信息模型。建筑信息模型是一个项目物理特征和功能特性的数字化表达，是该项目相关方的共享知识资源，为该项目全寿命周期内的所有决策提供可靠的信息支持。

BIM（建筑信息模型）技术是当前建筑设计数字化的革命性技术，在全球的建筑设计领域正掀起一场从二维设计转向三维设计的变革。由于 BIM 概念的内涵丰富，外延广阔，因此不同国家、不同组织对 BIM 尚未有统一的定义。

在《建筑工程设计信息模型交付标准》中，将 BIM 分为两个层次。

（1）名词"Building Information Model"，即建筑信息模型，包含建筑全生命期或部分阶段的几何信息及非几何信息的数字化模型，建筑信息模型以数据对象的形式组织和表现建筑及其组成部分，并具备数据共享、传递和协同的功能。

（2）动词"Building Information Modeling"，即建筑信息模型的应用，在项目全生命期或各阶段创建、维护及应用建筑信息模型进行项目计划、决策、设计、建造、运营等的过程。

从上述定义中可以看出 BIM 的要素是信息化数字技术在建筑行业的应用，并强调信息在各阶段的共享与传递，使建筑工程在其整个进程中显著地提高质量、效率和大量地减少风险。而从一名工程技术和企业管理人员的工作与 BIM 建立关系的角度去理解，BIM 大概可以被定义为简洁的八个字：聚合信息，为我所用。

与 BIM 的两个层次相对应，结构 BIM 可分为两个层次：① 建筑信息模型为结构的几何、荷载和材料的信息模型；② 建筑信息模型的应用为结构信息模型在力学计算、施工图绘制、工程算量、施工管理、协同设计和运营中的应用。

2．BIM 理论和技术的起源和发展

BIM 概念的提出可以追溯到计算机发展史的早期，BIM 技术的早期发展离不开各国科学家和工程师的积极探索和尝试，其发展历程如表 6.1 所示。

BIM 的概念起源于 20 世纪 70 年代，于 2002 年正式提出，发展至今已超过 10 年。与之前单纯技术变革不同的是，BIM 能搭建综合性的系统平台，向项目投资者、规划设计者、施工建设者、监督检查者、管理维护者、运营使用者乃至改扩建、拆除回收等不同业内的从业者提供时间范围涵盖工程项目整个周期的各类信息，并使这些信息具备联动、实时更新、动态可视化、共享、互查、互检等特点。随着不断增多的工程案例实施及新的行业标准和规范的制定，BIM 全方位、多维度地影响着建筑业，可以说是建筑行业的又一次变革。

表 6.1　BIM 技术发展历程

年份	代表人物	所在机构/身份	主　要　贡　献
1962	Douglas C. Engelbart	人工智能专家/鼠标的发明者	在论文《增强人工智能》（*Augmenting Human Intellect*）中，提出了建筑师可以在计算机中创建建筑的三维模型的设想，并提出了基于对象的设计、实体参数建模、关系型数据库等现代 BIM 技术的维形理论
1975	Chuck Eastman	美国佐治亚理工大学建筑系教授	在 PDP-10 电脑上研发了第一个可记录建筑参数数据的软件 BDS（Building Description System）。这个软件在个人电脑的普及之前问世，是一个实验性的软件，提出了很多在建筑设计中参数建模需要解决的基本问题
1977	Chuck Eastman	卡耐基梅隆大学	研发出软件 Glide（Graphisoft Language for Interactive Design），该软件有一些现代 BIM 平台的特色，Chuck Eastman 因此被誉为 BIM 之父
1984	Gabor Bojar	匈牙利布达佩斯	RADAR CH 软件在苹果 LISA 操作系统发布，该软件的使用类似于 Building Description System 技术，后来成为 Graphisoft 公司旗下的 Archicad
1986	—	英　国	RUCAPS 软件（Really Universal Computer Aided Production System）被用到希斯罗机场的航站楼项目上进行设计和施工，很多 BIM 的相关技术都在此项目中得到实践，包括：三维建模、自动成图、智能参数化组件、关系数据库、实时施工进度计划模拟模拟等
1987	—	Graphisoft	Archicad 发布，Archicad 是第一个在个人电脑上使用的 BIM 软件，目前的最新版本是 2017 年发布的 Archicad21
1990	Paul Teicholz	斯坦福大学教授	成立了 CIFE（斯坦福大学综合设施工程中心），该中心现在是世界最有影响力的 BIM 技术研究机构。该机构研发两大分支：一支研发如何利用 BIM 技术为建筑工程各专业提供服务，提高整个建筑建造过程的效率和质量；另一支研发 BIM 技术如何模拟和优化建筑的性能
1997	Irwin Jungreis 和 Leonid Raiz	Charlies River（该公司后来改名为 Revit）	两人把机械领域的参数化建模方法和成功经验带到建筑行业，并制造出比 Archicad 功能更强大的建筑参数化建模软件。Revit 提供了一个图形化的"族编辑器"，而不是一种编程语言，并且 Revit 的所有组件、视图和注释之间有关联更新关系
2002		Autodesk	Autodesk 公司收购了 Revit 公司，填补了其三维设计软件的空白。Revit 从建筑行业被扩展到更多领域，并将 BIM 技术广泛宣传和推广

目前，在美国、英国、挪威、芬兰、澳大利亚、新加坡等国家，BIM 技术已在建筑设计、施工以及项目建成后的维护和管理等领域得到广泛应用，BIM 技术也成为国外大型设计和施工单位承接项目的必备应用能力。随着信息技术的发展及工程项目的实践，BIM 的应用软件不断成熟完善，各国还根据 BIM 在建筑工程中的应用情况制定了 BIM 标准和规范，推动 BIM 技术在本国的发展。

在中国"十一五"期间，BIM 已经进入国家科技支撑计划重点项目，BIM 技术研究和应用得到了快速的发展。国家在《2011—2015 年建筑业信息化发展纲要》中明确提出："十二五期间要加快建筑信息模型（BIM）、基于网络的协同工作等新技术在工程中的应用。"2015

年住建部专门发布《关于推进建筑信息模型应用的指导意见》，从政府层面提出明确的推进目标、工作重点与保障措施。各省市也纷纷制定具体的实施措施或导则。随着地方标准的制定，政府投资项目首先成为强制性应用 BIM 的项目；部分行业，如地铁、航空、电信、电力等已开始部署系统内部的 BIM 应用体系与技术标准。

在国家政策的支持下，国内先进的建筑设计、施工企业以及地产公司积极响应，开始进行 BIM 技术各方面的研究与试点应用。同时应注意到，分别从业主、设计、施工这三个相关的子行业角度来看 BIM 技术，会发现由于实施目的、应用需求、技术路线、保障措施等各方面因素的不同，实施效果与发展速度也有显著区别。

（1）业主方：许多成熟的地产商经历过 BIM 的试用阶段，认识到 BIM 技术的价值，开始对设计方、施工方的 BIM 能力提出要求；当前业主方提出的 BIM 应用需求已经远超出设计阶段，更着重于建造过程的项目管理及后期维护。但业主本身对 BIM 技术往往并不熟悉或不够专业，越来越多的项目开始寻找第三方的 BIM 专业顾问或咨询服务，以满足业主对建设成本与项目管理日益严格的把控。

（2）设计方：BIM 最早发端于设计阶段的应用，设计企业也是最早对 BIM 寄予厚望、投入最多的一方，应用的项目数也最多。但经历了早期的快速起步后，目前发展速度滞后于业主方和施工方。

（3）施工方：BIM 技术在施工阶段的应用晚于设计阶段，但近几年却得到快速的发展。因其避开了三维设计在图面表达等方面的短板，专注于用信息化集成的技术来辅助项目的实施，对软件选择也有更大的灵活性，因此更能发挥它的优势。在施工阶段，BIM 的应用包括工程量统计、碰撞检查、施工过程三维动画展示、预演施工方案、管线综合、虚拟现实、施工模拟、模板放样和备工备料等多个方面，并还在不断扩展当中。

总体来说，不管是设计、施工还是运维，我国的 BIM 技术应用仍处于起步阶段，BIM 技术还远未发挥出其真正的全生命周期的应用价值。可以预见 BIM 应用是今后长时期内工程建设行业实施管理创新、技术创新，提升核心竞争力的有力保障。

3．BIM 与传统 CAD 制图相比的特点和优势

在过去的 20 多年中，CAD 技术的普及和推广使建筑师和工程师们甩掉图板，从传统的手工绘图、设计和计算中解放出来，可以说是工程设计领域的第一次数字革命。而现在，BIM 的出现将引发整个工程建设领域的第二次数字革命。BIM 不仅带来现有技术的进步和更新换代，也间接影响了生产组织模式和管理方式，并将更长远地影响人们思维模式的转变。

BIM 可以运用在建筑的全寿命周期中，它对于实现建筑全生命周期管理，提高建筑行业规划、设计、施工和运维的科学技术水平，促进工程界全面信息化和现代化，具有巨大的应用价值和广阔的应用前景。

与传统 CAD 技术相比，BIM 有以下几个特点：

（1）可视化

在 BIM 建筑信息模型中，由于整个过程都是可视化的，所以可视化效果不仅可以用作效果图的展示及报表的生成，更重要的是项目各阶段的沟通、讨论、决策都在可视化的状态下进行。

（2）模拟性

建筑施工是一个高度动态的过程，随着建筑工程规模不断扩大，复杂程度不断提高，施工项目管理也变得极为复杂。当前，建筑工程项目管理中经常用于表示进度计划的甘特图，由于专业性强，可视化程度低，无法清晰描述施工进度以及各种复杂关系，难以准确表达工程施工的动态变化过程。

通过将 BIM 与施工进度计划相链接，将空间信息与时间信息整合在一个可视的 4D（3D+时间）模型中，可以直观、精确地反映整个建筑的施工过程。4D 施工模拟技术可以在项目建造过程中合理制订施工计划，精确掌握施工进度，优化使用施工资源以及科学地进行场地布置，对整个工程的施工进度、资源和质量进行统一管理和控制，以缩短工期、降低成本、提高质量。

在施工过程中，还可将其与数码设备相结合，实现数字化的监控模式，更有效地管理施工现场，监控施工质量，使工程项目的远程管理成为可能，项目各参与方的负责人能在第一时间了解现场的实际情况。

此外，借助 4D 模型，施工企业在工程项目投标中将获得竞标优势，BIM 可以协助评标专家从 4D 模型中很快了解投标单位对投标项目主要施工的控制方法、施工安排是否均衡、总体计划是否合理等，从而对投标单位的施工经验和实力做出有效评估。

（3）可分析性

利用 BIM 技术，设计师在设计过程中创建的虚拟建筑模型已经包含了大量的设计信息（几何信息、材料性能、构件属性等），只要将模型导入相关的性能化分析软件，就可以得到相应的分析结果。原本需要专业人士花费大量时间输入大量专业数据的过程，如今可以自动完成，这大大降低了性能化分析的周期，提高了设计质量，同时也使设计公司能够为业主提供更专业的技能和服务。

（4）协同性

协同设计可以使分布在不同地理位置的不同专业的设计人员通过网络的协同展开设计工作。协同设计是在工程界环境发生深刻变化的背景下出现的，也是数字化建筑设计技术与快速发展的网络技术相结合的产物。

BIM 的出现使协同已经不再是简单的文件参照，BIM 技术为协同设计提供底层支撑，大幅提升协同设计的技术含量。借助 BIM 的技术优势，协同的范畴也从单纯的设计阶段扩展到建筑全生命周期，需要规划、设计、施工、运维等各方的集体参与，因此具备了更广泛的意义，从而带来综合效益的大幅提升。

4．BIM 在各阶段的应用

BIM 是一个智慧的建筑信息模型，参与各方可以在项目的不同阶段很方便地使用，主要体现在设计、招投标、施工和运维阶段。

（1）BIM 在设计阶段的应用

管线综合预碰撞检查；设计错漏碰缺检查；方案阶段的调整和优化；异形建筑的参数化设计；自动生成施工图；实现效果图和施工图的同步性；减少设计变更等。

（2）招投标阶段的应用

工程量自动计算，实现关键节点随时测算；准确进行成本估算、概算和结算；为招投标提供技术支撑等。

（3）施工阶段的应用

进行施工进度模拟和控制；优化施工方案、保证施工合理有序；施工中复杂区域的可视化不及施工方案的制订；减少施工变更、预测解决项目实施过程中的问题；现场安装模拟、优化安装方案，与激光扫描、GPS、移动通信、RFID 和互联网等技术结合等。

（4）运维阶段的应用

提高房屋的运维管理水平，增加商业价值；为运维阶段的物业管理、设备管理提供数据保障和支持；提供与物联网相联系的借口；运维中可通过 BIM 数据库获得故障发生原因和地点，便于更快、更有效地解决问题。

5．BIM 标准

建筑工程项目是一个复杂的、综合的经营活动，参与各方涉及众多专业，生命周期长达几十年、上百年，所以建筑工程信息交换与共享是工程项目的主要活动内容之一。

目前的 BIM 软件只是涉及某个阶段、某个专业领域的应用，没有哪个工程是只使用一家软件产品完成的，不同应用软件之间需要进行数据协同，需要制定一系列的标准来实现 BIM。

1996 年，IAI（Industry Alliance for Interoperability）组织的名称在伦敦会议上被正式确立。1997 年 1 月，该组织发布了 IFC（Industry Foundation Classes）信息模型的第一个完整版本，从那以后又陆续发布了几个版本。在相关专家的努力下，IFC 信息模型的覆盖范围、应用领域、模型框架都有了很大的改进，并已经被 ISO 标准化组织接受。2013 年 3 月发布的 IFC4 扩展了 IFC 在建筑和结构方面的定义，加强了 IFC 与 4D、5DBIM 模型的整合，并将 IFC 扩展到基础设施范畴。

IFC 标准是面向对象的三维建筑产品数据标准，其在建筑规划、建筑设计、工程施工、电子政务等领域获得广泛应用。它由 IAI 发布，目前已经有多家 BIM 软件公司宣布其软件持 IFC 数据标准。

统一的数据标准将提供一个具有可操作性的、兼容性强的数据交换统一基准，用于指导基于建筑信息模型的建筑工程设计过程，方便各阶段数据的建立、传递和解读，特别是各专业之间的协同和质量管理体系的管控等。2007 年，美国国家建筑科学研究院发布了基于 IFC 标准制定的 BIM 应用标准 NBIMS（准备级别的标准）。在第一版的基础上，2012 年又发布了 NBIMS-US 标准第二版（应用级别的标准），北美、欧洲、韩国及许多英联邦国家基本上都采用美国的第一版 BIM 标准，或者在美国 BIM 标准的基础上发展自己国家的标准。NBIMS 是一个完整的 BIM 指导性和规范性的标准，它规定了基于 IFC 数据格式的建筑信息模型在不同行业之间信息交互的要求，实现信息化促进商业进程的目的。

我国也针对 BIM 在中国的应用与发展进行了一些基础性的研究工作。2007 年，中国建筑标准设计研究院提出了 JG/T198—2007 标准，其非等效地采用了国际上的 IFC 标准（《工业基础类 IFC 平台规范》）。该标准规定了建筑对象数字化定义的一般要求、资源层、核心层及交互层。

2012 年 1 月，住建部"关于印发 2012 年工程建设标准规范制订修订计划的通知"宣告了中国 BIM 标准制定工作的正式启动，其中包含了《建筑工程信息模型存储标准》《建筑工程设计信息模型交付标准》《建筑工程设计信息模型分类和编码标准》《建筑工程信息模型应用统一标准》《制造工业工程设计信息模型应用标准》等 5 项标准。

6.3.3　Midas Building 软件介绍

Midas Building 是由北京迈达斯技术有限公司开发的新一代结构分析设计系统，使用了最新的计算机技术、图形处理技术、有限元分析技术及结构设计技术，为用户提供了全新的建筑结构分析和设计一站式解决方案。该软件主要由建模师（Building Modeler）、结构大师（Structure Master）、基础大师（Foundation Master）及绘图师（Building Drawer）四个模块组成。其中：建模师是三维结构模型自动生成系统；结构大师是基于三维的结构分析与设计系统；基础大师是基于三维的基础分析与设计系统；绘图师是上部结构和基础施工图自动生成系统。

1．Midas Building 软件的特点和功能

Midas Building 是融入了新流程、新技术、新设计的第三代建筑结构分析和设计系统。Midas Building 提供建模、分析、设计、施工图、校审的全流程解决方案，提供从上部结构到下部基础、从整体分析到详细分析、从线性分析到非线性分析、从安全性到考虑合理的经济性的全流程解决方案，为设计人员能够设计出更为合理的结构提供有力的工具。Midas Building 使用了基于 Windows 向对象的开发技术及图形处理技术，其用户操作界面提供了直观简便的操作流程以及丰富多样的分析和设计结果。该软件提供了对设计全流程的解决方案，具体体现在以下几个方面：① 建模、分析、设计、施工图、校审的贯穿设计产品的全流程设计；② 从上部结构到地下基础的全流程设计；③ 从整体分析到详细分析的全流程设计；④ 从线性分析到非线性分析的全流程设计；⑤ 从安全性设计到经济合理性设计的全流程设计。

Midas Building 在提供全面功能的同时，比较注重提供实现功能的技术，其全新的分析和设计技术主要体现在以下几个方面：① 建模技术：包括建筑图的自动识别技术、建筑底图建模技术等。② 抗震分析技术：由振型参与质量系数自动确定振型数量，自动选波及校审功能，准确计算最不利地震作用方向等。③ 非线性分析技术：全新的带洞口的非线性剪力墙单元，自动生成弹塑性分析数据，利用构件的实际配筋结果计算非线性铰特性值功能。④ 分析技术：梁、柱、墙及基础的活荷载不利布置，按梁单元建模→按板单元分析→按梁设计的转换梁设计技术，剪力墙和楼板的有限元详细分析技术等。⑤ 设计技术：弧形墙设计，考虑翼缘的剪力墙设计，任意截面柱设计，有限元导荷及分析的异形板设计，任意形状的独立基础设计，按压弯构件或板构件设计地下室外墙技术，各种人防构件设计等。⑥ 基础分析和设计技术：桩基变刚度调平设计，全面考虑地下水浮力的设计，防水板的设计，与三维地质图联动分析，考虑上部结构刚度的分析，有限元分析板带法整理内力技术等。⑦ 施工图功能：开放用户选筋方案库，为限额设计提供选筋方案的优化功能，单位用钢量的统计，方便快捷的编辑功能，全面支持上部结构和基础的施工图绘制，按实配钢筋进行验算的功能，批量输出施工图功能等。⑧ 校审功能：对荷载、截面和结构布置、分析结果、设计结果、施工图的正确性及经济性、基础设计的合理性进行专家水准的校审，可以按规范的强制条文、构造要求及设计经验自动校审，可以准确定位错误及超限构件并给出超限信息，最后输出专家水准的审核报告。

Midas Building 适用于高层和多层钢筋混凝土框架、框架-剪力墙、剪力墙及筒体结构以

及高层钢结构及钢-混凝土混合结构，还可以考虑多塔、错层、转换层等复杂结构形式的三维结构分析与设计软件。

2．Midas Building 软件主要模块简介

Midas Building 四个模块中，结构大师和基础大师为基本模块，建模师和绘图师为辅助模块。结构大师是基于三维的建筑结构分析和设计系统，是 Midas Building 的主要模块之一，具有以下特点：① 基于实际设计流程的用户菜单系统。② 基于标准层概念的三维建模功能，提高了建模的直观性和便利性，从而提高了建模效率。③ 完全自动化的分析和设计功能且向用户开放了各种控制参数，其自动性和开放性不仅能提高分析和设计的效率，而且能提高分析和设计的准确性。④ 不仅包含了最新的结构设计规范，而且提供三维图形结果和二维图形计算书、文本计算书、详细设计过程计算书，并提供各种表格和图表结果，可输出准确美观的计算报告。

基础大师是以 Windows 为开发平台的地基基础专用三维结构分析设计软件，是 Midas Building 的主要模块之一。它既可以从结构大师模块导入上部结构的分析数据，也支持独立建模功能做基础的分析与设计。基础大师可以完成柱下独立基础、弹性地基梁、平板式筏基、梁板式筏基、柱下独立承台基础、承台梁、桩筏基础的分析设计。

绘图师是上部结构和基础施工图自动生成系统。

习　题

6.1　建筑工程设计图纸的规格有哪些？

6.2　PKPM 结构软件常用的模块有哪些？各有何功能？

6.3　PMCAD 的基本功能有哪些？

6.4　PMCAD 建模的步骤有哪些？

6.5　PMCAD 建模时，如何考虑楼梯对结构受力的影响？

6.6　SATWE 的基本功能有哪些？

6.7　SATWE 总信息中"水平力与整体坐标夹角"的具体含义是什么？

6.8　SATWE 中"强制刚性楼板假定"和"刚性楼板假定"的具体含义是什么？

6.9　SATWE 计算地震作用提供了哪四个选项？各适用于什么情况？

6.10　SATWE 参数设置中的"周期折减系数"的含义是什么？如何进行取值？

6.11　为何要控制各楼层的剪重比？

6.12　请说明混凝土柱、梁配筋图中各个变量的含义。

6.13　SATWE 中如何对计算参数进行调整？

6.14　结构计算电算书的内容有哪些？

6.15　JCCAD 的功能有哪些？

6.16　做梁施工图时如何对梁进行归并？

6.17　做柱施工图时如何对柱进行归并？

6.18　什么是 BIM？与传统 CAD 制图相比，BIM 有何特点和优势？

参考文献

[1] 彭伟，杨滔，王春华，等. 房屋建筑工程[M]. 3 版. 成都：西南交通大学出版社，2014.

[2] 罗福午，张惠英，杨军. 建筑结构概念设计及案例[M]. 北京：清华大学出版社，2003.

[3] 张建荣. 建筑结构选型[M]. 北京：中国建筑工业出版社，1999.

[4] 中华人民共和国国家标准. GB 50009—2012 建筑结构荷载规范[S]. 北京：中国建筑工业出版社，2012.

[5] 中华人民共和国国家标准. GB 50011—2010 建筑抗震设计规范[S]. 北京：中国建筑工业出版社，2010.

[6] 中华人民共和国国家标准. JGJ3—2010 高层建筑混凝土结构技术规程[S]. 北京：中国建筑工业出版社，2010.

[7] 中华人民共和国国家标准. GB 50007—2011 建筑地基基础设计规范[S]. 北京：中国建筑工业出版社，2011.

[8] 黄东升，王艳晗，吴强，等. 建筑结构设计[M]. 北京：科学出版社，2006.

[9] 邱洪兴. 建筑结构设计[M]. 北京：高等教育出版社，2013.

[10] 梁兴文，史庆轩. 混凝土结构设计[M]. 北京：中国建筑工业出版社，2008.

[11] 蓝宗建，朱万福. 混凝土结构与砌体结构[M]. 南京：东南大学出版社，2011.

[12] 中华人民共和国国家标准. GB 50010—2010 混凝土结构设计规范[S]. 北京：中国建筑工业出版社，2010.

[13] 东南大学，同济大学，天津大学. 混凝土结构（上册）[M]. 北京：中国建筑工业出版社，2008.

[14] 王振东. 混凝土结构及砌体结构[M]. 北京：中国建筑工业出版社，2002.

[15] 罗福午，方鄂华，叶知满. 混凝土结构及砌体结构[M]. 2 版. 北京：中国建筑工业出版社，2003.

[16] 刘鸿滨. 工业建筑设计原理[M]. 北京：清华大学出版社，1987.

[17] 程文瀼. 混凝土及砌体结构[M]. 武汉：武汉大学出版社，2005.

[18] 唐岱新. 砌体结构设计[M]. 北京：机械工业出版社，2004.

[19] 施楚贤. 砌体结构理论与设计[M]. 北京：中国建筑工业出版社，2003.

[20] 苏小卒. 砌体结构设计[M]. 上海：同济大学出版社，2002.

[21] 许淑芳，熊仲明. 砌体结构[M]. 北京：科学出版社，2004.

[22] 谢启芳，门进杰. 砌体结构[M]. 北京：科学出版社，2013.

[23] 雷庆关，江昔平，彭曙光. 砌体结构[M]. 合肥：合肥工业大学出版社，2006.

[24] 吴秀丽，王世琪，付慧琼. 砌体结构[M]. 武汉：武汉理工大学出版社，2010.

[25] 中华人民共和国国家标准. GB 50003—2011 砌体结构设计规范[S]. 北京：中国建筑工业出版社，2012.

[26] 崔钦淑，聂洪达. 建筑结构 CAD 教程[M]. 2 版. 北京：北京大学出版社，2014.

[27] 樊江，郭瑞霞，皇甫双娥，等. 建筑结构 CAD[M]. 4 版. 重庆：重庆大学出版社，2015.

[28] 杨卫忠，刘伟，王静峰. 建筑结构 CAD[M]. 重庆：重庆大学出版社，2011.

[29] 叶献国，种迅，蒋庆，等. 建筑结构 CAD 及工程应用[M]. 合肥：合肥工业大学出版社，2015.

[30] 李星容，张守斌. PKPM 结构系列软件应用与设计实例[M]. 北京：机械工业出版社，2007.

[31] PMCADS-1 (2)结构平面 CAD 软件用户手册及技术条件[M]. 中国建筑科学研究院 PKPM CAD 工程部，2014.

[32] SATWE S-3 多层及高层建筑结构空间有限元分析与设计软件（墙元模型）用户手册及技术条件. 中国建筑科学研究院 PKPM CAD 工程部，2014.

[33] JCCAD S-5 独基、条基、钢筋混凝土地基梁、桩基础和筏板基础设计软件用户手册及技术条件. 中国建筑科学研究院 PKPM CAD 工程部，2014.

[34] 张宇鑫，刘海成，张星源. PKPM 结构设计应用[M]. 上海：同济大学出版社，2010.

[35] 李永康，马国祝. PKPM2010 结构 CAD 软件应用与结构设计实例[M]. 北京：机械工业出版社，2012.

[36] 崔钦淑. PKPM 结构设计程序应用[M]. 北京：中国水利水电出版社，2011.